Medien • Kultur • Kommunikation

Herausgegeben von
A. Hepp, Bremen, Deutschland
F. Krotz, Bremen, Deutschland
W. Vogelgesang, Trier, Deutschland
M. Hartmann, Berlin, Deutschland

Kulturen sind heute nicht mehr jenseits von Medien vorstellbar: Ob wir an unsere eigene Kultur oder ‚fremde' Kulturen denken, diese sind umfassend mit Prozessen der Medienkommunikation verschränkt. Doch welchem Wandel sind Kulturen damit ausgesetzt? In welcher Beziehung stehen verschiedene Medien wie Film, Fernsehen, das Internet oder die Mobilkommunikation zu unterschiedlichen kulturellen Formen? Wie verändert sich Alltag unter dem Einfluss einer zunehmend globalisierten Medienkommunikation? Welche Medienkompetenzen sind notwendig, um sich in Gesellschaften zurecht zu finden, die von Medien durchdrungen sind? Es sind solche auf medialen und kulturellen Wandel und damit verbundene Herausforderungen und Konflikte bezogene Fragen, mit denen sich die Bände der Reihe „Medien • Kultur • Kommunikation" auseinandersetzen. Dieses Themenfeld überschreitet dabei die Grenzen verschiedener sozial- und kulturwissenschaftlicher Disziplinen wie der Kommunikations- und Medienwissenschaft, der Soziologie, der Politikwissenschaft, der Anthropologie und der Sprach- und Literaturwissenschaften. Die verschiedenen Bände der Reihe zielen darauf, ausgehend von unterschiedlichen theoretischen und empirischen Zugängen, das komplexe Interdependenzverhältnis von Medien, Kultur und Kommunikation in einer breiten sozialwissenschaftlichen Perspektive zu fassen. Dabei soll die Reihe sowohl aktuelle Forschungen als auch Überblicksdarstellungen in diesem Bereich zugänglich machen.

Herausgegeben von
Andreas Hepp
Universität Bremen
Bremen, Deutschland

Waldemar Vogelgesang
Universität Trier
Trier, Deutschland

Friedrich Krotz
Universität Bremen
Bremen, Deutschland

Maren Hartmann
Universität der Künste (UdK)
Berlin, Deutschland

Thomas Steinmaurer

Permanent vernetzt
Zur Theorie und Geschichte
der Mediatisierung

Thomas Steinmaurer
FB Kommunikationswissenschaft
Universität Salzburg
Salzburg, Österreich

Medien • Kultur • Kommunikation
ISBN 978-3-658-04510-4   ISBN 978-3-658-04511-1 (eBook)
DOI 10.1007/978-3-658-04511-1

Die Deutsche Nationalbibliothek verzeichnet diese Publikation in der Deutschen National-
bibliografie; detaillierte bibliografische Daten sind im Internet über http://dnb.d-nb.de abrufbar.

Springer VS
© Springer Fachmedien Wiesbaden 2016
Das Werk einschließlich aller seiner Teile ist urheberrechtlich geschützt. Jede Verwertung, die
nicht ausdrücklich vom Urheberrechtsgesetz zugelassen ist, bedarf der vorherigen Zustimmung
des Verlags. Das gilt insbesondere für Vervielfältigungen, Bearbeitungen, Übersetzungen,
Mikroverfilmungen und die Einspeicherung und Verarbeitung in elektronischen Systemen.
Die Wiedergabe von Gebrauchsnamen, Handelsnamen, Warenbezeichnungen usw. in diesem
Werk berechtigt auch ohne besondere Kennzeichnung nicht zu der Annahme, dass solche
Namen im Sinne der Warenzeichen- und Markenschutz-Gesetzgebung als frei zu betrachten
wären und daher von jedermann benutzt werden dürften.
Der Verlag, die Autoren und die Herausgeber gehen davon aus, dass die Angaben und Informa-
tionen in diesem Werk zum Zeitpunkt der Veröffentlichung vollständig und korrekt sind.
Weder der Verlag noch die Autoren oder die Herausgeber übernehmen, ausdrücklich oder
implizit, Gewähr für den Inhalt des Werkes, etwaige Fehler oder Äußerungen.

Lektorat: Barbara Emig-Roller, Monika Mülhausen

Gedruckt auf säurefreiem und chlorfrei gebleichtem Papier

Springer VS ist Teil von Springer Nature
Die eingetragene Gesellschaft ist Springer Fachmedien Wiesbaden GmbH

Für
Thomas Eilmansberger
(20.4.1961 – 8.11.2012)

Vorwort

Die Technologien der digitalen Kommunikation und mobilen Vernetzung durchdringen in einem hohen Ausmaß unsere Gesellschaft. Gleichermaßen subtil wie nachhaltig eroberten sie im Verlauf der Technisierung die unterschiedlichen Lebensbereiche unseres Alltags und erlauben uns heute permanent und ubiquitär Zugang zu den globalen Netzwerken der Kommunikation. Mit der damit erreichten Vernetzungsdichte verändern sich sowohl auf der Ebene der Individuen als auch gesamtgesellschaftlich die Rahmenbedingungen für Kommunikation.

Die Auseinandersetzung mit den damit verbundenen Phänomenen gehört zu den derzeit interessantesten Forschungsfeldern in der Medien- und Kommunikationswissenschaft. Nicht zuletzt in Fortführung und Weiterentwicklung des Projekts zu den „Tele-Visionen", das sich mit der Theorie und Geschichte der gesellschaftlichen Verbreitung und Aneignungsformen des Fernsehens auseinandersetzte (vgl. Steinmaurer 1999), widmet sich die vorliegende Arbeit nunmehr den Phänomenen der mobilen Dauervernetzung des Menschen und den damit zusammenhängenden Konsequenzen für die Mediatisierung von Individuum und Gesellschaft. Denn unter der Voraussetzung der permanenten Konnektivität des Menschen verändern sich die kommunikativen Rahmenbedingungen für persönliche, soziale wie auch gesellschaftliche Interaktionsformen. Die damit verbundenen Dynamiken des medialen und gesellschaftlichen Wandels sind daher als Prozesse einer Mediatisierung von Individuum und Gesellschaft theoretisch zu kontextualisieren. Neben der zunehmenden Individualisierung und auch Beschleunigung von Kommunikationsprozessen verfestigt sich mit der digitalen Dauervernetzung des Menschen ein Kommunikationshabitus in der Gesellschaft, den wir als ein neues Dispositiv von Konnektivität begreifen können. Auf dieser Ebene verändern sich Formen der Kommunikation, Interaktion und Vernetzung, die es unter vielen Gesichtspunkten kritisch zu reflektieren gilt. Wir beobachten etwa verstärkte Dynamiken der Ökonomisierung kommunikativer Interaktionen wie auch neue Möglichkeiten der Überwachung. Gleichzeitig stellt sich die Frage, inwieweit sich auf gesellschaftlicher Ebene Dynamiken der Fragmentierung intensivieren oder digitale Vernetzungsprozesse dazu beitragen, neue Re-Integrationsprozesse unter digital vernetzten Bedingungen in Gang zu setzen.

Vor dem Hintergrund einer theoretischen Einordnung des Forschungsfelds im Kontext der Mediatisierungsforschung widmet sich der erste Abschnitt des Buches einer Auseinandersetzung mit jenen Wandlungsprozessen, die mit kommunikativer Dauervernetzung in Verbindung zu bringen sind und diskutiert das Phänomen permanenter Konnektivität als neues Dispositiv der Kommunikation. Damit zusammenhängende Verschiebungen werden im Hinblick auf ihre Auswirkungen auf zeitliche wie auch räumliche Phänomene analysiert und dadurch veränderte Aneignungsprozesse angesprochen. Der zweite Abschnitt beschäftigt sich im Rahmen eines historischen Streifzugs durch die technokulturelle Entwicklung der Konnektivität mit Grundlinien einer Mediatisierungsgeschichte, wie sie sich unter den Rahmenbedingungen einer zunehmenden Individualisierung, Mobilität und kommunikativen Vernetzung des Menschen darstellt. Im abschließenden dritten Teil werden Fragen diskutiert, die sich aktuell sowohl auf der Handlungsebene des Individuums wie auch auf der Makroebene gesamtgesellschaftlicher Kommunikationsprozesse unter den gegebenen Rahmenbedingungen stellen. In diesem Zusammenhang werden Fragen des medialen und gesellschaftlichen Wandels mit damit verbundenen Herausforderungen an die Medienanthropologie und Medienethik in Beziehung gesetzt sowie weitere Forschungsperspektiven skizziert. Insgesamt beabsichtigt die Arbeit damit einen Beitrag zur Weiterentwicklung einer Mediatisierungsforschung zu leisten, die gleichermaßen historisch reflexiv wie auch theoriebasiert Phänomene des medialen und gesellschaftlichen Wandels kritisch untersucht.

Das vorliegende Buch stellt die überarbeitete Version einer im Jahr 2013 an der Universität Salzburg eingereichten Habilitationsschrift dar. Das Projekt als Ganzes wäre ohne die Unterstützung und Mithilfe vieler Kolleginnen und Kollegen sowie Freundinnen und Freunde nicht gelungen. Ihnen sei an dieser Stelle herzlich gedankt! Im Rahmen des Habilitationsverfahrens waren es v.a. Prof.in Elisabeth Klaus und Prof. Friedrich Krotz, die mit ihrer produktiven intellektuellen Begleitung und wertvollen Anregungen die Auseinandersetzung mit dem Projekt stets förderten und unterstützten. Ebenso brachten Prof.in Brigitte Hipfl und Prof. Joachim Höflich im Rahmen ihrer Gutachten wertvolle kritische Hinweise und Perspektiven ein. Die Aufnahme des Titels in die Publikationsreihe des DFG-Schwerpunktprogramms „Mediatisierte Welten" förderte die Herausgabe des Bandes auf sehr wertvolle Art und Weise. Vielseitige Unterstützung erhielt ich von meinen Kolleginnen und Kollegen der Universität Salzburg, die das Projekt stets freundschaftlich mit ihren Diskussionsbeiträgen und wertvollen Hinweisen bereicherten. Besonders verdienstvoll haben Mag.a Ursula Baumgartl, Mag.a Andrea Lehner, Dr. Iris Melcher und Mag. Dr. Bernadette Poliwoda an der Manuskripterstellung mitgewirkt. Sie begaben sich mit großer Präzision und Geduld auf die Suche nach den vermeintlich versteckten Fehlern zwischen den Zeilen und Fußnoten. MMag. Manuela Grünangerl half schließlich in der Finalphase bei der Erstellung von Schaubildern. Ohne die Hilfe aller Erwähnten und jener hier aus Platzgründen nicht namentlich genannten Freundinnen und Freunde, die mich über die letzten Jahre der Projektarbeit begleiteten, wäre diese Publikation nicht erschienen. Ihnen allen gilt mein besonderer Dank!

Salzburg, im Januar 2016

Inhalt

Vorwort VII

Einleitung 1

Teil I: Zur Theorie mediatisierter Konnektivität 9

1   Mediatisierung als Metaprozess des medialen und gesellschaftlichen
    Wandels 11
    1.1   Theoretische Zugänge und aktuelle Ansätze 11
    1.2   Phänomene der Mediatisierung im Kontext 30
    1.3   Zur Theorie des Dispositivs im Kontext der
          Mediatisierungsforschung 41
          1.3.1   Mediatisierte Konnektivität: Ein Dispositiv vernetzter
                  Kommunikation 42
          1.3.2   Theoretische Entwicklungslinien und aktuelle Konzepte 56

2   Phänomene der Mobilität und Konnektivität im Kontext des
    medialen und gesellschaftlichen Wandels 67
    2.1   Das Konzept mobiler Privatisierung als gesellschaftliches
          Rahmenmodell 81
    2.2   Von der mobilen Privatisierung zur mobilen Individualisierung ... 88

3   Veränderte Zeiten und Räume 95
    3.1   Im Zeitdispositiv der Dauervernetzung 96
    3.2   Neue Orts- und Raumkonzepte 103

4 **Mediatisierte Konnektivität und Prozesse der Domestizierung** 119
   4.1 Herausforderungen an ein Konzept der Medienaneignung 119
   4.2 Mobile Dauervernetzung zwischen Privatheit
       und Öffentlichkeit 124
   4.3 Von der privaten zur mobilen Domestizierung 129
   4.4 Ontologische Sicherheiten in der Dauervernetzung 133
   4.5 Das Dispositiv der Konnektivität im Kontext
       des Alltags 138

Teil II: Zur historischen Entwicklung mediatisierter Konnektivitäten.... 145

5 **Prozesse des Medienwandels aus historischer Perspektive** 147
   5.1 Zur Theorie sozialer Wandlungsprozesse 157
   5.2 Wechselverhältnisse von Technik und Gesellschaft 166

6 **Auf dem Weg in eine mediatisierte Gesellschaft** 177
   6.1 Sprache und Schrift als Katalysatoren von Kommunikation 179
   6.2 Das System Buchdruck als Mediatisierungsmaschine 185
   6.3 Prozesse der Mediatisierung in der Welt der Printmedien 198
   6.4 Fotografie und Film als „Zwischenspiele" auf dem Weg in
       eine mediatisierte Welt 214

7 **Entwicklungsstufen der Tele-Kommunikation als
   Innovationsschübe der Konnektivität** 219
   7.1 Von der optischen zur elektrischen Telegrafie 225
   7.2 Neue Medien zwischen öffentlichen und privaten Räumen 235
   7.3 Auf dem Weg in ein Netz mediatisierter Konnektivitäten 240
       7.3.1 Vorbemerkung zu einer soziotechnischen Geschichte
            der Telefonie 240
       7.3.2 Zur Phänomenologie tele-fonischer Konnektivität 242
       7.3.3 Innovationswege der Telefonie 247
       7.3.4 Zur Diffusion der Telefonie im soziotechnischen Kontext .. 259
       7.3.5 Zum Wandel kommunikativer Verbindungen im Netz
            neuer Konnektivitäten 269
   7.4 Die Mobilisierung der Telefonie 285
       7.4.1 Vorstufen mobiler Konnektivitäten 286
       7.4.2 Konvergenzen von Mobilkommunikation und digitalen
            Netzen 298

Teil III: Aktuelle Tendenzen und Herausforderungen 309

8 Prozesse der Transformation 311
  8.1 Kommunikationsbedingungen im Wandel 314
  8.2 Das vernetzte Individuum und Fragestellungen der
      Medienanthropologie 318
  8.3 Neue Netzwerke der Überwachung und Veränderungen von
      Privatheit 330
  8.4 Von der Technikkritik zu Fragen der Medienethik 338
  8.5 Phänomene der Transformation von Gesellschaft 341
  8.6 Weiterführende Forschungsperspektiven 362

Literatur 367

Einleitung

In einer Welt fortgeschrittener Mediatisierung und Vernetzung haben wir es mit neuen kommunikativen Verhältnissen zu tun: Technologien der Konnektivität schaffen neue Voraussetzungen und Bedingungen von und für Kommunikation. Neue Netzwerkstrukturen setzen sich auf globaler Ebene durch und klassische Massenmedien alten Typs verlieren an gesellschaftlicher Bindungswirkung. Auch wenn etwa dem Medium Fernsehen gesamtgesellschaftlich noch ein hoher Stellenwert beizumessen ist, gewinnen neue digitale Kommunikationstechnologien massiv an Bedeutung. Auf der Ebene mobiler Technologien konvergieren bislang voneinander weitgehend getrennte Elemente der Individual- und Massenkommunikation und gehen Hybridisierungen mit neuen Angebots- und Nutzungsformen ein. Die neue Kommunikationswirklichkeit der digitalen Dauervernetzung ist mit Dynamiken der Hybridisierung von Raum- und Zeitstrukturen verbunden und lässt tradierte Grenzen zwischen den Zonen von Privatheit und Öffentlichkeit oder auch unserer Arbeits- und Freizeitwelten erodieren. Mit der inzwischen erreichten Verbreitung mobiler Vernetzungstechnologien etablierte sich ein neues technokulturelles Dispositiv der Kommunikation und Konnektivität. Die kommunikative Dauervernetzung des Menschen führt zu neuen Phänomenen der Mediatisierung, eröffnet Chancen und Möglichkeiten der Kommunikation, bringt aber auch Risiken und eine Reihe problematischer Aspekte mit sich. In den inzwischen etablierten Nutzungspraktiken haben sich dominante und hegemoniale Strukturen verfestigt, die vielfach auch neuen ökonomischen Verwertungslogiken unterliegen. Die verstärkten Möglichkeiten der Vermarktung aller Nutzungsspuren der Netzkommunikation und neue Formen der Überwachung sind Teil jener Transformationen, die es kritisch zu analysieren gilt. Ebenso orten wir – vorangetrieben durch die auch kommunikationstechnologisch gestützte Individualisierungsentwicklung – Effekte einer gesellschaftlichen Fragmentierung, verbunden mit der Frage, inwieweit nicht gerade die neuen Technologien der Vernetzung zu Re-Integrationsbewegungen führen. Vor dem Hintergrund dieser Mediatisierungsentwicklungen lässt sich auch auf dieser Ebene von „einer kommunikativen Wende" sprechen, „von der aus viele Fragen neu gestellt werden müssen". (Krotz 2012a, 51)

Mit dem Konzept einer „Mediatisierten Konnektivität" wird ein Prozess angesprochen, der in Bezug auf seine Phänomenologie im Forschungsfeld der Mediatisierungstheorie (vgl. Krotz 2001a, 2007; Lundby 2009; Hartmann/Hepp 2010 u. a.) zu verorten ist. Dieser untersucht mit Blick auf das Wechselverhältnis des medialen und gesellschaftlichen Wandels Phänomene der voranschreitenden Durchdringung des Alltags mit Medien und Kommunikationstechnologien und fokussiert dabei auf gesellschaftliche Metaprozesse der Individualisierung und Globalisierung, die ihrerseits wiederum von Kommerzialisierungsprozessen vorangetrieben werden. (vgl. Krotz 2001a, 2007) Die Mediatisierungstheorie dieser Prägung lässt sich als ein handlungstheoretisch fundierter Theorieentwurf mit Bezügen zur Forschungstradition der Cultural Studies und zur Mediumstheorie kanadischer Provenienz charakterisieren. Sie ist weiters der Figurationstheorie, wie sie Norbert Elias entwickelte, verpflichtet und begreift Formen des kommunikativen Austauschs als Prozesse eines symbolischen Interaktionismus. Die aktuellen Phänomene auf dem Feld der mobil vernetzten Kommunikation lassen sich als Prozesse der Mediatisierung deuten, bedürfen aber auch einer entsprechenden Kontextualisierung, da die darin wirksamen Prozesse starken Dynamiken des Wandels ausgesetzt sind. So verdichten und intensivieren sich etwa mit zunehmender Verbreitung des Phänomens der digitalen Dauervernetzung die Interaktionsverhältnisse zwischen den Menschen auf unterschiedlichen Ebenen. Die apparativen Gadgets der Kommunikation rücken immer näher an das Individuum heran und werden zu ubiquitär verfügbaren und kaum noch verzichtbaren Begleitern in den unterschiedlichen Kontexten und Nischen des Alltags. Das bedeutet, die „Medienumgebungen der Menschen und damit ihre Kommunikationspotentiale werden [...] durch neue Medien vielfältiger, komplexer und zugleich spezialisierter". (Krotz 2005, 19) Die sich daraus verfestigenden Strukturen der Dauervernetzung des Menschen führen zu neuen Phänomenen der Mediatisierung sowohl auf der Mikroebene des Individuums als auch – damit verbunden – auf der Makroebene der Gesellschaft. Das Phänomen der Konnektivität bezeichnet dabei zum einen eine „generelle Beschreibungskategorie für das Herstellen kommunikativer Beziehungen" und zum anderen die Tatsache, dass sich „die Möglichkeiten von kommunikativer Konnektivität zunehmend verändert haben: Sie werden immaterieller, was deren Spezifik betrifft, und globaler, was deren Reichweite betrifft".[1] (Hepp 2008, 71)

---

1   Hepp differenziert in der Folge zwischen dem Strukturaspekt (als Netzwerk von Linien/ Fäden und Knoten bzw. Schaltern) und dem Prozessaspekt (im Sinne des Charakters des Flusses in Bezug auf die Aspekte von Raum und Verdichtung). (vgl. Hepp 2008, 71)

Aus dem Zusammentreffen dieser Strukturveränderungen ergibt sich die Notwendigkeit, den daraus erwachsenden Veränderungsprozessen mit neuen theoretischen Konzeptionen zu begegnen, da die bislang für den Kontext der klassischen Medien tauglichen Instrumente zunehmend an Analysekraft verlieren. Im Rahmen dieser Arbeit werden daher die paradigmatischen Wandlungsprozesse der Kommunikation, wie sie sich auf dem Feld vernetzter und mobiler Kommunikation vollziehen, im Kontext der Mediatisierungstheorie diskutiert. Aufbauend auf dafür relevante Überlegungen wird einerseits versucht, das Theoriefeld bezogen auf Prozesse konnektiver und mobiler Kommunikation weiterzuentwickeln. Andererseits sollen mit Bezügen zur Dispositivtheorie aktuell sich vollziehende Interdependenzen und Phänomene des medialen und gesellschaftlichen Wandels kritisch hinterfragt werden. Vertiefend dazu werden Bezüge zur Materialität von Medien und zu den über die Zeit sich verändernden Mensch-Maschine-Verhältnissen hergestellt. Insbesondere geht es in diesem Zusammenhang um den Versuch einer Freilegung jener dominanten Einflusskräfte und Aspekte von Macht, die wir im Dispositiv mediatisierter Konnektivitäten vorfinden.

Die dispositive Struktur einer mediatisierten Dauervernetzung ist analytisch mit einer Reihe von Metaprozessen in Verbindung zu sehen, die ihrerseits wiederum zwischen den Polen der Ökonomie, der Technik und Kultur bzw. der Zone des Alltags einzuordnen sind. Im Spannungsverhältnis zwischen Technologie und Ökonomie vollziehen sich Transformationen der Digitalisierung und Konvergenz, die auf der Handlungsebene des Menschen mit Prozessen einer „mobilen Individualisierung" korrespondieren. Hepp spricht in diesem Zusammenhang vom Phänomen einer „kommunikativen Mobilität", die in zweifacher Weise zu interpretieren ist: Zum einen werden „‚kommunikative Endgeräte' entweder der Individual- und Massenkommunikation [...] selbst zunehmend mobil. [...] Gleichzeitig bedeutet kommunikative Mobilität auch, dass [...] stationäre Medien sich zunehmend auf Menschen in Bewegung richten." (Hepp 2006, 17f) In Anlehnung an diese Herangehensweise ist diese Transformation stärker an die zentrale Metaentwicklung der Individualisierung (vgl. Beck/Beck-Gersheim 1994) zu koppeln und dieses Phänomen als „mobile Individualisierung" zu konzipieren. Denn wie schon an anderer Stelle für den Kontext des Fernsehempfangs dargestellt (vgl. Steinmaurer 1999), kann in analytischer Weiterentwicklung des Konzepts der „mobilen Privatisierung", wie es Williams (1975) entwarf, das Feld der mobilen Kommunikation als eine Zuspitzung dieser Tendenzen angesehen werden. Auf diesem Niveau spielt jedoch der Faktor der Individualisierung eine weitreichendere Rolle.

Im Rahmen des dynamisch sich vollziehenden technologischen und gesellschaftlichen Wandels sind zudem Konzepte von Räumlichkeit und Zeitlichkeit deutlichen Veränderungen unterworfen. Vorangetrieben vom Metaprozess der Globalisierung beobachten wir auf dem Feld individualisierter und mobiler Kommunikationsformen Effekte der Deterritorialisierung und neue hybride Raumkonfigurationen, die eng mit dem Dispositiv der Dauerkonnektivität in Verbindung zu bringen sind. Vor dem Hintergrund der sich intensivierenden Individualisierung mobiler Kommunikationspraxen bedarf auch der Ansatz der Domestizierung von Medientechnologien, der bislang theoretisch eng an das Terrain des Zuhauses als Ort der Medienaneignung gebunden war, einer Weiterentwicklung. Inwieweit der Bezug zum Ort des Zuhauses auf dem technokulturellen Niveau der mobilen Vernetzung nach wie vor Relevanz besitzt, oder ob nicht vielmehr von einer stärkeren Personalisierung bzw. Individualisierung dieser Prozesse im Sinne einer „Domestizierung 2.0" (vgl. Hartmann 2008) auszugehen ist, wird im Rahmen der Diskussion zu erörtern sein.

Neben den Wandlungsprozessen im Feld veränderter Räumlichkeiten kommt es auch zu Verschiebungen in Bezug auf neue Zeitstrukturierungen, da sich durch die Einwirkung sowohl globaler wie lokaler Vernetzungsformen auch hier neue Hybridisierungsprozesse zeigen, deren Ausprägungen eng mit sich verändernden Handlungsmustern der Kommunikation in Zusammenhang stehen. Damit sind Effekte der Beschleunigung kommunikativer Alltagsprozesse verbunden, die sich auch als Auswirkungen dispositiver Strukturen verstehen lassen. Alle diese Entwicklungen sind unmittelbar stets an Metaprozesse der Ökonomisierung und Kommerzialisierung gekoppelt. Insbesondere die „Ökonomisierung sozialen Handelns, von Kultur und Gesellschaft" kann als der „wichtigste Metaprozess" (Krotz 2006, 65) angenommen werden, der auf das Interdependenzverhältnis des sozialen und gesellschaftlichen Wandels entscheidend einwirkt. In Erweiterung dessen kann mit Blick auf dispositive Dynamiken davon ausgegangen werden, dass aus dem Interdependenzgeflecht der Technologieentwicklung mit damit eng verwobenen ökonomisch motivierten Imperativen dominierende Einflusskräfte erwachsen. Bezogen auf die Gesamtstruktur haben wir also mit technoökonomischen Imperativen zu rechnen, die als „driving forces" das Spiel der Kräfte zunehmend dominieren.

Die hier skizzierten Transformationen äußern sich in jeweils spezifischen Ausprägungen gegenwärtig auf der Ebene des dauervernetzten und ubiquitär kommunizierenden Individuums. Auf der technischen Ebene realisiert sich das Dispositiv der Dauervernetzung in der Konvergenz von Mobilkommunikation, Internet und weiteren Zusatzanwendungen (Apps). Dazu kommt das Innovationsfeld des „ubiquitous computing", das weitere Interaktionsformen mit der informatisierten Umwelt oder dem „Internet der Dinge" erschließt. Auf diesem Konvergenzniveau sind klassische Medien nur noch Teil des gesamten Nutzungsspektrums und finden als solche Eingang in die Kommunikationsrepertoires mobil vernetzter Individuen. Aus den darin wirksamen hegemonialen und dominierenden Dynamiken erwachsen neue Potentiale der Überwachung sowie Strategien der Ökonomisierung individueller Kommunikationsspuren der Nutzerinnen und Nutzer. Neben diesen kritischen Entwicklungen zeigen sich auch neue Möglichkeiten und Chancen der Kommunikation und Vernetzung, die sich mit den neuen mobilen Technologien erschließen. Sie reichen von der Möglichkeit der Anbindung an globale Netzwerke des Wissens und der partizipativen Etablierung neuer Kommunikationsnetzwerke bis hin zu Potentialen der Organisation kollektiver Gegenöffentlichkeiten und Mobilisierungsbewegungen. Weiters zählt zu den „Errungenschaften" der neuen mobilen Vernetzungstechnologien mittlerweile eine breite Palette von Kommunikationsdienstleistungen aus dem Feld mobiler Internetanwendungen, die sich fest in das Alltagshandeln der Menschen integriert haben. Insgesamt gilt es damit also sowohl Risiken wie Chancen in ihrer Ambivalenz innerhalb des Gesamtspektrums der aktuell sich vollziehenden Transformationen im Blick zu haben.

Darüber hinaus stellen sich auch Fragen medienanthropologischer Natur aufgrund der sich beständig verdichtenden Naheverhältnisse der Kommunikationstechnologien zum Menschen. Die neuen mobilen Applikationen der Konnektivität werden Teil unseres Alltags und führen zu Nutzungsroutinen, die es auch kritisch zu hinterfragen gilt. Mit Blick auf das Vernetzungsverhalten stellt sich zudem die Frage, inwieweit sich über individualisierte Kommunikationspraktiken entweder Fragmentierungseffekte und Entbettungserscheinungen verfestigen oder Potentiale der gesellschaftlichen Rekonfiguration erschließen, wie sie schon Bauman im Konzept einer „flüssigen Moderne" beschrieben hat. (vgl. Bauman 2003) Auch auf dieser Ebene stellen sich die Transformationen wiederum als weitgehend dialektische Prozesse dar, deren vielfach widersprüchliche Wirkungsdynamiken sich nur sehr bedingt eindimensional auflösen lassen. Traditionelle Vergesellschaftungsmodelle, wie sie u. a. durch die klassischen Massenmedien getragen waren, drohen jedenfalls an Bindungswirkung zu verlieren, während neue Vergemeinschaftungsformen an Wirkmächtigkeit gewinnen. Welche Entwicklungsszenarien sich in diesem Zusammenhang formulieren lassen, wird im abschließenden Teil zu diskutieren sein.

Vor dem Hintergrund der damit angesprochenen Problemstellungen soll mit dem Dispositiv der Dauerkonnektivität ein theoretisches Rahmenmodell entwickelt werden, das die neuen Verhältnisse und Bedingungen auf dem Feld der mobilen, hochgradig individualisierten und mediatisierten Kommunikation konzeptiv kontextualisiert. In Weiterentwicklung von Arbeiten zur Theorie und Geschichte des Fernsehempfangs (vgl. Steinmaurer 1999) gilt es nun Phänomene kommunikativer Mobilitäten und Konnektivitäten – aufbauend auf der Basistechnologie der Telefonie als paradigmatische Architektur kommunikativer Vernetzung – in das Zentrum zu rücken. Es findet im Paradigma einer ubiquitär verfügbaren und zeitlich unbeschränkten Dauervernetzung des Menschen eine Zuspitzung statt, deren Fragestellungen und Problemlagen es unter vielschichtigen Gesichtspunkten zu diskutieren gilt. Mit ihr transformieren sich kommunikative Handlungsprozesse und damit Prozesse einer Mediatisierung, die nicht nur in ihren aktuellen Ausprägungen, sondern auch mit Blick auf historische Prozessverläufe analysiert werden müssen. Dabei geht es – in Herausarbeitung auch der Handlungsperspektive mit Technologien der Kommunikation – um den Wandel der Interaktions- und Kommunikationsumwelten des Menschen, der mit dazu beigetragen hat, diesen kontinuierlich enger an die Netzwerke der Medien- und Kommunikationsverbindungen zu binden und den Abstand zu den technischen Applikationen der Kommunikation beständig zu verkleinern. Aus diesem Blickwinkel eröffnet sich ein Zugang auf Prozesse des medialen und gesellschaftlichen Wandels, der neue Kontexte zu einer Theorie und Geschichte der Mediatisierung zu erschließen trachtet. Insofern kann auch „den Defiziten dieser Theorie [...] im Rahmen der Kommunikationswissenschaft abgeholfen werden [...]. [Denn] das kann im Rahmen einer allgemeinen Mediumstheorie und -geschichte geschehen, die insbesondere die kommunikativ vermittelten Formen des menschlichen Zusammenlebens berücksichtigt [...]." (Krotz 2005, 18) So soll im Rahmen eines selektiven Streifzugs durch die Kommunikationsgeschichte jenen „Mediatisierungsschüben" (Krotz 2005, 19) nachgegangen werden, die entlang der Entwicklung von Medieninnovationen „mal mehr und mal weniger, mal schneller und mal langsamer Kommunikation und Gespräch der Menschen als Basis sozialer und kultureller Wirklichkeit verändert [haben], weil Gesellschaft und Kultur, Denken, Identität und Alltag vor allem auf sozialer Kommunikation beruhen". (Krotz 2005, 19) Insofern geht es auch um eine Validierung und Fundierung jener kommunikationshistorischen Entwicklungslinien, die bezogen auf ihre Entstehungszusammenhänge gerade für gegenwärtige Transformationsprozesse besondere Relevanz haben. Und vor dem Hintergrund einer breiten kulturalistischen Sichtweise gilt es innerhalb des historischen Bogens auch jene Prozesse im Blick zu haben, die sich im Zuge der Spezialisierungs- und Diversifizierungsgeschichte von Medientechnologien im Kontext von Vergesellschaftungsprozessen jeweils etabliert und durchgesetzt haben. Denn mit dem Wandel von Mediatisierungsverhältnissen „verändern sich die Strukturen und Machtverhältnisse in der Gesellschaft" (Krotz 2005, 20) und so lassen sich technokulturelle Medienentwicklungen in ihrer jeweiligen Konfiguration immer auch als machtgenerierende, aber auch machtunterminierende Dispositive interpretieren, die sowohl auf der Mikroebene des Individuums wie auch auf der Makroebene der Gesellschaft historisch gebunden jeweils spezifische Einflusskräfte – in mehr oder weniger manifesten bzw. subtilen Ausprägungen – entfalten. Mit Fokus auf das theoretische Konzept des Dispositivs mediatisierter Konnektivität und in Rückbindung auf technokulturelle Prozesse von Mobilität und Kommunikation gilt es darüber hinaus auch Verbindungslinien und Überschneidungsfelder zwischen einer literatur- und kulturwissenschaftlich geprägten Medienwissenschaft und einer sozialwissenschaftlich orientierten Kommunikationswissenschaft produktiv zu erschließen. Schließlich soll mit der vorliegenden Publikation ein Beitrag zu einer Theorieentwicklung geleistet werden, die unter Rückbezug auf historische Prozessverläufe aktuell sich vollziehende Wandlungsprozesse mediatisierter Konnektivitäten kritisch kontextualisiert und Anschlusspunkte für weitere Analyseschritte bietet.

Teil I
Zur Theorie mediatisierter Konnektivität

Mediatisierung als Metaprozess des medialen und gesellschaftlichen Wandels 1

Im nun folgenden ersten Abschnitt soll eine Einordnung des Begriffs der Mediatisierung im Kontext seiner unterschiedlichen Bedeutungsfelder vorgenommen werden. Gerade vor dem Hintergrund einer derzeit erst sich vollziehenden Kanonisierung des Theoriefeldes stellen sich die angesprochenen Begriffsdiskussionen als zum Teil noch sehr heterogen und vielschichtig dar und zeugen – nicht zuletzt auch unter Berücksichtigung der international unterschiedlichen Diskurswelten – von einer großen Breite des Diskursspektrums in Bezug auf die jeweiligen Fachzugänge.

1.1 Theoretische Zugänge und aktuelle Ansätze

In einer Gesellschaft, in der Medien eine immer zentralere Rolle in den unterschiedlichen Lebensbereichen spielen und ihr Stellenwert beständig an Relevanz gewinnt, rückt auch die Beschäftigung mit Prozessen der Medialisierung und Mediatisierung zunehmend in das Zentrum der wissenschaftlichen Debatte. Zudem steigt durch die voranschreitende Durchdringung des Alltags mit neuen Informations- und Kommunikationstechnologien die Notwendigkeit einer Auseinandersetzung mit jenen Phänomenen, die auf Kernprozesse des medialen und gesellschaftlichen Wandels insgesamt Bezug nehmen. Die Zahl der zuletzt erschienenen Publikationen zu den Phänomenen der Mediatisierung bzw. Medialisierung unterstreicht dabei die zunehmende Relevanz der Thematik. (vgl. u. a. Hepp/Krotz 2014a, b; Lundby 2009a, Livingstone 2009, Lievrouw 2009a, b; Meyen 2009, Hjarvard 2008, Krotz 2007 et al.) Die Intensivierung der Debatte zu den genannten Phänomenen geht jedoch, wie die folgenden Ausführungen zeigen, (noch) nicht notwendigerweise mit der Herausbildung eines kohärenten Begriffskorpus zu den Phänomenen einher. Nicht nur die Differenziertheit inhaltlicher Zugänge, auch die zum Teil unterschiedlichen Begriffstraditionen in den jeweiligen Sprachräumen und die daraus ableitbaren

Spezifiken ihrer Übersetzbarkeit bringen immer noch gewisse Unübersichtlichkeiten auf der Begriffslandkarte mit sich. Nicht ohne Grund wähnen sich Sonja Livingstone (2009) – in ihrem Beitrag „On the Mediation of Everything" (vgl. Livingstone 2009) – bzw. Knut Lundby (2009b) „lost in translation", wenn sie versuchen, einen Pfad durch die Begriffsvielfalt zwischen den Termini der „mediation", „mediatization", „medialization" bzw. „mediazation" freizulegen. Während Krotz (2001, 2007) oder auch Hepp (2010) aktuell von „Mediatisierung" sprechen, finden wir bei Meyen (2009) oder Imhof (2006) jenen der „Medialisierung" und im Englischen jenen der „Mediatization" (Hjarvard 2008) ebenso wie den der „Mediation". (Lievrouw 2009, Altheide/Snow 1988[2]) Der überwiegende Anteil der vorliegenden angloamerikanischen Fachliteratur benennt Prozesse der „Mediatization"[3], währenddessen im deutschsprachigen Bereich entweder von „Medialisierung" oder – in letzter Zeit häufiger – von „Mediatisierung" gesprochen wird.[4] Die folgenden Ausführungen sollen einen Überblick zu den bislang vorliegenden Ansätzen liefern und in einen Modellvorschlag der mediatisierten Konnektivität münden.

Winfried Schulz schlug 2004 (2004 a,b) zur medientheoretischen Rekonstruktion des Begriffs der Medialisierung vor, diesen zunächst von jenem der Mediatisierung zu trennen, da er „in dreifacher Weise" für Missverständnisse sorge. Zum einen sei er „phonetisch sehr nahe am Begriff der ‚Mediation' […] – dem Verfahren der Konfliktschlichtung durch Einschalten eines neutralen Vermittlers" – und zudem zu nahe an einer für die „systemtheoretische Modellierung demokratischer Prozesse übliche[n] Unterscheidung von Vermittlungssystemen". (Schulz 2004a, 1) Im Übrigen gelte der Begriff insofern als belegt, da er in der Geschichtswissenschaft „die Herstellung der Reichsunmittelbarkeit zahlreicher Kleinterritorien durch den Reichsdeputationshauptschluss zu Beginn des 19. Jahrhunderts" (Schulz 2004a, 1) bezeichne. Den Terminus der Medialisierung bewertet er daher gegenüber jenem der Mediatisierung als „exklusiver", auch wenn dieser nach seiner Einschätzung im deutschen Sprachraum am gebräuchlichsten sei.[5] Grundsätzlich würden nach

---

2   Der im Englischen erschienene Beitrag von Schulz (2004b) spricht dort von „Mediatization".

3   Etwas mehr als die Hälfte der rd. 40 gesichteten Publikationen bzw. Autorinnen und Autoren des angloamerikanischen Raums verwenden diesen Begriff, wobei ähnliche Phänomene dort auch mit dem Terminus „mediation" – wie z. B. bei Silverstone – bezeichnet werden.

4   Hepp/Krotz zeigten zuletzt, dass bereits 1933 von Manheim der Begriff der Mediatisierung als ein Faktor der Herstellung „menschlicher Unmittelbarkeitsbeziehungen" gebraucht wurde. (Hepp/Krotz 2012, 7)

5   Schulz (2004a) weist zudem darauf hin, dass auch im Englischen der Begriff der „mediatization" gegenüber jenem der „mediation" (als eine Substantivierung von „to

1.1 Theoretische Zugänge und aktuelle Ansätze

Schulz (2004 a,b) dem Konzept der Medialisierung drei Funktionen zuzuordnen sein, die auf Medien als Mittel und Möglichkeit der Erweiterung natürlicher menschlicher Kommunikationsfähigkeiten und auch auf Techniken in einem anthropologischen Sinn rekurrieren. Es sind dies zum einen die „Relay-Funktion", weiters die „semiotische" sowie die „ökonomische Funktion". Während die erstgenannte Kategorie auf die basale Übertragungs- und Vermittlungsfunktion als Mittel der Überwindung von Raum und Zeit abzielt und einen wesentlichen Nutzen in der Erweiterung des Erfahrungshorizontes erkennt, verweist die semiotische Funktion auf die Codierung von Inhalten in medialen Modalitäten, die sich an menschlichen Wahrnehmungsmodalitäten orientieren und zudem ihren Ausdruck in gewissen Formaten, Genres, Stilen oder Gattungen finden.[6] Schließlich nennt Schulz noch die ökonomische Funktion, die auf die immer stärkere Ökonomisierung des Mediensystems insgesamt und die darin vorzufindenden Spezifika der Medienökonomie mit den ihr eigenen Skaleneffekten und Grenzkosten abstellt. Grundsätzlich differenziert Schulz zwischen einer funktionalen Perspektive, die als „Fortentwicklung der individuellen und sozialen Kommunikationsfähigkeiten durch Medien" – mit ihren oben erwähnten Funktionen – zu verstehen sei und einer Prozessperspektive, die Fragen nach der Interaktion des Medienwandels mit dem sozialen Wandel stellt und für die er die Aspekte der Extension, Substitution, Amalgamation und Akkommodation als zentral heraushebt. (vgl. Schulz 2004a, 11) Der Begriff der Medialisierung bezeichnet bei Schulz damit „einerseits Erweiterung und Steigerung der Kommunikationsmöglichkeiten, andererseits auch medial bedingte Wahrnehmungsverzerrungen und Wirklichkeitsverluste. Begriffe wie Mediendependenz, Medienwirklichkeit, Medienöffentlichkeit oder Mediengesellschaft konnotieren diese Bedeutung." (Schulz 2004a, 11) Kritisch zu Schulz äußert sich Krotz, wenn er von einer „recht willkürlich erscheinenden" Konstituierung der Teilprozesse im Hinblick auf die Abdeckung des Phänomens von Mediatisierung spricht.[7] (vgl. Krotz 2012a, 36) Ebenso sieht er den Stellenwert einer beständig wachsenden Bedeutung der Bildkultur in der Gesellschaft sowie die Relevanz sozialer Netzwerke oder die Ebene der Mensch-Maschine-Kommunikation in diesem Konzept nicht ausreichend berücksichtigt. (vgl. Krotz 2012a, 36)

---

    mediate" – als die Vermittlungsform in Konfliktschlichtungen) weiter verbreitet sei.
6   Neben der Tatsache, dass wir seit den Arbeiten von McLuhan, Innis und Meyrowitz wissen, wie jedes technische Medium den zu übermittelnden Inhalten einen gewissen „Bias" verleiht, sei auch darauf verwiesen, dass – wie das etwa Altheide/Snow (1988) in ihrem Ansatz einer „mediation theory" zeigen – Medien(formate) gewisse Zwänge sowohl auf Inhalte als auch auf Akteurinnen und Akteure ausüben.
7   Ähnlich breit und damit wenig spezifisch bleibt Mazzoleni (2008).

Krotz selbst konzeptualisiert den Prozess der Mediatisierung, der von einer beständigen Verdichtung und Zunahme medial bzw. medientechnologisch vermittelter Kommunikation in der Gesellschaft ausgeht, perspektivisch mit einem anderen Zugang:

> „Die zeitliche und räumliche, die soziale und sinnbezogene Entgrenzung von Medien, ihre Ausdifferenzierung und ihre Integration zu kaum noch unterscheidbaren kommunikativen Vermischungsformen, die Durchdringung von Alltag und Erfahrung durch medial vermittelte oder medial gestützte Beziehungen und Erlebnisse, all dies sind Tendenzen eines zusammenhängenden, an die Medien und ihre Entwicklung geknüpften Prozesses, [...] den wir Mediatisierung nennen [...]."[8] (Krotz 2001a, 29f)

Damit wird eine „formalistische Definition" des Konzepts vermieden, zumal der Prozess „in der jeweiligen Form immer auch *zeit- und kulturgebunden*" sei und eine Definition sich deshalb „auf historische Untersuchungen stützen müsste". (vgl. Krotz 2007, 39) Der Metaprozess – also der „Prozess von Prozessen" (Krotz 2012a, 45) – des medialen Wandels lässt sich demnach in folgenden verallgemeinerten Thesen darstellen und meint die

1. Allgegenwart der Medien
2. Verwobenheit der Medien mit dem Alltag der Menschen
3. Vermischung von Formen der Kommunikation
4. Alltagsbezogenheit der Inhalte der standardisierten Kommunikation
5. Veralltäglichung medienvermittelter interpersonaler Kommunikation
6. zunehmende Orientierungsfunktion der Medien
7. Konsequenzen für Alltag und Identität, Kultur und Gesellschaft.
(vgl. Krotz 2001a, 34)

Eine Theoretisierung von Mediatisierung im Rahmen der Kommunikationswissenschaft könnte nach Krotz dabei helfen, die Schwachstellen der Mediumstheorie, die „bisher nicht über eine zusammenhängende Theorie verfügt [...] und eher technikorientiert an festen Medieneigenschaften statt an den sich verändernden, kulturell definierten Kommunikationsformen fest gemacht ist", auszuräumen. (Krotz 2007, 43) Dieses Konzept der Mediatisierung, das Kultur und Gesellschaft, Identität und Alltag der Menschen, also die „kommunikativ konstruierten Wirklichkeiten"

---

[8] Krotz hebt an anderer Stelle den Prozess der Ausdifferenzierung auf fünf unterschiedlichen Ebenen hervor. Dabei sei einerseits eine Ausdifferenzierung von Kommunikation in „Typen und Formen" festzustellen sowie eine von „Medienbezügen", von „Medienumgebungen" und von „Medienbedingungen in mediatisierten Lebenswelten". Weiters sei der „Wandel des Lesens und anderer Mediennutzungsformen" dazu zu zählen. (Krotz 2012a, 48f)

1.1 Theoretische Zugänge und aktuelle Ansätze

(Krotz 2005, 18) und den Wandel der Verwendungsweisen von Medien und Kommunikationstechnologien thematisiert, ist wiederum stark kulturwissenschaftlich geprägt und basiert in seinen Grundpfeilern auf Ansätzen der Cultural Studies, dem Symbolischen Interaktionismus Mead'scher Prägung und stellt Bezüge zur Figurationstheorie, wie sie Elias entwickelte, her. In diesen Ansätzen werde der Mensch „als sozial positioniertes Subjekt in der Gesellschaft" begriffen, andererseits als „soziales Individuum [verstanden], das vor allem mit seiner Identität beschäftigt ist, die es aktiv, situativ und in kommunikativem Bezug konstruiert". (Krotz 2001a, 69) Kultur und Gesellschaft würden sich dadurch permanent selbst beschreiben und reproduzieren, wobei auch Aspekte von Macht und Hegemonie eine Rolle spielen (vgl. Krotz 2001a, 69), da durch Figurationen „Zugehörigkeiten geschaffen werden", durch sie „Machtverhältnisse [sich] artikulieren" und sich eine „Etablierung von Regelsetzungen" einschreibt. (Hepp 2013a, 89) In Weiterentwicklung des Konzepts kann daher von „kommunikativen Figurationen" als „musterhafte Interdependenzgeflechte von Kommunikation" gesprochen werden, die sich über Medien oder Kommunikationstechnologien bezogen auf eine soziale Entität – wie z. B. die Familie oder die Formation von Öffentlichkeit – bilden. (Hepp 2013a, 85) Somit weist „der Wandel von mediatisierten Welten [...] deutlich auf den Wandel von kommunikativen Figurationen, die sich in verschiedenen Medien ‚materialisieren'." (Hepp 2013a, 86)

Mediatisierung stellt sich damit als ein Metaprozess des medialen und sozialen Wandels dar, der – getragen durch die Tendenz der Kommerzialisierung – vorrangig die Entwicklungen der Individualisierung und auch der Globalisierung in einen analytischen Bezug zueinander setzt. (vgl. Krotz 2006, 36f) Der hier gebrauchte Medienbegriff zielt darauf ab, Medien als etwas zu begreifen, „das Kommunikation modifiziert, verändert, [...] und zum Entstehen neuer Interaktions- und Kommunikationsformen führt". (Krotz 2003, 23) Medien sind damit nicht nur auf ihre inhaltliche Ebene oder ihre Technizität als Kanäle zu reduzieren, sondern auch Mittel bzw. Instrumente, die Kommunikation „erweitern, verändern, gestalten [und] ermöglichen". (Krotz 2008, 49) Oder um es anders zu akzentuieren:

> „Medien transformieren den Alltag der Menschen nicht nur allein über Inhalte und Kommunikationsformen in Prozessen der Aneignung. Die Aneignung und Nutzung eines neuen Mediums geht an Menschen nicht spurlos vorbei, sie übernehmen neue Rollen und kommunizieren auf neue Weise – sie verändern sich also in ihrer sozialen und kulturellen Orientierung und Einbettung und in ihrem Selbstverständnis."
> (Thomas/Krotz 2008, 34f)

Medien konfigurieren in ihrer technischen Ausprägung spezifische Praktiken ihrer Verwendung und lassen sich sowohl als „Inszenierungsmaschinen" als auch in ihrer Ausprägung als „Erlebnisräume" begreifen. (vgl. Krotz 2003, 23) An anderer Stelle fügt Krotz neben den drei prägenden Aspekten der Technik, der Erlebnisräume und der Inszenierungsmaschinen auch jenen der sozialen Institution hinzu, nachdem – unter Verweis auf Berger und Luckmann – Medien „im Alltag ihrer Nutzer" verankert und „durch Organisationen, Gesetze und andere Verfahren konstituiert und geregelt" sind. Zudem spielen sie „im Gefüge von Wirtschaft, Kultur und Gesellschaft" eine „erwartungsstabilisierende Rolle". (Krotz 2012a, 43)

Der von Krotz entwickelte Theorieentwurf, der sowohl auf Inhalte, aber auch auf die Handlungsstrukturen mit Medien(technologien) abhebt, ist darüber hinaus als ein bereits über Jahrhunderte wirksamer Entwicklungsprozess zu begreifen, in dem jeweils neu hinzukommende Medien die Komplexität der zur Verfügung stehenden Kommunikationsbedingungen kontinuierlich erhöhten. Dieser Zugang wird aus einer handlungstheoretischen Perspektive heraus argumentiert und grenzt sich damit von eher technikdeterministisch angelegten Grundkonzeptionen ab. (vgl. Krotz 2007, 12) Grundsätzlich hätten bisherige Mediatisierungsentwicklungen – so Krotz – zu folgenden drei Arten von Kommunikation geführt: „mediatisierte interpersonale Kommunikation, interaktive Kommunikation verstanden als Kommunikation zwischen Mensch und einem ‚intelligenten' Hardware/Software-System sowie das, was früher Massenkommunikation genannt wurde, aber eigentlich Produktion und Rezeption von standardisierten und allgemein adressierten Kommunikaten genannt werden muss." (Krotz 2007, 13) Als eine Kernentwicklung dieser Mediatisierungstheorie ist die – durchaus auch ambivalente – Dynamik der Entgrenzung zu sehen, indem Medien(technologien) „tendenziell immer weniger an Zeitphasen, Orte, soziale Zwecke, Situationen und Kontexte gebunden" sind, gleichzeitig aber auch durch eine voranschreitende Konvergenzdynamik zu einem „computervermittelten Kommunikationsraum" zusammenwachsen. (Thomas 2010, 264) So bringt eine enge Verzahnung des Alltags mit Handlungsstrukturen medial- bzw. kommunikationsinduzierter Art „neue Typen von Beziehungen, neue alltagspraktische Umgangsweisen mit Raum und Zeit" mit sich, worüber sich „beispielsweise soziale Situationsdefinitionen, elementare Handlungsweisen […], Weltwissen, Denkweisen und Erwartungen, in denen und in Bezug auf die wir handeln und kommunizieren", verändern. (Krotz 2008, 57) Die Durchdringung unserer Handlungsmuster aus erlernten Interaktionsensembles mit Kommunikationstechnologien und die Verschmelzung unseres Denkens mit medialen Codes und Zeichen führt zu einem Grad von Mediatisierung, der kaum noch Raum für medien- und kommunikationsfreie Räume lässt. Mit diesem Ansatz legt Krotz ein differenziertes Theoriekonzept für Mediatisierung vor, das sich innerhalb der Kommunikationswissenschaft gegenüber anderen Ansätzen insbesondere durch seine handlungs- und kulturtheoretische Fundierung auszeichnet. Kritisch kommentiert er die Theorieentwicklung insofern, als er neben den Unklarheiten in

1.1 Theoretische Zugänge und aktuelle Ansätze

Bezug auf die Begriffsverwendung deutlich macht, „dass bisher keine systematisch konzipierte Theorie von Mediatisierungsprozessen vorliegt, die es erlaubt, umfassend zu beschreiben, wie Mediatisierung genau ‚funktioniert'". (Krotz 2012a, 37) Zu einer gänzlich anders ausgerichteten Sichtweise sind Zugänge zu zählen, wie sie etwa Michael Meyen konzipiert. Er plädiert in einem Überblicksbeitrag zur „Medialisierung" dafür, auf den Terminus der Mediatisierung zu „verzichten und unter Medialisierung solche Reaktionen in anderen gesellschaftlichen Teilbereichen zu verstehen, die sich entweder auf den Strukturwandel des Mediensystems beziehen oder auf den generellen Bedeutungsgewinn von Massenmedienkommunikation" abzielen.[9] (Meyen 2009, 23) Aus dieser Herangehensweise wird deutlich, wie sehr die Begriffskonzeption vom fachlichen Zugang aus – der sich in diesem Fall auf den Bereich der Massenmedien und ihre Wirkungen konzentriert – determiniert wird. Aus konzeptionellen und fachpolitischen Erwägungen plädiert Meyen etwa dafür, „Medialisierungsvorstellungen nicht zu vermischen und sich auf die Prozesse zu konzentrieren, die Schulz *accomodation* genannt hat". (Meyen 2009, 27) Damit spricht er sich für eine Konzeption aus, die sich vordringlich auf Phänomene der öffentlichen und im engeren Sinn auch politischen Kommunikation in einem von Massenmedienkommunikation geprägten Mediensystem konzentriert, in dem wiederum davon ausgegangen wird, dass einzelne gesellschaftliche Teilbereiche dazu tendieren, sich an der Logik der Medien – wie das etwa Altheide/Snow (1988) vorgeschlagen haben – auszurichten. Breiter angelegte Ansätze wie jene von Krotz, die Kommunikation als ein umfassendes Phänomen begreifen, oder auch Herangehensweisen, die stärker auf das Phänomen der Konnektivität des Menschen im Kontext vernetzter Kommunikationstechnologien fokussieren und damit über das Feld der institutionalisierten öffentlichen Kommunikation hinausgehen bzw. auch darunter liegende Prozesse in den Blick nehmen, bleiben in dieser eng ausgelegten Perspektive unberücksichtigt. Vielmehr geht es Meyen darum, im Zuge einer Medialisierungsforschung, die einen „Bedeutungszuwachs von medial vermittelter öffentlicher Kommunikation voraussetzt" (Meyen 2009, 30), für empirische Längsschnittstudien und interdisziplinäre Studien zu plädieren, um das Phänomen der so verstandenen Medialisierung im Kontext des sozialen Wandels darstellen zu können. Dies auch deshalb, als Studien zum sozialen Wandel in seiner Wechselwirkung zum medialen Wandel „vor allem von Kulturkritikern besetzt worden" sind, die sich wie die Mediumstheoretiker auf Plausibilitätsschlüsse ohne empirische

---

9 Zuletzt definierten Meyen/Strenger/Thieroff (2015, 155) Medialisierung als „langfristige Medienwirkungen zweiter Ordnung, die dadurch zustande kommen, dass Akteure an Medienwirkungen erster Ordnung glauben (Medieninhalten also Einfluss zusprechen) und sich deshalb an die Handlungslogik der Massenmedien anpassen".

Evidenzen berufen würden. (vgl. Meyen 2009, 28f) Damit nimmt Meyen eine sich kulturkritischen Ansätzen gegenüber deutlich distanzierende Positionierung ein, die sich im Hinblick auf die wesentlich breiter angelegten Erkenntnisinteressen einer Mediatisierungsforschung Krotz'scher Prägung thematisch stark einschränkt.

Eine breiter entwickelte Herangehensweise finden wir dagegen in den Arbeiten Leah A. Lievrouws, die mit einem „Mediation"-Ansatz eine Brücke zwischen den lange eher getrennt voneinander sich entwickelnden Forschungstraditionen der interpersonellen Kommunikation und der Massenkommunikationsforschung schlägt. (vgl. Lievrouw 2009a, 309) In diese Fokussierung fließen Konzepte wie jene der parasozialen Interaktion, der „media richness"-Theorie oder der Interaktivitätstheorie ebenso ein wie die Sichtweise, die im Aufeinandertreffen von Kommunikationstechnologie und Formen des kommunikativen Handelns eine wechselseitige Remodellierung bzw. eine Kodeterminierung erkennt. (vgl. Lievrouw 2009a, 313) Einer der wichtigsten Einflüsse auf dem Weg hin zu dieser „mediation-theory" gehe darüber hinaus auf die Domestizierungstheorie zurück, wie sie Roger Silverstone entwickelte.

"By framing media technologies as both material and symbolic, and domestication as a process involving the double articulation of media technologies between the public and private, Silverstone's work opens the way for an approach to the study of new media that implicates both communication technology and communication practices in the continuous and dialectical 'circulation of meaning, which is mediation'." (Silverstone zit. in Lievrouw 2009a, 314)

Des weiteren würde der Begriff der „mediation" mit der Mediumstheorie McLuhans[10] und den Arbeiten Silverstones über die Auswirkungen von Medien im Alltag konform gehen, währenddessen der Begriff der „mediatization" [...] „connotes the assumption or capture of one institution's power by another – making it an appropriate term to describe the ways that the media undermine or shift the authority of other contemporary institutions". (Lievrouw 2009a, 314) Trotz einer damit auch wieder anklingenden Bezugnahme zur Idee der „media logic" gerät bei Lievrouw gerade die zunehmende Technisierung von Kommunikation als eine Abkehr von simplen Kanal-Konzepten für Kommunikationstechnologie in den Blick, die eine relationale Sichtweise im Kontext von Netzwerkbeziehungen und -kontexten als „mediation-theory" präferiert. Die Sichtweise von „mediation as the intervention of

---

10 Gumpert und Cathcart heben den bei Lievrouw und Livingstone angeführten Bezug zur Mediumstheorie stärker hervor, wenn sie betonen, „it is the notion on the medium as an extension of humans, and as a determiner of the kind of message to be delivered that forms the basis for our theory of mediation". (Gumpert/Cathcart 1990, 27)

1.1 Theoretische Zugänge und aktuelle Ansätze

transmission technologies in the human communication process" (Lievrouw 2009a, 316) öffnet den Weg für eine Denkrichtung, in der technische und soziale Aspekte von Kommunikation in ihrer gesellschaftlichen Einbindung als untrennbare und miteinander dialektisch verbundene Elemente im Prozess der Bedeutungsproduktion erkenntlich werden. „The notion of mediation has broadened accordingly to include the articulation of technological systems and interpersonal participation." (Lievrouw 2009a, 316[11]) An anderer Stelle geht Lievrouw auf die Breite der Wirkung des Konzepts ein und benennt die Reichweite seines Veränderungspotentials.

"Mediated content and interaction now are seen as socially and culturally diversified and selective, as well as mass produced and consumed. Some forms of communication are highly individualized, some are collective, and some are mixed modes: in many situations, no longer is it easy (or necessarily meaningful) to separate producers and consumers, senders and receivers, or content and channel. Socially embedded communication technologies can be seen as 'doubly material': They are both the tangible means of communication expression and culture and, tangible cultural expressions in themselves. They are form and content, means and ends, and the action and structure of communication and culture. In a real sense, they fulfill McLuhans [...] insight that 'the medium is the message' [...]." (Lievrouw 2009b, 236)

Das Konzept von „mediation" sei ihrer Einschätzung nach demnach als „recombinant and reflective, the result of the continuos interplay of technological development, use, and breakdown; communicative action; social circumstances; and shared meaning" zu sehen. (Lievrouw 2009b, 237) Die Abgrenzung zum Konzept der Massenkommunikation stellt sich in einer Übersicht folgendermaßen dar:

	Mass Communication	*Mediation*
Communication Processes	Linear, cumulative	Recombination, reflexive
Social/Technological Structures	Hierarchical, centralized: top-down, few-to-many, stable	Networks: N-way, point-to-point, flexible, reorganizing
Distribution and Access	Scarce, costly, limited	Ubiquitous, pervasive
Grounding for Meaning	Production and reception	Emergent from interaction, relations

Abb. 1 „Mediation" in Abgrenzung zu Massenkommunikation
Quelle: Lievrouw 2009b, 237

---

11 Die Ansätze der Mediologie nach Règis Debray bzw. jene von James Carey, der zwischen „transmission" und „ritual views of communication" unterscheidet, würden etwa dieser erweiterten Sichtweise entsprechen. (vgl. Lievrouw 2009a, 316)

Unter Verweis auf unterschiedliche Anwendungsfelder, auf die an dieser Stelle nicht eingegangen werden kann[12], müsse man daher zu folgendem Schluss gelangen: „The shift from seeing technology-in-communication to seeing technology-as-communication, and the mediation perspective, more generally, finally may bridge (indeed, mediate) some of the discipline's divides, and perhaps even serve as a new point of departure for applied communication scholarship in this new century." (Lievrouw 2009b, 248) Ebenso wie Lievrouw spricht sich auch Livingstone (2009) für den Begriff der „mediation" aus, der in einer breiten Konzeption sowohl Ansätze der „mediatization", der „mediazation" wie auch der „medialization" einschließe. (vgl. Livingstone 2009, 1) Nicht zuletzt mit Verweis auf das Problem eingeschränkter sprachlicher Übersetzbarkeiten plädiert sie für den breit angelegten Zugang zu „mediation". „First, the media mediate, entering into and shaping the mundane but ubiquitous relations among individuals and between individuals and society; and second, as a result, the media mediate, for better or for worse, more than ever before." (Livingstone 2009, 7)

Einen stärker auf den institutionellen Aspekt von Medien ausgerichteten Zugang finden wir dagegen bei Stig Hjarvard. Er hebt insbesondere auf die Dualität von Mediatisierungsprozessen ab, „in that the media have become *integrated* into the operations of other social institutions, while they also have required the status of social institutions *in their own right*". (Hjarvard 2008, 113) In diesem nicht-normativen Konzept könnten einerseits starke und direkte, sowie indirekte, eher schwache Wirkungen auf die Gesellschaft festgemacht werden. Damit wird insbesondere darauf aufmerksam gemacht, dass der Prozess der „mediatization" nicht mit jenem der „mediation" verwechselt werden dürfe: „Mediation describes the concrete act of communication by means of a medium in a specific social context. By contrast, mediatization refers to a more long-lasting process, whereby social and cultural institutions and modes of interaction are changed as a consequence of the growth of the media's influence." (Hjarvard 2008, 113[13]) Zum Begriff der „mediatization" heißt es an anderer Stelle: „Mediatization involves a double-sided development in which media emerge as semi-autonomous institutions in society and at the same time they become integrated into the fabric of human interaction in various social institutions like politics, business, or family." (Hjarvard 2012, 30) Grundsätzlich

---

12   Lievrouw stellt Bezüge zur „organisational, health, political, and instructional communication" her und diskutiert den Ansatz von Mediation in diesen Feldern. (vgl. Lievrouw 2009b)

13   Hjarvard weist in diesem Zusammenhang auch darauf hin, dass von einigen Autoren – wie etwa Altheide/Snow (1988) – der Begriff „mediation" im Sinne von „mediatization" verwendet würde. (vgl. Hjarvard 2008, 114)

1.1 Theoretische Zugänge und aktuelle Ansätze

wären dabei Interaktionen sowohl auf einer Mikro-Ebene, im Bereich der menschlichen Interaktionen, wie auch auf einem Makro-Niveau, wo sich Institutionen zueinander vor dem Hintergrund des Einflusses der Medien verhalten, festzumachen. Hjarvard macht dafür drei Funktionen fest: „They constitute *an interface in the relations within and between institutions*; television newscasts bring politics into people's sitting rooms [...]. Second, the media constitute a realm of *shared experience* [...] and finally, media help to *create a public sphere*, within which institutions can pursue and defend their own interest and establish their legitimacy."[14] (Hjarvard 2008, 126) In der weiteren Diskussion führt ihn das schließlich zu jenem Modell, das die gegenläufigen Tendenzen unter dem Einfluss von Mediatisierungseffekten sowohl auf Mikro- als auch auf Makro-Ebenen verortet, wobei insbesondere unter dem Einfluss der Globalisierung die Komplexität des Beziehungsgeflechts zunimmt.

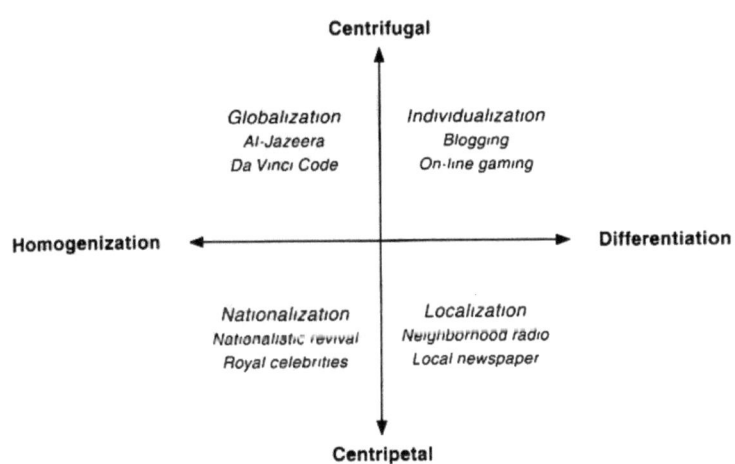

Abb. 2 Virtuelle Medienräume der Kommunikation und des Handelns
Quelle: Hjarvard 2008, 131

---

14 Hjarvard nimmt u. a. auf die Arbeiten Pierre Bourdieus wie auch auf Anthony Giddens Bezug, der Institutionen als Träger von Ressourcen und Rollen begreift. Ebenso hebt er die Prozesse der Virtualisierung sozialer Institutionen – im Kontext der Domestizierung – und die Entstehung einer neuen Form von „social geography" hervor, die nach Tomlinson Deterritorialisierungseffekte mit sich bringt und zu einem höheren Grad kultureller Reflexivität führe. (vgl. Hjarvard 2008, 130)

Neben dem Hinweis auf die Verbindung dieser beiden Ebenen hebt Hjarvard in seiner jüngsten Publikation stark auf die Meso-Ebene kultureller Institutionen (wie die Familie oder auf Systeme der Religion und der Politik) ab und betont darin den Charakter von Medien als „semi-independent institutions" (Hjarvard 2013, 3) Mit einem stark institutionell orientierten Zugang sei die Mediatisierungsforschung zudem als eine Theorie mittlerer Reichweite zu verstehen, die sich historisch ab der Hochmoderne entwickle, „in which the media at one and at the same time have attained semi-autonomy as a social institution and are crucially intervowen with the functioning of other institutions". (Hjarvard 2013, 13)

Einen ersten breit gefächerten Einblick zur Begriffsentwicklung von Mediatisierung leistet ein von Knut Lundby (2009a) vorgelegter Sammelband, der die Debatte zum Thema aus unterschiedlichen Aspekten beleuchtet und einen wichtigen Markstein für die weitere Arbeit an der Begriffsbildung darstellt. Der Herausgeber selbst plädiert darin – zumindest für den englischsprachigen Bereich – für eine Begriffsfestlegung auf den Terminus der „mediatization". Anschließend an die Arbeiten von Martin-Barbero und Thompson[15] hält er mit Silverstone fest, „[that the process] [...] requires us to understand how processes of communication change the social and cultural environments that support them as well as the relationships that participants, both individual and institutional, have to that environment and to each other".[16] (Silverstone zit. in Lundby 2009b, 3) Silverstone erkennt darin ein Konzept „to grasp the transformations of society and culture [...] as both institutionally and technologically driven and embedded". (Silverstone zit. in Lundby 2009b, 3) Lundby selbst argumentiert, dass selbst die von Silverstone als „mediation" bezeichneten Phänomene des Wandels besser mit dem Begriff der „mediatization" zu beschreiben wären.

"'Mediation' is too general a term, with a different connotation of conflict-resolution alongside processes and changes within the modern media. 'Mediatization' goes more specifically to the transformation in society and everyday life that are shaped by the modern media and the processes of mediation, as laid out by Silverstone." (Lundby 2009b, 3f)

---

15 Thompson spricht etwa von einer „„mediazation' of culture" und differenziert zwischen einer „face-to-face interaction", einer „mediated interaction" und einer „mediated quasi-interaction", wie sie für den Fall der Massenmedien typisch ist. (vgl. Thompson 1995)

16 Silverstone verwendet – worauf uns Lundby (2009b) hinweist – zwar den Begriff der „mediation", adressiert damit jedoch jene Prozesse, wie sie im Diskurs der „mediatization" thematisiert werden. Gerade unter Verweis auf die Idee der Vermittlung erschiene es – so Hepp (2013a, 34) – deshalb nicht sinnvoll, die beiden Begriffe der „mediatization" und jenen der „mediation" als konfligierende Konzepte zu verstehen.

1.1 Theoretische Zugänge und aktuelle Ansätze

Insgesamt unterstreichen die bei Lundby (2009a) veröffentlichten Beiträge die Vielfalt der thematischen Zugänge. Die Darlegung der unterschiedlichen Standpunkte legt aber auch Divergenzen frei: Hartmann kritisiert etwa den Ansatz von Silverstone als zu normativ (vgl. Hartmann 2009, 238) und Strömbäck/Esser (2009) geben zu bedenken, dass der Begriff der „mediatiziation" gerade wegen seiner Vielfalt verwässert werden könnte. Er sollte daher besser für inhärent prozess-orientierte Konzepte, denn für statisch verstandene Formen der „Mediation" Anwendung finden. (vgl. Strömbäck/Esser 2009, 208) Zudem wird von einigen Autoren das Konzept der „media logic", wie es von Altheide/Snow (1988) zunächst entwickelt wurde, für aktuelle Phänomene des medialen und gesellschaftlichen Wandels als zu linear und eindimensional kritisiert. (vgl. Krotz 2009, Rothenbuhler 2009) Ungeachtet dieser Divergenzen lenken die Gemeinsamkeiten den Blick auf die zunehmende Zentralität der Medien für die Gesellschaft und damit auf die Bedeutung von Mediatisierung.[17] Unter Verweis der Weiterentwicklung von einem „linguistic turn" hin zum „discursive turn" und schließlich zum „mediatic turn" betonen Friesen/Hug (2009, 66):

"Media [...] can be said to constitute a kind of a priori condition, in the sense similar to Kant's transcendental a priori. Like Kant's understanding of the 'always-already' existing categories of time and space that are constitutive of experience, media today can be said to structure our awareness of time, shape our attentions and emotions, and provide us with the means for forming and expressing thought itself. Media, in slightly different terms, become epistemology: the grounds for knowledge and knowing itself."

Ähnliche Hinweise dazu finden wir schon bei McLuhan, der diese Form, „dass-wir immer-schon-drin-sind", das „unvordenkliche schon Umschlossensein von der ‚tribal drum' der elektronischen Medien" als „The Closure" bezeichnete. (vgl. Hagen 2008, 53[18]) Auch Nick Couldry unterstreicht, dass Medien – wenn auch in Kooperation mit anderen Institutionen – das unhinterfragte Zentrum der Gesellschaft geworden seien. (vgl. Couldry 2003) Und van Loon zeigt in seinem

---

17 Die Vielfalt in Bezug auf die Fachzugänge spiegelt sich nicht zuletzt in der Problematik der Sprachbindungen wider. Maren Hartmann macht darauf aufmerksam, „that a differentiation between mediatization and medialisation is being made within the German language context, while mediation, a prominent term in English, tends not to be used. A clearly defined differentiation between the two, however, remains problematic insofar as different authors state different differences at different moments in time". (Hartmann 2009, 227)

18 Bei McLuhan geht diese Denkfigur auf den amerikanischen Maler, Romancier und Essayisten Wyndham Lewis (1882-1957) zurück. (vgl. Hagen 2008)

Beitrag über die „Modalities of Mediation" die enge Verwobenheit von Mensch und Technologie – durchaus auch in Annäherung an McLuhan – auf, wenn er festhält:

"In our ordinary being, we inhabit technology. [...] [That] means two things. (1) [That] we habitualize technology as a means to relate to the world, and (2) we deploy technology to modify our habitat. [...] In modern life, comfort and convenience (immediacy) are essential value modes of habitation and they form a significant part of the motivation for technological innovations."[19] (van Loon 2000, 114)

Auch in einem jüngst vorgelegten Sammelband (vgl. Hepp/Krotz 2014a) verdeutlicht sich erneut das große Spektrum unterschiedlicher Themenzugänge zum zentralen Phänomen. So weist Fornäs mit einem breiten kulturalistischen Blick auf das Phänomen der Mediatisierung darauf hin, dass es nötig sei, dieses Konzept sowohl empirisch als auch theoretisch – unter Bedachtnahme historischer wie geografischer Spezifiken – weiterzuentwickeln. (vgl. Fornäs 2014) Couldry setzt sich für eine Berücksichtigung der Feldtheorie Bourdieus ein, „[as] much debate on mediatization has been too silent (or at least to unspecific) on social ontology". (Couldry 2014, 57) Und Miller (2014) spricht sich mit Blick auf die Relevanz des „ubiquitous computing" dafür aus, den Faktor der Technologien für die Mediatisierungsforschung nicht außer acht zu lassen und plädiert für eine „full integration of technology as a central media logic". (Miller 2014, 111)

Insgesamt zeugen die vorliegenden Zugänge zum Konzept der Mediatisierung – auch wenn man noch nicht am Ende einer stringenten Begriffskanonisierung zu stehen scheint – zumindest für den englischsprachigen Raum von einer erkennbaren Dominanz des Begriffs der „mediatization". Lundby (2009b, 12) meint in diesem Zusammenhang zu Recht, dass auch die Arbeiten Silverstones – der von „mediation" spricht, wenn er die Transformationsprozesse der Gesellschaft im

---

19 In Auseinandersetzung mit dem Technikbegriff von Heidegger versteht van Loon unter dem Begriff von „Mediation" folgendes: "Mediation reveals the attuning of our existential being to our environment, and thus the *mediation is the attuning of Dasein to our being in the world*. This revealing, however, is not a simple disclosure, but also one that intails forms of concealment. Regardless of what is being communicated, media technology in-presents the nature of communication as mediated; that is, that something that extends from ourselves by *coming-in-between*; by offering a means to facilitate an exchange of signs and symbols." (van Loon 2000, 117) Und weiter präzisiert er: "The manner in which we come to terms with this so-found-ness of ourselves-in-the-world is what we might call 'mediation'. [...] Mediation is thus the interplay between concealment and unconcealment of the relationship between our existential being (*Dasein*) and our ordinary everyday (being-in-the-world). Mediation is 'coming-to-terms-with' exactly because it enables meaningful relationships between ourselves and the world: it immenses us into the work of 'making sense'." (van Loon 2000, 119)

1.1 Theoretische Zugänge und aktuelle Ansätze

Kontext der Medienentwicklung in den Blick nimmt – innerhalb des Begriffsfelds einer „mediatization" einzureihen wären. „What Silverstone claims for ‚mediation' is, in this book, valid for ‚mediatization'. Processes of mediatization have roots in the technologies of the modern media [...] However, social processes also shape mediatization." (Lundby 2009b, 4) Und in einer Gegenüberstellung, die Couldry (2009) zwischen den Begriffen der „mediation" und „mediatization" vornimmt, plädiert dieser wiederum für die von Silverstone gewählte Herangehensweise, die er als wesentlich breiter und umfassender qualifiziert. „[...] Mediatization (developed, for example, by Stig Hjarvard and Winfried Schulz) is stronger at addressing aspects of media textuality, suggesting that a unitary media-based logic is at work. In spite of its apparent vagueness, mediation (developed in particular by Roger Silverstone) provides more flexibility for thinking about the open-ended and dialectical social transformations." (Couldry 2008, 373) Couldry schließt sich später – unter Bezugnahme zur Krotz'schen Konzeption von Mediatisierung als Metaprozess und nicht zuletzt unter Verweis auf die Argumentation Livingstones (2009) – dem Begriffsverständnis der „mediatization" an. (vgl. Couldry 2014) Und unabhängig von diesen Fachspezifiken spielen auch noch – wie erwähnt – Differenzierungen im Hinblick auf den sprachlichen Zugang eine nicht unbeträchtliche Rolle. Lundby führt das folgendermaßen aus, wenn er festhält:

"In English, 'mediatization' has sounded a rather awkward term [Livingstone 2009]. North American scholars have been writing on the phenomenon of mediatization without using the word. This is the case with the Canadian initiators of Medium Theory [Innis, McLuhan] as well as the U.S. theorists of 'media logic' [Altheide and Snow], to mention a few significant contributors. In Britain, John B. Thompson (1995) tried 'mediazation of culture', and Simon Cottle has looked for 'mediatized' phenomena. [Cottle 2006a; 2006b]. However, British scholars have prefered the term 'mediation' to denote the same kind of transformation processes that this book discusses as 'mediatization'." (Lundby 2009b, 12)

Vor diesem Hintergrund stellt sich schließlich die begriffliche Ausrichtung der „mediatization" gegenüber jener der „mediation" als zutreffender dar, „applied to acts and processes of communication with technical media". (Lundby 2009b, 13) Und da „mediation" auch eher den Vermittlungsaspekt und nicht so sehr die Funktion der sozialen Interaktionen mit einschließt, kann der Begriff der „mediatization" als insgesamt anschlussfähiger gelten. Demzufolge lassen sich auch die Konzepte von Lievrouw oder Livingstone diesem Oberbegriff zuordnen. Dies nicht zuletzt auch deshalb, als in der englischsprachigen Debatte der Begriff der „mediation" implizit als ein der „mediatization" vorausgehender Prozess – im Sinne einer davor etablierten Vermitteltheit – verstanden wird. Wenn es also darum geht, aus den referierten Ansätzen eine relevante Begriffsdefinition herauszuschälen, müssen zunächst die nicht unmittelbar für eine engere medien- und kommunikationswissenschaftliche Betrachtung relevanten Bedeutungsfelder ausgeschlossen werden. Das trifft – zunächst Schulz folgend – jedenfalls für die geschichtswissenschaftliche Konnotation von „Mediatisierung" zu und gilt auch für jene kommunikativen Vermittlungsleistungen, wie sie etwa im Rahmen von Streitschlichtungsverfahren Anwendung finden. In einem nächsten Schritt sind jene Diskurse auszunehmen, die unter Mediatisierung die zunehmende Ausrichtung der Politik auf Logiken der Medien – vielfach unter Verweis auf die Arbeiten von Altheide/Snow (1988) – sowie Kolonialisierungsdynamiken der Politik durch mediale Einflüsse (bzw. die voranschreitende Verschränkung beider Systemfelder) diskutieren. (vgl. dazu Asp, 1990[20]; Kepplinger 1999; Mazzoleni/Schulz 1999; Sarcinelli 2002, Vowe 2006; Meyen 2009; vgl. dazu auch Donges 2006, 164f). Generell lassen sich diese Herangehensweisen überwiegend institutionalistischen Traditionen der Mediatisierungsforschung zuordnen, währenddessen sozialkonstruktivistische Ansätze jene Erkenntnisinteressen bündeln, die vordringlich auf die Interdependenz des medialen und sozialen Wandels fokussieren.[21] (vgl. Hepp 2015, 168) In Summe kann nicht zuletzt auch aus forschungspragmatischen Gesichtspunkten und im Licht der aktuell sich abzeichnenden Begriffskanonisierungen für das hier relevante Themenfeld am Begriff der *Mediatisierung* festgehalten werden.[22] Mit der gewählten Schwerpunktsetzung auf das Konzept einer mediatisierten Konnektivität werden zudem auch verstärkt technologisch bedingte Phänomene und damit auch angesprochene Spielarten mobiler Kommunikation in das Zentrum gerückt. Darüber hinaus sei auf die von Krotz vorgeschlagene Pragmatik verwiesen, wenn er davon spricht, den Terminus der „Mediatisierung" allein schon deshalb zu verwenden, weil er „näher am alltäglichen Sprachgebrauch" liege und er „in anderen Sprachen, insbesondere Englisch, leichter vermittelbar" sei als jener der „Medialisierung". (Krotz 2007, 39) Die folgende Übersicht bietet abschließend zu dieser Diskussion einen Überblick über die unterschiedlichen Begriffsausprägungen, wie wir sie derzeit in der Literatur repräsentiert finden.[23]

---

20 Asp verwendet in diesem Zusammenhang den Begriff der „Medialization". (vgl. Asp 1990)
21 Ampuja u. a. (2014) differenzieren die Zugänge auf der Ebene einer „strong" und „weak form" der Mediatisierungstheorie und problematisieren insbesondere die sozialkonstruktivistische Entwicklungsrichtung.
22 Damit kann auch eine an anderer Stelle vorgeschlagene Differenzierung als weiterentwickelt angesehen werden, die noch von einer Unterscheidung zwischen den Prozessen einer Medialisierung und Mediatisierung ausgegangen war. (vgl. Steinmaurer 2003)
23 Die Übersicht erhebt keinerlei Anspruch auf Vollständigkeit, sondern bildet lediglich die Differenziertheit der unterschiedlichen Begriffszugänge ab. Auf das Themenspektrum

1.1 Theoretische Zugänge und aktuelle Ansätze

Mediatisierung

Krotz (2001a,b; 2003, 2006, 2007): *Metaprozess des medialen und ges. Wandels. Verwobenheit von Medien und Gesellschaft, Veralltäglichung der Medien. (Individualisierung, Globalisierung, Kommerzialisierung).*

Hartmann (2010): *Spannung zwischen Fragmentierung (Mediatisierung) und dem Streben nach Einheit (Mediation) in der Gesellschaft.*

Hepp/Hartmann (2010): *Voranschreitende Durchdringung des Alltags mit Medien und Kommunikation.*

Winter (2010): *Quantitative und qualitative Zunahme medialer Kommunikation als Metaprozess sozialen Wandels.*

Hickethier (2010): *Transformation (u. a.) sozialer Tatbestände und Handlungen von einem vormedialen in einen medialen Zustand (=Medialisierung).*

Göttlich (2010): *Habitualisierung von Artefakten in alltägliche Handlungsweisen sowie des kommunikativen Handelns.*

Thomas (2010): *Wandel gesamtgesellschaftlicher als auch individueller medialer Potentiale und darauf bezogene Kommunikationspraktiken. Prozesse der Entgrenzung und Integration.*

Höflich (2010): *Vermischung von bislang (von Ort und Zeit) abgegrenzten Bereichen des Lebens und des Handelns. Veränderung der Grenzen zw. Privatem und Öffentlichem, Arbeit und Freizeit.*

Lingenberg (2010): *Mehr an Kommunikationstechnologien und deren Aneignung auf zeitlicher, räumlicher und sozialer Ebene.*

Schulz, Iren (2010): *Mediatisierung als Verbindung kommunikationswissenschaftlicher, sozialisationstheoretischer und netzwerkphänomenologischer Ansätze.*

Theunert/Schorb (2010): *Verschränkung von Medienwelt, Lebensbereichen und Handlungsformen.*

Mettler-Meibom (1987): *Prozess, in dem sich zunehmend Medien zwischen Menschen und ihre Erfahrungen schieben.*

Habermas (1981): *Übernahme des direkten Austauschs von Handlungen durch symbolisch generalisierte Medien.*

Mediatisierung von Politik

Vowe (2006): *Anpassung der Kommunikation (insbesondere der politischen Kommunikation) an die Medienlogik.*

Sarcinelli (2002): *Verschmelzung politischer, sozialer und medialer Wirklichkeit. Ausrichtung des politischen Handelns an der Medienlogik.*

Kepplinger (1999): *Anpassung der Politik an die Erfolgsbedingungen der Medien.*

---

der Mediatisierungstheorien politikwissenschaftlicher Prägung wird dabei inhaltlich nicht näher eingegangen. Für diesen Forschungsbereich zu nennen sind insbesondere: Vowe (2006), Sarcinelli (2002), Donges (2008) sowie Kepplinger (1999). Weiters wurden Aspekte einer allgemeineren Begriffsauslegung, wie wir sie etwa bei Baudrillard oder Habermas finden (vgl. Hepp/Krotz 2012, 7), nicht in die engere Begriffsdiskussion mit einbezogen. Ebenso trifft das etwa auf Lischka (1988) zu.

Medialisierung

Schulz, W. (2004a): *Beziehung des medialen und gesellschaftlichen Wandels als Substitution, Amalgamation, Akkomodation und Extension. (im engl. „mediatization")*
Imhof (2003, 2006): *Wachsender Bedeutungsgewinn der Medien für die Gemeinschaftsbildung durch soziale Differenzierung. Bedeutungssteigerung medienvermittelter Kommunikation für politische Akteure.*

Medialisierung von Politik

Donges (2006): *Ausrichtung der Politik und ihrer Strukturen an die Handlungslogik der Medien.*
Meyen (2009): *Strukturwandel und Bedeutungszuwachs von Massenmedienkommunikation als Motoren gesellschaftlicher Veränderungen.*

Mediatization

Hjarvard (2008, 2013): *Long-lasting process, whereby social and cultural institutions and modes of interaction are changed as a consequence of the growth of the media's influence. Process of modernization like globalization, urbanization and individualization with focus on an institutional approach on media as semi-independent institutions in society.*
Lundby (2009 a,b,c): *Emphasis on how social and communicative forms are developed when media are taken into use in social interaction.*
Strömbäck/Esser (2009): *Mediatization of politics with media as a dominant and independent source of information and communication, governed by media logic or political logic.*
Couldry (2008): *Transformation of many disparate social and cultural processes into forms or formats suitable for media representation.*
Friesen/Hug (2009): *Process of the (inter)penetration, integration, saturation, or colonization of the sociocultural lifeworld by media of various sorts.*
Schofield Clark (2009): *Process by which social organizations, structures, or industries take on the form of the media and the processes by which genres of popular culture become central to the narratives of social phenomena.*
Hepp (2009): *Transgressive power of the media across the different context fields as well as across different states and cultures. Transformed by the inertia of the institution within each context field.*
Hepp/Krotz (2014a): *Critical analysis of the interrelation between the change of media and communication and the change of culture and society.*
Fornäs (2014): *A long lasting process of mediation and a tool of reflexivity with intersubjective relations increasingly mediated by the technical and institutional apparatuses of the media.*
Skjulstad (2009): *Mediatization (of fashion) allows to see interfaces referring to textual, cultural, and symbolic mediated expressions.*
Thomas (2009): *General shift of societal as well as individual communication practices on different levels which utilize new and changing media potentials plus all related consequences.*
Knoblauch (2014): *Mediatization not only refers to a particular representation by media (medialization) or the technical mediation of action or social action, but to the mediation of communicative action.*

1.1 Theoretische Zugänge und aktuelle Ansätze

Mediation

Lievrouw (2009a): *Capture of one institution's power by another and the intervention of transmission technologies in the human communication process.*

Livingstone (2009): *Media entering – more than ever before – into and shaping the mundane but ubiquitous relations among individuals and between individuals and society.*

Altheide/Snow (1988): *Media logic as the process through which media present and transmit information with the primacy of form over content.*

Tomlinson (1999): *Overcoming distance in communication – as facilitating and intervening process – with the general goal to deliver immediacy. Following Giddens „mediated experience" – bridging time and space in communication with the attempt to deliver immediacy.*

Silverstone (2005): *Transformations of society and culture as both institutionally and technologically driven. Implicates both communication technology and communication practices in the circulation of meaning.*

Couldry (2009): *Resultant of flows of production, circulation, interpretation and recirculation within open-ended and dialectical social transformations.* Concept refined to „mediatization" (2014)

van Loon (2000): *Attuning of our existential being to our environment. Inhabiting and habitualize technology as a means to relate to the world, and to deploy technology to modify our habitat.*

Cardoso (2008): *Networked mediation as socially shaped by interactivity in our societies and by networking of mass and interpersonal media. Social adoption changing the media itself, changing its organizational, technological and networking characteristics.*

Mediazation

Thompson (1995): *Using communication technologies with new forms of action and interaction in the social world, new kinds of social relationship and new ways of relating to others and to oneself.*

Medialization of Politics

Asp (1990): *Medialization of politics (media logic): a political system as highly influenced by and adapted to terms imposed by the media.*

Abb. 3 Die Begriffsvielfalt in einem ausgewählten Überblick[24]
Quelle: eigene Darstellung

Insgesamt dokumentiert die Fülle der in den letzten Jahren zahlreich erschienenen Publikationen[25] den zunehmenden Stellenwert des Konzepts der Mediatisierungsforschung in der Medien- und Kommunikationswissenschaft. Zum Teil gingen diese Publikationen aus dem seit 2010 laufenden Schwerpunktprogramm der Deutschen

---

24 Die jeweils beigefügten Bedeutungsschwerpunkte zielen auf die Spezifik der Begriffsverwendung ab und erheben keinen Anspruch im Hinblick auf Vollständigkeit und Trennschärfe.

25 Sie dokumentieren sich einerseits in Monografien (Krotz 2001a, 2007; Hjarvard 2013, Hepp 2013a, 2013b) und Sammelbänden (vgl. Lundby 2009a sowie Hepp/Krotz 2014a) wie auch in einer Reihe von Themenheften internationaler Fachzeitschriften. (vgl. Hepp/Krotz 2014b, 1)

Forschungsgemeinschaft („Mediatisierte Welten") hervor, ein Programm, das entscheidend auch zur Verankerung dieses Forschungsfelds im Fach beitrug.[26] Im Folgenden soll nun – aufbauend auf dem Konzept der Mediatisierung – näher auf das damit verbundene Phänomen der kommunikativen Konnektivität mit Fokus auf das Dispositiv der mobilen Dauervernetzung eingegangen werden.

1.2 Phänomene der Mediatisierung im Kontext

Wie dargestellt, versteht sich die hier gewählte Forschungsorientierung einer vorwiegend sozialkonstruktivistisch orientierten Tradition verpflichtet, die – mit ihrer Nähe zur Mediums-Theorie – stark auf den Aspekt kommunikationstechnologisch vermittelter Mediatisierungsformen abzielt und auch das Interdependenzgeflecht des medialen und sozialen Wandels im Blick hat. (vgl. Hepp/Krotz 2014b, 5) In diesem Zusammenhang gilt es – unter Verweis auf Schanze (2002) und Krotz (2001a, b, 2007) – auch zu bedenken, dass gerade Phänomene der Konnektivität und Ausprägungsformen mobiler Kommunikation technologisch hergestellte Vermittlungsformen darstellen, die zuvor meist direkt vollzogene Kommunikationsbeziehungen nunmehr technologisch realisieren und damit klassische Vermittlungsformen zum Teil ersetzen bzw. diese in neue hybride Formen integrieren.

Gerade die aus dem Technosystem der Telefonie hervorgegangene Mobilkommunikation und erst recht die darauf aufbauenden Konvergenzdynamiken hin zum mobilen Internet machen heute – erweitert um zusätzliche Applikationen des „ubiquitous computing" – das zentrale Netzwerk für kommunikative Konnektivitäten aus. Von John Tomlinson als ein Prozess verstanden, der Unmittelbarkeiten und Gleichzeitigkeiten in den Kommunikationsverbindungen herstellt, steht der Begriff der Konnektivität – durchaus auch in Abgrenzung zu jenem der „proximity" – in enger Verknüpfung mit jenem der „mediation" bzw. „mediated deterritorialization". (vgl. Tomlinson 1999, 155f) Integriert in einen breiteren Kontext des Globalisierungsdiskurses ist Konnektivität in diesem Zusammenhang mit Effekten der Deterritorialisierung und einer raum-zeitlichen sowie kulturellen globalen Verdichtung und Komprimierung zu verbinden. Zentral ist für Tomlinson der Hinweis auf den im Übergang von der Vormoderne in die Moderne sich vollziehenden „epochal shift" und die axialen Prinzipien, „that put communication, mobility and connectivity at the centre of our lives". (Tomlinson 1999, 42) In Verbindung mit Prozessen der Globalisierung und den entsprechend

---

26 Vgl. online unter: www.mediatisiertewelten.de

1.2 Phänomene der Mediatisierung im Kontext 31

dazu angeschlossenen Rahmenentwicklungen ist das Konzept der Konnektivität zudem mit den Metaphern von Netzwerk und Fluss in Verbindung zu sehen. (vgl. Hepp/Krotz/Moores/Winter 2006) So zeigt das Konzept der Konnektivität „keine strukturelle und feste Verbundenheit an und überwindet in der Verbindung mit ‚Netzwerk' und ‚flow' enge handlungstheoretische und funktionale Konzeptionalisierungen von Verbundenheit, die für die neue unmittelbare und an jedem Ort mögliche Verbundenheit, die mobile digitale Netzwerkmedien ermöglichen, unangemessen sind." (Winter 2006, 48f)

Im Kontext der für diese Arbeit zentralen Fragestellungen gilt es – basierend auf dem Metaprozess der Individualisierung – die Verortung und den Stellenwert der/des Einzelnen innerhalb eines Netzwerks technisch vermittelter Verbindungen oder – um es mit einem Begriff von Castells zu sagen – das Phänomen des „vernetzten Individualismus" (Castells zit. in Hepp/Krotz/Moores/Winter 2006, 10) in das Blickfeld zu rücken. Eingebettet in diesen Zusammenhang können wir heute den Menschen als ein perspektivisch permanent und ubiquitär kommunikativ vernetztes Individuum begreifen. Der Begriff der Konnektivität ist zudem eng auch an das Phänomen der Mobilität und mobilen Kommunikation geknüpft. Vor diesem Hintergrund gilt es das Konzept kommunikativer Konnektivität in einem breiteren Kontext zu verstehen, wenn wir es für den Theoriekontext der Mediatisierungsforschung erschließen wollen.

In der Literatur wird mit dem Begriff Mediatisierung nicht selten auch die Stufe einer kommunikativen Verbindung im Sinne einer „mediation" und neuen Form technisch hergestellter Vermitteltheit verstanden. Diese Sichtweise führt allerdings in zweierlei Hinsicht zu Verkürzungen. Denn einerseits kommt es durch die Etablierung neuer technischer Vermittlungsformen nicht nur zu einer Veränderung auf dem Niveau der Technologie, sondern auch zu Transformationen auf der Ebene des Individuums wie auch auf der Makrobene der Gesellschaft. Damit sind Prozesse der Individualisierung ebenso verbunden wie Phänomene der Deterritorialisierung sowie Fragen medienanthropologischer Natur. Diese sind wiederum an Kommerzialisierungsprozesse gekoppelt, aus denen oftmals hegemoniale Strukturierungen hervorgehen. Andererseits gilt es neue Formen kommunikativer Konnektivität stets vor dem Hintergrund ihrer historischen Entwicklungswege einzuordnen und heute dominierende Kommunikationsformen immer im Umfeld mit bereits etablierten Mediatisierungsstrukturen zu verorten. So verändert etwa – mit Blick auf die historische Perspektive – die oftmals als Differenzebene angenommene reine Face-to-Face-Kommunikation bereits auf der Ebene der Schrift den Status einer kommunikativen Unmittelbarkeit, da schon mit ihr Kommunikation nur noch mediatisiert stattfindet. Sie verändert damit Prozesse der Kommunikation, etabliert durch zeit- und raumversetzte Kommunikationsmöglichkeiten neue soziale Verhältnisse und evoziert neue (Medien)Wirklichkeiten für die Nutzerinnen und Nutzer. Wenn wir diese Entwicklungsstufe als eine erste kommunikative Differenzmarkierung verstehen, müssen daran anschließende Formen als weitere Mediatisierungsprozesse verstanden werden, die auf sowohl individueller wie auch sozialer, kultureller wie alltagsphänomenologischer Ebene zu Transformationen führen. Insofern macht einen wesentlichen Kern der Mediatisierung die Technisierung von Kommunikationsprozessen aus, die auf den jeweils historischen Stufen immer in Verbindung zu Phänomenen des sozialen und kulturellen Wandels und den darin eingeschriebenen gesellschaftlichen Rahmenbedingungen steht.

Vor diesem Hintergrund muss das Konzept der Mediatisierung ganz wesentlich auch als historisch gewachsener Prozess (vgl. Krotz 2007, 44) verstanden werden, der in sich dynamisch angelegt ist und entsprechend den jeweils sich wandelnden Rahmenbedingungen unterschiedliche Ausprägungen annehmen kann. Mediatisierungsentwicklungen können nach Krotz als kulturell langfristig angelegt gesehen werden, die nicht erst mit der Entwicklung moderner Industriegesellschaften einsetzen, sondern bereits mit Prozessen der Alphabetisierung oder Schriftentwicklung in Verbindung zu bringen sind. Denn „Mediatisierungsgeschichte gab es in der menschlichen Geschichte schon immer; Die Erfindung symbolischer, materiell repräsentierter Zeichen, später der Schrift oder Alphabetisierung" sind zu den Anfangspunkten dieser Entwicklung zu zählen. (Krotz 2015, 129f) Zudem ist Mediatisierung insgesamt als Metaprozess des medialen und gesellschaftlichen Wandels anzusehen, der auf der derzeit entwickelten Stufe mit anderen Metaprozessen – wie jenen der Individualisierung und Globalisierung – eng verknüpft ist. (vgl. Krotz 2001a, b, 2007) Ergänzend in Bezug auf das Phänomen der Konnektivität stellt sich insbesondere der Prozess der Kommerzialisierung als eine dominierende Basisentwicklung dar. Transformationen der Individualisierung, Globalisierung und Mediatisierung hängen insofern von ihr ab, als die Kommerzialisierungslogik in diesem Ensemble als treibende Kraft angenommen werden kann. „Medien sind immer Teil der Ökonomie und nicht nur ein kulturelles Netzwerk der Tradition und der Bedeutungskonstitution. [...] Insgesamt können wir also sagen, dass der Metaprozess Kommerzialisierung ein die Entwicklung voran treibender Metaprozess hinter dem Metaprozess Mediatisierung ist." (Krotz 2006, 37) Diese Dynamik ist für die Mediatisierungstheorie von zentraler Bedeutung, da sich – wie detaillierter auszuführen sein wird – in diesem Zusammenhang Fragen nach den dominierenden oder auch hegemonialen Triebkräften stellen, die sich ihrerseits insbesondere aus der Kopplung von technologischen und ökonomischen Strukturierungen ergeben. Die Mediatisierungstheorie selbst bedarf – neben ihrer handlungstheoretischen Fundierung – dahingehend durchaus auch noch einer theoretischen Weiterentwicklung auf der Ebene jener Wirkungs- und Einflusskräfte, die sich auf

1.2 Phänomene der Mediatisierung im Kontext

die Ökonomisierung kommunikativer Alltagsstrukturen beziehen. Diese wird in Zukunft schon alleine deshalb zu vertiefen sein, als innerhalb des Gesamtkonzepts dem Prozess der Kommerzialisierung eine immer entscheidendere Bedeutung beizumessen sein wird.

Bedeutsam für den Kontext dieser Arbeit bleibt aber die Herangehensweise, Medienentwicklung nicht als ein rein techno-ökonomisch getriebenes Projekt zu begreifen, sondern in der Gesamtsicht „als soziales Geschehen, insofern die sozialen und kulturellen Auswirkungen nicht aus der Technik, sondern aus dem Handeln und Kommunizieren der Menschen hergeleitet werden". (Krotz 2007, 41) Gleichwohl eröffnen die in mediatisierten Kommunikationsprozessen integrierten Technologien immer wieder Möglichkeitsräume, in deren Rahmen bestimmte Handlungsspektren sich optional anbieten, andere wiederum ausgeschlossen werden. Der hier entwickelte Ansatz weicht von einer stärker sozialkonstruktivistischen Sichtweise insofern ab, als das Gegenüber von Technik und Gesellschaft bzw. Mensch und Technologie – nicht zuletzt in Anlehnung an das Konzept von Struktur und Handeln nach Giddens – als ein Wechselverhältnis zwischen Technik und Gesellschaft im Sinne eines „mutual shapings" (vgl. Boczkowski 1999) konzipiert wird. In diesem Modell dürfen wir uns das darin eingeschriebene Wechselspiel nicht in einer Balance befindlich vorstellen, da darauf zumeist Kräfte einwirken, die zu problematischen Schieflagen führen. Damit stellt sich das Verhältnis von (Medien)Technik und Gesellschaft als ein dialektisches Beziehungsgeflecht dar, in dessen Gefüge dominierende Einflusskräfte Wirksamkeiten entfalten. Real feststellbare Phänomene der Konnektivität und Mediatisierung stehen damit häufig unter dem Einfluss techno-ökonomisch bedingter Normierungen, die Handlungspraktiken mediatisierter Kommunikation beeinflussen.

Wenn es darum geht, das Konzept der Mediatisierung spezifischer mit Fokus auf die Faktoren der Mobilität und Konnektivität hin zu untersuchen, erlangt insbesondere auch der Modellvorschlag von Andreas Hepp (2009) Relevanz, der den Prozess der Mediatisierung stark in den Kontext des kulturellen Wandels eingebettet sieht. Vor dem Hintergrund des historisch gewachsenen Stellenwerts der technischen Bedingtheit von Kommunikation erschließt sich damit ein enger Bezug zur Mediumstheorie. Neben den quantitativen Aspekten von Mediatisierung, die sich auf zeitlichen, räumlichen und sozialen Ebenen manifestieren, lassen sich folgende qualitative Aspekte hervorheben: „[...] We can capture this qualitative aspect of mediatization if we focus on the interrelation of how technological media ‚structure' the way we communicate – how the way we communicate via media is reflected in their technological change." (Hepp 2009, 143) Und unter Verweis auf die von Williams angesprochene Dualität von Medien als „technology and cultural form" (Williams 1975) kann gesagt werden, „[...] that the qualitative aspect of mediatization focuses *also* on the ‚material' [...] character of media technological change in the sense that media technologies have a ‚materialized specifity' that is based on communicative action/practices, and at the same time it structures communicative action/practices". (Hepp 2009, 143) Aus einer derartigen Konzeption erschließen sich sowohl zur Mediumstheorie wie auch zur Giddens'schen Theorie der Strukturierung Anschlussfähigkeiten und theoretische Brücken. Hepps Anliegen zum Entwurf von Mediatisierung ist es jedenfalls, auf die Faktoren einer „Prägekraft der Medien" hinzuweisen, der er einen großen Stellenwert beimisst. Ebenso rücken Dynamiken der Individualisierung und Prozesse veränderter Räumlichkeiten als Effekte der Deterritorialisierung in den Fokus. Und von besonderer Bedeutung ist im Kontext der zeitlichen Dimensionierung die Entwicklung hin zu einer Kultur der Unmittelbarkeit, ein Phänomen, dem auch Tomlinson eine zentrale Rolle einräumt. „[...] Tomlinson relates this intermediacy *also* to the increasing mediatization of culture, the temporal ubiquitousness of electronic media. For him this is related to a ‚culture of instantaneity' [...], the expectation of rapid delivery, ubiquitous availability, and the instant gratification of desires. Additionally, it is related to a ‚sense of directness, of cultural proximity'." (Hepp 2009, 148) Modellhaft veranschaulicht stellt sich das Konzept der Mediatisierung bei Hepp folgendermaßen dar:

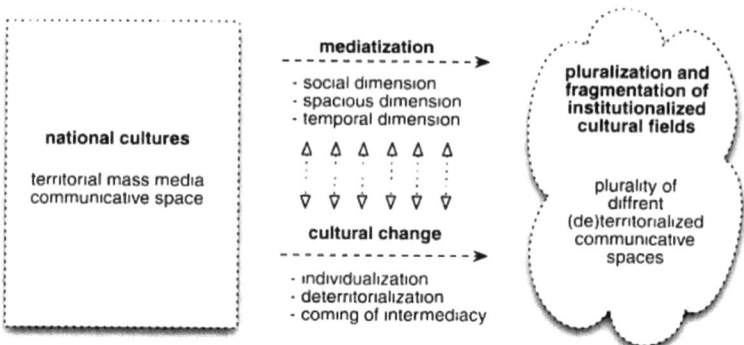

Abb. 4 Mediatisierung und Aspekte des kulturellen Wandels
Quelle: Hepp 2009, 146

Mit einer derartigen Konzipierung von Mediatisierung eröffnen sich Anschlussfähigkeiten, die für das Feld der mobilen Kommunikation von hoher Relevanz sind. So ist etwa der Bezug zur Kanadischen Schule der Kommunikationswissenschaft von

1.2 Phänomene der Mediatisierung im Kontext

einer gewissen Bedeutsamkeit in diesem Zusammenhang. Denn mit zunehmender Verdichtung der materiellen wie zeitlichen Kommunikationsnetze entwickeln sich neue Kommunikationsgeografien für den Menschen als Environment neuer technischer Interaktionslandschaften. Daraus folgen neue Zeit- und Raumfigurationen von und für kommunikative Handlungsformen. Wie später noch detaillierter auszuführen sein wird, tragen besonders mobile Kommunikationstechnologien der Konnektivität dazu bei, dass sich etwa im Status der Dauervernetzung permanent Verbindungen und Anschlüsse an unterschiedliche Räume der Kommunikation erschließen und wir dem Druck beständig zunehmender Beschleunigungsdynamiken ausgesetzt sind.

Mit Blick auf die historische Genese stellen sich diese Prozesse der Mediatisierung auch als eine Entwicklung dar, entlang der sich die Abstände zwischen Menschen und Medien(technologien) beständig verringern und sich im Verlauf der Geschichte neue Naheverhältnisse ausbilden. Unter einem soziokulturellen Blickwinkel vollzieht sich Mediatisierungsentwicklung als eine Annäherung des Menschen an gesellschaftliche Teilhabe über Medien und lässt sich damit auch als „Wunsch nach einer aktiven Überwindung von Abständen mit Medien als Treiber und Konstituens von Mediatisierungsprozessen [...] identifizieren". (Winter 2010, 294) Bezogen auf die Verbindung von Mensch und Medientechnologie stellen sich Medien als „Durchgangspunkte" sozialer Praktiken dar, wobei es darum geht, „die mit je konkreten Medien zusammenhängenden Praktiken als Netzwerke von Körpern und Artefakten zu analysieren und zu thematisieren, die sich im Spannungsfeld von Habitualisierung und Routinisierung auf der einen und Reflexivität und Kreativität auf der anderen Seite bewegen". (Göttlich 2010, 31) Für Thomas/Krotz (2008) erschließt sich der daraus akzentuierte Theoriehintergrund der Mediumstheorie als ein wichtiges Feld für eine „Weiterentwicklung und Vervollständigung der Kommunikationswissenschaft", wenn es darum geht, die Phänomene des medialen und gesellschaftlichen Wandels zu theoretisieren. Denn „Mediumstheorie fragt nach dem durch Medien induzierten kulturellen und sozialen Wandel, wobei nicht die Inhalte, sondern der kommunikative Wandel im Vordergrund stehen" (Thomas/Krotz 2008, 21f) und liefert – nach Meyrowitz – die Möglichkeit einer „historische[n] und interkulturelle[n] Untersuchung der unterschiedlichen kulturellen Umwelten, wie sie verschiedene Kommunikationsmedien schaffen [...] [und] die Aufmerksamkeit auf die potentiellen Auswirkungen von Medien [...] lenken, unabhängig vom jeweiligen Medieninhalt". (Meyrowitz zit. in Krotz 2008, 50) Auch wenn eine derartige Sichtweise „technizistisch verengt" interpretiert werden kann, lassen sich daraus „eine Vielfalt von aufeinander bezogenen Bausteinen verstehen und verwenden, um [...] die Bedeutung von Medien für Kultur und Gesellschaft herauszuarbeiten". (Thomas/Krotz 2008, 22)

Im Rahmen eines von Hepp/Krotz (2007) vorgestellten Modells wird in Erweiterung und in Anbindung an die Mediumstheorie vorgeschlagen, die Wirkung aus einer Sicht rein technologischer Aspekte differenzierter zu sehen und den Gesamtprozess komplexer zu betrachten,

> "[as] it is not 'the medium' that makes the change. Instead, human users change their (communicative) acting in their context of their appropriation of new media technologies. [...] our concept of mediatisation tries to take up the central idea of medium theory that 'media(technological) change' and 'socio-cultural change' are interrelated, but tries to theorise this not only in the perspective of the relation from media to socio-cultural change. Rather we argue in a triad structure of media technological change, communicative change and socio-cultural change." (Hepp/Krotz 2007, 4)

Der konzeptionelle Vorschlag läuft schließlich auf ein triadisches Modell von Mediatisierung hinaus, das die Pole des medientechnologischen und des kommunikativen Wandels mit Phänomenen des soziokulturellen Wandels in Beziehung setzt.

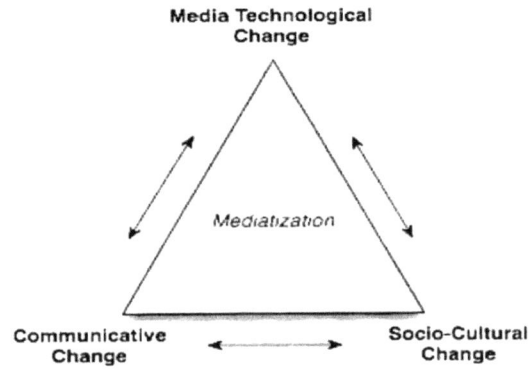

Abb. 5 Mediatisierung im Kontext der Wandlungsprozesse
Quelle: Hepp/Krotz 2007, 7

Die Beziehung zwischen Medien als Technologie und ihre Form der Kommunikation gilt es darin als interdependentes Verhältnis zu verstehen. „But media understood as a certain technology does have a ‚structuring moment' on communication, as well as the way we communicate with certain media is ‚structuring them' if we

1.2 Phänomene der Mediatisierung im Kontext

consider media technologies as a materialisation of human acting or practices that itself is contextualised socio-culturally." (Hepp/Krotz 2007, 14). An anderer Stelle akzentuiert Hepp (2010) wiederum stärker eine Zwischenposition, indem er unter Verweis auf Couldry das vorschnelle Postulieren *einer* (einzigen) Medienlogik – wie sie Altheide/Snow eingeführt haben – nicht für sinnvoll hält, auch wenn er die generelle Ablehnung des Mediatisierungskonzepts nicht teilt, da es als Rahmen für die Erforschung des Zusammenhangs des Medien- und Kommunikationswandels sehr wohl von hoher Relevanz sei. (vgl. Hepp 2010, 65f) Vor dem Hintergrund einer Sichtweise, die sich für eine Differenzierung zwischen quantitativen und qualitativen Aspekten im Kontext des Mediatisierungsansatzes stark macht, gelte es die „Prägekräfte von Medien zu berücksichtigen, die Druck auf die Art und Weise aus[üben], in der wir kommunizieren". (Hepp 2010, 68) Dieser Zugang mündet schließlich in einem Vorschlag für einen „dialektischen Ansatz der Metaprozesse von Mediatisierung", der unterschiedliche Kontextfelder wie etwa die Prozesse der Individualisierung, Deterritorialisierung und jene einer zunehmenden Unmittelbarkeit – wie sie Tomlinson beschreibt (2007) – nicht in einer Homologie, sondern in ihrer gegenseitigen Bezugnahme zueinander aufgehoben begreift. (vgl. Hepp 2010) Folgt man der Idee einer Betonung der wechselseitigen Bezugnahme unterschiedlicher Teilaspekte aufeinander, dürfen freilich Prozesse der Kommerzialisierung bzw. Faktoren einer zunehmenden Ökonomisierung von Mediatisierungstechnologien nicht unterschlagen werden. Eine Erweiterung und Akzentuierung in diese Richtung soll mit dem hier vorgestellten Modell des Dispositivs der Konnektivität konzeptiv erreicht werden. Denn die in Dispositiven sich ausbildenden Dominanzstrukturen stellen sich oftmals als Resultat kommerzieller Rationalitäten dar, die sich auf der Ebene technischer Normierungen und Handlungsfestlegungen manifestieren. In der Foucault'schen Analyse von Macht stellt sich die Disziplinarmacht als eine Kraft dar, die sich „gleichsam ins Körperinnere" einschreibt und dort „Automatismen der Gewohnheit" erzeugt. Diese Form der Macht bringt nicht nur neue Diskurse und neues Wissen hervor, sondern steigert auch ihre „Effizienz und Stabilität" mit der „List", sich als etwas „Alltägliches oder Selbstverständliches" auszugeben. (Han 2005, 55) Und auf der symbolischen Ebene wirken Habitualisierungskräfte, die dort „zu einer Verinnerlichung der Werte oder Wahrnehmungsformen" führen.[27] (Han 2005, 55f) Umgelegt auf dispositive Technostrukturen der kommunikativen Vernetzung finden wir auch dort Routinisierungen des Handelns und sich darin festsetzende „Automatismen der Gewohnheit", wie sie aus Technostrukturen und

---

27 Han weist auch auf die sogenannte „Diktatur der Selbstverständlichkeit" hin. Denn „die Macht, die über die Gewohnheit wirkt, ist effizienter und stabiler als die Macht, die Befehle ausspricht oder Zwänge ausübt". (Han 2005, 61)

damit verbundenen ökonomischen Rationalitäten hervorgehen und sich mit „List" im Alltagshandeln verselbstständigen.
Prozesse einer Veralltäglichung des Medienhandels und gesellschaftlich sich herausbildende kommunikative Figurationen gilt es sodann auch in das Interdependenzfeld des medialen und gesellschaftlichen Wandels rückzubinden. Denn das hier formulierte Erkenntnisinteresse zielt auch auf die historische Genese von Vernetzungsprozessen, die dieses Prinzip in Verbindung mit zunehmenden Mobilitätsentwicklungen und daran gebundene Veränderungen auf sozialer Ebene sieht. Wie darzustellen sein wird, befindet sich das heute mobil vernetzte Individuum in einer „society on the move" (vgl. Urry 2007) im Zustand einer kommunikativen Dauervernetzung, die den technokulturellen Kern des Phänomens von Konnektivität ausmacht. Im Kontext dieser Fokussierung ist davon auszugehen, dass zwar – mit Williams – die Doppelnatur von Medien als sowohl technische wie auch kulturelle Form die Basis der Argumentation bildet, innerhalb derer jedoch ein Schwerpunkt auf technokulturelle Bedingtheiten zu legen sein wird. So gesehen ist es ratsam, nicht auf die physikalischen Rahmenbedingungen des Mediengebrauchs (vgl. Göttlich 1996) zu vergessen, zumal diese auch in den Mainstreamdiskursen kommunikationswissenschaftlicher Prägung nur bedingt Aufmerksamkeit fanden. Es geht also um eine Akzentuierung der Materialität und „materialisierten Spezifik" von Medien und Medientechnologien im weitesten Sinn.[28] (vgl. Hepp 2010, 68) Bei Medien handle es sich mitunter auch um „Dinge", *„über deren Materialität sich beispielsweise Machtverhältnisse manifestieren und damit in ihrer Nutzung re-artikuliert werden".* (Hepp 2013a, 54) Nicht zuletzt unter diesem Gesichtspunkt stehen in dieser Arbeit jene neuen Kommunikationsformen im Zentrum, die auf das Wechselspiel zwischen Technostruktur und Kommunikationspraxen fokussieren und neue Konnektivitätsstrukturen als vernetzte Formen des Handelns begreifen. Medien bzw. Kommunikationstechnologien sind so gesehen auch in „Figurationen von ‚Praktiken' wirkmächtig" und könnten damit als „geronnene komplexe Handlungsgeflechte" verstanden werden, deren Potentiale sich vermittelt über Aneignungsprozesse entfalten. (Hepp 2013a, 55) Diese führen wiederum – vermittelt über neue Nutzungs- sowie Verhaltensmuster auf der Mikroebene – zu neuen Mustern mediatisierter Vergesellschaftung auf der Makroebene. Denn aus vernetzten Kommunikationspraxen entwickeln sich soziale Vergesellschaftungsmuster, die es unter dem analytischen Fokus mediatisierter Konnektivitäten zu untersuchen und zu diskutieren gilt.

---

28 Hepp geht davon aus, dass die „materielle Spezifik […] auf kommunikativem Handeln bzw. kommunikativen Praktiken basiert und diese gleichzeitig strukturiert". (Hepp 2010, 68)

1.2 Phänomene der Mediatisierung im Kontext 39

Die eng an die Dimension der Mobilität gebundene Entwicklung in die Dauerkonnektivität muss in enger Verbindung mit der Metaentwicklung der Individualisierung gesehen werden. In Weiterführung des Konzepts der „mobilen Privatisierung", wie sie Raymond Williams formulierte, kann spätestens unter Bedingungen der digitalen Vernetzung vom Strukturierungsprinzip einer „mobilen Individualisierung" ausgegangen werden. Gerade mobile Kommunikationstechnologien sind inzwischen in technisch fortgeschrittene Innovationsstufen digital konvergenter Systeme integriert (vgl. Cardoso 2008, 590) und können heute als die zentralen medientechnologischen Kommunikationsplattformen für individualisierte mobile Kommunikation angesehen werden.[29] Diese Formen einer kommunikativen Dauervernetzung finden ubiquitär, also sowohl in privaten Räumen wie auch in den Sphären des Öffentlichen statt und bringen neue Hybridisierungen von Privatheit und Öffentlichkeit hervor. Mit Blick auf diese Veränderungen wird auch das Konzept der Domestizierung von Medien als Modell der Aneignung von neuen Technologien zu diskutieren sein, um nach der Reichweite seiner Wirkung für die Sphäre des öffentlichen Raums zu fragen. Anknüpfend an die Arbeiten Hartmanns (2008) wird das Konzept der „Domestizierung 2.0" mit Blick auf sich dynamisierende Individualisierungsprozesse und auf die Hybridisierung von Raum- bzw. Ortskonzepten kontextualisiert. Damit stellt sich die Frage, ob nicht Prozesse der Personalisierung bzw. Individualisierung der Medienaneignung jene der „Domestizierung" ablösen. Dahingehende Hinweise finden wir etwa bei Groening (2010), der für den Kontext mobiler Kommunikationstechnologien Parallelitäten zur Automobilisierung als eine Vorform der Zurschaustellung und Kommodifizierung privater Mobilitätsformen herstellt: „It is the display of the mobile private space to others that makes the personalization of these technologies so attractive: mobile privatization becomes an expression of dominion and individuality." (Groening 2010, 1342) Auch Campbell/Park (2008) sprechen ebenso wie Wellman (2001) von einem dominierenden Prozess der Personalisierung im Kontext der Mobiltelefonie. Sie heben die Entwicklung hin zu einer „personal communication society" hervor, ein Vorschlag, den sie als eine partielle Weiterentwicklung des Castell'schen Ent-

---

29 „Mobile phones, together with the iPhone from Apple and similar technological offers, seem to be the only dimension of hardware where we are able to find successful technological convergence. [...] Consequently, the distinctiveness of the mobile phone in having achieved success in bringing together music, radio and oral mediated conversation in a single hardware technological apparatus, owes more to the fact that the three interact with the same sense: audition, than to technological convergence as a faciliator of aggregation to different media." (Cardoso 2008, 590) Die erweiterte Konvergenzstufe des mobilen Internets und Erweiterungen im Feld des „ubiquitous computing" untermauern nur die zentrale Rolle mobiler Vernetzungsformen.

wurfs der Netzwerkgesellschaft verstehen. „The person – not the place, household or workgroup – will become even more of an autonomous communication node [...] The person has become the portal." (Wellman 2001, 238) Auch wenn gerade die Entwürfe Castells oder jene Wellmans unter einer mediatisierungstheoretischen Perspektive als deutlich technikessentialistisch ausgerichtet bzw. zu sehr einem „digital natives narrative" verpflichtet zu kritisieren sind (vgl. Hepp/Berg/Roitsch 2014, 177), weisen sie mit ihren Beobachtungen doch auf Strukturveränderungen hin, die es für die Gesamtentwicklung zu beachten gilt. Bauman/Lyon etwa bezeichnen den vernetzten Mensch von heute als einen „wandelnden Hyperlink". (vgl. Bauman/Lyon 2013, 21)

In der konkreten Auseinandersetzung und Diskussion der unterschiedlichen Mediatisierungsentwicklungen wird darauf einzugehen sein, welche Transformationen wir auf den unterschiedlichen Ebenen feststellen können, wie sich die Teilprozesse zueinander verhalten und welche dominanten Einflusskräfte entlang der historischen Entwicklung wie auch aktuell auf Strukturen der kommunikativen Vernetzung einwirken. Mit dem Modell der mediatisierten Konnektivität wird die Analyse kommunikativer Interaktionsformen, wie sie heute in der Dauervernetzung des Menschen mit mobilen Kommunikationstechnologien zu einer dominanten Form gefunden haben, als dispositive Struktur konzipiert. Das Modell stellt einerseits eine Weiterentwicklung eines Analyserahmens dar, in dem – auch in Anlehung an einen ursprünglich von Bruns (1996) vorgestellten Rahmen zur Analyse des „Fern-Sehens" – bereits Aspekte der Medialisierung und Mediatisierung angesprochen wurden. (vgl. Steinmaurer 2003, 114) Andererseits versteht es sich als eine Akzentuierung von Rahmenprozessen, wie sie sich etwa aus der Interdependenz von Struktur- und Handlungsebenen (z. B. zwischen Mobilität und Kommunikation oder Technik und Mensch) ergeben. Darin integriert werden Strukturentwicklungen der Digitalisierung, Mobilität und Kommerzialisierung zueinander in Bezug gesetzt und mit damit in Verbindung stehenden Prozessen kontextualisiert, die ihrerseits in Bezug auf die aktuellen Rahmenbedingungen weiterentwickelt werden.

1.3 Theorie des Dispositivs im Kontext der Mediatisierungsforschung

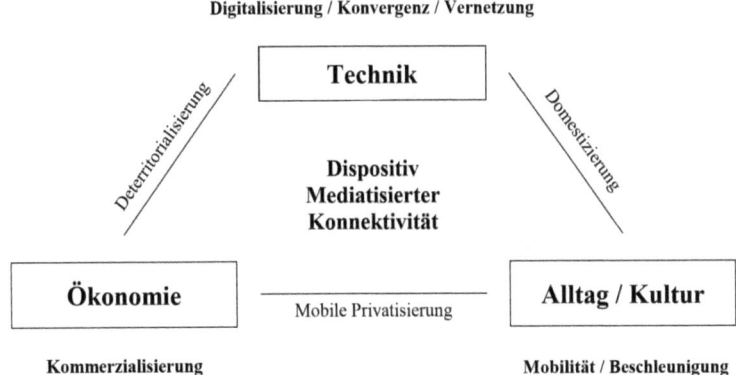

Abb. 6 Das Rahmenmodell eines Dispositivs mediatisierter Konnektivität
Quelle: eigene Darstellung

1.3 Zur Theorie des Dispositivs im Kontext der Mediatisierungsforschung

Bevor nun im Detail auf das theoretische Modell des Dispositivs Bezug genommen wird, gilt es zunächst die Relevanz dieses Zugangs für die Analyse von Mediatisierungsphänomenen herauszuarbeiten. Wie darzustellen sein wird, gründen ihre theoretischen Wurzeln in der französischen Philosophie des Poststrukturalismus und in den Arbeiten Michel Foucaults zur Struktur und Geschichte von Epistemen und Dispositiven. Foucault ging es in der Aufarbeitung und theoretischen Analyse der Entwicklung von Epistemen und Wissensformationen in der Gesellschaft um die Freilegung darin eingeschriebener Strukturen von Macht und darin dominierender Redeweisen im Sinn von Diskursen. Das Modell des Dispositivs diente Foucault dazu, jene Beziehungen und Netzwerke zu beschreiben, aus deren Zusammenwirken dominante Strukturen in der Gesellschaft hervorgehen. Adaptiert für die Analyse von Phänomenen und Strukturen in der Medien- und Kommunikationswissenschaft – und wie im Bereich der Film- und Fernsehtheorie bereits erarbeitet – eröffnet die Bezugnahme zum Modell des Dispositivs die Möglichkeit, die in medientechnologischen wie auch diskursiven Entwicklungslinien eingeschriebenen Strukturen und deren Wirkungen von Macht (im weitesten Sinn) zu adressieren. Aus der Fokussierung auf das Zusammenspiel unterschiedlicher Einflussgrößen erschließt sich ein theoretischer Analyseraster mit Fokussierung auf dominierende Strukturen und kritische Aspekte, die es für Kontexte der Mediatisierung zu kontextualisieren gilt. Nach Bührmann/Schneider (2013, 22f) geht es dabei nicht darum, „gesellschaftliche Macht- und Herrschaftsverhältnisse aufzudecken", sondern auch „nach Veränderungsmöglichkeiten zu suchen".

1.3.1 Mediatisierte Konnektivität: Ein Dispositiv vernetzter Kommunikation

Wenn es darum geht, das Theoriemodell von (Medien)Dispositiven und dessen Nutzen für den hier gewählten Kontext herauszuarbeiten, ist zunächst darauf hinzuweisen, dass sich Dispositive in der klassischen Herleitung grundsätzlich aus unterschiedlich ausgeprägten Diskursen bilden, die als „geregelte und diskrete Serie von Ereignissen" (Foucault 1991, 82f), also als Formationen von Handlungs-, Verhaltens- und Sprechweisen, anzusehen sind. Sie bilden eine Art von Superstruktur ab, deren Analyse einen Blick auf die Ausprägung des Beziehungsgeflechts der Teildiskurse erlaubt. Das Modell als solches ist also schon im Rahmen der poststrukturalistischen Theoriedebatte als eine Netzstruktur angelegt, das die Verbindung unterschiedlicher Wissens-, Materialitäts- und Handlungsweisen und deren Wechselverhältnisse zueinander untersucht. Foucault selbst konzipierte – wie schon an anderer Stelle ausführlicher dargestellt (vgl. Steinmaurer 1999, 17) – das Dispositiv als ein „Netz", das zwischen den Elementen eines „heterogenen Ensembles" geknüpft werden kann und von „Diskurse[n], Institutionen, architekturale[n] Einrichtungen, reglementierte[n] Erscheinungen, Gesetze[n], administrative[n] Maßnahmen, wissenschaftliche[n] Aussagen, philosophische[n], moralische[n] und philantropische[n] Lehrsätze[n]" gebildet wird. (o. A. 1978, 119f) Diskurse wiederum stellen ein „‚komplexe[s] Bündel von Beziehungen' zwischen Gegenständen, Methoden, Begriffen, Aussagemodalitäten, Positionen des [...] Subjekts usw. [dar], innerhalb derer sich Wahrheitsansprüche zur Geltung bringen". (Kozyba 1988, 35) Für Jäger (^{3}2006, 329) organisieren Diskurse in Anschluss an Foucault „den Fluss von Wissen durch die Zeit". Mit Denkkonzepten wie diesen wird also ein Weg beschritten, der die Analyse von Beziehungsstrukturen heterogener Wissensbestände und Einflüsse in einer „Ordnung der Dinge" aufgehoben sieht. Die Entstehung von Dispositiven wird von Foucault als eine Formation im Sinne einer Reaktion auf einen gesellschaftlichen „Notstand" („urgence") und damit auch als eine „strategische Funktion" oder als „strategischer Imperativ" (Foucault 1978, 120) konzipiert, der in sich als nicht unmittelbar negativ verstanden werden müsse und – worauf Hartling/Wilke (2003) hinweisen – auch als solcher „nur ex

1.3 Theorie des Dispositivs im Kontext der Mediatisierungsforschung

post formulierbar" sei. Für Hartling und Wilke ist der Begriff des „Notstands" als „ein noch nicht artikuliertes bzw. artikulierbares Bedürfnis in der Gesellschaft zu verstehen", der auch als ein „nicht klar definierbarer Prozess" interpretiert werden könne, „an dessen Ende das Dispositiv steht" und der einer Entwicklung entspricht, „die sich an technologischen und sozialen (kulturellen) Entwicklungen festmachen lässt". (Hartling/Wilke 2003, 3) Insofern „reagieren [Dispositive] auf und produzieren selbst gesellschaftlichen Wandel und zeitigen beabsichtigte, aber auch nicht beabsichtigte Wirkungen, Nebenfolgen innerhalb des gesamten Ensembles als Transformation von Machtbeziehungen und Herrschaftsstrukturen". (Bührmann/Schneider 2008, 93) Dispositive sind gewissermaßen als ein Netz von miteinander verknüpften gesellschaftlichen Wissensordnungen oder auch technischen Einrichtungen zu begreifen, in deren Realisierung und Vollzug sich Konstellationen der in ihr aufgehobenen Aspekte der Macht abbilden und sichtbar werden. „Macht ist eine Disposition, die sich in einem Dispositiv verwirklicht [...]" (Hubig 2011, 6) und Dispositive sind wiederum Strukturen, die selbst „machtgenerierend" (Hubig 2011, 8) wirken. Und den „,Netzen' der Macht stehen die ,Punkte' der Verwirklichungsbedingungen gegenüber, die die Realisierung des Netzes im Dispositiv affimieren, verhindern, modifizieren, fortschreiben". (Hubig 2011, 9)

Dem Kinotheoretiker Jean-Louis Baudry ist es zu verdanken, im Anschluss an Foucault den Begriff des Dispositivs für die Filmtheorie erschlossen zu haben, um damit die spezifischen Wirkungsstrukturen sowie die ideologischen Effekte des Kinos bzw. des Films theoretisch neu zu konzipieren. In seinem Modell wird dieses Dispositiv Teil eines „Basisapparats" Kino, dessen „Maschinerie zur Relaisstation bürgerlicher Ideologie" wird. (Hans 2001, 23) Die ideologischen Effekte leiten sich wiederum aus dem Gesamtgefüge der Ökonomie, der Kultur, der konkreten Produkte, dem Starwesen sowie den örtlichen Besonderheiten der Rezeptionssituation im Kinoraum ab. Dieser ist durch Spezifika geprägt, die sich als solche aus der Verdunkelung und Geschlossenheit des Raums, der Trennung von Innen- und Außenraum und der immobilen Verortung der Zuschauerin/des Zuschauers zwischen Projektor und Leinwand ergeben. Die Besonderheit des Dispositivs Kino ist nun in der Tatsache zu sehen, dass es die apparative Anordnungen des Kinoraums und die darin wirkenden Illusionstechniken sind, die besondere „Bedingungen menschlicher Wahrnehmung simulieren". (Lenk 1996, 14). In der Zusammenführung dreier unterschiedlicher Theoriestränge konzipiert Baudry schließlich ein Modell einer Apparatustheorie, die eine Ideologiekritik des Kinos in seiner Wirkung auf die Zuschauerin/den Zuschauer formuliert. (vgl. Baudry 1993) Die Formierung der Subjekte findet dabei im Rahmen der Nutzungssituation statt, denn „das mediennutzende Subjekt wird in den technischen Arrangements positioniert und so überhaupt erst konstituiert." (Hans 2001, 24) Im Rahmen der Fernsehtheorie wurde das Konzept des Dispositivs schließlich von Autoren wie Knut Hickethier oder Karl Sierek im deutschsprachigen Raum rezipiert. Nach Hickethier entstehen demnach „Mediendispositive [...] aus dem Zusammenwirken von technischen Bedingungen, gesellschaftlichen Ordnungsvorstellungen, normativ-kulturellen Faktoren und mentalen Entsprechungen auf der Seite der Zuschauer, die aus dem Akzeptieren solcher macht- und ordnungspolitischen, den kulturellen Konventionen und psychischen Gestimmtheiten und Erwartungen" hervorgehen. (Hickethier 1993, 21) Sicrek (1993, 77) geht insbesondere auf den Übergang von homotypen dispositiven Strukturen des Kinos auf heterotype Strukturen des Fernsehens ein und identifiziert für den televisuellen Zusammenhang typische Merkmale des Fernsehdispositivs. Dazu zählen die Größe bzw. Kleinheit des Schirms, die Mobilität der Zuschauerin/des Zuschauers sowie die raumzeitliche Fragmentierung der Aussage und Ubiquität des Fernsehbildes. Hickethier wiederum hebt – ähnlich wie Sierek – die Flexibilität des televisuellen Dispositivs an sich hervor, die es immer auch vor dem Hintergrund der historischen Entwicklung einzuordnen gelte. Unter diesem Aspekt kann etwa Kommunikationsgeschichte auch als eine „Geschichte der Mediendispositive" gelesen werden, die „am Zusammenwirken der ganz unterschiedlichen Rahmenbedingungen, innerhalb derer Kommunikation funktioniert", interessiert ist. Sie fragt auch danach, „wie sich die Dispositive im Nutzungsverhalten, in Erwartungsstrukturen umsetzen, aber auch [danach], wie sich innerhalb solcher Dispositive die Subjekte selbst mit ihren Medienwahrnehmungen verhalten". (Hickethier 1992, 28) Auch Lenk weist darauf hin, dass es die Stärke des Dispositiv-Modells sei, am historischen Prozess der Medienentwicklung orientiert zu sein, wo es „nicht Selbstzweck, sondern [...] zum theoretischen Werkzeug einer Alltags- und Mentalitätsgeschichte" wird. (Lenk 1996, 15) Mit dem Dispositiv-Modell wird also ein Analysekonzept formuliert, das in seiner holistischen Sichtweise auf die Gesamtheit von Systemprozessen abzielt, in dem sowohl Aspekte der Technik, der Nutzung, der Ökonomie sowie Integrationsweisen in den Alltagszusammenhang in den Blick genommen werden und damit eine Reihe von heterogenen Faktoren, die zumeist nur in den jeweiligen Spezialdiskursen abgehandelt werden, in ein Gesamtmodell einfließen. Zudem geraten damit auch Beziehungsstrukturen zwischen den Mikro- und Makroperspektiven in den Blick. Insgesamt erweist sich damit die Dispositivtheorie als ein vielversprechendes Analyseinstrumentarium auch für den Theoriekontext der Mediatisierungsforschung. So ist ein zentraler Nutzen für den hier diskutierten Kontext in der Tatsache zu sehen, die im Beziehungsgeflecht kommunikativer Konnektivitäten dominierenden Einflusskräfte und deren Wirkungen auf Individuum und Gesellschaft stärker in den Blick nehmen zu können. Ebenso ist das Denken in Dispositiven mit der Idee verbunden, auch alternative und gegen dominierende

1.3 Theorie des Dispositivs im Kontext der Mediatisierungsforschung

Einflüsse wirkende Entwicklungsstrategien zu identifizieren bzw. in Gang setzen zu können. Es stellt sich etwa in diesem Zusammenhang die Frage,

> „welchen identitären Zwängen sich Menschen selbst ausgesetzt sehen und wie sie versuchen, sich dagegen zu positionieren [und] zu wehren. [...] Ebenso ermöglicht dies Individuen, sich gegen diese ihnen zugeschriebenen Positionierungen und normativen Skripts der Normalität und Eingepasstheit zu wenden und so ein ‚widerständiges' Selbst-Verständnis zu entwickeln und darzustellen, welches als Subjektivierungsweise wiederum von den vorherrschenden dispositiven Bedingungen her zu verstehen ist." (Bührmann/Schneider 2008, 71)

Diese widerständigen Dynamiken verweisen auf einen emanzipatorischen Impetus, der Individuen unterstellt wird und damit auf ein kritisches Potential, das sich in Oppositionen zu gewissen Normen äußert. In der Regel wirken dispositive Strukturen jedoch auf der Ebene der Akzeptanz vorgegebener Strukturen und Regeln, in die Subjekte bzw. Nutzerinnen und Nutzer integriert sind und die als solche auch gewisse Plausibilitäten entfalten. Denn „durch Dispositive kann sich das Individuum so zur Welt verhalten, dass es seine Handlungen als sinnvoll empfindet. Ein Dispositiv stellt im weitesten Sinn den Rahmen bereit, der einem Individuum Orientierung in der Gesellschaft und Umwelt bietet." (Leistert 2002, 7)

Neben dieser subjektorientierten Sichtweise eröffnet der Zugang aus dispositivtheoretischer Sicht die Möglichkeit, auch historische Entwicklungsverläufe in den Blick zu nehmen, zumal sich dispositive Strukturen – wie sich das für die Geschichte des Fernsehens verdeutlichen ließ (vgl. Steinmaurer 1999) – als in sich variable Konstrukte zeigen, die eine hohe Flexibilität über längere Zeitverläufe aufweisen. Diesen Umstand betont auch Hans (2001), wenn er schreibt, dass der Dispositiv-Ansatz besonders für die Mediengeschichtsschreibung seinen größten Nutzen entwickle. „Mit seiner Hilfe kann man (1) das Verhältnis von Technik- und Medienentwicklung, (2) das Konkurrenzverhältnis zwischen den Medien sowie (3) die Veränderungen innerhalb eines Mediums differenzierter beschreiben als das bislang möglich war."[30] (Hans 2001, 26) Die Erschließung einer derartigen Perspektive besitzt somit insbesondere für die Analyse der Entwicklungsgeschichte von Konnektivitäten – als eine historische Aufarbeitung kommunikativer Vernetzungsformen – eine hohe Analysequalität. So stellt etwa bis heute die Telefonie

---

30 Bei Hans heißt es dann u. a. weiter: „So kann man mit seiner Hilfe etwa beantworten, warum [...] sich eine bestimmte Technik durchgesetzt hat, und warum eine konkurrierende auf der Strecke geblieben oder in einen industriellen Nebenzweig abgewandert ist." (Hans 2001, 26) Mit der Herausbildung bestimmter (Medien)dispositive sei zudem auch eine „De-Formierung" anderer Dispositive verbunden. (vgl. Bührmann/Schneider 2008, 53)

als in der Medien- und Kommunikationsforschung wenig beachtete Technologie interaktiver Kommunikation das Basismodell für das Dispositiv digital vernetzter Konnektivitäten dar.[31]

Des weiteren werden im Rahmen der Dispositivanalyse neben der Frage nach den Subjektivierungsweisen, die es zu analysieren gilt, auch Aspekte der Materialisierung zu diskutieren sein, die sich in den jeweiligen Objektivationen der technischen Produkte realisieren und nicht ohne Auswirkung auf die jeweiligen Nutzungsmöglichkeiten und Wahrnehmungsformen bleiben.[32] Dieser Aspekt der Wahrnehmungssteuerung, wie er sich aus dem Wechselspiel zwischen Apparat und Subjekt ergibt, nimmt nicht zuletzt sehr stark auf die Materialität von Medien und Kommunikationstechnologien Bezug. So sprechen etwa Hartling/Wilke die Anordnung des Apparats im Umfeld der Nutzerin/des Nutzers an und thematisieren die Bezogenheit der Angebote auf technische Spezifikationen sowie die jeweils entsprechende Ausrichtung der Nutzerin bzw. des Nutzers auf eine mediale Apparatur. (vgl. Hartling/Wilke 2003, 7) „Das Paradigma von der Materialität der Kommunikation verdeutlicht mit aller Konsequenz die Tatsache, daß es Inhalte, Botschaften ohne sie übermittelnde oder speichernde Apparatur nicht gibt, daß diese stets an die Materialität eines Zeichenträgers oder -erzeugers gebunden sind [...]." (Lenk 1996, 7) Besonders im Rahmen des Forschungsprojekts „Ästhetik, Pragmatik und Geschichte der Bildschirmmedien" (insg. 1986-2000) wurde von Gumbrecht und Pfeifer der Fokus auf derartige medientechnologische Rahmenbedingungen gelegt, die „nicht länger Texte und Botschaften selbst als interpretierbare Träger von Sinneinheiten [als primäre Einheiten untersuchten], sondern [...] vielmehr die medialen Rahmenbedingungen, besonders die apparativen Strukturen von Speicher- und Übertragungsprozessen" in den Fokus rückten. (Lenk 1996, 7)

Lenk weist etwa in diesem Zusammenhang auch auf Arbeiten von Elsner/Müller (1988) hin, die den modellhaft skizzierten „angewachsenen Fernseher" als Technologie verstehen, die im Umfeld des privaten Lebensumfelds nicht nur die Architektur der Wohnräume und die Struktur der Kommunikationsflüsse in den

---

31 Argumente, die für eine Integration des Dispositiv-Modells sprechen, werden zum Teil auch von Hartling/Wilke (2003) angesprochen, wenn sie insbesondere vier Argumentationslinien als für die Medienwissenschaft relevant identifizieren. Dazu sind die „Vereinigung heterogener Faktoren", der Aspekt einer durch Dispositive vorangetriebenen „Steuerung der Wahrnehmung", die Bezugnahme auf das „Machtverhältnis und [die] Gesellschaftlichkeit" sowie der Charakter des Modells in Bezug auf seine Offenheit und Dynamik zu zählen. (Hartling/Wilke 2003, 6f)

32 Bührmann/Schneider (2013, 24) verstehen unter Objektivationen „die in und durch Praktiken hergestellten ‚Dinge' [...] wie z. B. beobachtbare Handlungsergebnisse, materiale Erscheinungen, Artefakte".

1.3 Theorie des Dispositivs im Kontext der Mediatisierungsforschung

Familien veränderte, sondern auch menschliche Sehgewohnheiten selbst beeinflusste. (vgl. Lenk 1996, 7) Die Autoren zeigten, dass im Zuge der Fernsehrezeption „das Vergessen des technischen Filters den Effekt [hatte], sich über Grenzen einer körperlich-sensuellen Ortsgebundenheit hinweg an einem Ereignis beteiligt zu fühlen" (Elsner/Müller 1988, 399), was mitunter dazu führte, dass „mediales Dabei-Sein" [...] schließlich *denselben Status* des Erlebens wie körperliche Partizipation [gewann], medial vermittelten Ereignissen wurde *derselbe Realitätsakzent* zugeschrieben wie in persönlicher Interaktion gewonnener Erfahrungsbildung (alltagsweltliche Konstruktion von Realität)".[33] (Elsner/Müller 1988, 401) Damit rücken verstärkt materielle Bedingtheiten von Mediatisierungsprozessen und ihre Verbindung zu routinisierten Wahrnehmungsweisen in das Zentrum der Analyse. Mit Blick auf die historische Entwicklung von Medien(technologien) ist zudem anzumerken, dass sich zuweilen „sogenannte ‚Revolutionen' in der Geschichte der Medien nur deshalb [ereigneten], weil Medien ihre Materialität veränderten". (Lenk 1996, 7) So sei bei der Fokussierung auf die Verbindung von Apparaten und Subjekten darauf zu achten, dass

> „Medien [...] ihre Nutzer immer schon qua ihrer Anordnungsstruktur [dazu zwingen], sich auch leiblich in eine bestimmte Position zum Apparat zu begeben, die Wahrnehmung erst erlaubt. [...] Damit ist je nach Medium eine mehr oder weniger restriktive Choreografie ihrer Nutzung vorgegeben. [...] Das Akzeptieren dieser durch die dispositive Anordnung gesetzten Wahrnehmungsbedingungen ist Grundvoraussetzung für das Gelingen medialer Kommunikation."[34] (Lenk 1996, 11)

Diese Strukturierung kann auch für die aktuell wirksamen mobilen und vernetzten Kommunikationstechnologien als konstituierend angenommen werden, da auch in diesem Zusammenhang spezifische Anordnungsstrukturen gesetzt werden, die einen Rahmen für Nutzungspraktiken – in Kodeterminierung mit entsprechend eingeübten Handlungspraktiken – vorgeben. Lenk weist zudem darauf hin, das Modell des Dispositivs auch als eine Art „Denk- und Ordnungshilfe besonders

---

33 Im Hinblick auf die Effekte, die sich daraus für die Konstitution der Wahrnehmung von Wirklichkeiten ergeben, schließen Elsner/Müller mit der Feststellung: „Der *angewachsene Fernseher* läßt sich kollektiv nicht mehr abschalten, ohne daß wir fürchten müssten, halbblind zu werden. Denn: heute gibt es Segmente von Wirklichkeit, die *nur* deshalb wirklich (und wahr) sind, weil sie auf dem Bildschirm des Fernsehens erscheinen. Die wirkliche Wirklichkeit findet im Fernsehen statt." (Elsner/Müller 1988, 413)

34 Lenk unterscheidet für das Fernsehen drei Grundkonstellationen des Dispositivs als Strukturmodell für Rezeptionsprozesse. Neben der erwähnten Kopplung von Apparat und Subjekt differenziert er jene zwischen Subjekt und Programm sowie die Verbindung von Apparat und Programm. (vgl. Lenk 1996)

für jene Forschungsfelder [zu verstehen], die noch wenig erschlossen sind". (Lenk 1996, 5) Das Modell richtet den Blick seiner Analyse darin auf das über Wissen hergestellte Verhältnis zwischen Diskursen, Macht und dem gesellschaftlichen Sein, wobei letzteres als eine „sinnlich-materielle gesellschaftliche Praxis" verstanden werden müsse, „die die soziale Beziehung zwischen Menschen, ihren Umgang mit den sie umgebenden ‚Dingen' sowie ihre damit jeweils verbundenen (Selbst) Erfahrungen – als Subjekte – konstituiert und formiert".[35] (Bührmann/Schneider 2008, 32f) Insgesamt werden damit die Leitfragen nach den Praktiken, den Subjektivationen/Subjektivierungen, den Objektivationen sowie nach dem sozialen Wandel gestellt.[36] (vgl. Bührmann/Schneider 2013, 28)

Zentral in der Erforschung von Dispositiven ist aber jedenfalls die Frage nach der Macht. Ihr Prinzip wird von Foucault als eine Entität begriffen, deren Analyse – zumindest seit dem 17. Jahrhundert – sich nicht so sehr auf den Ort ihrer Herkunft, sondern vielmehr auf die Art ihres Vollzugs und ihrer Wirkung auf der Ebene des Individuums bezieht, also nicht etwas ist, „was jemand besitzt, sondern vielmehr etwas, was sich entfaltet". (Foucault 1994, 38) Insofern löst sich „Macht in viele kleine Handlungen und Beziehungen auf, die vordergründig in keinerlei offensichtlichem Zusammenhang stehen". (Ruoff 2007, 41) Im gesellschaftlichen Geflecht ist das Individuum nach Foucault auf der Basis seiner Involviertheit über das Verhalten und die darin eingeschlossenen „strategischen Spiele" (Foucault 1985, 25) immer schon in Machtbeziehungen einbezogen. Es gibt in seiner Konzeption „kein soziales Feld außerhalb oder jenseits von Machtbeziehungen, keine ‚machtfreie' Zone und keine Form interpersonaler Kommunikation, die nicht zugleich eine Machtbeziehung wäre". (Lemke 2001, 118) So ist es ein Spezifikum moderner Machttechniken, „nicht repressiv, sondern [auch] *produktiv*" zu sein. Sie „zielen weniger darauf ab, Menschen auszuschließen und ihre Handlungsfreiheit zu begrenzen, sie versuchen vielmehr, jeden in die Gesellschaft zu integrieren und ihn

---

35   Nach Hans (2001) besteht die entscheidende Qualität dispositiver Machtkonstellationen darin, dass sie „Gußformen für Subjektivitätsstypen abgeben [...], und zwar genau diejenigen, die [...] ein System nun einmal zum Erhalt seiner Macht benötigt. Dispositive markieren also eine zu ihrem Kristallisations-Zeitpunkt markante Schnittstelle zwischen Gesellschaft und Subjekt." (Hans 2001, 23) In diesem Sinn hat es „das Dispositiv immer mit gesellschaftlichen Praxen zu tun und schreibt sich in der Regel in Körper ein" (Hans 2001, 24), wobei der Körper „unter der Disziplinarmacht zu einem wertvollen Gegenstand der Produktion" wird. (Ruoff 2007, 167)

36   Jäger konkretisiert die Komplexität des Modells des Dispositivs insofern, als er es als einen „prozessierende[n] Zusammenhang von Wissenselementen [begreift], die in Sprechen/Denken – Tun – Gegenständen/Sichtbarkeiten eingeschlossen sind". (Jäger 2001, 83)

1.3 Theorie des Dispositivs im Kontext der Mediatisierungsforschung

partizipieren zu lassen". (van der Loo/van Reijen 1992, 215) Und so läge ein Paradox der modernen Gesellschaft vor allem darin, „daß Individuen zwar glauben, über einen ‚freien Willen' zu verfügen, daß sie aber in Wahrheit dauernd vorprogrammierte Wahlen treffen".[37] (van der Loo/van Reijen 1992, 216) In diesem Geflecht sollte es allerdings auch den Individuen möglich sein, auf das Handeln des anderen jeweils einzuwirken und sein eigenes Handeln in Rahmen von „Selbsttechniken"[38] weiterzuentwickeln bzw. widerständige Praktiken zu entwerfen. Die Selbsttechniken, auf die Foucault am Ende seines Schaffens Bezug nimmt, nachdem er sich mit den Einflüssen von Technologien der Macht auf das Subjekt auseinandersetzte, „untersucht die Art und Weise [...], wie ein menschliches Wesen sich zu einem Subjekt macht". (Butler 2007, 75)

Aus einem derartigen Blickwinkel der Analyse eröffnen sich wiederum vielfältige historische Bezüge. Denn eingeflochten in die lange Geschichte der Individualisierung – die sich substantieller in der Renaissance zunächst in den gesellschaftlichen Eliten herausbildete und im Zuge der Aufklärung breitere gesellschaftliche Kreise erreichte (vgl. Butler 2007, 78) – kann die Auseinandersetzung mit Techniken des Selbst auf der Ebene der Medien schon mit Nutzungspraxen der Schrift angesetzt werden, wie sie etwa im Zusammenhang mit der Führung von persönlichen No-

---

37 Diese Paradoxien dürften nicht zuletzt in aktuell genutzten Social Media-Anwendungen anzutreffen sein, die als solche die freie Möglichkeiten der Teilhabe offerieren, die Regeln der Partizipation allerdings vor dem Hintergrund ihrer ökonomischen Verwertungslogik nach den dahingehend ausgerichteten Zielen ausrichten,

38 Zu den „Technologien des Selbst" sind grundsätzlich jene Strategien zu zählen, „in denen sich das Individuum seiner eigenen Souveränität versichert". (Ruoff 2007, 205) Sie nehmen mit der in der Antike verankerten „Sorge um Sich" ihren Anfang und gehen in eine Phase des „Erkenne dich selbst" über. Sie ist als eine von vier Technologien der humanen Selbstbestimmung zu verstehen, wie sie im Kontext des Projekts einer Geschichte der Subjektivität entwickelt wurden. In der Entwicklung der Humanwissenschaften sei neben den „Technologien des Selbst" die Technologie der Produktion, dann die Technologien der Zeichensysteme und schließlich die Technologien der Macht zu verorten. Die „Technologien des Selbst" ermöglichen es der/dem Einzelnen, „aus eigener Kraft oder mit Hilfe anderer eine Reihe von Operationen an seinem Körper oder seiner Seele vorzunehmen, mit dem Ziel, sich so zu verändern, dass er einen gewissen Zustand des Glücks, der Reinheit, der Weisheit, der Vollkommenheit oder der Unsterblichkeit erlangt". (Foucault zit. in Ruoff 2007, 205) Dies führt zu einer Subjektivierung des Selbst und zu einer Herausbildung eines modernen Individuums, das um seine eigene Freiheit ringt und das damit auch in der Lage ist, widerständige Haltungen gegenüber dominierenden Strukturen einzunehmen. Vor diesem Hintergrund sieht der „Kern der foucaultschen Ethikkonzeption [...] ein sich durch Selbsttechnik konstituierendes Subjekt [...], das im Verlauf der zugehörigen Verfahren Reflexionsformen entwickelt." (Ruoff 2007, 19)

tizbüchern in Verbindung zu bringen sind. Denn „im Akt des Schreibens an sich sowie an andere gewinnt die Selbsterfahrung eine Intensivierung und Erweiterung. Die Erzählung teilt das Leben nicht nur mit, sondern gestaltet sich auch." (Butler 2007, 91) Die Entwicklung der Medientechnologien kann dabei als eine sukzessive Ausweitung jenes Spektrums interpretiert werden, das die Möglichkeiten zur Auseinandersetzung mit sich selbst (als Fortsetzung einer von Foucault in der Antike bereits verorteten „Sorge um Sich") und die Äußerungsformen der Individualisierung beständig erweiterte. Gerade auf dem gegenwärtig erreichten Niveau einer fortgeschrittenen Mediatisierung, sind „die Möglichkeiten des Selbst, sich zu steigern, zu stilisieren und zu steuern [...] exponentiell gewachsen". (Butler 2007, 95) Thomas (2008a, 226) zeigte diese „Lenkung der Verwaltung auf Formen der Selbstregierung, der Selbsttechnologien" im Kontext der Analyse von Reality-TV-Formaten und Casting-Shows auf und diskutiert diese Prozesse im Kontext der Governmentality-Studies und einer Theorie des Performativen. (vgl. Thomas 2008a, 2008b) Und gerade auch aktuelle Phänomene im Kontext webbasierter Simulationsspiele und Applikationen aus dem Umfeld virtueller Weltentwürfe zeugen davon, „dass neben der Authentizitäts-Suche, Identitätshermeneutik und Selbst-Optimierung unsere Kultur immer mehr um Authentizitäts-Inszenierung, Identitätsentwurf und Selbsttransformation bemüht ist". (Butler 2007, 96) Wenn nunmehr auf der Ebene mobiler Kommunikationsapplikationen die Konvergenzentwicklung auf einem Komplexitätsniveau angekommen ist, auf dem Internetanwendungen, Möglichkeiten des „ubiquitous computing", Ortungstechnologien und mobile Kommunikationsformen zusammenwachsen, werden auch dort neue Spielarten der Selbststeuerungen und Selbsttechniken in einem Feld möglich, in dem dominante Strukturen sowie Imperative von Technologie und Ökonomie auf umfangreiche Weise ihre Wirkung entfalten. Beispielhaft realisiert finden wir aktuelle Spielarten der Optimierungstechniken in der „quantified self"-Bewegung umgesetzt, in deren Rahmen Technologien der Aufzeichnung von Körperfunktionen an Applikationen mobiler Kommunikationstechnologien gekoppelt sind. Sie ähneln damit Praktiken der „protestantischen Selbstbeobachtung und Selbstprüfung, die ihrerseits eine Subjektivierungs- und Herrschaftstechnik darstellt".[39] (Han 2014, 44) Zudem werden die Datensätze der Selbstoptimierung nicht selten über

---

39 Han erinnert daran, dass schließlich auch die bei Foucault angesprochene „Sorge um Sich" an „die Praktiken der Aufzeichnung über sich selbst gebunden" sei. „Die Aufzeichnung über sich selbst dienen einer Ethik des Selbst. Der Dataismus hingegen entleert des Self-Tracking jeder Ethik und Wahrheit und macht es zu einer bloßen Ethik der Selbstkontrolle. [...] Das selbstausbeutende Subjekt führt ein Arbeitslager mit sich, in dem es gleichzeitig Opfer und Täter ist. [...] Das digitalisierte, vernetzte Subjekt ist ein Panoptikum seiner selbst." (Han 2014, 84) Dünne/Moser (2008) bezeichnen den

1.3 Theorie des Dispositivs im Kontext der Mediatisierungsforschung 51

vernetzte Systeme verglichen, damit einem Wettbewerb des Vergleichs ausgesetzt und weiteren Optimierungsmöglichkeiten über soziale Netzwerke zugänglich gemacht. Auf diese Weise entfalten Optimierungsideologien der individuellen Selbstverbesserung subtile wie auch manifest wirksame Machtdynamiken, die sich über Technologien der Mediatisierung und Konnektivität spielerisch in Alltagskontexte einnisten und dort ihre Wirkung entfalten. Vielfach manifestierten sich konkrete Vollzugspraktiken der Macht also auf der Ebene des Individuums, seiner Verhaltensweisen und „Selbstpraktiken" sowie auf der Ebene des Körpers selbst, auch wenn dieser zum Angriffspunkt der Kontrolle wird. Die Macht ist damit keine durch direkte Außeneinwirkung entstandene Formierung, sondern eine Disposition, die aus dem Vollzug, aus der „Wechselwirkung bzw. Interaktion zwischen verschiedenen Akteuren" (Treibel 2006, 65), ihre „Mikro-Physik" entfaltet, wobei diejenige/derjenige, auf den Macht ausgeübt wird, auch Einfluss auf die Macht ausübende Person oder Struktur nehmen kann. (vgl. Treibel 2006, 66)

Prototypisch dargestellt hat Foucault die Wirkungsstrukturen der Macht bekanntermaßen am Beispiel der Überwachung in der Gefängnisarchitektur des Bentham'schen Panopticons, das durch seine Anordnung zwischen Überwachern und Überwachten im Effekt bei den Gefängnisinsassen eine subtil hergestellte und sodann internalisierte Verhaltensausrichtung produziert. Diese fügt sich im Sinn einer selbst gewählten Unterordnung schließlich in das Machtdispositiv des Gefängnisses ein. „Produziert wird ein spezifisches Selbstverhältnis des Individuums, das sich zugleich als sich selbst beobachtendes Subjekt und beobachtetes Objekt konstituiert." (Seier 2001, 99) So gesehen sind in diesem Dispositiv „Ingenieure der Menschenführung [oder] Orthopäden der Individualität" (Foucault 1994, 380) am Werk, die zu einer gewissen Form von Sozialdisziplinierung führt. Die Macht erscheint „als ein Spiel von Kräften, die ein Gebiet in einer Gesellschaft besetzen und dort Systeme entstehen lassen", (Rouff 2007, 17), wobei eine Spezifik der Macht darin liegt, dass sie ihre Kraft „nicht aus der Sichtbarkeit, sondern gerade aus ihrer Unsichtbarkeit" schöpft. (van der Loo/van Reijen 1992, 220) In ihrer strategisch-produktiven Eigenschaft erlangt die Macht damit „den Status einer universellen Kraft, die innerhalb von Familien, Gruppen, Institutionen einer Gesellschaft ihre wechselseitige Wirkung unter den Subjekten entfaltet".[40] (Rouff 2007, 17)

Will man diese Konzeption auf die Art jener dispositiven Strukturen umlegen, wie sie im Kontext digitaler und mobiler Netzwerke der Konnektivität wirksam

---

Umgang mit derart selbstbezüglichen Medien- bzw. Technologieformen, in der sich Formen von Selbsttechniken re-aktualisieren, daher auch als „Automedialität".

40 Als die zwei Hauptziele der Machtkonzeption sieht Foucault den Körper und die Bevölkerung an. (vgl. Rouff 2007, 17)

werden, lassen sich auch medientechnologische Entwicklungen als eine „bestimmte Disponierung und Anordnung betrachten, als Arrangements, die eine Anzahl Elemente in eine bestimmte Relation zueinander stellen".[41] (Raffnsøe/Gutmand-Høyer/Thaning 2011, 227) So können wir im Dispositiv mediatisierter Konnektivitäten, deren Integration in den Alltag weit fortgeschritten ist, Strukturen erkennen, die im Hinblick auf die Möglichkeiten der Überwachung ein „digitales Panopticon" im Foucault'schen Sinn schaffen, deren Bewohner […] in der Illusion der Freiheit" leben.[42] (Han 2013a, 92) Seit geraumer Zeit werden digitale Technologien der Kommunikation nicht nur für breitflächige Formen der Überwachung und Kontrolle an öffentlichen Orten – wie z. B. in Form von CCTV-Konzepten – eingesetzt, auch aktuell auf dem Markt erfolgreich lancierte Geschäftsmodelle mobiler Konnektivitäten bauen auf Möglichkeiten auf, die sich aus der konkreten geografischen Verortung ihrer Nutzerinnen und Nutzer ergeben. Anwendungen der digitalen und mobilen Kommunikation tendieren insbesondere dazu, sich unhinterfragt in Nutzungsmuster einzuschreiben und in selbstverständliche Handlungsroutinen überzugehen. Sie verlieren durch die Einfügung in das Alltagsleben „ihren rein werkzeuglichen Charakter, werden ein Teil unseres menschlichen Selbst" (van der Loo/van Reijen 1992, 196) und zu einem unhinterfragt verfügbaren digitalen Alltagswerkzeug. Dabei wirken „Techniken und Strategien […] so verfeinert und subtil, daß Menschen häufig nicht einmal merken, wie sehr sie in der Zwangsjacke

---

41 Die Vergleichbarkeit mit gänzlich anderen als bei Foucault behandelten Dispositivformen (der Gesetzgebung, der Disziplin und der Sicherheitsdispositive) lebt sicherlich vom Grad der Allgemeinheit und einer damit in Verbindung stehenden Unbestimmtheit des Modells an sich. Die Offenheit kann demnach insofern als ein Nachteil verstanden werden, als darunter die Stringenz der Übertragbarkeit auf aktuelle Phänomene leidet. Gleichzeitig erwächst aus der Breite des bei Foucault gewählten Dispositivkonzepts die Möglichkeit einer einfacheren Adaptierung dieses Denkmodells auf andere Themenkomplexe.

42 Die im Anschluss an das Bentham'sche Modell im Rahmen der Studien zur Überwachung eingebrachten Begriffe sind inzwischen vielfältig gestaltet. Sie reichen vom Modell des „superpanopticons" über das „polyopticon" bis hin zum „cybernetic panopticon". Haggerty führt alleine 18 unterschiedliche Begriffsbildungen in diesem Zusammenhang an. (vgl. Haggerty 2006, 26) Er begegnet der Proliferation des Begriffs daher auch kritisch: „The panoptic model masks as much as it reveals, foregrounding processes which are of decreasing relevance, while ignoring or slighting dynamics that fall outside of its framework." (Haggerty 2006, 27) Er plädiert vor dem Hintergrund dieser Kritik des Panopticon-Modells daher dafür, das Konzept der Gouvernementalität heranzuziehen, um Aspekte der Überwachung umfassender untersuchen zu können. „It offers a path forward for exploring many of the silences and omissions of the panoptic model, but without falling into the temptation of advancing a totalizing model of surveillance." (Haggerty 2006, 42)

1.3 Theorie des Dispositivs im Kontext der Mediatisierungsforschung

eines ‚geregelten Lebens' gefangen sind". (van der Loo/van Reijen 1992, 217) Auf diese und andere Aspekte der Überwachung wird in der Folge weiter unten noch einzugehen sein.

Wie andere Werkzeuge der Konnektivität verfügen mobile Kommunikationstechnologien aber auch über ein breites Funktionsspektrum, das – wie etwa im Fall von Navigationshilfen oder in Notfällen – positive Handlungsunterstützungen anbieten. Joachim Höflich spricht demnach vom Handy als einem „digitalen Sherpa", der uns als Navigator behilflich sein kann. (vgl. Höflich 2011, 53) In vielen Sektoren eröffnen mittlerweile die neuen mobilen Technologien Möglichkeiten der Konnektivität, die mit Hilfe alter technischer Hilfsmittel so nicht zur Verfügung standen. Sie eröffnen neue Freiheiten und Flexibilitäten im Bereich der beruflichen Kommunikation, schaffen neue Optionen der Vernetzung oder bieten Formen der Bindung privater und persönlicher Kommunikationsbande. So gesehen stehen den Risiken immer auch neue Chancen und Möglichkeiten gegenüber, derer man sich auch im Rahmen einer kritischen Herangehensweise stets bewusst sein muss. Dennoch treten mit den neuen Möglichkeiten einer ubiquitär verfügbaren Dauervernetzung des Menschen grundsätzlich veränderte Rahmenbedingungen auf den Plan, denen es mit einem kritischen Blick zu begegnen gilt. Die neuen Technologien der Konnektivität haben wir jedenfalls in ihrer ganzen Breite als überaus ambivalente Technostrukturen zu begreifen und im Sinne ihrer Vielschichtigkeit zu untersuchen. Ihre Zentralität im Netz der mediatisierten Alltagswelten lässt sich in vielerlei Hinsicht jedenfalls nicht hoch genug einzuschätzen.

Aus den hier referierten Konzeptionen der Dispositivtheorie lässt sich eine Reihe von Anknüpfungspunkten für eine Theorie der Mediatisierung gewinnen. Weniger in einem klassischen Sinn auf der Ebene der Diskursanalyse von Medieninhalten oder Genres, sondern vielmehr in Bezug auf Interaktionsstrukturen sowie spezifische Formen von Verwendungspraxen ist es sinnvoll, den Blick auf die Handlungsstrukturen und Interaktionsweisen in Mediatisierungsprozessen zu richten. Zudem bilden Medienmaterialitäten wichtige Bezugspunkte, denn sie stellen als Interfaces (vgl. de Souza e Silva/Frith 2012) Anschlussmöglichkeiten und Interaktionsmöglichkeiten zur Verfügung und formen die Kommunikations- und Handlungsgeografien. De Souza e Silva/Frith (2012, 4) sprechen von Interfaces als symbolischen Systemen, die Informationen filtern und aktiv kommunikative Verhältnisse und Bedingungen sowie den Raum, in dem sie stattfinden, modulieren. Höflich geht in seinen Analysen von einer „Medienumwelt" bzw. einer „Medien- oder Kommunikationsökologie" aus und verweist auf den Begriff des „Environments".[43] (vgl. Höflich 2011, 22) An anderer Stelle verwendet er den Begriff des „doing mobility", der den Aspekt einer „Durchführung von Alltagshandlungen" meint, Mobilität damit nicht nur als ein passives „Unterwegssein" versteht, sondern als etwas begreift, „das erst erzeugt wird". (Höflich 2014, 32) Über den Prozess der Nutzung kommt es jedenfalls zur Aushandlung von Bedeutungszuschreibungen, die sowohl von den Nutzerinnen und Nutzern ausgehen, aber auch seitens der Technologie vorgegeben sind und damit präkonfiguriert werden. Dabei sind es die von Technologie- oder Softwareanbietern „erwünschten" Nutzungsstile und Verwendungspraxen, die in Hard- und Softwarekonfigurationen eingeschriebene Handlungsmöglichkeiten abstecken. Eigenständig definierbare Aneignungsweisen oder gar widerständige Verwendungspraktiken sind innerhalb derartiger Konfigurationen meist nicht vorgesehen. Unter all diesen Gesichtspunkten lassen sich Medien- und Kommunikationstechnologien als prägende Dispositive begreifen, die – von Bührmann/Schneider (2008, 74) auch als „‚Motoren' des gesellschaftlichen Wandels" beschrieben – auf der Basis ihrer materiellen Disposition und der jeweils dahinterliegenden ökonomischen Nutzenkalküle ihre Wirkungspotentiale entfalten. Deren offen oder versteckt vorhandene Determiniertheiten und die in sie eingeschriebenen Nutzungsrisiken aber auch Potentiale gilt es aufzuzeigen und zu problematisieren. Bildeten für Foucault die drei Eckpunkte der Wahrheit, der Macht und das Handelns die „drei großen Problemtypen" für die Analyse von Dispositiven (vgl. Bührmann/Schneider 2008, 38), gilt es hier das Zusammenspiel dieser Konstituenten für die Analyse der Entstehung und Wirkung von Mediendispositiven entsprechend zu adaptieren.

Eine für das Feld der Mediendispositive vorgeschlagene Modellbildung schlug Lenk vor, der für den Kontext des Fernsehens unter Bezugnahme auf die Arbeiten Baudrys und Hickethiers zunächst das Koppelungsverhältnis zwischen Apparaten und Subjekten als eine Art Mensch/Maschine-Relation in einem Wechselverhältnis aufgehoben sieht. Dieses Modell versteht den Apparat wie das Subjekt in einem geschlossenen System verortet, „die über zwei Schnittstellen sowohl kognitiv wie auch leiblich miteinander verbunden sind". (Lenk 1996, 7) Erweitert für den Kontext von Rezeptionsprozessen von Medien sei es sinnvoll, das „dyadische Modell des Dispositivs (im Sinne eines Koppelungsverhältnisses) zu einem triadischen Modell zu erweitern". (Lenk 1996, 8) Für den hier relevanten Kontext würden

---

43 Spezifischer bemerkt dazu Höflich, dass der Begriff der Medienökologie über die Medien hinausreiche. „Medien sind Teil einer sozialen/kulturellen Umwelt, die die Medien prägt aber ebenso durch Medien verändert wird." (Höflich 2011, 23) Zudem gelte es innerhalb der Medienumwelten weiter zwischen „sensorischen" und „symbolischen" Umwelten zu differenzieren. (Lum zit. in Höflich 2011, 23)

1.3 Theorie des Dispositivs im Kontext der Mediatisierungsforschung

zusätzlich einige Punkte – wie z. B. die Geräteindustrie und ihre ökonomischen Kalküle – zu adaptieren sein. Auf der Ebene des Subjekts wären „Subjektivationen" aber auch „Objektivationen" (vgl. Bührmann/Schneider 2008) als wichtige Punkte zu nennen, die im Rahmen der Nutzungspraxis für eine spezifische Ausprägung individueller Aneignungsformen sorgen. Heute macht das „Computer-Subjekt" als „spätmoderne Subjektform" an der „Schnittstelle von ästethisch-kreativen und ökonomisch-marktförmigen Kompetenzen" (Reckwitz zit. in Bührmann/Schneider 2013, 29) eine aktuelle Spielart dieser Subjektivationsform aus. Die Dispositivforschung hinterfragt sodann auch, wie Menschen sich im Netz bewegen und „in welchem Verhältnis die symbolischen wie materiellen Objektivierungen und Subjektivation/Subjektivierungen stehen". Dazu gehört auch die Frage „in welchem Verhältnis soziale Praktiken mit der materialisierten ‚Ordnung der Dinge' in Bezug auf den Personal Computer und das Internet" zu sehen sind.[44] (Bührmann/ Schneider 2013, 30) In diesem Zusammenhang müssten auch konkrete Artefakte der Kommunikationstechnologien als „materialisierte Objektivationen menschlichen und damit gesellschaftlichen Handelns" (Bührmann/Schneider 2008, 104) analysiert werden. „Insofern sich in diesen Dingen/Objekten und ihren Nutzungsspuren kulturelle (Be)Deutungen manifestieren, können Artefakte als Materialisierungen von Kommunikationsprozessen [...] verstanden werden."[45] (Bührmann/Schneider 2008, 104) Unter Verweis auf die oben angesprochene aktuelle Spezifizierung wird auch danach zu suchen sein, „wie menschliche und nicht-menschliche Akteure bzw. Akteurinnen über soziale Praktiken an der Materialisierung von Usern und an der Materialisierung von technischen Artefakten beteiligt sind und dies wiederum (gesellschafts-)theoretisch zu kontextualisieren wäre". (Bührmann/Schneider 2013, 31) Unter diesen Gesichtspunkten lassen sich Technologien der mobilen Vernetzung heute als Dispositive und materielle Repräsentationen und Zeichenträger einer „Netzwerkgesellschaft" (Castells 2001a) lesen und Phänomene der darin sich routinisierenden Handlungspraktiken als Sedimente von Individualisierungs- und Mobilisierungsprozessen verstehen.

Grundsätzlich sieht Lenk in seinem Modell die Verbindung zwischen Diskursen und Dispositiven in einem Muster gegenseitiger Beeinflussung verschränkt. Denn

---

44 Nach Nowicka (2013, 49) betrifft die Subjektivation „das Verhältnis einer Person zu sich selbst" (Milchman/Rosenberg 2009 zit. in Nowicka 2013, 49), währenddessen die Subjektivierung „ein Ausdruck von Macht über das Individuum" ist, eine „Machtform, die aus Individuen Subjekte macht". (Foucault zit. in Nowicka 2013, 49)

45 D. h. Artefakte werden durch Menschen nicht nur in sozialen Prozessen entworfen, bearbeitet und produziert, sondern sie bleiben auch in ihrer Herstellung, also in ihrer Benutzung weiterhin im Kontext menschlicher Beziehungen, indem sie eingesetzt, verwendet, ge- und verbraucht werden." (Bührmann/Schneider 2008, 104)

"keinesfalls geschieht die Umsetzung und Habitualisierung neuer Medien als bloßer Nachvollzug diskursiv vermittelter Vorstellungen und Verhaltensanweisungen. Vielmehr ist hier ein wechselseitiger Prozeß gegenseitiger Beeinflussung, wechselseitiger Abhängigkeiten und Bedingtheiten zu postulieren: Habitualisierungsprozesse von Dispositiven vollziehen sich sowohl diskursgeleitet als auch erfahrungsbezogen, verschränkt in einer Art Zirkelbewegung." (Lenk 1996, 10)

Mit einer derartigen Konzeptionierung wird der Einflusskraft von zum Teil auch widerständigen Aneignungsprozessen eine doch reale Wirkung zugeschrieben. Offen bleibt, in welchem Ausmaß wir von einem ausgewogenen Beziehungsverhältnis der darin wirksamen Einflüsse ausgehen können. Da mit der Dominanz bestimmter Einflussgrößen – wie z. B. von der technisch-apparativen Seite – zu rechnen ist, sind auch Einschränkungen von Handlungsmöglichkeiten zu erwarten. Wie sich derartige dispositive Strukturen auf der Ebene neuer mobiler Kommunikationstechnologien der Konnektivität ausbilden und darstellen können, soll in der Folge diskutiert werden.

1.3.2 Theoretische Entwicklungslinien und aktuelle Konzepte

Versucht man über das von Lenk zunächst für das Medium Fernsehen entworfene Dispositivmodell hinauszugehen und eine Adaptierung für das technische Innovationsfeld der mobilen und vernetzten Kommunikation vorzunehmen, ergeben sich eine Reihe von Anknüpfungspunkten. Ein zunächst stark an Lenk angelehntes und für das Feld der Mobiltelefonie adaptiertes Modell eines Dispositivs entwickelte Mitrea (2006). Es ersetzt den bei Lenk als „Programm" bezeichneten Bereich in unterschiedliche Funktions- und Gebrauchsfelder und ordnet das Gesamtfeld der Mobiltelefonie den Bereichen der „communication" und dem „mobility management" zu.[46] Die spezifische Wirkung des Dispositivs erklärt sich wiederum aus der Zusammenwirkung von Teilkomponenten: „Understood as a *dispositif*, wireless telephony has structuring effects on the subject's perception and representation of reality; control and exploitation of the surrounding space, time management; and communicative practices." (Mitrea 2006, 17) Es wird jedenfalls davon ausgegangen,

---

46 Zum Bereich „communication" sei dabei der Programmbereich „social communication" zu zählen, alle anderen wären außerhalb dieses Feldes zu verorten. Dazu zählen die u. a. als „Sub-Dispositive" bezeichneten Bereiche „spatial and temporal coordination", „localisation, orientation and place-related information", „information", „supervising", „mobile office" und „entertainment", wobei die ersten beiden dem Bereich des „mobility managements" zugeordnet werden. (vgl. Mitrea 2006)

1.3 Theorie des Dispositivs im Kontext der Mediatisierungsforschung

dass das Dispositiv insgesamt strukturierende Effekte auf das Verhalten und auf darin aufgehobene Handlungsstrukturen ausübt, wobei auch dem Subjekt eine gewisse Undeterminiertheit bzw. Unvorhersehbarkeit bezüglich der Nutzungsmuster unterstellt wird. „The human subject can prove to be unpredictable and change the way that the elements of the *dispositif* produce communication, information and mobility structures."[47] (Mitrea 2006, 16) Und indem auch die historische Genese von Dispositiven integriert wird, wird zudem deutlich, dass derartige Strukturen als wandelbar und flexibel zu begreifen sind. „Mobile telephony represents a mature and functional phase of a manifold *dispositif*, which has historically constituted through redefinition and creative rebuilding of programs and structures [...]." (Mitrea 2006, 23) Die Auseinandersetzung mit der Thematik leistet eine empirische Analyse dispositiver Strukturierungseffekte auf Verhaltens- und Handlungsformen in der Mobilkommunikation,[48] wobei auf eine diskursive Analyse des Gesamtarrangements verzichtet wird.[49] (vgl. Mitrea 2006, 18)

In einer 2008 erschienenen Publikation widmete sich der italienische Philosoph Giorgio Agamben der Frage nach dem Dispositiv und setzt es ebenso mit dem Feld der Mobilkommunikation in Bezug. (vgl. Agamben 2008) Er bezieht sich hinsichtlich des Dispositivbegriffs etymologisch einerseits auf das theologische Prinzip der

---

47 In diesem Zusammenhang finden wir Verweise auf die Akteur-Netzwerktheorie sowie auf das von Katz/Aakhus vorgestellte Modell des „Apparatgeists". (vgl. Mitrea 2006, 17f) Katz benennt fünf Forschungsfelder, die sich auf die Metapher des „Apparatgeists" beziehen. Das ist zum einen die Funktion der Technologie im Verhältnis zum sozialen Wandel, die Bedeutungen und subkulturellen Normen, die Alltags- und lebensweltlichen Bedeutungen, das Feld der sozialen und funktionalen Bedürfnisse sowie die mit der Mobiltelefonie in Verbindung stehenden öffentlich sichtbaren Normen. (vgl. Katz 2003)

48 Die Hauptnutzungsebenen für die Nutzerinnen und Nutzer bestehen darin, sich mit anderen sozial zu vernetzen und auszudrücken sowie den Alltag zu koordinieren, auch wenn diese Nutzungsfeld ein beständig wachsendes Leistungsspektrum abzubilden hat. „Although the wireless *dispositif* model features nowadays a considerable complexity, only the constitution of mobile communication and communicative/informative mobility could be thoroughly examined at the date the study was conducted." (Mitrea 2006, 166)

49 Wie aus den Analysen zu den Konnektivitätsformen der Mobilkommunikation jedenfalls deutlich wird, können wir für dieses Kommunikationsfeld – mit Hepp – von der Ausbildung eines gewissen Medienzentrismus oder einem „Mobiltelefonzentrismus" sprechen, den es zwar „im Hinblick auf Fragen der Mediatisierung zu erweitern" gelte, der aber dennoch „,kleinere Formen' des Medienzentrismus" ausbildet. Gleichfalls würden aber „wiederum Diskurse standardisierter Medienkommunikation (z. B. Werbung) und Diskurse wechselseitiger Medienkommunikation (z. B. die diskursiven Praktiken des Mobiltelefons) ineinandergreifen". (Hepp 2013a, 124)

„oikonomia" bzw. der „dispositio"[50] und andererseits auf Heideggers Analysen zum „Gestell" (als die Gesamtheit aller technischen Mittel[51]) sowie Hegels Frage nach der „Positivität". Aufbauend darauf weist er auf Gemeinsamkeiten in einer „Gesamtheit von Praxen, Kenntnissen, Maßnahmen und Institutionen hin, deren Ziel es ist, das Verhalten, die Gesten und die Gedanken der Menschen zu verwalten, zu regieren, zu kontrollieren und in eine vergeblich nützliche Richtung zu lenken". (Agamben 2008, 24) In Bezugnahme zur Phänomenologie der gegenwärtig sich entwickelnden Alltagswelt seien Dispositive nicht nur in den „Gefängnissen, [...] Irrenanstalten, [oder im] Panoptikum" verwirklicht, sondern gemeint ist damit auch „die Schrift, die Literatur, die Philosophie, [...] die Computer, die Mobiltelefonie und – warum nicht – die Sprache selbst, die das vielleicht älteste Dispositiv ist". (Agamben 2008, 26) Innerhalb dieses Spektrums sei – in durchaus offener Auslegung Foucaults – ein „maßloses Anwachsen der Dispositive" zu beobachten, die eine ebenso „maßlose Vermehrung der Subjektivisierungsprozesse" zur Folge hätte.[52] Und als Italiener gesteht er zudem ein, in einem Land zu leben, „in dem die Gesten und Verhaltensweisen der Individuen vom (liebevoll *telefonino* genannten) Mobiltelefon von Grund auf umgeformt wurden" und er daher „einen unbändigen Hass auf dieses Dispositiv entwickelt [habe], das die Beziehungen zwischen den Menschen noch abstrakter" mache. (Agamben 2008, 29) Wir haben es im Kapitalismus damit zu tun, dass die

---

50 In der – so der Bezug zur christlichen Ideengeschichte – „oikonomia", als eine von Gott Christus anvertrauten „Ökonomie" und Verwaltung der Menschheitsgeschichte, sieht Agamben ein Dispositiv, „mittels dessen das Dogma der Trinität und die Idee einer providentiellen göttlichen Weltregierung in den christlichen Glauben eingeführt wurde". (Agamben 2008, 21) Und der Begriff des „Gestells" wird von Heidegger als Modell eines dem Menschen nicht zugänglichen Komplexes konzipiert. Heidegger erkannte insbesondere in der modernen Technik einen Automatisierungs- und Verblendungszusammenhang, die den Menschen von der Suche nach wahrer Erkenntnis abhält. (vgl. Margreiter 2007, 59)

51 Im Konzept des „Ge-stells" drückt sich, wie erwähnt, Heideggers Technikskeptizismus aus. Er spricht von der Allgegenwart, von einer „Zuhandenheit" der Technik (vgl. Nyíri 2002, 11), die uns umgibt. Sie verändere unser existentielles Sein, bewirkt eine „Ent-fernung" von der Welt und sei so in der Lage, den Menschen zu beherrschen. (vgl. Völker 2010, 222f) In seinem Text „Die Frage nach der Technik" führt er aus: „Die Bedrohung des Menschen kommt nicht erst von den möglicherweise tödlich wirkenden Maschinen und Apparaturen der Technik. Die eigentliche Bedrohung hat den Menschen bereits in seinem Wesen angegangen. Die Herrschaft des Ge-stells droht mit der Möglichkeit, daß dem Menschen versagt sein könnte, in ein ursprüngliches Entbergen einzukehren und so den Zuspruch einer anfänglichen Wahrheit zu erfahren. So ist denn, wo das Ge-stell herrscht, im höchsten Sinne Gefahr. [...]." (Heidegger 1953)

52 Als Subjekt nennt er jene Entität, die aus der Beziehung und dem „Nahkampf zwischen den Lebewesen und den Dispositiven hervorgeht". (Agamben 2008, 27)

1.3 Theorie des Dispositivs im Kontext der Mediatisierungsforschung

Dispositive in einem überwiegenden Maß zu einem Desubjektivierungsprozess führen, denn „wer sich vom Dispositiv ‚Mobiltelefon' gefangen nehmen läßt [...] erwirbt deshalb keine neue Subjektivität, sondern lediglich eine Nummer, mittels der er gegebenenfalls kontrolliert werden kann".[53] (Agamben 2008, 37)

Mit Ramón Reichert (2007) lässt sich auf dieser Ebene eine Verbindung zum Dispositiv-Begriff der digitalen Netze[54] und jenen Diskurspraktiken aus der Welt der Web 2.0-Applikationen herstellen, die sich zwischen den Polen einer betont emanzipatorisch angelegten Herangehensweise bis hin zu stark kulturkritischen Ansätzen bewegen.[55] Schon die Metapher des Netzes, wie sie Foucault im Kontext der Dispositivtheorie entwickelte, zeichnet sich jedenfalls durch eine erstaunlich hohe Anschlussfähigkeit zu den gegenwärtigen Phänomenen aus. Foucault spricht im Kontext seines Beitrags über die „Technologien des Selbst" (1993) darüber, dass wir uns „in der Epoche des Simultanen, [...] des Nebeneinander, des Auseinander [befinden]. Wir sind, glaube ich, in einem Moment, wo sich die Welt weniger als ein großes sich durch die Zeit entwickelndes Leben erfährt, sondern eher als ein Netz, das seine Punkte verknüpft und sein Gewirr durchkreuzt". (Foucault 1993 zit. in Reichert 2007, 217) Auch wenn sich Foucault naturgemäß nicht auf die Entwicklung digitaler Netzwerke bezog, sondern damit die Idee der Entwicklung neuer Dispositive anspricht, erschließt sich daraus eine phänomenologische Nähe zu jenen Diskursen, wie sie aktuell in Bezug auf das digitale Netz verhandelt werden. Reichert selbst betont, dass Dispositive historischen Konjunkturen unterworfen sind, dass das Netzdispositiv als eine „Ermöglichungsanordnung" zu begreifen sei, das einen „Imaginationsraum der Wissensordnungen" und der „Praktiken des Selbst" konfiguriere, wobei das Netzdispositiv selbst mit „vertikal hierarchischen Modell[en] der Maschinenbürokratie" brechen würde und an seine Stelle das „netzförmige Machtmodell des Organisationstypus ‚Markt'" trete.[56] (Reichert 2007, 217f)

---

53 Neue Formen der „Videoüberwachung [lassen] die öffentlichen Räume der Stadt zu Innenräumen eines riesigen Gefängnisses" (Agamben 2008, 40) werden.

54 Hartling/Wilke (2003) setzten das Jahr 1973 als den „Kristallisationszeitpunkt" der Formierung des Dispositivs Internet an, im Jahr, als das TCP-Protokoll etabliert und erste europäische Universitäten an das amerikanische Netz angeschlossen wurden. Zum Internet-Dispositiv vgl. auch Neumann 2002.

55 Nach Reichert findet jedoch in beiden Diskurspraktiken eine Beschränkung auf „abstrakte Verallgemeinerungen [und] pauschale[n] Verallgemeinerungen" statt, die mit der Integration von Ansätzen der Cultural Studies differenziert werden könnten, in deren Rahmen die „kulturellen Praktiken und Institutionen im Kontext von gesellschaftlichen Machtverhältnissen" in das Zentrum der Analyse gerückt werden. (Reichert 2007, 214)

56 An anderer Stelle sieht Reichert die Tendenzen der Vermarktung im Kontext der Handlungspraktiken der Individuen insofern verwirklicht, als „mit der Ausdehnung

Wenn es um die Etablierung neuer Kommunikationsnetzwerke geht, rücken damit verstärkt Faktoren einer ökonomischen Ratio ins Zentrum der Analyse. Gerade vor dem Hintergrund aktuell stattfindender Konvergenzentwicklungen dürfte die Netzmetapher „zu den hegemonialen Metaphern der Gegenwartsgesellschaft" zählen, die für eine „soziale Entgrenzungsdynamik gesellschaftlicher Zugehörigkeit" der „Verflüssigung von Institutionen und [für] die Entstehung von hybriden Strukturen" als „neue soziale Morphologie der gegenwärtigen Gesellschaft" steht. (Reichert 2007, 218)

Auf der Ebene der in diesen Netzwerkmorphologien handelnden Individuen gilt es darin mögliche oder eben auch verunmöglichte Handlungsformen im Blick zu haben. Foucault, der mehrere Techniken unterscheidet, „welche die Menschen gebrauchen, um sich selbst zu verstehen" (Foucault 1988, 26), setzte seine Analyse zu den „Techniken des Selbst" in der heidnischen und frühchristlichen Praxis an und begann sich[57] in diesem Zusammenhang mit den unterschiedlich historischen Methoden der Selbstführung in jeweils spezifischen Lebensbereichen mit dem Ziel des Strebens nach Glück und Vollkommenheit auseinanderzusetzen. Neben den gesellschaftlichen Lenkungseffekten und Einflusskräften, die sich im Laufe der Geschichte in die Arbeit um die Entwicklung der Selbst eingeschrieben haben, sind es insbesondere die Technologien und die Dispositive der Macht (als Ausdruck sozialer Strukturen), die auf die Selbstgestaltungsfreiheiten des Individuums im Verlauf der Geschichte in unterschiedlichem Maß einschränkend Einfluss genommen haben. Die Erforschung und die Entwicklung des Selbst – bei der es im Verlauf der Geschichte von einer in der Antike im Vordergrund stehenden „Sorge um Sich" zu einer Überformung durch den Drang nach der Suche um die Selbst„erkenntnis" gekommen ist – beginnt sich (wie oben bereits angesprochen) – erstmals über das Mittel der Medien Schrift und Sprache – mit dem Schreiben von Briefen und später mit dem Verfassen von Tagebüchern zu entwickeln. (vgl. Foucault 1988, 40)

---

    des unternehmerischen Diskursfeldes [...] Postulate, unternehmerisch zu handeln, wirkmächtiger geworden [sind]. Boomende Managementkonzepte des unternehmerischen Handelns, Erfolgs- und Selbstmanagementtraktate entfalten heute ihre vielfache Wirkung in subjektiven Handlungsorientierungen und haben ein Wissensregime der unternehmerischen Subjektivierung entwickelt, dessen Macht darin besteht, Menschen im Rahmen ökonomischer Klugheitslehren in den Technizismus effizienter und effektiver Selbstdarstellung, Lebensführung, Zeitplanung und Arbeitsorganisation einzuüben."
    (Reichert 2007, 218)

57 Foucault konnte dieses wissenschaftliche Projekt aufgrund seines frühen Todes nicht mehr in vollem Umfang umsetzen.

1.3 Theorie des Dispositivs im Kontext der Mediatisierungsforschung

„Insbesondere in unserem Kulturkreis kommt spätestens seit der Romantik der Literatur bzw. dem Schreiben und dem Text bei der Imagination und beim Entwurf von Subjektivität eine entscheidende Rolle zu. Während in früheren Zeiten Sinnlichkeit und Mündlichkeit als traditionelle Ausdrucksformen individueller Erfahrung galten, entwarf sich mit Ausbreitung der Schrift und Buchkultur das Subjekt zunehmend über den Text und organisierte und konstruierte sein singuläres Universum und seine subjektive Innerlichkeit in schriftlicher Form." (Becker 2000, 21)

Insofern steht die „Geburt des modernen Subjekts [...] in Beziehung mit einer bestimmten Schreib- und Lesetechnik". (Becker 2000, 121) Nicht zuletzt dürften vor diesem Hintergrund Erfahrungen der Alterität durch die Ausweitung von Erfahrungsräumen komplexer werdender Umwelten dazu beigetragen haben, dass sich das einzelne Individuum auf der Basis des Verfassens von Texten und Tagebüchern auf die Reise nach der Definition des eigenen Ichs begab. Für das Individuum eröffnete sich auf der Ebene der Auseinandersetzung mit sich selbst und vermittelt über das Medium der Schrift ein mediatisierter Möglichkeitsraum, der sich zwischen den Polen einer „Selbstlegitimierung" und „Selbstvergewisserung"[58] auf der einen Seite und einer „Selbstinszenierung" auf der anderen Seite aufspannte, wobei die Einzelne/der Einzelne darin auch in einem Optionenspektrum zwischen „Selbstentwurf und Selbstverlust" durchaus gefangen war. (vgl. Becker 2000, 23) Und wie Beck/Beck-Gersheim in Bezug auf den Prozess der Individualisierung hingewiesen haben, ist die Geschichte der Selbstentwicklung des Menschen in der Gegenwart von einem Widerstreit der Kräfte zwischen den Freisetzungsdimensionen und den Zwängen im Prozess der Individualisierung zu verstehen. (vgl. Beck/Beck-Gersheim 1994)

Im Rahmen des heute gesellschaftlich breit wirksamen Prozesses der Mediatisierung sind es zunehmend mediale und über vernetzte Kommunikationsplattformen angebotene Verhaltensstile und Handlungsentwürfe, die zu den zentralen Lieferanten der Identitätsstiftung und Selbstfindung wurden. Spätestens mit dem Aufstieg des Fernsehens zu einem Leitmedium und seiner daran anschließenden gesellschaftlichen Verankerung, wurde die formatierende Kraft der Medien und ihre Zentralität im Prozess der gesellschaftlichen Selbstorientierung im wahrsten Sinne des Wortes augenfällig. Und im Umfeld der derzeit sich durchsetzenden neuen digitalen Informations- und Kommunikationstechnologien erweitert sich das Möglichkeitsspektrum für Subjektentwürfe. Es werden darin neue „Technologien des Selbst" und variantenreiche Foren der Selbsterschaffung offeriert bzw. in der Interaktion kollaborativ konstruiert. Neben der Problematik, dass auf der

---

58 Ein besonders markantes Beispiel stellen in diesem Zusammenhang die „Essais" von Montaigne dar. (vgl. Becker 2000, 27)

Ebene der „virtual reality" die Absenz des Körpers bei gleichzeitig sich eröffnenden Möglichkeit der Erfindung neuer Körperentwürfe eine Reihe von Fragen aufwirft, ist auf die Eigendynamik der Technik hinzuweisen, die dort „lediglich begrenzte Formen der Selbstinszenierung" ermöglicht und das Individuum mit „standardisierten Verhaltensregeln" konfrontiert. (Becker 2000, 24) So bleibt es trotz einer wahrgenommenen Optionenvielfalt nicht selten nur bei der Illusion der Selbsterfindung, die sich in den virtuellen Welten realisiert. In den dispositiven Strukturen, wie wir sie aktuell in der Gesellschaft antreffen, stoßen wir vermehrt auf Praktiken einer „gelenkten Selbstführung" und auf „Subjektivierungspraktiken", wie sie aus den Organisationskulturen des „Selbstmanagements" bekannt sind. (vgl. Reichert 2007, 218) Es ist daher nur schlüssig, wenn „der allgemeinen Gegenwartstendenz zur Mediatisierung des Alltäglichen […] die neue Praxis der autobiografischen Selbstthematisierung auf den Aufmerksamkeitsmärkten des Internets entgegen" kommt. (Reichert 2007, 212) Und auch die in differenzierten Gesellschaften zu beobachtenden Praktiken der Individualisierung können vor dem Hintergrund einer derartigen Herangehensweise als „Techniken des Selbst" und als „Selbstführungsprozesse" verstanden werden, in deren Rahmen das Individuum zwischen Freiheiten und Zwängen um die Verwirklichung eigener Lebensentwürfe zu kämpfen hat. Nicht selten wird das Individuum im Kontext sich liberalisierender Marktbedingungen auch als ein „unternehmerisches Selbst" (Bröckling [5]2013) entworfen, als eine „Ich-AG", die jeweils neuen Herausforderungen strategisch zu bewältigen hat. Han markiert als Differenz zur Disziplinargesellschaft die Leistungsgesellschaft als eine Gesellschaft des 21. Jahrhunderts, deren „Bewohner […] nicht mehr ‚Gehorsamssubjekt', sondern Leistungssubjekt" genannt werden müssen. „Sie sind Unternehmer ihrer selbst."[59] (Han [8]2010, 19) Für das Einsatzfeld mediatisierter neuer Arbeitswelten spricht Roth-Ebner daher – in Anlehnung an Richard Sennetts „Flexiblen Menschen" – auch vom Bild des „Effizienten Menschen", der zum Sinnbild in den Effizienzstrukturen vernetzter Arbeitswelten stilisiert wird. (vgl. Roth-Ebner 2015) Gerade in Formen der mobilen Arbeit können sich Flexibilitätsgewinne aber auch in ihr Gegenteil verkehren, wenn die „Freiheit der Mobilität […] in den fatalen Zwang [umschlägt], überall arbeiten zu müssen. [Denn] der digitale Apparat macht die Arbeit selbst mobil." (Han 2013a, 49)

Im Entwicklungsfeld der mobilen Kommunikation sind es die Technologien der Konnektivität, die Nutzerinnen und Nutzer in mögliche unterschiedliche Verwendungspraxen einbinden und neben neuen Freiheiten und Optionen auch Restriktionen mit sich bringen. Damit setzen sich Engführungen kommunikati-

---

59 Für Han wurde in der Arbeitsgesellschaft der „Herr selbst ein Arbeitsknecht. […] So beutet man sich selbst aus." (Han [8]2010, 37f)

1.3 Theorie des Dispositivs im Kontext der Mediatisierungsforschung

ver Handlungsoptionen durch, die einen dispositiven Druck auf das Individuum ausüben und letztlich auch vermittelt über kollektiv sich verfestigende Kommunikationspraxen auf gesamtgesellschaftlicher Ebene Wirkung zeigen. Über neue Netzwerke der Konnektivität stehen entsprechende Plattformen auch ubiquitär und in zeitlicher Permanenz zur Verfügung und etablieren so eine permanente „Zuhandenheit" entsprechender Werkzeuge der „Selbstführung". Die im Dispositiv eingeschriebenen Phänomene sind in ihrer Grundstruktur jedoch auch zumeist überwiegend dialektisch angelegt und mit neuen Risiken und Zwängen ebenso verbunden wie auch mit gesteigerten Optionen. Vor diesem Hintergrund ließen sich etwa die von Agamben den Dispositiven unterstellten „Desubjektivierungstendenzen" auch als Tendenzen der „Resubjektivierung" begreifen, stehen doch im Rahmen der Aneignungspraxen von Medientechnologien immer auch alternative Nutzungsvarianten – bis hin zur Verweigerung – offen. Jedenfalls werden durch die Nutzung Subjektivierungsprozesse in Gang gesetzt, die an neu zu entwickelnde „Technologien des Selbst" geknüpft sind. Das Konzept der Resubjektivierung müssen wir uns daher als stark relationell angelegt vorstellen, da es sowohl die Möglichkeit der Neukonfiguration von Subjektentwürfen als auch Desubjektivierungsprozesse offen lässt. Reichert thematisiert diese Potentiale von Aneignungsstrategien, die im Rahmen der Cultural Studies als „kulturelles Empowerment emanzipierter Subjektpositionen" (Reichert 2007, 225) eingeordnet werden. Ihm geht es darum, die „programmatischen Thesen der kulturellen ‚Assimilation' und der kulturellen ‚Emanzipation' [...] in ihrer Einseitigkeit [zu] revidieren [...], um die medienspezifischen Prozeduren der Normalisierung und Subjektkonstitution im Spannungsfeld zwischen ‚begeisteter' Selbstdarstellung und ‚verinnerlichten' Kontrolldiskursen aufzeigen zu können". (Reichert 2007, 224) Somit lässt sich auch dieser Vorschlag als ein Plädoyer für eine pragmatische Analyse von Nutzungspraktiken lesen, ohne darauf zu vergessen, dass die „Interdependenz von Medium und Subjekt als ein Schauplatz von Herrschafts- und Machtspielen" in einer Dispositiv-Struktur aufgehoben zu sehen ist, in der „wahrnehmungstheoretische, apparative, technische, soziale und politische Aspekte" in ihrer gegenseitigen Verschränkung zum Tragen kommen.[60] (vgl. Reichert 2007, 221f) All diese Aspekte gilt es im Blick zu haben,

---

60 Bührmann/Schneider verstehen unter dem Prozess der Subjektivierung insbesondere Subjektformierungen ebenso wie Subjektpositionierungen, die sich in Aneignungspraktiken und alltäglichen Handlungspraxen ausdrücken. (vgl. Bührmann/Schneider 2008, 69) Dahingehend gilt es Differenzierungen zu treffen, denn „mit Subjektivierungsweise wird dabei die Art und Weise angesprochen, wie Menschen sich selbst und andere auf einer empirisch faktischen Ebene wahrnehmen, erleben und deuten. Demgegenüber zielt der Begriff der Subjektformierung darauf, wie Menschen auf einer normativ programmatischen Ebene über bestimmte Praktiken und Programme lernen sollen, sich

will man die Charakteristika eines Dispositivs mediatisierter Vernetzung in seiner Vielschichtigkeit abbilden. Dispositive sind also als „Ensembles zu verstehen, welche Diskurse, Praktiken, Institutionen, Gegenstände und Subjekte als Akteure, als Individuen und/oder Kollektive, als Handelnde oder ‚Erleidende' umfassen", deren „Untersuchungsprogrammatik" sich auf eine „Rekonstruktion der dispositiven Konstruktion der Wirklichkeit" richtet. (Bührmann/Schneider 2008, 68 u. 85). Damit zeigen sich abermals eine Reihe von Anschlussmöglichkeiten, die für hier relevante Kontexte und für die Mediatisierungsforschung fruchtbar zu machen sind.

Wenn wir die bislang angesprochenen Aspekte zum Komplex der Dispositiv-Analyse zusammenfassen, lässt sich das Dispositiv der mediatisierten Konnektivität als ein vernetztes System von Phänomenen bzw. Dimensionen verstehen, zu dem sowohl die Spezifika der Kommunikationstechnologien, die ökonomische Ratio ihres Funktionierens, die Handlungsstrukturen auf der Ebene der Nutzung sowie damit zusammenhängende alltagskulturelle Phänomene, aber auch darin entworfene Subjektivierungsformen, gehören. Ferner wären dazu auch Mechanismen von Kontrolle und Überwachung und damit zusammenhängend neue Ausbildungsformen von Privatheit zu zählen. Dazu kommen neue Fragen der politischen Partizipation und Neukonfigurationen der Vergesellschaftung, die in diesem Wirkungsfeld eine Rolle spielen. All diese Aspekte ergeben in ihrem Zusammenspiel eine neue „Ordnung der Dinge" in einem Kommunikationsparadigma, das sich in der kommunikativen Dauervernetzung des Menschen realisiert. Innerhalb dieses mittlerweile alltagskulturell fest verankerten Dispositivs gilt es technokulturelle Spezifika und Dominanzen aufzuspüren sowie auf jene Diskurse[61] hinzuweisen, die den Umgang mit den neuen Technologien regulieren, sie popularisieren und sich damit in Handlungsmuster einschreiben.

Der Mensch begibt sich auf der Ebene seiner Dauervernetzung – technohistorisch bereits eingeübt durch die Nutzung mobiler Gadgets wie dem Walkman – in einen kommunikationstechnologischen Kokon, der durch die voranschreitende Konvergenzentwicklung immer neue Kommunikations- und Vernetzungsräume erschließt. Damit verstärken sich Durchdringungsprozesse von Mediennetzwerken und Gesellschaft und gehen auf einem hohen Niveau eine neue Form der Verwoben-

---

selbst und andere wahrzunehmen, zu erleben und zu deuten." (Bührmann/Schneider 2013, 26f)

61 Die Zentralität des Wissens ist insofern von Bedeutung, als sich im Wissen um die Verwendung, die Regulierung oder auch die Kontrolle von ökonomischen Dominanzen auch die Strukturen von Macht äußern. „Wo Wissen ist, da ist Macht; wo Vergegenständlichungen vorliegen, waren Macht und Wissen am Werk und sind weiterhin am Werk, da sonst die Vergegenständlichungen ihre Bedeutung verlieren und verrotten. Die Macht ist als solche ja nicht sichtbar." (Jäger 2001, 87)

1.3 Theorie des Dispositivs im Kontext der Mediatisierungsforschung

heit ein, die wir mit Silverstone als „environmental" – für das Individuum wie für die Gesellschaft gleichermaßen – verstehen können. Zunehmend alle Lebensräume des Menschen sind mittlerweile kommunikationstechnologisch durchdrungen und damit fast vollständig mediatisiert. Somit gibt es kaum noch ein „Außen" jenseits der digitalen Netzwerke oder lebensweltliche Zonen, in der dem Menschen keine Anbindungsmöglichkeiten an die Netzwerke zur Verfügung stehen.

"The environment is always present, and human beings cannot be perceived as being located outside of the environment. Just as birds are dependent on air and fish are dependent on water, the human being lives in and interacts with the environment, and it does not make much sense to ask what the effect of air is on birds, of water on fish, or of environment on the human being." (Strömbäck/Esser 2009, 211)

Mark Deuze spitzt dieses Argument – ähnlich wie Lash (2007), der von einer „new media ontology" ausgeht – zu, wenn er argumentiert, dass wir mittlerweile nicht mehr *mit* den Medien/Technologien, sondern gewissermaßen *in* ihnen leben würden, „[as] [...] we do not live *with*, but *in*, media." (Deuze 2012, xiii) Friesen/Hug (2009) verdeutlichen dies mit dem oben gezeichneten Bild: „Just as water constitutes an apriori condition for the fish, so do media for humans." (Friesen/Hug 2009 zit. in Deuze 2012, 221) Konsequenterweise werden Medien- und Kommunikationstechnologien damit zu den „Infrastructures" (Lievrouw/Livingstone in Deuze 2012, 40), „Ensembles" (Bausinger in Deuze 2012, 42) bzw. „Environments" (Fortunati in Deuze 2012, 42) individueller wie gesellschaftlicher Kommunikationsaktivitäten. So verstanden stellt sich jene Kolonialisierungsdynamik als inzwischen erfolgte Überwindung davor noch angenommener Trennungen dar, die einst Habermas den Medien(Technologien) in Richtung unserer Lebenswelt unterstellte. „What I would argue in the context of media life is that the Habermasian systemworld (the world of rules) and lifeworld (the world of experience) are not just colonizing or colonized, but rather should be seen as collapsing in media."[62] (Deuze 2012, 182)

Verbunden mit der voranschreitenden Durchdringungen des Alltags mit Technologien der Konnektivität zeigen sich auch zeitliche und räumliche Entgrenzungserscheinungen, die sich nicht zuletzt auch auf das Verhältnis von Öffentlichkeit und Privatheit auswirken. Auf diese Phänomene der Transformation gilt es im folgenden Abschnitt einzugehen, wobei zunächst vom Faktor der Mobilität in Verbindung zum Phänomen der Kommunikation ausgegangen und die Weiterentwicklung des Williams'schen Modells der „mobilen Privatisierung" in Richtung

---

62 Deuze bezieht sich mit diesem Gedanken u. a. auf Don Ihde's Perspektive einer zunehmenden Interdependenz zwischen (Medien)Technologie und Lebenswelt. (vgl. Ihde 1990)

einer „mobilen Individualisierung" diskutiert wird. Dieses Konzept korrespondiert zudem mit jenen Transformationen, die wir auf der Ebene zeitlich wie räumlicher Entgrenzungserscheinungen vorfinden. Diesen Abschnitt abschließend wird der Frage nachgegangen, inwieweit wir im Rahmen der Aneignung von neuen mobilen Kommunikationstechnologien Ansätze der Domestizierungsforschung als immer noch tragfähig ansehen können, oder ob es gerade unter den Bedingungen einer sich durchsetzenden Individualisierung und Mobilisierung des Kommunikationsverhaltens gilt, diese den sich verändernden Gegebenheiten konzeptiv anzupassen.

Phänomene der Mobilität und Konnektivität im Kontext des medialen und gesellschaftlichen Wandels 2

Ähnlich wie im Fall der Telefonie wurde auch dem Faktor der Mobilität in Verbindung mit dem Phänomen der Kommunikation in der Fachdisziplin bislang nur geringe Aufmerksamkeit geschenkt. Dabei hängen, wie wir heute wissen, kommunikative Phänomene in der Gesellschaft eng mit historischen und jeweils aktuell sich gestaltenden Prozessen der Mobilität zusammen. Sowohl Kommunikation wie Mobilität sind systemisch in einem unmittelbaren Zusammenhang zu sehen und tragen in ihrer Wechselwirkung ganz wesentlich zur Ausgestaltung kommunikativer Alltagsprozesse bei. So können wir Mobilität allgemein als ein zentrales Bedürfnis des Menschen begreifen, als ein generelles Movens, das etwa die Erschließung von Ressourcen ermöglicht und neue soziale Interaktionsräume eröffnet. Diesem Drang nach Expansion und Überschreitung begrenzter Handlungs- und Lebensräume steht ontologisch wiederum das Bedürfnis nach Nähe, Rückzug und Privatheit gegenüber. Wenn wir also von Mobilität sprechen, gilt es beide Tendenzen in diesem dialektischen Verhältnis aufgehoben zu verstehen. (vgl. Kellerman 2006, 20f)

Nach Silverstone lassen sich in Bezug auf das Phänomen der Mobilität grundsätzlich vier Felder abstecken: Zunächst die geographische Mobilität, zu der Phänomene von Migration und physische Mobilität zählen. Weiters gilt es Ausprägung einer sozialen Mobilität (zwischen Rollen und Identitäten sowie zwischen den Sphären von Arbeit und Freizeit[63]) sowie Formen der technischen und kulturellen Mobilität einzubeziehen. Dazu gehören auch Formen der Kommunikation bzw. Interaktion, die wir heute zwischen den Polen von online und offline oder zwischen persönlichen und sozialen Räumen verorten. Schließlich spielen noch Ausprägungen einer

---

63 Zu dieser Form müsste noch die Mobilität zwischen sozialen Schichten, sozialen Lagen bzw. Klassen gezählt werden, die in der soziologischen Debatte eine große Rolle spielt. In diesem Zusammenhang wird weiters meist zwischen einer horizontalen (als Auf- oder Abstieg innerhalb der Gesellschaft) und einer vertikalen Mobilität (als Wechsel einer sozialen Position) differenziert. (vgl. Berger 1998)

psychologischen und anthropologischen Mobilität eine Rolle, mit denen Spielarten von Mobilität zwischen individuellen und kollektiven Identitäten sowie Instabilitäten zwischen Zugehörigkeit und Identifikation angesprochen sind. (vgl. Silverstone 2005b, 16f) Ungeachtet dieser Spezifizierungen gilt es stets die Ambivalenzen des Konzepts mit darin wirksamen Freiheiten aber auch Einflüssen des Zwangs zu bedenken.

"What we need [...] is an analyses of [...] the 'power geometry' of postmodern spatiality, in terms of who has control over their mobility. [...] We must [...] distinguish between those who [are] [...] the 'voluntary' and the 'involuntary' cosmopolitans of our era and between those who [are] [...] the 'tourists' of postmodernity, whose credit rating makes them welcome wherever they wish to shop, and the 'vagabonds', whose lack of economic power – or the relevant visas – makes it hard for them to settle anywhere." (Morley 2001, 430[64])

Es gilt also den Begriff der Mobilität in seiner Differenziertheit zu entschlüsseln, ihn von möglicherweise zu eindimensional entworfenen, fortschrittsgläubigen Idealisierungen zu befreien, „for the question is not whether mobility or sedentarism are good or bad things in themselves, but rather of the relative power which different people have over the conditions of their lives. Voluntary forms of physical mobility and virtual ‚connexity' [...] are perhaps seen as social ‚goods', the unequal distribution of which is a key dimension of contemporary forms of inequality." (Morley 2001, 430f) Auf die evolutionäre Tragweite des Verhältnisses von Kommunikation zu den Faktoren der Stabilität und Mobilität hat etwa Hans Geser (2005) hingewiesen, der grundsätzlich die Evolution des Lebens an zwei „unüberwindliche physische Rahmenbedingungen", nämlich jene der „räumlichen Nähe" und die der „stabilen Aufenthaltsorte" gebunden sieht. (Geser 2005, 43) Während erstere zu einer „Differenzierung innerhalb physischer Räume" führt und den darin wirksamen Face-to-Face-Beziehungen eine vitale Rolle in der Herausbildung und Aufrechterhaltung sozialer Beziehungsformen einräumt, führen Ortsstabilitäten zur Herausbildung dauerhafter Niederlassungen, die wiederum in urbanen Hochkulturen münden. (vgl. Geser 2005, 43) Selbst die Entwicklung moderner Gesellschaften, die seit der Industrialisierung einen hohen Grad an interner Differenzierung und arbeitsteiligen Prozessen aufweisen, würden „auf der stabilen Verdichtung zahlreicher Menschen im physischen Raum" (Geser 2005, 44) aufbauen.

Mit diesen Prozessen gingen aber auch bei „wachsenden technischen Möglichkeiten zur räumlichen Mobilität und den dramatisch zunehmenden Kapazitäten sozialer Kommunikation" zwei wesentliche „evolutionäre Weiterentwicklungen"

---

64 Morley bezieht sich in diesem Zusammenhang auf Arbeiten von Doreen Massey, Ulf Harnerz und Zygmunt Bauman.

einher, die sich gegenüber den bis dahin wirksamen „archaischen Orts- und Raumbindungen" als entscheidende Stufen der Weiterentwicklung erweisen sollten. (Geser 2005, 44) So zeigte sich neben der als „archaisch" eingestuften Bindung des Menschen an Orte und Räume der Faktor der Mobilität als zentraler Faktor im Entwicklungsgefüge moderner Gesellschaften.[65] Insbesondere müssen wir im Kontext nachmoderner Gesellschaftsentwicklungen Konzepte von Räumlichkeit und Zeitlichkeit als sich verflüssigende Prozesse (vgl. Bauman 2003) begreifen, die in sich beständig Veränderungen unterworfen sind und – wie etwa im Konzept der Netzwerkgesellschaft (vgl. Castells 2001a) formuliert – nur mehr bedingt fixe Entitäten darstellen. Vielmehr haben wir es vor dem Hintergrund aktuell sich vollziehender soziokultureller Wandlungsprozesse mit Effekten der Informalisierung, Dezentralisierung, Fluidisierung und Bilateralisierung zu tun (vgl. Geser 2005, 57), eine Transformation, auf die weiter unten noch genauer einzugehen sein wird.

Weitere Bezugspunkte zum Phänomen der Mobilität eröffnet uns Thrift (1996), wenn er – in einer philosophischen Annäherung – diese Kategorie als eine zentrale Dimension der menschlichen Existenz in einer Linie von Nietzsche bis hin zu Vertreterinnen und Vertretern des Poststrukturalismus verortet. Während er sowohl bei Nietzsche als auch bei Heidegger das Phänomen der Mobilität noch als allgemeinen Aspekt des Alltagslebens in einer modernen Welt einordnet, spricht schon Georg Simmel konkret sich wandelnde Kommunikationsstrukturen in der Gesellschaft an, wie sie in der Telefonie und der Telegrafie realisiert sind.[66] Weiters eröffnen die Arbeiten von Deleuze zur Nomadologie sowie Virilios Konzepte zum Phänomen der Beschleunigung oder auch Schivelbuschs kulturhistorische Arbeiten („Zur Geschichte der Eisenbahnreise") relevante Analyselinien zum Phänomen der Mobilität. (vgl. Thrift 1996, 286ff) Eine zentrale Kategorie spricht den Punkt der indirekten Verbindungen an, der „im-mediation" bzw. „indirectedness". (Thrift 1996, 288) Repräsentiert u. a. in der Telefonie stellt sich die Tatsache der „Nicht-Direktheit" von kommunikativen Verbindungen und damit die Tatsache der technischen Mediatisierung, „[as] a fundamental constant of contemporary

---

65   Diese neue Entwicklungsstufe muss freilich als eine – wenn auch elaborierte – Form der Wiederaufnahme schon einmal wirksamer Strukturen verstanden werden, da der Mensch erst aus dem Zustand des Nomadentums und der Deterritorialisierung heraus den Aufstieg in Richtung Sesshaftigkeit vollzog.

66   So hält Simmel zur Telegrafie und zum Telefon als neue technische Konfigurationen fest: „People's ecstasy concerning the triumph of the telegraph and the telephone often makes them overlook the fact that what really matters of one has to say, and that, compared with this, the speed or slowness of the means of communication is often a concern that could attain its present status only by usurpation." (Simmel zit. in Thrift 1996, 287)

life" dar.[67] (Thrift 1996, 288) In der Beziehung der konstanten Mobilität zum Faktor der Indirektheit sind das Subjekt, der Körper und die Räumlichkeit durchaus als problematische Zonen zu sehen. Das Subjekt zunächst deshalb, als es in der modernen Welt fragmentiert und nomadisch erscheint. „Nomadic subjects are like ‚commuters' moving between different sites of daily lifes, who are always mobile but for whom the particular mobilities or stabilities are never guaranteed". (Grossberg zit. in Thrift 1996, 289) Damit drückt sich Mobilität nicht nur euphemistisch als Möglichkeit der Flexibilität, sondern auch als Zwang und Einschränkung aus. In Bezug auf den Körper wirken im Zustand der Mobilität auf ihn Kräfte ein, die Aspekte von Verletzlichkeit aber auch Erfahrungen des Vergnügens in sich bergen. Und schließlich äußert sich die Dimension der Örtlichkeit als ein nicht mehr konstantes oder festes Konzept, sondern als eine permanent neu zu definierende Entität. „Places are ‚stages of intensity', traces of movement, speed and circulation." (Thrift 1996, 289) Somit ist Mobilität stets eng mit Strukturen des Alltagslebens verwoben, also eine Dimension, deren kulturhistorische Ausformungen immer auch mit jeweils dominierenden Kommunikationsstrukturen junktimiert sind. Diese Verschränkung hebt auch Lyon hervor, wenn er schreibt

"that since the nineteenth century speed, light and power have been important aspects of modern structures of feeling. [...] By the late twentieth century [...] these three merge and coalesce as 'mobility'. Electronic technologies have massively increased the volume of direct and indirect communication, just as improved transportation has hugely added to tourist travel, business trips and migration." (Lyon 2001, 18f)

Im Kontext dieser Veränderungen sind die mobilen Menschen einem „Mobilitätsimperativ" ausgesetzt, der Bewegungsfreiheit zu einer Norm werden lässt. (vgl. Bauman/Lyon 2013, 82) Eine thematisch breit angelegte Soziologie der Mobilität entwickelte der britische Soziologe John Urry, der von einem neuen Paradigma der Mobilität in der Gesellschaft spricht „[in that it] remedies the academic neglect of various movements of people, object, information and ideas. [...] It enables the ‚social world' to be theorized as a wide array of economic, social and political practices, infrastructures and ideologies that all involve, entail or curtail various kinds of movements [...]." (Urry 2007, 42f). In Differenzierung unterschiedlicher

---

67 Die Beziehung der Subjektivität zu deren sprachlichen Äußerungen, wie sie bei Kierkegaard, Adorno und Heidegger zu finden wären, sei in Bezug auf die Vermitteltheit nunmehr beim Phänomen einer „imposture of immidiacy", wie Virilio sie formuliert, angekommen. (Virilio zit. in Thrift 1996, 288)

2 Phänomene der Mobilität und Konnektivität

Mobilitätsformen[68] schlägt er eine theoretische Klammer vor, die dem Phänomen Mobilität in seiner ganzen Breite eine selbstorganisierende Dynamik unterstellt. Diese sei in der Lage, soziales Leben zu verändern oder auch zu bedrohen. (vgl. Urry 2007, 25) Mobilität wird somit zu einem zentralen Paradigma für die Analyse moderner Gegenwartsgesellschaften. In Analogie zur Simmel'schen Soziologie des Geldes schlägt er vor [that] „mobility should be seen as similar to money, as another medium of exchange that is selforganizing and irreducible to individual patterns of preferences". (Urry 2007, 25) In einer früheren Publikation zeigte Urry, wie neue Formen von Transport und Kommunikation konvergieren und als solche neue Formen der Ko-Präsenz – auch im Sinne von „virtual proximities" (Urry 2002, 6) – herausbilden, eine Entwicklung, die ihrerseits die Ambivalenz zwischen physischer Präsenz und kommunikativer Mobilität bis zu einem gewissen Grad abbildet. Generell arbeitet er damit die zunehmende Komplexität sozialer Konfigurationen heraus, die es unter dem neuen Paradigma der Mobilität zu beschreiben und zu untersuchen gilt.[69]

In der Kommunikationswissenschaft fand die Auseinandersetzung mit Phänomenen der Räumlichkeit und Zeitlichkeit zunächst überwiegend in kommunikationshistorisch beleuchteten Makroentwicklungen statt. Der Faktor der Mobilität spielte dabei allenfalls in Bezug auf die Veränderung von Raumstrukturen eine Rolle. Überwiegend gingen Arbeiten der „Toronto School of Communication" –

---

68 Urry geht einerseits von einer vertikalen – also sozialen – und einer horizontalen Mobilität – wie sie in der Migration zum Ausdruck kommt – aus. Daneben sei noch die Mobilität von Dingen und Menschen sowie die Mobilität von sozialen Zusammenkünften wie „smart mobs" zu sehen. (vgl. Urry 2007, 7f) An anderer Stelle spricht er von unabhängig voneinander festzustellenden Mobilitäten, die er folgendermaßen einteilt: „The *corporal* travel of people for work, leisure, family, pleasure, migration [...]; the physical movement of objects to producers, consumers and retailers [...]; the *imaginative* travel effected through the images of places and peoples appearing on and moving across multiple print and visual media [...]; the *communicative* travel through person-to-person messages via messages, texts, letters, telegraph, telefone, fax and mobile." (Urry 2007, 47)

69 Angelehnt an Urry stellt Kaufmann (2002) das Thema der Mobilität ins Zentrum seiner Analyse von Gesellschaft, spricht von einer durch moderne Kommunikations- und Transporttechnologien hervorgerufenen raum-zeitlichen Verdichtung und hinterfragt den Begriff der Mobilität auf verschiedenen Ebenen. In Aufarbeitung und Kritik unterschiedlicher Mobilitätsstufen – zwischen einem „areolar", „network", „liquid" und „rhizomatic model" – stellt er den Begriff der „motility" als Potentialität von Mobilität im Kontext der Analyse von Mobilitätsformen in Städten zur Diskussion. (vgl. Kaufmann 2002) Individuen statten sich mit möglichst vielen Potentialitäten von Mobilität aus und „motility" selbst sei potentiell als immer wichtigeres Kapital zu verstehen. (vgl. Kaufmann 2002, 100ff)

wie z. B. Innis oder McLuhan – auf diese Zusammenhänge ein. Im Rahmen der britischen Cultural Studies zählt Raymond Williams zu jenen Vertretern, der sich mit Fragen der Mobilität auseinandersetzte. Williams – auf den weiter unten noch genauer einzugehen sein wird – argumentiert, „(that) there is an operative relationship between a new kind of expanded, mobile and complex society and the developement of a modern communication technology". (Williams 1975, 20) Auf dieser Stufe seien direkte kausale Interdependenzen am Werk, die sich folgendermaßen zuordnen lassen: „The principal incentives to first-stage improvements in communication technology came from problems of communication and control in expanded military and commercial operations." (Williams 1975, 20) Damit sind indirekt jene Entwicklungen angesprochen, die wiederum Beniger in Bezug zu Kommunikationskrisen, die Kontrolle und Steuerung von Prozessen der Massenproduktion betreffend, thematisierte. Er wies damit auf die enge Verbindung der Telegrafie zu den Notwendigkeiten der Kontrolle einer sich beständig ausweitenden Massenproduktion und Industrialisierung hin und verstand die Entstehung neuer Kommunikationstechnologien als eine Antwort auf die Krisen der Kontrolle ökonomischer Expansionsentwicklungen. (vgl. Beniger 1986)

"With the rapid increase in bureaucratic control and a spate of innovations in industrial organisation, telecommunications, and the mass media, the technological and economic response to the crisis – the control revolution – had begun to remake societies throughout the world by the beginning of this century." (Beniger 1986, 429)

Williams rückt dagegen mit einem stärker gesellschaftskritisch ausgerichteten Fokus die Faktoren der Kommerzialisierung und der Militärentwicklung ins Zentrum seiner Überlegungen. „Thus telegraphy and telephony, and in its early stages radio, were secondary factors within a primary communications system which was directly serving the needs of an established and developing military and commercial system. [...] The direct priorities of the expanding commercial system, and in certain periods of the military system led to a definition of needs within the terms of these systems." (Williams 1975, 20) Damit sind auch jene Interdependenzlinien angesprochen, denen weiter unten in Bezug auf die historischen Entwicklungsverläufe nachzugehen sein wird.

Die Entwicklungslinie hin zum heute ubiquitär erreichbaren Adressaten für Kommunikation sei – nach Wilke – auf „konvergierende(n) Ursachen der verkehrstechnischen und sozialen Mobilität" (Wilke 2004, 2) zurückzuführen. Dabei gilt es zu berücksichtigen, dass wir nicht nur die Mobilität des Menschen als Empfängerinnen/Empfänger – oder auch Senderinnen/Sender – von Information im Blick haben, sondern auch die Mobilität der Kommunikationstechnologien selbst, die im Verlauf der Entwicklung jeweils unterschiedliche Mobilisierungs- und Ver-

2 Phänomene der Mobilität und Konnektivität

netzungsniveaus mit sich brachte. Auch der historische Blick auf die Entwicklung von Mediatisierungsepochen legt es uns nahe,

> „einen in der Geschichte der Menschheit immer schon stattfindenden gesellschaftlichen Metaprozess der Mediatisierung zu unterstellen und konzeptionell auszuarbeiten: In dessen historischem Verlauf werden immer neue Medien in Kultur und Gesellschaft, in Handeln und Kommunizieren der Menschen eingebettet, werden die Kommunikationsumgebungen der Menschen immer ausdifferenzierter und komplexer, und beziehen umgekehrt Handeln und Kommunizieren sowie die gesellschaftlichen Institutionen, Kultur und Gesellschaft in immer weiter reichenden Ausmaß auf Medien". (Krotz 2008, 52f)

Mit Blick auf die generelle Epochenentwicklung lassen sich entlang der Technokulturgeschichte der Kommunikation grundsätzlich zwei Phasen festmachen, die unmittelbar mit dem Faktor der Mobilität in Verbindung zu bringen sind. Zum einen kann ein Zeitraum festgemacht werden, der – unmittelbar in Bezug zu Medien – durch die Bindung medialer Inhalte und Informationen an ihre materiellen Träger charakterisiert ist. Unabhängig davon, in welcher Art diese Träger zeitliche und räumliche Ausdehnungsmöglichkeiten von Gesellschaften beeinflussten, determinierte diese Verknüpfung die Geschwindigkeit und Reichweite der Verbreitung von Informationen. Unterschiedliche verkehrstechnische Systeme der Mobilität – vom Pferd über die Eisenbahn bis hin zum Flugzeug – waren in der Lage, Informationen jeweils schneller und über größere Distanzen hinweg zu verbreiten. Trotz der damit möglichen Steigerungsdynamiken begann dieses System an die Grenzen der materiellen Trägheit seiner Mobilitätsvehikel zu stoßen. Erst mit der Entwicklung der Tele-Medien, die eine Loslösung der Botschaften von den Körpern der Boten mit sich bringen sollte (vgl. Zielinski 1990), konnte die Notwendigkeit der Anbindung an die materiellen Träger weitgehend überwunden werden. Im Fall der Telegrafie erreichte die Vermittlung auf drahtlosem Weg ein bis dahin nicht erreichtes Niveau in Bezug auf die Verbreitungsgeschwindigkeit und die Reichweite der Informationsübermittlung. Die Systeme der Kommunikation und des Transports blieben dabei weiter aneinander gekoppelte Systeme und gingen im Verlauf der Entwicklung immer wieder neue Verbindungsformen ein. [So] „connections are established by movements – either of people (migration), goods (trade) or information (communication)." (Wenzelhuemer 2007, 346). Aus der Kopplung von Mobilität und Kommunikation entwickelte sich ein koevaluatives Interdependenzverhältnis, in dem Innovationen auf medientechnischem Niveau zugleich Antwort auf gesellschaftliche Bedürfnislagen wie auch Ursache für gesellschaftliche Veränderungen waren. Darin standen „Güter und Nachrichten von Beginn an in einer Äquivalenz. Mobilität dient ebenso der Kommunikation – und: ‚Mobilität' erfordert Kommunikation. Ihre Logistik ist nur über Kommunikationssysteme abzusichern." (Schmitz 2005, 11f) Aus dem Wechselspiel dieses „mutual shapings" zwischen Technologie und Gesellschaft (vgl. Boczkowski 1999) ist eine Technokulturgeschichte von Kommunikation und Mobilität zu begreifen, die in der Lage ist, die Komplexität der darin aufgehobenen Entwicklungen abzubilden.

Mobilitäts-konzepte	Traditionale Mobilität	Territoriale Mobilität	Globale Mobilität	Virtualisierte Mobilität
Vergesellschaftungsmuster	Bewegung ohne Beweglichkeit	Der Nationalstaat als Basis und Bezugspunkt der Bewegung	Bewegung jenseits des Nationalstaats	Beweglichkeit unabhängig von Raum und Zeit
	(bis 18. Jh.)	(bis 18./19. Jh.)	(bis 19./20. Jh.)	(spätes 20. Jh.)
Traditionale Gesellschaften	„Armer Reisender" Pilger (Händler)			
Erste Moderne (Westliche Industriegesellschaften seit dem späten 18. Jh.)		Wanderer Flaneur (Berufspendler)	Kosmopolit Migrant	
Zweite Moderne (Postindustrielle Risikogesellschaften seit dem späten 20. Jh.)			(Massen-) Tourist Transmigrant (global manager)	„Digitaler Nomade" Netsurfer

Abb. 7 Mobilitätstypen – Vom Pilger zum Netsurfer
Quelle: Bonß/Kesselring 2001, 188

Bezüglich der historischen Entwicklungsverläufe von Mobilität und Kommunikation finden wir in der Literatur zudem unterschiedliche Ordnungsversuche. Während Schmitz (2005) die Entwicklung von Mobilität zwischen 1500 und der „Achsenzeit" um 1800 in lediglich zwei Schritte einteilt[70], finden wir bei Bonß/ Kesselring (2001) eine differenziertere Übersicht, in der unterschiedliche Formen von Mobilität wiederum verschiedenen Zeitphasen der Gesellschaftsentwicklung und Typologien – vom „Pilger zum Netsurfer" – zugeordnet werden. Entlang dieser

---

70 In der Phase um 1500 ortet Schmitz einen Aufbruch mit dem Zeitalter der Entdeckungen, des Fernhandels und der Kolonialisierung. Um 1800 wird die Welt zu einem Wahrnehmungs- und Handlungsraum, der eng mit einer sich beschleunigenden Welt in Verbindung zu bringen ist. (vgl. Schmitz 2005)

2 Phänomene der Mobilität und Konnektivität

Phasen kann im Sinne der Modernisierungsentwicklung von einer zunehmenden Individualisierung und „Entbettung" (Giddens ³1995) des Menschen aus traditionellen Institutionen und Sinnzusammenhängen ausgegangen werden, in deren Verlauf es zur Herausbildung neuer räumlicher und sozialer Mobilitätsphänomene kommt, die ihrerseits alte Sozialstrukturen auflösen und wiederum neue Formen einer Vergemeinschaftung bilden.

Mit Zunahme und Verdichtung gesellschaftlicher Mobilitätseffekte können wir spätestens mit dem Übergang von den traditionalen Gesellschaften in die „Erste Moderne" (Bonß/Kesselring 2001, 188) davon ausgehen[71], dass Mobilitätsentwicklungen mit Effekten der Mediatisierung enge Wechselbeziehungen eingehen. Diese Mediatisierungseffekte treten vorerst auf der Ebene kleinräumiger Territorien in Verbindung mit Medien und Kommunikationstechnologien auf. Verstärkt durch den Metaprozess der Kommerzialisierung und Technisierung sollte auf Basis der Mobilitätskopplung von Waren, Personen und Informationen die Telegrafie ein neues Netzwerk globaler Konnektivität etablieren. Beide Systeme – jenes des Transports und der Kommunikation – werden somit gerade in ihrer Verschränkung zu konstitutiven Motoren des modernen Lebens.[72] (vgl. Groening 2010, 1341) Auch bei Freeman (2001) finden wir entlang der unterschiedlichen Phasen des technologischen Wandels – von der Industriellen Revolution bis heute – Systeme des Transports und der Kommunikation jeweils an Technikentwicklungsphasen gekoppelt. In einer derartigen Stufenentwicklung des technologischen Wandels sind Eisenbahnnetze mit der Telegrafie und in der Folge mit der Telefonie in einer technologischen Koexistenz integriert. Daran anschließend ist die Entwicklung von Autobahnen in Verbindung mit der Verbreitung des Radios zu sehen sowie als deren Weiterentwicklung die Highways der Information mit digitalen Netzwerktechno-

---

71 Für Bonß/Kesselring bedeutete Mobilität in der traditionellen Gesellschaft noch eine „erzwungene Notwendigkeit, die man nicht selbst wählte." [...] Mobilität war kein Wert, kein Ziel an sich, schon gar nicht Selbstzweck, sie wurde von außen auferlegt, weder frei gewählt noch systematisch verfolgt." (Bonß/Kesselring 2001, 182) Dagegen erfuhr Mobilität in der „Ersten Moderne" eine Neubewertung, war besonders im 19. Jahrhundert „aufgeladen mit den Wünschen, Hoffnungen und Ängsten Zigtausender [...]. [...] In dieser Phase wird Mobilität zu einem wichtigen Begriff für die Konstruktion von Freiheit und Fortschritt", wobei auch Verunsicherungen und neue Belastungen damit verbunden waren. (Bonß/Kesselring 2001, 183f) Im Zuge des Übergangs in die „Zweite Moderne" gerät Mobilität schließlich in die Krise, da bis dahin gültige Steigerungsimperative hinterfragt und kritisiert wurden. „Die Suche nach Alternativen zum linearen Muster der Modernisierung wird immer dringlicher, wobei sich eine Entmaterialisierung der ‚postindustriellen Gesellschaften' abzuzeichnen scheint." (Bonß/Kesselring 2001, 184)
72 Auf diese Zentralität weisen auch Kellerman (2006) sowie Urry (2002) hin.

logien. Die gegenwärtige Phase sei wiederum von der Koexistenz der Telematik mit dem Teleworking geprägt. (vgl. Freeman 2001, 131) Auch wenn die letzte Stufe nur bedingt zutreffend erscheint, verdeutlichen sich in diesem Phasenmodell doch Muster der Koexistenz zwischen Transport- und Kommunikationstechnologien.

Nach Weber stehen gerade heute „mobile Medien [...] am Schnittfeld von Transport- und Kommunikationstechniken: Portables [als die ‚Leitfossilien einer sich wandelnden Mobilitätskultur'] wurden entwickelt, um in der Ferne oder während der Zeit des Fortbewegens Kommunikations- und Medientechniken nutzen zu können".[73] (Weber 2008, 13, 327) Transport und Kommunikationstechnologien werden so nicht nur zu „travel partners", sondern auch zu Komponenten einer als „Netzwerkkapital" bezeichneten Kapitalform des Kommunikationsverhaltens. „We might see this as a process of co-evolution, between new forms of social networking on the one hand, and extensive forms of physical travel, now normally enhanced by new communication, on the other. These sets of processes reinforces and extend each other in ways that are difficult to reverse." (Larsen/Urry/Axhausen 2006, 30) Der Versuch, die in einer Koevolution stehenden Beziehungen zu visualisieren, wäre unter Berücksichtigung damit auch verbundener Effekte der Mediatisierung und Konnektivität demnach folgendermaßen zu skizzieren.

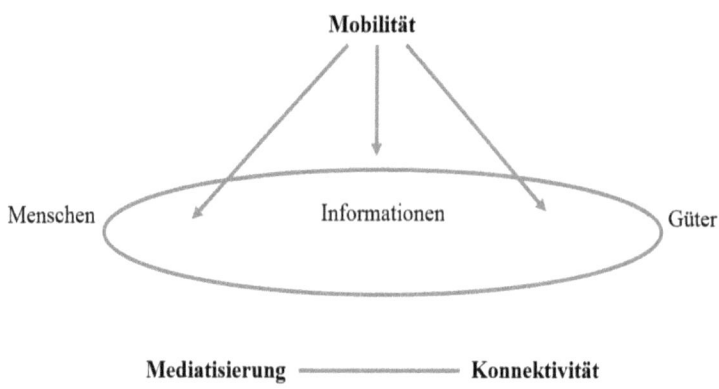

Abb. 8 Der Prozess der Mobilität im Kontext von Mediatisierung und Konnektivität
Quelle: eigene Darstellung

---

73 Und weiter heißt es bei Weber, dass „ihre Verbreitung [...] entlang des steigenden Verkehrsaufkommens statt[fand], und sie [...] sich in Teilen auch als Folge auch des wachsenden Stellenwerts von Transport und Tourismus [ergab], die am Ende des 20. Jahrhunderts die weltweit bedeutendsten Wirtschaftszweige darstellten." (Weber 2008, 13)

2 Phänomene der Mobilität und Konnektivität

Wie oben angesprochen, können wir den Prozess transportbezogener und kommunikativer Mobilität in enger Verbindung mit jenem der Konnektivität und in der Folge auch mit Prozessen der Mediatisierung in Verbindung sehen, ergeben sich doch aus der Verdichtung von Mobilitätseffekten immer wieder auch neue Netzwerke und Flüsse der Kommunikation. (vgl. Hepp/Krotz/Moores/Winter 2006) Auf Bonß/Kesselring (2001) zurückkommend führt das zu zwei „propädeutischen Thesen": Sie orten unter den Rahmenbedingungen einer sich „modernisierenden Moderne" einerseits einen „Anstieg der Mobilitätsanforderungen", und zum anderen einen „Strukturbruch", „als neben der globalisierten die virtualisierte Mobilität als gesellschaftliches Leitbild an Bedeutung gewinnt". (Bonß/Kesselring 2001, 189) Spätestens mit diesem Schritt wäre jenes „Paradox einer immobilen Mobilität" erreicht, „worunter die Mobilität von Personen zu verstehen ist, die sich physisch (fast) nicht mehr bewegen, jedoch durch Datentransfers, symbolische und kommunikative Akte hochmobil erscheinen". (Bonß/Kesselring 2001, 189) Auch wenn es zutrifft, dass es keiner physischen Mobilität bedarf, um auch kommunikativ mobil sein zu können, bleibt es evident, dass sich kommunikative Mobilität im Sinne mediatisierter Konnektivitäten sowohl im Zustand der Immobilität wie auch in jenem der Mobilität vollzieht und verwirklicht. So erwächst etwa gerade aus den sich flexibilisierenden Arbeitswelten für die/den Einzelnen immer mehr die Notwendigkeit, auch im Zustand der Mobilität technologisch vernetzt zu sein bzw. dies aus einer ökonomischen Notwendigkeit heraus auch sein zu müssen. So erzeugen „unter Bedingungen globaler Arbeitsteilung, globaler Medien- und Informationswelten [...] Mobilitätsanforderungen oder Mobilitäts- und Vielfaltssehnsüchte die Idee der ‚Perception without Limits'." (Faßler 2008, 188)

Einen Kategorisierungsvorschlag zur Beziehung von Mobilität und Gesellschaft finden wir auch bei Tully/Baier (2006), die im Hinblick auf die Genese der Mobilitätsentwicklung eine Vormobilitätsgesellschaft von einer Mobilitätsgesellschaft I (für die Hochphase der Industrialisierung) und einer Mobilitätgesellschaft II (als die für die Gegenwart zutreffende) unterscheiden. Kommunikationstechnologien stellen in der aktuell sich entfaltenden Mobilitätsgesellschaft die Kerntechnologie dar, die noch in der Phase davor von der motorisierten Technik, der Eisenbahn und dem Automobil dominiert war. Im Zentrum des derzeitigen Gesellschaftsmodells stehe der „homo mobilis", der – getragen vom Prozess der Individualisierung – über die Strukturen der Mobilität und Kommunikation beständig jene Re-Integration herzustellen versucht, die durch gesellschaftliche Differenzierungsprozesse und Entbettungseffekte befördert wird. (vgl. Tully/Baier 2006) Gerade in hochindustrialisierten Gesellschaften komme dem Faktor der Mobilität eine Integrationsfunktion zu, wobei wir darin auch „eine Ungleichheitsstruktur auf der Basis unterschiedlichen Zugangs [...] als wertvoll erachteten Ressourcen" zu verzeichnen haben. „Kapitalien sind ungleich verteilt und mit ihnen die Chancen auf Mobilität." (Tully/Baier 2006, 104) Kommunikationstechnologien bilden darin Potentiale, die – wie im Fall der Telefonie und dem Internet – eher zu einer Erhöhung von Mobilität beitragen, als diese zu kompensieren. (vgl. Tully/Baier 2006, 76) Technik substituiere demnach bestimmte Wege nicht, sondern gestalte diese jeweils situativ (vgl. Tully/Baier 2006, 167), wobei die auf Vertrauen basierende Face-to-Face-Beziehung immer noch das basale Kommunikationsmoment darstellt. Im Rahmen gesellschaftlicher Differenzierungsprozesse orten die Autoren schließlich „immer weniger räumliche Schranken für Systemkommunikationen und für persönliche Netzwerkbeziehungen", wobei „globale Netzwerke mit globaler Mobilität [...] für eine Vielzahl der Menschen zur Normalität" werden. (Tully/Baier 2006, 80)

Aharon Kellerman, der zur Beziehung von Geografie und Telekommunikation forscht, macht uns auf weitere Aspekte von Mobilität im Rahmen kommunikativer Beziehungen aufmerksam. Er identifiziert vier für das Individuum wesentliche Elemente von Mobilität, die ihrerseits in einem komplementären Verhältnis zueinander stehen.

"The various features of personal mobilities, extensibility, access, speed and convenience, seem to rather complement each other into a human experience of personal mobilities involving pleasure, power and freedom, stemming from the very ability to reach further out and get access to additional facilities and people in speedy and convenient ways." (Kellerman 2006, 173)

Kellermans theoretische Herangehensweise nimmt zur Giddens'schen Theorie der Strukturierung Bezug, in der die Bedeutung von Mobilität für das Individuum unter Berücksichtigung sozialer, technologischer und räumlicher Makroeinflüsse eingeordnet wird. Das Verständnis von Technologie zielt dabei auf die eines „Mediators" zwischen gesellschaftlichen Herausforderungen und menschlichen Bedürfnissen ab, wobei die Einbindung des Individuums in die Gesellschaft vorrangig auf den Faktor der Mobilität in jeweils unterschiedlichen Ausformungen konzentriert ist. „The contemporary individual finds himself/herself engaged and embedded more than any time in the past, constantly and simultaneously, within virtual and physical mobilities and fixities." (Kellerman 2006, 17f) Die Prozesse des gesellschaftlichen Wandels hin zu sich steigernden Formen von Mobilität bleiben nicht ohne Auswirkung auf die Wahrnehmung von Raum und Örtlichkeiten, in deren Zentrum das Phänomen der Konnektivität steht. „Mobility connects people and places and this growing connectivity has changed traditional places." (Kellerman 2006, 177) Persönliche Mobilität sei demnach in drei „Makrovektoren", nämlich im Sozialen,

2 Phänomene der Mobilität und Konnektivität

dem Technologischen und in der Räumlichkeit, verwirklicht[74] (Kellerman 2006, 182), wobei die Praktiken des Handelns im Zustand von sowohl physischen wie virtuellen Zuständen der Mobilität drei Komponenten aufweisen: Es sind dies die sozialen Räume als Kontext, die Systeme der Mobilität in Form von Netzwerken und die darin handelnden Akteure als mobile Individuen mit spezifischen Bedürfnissen und Anforderungen gegenüber den Möglichkeiten der Mobilität. (vgl. Kellerman 2006, 181) Spezifisch für die Entwicklung einer Gesellschaft unter diesen Rahmenbedingungen ist sodann die gleichzeitige Wirkung vermeintlich gegensätzlicher Prozesse. „Thus, more than ever, the fixed and the dynamic, or location and place, on the one hand, and mobility, on the other, evolve into an inseparable hybrid of a simultaneously fixed and dynamic human space."[75] (Kellerman 2006, 16) Für die Berücksichtigung dieser Ambivalenz haben Wimmer/Hartmann zuletzt den Begriff des „mobilism" (oder des Mobilismus) vorgeschlagen, der darunter – u. a. verweisend auf den „nagara-mobilism" von Kenichi Fujimoto[76] – „die Kopplung eines Möglichkeitsraums mit seinen potentiellen Beschränkungen" versteht. (Wimmer/Hartmann 2014, 19) Der Vorschlag, sich dieses Begriffs zu bedienen, zielt insbesondere darauf ab, „die Fähigkeiten mobiler Medien im Alltag im Hinblick auf ihre Möglichkeiten, aber auch Beschränkungen, Menschen, Dinge und Ideen zu bewegen, kritisch zu hinterfragen. Denn jegliche Bewegung ist imaginär und realweltlich zugleich – und sie bewegt sich immer in Relation zur Affordanz der Medientechnologien und zu weiter gefassten Strömungen andererseits." (Wimmer/Hartmann 2014, 19) Damit sind wiederum Ambivalenzen einer „flux-like dialectic of immobility and mobility" (Urry 2007, 25f) angesprochen.

Zurückkommend auf Kellerman zeigt sich ein Verdienst seiner Arbeiten in dem Umstand, auch die Frage nach der Macht und nach dominierenden Strukturen, die wir in den Mobilitätsentwicklungen finden, zu stellen. Denn wenn es zu

---

74 Hinsichtlich des Sozialen differenziert Kellerman zwischen den Ebenen des Individuums und jener der Gesellschaft. Auf der Ebene der Räumlichkeit, in der sich die individuelle Mobilität entfaltet, wird zwischen „places" und „cities" differenziert, wo es wiederum zu Kombinationen zwischen fixierten und mobilen Ausformungen kommt. Auf der Ebene der Technologie wird schließlich zwischen einer tatsächlichen und einer virtuellen Mobilität unterschieden. Zu Aspekten einer neuen „Communication Geography" vgl. auch Adams/Jannson 2012.

75 Studien aus der praxisorientierten Verkehrssoziologie stützen die Annahme, nachdem dem Faktor der Komplementarität (zwischen einer physischen und virtuellen Mobilität) eine höhere Wirkmächtigkeit zuzuschreiben sei als dem Faktor einer Substitution zwischen diesen beiden Mobilitätsformen. (vgl. Zumkeller in Zoche/Kimpeler/Joepgen 2002, 23)

76 Bei Fujimoto steht der „nagara-mobilism" für „Multiplizität kommunikativer wie körperlicher Aktivitäten". (Wimmer/Hartmann 2014, 18)

Veränderungen der Entwicklungen von Mobilitätsstrukturen in der Gesellschaft kommt, lassen sich – wie im Rahmen der modernen Techno-Eliten verwirklicht – darin immer auch Gruppen finden, die davon profitieren, während andere wiederum Mobilitätseinbußen hinzunehmen haben oder gezwungen sind, auf Mobilitätsfreiheiten zu verzichten. Dies führt zu einer „politics of mobility", die es zu beachten gilt, wenn sich Fragen der sozialen Implikationen stellen. „Thus, it does seem that mobility and control over mobility both reflect and reinforce power. [...] [And] one implication of such power relations is the growing number of people who have to be immobile at any given time in order to serve the seemingly growing virtual and physical mobilities of others." (Kellerman 2006, 31[77]) Auch andere Autoren wie etwa Wood/Graham sehen die Möglichkeiten, mobil sein zu können, direkt auch als eine Differenzierungsform an, wenn sie etwa von einer „differential mobility" sprechen: „Differential mobility is directly related to power: specifically, to economic power." (Wood/Graham in de Souza e Silva/Frith 2012, 155) Und zuletzt wies auch Lingenberg auf Ungleichverteilungen im Kontext von Zutrittschancen zu Mobilitäts- und Vernetzungsformen hin, wenn er hervorhebt, dass einer Gesellschaftsschicht, die sich „komfortabel und sicher durch reale und virtuelle Welten" bewegt, doch auch einer Gruppe von Menschen gegenüberstünde, deren Mobilität „in Lagern, Booten und immer noch an nationalen Grenzen" enden würde. (Götsch-Elten 2011 zit. in Lingenberg 2014, 75)

Eine spezifische Kontextualisierung der Faktoren von Mobilität und Kommunikation bzw. Medien im Rahmen gesellschaftlicher Einflüsse finden wir – wie oben angesprochen – in den Arbeiten von Raymond Williams. Mit seinem Konzept der „mobilen Privatisierung" legte er ein Denkmodell vor, auf das in der Folge nun Bezug genommen wird, wobei für aktuell relevante technokulturelle Rahmenbedingungen eine Weiterentwicklung seines Konzepts im Sinne einer „mobilen Individualisierung" vorgeschlagen wird.

---

77 Kellerman selbst bezieht sich in diesem Zusammenhang u. a. auf Cresswell und Massey. Seine Ausführungen bedürften – im Verhältnis zur Aufarbeitung von Raumfragen – noch einer Berücksichtigung des Faktors der Zeit bzw. der Effekte von Beschleunigung. Denn während der Veränderung räumlicher Strukturen breiter Raum gegeben wird, bleiben Transformationsentwicklungen im Hinblick auf zeitliche Strukturen insgesamt unterrepräsentiert. Kommunikative Mobilität kann wie ein Scharnier zwischen Handlungsräumen und Handlungsfolgen wirken, aus dessen Organisationsraum selbst wiederum Folgehandlungen hervorgehen. Somit kann mit Schmitz davon ausgegangen werden, dass Mobilität selbst Kommunikation auslöst (Schmitz zit. in Kircher 2011), also über eine Potentialität verfügt, die Kommunikationsaktivitäten freisetzt bzw. verursacht.

2.1 Das Konzept mobiler Privatisierung als gesellschaftliches Rahmenmodell

Einen soziokulturell kontextualisierten Zugang zum Phänomen der Einbettung von Medien in den Rahmen gesellschaftlicher Wandlungsprozesse entwickelte Raymond Williams. Wie schon an anderer Stelle zur Geschichte des Fernsehens und des Fernsehempfangs dargelegt (vgl. Steinmaurer 1999), verbindet sein Modell der „mobilen Privatisierung" die Integrationsweisen des damals neuen Mediums in das gesellschaftliche Gefüge und fragt nach der kulturellen und technischen Form von Medien im Umfeld gesellschaftlicher Einflusskräfte. Als einer der Gründerväter der Cultural Studies „konzeptualisierte er Kommunikation im Rahmen der Logik seiner Kulturtheorie als einen Prozess, der Kultur und Gesellschaft aktiv konstruiert und konstituiert". (Winter 2007, 254) Um verbesserte Chancen der Partizipation im Feld der Medien bemüht war es sein analytisches Anliegen, Potentiale der Demokratisierung des Systems insgesamt zu erschließen. Aus der Position eines „Postempiristen" zielten die Arbeiten auf ein „tieferes Verständnis komplexer Sachverhalte", die „weniger zusätzliche empirische Forschung und Daten", sondern vielmehr „die Entwicklung des Verständnisses ihres Zusammenhangs- und also Theorieentwicklung" (Winter 2007, 262) in das Zentrum rückten. Das Medium Fernsehen wurde begriffen als „bedingt offenes Resultat komplexer Wechselbeziehungen spezifischer Interessen und Beteiligten, zu denen Unternehmen mit kommerziellen Interessen ebenso wie Militär, Politik, die Wissenschaft und gewöhnliche Leute" zählten. (Winter 2007, 257) Medientechnologien sind nach dem Verständnis von Williams zudem nicht auf ein abstraktes technisches Niveau beschränkt, sondern holistisch als „systems of signs" zu untersuchen: „Moreover, since at this technical level the technologies are necessarilly seen as new and advanced forms of social organization, there is a basis for reworking not only the analysis of content [...] but also the analysis of institutions and formations." (Williams 1976, 505) Seine Theorie eines kulturellen Materialismus fokussiert daher auf den „Technisierungs- und Produktionsprozeß der Massenkommunikation und der kulturellen Praxis der Medien". So sind „means of communication" zugleich immer auch „means of production", wobei soziale Praxen auf eine „Demokratisierung der Medien und des Medieneinsatzes" abzielen sollten. (Göttlich 1996, 233[78]) Die Technologien als

---

78 In seiner Theorie, in der er die Dichotomie zwischen „high" und „low" und die Begriffe von Masse und Massenkommunikation „in einer auf die soziale (Alltags-)Praxis bezogene Perspektive verwirft", kommt er zu der Auffassung von Kultur als „whole way of life" in einem anthropologischen Sinn, die er später zugunsten einer Konzeption als „realisiertes Symbolsystem, das in den übergeordneten Zusammenhang des Sozialsystems eingegliedert ist", neu ausrichtet. (vgl. Göttlich 1996, 233)

„specific cultural technologies" spielen im Rahmen der Entwicklung von Handlungsformen als „specific form(s) of practical consciousness" eine besondere Rolle.[79] (vgl. Göttlich 1996, 258)

Im Konzept der „mobilen Privatisierung" verdeutlicht sich schließlich das Modell der Medien als Durchgangspunkte sozialer Praxis (vgl. Göttlich 1996, 271), ein Begriff, der scheinbar entgegengesetzte gesellschaftliche Tendenzen in der Gesellschaft als Katalysatoren medialer Innovationen zueinander in eine analytische Beziehung setzt.

"Socially, this complex is characterised by the two apparently paradoxical yet deeply connected tendencies of modern urban industrial living: on the one hand mobility, on the other hand the more apparently self-sufficient family home. The earlier period of public technology, best exemplified by the railways and city lightning, was being replaced by a kind of technology for which no satisfactory name has yet been found: that which served an at once mobile and home-centred way of living: a form of mobile privatisation. Broadcasting in its applied form was a social product of this distinctive tendency." (Williams 1975, 26)

Es treffen also technologische Innovationen auf gesellschaftliche Bedürfnisse und Rahmenbedingungen, aus deren Wechselwirkung und gegenseitiger Bezugnahme heraus sich eine Modernisierungsdynamik entwickelt, die ihrerseits wiederum die Verbreitung von Hörfunk und Fernsehen begünstigt und fördert. Damit werden Medieninnovationen sozial kontextualisiert und im Rahmen einer kritischen Analyse auf ihren Stellenwert in der Gesellschaft hin hinterfragt.

In Bezug auf die konkreten historischen Entwicklungsverläufe finden wir bei Urry den Hinweis, dass wesentliche Mobilisierungstendenzen auf gesellschaftlicher Ebene ins England und Frankreich Mitte des 19. Jahrhunderts zurückreichen. „Their interdependent developement defines the contours of the modern mobilized world that brings about an awesome ‚mastery' of the physical world (generally known as the ‚industrial revolution'). Nature gets dramatically and systematically ‚mobilized' in mid nineteenth-century Europe."[80] (Urry 2007, 13) Auf dieser Entwicklung aufbauend, die zur Herausbildung eines Postsystems, der Telegrafie, von

---

79 Er differenziert diese in „verstärkende" (wie z. B. das Telefon), „speichernde" (Bilder oder Gesten) und „instrumentelle" (wie Schrift oder Drucktechnik) Systeme und erweitert diese Differenzierung später in „nicht-technische" und „nicht-menschliche" Ausdrucksmittel, wobei die „Betonung der Zugangsweise zu den Medien als Faktor gesellschaftlicher Macht- und Herrschaftsprozesse" primär zu werten sei. (vgl. Göttlich 1996, 258f)

80 So gesehen ist der Rückzug ins Private eine Reaktion auf eine sich verdichtende Mobilitätsentwicklungen im öffentlichen Raum, wobei die damals neuen Medien (Hörfunk

Eisenbahnnetzen und damit zu einer Verbindung von Orten des Tourismus und des Konsums führen sollte, schlossen im 20. Jahrhundert weitere Mobilitätssysteme an, „including the car system, national telephone system, air power, high speed trains, modern urban systems, budget air travel, mobile phones, networked computers". (Urry 2007, 14) In den Anfängen dieser Modernisierungsdynamik verzeichnete man nicht nur auf der physischen Ebene des Transports eine allgemeine Zunahme von Formen der Mobilität – durchaus auch verbunden mit einer positiven Konnotierung dieser Neuerungen auf gesellschaftlicher Ebene. (vgl. Weber 2008, 15) Auch auf mentaler Ebene trugen die neuen Systeme des Verkehrs zu einer Erweiterung des Horizonts ihrer Nutzerinnen und Nutzer bei. Der soziale Wandel im Umfeld der Industrialisierung ging also unmittelbar mit der Veränderung sozialer und in der Folge institutioneller Sozialstrukturen einher. „The extended family withered and reformed itself into the more transportable nuclear family. [...] The interaction between industrialization and society resulted in a fundamentally reformed social landscape. [...] [And] the widespread development of the automobile and the resulting suburbs has also given us the need for better real-time coordination." (Ling 2004, 172, 174)

Aufbauend auf bereits etablierte Technologien der Kommunikation waren es dann die neuen Medien Hörfunk und Fernsehen, die im Umfeld dieser Rahmenbedingungen ihre kulturelle und technische Form ausbildeten. Das Fernsehen fügte sich in sozio-politischer Hinsicht als ein per se „suburbanes Medium" (vgl. Silverstone 1994, 57) ideal in dieses Gefüge ein und vermochte auf eine neue innovative Weise die Zonen des Privaten mit jenen des Öffentlichen als mediale Versorgungsinfrastruktur zu verbinden. Gerade die suburbanen Zonen, die sich im Zuge der Modernisierungsentwicklung insbesondere an den Randzonen großer Städte großflächig ausbreiteten, waren auf eine Versorgung mit Medien und Informationen angewiesen.

"Yet this privatisation which was at once an effective achievement and a defensive response, carried, as a consequence, an imperative need for new kinds of contact. The new homes might appear private and 'self-sufficient' but could be maintained only by regular funding and supply from external sources [...]. This relationship created both the need and the form of a new kind of 'communication'. News from 'outside', from otherwise inaccessible sources." (Williams 1975, 20f)

Besonders die wachsende Motorisierung der Bevölkerung wurde zum integrativen Bestandteil einer amerikanisierten Konsumgesellschaft und beschleunigte als

---

und Fernsehen) die Welt des Öffentlichen mit den Zonen des Privaten verbanden und damit den Rückzug in private Umfelder erleichterten und beförderten.

solche gleichzeitig auch die rasche Versorgung der Privatheime mit modernen Haushaltsgeräten. Neue soziokulturelle Lebensformen gingen mit Prozessen einer sich durchsetzenden Mediatisierung des Alltagslebens einher. (vgl. Steinmaurer 1999, 46f) Williams zeichnet ein sehr genaues Bild dieser neuen soziokulturellen Konfigurationen, deren Ausgestaltung nicht ohne die Integration in mediale Infrastrukturen zu denken war.

"A materialization in space and time of the fusion that culture has imposed on nature. The machine in the garden. Connection and separation. Mobile privatisation.[81] [...] Populations were indeed simultaneously displaced and connected; and simultaneously sedentary and mobile. But they were also presented with, and increasingly incorporated into, a public produced culture which materialised in the scheduled but interruptable flow of the broadcast." (Silverstone 1994, 64, 173)

Mit diesen Wandlungsprozessen erfuhren Orte des Privaten eine deutliche Aufwertung und die Verhäuslichung des Medienkonsums wurde zu einem Zeichen zunehmenden Wohlstands insbesondere für die breiten Mittelschichten. (vgl. Höflich/Hartmann 2007, 211) „The suburb was an attempt, by and for the middle classes, to get the best of both worlds: the country and the city." (Silverstone 1994, 58) Und das Modell der mobilen Privatisierung leistet eine analytische Kontextualisierung scheinbar antagonistischer Tendenzen: jene der Mobilität und Mobilisierung auf der einen Seite mit gleichzeitig zunehmenden Privatisierungsentwicklungen andererseits. „The concept of mobile privatization is [thus] a powerful and productive way of analyzing a society that is both isolating and connecting, atomizing and cosmopolitan, or inward-dwelling but outward-looking. Likewise, the concept of mobile privatization allows an examination of the interplay between communication systems and the society in which they are embedded." (Groening 2010, 1335)

---

81 Auf die gemeinsamen technokulturellen Wurzeln von Auto und Fernsehen wies – wie an anderer Stelle ausgeführt (vgl. Steinmaurer 1999, 49) – Ben Bachmair hin: „Fernsehen wurde erfolgreich, weil es die mit dem Auto verbundenen Lebensformen ausweitet und weiterführt: Mobilität und Integrationsprinzip von Kommunikation." (Bachmair 1993, 35) Das Fernsehen übernimmt [...] das kulturelle Erbe des Autos und begibt sich damit auf gemeinsame Spuren, indem es Individualisierung und Konsum, die Systementwicklung und eine kompensatorische Phantasie mit ihm teilte. Dies konnte gelingen, „weil Auto und Fernsehen die gesellschaftliche Entwicklungs- und Stabilitätsfunktion der Integration, der Öffnung und der Zivilisation [...] realisieren. [...] Auto und Fernsehen wurden zu Kristallisationskernen und zu Leitmedien gesellschaftlicher und subjektiver Integration und Öffnung, bei der der Entwicklungsstand des Zivilisationsprozesses verstärkt zum Tragen kommt. So ist die Integrationsfunktion von Auto und Fernsehen eine Folge der Zonung von Lebensräumen und darauf folgend von Lebensformen, die automobil und kommunikativ überbrückt werden." (Bachmair 1996, 319)

2.1 Das Konzept mobiler Privatisierung

Nicht zuletzt die Kontextualisierung dieser Entwicklung im Rahmen gesellschaftlicher Modernisierungs- und Suburbanisierungstendenzen führt Williams dazu, den kritischen Blick auf diese Dynamiken zu schärfen. Denn die mit dem Projekt einer mobilen Privatisierung verbundenen und auch versprochenen „Freiheiten" stellen sich bei genauerem analytischen Blick als „scheinbare Freiheiten" dar, als eine „Identität, die uns angeboten wird, ist [sie] eine neue Art von Freiheit in dem Bereich unseres Lebens, den wir innerhalb der gesellschaftlichen Determinationen und Zwänge abgesteckt haben. Sie ist privat. Sie schließt ziemlich viel Konsum ein. Vieles davon ist auf das Heim, den Wohnort ausgerichtet. Vieles davon nimmt eine Menge der produktivsten, vorstellungsreichsten Impulse und Aktivitäten der Menschen in Anspruch [...]". (Williams 1984, 261) Groenings Interpretation der Williams'schen Kritik zielt auf die Stoßrichtung dieses Unterfangens ab, wenn er die – auch medial angepriesene – Freiheits- und Individualitäts-Erfahrung der Einzelnen/des Einzelnen als eben nur scheinbare Freiheiten enttarnt sieht.

"The fashion in which this mobility is undertaken, then, as a solitary activity, is partly result of bourgeois ideology, a longing to assert individuality and a conserted effort on the part of corporations to sell products to as many consumers as possible (it is in automakers' interest to stymie the development of mass transit, which accustoms workers to travelling in concert and depresses automobile sales)." (Groening 2010, 1342)

Ideologiekritisch gewendet ist also die – auch medial bis zu einem gewissen Grad vorangetriebene – Separierung von Menschen und in der Folge eine damit in Kauf genommene Form der Fragmentierung Teil eines Konsumprogramms und sozialer Preis einer mobilen Privatisierung, den es in Kauf zu nehmen gilt. „The triumph of communication technologies such as radio, television and cellular phones lies in their ability to offer the bourgeois identity of the private individual, an identity requiring the domestic interior and the tools to sustain this interior." (Groening 2010, 1343)

Nach Göttlich verbindet das Williams'sche Modell „die aus der Betrachtung der Trias von Technik, sozialen Institutionen und Kommunikation gewonnenen Erkenntnisse über die Entwicklung des Fernsehens als kulturelle Form." (vgl. Göttlich 1996, 277) Dabei wären auch Erweiterungsmöglichkeiten denkbar, wenn man die Rationalitätsformel zweiseitig in Richtung einer „gesellschaftstheoretischen Erklärung" erweiternd interpretiert. Denn „zum einen erlaubt es aufzuzeigen, wie die Prozesse gesellschaftlicher Rationalisierung sich in der Gattung von Kommunikationssystemen durchsetzen. [...] Zum zweiten erlaubt das Konzept zu zeigen, wie die gesellschaftliche, kulturelle und technologische Entwicklung selbst Ausdruck eines mit der kapitalistischen Wirtschafts- und Gesellschaftsordnung in Gang gebrachten Entwicklungsprozesses ist, der auf den Prinzipien technologischer Rationalität gründet." (Göttlich 1996, 278) So gewinnt das für Hörfunk und Fernsehen entwickelte Konzept einer „privatised mobility", wie es an anderer Stelle heißt (Williams 1975, 131), zusätzliche Erklärungskraft, da es damit auch für weitere medientechnologische Innovationen anschlussfähig bleibt. Die Einschätzung Zielinskis zum Modell der mobilen Privatisierung verdeutlicht die Breite des Analyserahmens, da es

> „mit Hilfe dieser Kategorie [...] möglich [sei], oberflächlich scheinbar auseinanderdriftende sozio-kulturelle und sozio-technische Tendenzen zu charakterisieren, wie auf der einen Seite die zunehmend rasche Warenwerdung von Artefakten und technischen Sachsystemen, ihre Zurichtung für den Massenmarkt, ihre Umformung als Konsumartikel im privaten Nutzungszusammenhang sowie die Individualisierung ihrer Verwendung und auf der anderen Seite den gewaltigen Schub, den Individuen, Gruppen, Klassen und Nationen erfahren haben in ihrer physischen und psychokulturellen Bewegung und Beweglichkeit, verbunden mit der anonymen Ausweitung und Implementierung verkehrs- wie nachrichtentechnischer Systeme". (Zielinski, 1993, 161)

Wie sich anhand der historischen Rekonstruktion der Geschichte des Fernsehempfangs zeigen sollte, differenzierte sich das zunächst familienorientierte Massenmedium in der Folge weiter aus. Nicht nur auf der Ebene des Programms und seiner Rezeption, sondern auch in Bezug auf die technischen Artefakte, die sich im Zuge der Miniaturisierung der Technologie zunehmend mobilisierten, verstärkte sich auch die Tendenz hin zur Individualisierung.[82] (vgl. Steinmaurer 1999) Sowohl die technischen Gadgets, wie auch die angebotenen Programmformen zielten zunehmend darauf ab, sich auf soziodemografisch spezifisch ausgewählte Zielgruppen hin auszurichten. Damit reagierte man nicht zuletzt auch auf soziale Diversifizierungsentwicklungen, die sich mit Einsetzen gesellschaftlicher Fragmentierungstendenzen intensivierten. Das Modell der mobilen Privatisierung bietet auch heuristische Anknüpfungspunkte im Hinblick auf darauf aufsetzende Individualisierungstendenzen. Denn Williams beschreibt in seinem Modell auch den Umstand „dass die Rundfunkentwicklung dieses Jahrhunderts als Ausdruck einer auf Individualisierung und Kommerzialisierung angelegten Kultur zu verstehen ist, die auf der einen Seite die Mobilität der Individuen fordert und befördert, diese auf der anderen Seite jedoch in ihren abgeschlossenen Wohneinheiten privatisiert, resp. isoliert, ohne doch Rückzug zu sein". (Göttlich 1996, 273)

---

82 Die Miniaturisierung verlief auf der technischen Ebene zunächst über eine Verkleinerung der Vakuumröhren, erfuhr in den 1950er Jahren mit der Entwicklung des Transistors einen weiteren Innovationsschritt und wurde in der Folge mit den Technologien der Mikroprozessoren (in den 1970er Jahren) und schließlich mit der Halbleitertechnik und Mikrochip-Technologie perfektioniert. (vgl. Weber 2008, 17ff)

2.1 Das Konzept mobiler Privatisierung

Mit Fortschreiten medientechnologischer Innovationsentwicklungen begleiteten die Fernsehgadgets für den mobilen Empfang ihre Nutzerinnen und Nutzer auch außerhalb der privat-familiären Räume und beförderten damit eine „Ausdehnung der privat-zentrierten Medienaktivität in halb-öffentliche Lebenszusammenhänge", eine Entwicklung, die „signifikant für die Tendenz zur privaten Mobilisierung" stand. (Zielinski 1993, 164) Das Fernsehen nistete sich damit als ein ausdifferenzierendes soziotechnisches System im Rahmen der Gravitationsfelder „mobiler Privatisierung" bzw. „privater Mobilisierung" in zunehmend mehr private und öffentliche Orte ein und wurde damit in vielfältiger Weise „into the fabric of everyday life" (Silverstone 1994, 3) integriert. Mit dieser „Besetzung" weiterer gesellschaftlicher Zonen setzte das Fernsehen einen Mediatisierungsprozess in Gang, der sowohl auf der Ebene der materiellen wie symbolisch vermittelten Alltagskultur nachhaltige Wirkungen entfaltete. Als ein Medium, das sich zunächst an der Relaisstelle zwischen Öffentlichem und Privatem positionierte (vgl. Steinmaurer 1999, 42) und wie eine „Membran" (Groening 2010, 1333) beide Sphären verband, beginnt es im Rahmen seiner weiteren Verbreitung auch im öffentlichen Raum „beide Sphären gesellschaftlichen Lebens in seiner spezifischen Repräsentation und der apparativen Anordnung des Mediums auf[zuheben]". (Zielinski 1989, 42) Das Fernsehen trug damit auch schon zu einer Marginalisierung der häuslichen Sphäre bei und spielte eine wichtige Rolle im Prozess einer „shifting relationship between public and private spaces and cultures". (Silverstone 1994, 25) So gesehen war diese Weiterentwicklung auch Ausdruck des Prozesses einer „'publicization' of the private sphere and ‚privatization' of public sphere" (Caron/Caronia 2007, 16), der sich in der Folge noch weiter ausdifferenzieren sollte. Schon im Modell der suburbanen Zonen, die zu einer „zivilen Version des Garnisonslebens" wurden und in sich das Phänomen der Gleichzeitigkeit von Standardisierung und Individualisierung in einer „tension [...] between formity and diversity" (Silverstone 1994, 59) verbanden, zeigten sich erste „Auflösungserscheinungen der familialen Intimsphäre". (Habermas ³1993, 244) Die Mobilisierung des Fernsehens, die es möglich machte, auch im öffentlichen Raum nicht auf den „flow of broadcasting" verzichten zu müssen, schuf nunmehr auch dort neue Verhältnisse der Durchmischung von Öffentlichkeit und Privatheit und war damit wesentlicher Motor einer Mediatisierung öffentlicher Räume. In einschlägigen Werbesujets wurde die Rezeption des Fernsehens an öffentlichen Orten deshalb auch als neue Form von Privatisierungsmöglichkeit in diesem Umfeld inszeniert. „[A]dvertising [...] frames mobile television as an idyllic form of privacy and attempts to persuade consumers that mobile television allows us to carry our home around with us, outside domestic space." (Groening 2010, 1333)

Während das Konzept der „mobilen Privatisierung" bzw. „privaten Mobilisierung" immer noch für den Kontext des klassischen massenmedial orientierten Fernsehens (und zuvor des Hörfunks) ein Beschreibungs- und Theoretisierungsmodell liefert, das technokulturelle Interdependenzen im Kontext des medialen und gesellschaftlichen Wandels analytisch integriert, legen die aktuell sich vollziehenden Veränderungen sowohl in Bezug auf die Medienentwicklung wie auch in Hinblick auf gesellschaftliche Wandlungsprozesse eine Neuausrichtung des Modells nahe. Stand anfangs das Medium Fernsehen dafür, die Grenze zwischen öffentlichen und privaten Sphären aufzuweichen und Verwendungspraxen in der Folge zu individualisieren, legt die Adaptierung des Modells an Rahmenbedingungen vernetzter Medienwelten eine Weiterentwicklung in Richtung „mobiler Individualisierung" nahe. Gerade die Dynamiken in Richtung einer verstärkten Mobilität und Individualisierung zählen heute zu den Kernprozessen der Mediatisierungsentwicklung und stellen auch für das Konzept mediatisierter Konnektivitäten zentrale Kategorien dar. Williams selbst wies bereits den Weg in jene Entwicklungsrichtung, die wir heute als Prozess der „connectivity" bezeichnen:

"All this will take time and prolonged effort. The struggle will reach into every corner of society. But that is precisely what is at stake: a new universal accessibility. Over a wide range from general television through commercial advertising to centralised information and data-processing systems, the technology that is now or what is becoming available can be used to affect, to alter, and in some cases to control our whole social process." (Williams 1975, 151)

2.2 Von der mobilen Privatisierung zur mobilen Individualisierung

Mit dem Übergang von der Ära klassischer Massenmedien in die Welt der digitalen Vernetzung kommt es zu paradigmatischen Transformationen sowohl im Bereich der kommunikativen Handlungspraxen wie auch in Bezug auf gesellschaftliche Kommunikationsstrukturen. Neue Formen der mobilen und konnektiven Kommunikation erschließen neue Entwicklungsfelder der Interaktion, die ihrerseits an bereits etablierte technokulturelle Kontinuitätslinien – z. B. aus dem Feld mobiler Fernseh- oder Musiknutzungsformen (vgl. Steinmaurer 1999) – anknüpfen. So lässt sich – wie das auch Hepp vorschlägt – das Williams'sche Modell der mobilen Privatisierung für den Kontext der mobilen Kommunikation insofern nutzbar machen, als es sich dabei um eine Form der Kommunikation handelt, in der sowohl der Faktor der Mobilität als auch Effekte der Privatisierung eine zentrale Rolle spielen. Dabei hilft das Williams'sche Konzept vordringlich dabei, analytische Engführungen zu überwinden. Diese würden sich einerseits in einer zu starken Fokussierung auf

2.2 Von der mobilen Privatisierung zur mobilen Individualisierung

die Technologie, zum zweiten in der Isolierung der Technologie von den sozialen Rahmenbedingungen sowie in einer Übersimplifizierung eindimensionaler Wirkungsmodelle äußern.[83] (vgl. Hepp 2006, 17) Gerade die Konzeption, wie sie Williams vorschlug, helfe einen „technologischen Zentrismus" in Bezug auf die mobile Kommunikation zu überwinden, indem sie sich einerseits Kontextualisierungen zu eigen macht und andererseits kritische Zugänge eröffnet. Diese Zugänge würden nicht nur mit der Mobilkommunikation verbundene Freiheiten, sondern eben auch Zwänge und Einschränkungen ins Auge fassen und damit eindimensionale Betrachtungsweisen vermeiden. Hepp schlägt vor diesem Hintergrund das Konzept einer „kommunikativen Mobilität" vor, das darauf abzielt, „die Beziehung zwischen Medien und einer zunehmenden lokalen Mobilität[84] in gegenwärtigen (modernen bzw. spät- oder postmodernen) Gesellschaften bzw. Kulturen zu fassen". (Hepp 2006, 19) In diesem Zusammenhang gilt es zu bedenken, dass die Gadgets der mobilen Kommunikation selbst fortwährend mobiler werden und „stationäre Medien sich zunehmend auf Menschen in Bewegung richten". (Hepp 2006, 20) In der Interdependenz zwischen einer kommunikativen und einer lokalen Mobilität könnten daher mit dem Konzept einer kommunikativen Mobilität jene Fragen adressiert werden, „wie sich Menschen mobile Medien- und Kommunikationstechnologien im Zusammenhang mit anderen Medien in deren Alltagspraktiken aneignen und in welcher Beziehung dies zu Aspekten des weitgehenden soziokulturellen Wandels steht". (Hepp 2006, 19) Bei Berg (2014) finden wir eine Kontextualisierung des Begriffs der kommunikativen Mobilität aufgegriffen und in Verbindung mit Prozessen der Mediatisierung, Individualisierung und eben der Mobilisierung gebracht, der das Zusammenspiel dieser Dimensionen als eine „Ko-Artikulation" konzipiert. (Berg 2014, 63)

Versteht man also die Prozesse von Mobilität und Kommunikation als integrative Bausteine einer Theorie der Mediatisierung, führt uns das direkt zum Konzept mediatisierter Konnektivitäten, das wir als vorläufigen Kulminationspunkt jener technokulturellen Entwicklung verstehen können, wie sie Williams mit dem Modell der „mobilen Privatisierung" bzw. einer „privatised mobility" für den Kontext des Fernsehens entwarf und die sich unter den Rahmenbedingungen zunehmend mobiler und individualisierter Kommunikationsverhältnisse als „mobile Indivi-

---

83 Hepp bezieht sich u. a. auf Kopomaa (2000), Brown (2002), Katz/Aakhus (2002a) sowie Ling (2004).

84 Unterschieden wird in diesem Zusammenhang zudem noch zwischen einer „situativen lokalen Mobilität (die Mobilität einer Person über den Tages-, Wochen-, oder Monatsverlauf [...]" und einer „biografische(n) lokale(n) Mobilität (als) eine lokale Mobilität über den Lebensverlauf einer Person, beispielsweise in Form von Migration)". (vgl. Hepp 2006, 20)

dualisierung" begreifen lässt. Beide Entwicklungen, jene der Individualisierung wie auch die der Mobilität, können heute als aufeinander bezogene Kernprozesse der Mediatisierungsentwicklung gelten. Auf die Verschränkung dieser beiden Metatrends weisen auch Carey/Elton (2010, 44) hin:

> "Individualism and mobility have combined to lead many people to consume personalized media anywhere and anytime. This long trend with households acquiring multiple units of technologies such as radio, TV, and the telefone, thereby encouraging personal access to the usage of media. Walkman radios, mobile phones, PDAs, MP-3 players, and laptop computers later strenghtened the habit of using personalized and customized media in any setting."

Bezugnehmend auf Veränderung von Sozial- und Sozialisationsbedingungen will Hans Geser aus einer soziologischen Perspektive Effekte der Mobilkommunikation als „antievolutionäre Mittel" verstanden wissen, da diese die bereits in der Festnetztelefonie angelegte Tendenz in Richtung einer regressiven und subversiven Wirkung – im Sinne einer Förderung der mündlichen Kommunikation – unterstützen. Das Mobiltelefon fördere einen „Rückschritt zu einfacheren ‚vormodernen' Mustern sozialen Lebens" (Geser 2006, 27) und würde damit den bei McLuhan bereits dem Fernsehen unterstellten Effekt einer Retribalisierung stützen.[85] Es sei damit eine „massive Bedeutungsverlagerung" verbunden, die, „weg von den überindividuellen Kollektiven (etwa Bürokratien), die auf stabilen Verortungen und überpersönlichen formalen Regeln basieren, [...] hin zu dezentralisierten Netzwerken, die auf fortlaufender interindividueller Interaktion" beruhen, tendieren. (Geser 2006, 27) Insofern werden auch traditionalistische Vergemeinschaftungsformen unterminiert (vgl. Geser 2006, 28, 32) und Individuen aus ihren für sie davor relevanten Insti-

---

85 Ähnlich sieht das Fallend, die dem Mobiltelefon die Möglichkeit „eine[r] Art Rückkehr zu den natürlichen Formen aus der Zeit der vor-industriellen Gesellschaft [einräumt], wo das Mobiltelefon als Ersatz des nachbarschaftlichen Grenzzauns" dient. (Fallend 2010, 199) Als typisches Produkt der Postmoderne (Nyíri zit. in Fallend 2010, 200) gewinne das Mobiltelefon sowohl auf der Ebene horizontaler (wie z. B. in Peer-Gruppen) wie auch vertikaler Beziehungen (lokalisiert auf der Ebene von Institutionen wie der Familie oder dem Beruf) an Bedeutung, insofern es dort Entbettungsmechanismen entgegenwirkt und Rollen- bzw. Identitätsstabilisierung unterstützt. Und auch Kopomaa argumentiert in eine ähnliche Richtung: „Portable telecommunication devices have transformed public urban spaces into arenas of social contact." (Kopomaa 2000, 29) Er sieht Effekte eines „Neotribalismus" (Maffesoli zit. in Kopomaa 2000, 128), „[where] the mobile phone offers a new, postmodern opportunity for communality, which also supports a new kind of flocking of urban tribes in a synchronised rhythm". (Kopomaa 2000, 128)

2.2 Von der mobilen Privatisierung zur mobilen Individualisierung

tutionen „entbettet".[86] Gleichzeitig finden auf anderer Ebene Neukonfigurationen sozialer Netzwerkbildungen statt, deren Konstruktion und Existenz verstärkt auf individueller Eigeninitiative beruhen und sich damit als weniger fremdbestimmt darstellen. Der Prozess der Individualisierung ist in diese Transformationsentwicklungen insofern fest eingeschrieben, als sich auf der einen Seite mit der Abnahme der Bindungswirkung klassischer Institutionen Freiheitsgrade erschließen, gleichzeitig damit aber neue Zwänge verbunden sind. Denn mit Loslösung aus alten Instanzen der Sozialisation wird der individualisierte und damit freigesetzte Mensch zunehmend einer Marktabhängigkeit überantwortet, als „der Einzelne [zwar] aus traditionellen Bindungen und Versorgungsbezügen herausgelöst [wird], [...] dafür aber die Zwänge des Arbeitsmarkts und der Konsumexistenz und der in ihr enthaltenen Standardisierungen und Kontrollen ein[tauscht]. [...] Individualisierungen liefern die Menschen an eine Außensteuerung und -standardisierung aus, die die Nischen ständischer und familiärer Subkulturen noch nicht kannten." (Beck 1986, 211f) Wenn es nun ein Effekt der Mobilkommunikation ist, die „Trennung zwischen verschiedenen sozialen Systemen" zu unterminieren, wird auf der Ebene der neuen kommunikativen Möglichkeiten „jedem Einzelnen die Last auferlegt, die Grenzen zwischen verschiedenen sozialen Beziehungen, Organisationen oder Institutionen [eigenständig] zu regulieren". (Geser 2006, 35) Damit werden Kommunikationstechnologien der Konnektivität zu „charakteristischen Kommunikationswerkzeugen" der Postmoderne, da sie auf eine „radikale Dezentralisierung und Fragmentierung der sozialen Kommunikation" abstellen, „mit dem Ergebnis, dass hierarchische Strukturen, zentralisierte Kontrolle und lineare Logik über Bord geworfen werden". (Nyíri 2005, 195) Galt einst die Festnetztelefonie als eine Entsprechung von Organisationsanforderungen urbaner Zentren und nationaler Homogenisierungsbestrebungen, sei die Entwicklung der Mobiltelefonie als eine Innovation zu sehen, die den Anforderungen der Postmoderne entsprechen.[87] (vgl. Nyíri 2006, 194f)

---

86 Geser spricht davon, dass die Etablierung neuer technikvermittelter interindividueller Netzwerke der mobilen Kommunikation alte feste Institutionen wie Kirchen oder Schulgebäude als Orte sozialer Treffpunkte zu „leeren Hülsen" machen würde. (Geser 2006, 33) Befunde aus Analysen zur Nutzung der Mobilkommunikation aus Asien liefern wiederum Hinweise für die These, dass in den Nutzungswelten der mobilen Kommunikation abermals ein Trend zur „Verstärkung lokaler Eigenheiten und kultureller Unterschiede" festzustellen sei. (Bell 2006, 101)

87 Insgesamt kommt es damit zu einer verstärkten Mediatisierung kommunikativer Verbindungen, die Mitrea in die Felder einer „technicised mobile communication", einer „technicised communicative mobility" und einer „technicised information" (et al.) differenziert. (vgl. Mitrea 2006)

Für das Modell der „mobilen Individualisierung" ist es nun sicherlich typisch, dass sich in den mobil vernetzten Konnektivitätsformen nicht mehr allein das private Zuhause als primäre Plattform und Schnittstelle der Kommunikation darstellt, sondern heute das mobile Individuum als „Portal" der Konnektivität (vgl. Wellman 2001, 238) gelten kann. Wellman (2001, 169) benennt diesen neuen Status der Vernetzung als „networked individualism", Wilken (2011, 168f) spricht von einer „networked mobility" und van Dijk (1999) von einer „network individualization." Alle diese Zuschreibungen adressieren damit auch das Modell einer „mobilen Individualisierung" in Fortsetzung des Konzepts der „mobilen Privatisierung" unter digital vernetzten und hochgradig individualisierten Kommunikationsbedingungen, in der auch Prozesse der Aneignung von Kommunikationstechnologien zu einem Teil vom Ort des Zuhauses auf die Ebene der einzelnen mobilen Menschen übergehen. Dies mit allen Ambivalenzen zwischen Freiheiten und Zwängen, eingespannt zwischen den Freisetzungs- bzw. Entzauberungsdimensionen sowie den Kontroll- und Reintegrationsdimensionen der Individualisierungsentwicklung. (vgl. Beck 1986, 206)

Eine wichtige Präzisierung bezogen auf die Nutzungstypologie mobiler Konnektivitäten nimmt in diesem Zusammenhang Castells vor, wenn er hervorhebt, dass die kommunikative Spezifik auf dem Feld der Mobilkommunikation nicht mehr so sehr im Faktor der Mobilität, sondern vielmehr im Aspekt der ständigen Vernetzung, also in der Konnektivität direkt, zu suchen sei.[88] (vgl. Castells et al. 2007) Der Kern des Phänomens der Mobilkommunikation wird also nicht unmittelbar vom Ort oder vom Zustand des Unterwegsseins bestimmt, sondern liegt im Faktum der (Dauer)Vernetzung und der Integration in ein Netzwerk der Kommunikation, also im Faktor der Konnektivität, begründet.

"The key feature in the practice of mobile communication is connectivity rather than mobility. This is because, increasingly, mobile communication takes place from stable locations, such as the home, work or school. But it is also used from everywhere else, and accessibility operates at any time. [...] With the diffusion of wireless access to the internet, and to computer networks and information systems everywhere, mobile communication is better defined by its capacity for ubiquitous and permanent connectivity rather by its potential mobility."[89] (Castells et al. 2007, 248)

---

88 Ähnlich sieht das Levinson, der in diesem Charakteristikum ebenfalls den wesentlichen „Bias" der Mobiltelefonie erkennt. (vgl. Levinson 2004, 192)

89 Unterstützt wird diese Tatsache von Befunden, die zeigen, dass die Nutzung von Mobiltelefonen zu einem guten Teil von fixen Orten – wie dem Zuhause oder dem Arbeitsplatz aus – erfolgt. Die Verwendung in der unmittelbaren physischen Mobilität mache, so zeigen das vor allem Studien aus Japan, nur einen Teil des Nutzungsspektrums aus. (vgl. Ishii 2006)

2.2 Von der mobilen Privatisierung zur mobilen Individualisierung

Damit ist jene neue Form von Vernetzung angesprochen, die Katz/Aakhus als „perpetual contact" (Katz/Aakhus 2002a, 2) bezeichneten und die über das Wirkungsfeld der klassischen mobilen Telefonie hinausreicht. Sie weiß das Individuum im Zustand der Dauerverbundenheit im Netz der Medien und Kommunikationsströme aufgehoben und kennzeichnet damit den Kommunikationshabitus einer kommunikativen Dauervernetzung. Für Düvel kennzeichnet sich ein „mobiler Typus" „als ein Beispiel für die beschriebene Individualisierung der Kommunikation" (Düvel 2006, 411), der den Zustand einer Nichterreichbarkeit für unerträglich hält und sich über die Technologie verbunden in mobilen translokalen Kommunikationsräumen im Zustand der Dauerkonnektivität vernetzt weiß.[90] (vgl. Düvel 2006)

Verbunden mit dem Kommunikationshabitus der Dauervernetzung sind eine Reihe von Zuspitzungen, die es gerechtfertigt erscheinen lassen, von einem neuen kommunikativen Dispositiv zu sprechen. Es hebt durch Zusammenführung und Integration unterschiedlicher Kommunikationsapplikationen – von der mobilen Telefonie, dem ubiquitären Internetzugang sowie weiteren Zusatzanwendungen im Rahmen der Umgebungsvernetzung – den Status mediatisierter Konnektivitäten auf ein neues Niveau, in dessen Zentrum das mobile und ubiquitär dauervernetzte Individuum steht. Ein derart kommunikativ vernetztes Individuum wissen wir stets in kommunikative Netzwerke eingebunden, unabhängig davon, ob „man physisch für sich alleine" (Kircher 2011) oder in sozialen Umfeldern, in privaten oder öffentlichen Umfeldern unterwegs ist. Für diese neue Qualität kommunikativer Vernetzung ergeben sich eine Reihe auch neuer Implikationen in Bezug auf damit verbundene räumliche und zeitliche Dimensionen, auf die in der Folge eingegangen werden soll.

---

90 Neben dem „mobilen Typus" ergaben die Untersuchungen von Düvel schließlich auch noch den „Beziehungstypus" und den „praktischen Typus", deren Mobiltelefonienutzung weniger intensiv ausfällt und auf jeweilige Funktionen hin ausgerichtet ist. (vgl. Düvel 2006, 418)

Veränderte Zeiten und Räume 3

Versucht man Transformationsprozesse bezogen auf Aspekte von Räumlichkeit und Zeitlichkeit auf einer Makroebene zu betrachten, gilt es zunächst das Phänomen einer Verdichtung raum-zeitlicher Strukturen zu benennen und andererseits Aspekte von Mobilität, Transport und Entgrenzungsphänomene telekommunikativer Natur in entsprechende Überlegungen mit einfließen zu lassen. Neben vielen anderen war es Silverstone, der die Relevanz von Medien und Medientechnologien thematisierte, sie als wichtige Einflussfaktoren für räumliche und zeitliche Strukturen insofern hervorhob, „[as] the media [...] are [...] mediators of both space and time, and are produced and consumed in space and time". (Silverstone 1994, 22) Einfluss darauf nahmen im Verlauf gesellschaftlicher Wandlungsprozesse stets auch Strukturen der Mobilität und des Transports, die damit in enger Wechselbeziehung standen. So trugen etwa Transporttechnologien im 19. Jahrhundert stark dazu bei „[that they] were perceived as annihilating space *and* time, whereas late twentieth-century telecommunication technologies led to the metaphor of the annihilation of space *through* time." (Kellerman 2006, 65) Vor allem im Kontext mobiler Technologien der Konnektivität spitzt sich die Veränderung von Zeit- und Raumstrukturen – auch unter dem Einfluss der Individualisierung – noch einmal neu zu. „In sum, the blurring of time, space, and activities into a new frame of chosen time, space, and multipurpose communication dematerializes social structure and reconstructs it around individually centered networks of interaction." (Castells et al. 2007, 251) Die damit angesprochene Neukalibrierung raum-zeitlicher Strukturierungen bringt also insgesamt Veränderungen der sozialen Natur mit sich:

"The structuring of time-space distanciation relies on such social relations as 'presence-availability' – the organisation of presence, absence, proximity and availability, and the degree of copresence activities in relation to 'tele-present' activities. It also relies on mediating technologies, such as information and communication technologies, and the control and storage capacity of them." (Green 2002a, 284)

Im folgenden Abschnitt werden zunächst jene Veränderungen und Prozesse angesprochen, die wir auf der Ebene neuer zeitlicher Phänomene im Umfeld gegenwärtiger Vernetzungsdynamiken beobachten. Im Anschluss daran sollen Fragen räumlicher Transformationen diskutiert werden, die in enger Beziehung damit zu sehen sind und auch eine zentrale Rolle im Geflecht mediatisierter Konnektivitäten spielen.

3.1   Im Zeitdispositiv der Dauervernetzung

Im Hinblick auf das Phänomen sich verändernder Zeitstrukturen wurde für das Feld der mobilen Kommunikationstechnologien insbesondere der von Katz/Aakhus (2002a) in die Diskussion eingebrachte Terminus des „perpetual contact" zu einem diskursprägenden Begriff[91], der über den rein zeitlichen Aspekt hinausreicht und auf das Phänomen von „purer Kommunikation" abhebt.[92] (vgl. Katz/Aakhus 2002b,

---

91   Einen ähnlichen Zugang finden wir in Tomlinsons Bezeichnung des „principle of immediacy" (Tomlinson 2007, 72). Katz/Aakhus (2002b) sehen im Bild des „perpetual contact" jene Logik verwirklicht, die das Zentrum des Begriffs „Apparatgeist" ausmacht. Dieser Neologismus meint den „spirit of the machine, that influences both the design of the technology as well as the initial and subsequent significance accorded them by users, non users and anti-users". (Katz/Aakhus 2002b, 305) Mit kritischer Bezugnahme auf die Giddens'sche Strukturierungstheorie prägten sie den Begriff des Apparatgeists in der Absicht, damit für das Feld der Mobilkommunikation sowohl den Charakter der Maschine – mit ihren technischen wie sozialen Komponenten – , wie auch das Feld der Bedeutungen zu adressieren, die den Maschinen zugeschrieben wird. Dieses Begriffskonzept will Technologie nicht im Sinne eines Technikdeterminismus, sondern als ein „constraint upon possibilities" verstanden wissen. (vgl. Katz/Aakhus 2002b, 307) Auch wenn die Autoren den Begriff des Apparatgeists als einen „viable term" qualifizieren, den sie als nützlich für die Theoretisierung des Felds der Mobilkommunikation erachten, bleibt er im Hinblick auf seine Verortung im theoretischen Umfeld eher doch unbestimmt und wenig spezifisch, da er lediglich einen generellen Wandel im Sinne eines neuen „Geists" von Kommunikation adressiert. (vgl. Burkart 2009, 577) Nicht zuletzt deshalb dürfte das Konzept in der Folge auch weitgehend unberücksichtigt geblieben sein, wenn es darum ging, an der Weiterentwicklung theoretischer Konzepte zu arbeiten.

92   In dieser Konzeption schwingt freilich eine überhöhte Vorstellung von Kommunikation insofern mit, als diese Form von Verbindung von einem Bild der körperlosen Verbindung von Gedanken inspiriert zu sein scheint. Katz und Aakhus sprechen davon, „[that] the

3.1 Im Zeitdispositiv der Dauervernetzung

307) Permanente Verfügbarkeit von Kommunikationstechnologien bzw. ihre zeitlich unbegrenzte Erreichbarkeit führen perspektivisch in jenen Zustand, der sich als kommunikative Dauervernetzung beschreiben lässt. Diese „ubiquitous connectivity" beschreibt – wie oben bereits hervorgehoben – Castells als den eigentlichen phänomenologischen Kern mobiler Kommunikationstechnologien, der sich eben nicht so sehr aus der Mobilität heraus, sondern vielmehr aus der permanenten Anbindung an die Netzwerke der Kommunikation verstehen lässt. (vgl. Castells et al. 2007, 174) Die zeitliche Permanenz der Anbindung an Kommunikationsnetze führt zu gänzlich neuen Strukturierungen von Zeit, einem Phänomen, das in der historischen Entwicklung selbst immer Mittel und Werkzeug der Organisation sozialer Interaktionen war. Denn nachdem es von der Erfindung der mechanischen Zeitmessung im 13. Jahrhundert bis in die Mitte des 19. Jahrhunderts dauerte, bis etwa für das Individuum leicht nutzbare Taschenuhren zur Verfügung standen und erst 1884 eine Standardisierung von Zeitzonen erfolgte, wurde das gesellschaftlich standardisierte System von Zeit zu einem allgemein akzeptierten und in der Gesellschaft internalisierten Koordinierungssystem. (vgl. Ling 2004, 64f) Auch die klassischen Medien spielen in diesem Geflecht eine nicht unbeträchtliche Rolle, als sie zuerst „als Helfer" oder Unterstützer einer Synchronisierung und in der Folge selbst „immer mehr zur Zeitgestaltung" beitrugen. Eine „Mediatisierung" von Zeit hat sich demnach von der Entwicklung der Zeitansagen via Telefonie über die Zeitgeber Radio und Fernsehen bis hin zur Mobiltelefonie entwickelt. Verbunden waren diese Mediatisierungsphänomene mit Prozessen ihrer Internalisierung sowie mit Formen der Selbststeuerung und Informalisierung von Zeit im Kontext der Medien. (vgl. Krotz 2012b, 32f) Besonders modernen Technologien der konnektiven Kommunikation ist eine wichtige Rolle im Rahmen von Zeitkoordinierungsprozessen zuzuschreiben. Ihnen kommt die Rolle eines Substituts und/oder Supplements zur Zeit als Mittel der Koordination zu. (vgl. Ling 2004, 80) „[When] time became de facto, and indeed taken-for-granted mechanism with which to coordinate various forms of social interaction [...] the mobile telephone challenges mobile timekeeping as a way of coordinating everyday activities." (Ling 2004, 66; 69) Grundsätzlich können wir in einer flüchtigen oder sich verflüssigenden Moderne (vgl. Bauman 2003) also davon ausgehen, dass wir es – auch vor dem Hintergrund erodierender Grenzen zwischen Arbeit und Freizeit bzw. Öffentlichkeit und Privatheit – mit einer Neukonfiguration von Zeitstrukturen zu tun haben, deren Ausgestaltung die

---

compelling image of perpetual contact is the image of pure communication, which [...] is an idealization of communication committed to the prospects of sharing one's mind with another, like the talk of angels that occurs without the constraints of the body". (Katz/Aakhus 2002a, 307)

neuen mobilen Kommunikationstechnologien entscheidend mitbeeinflussen und große Bedeutung für individuelle wie soziale Kommunikationsprozesse besitzen. Im Rahmen soziologischer Theoriediskussionen wurden Phänomene der Flexibilisierung und Verflüssigung von Zeit immer wieder thematisiert. Nachdem Durkheim schon darauf aufmerksam machte, dass wir Zeit vornehmlich als ein soziales Produkt zu verstehen hätten (vgl. Nyíri 2007, 110), wurde das Phänomen der Zeit immer wieder zum Thema in der Theorieentwicklung. Simmel beschrieb Anfang des 20. Jahrhunderts sich entwickelnde Diskontinuitäten v. a. in urbanen Ballungsräumen (vgl. Simmel 1903) und Giddens hob die Phänomenologie der Zeiterfahrung mit dem Begriff der „presence-availability" hervor. Dieser beschreibt Fragmentierungs- und Entbettungsmechanismen im Kontext neu sich entwickelnder Zeitregime in der Moderne. (vgl. Giddens 1996) Er zählt die Trennung von Raum und Zeit im Sinne einer „raumzeitlichen Abstandvergrößerung" und damit in Verbindung stehende „Entbettungsmechanismen" zu wesentlichen Konstituenten einer Dynamik der Moderne. (vgl. Giddens 1996, 72) Daran anknüpfend sprechen Lash/Urry von der Entwicklung hin zu einer „instantaneous time" (Lash/Urry 1994, 243) Bezogen auf die Wirkung neuer mobiler Technologien der Konnektivität kann nun vom Übergang einer monochronen in eine polychrone Zeitstruktur ausgegangen werden. (vgl. Green/Haddon 2009, 85) Dieser Wechsel markiert den vorläufigen Kulminationspunkt einer Entwicklung, die einst von einer punktuellen Zeitphänomenologie ausging, im Übergang in die Agrargesellschaften in zyklische Formen und im Kapitalismus zu linearen Zeitstrukturen übergehen sollte. In der Spätmoderne haben wir es schließlich mit weitgehend abstrakten Zeitausprägungen zu tun. (vgl. Neverla 2002, 46) Die gegenwärtig polychronen Zeitordnungen lassen sich durch ein Nebeneinander und eine Durchmischung unterschiedlicher Zeitformen beschreiben, die auch gegenläufige Tendenzen wie „Langsamkeiten und ‚Entschleunigung'" sowie die Punktualität herausragender Ereignisse" aber auch Reversibilitäten kennen. (Neverla 2002, 48) Diese Ambivalenzen offerieren uns Ausgestaltungsformen von Individualität und Möglichkeiten der „Emanzipation vom Regime der abstrakten Zeit", sind aber auch mit Risiken wie Kosten verknüpft, da wir immer wieder auch um die Anschlussfähigkeit an sie kämpfen müssen. (Neverla 2002, 52) Damit perfektioniert sich im digitalen Netz eine abstrakte Form der Zeit, da sie kontinuierlich, in sich mathematisch und in Summe als polychron wirkt. Sie ist diskontinuierlich in der Nutzung, konkret in der Adaptierbarkeit auf die „Eigenzeiten" (Nowotny 1989) der Nutzerinnen und Nutzer und auch revidierbar. (vgl. Neverla 2002, 51) Die immer wieder als „timeless time" (Castells et al. 2007, 174; 178) angesprochene Strukturierung hebt ihrerseits sehr stark auf die Zeitstrukturen von Netzstrukturen ab. Innerhalb ihrer offenen Struktur emergieren neue „in-between-times", sogenannte Füllzeiten, und es kommt

3.1 Im Zeitdispositiv der Dauervernetzung

nicht selten zu einem „compressing and desequencing" von Zeit. Castells' Konzept beruht stark auf einer Trennung zwischen einer menschlichen Zeitwahrnehmung im Sinne des philosophischen Konzepts von „Kairos" (als qualitative Wahrnehmung von Zeit) und einer instrumentalistischen Zeitlichkeit, die dem Prinzip des „Chronos" (als quantitative Natur von Zeit) folgt. Damit kann eine Überbewertung eines instrumentalistischen Zugangs im Sinne eines technischen Essentialismus verbunden sein. (vgl. Leong/Celetti/Pearson 2009)

Caron/Caronia (2007, 19) bemühen ebenfalls das Phänomen der Auflösung von klassischen Zeitstrukturen in einer „time without space" und entwerfen den Begriff einer „despatialized time". (vgl. Caron/Caronia 2007, 19) Andere Autorinnen und Autoren sprechen von einer „mobile time" und differenzieren unterschiedliche Rhythmen von Zeitnutzung, wobei besonders die Ambivalenz der Neukonfiguration von Zeitstrukturen zu beachten sei. (vgl. Green 2002 zit. in Castells et al. 2007, 175) „On the one hand, social space and time are ‚extended', and on the other, they remain locally continous." (Green 2002a, 291) Han's Kritik richtet sich gegen eine „temporale Zerstreuung und Dissoziation", da eine „temporale Dyschronie […] die Zeit richtungslos schwirren und zur bloßen Abfolge punktueller, atomisierter Gegenwart zerfallen" ließe. Zeit würde damit „additiv" und gleichzeitig „jeder Narrativität entleert". (Han [2]2012, 55) Eine generell wirksame und damit korrespondierende Dynamik ist vor dem Hintergrund sich fragmentierender und überlappender Zeitrhythmen sicherlich im Effekt der Beschleunigung zu erkennen, wie sie sich in einer „condition of immediacy" (Tomlinson 2007) ausdrückt. Eine Taktik, sich etwa im Zustand der Dauerkonnektivität permanent eingehender Kommunikationsofferte bewusst zu entziehen, könne in einer „poetics of delay" gefunden werden. (vgl. Hjorth 2009, 153). Dieser Empfehlung zur Entschleunigung folgt Han insofern nicht, als seiner Analyse folgend nicht die Beschleunigung das ‚eigentliche Problem' darstelle, sondern in der „temporalen Zerstreuung" die Zeitkrise zu finden sei. (Han [2]2012, 55)

Insgesamt können wir im Zustand der kommunikativen Dauervernetzung jedenfalls von unterschiedlich erlebten Zeitlichkeiten oder von „multiple temporalities" (Leong/Celetti/Pearson 2009) ausgehen. Sie bringen eine Reihe ambivalenter Zeiteffekte hervor, als sie auf der einen Seite neue Freiheitsgrade und Flexibilitätsformen mit sich bringen, gleichzeitig aber auch Einschränkungen und Zeitzwänge verursachen. Aus den Freiheitsgraden erschließen sich immerhin neue Formen des Managements sozialer Interaktion in Form der Mikrokoordination (vgl. Ling 2004, 58). Diese auch als „real-time lifestyle" (Townsend zit. in Düvel 2006, 400) bezeichneten Interaktionsformen können durchaus zu einer Entspannung des individuellen Zeitgefühls führen. (vgl. Katz 2006, 199) Hier werden mobile Kommunikationstechnologien zu einem selbstverständlichen Mittel der

Alltagsorganisation von Individuen, die ein „softening of time" (Ito zit. in Wilken 2005) zur Folge haben, „[where] clock-time punctuality is increasingly replaced with a more fluid and flexible ‚network time'".[93] (Larsen/Urry/Axhausen 2006, 3) Waren zuvor die Individuen im Strom der Städte und in einem System von Mobilitäten „a mere cog in an enormous organization of things and powers", erfordern Individualisierungsstrategien in heute vernetzten Lebenszusammenhängen neue Qualifikationen der Systemintegration in einer weitgehend „entbetteten" Umwelt. „Personalised, wireless worlds afford ‚networked individualism', each person is, so to say, the engineer of his/her own ties and network, and always connected [...] no matter where she/he is going and staying." (Larsen/Urry/Axhausen 2006, 10) Und so findet auch die Armbanduhr als vormals wichtiges Orientierungs- und Koordinierungsinstrument des Menschen unter den aktuellen Rahmenbedingungen Integration in den konnektiven Technologien und individualisierten Vehikeln des Transports: „Whereas trains and pocket watches were early modern twins, mobile phones and cars are the late modern ones, raging against past rhythms and timekeeping of early modernity when transport and mediated communication were connected." (Larsen/Urry/Axhausen 2006, 31) Dass die neuen Applikationen digitaler Konnektivität mittlerweile auch in Form technologisch avanciert vernetzter Armbanduhren zur Marktreife gebracht wurden, ist nur ein logischer nächster Schritt dieser Entwicklung.

Den angesprochenen Flexibilisierungs- und Freiheitsoptionen stehen – wie angedeutet – jedoch auch eine Reihe von neuen Zwängen und Abhängigkeiten gegenüber, die dem vernetzten Individuum neue kommunikative Koordinationsanforderungen abverlangen. So bringen nicht nur verstärkte Individualisierungstendenzen eine größere Abhängigkeit von Transport- und Kommunikationssystemen mit sich (vgl. Larsen/Urry/Axhausen 2006, 31), es werden auch bislang nicht für Kommunikationsaktivitäten in Anspruch genommene freie Zeitzonen einer neuen Form der Restzeitnutzung zugeführt – nicht selten auch einem beruflichen und

---

93 Larsen/Urry/Axhausen kontextualisieren den „shift as that effected from punctuality through clock time to a negotiated fluid coordination effected through mobile communication" (2006, 1) mit den soziologischen Arbeiten zu Urbanität von Simmel: „When the early modern metropolis, on the one hand, produced people with a ‚highly personal subjectivity', it produced objective systems of punctuality of pocket watches that isolated people's distance-keeping politeness, on the other Simmel's work thus highlights how ‚personalisation' makes people depend upon complex systems and inflexible time." (Larsen/Urry/Axhausen 2006, 6) Allerdings können neue Formen der Mikrokoordination mitunter auch dazu führen, dass daraus wieder neue Unflexibilitäten im Zeitmanagement entstehen, die in einer „negative flexibility" münden. (Kopomaa 2000, 51)

3.1 Im Zeitdispositiv der Dauervernetzung

ökonomischem Nutzenkalkül unterworfen (vgl. Peil 2011, 111f), „[as] time becomes a commodity to buy, sell, and trade over the phone". (Townsend zit. in Green 2002a, 290) Insofern können wir Kommunikationstechnologien im Sinne des Foucault'schen Gouvernementalitäts-Begriffs als technische Mittel verstehen, „die gesellschaftlich akzeptabel Selbstverwaltung und Selbstkontrolle der Menschen in zeitlicher Hinsicht durchzusetzen". (Krotz 2012b, 33) Es droht damit die Kontrolle über die „Eigenzeiten" der Menschen zugunsten der Herausforderungen, die aus den ökonomischen Steigerungsanforderungen an das „Zeitmanagement" des Individuums erwachsen, tendenziell verloren zu gehen. Verbunden sind damit Verluste in Bezug auf die individuelle Zeitautonomie und die Fähigkeit, sich bewusst und freiwillig aus Kommunikationsströmen auszuschließen.

Im heute erreichten Zustand der zeitlichen Dauerkonnektivität schafft ein neues Zeitdispositiv eine panoptische Struktur, das auf der permanenten zeitlichen Verfügbarkeit seiner „Insassen" aufbaut. Die „Involviertheit" in dieses Zeit-Dispositiv gründet nicht selten entweder auf ökonomischen Notwendigkeiten oder auch nur auf sozial eingeübten Routinen der Verfügbarkeit bzw. auf Bedürfnisse nach sozialer Eingebundenheit. Neu in dieser Struktur scheint gegenüber dem klassischen Modell des Panopticons jedoch zu sein, dass nicht mehr allein eine im Zentrum stehende Macht Verfügungsgewalt über die „Insassen" hat, sondern auch die Teilnehmerinnen und Teilnehmer selbst von der permanenten Erreichbarkeit aller anderen ausgehen und nicht selten diese auch einfordern. Strukturierungen wie diese, die sich zumeist aus Routine-Handlungen und im Alltag eingeübten Nutzungspraktiken verfestigen, lassen alternative oder oppositionelle Handlungs- und Nutzungsweisen tendenziell unwahrscheinlicher werden. Eine „Flucht" aus dem Dispositiv der Dauervernetzung ist zumeist nur über das – wenn auch nur temporär wirksame – Kappen eingeübter und etablierter Kommunikationsverbindungen möglich. Nicht selten gilt es in diesem Zusammenhang auch die Wahl des richtigen Zeitpunkts – des „Kairos" – zu treffen, um aus dem Strom eines sich tendenziell beschleunigenden „Chronos" der Kommunikationsströme ausbrechen zu können. Im Zustand des „Present Shock" kann dann von der Diagnose einer „Digiphrenie" gesprochen werden, „wenn wir chronos mit kairos verwechseln, wenn wir die digitalen Bedingungen akzeptieren, dass jeder Augenblick potentiell neue Entscheidungen und Verzweigungen mit sich bringen muss". (Rushkoff 2014, 120) Ein Zustand, der von zeitsouveränen Netzteilnehmerinnen und Netzteilnehmern zuweilen angestrebt werden sollte, scheint von jenen Nutzerschichten, die wir als die „digital natives" bezeichnen, allerdings tendenziell vermieden zu werden. „Among young people [...] the ,off' position has been deleted from their cultural model of the mobile phone. [...] Answering almost anywhere, anytime has become vital." (Caron/Caronia 2007, 41) Das Zeitdispositiv der Dauervernetztheit strebt also nach Einschluss aller Netzwerkteilnehmerinnen und -teilnehmer und führt klassische Zeitstrukturen, wie die einer öffentlichen und einer privaten Zeit, in neue Zeitformen über: „It is this time-based (rather than space-based) organisation of activities that defines ‚accessibility', a redefinition of ‚public' and ‚private' time into ‚on time' and ‚off time'." (Green 2002a, 288) Die aus dem Standpunkt einer kritischen Einschätzung gewonnene Einsicht, im „Glück der Unerreichbarkeit" (vgl. Meckel 2007) einen anzustrebenden Zustand zu erkennen, dürfte daher nicht selten nur zeitautonomeren Gruppen oder dahingehend explizit kritisch-reflektiert handelnden Netzwerkteilnehmerinnen und -teilnehmern vorbehalten bleiben. Für jene, die dieses Privileg – aus welchen Gründen auch immer – nicht genießen können, eröffnet sich möglicherweise ein „Erreichbarkeitsdilemma" (Gold 2000, 86): Denn „permanente Erreichbarkeit als Statussymbol kann zudem Indiz sozialer Marginalisierung werden. [...] Wer also das Mobiltelefon als Machtsymbol vorzeigt, erklärt damit in Wirklichkeit allen seine verzweifelte Lage als Subalterner, der gezwungen ist, in Habachtstellung zu gehen [...], wann immer der Geschäftsführer anruft". (Gold 2000, 84) Die Wahrnehmung jener Angst, mobil über Technologien der Konnektivität nicht erreichbar zu sein, hat mittlerweile im populären Diskurs zur Begriffsbildung der „Nomophobie" (No Mobile Phone – Phobia) geführt.

Es gilt also zu erkennen, dass in die Strukturen kommunikativer Erreichbarkeit Ungleichverteilungen eingeschrieben sind, die mitunter darüber entscheiden, in welchem Ausmaß man eigenständig über seine Netzwerkzeiten und Zeitressourcen verfügen kann. Peter Weibel sprach schon Ende der 1980er Jahre von den „Zeitherren des Jet Sets und der Datenbanken, welche die Zeitknechte um ihre Zeit in Form von Freizeit betrügen, in der sie ihnen verkaufen, was die Zeitknechte in der Arbeitszeit selbst produzieren, während der Adel der Chronokraten selbst kulturelle Ruhe pflegt, die neue Vororte der Zeit schaffen." (Weibel 1987, 152) In den gegenwärtig beschleunigten Zeit-Dispositiven stellt sich diese Frage noch einmal in einer zugespitzteren, wenngleich prinzipiell ähnlichen Weise. Rosa spricht von einem heute notwendig gewordenen „Zeitwohlstand", den es anzustreben gelte, um den Steigerungsimperativen der Wachstumsgesellschaften etwas entgegenzusetzen. Denn Zeit gelte immer noch als eine Ressource, die als solche nicht vermehrbar sei. (vgl. Rosa 2005) Das damit angesprochene Phänomen einer Ökonomisierung von Zeitprozessen, die auf den Lebensalltag der Menschen durchschlägt und damit auch die Kommunikationsflüsse zu dominieren scheint, stellt sich damit auch als eine gesellschaftliche Frage um die Verteilung von Zeit- und damit Kommunikationsressourcen als eine neue „politics of time", analog zu einer „politics of mobility" nach Kellerman (2006), dar. Auf dieser Ebene gilt es etwa neue Regeln des Umgangs mit Zeitressourcen auszuhandeln sowie Modelle der Sicherung autonom festgelegter freier Zeit-Räume zu entwickeln. Sie hängen nicht nur mit den auf individueller

Ebene zu entwickelnden kritisch-reflexiven Zugangsweisen zusammen, sondern bedürfen auch auf gesellschaftlicher und wirtschaftlicher Ebene der Akzeptanz von Rahmenbedingungen, wie mit der Ressource menschlicher Kommunikationszeiten entsprechend umgegangen werden sollte. Dass in diesem Zusammenhang auch Verbindungen zur Frage der Neuausrichtung von Raumstrukturen herzustellen sind, die eng mit den Phänomenen des gesellschaftlichen und sozialen Wandels in Beziehung stehen, bildet das dahingehende Diskursfeld ab.

3.2 Neue Orts- und Raumkonzepte

Im Rahmen sich verändernder Kommunikationsbedingungen stehen Transformationen der Zeitlichkeit in enger Wechselbeziehung zur Neuausrichtung räumlicher Strukturen. Mobile Kommunikationstechnologien brachten eine weitgehende Loslösung der Bindung an fixe Örtlichkeiten (von „place-to-place Networks") mit sich, da Verbindungen nicht mehr zwischen örtlich fixen Punkten, sondern – zumindest potentiell – mobilen Netzwerkknoten aufgenommen wurden. So unterstützte die mobile Telefonie „individualisiert-atomisierte Netzwerkstrukturen, in denen im Gegensatz zu gemeinschaftlichen oder formell-institutionellen Kontexten keine Erwartungen mehr erforderlich sind, dass der gemeinsame Ort die dort lebenden (oder arbeitenden) Individuen sozial miteinander verbindet". (Geser 2005, 53) Ihre Integration in das Kommunikationsgefüge des Alltags führte damit zu einer Neuausrichtung von Handlungsstrukturen in unterschiedlichen Raumkontexten.

Mit ihrer Loslösung von fixen Standorten drang die Telefonie in neue Alltagszonen vor und sorgte zunächst in den bereits hoch verdichteten Zonen des öffentlichen Raums, also in den urbanen Gebieten, für Veränderungen von Kommunikationsmustern. Schon Simmel wies in seinem Aufsatz über die Soziologie der Stadt darauf hin, dass das Individuum in urbanen Zonen „zu seiner höchsten Nervenleistung" gereizt werde, in der sich die „geistige Haltung der Großstädter zu einander […] in formaler Hinsicht als Reserviertheit" äußere. (vgl. Simmel 1903) Er beobachtet beim Großstadtmenschen die Attitüde einer gewissen „Blasiertheit", die wie ein Filter wirke und es ermögliche, den jeweils anderen auf durchaus engem Raum mit einer gewissen Zurückhaltung zu sehen und zu begegnen, ohne mit ihm sprechen zu müssen. (vgl. Simmel 1903, 122) Dieser Aufmerksamkeitsfilter könne auch als eine Art „Medium" funktionieren, „or as we suggest, [as] a type of mental interface – that helped individuals manage their interactions with the urban environment". (de Souza e Silva/Frith 2012, 27)

Goffman erkannte im Phänomen der bewusst oder unbewusst eingeübten Achtsamkeit der/s Einzelnen gegenüber anonymen Anderen im öffentlichen Raum eine „civic inattention", [...] [as a] „surface character of public order [...] [where] individuals exert respectful care in regard to the setting [...] in order to make anonymised life in cities possible." (Goffman 1972, 385) Er mahnte im Hinblick auf die Notwendigkeit, als Individuum in diesen Kontexten gewissermaßen Verhaltenskontrakte eingehen zu müssen, eine „Disziplinierung der Blicke" – etwa bei der Aufnahme verbaler Kontakte – ein.[94] (Goffman zit. in Höflich/Hartmann 2007, 215[95]) Die Wahrung von Distanzen sei im öffentlichen Raum damit als ein Zeichen von „Zivilisiertheit" zu werten und spiele im Rahmen des Aushandelns von Kommunikationsarrangements eine entscheidende Rolle. (vgl. Sennett 1994) Sie bringen eine Neuausrichtungen der „Proxemik" in den Nähe-Distanz-Verhältnissen mit sich und damit die Notwendigkeit der Neuausrichtung des Verhaltens auf Veränderungsprozesse, die untrennbar mit typischen Verhaltensmustern in der Mobilkommunikation zusammenhängen. Zu diesen Mustern gehören Kommunikationsmodi, die bereits bei technischen Artefakten wie dem Walkman eingeübt wurden: Es sind dies Formen eines distanzierten, in sich gekehrten Beteiligtseins, die von einem „Entzug des Engagements" (Höflich 2010, 105) dem unmittelbaren Umfeld gegenüber gekennzeichnet sind. Oftmals begeben sich die Telefonierenden daher auch in einen selbstdefinierten „Eigenraum" im Zustand einer „Ko-Präsenz", um sich damit „aus den üblichen, subtilen Regeln der Blickkontakte und Körpergesten unter Fremden zugunsten" der Wahl einer dafür adäquaten räumlichen Nische ausklinken zu können. (Höflich/Hartmann 2007, 216). In diesen Kommunikationsarrangements spielen Fragen der Inklusion und Exklusion sowie entsprechende „Ausstiegsregeln" (vgl. Ling zit. in Höflich/Hartmann 2007, 217) eine wichtige Rolle. „Innerhalb eines distinkten Rahmens der Nutzung des Mobiltelefons" (Höflich/Hartmann 2007, 219) ergeben sich darin Verabredungshandlungen, die auf der Basis einer gemeinsamen Ko-Orientierung und unter Berücksichtigung von „Kommunikationskalkülen" ausgehandelt werden. (vgl. Höflich/Hartmann 2007, 217f)

Trotz der Etablierung dieser Anpassungsmechanismen verlieren die Beteiligten nicht selten die Fähigkeit, sich in die fortwährend verdichtenden Umfelder urbaner

---

94   Der norwegische Anthropologe Gullestad nennt diese Modi der Anpassung eine „dargestellte Unerreichbarkeit". Im Zuge einer derartigen Anpassungsleistung erfolge gleichzeitig die Akzeptanz der Ordnungsstruktur des Umfelds. Goffman spricht u. a. auch von einer „Management-Strategie" des gelernten „Nicht-zur-Kenntnis-Nehmens". (vgl. Ling 2005, 121, 130)

95   An anderer Stelle führt Höflich den Begriff der „sensuellen Vigilanz bei emotionaler Indifferenz" an, der die „Kaltschnäuzigkeit" des Großstadtmenschen charakterisiert. (Hellpach zit. in Höflich 2011, 45)

3.2 Neue Orts- und Raumkonzepte

Räume einfügen zu können. „As space became devalued through motion, individuals gradually lost a sense of sharing a fate with others [...] individuals create something like ghettos in their own bodily experience." (Sennett 1994, 366) Und es sind nicht zuletzt die neuen Medien und Kommunikationstechnologien, die auf eine „laufende Neukalibrierung des Privaten und Öffentlichen" einwirken (Höflich/ Gebhardt 2005, 135) und dies auch im öffentlichen Raum durch kontinuierlich voranschreitende Mediatisierungsformen befördern. Gerade mit der Nutzung mobiler Telefonie als „territorry machines" (Fujimoto zit. in Peil 2011, 103) kam es in der ersten Diffusionswelle zunächst zu Störungen bis dahin ausgehandelter Zonungen und zu Formen einer „unkontrollierten Privatisierung". (Fortunati zit. in Höflich/Gebhardt 2005, 138[96]) Sie veränderte mit dem Hinzukommen neuer Geräuschformen mitunter auch den „Soundtrack" der Städte. (vgl. Plant 2002) Vor allem aber setzte mit den mobilen Technologien eine Neuaushandlung etablierter „Nähe-Distanz-Arrangements" ein (Höflich/Gebhardt 2005, 138f) und ließ neue Kommunikationsarrangements von „techno-social situations" (Ito/Okabe zit. in Peil 2011, 104) entstehen, die sich mitunter im Phänomen einer „absent presence" darin agierender Individuen verdeutlichte. (Gergen 2002, 227) Diese Aushandlung sich auflösender Grenzen zwischen öffentlichen und privaten Zonungen ist – wie Studien zeigen – als ein kontinuierlicher und dynamischer Prozess zu verstehen (vgl. Humphreys 2005), der als solcher wiederum neue Codifizierungen schafft. Derartige Aneignungsprozesse im öffentlichen Raum lassen neue Mischzonen oder „interspaces" zwischen privaten und öffentlichen Zonen entstehen. (Hulme/ Truck zit. in Peil 2011, 102) Es lässt sich die zum Zweck des Führens eines Telefongesprächs im öffentlichen Raum eingenommene Haltung wie eine „improvisierte Freiluft-Handy-Telefonzelle" verstehen. (Larsen zit. in Höflich 2006, 144) Dieser imaginäre Raum bildet für die Zeit eines Telefonats eine halböffentliche Nische inmitten des öffentlichen Raums, die nach Beendigung dieser Parallelaktion wieder aufgelöst wird. Des weiteren kommt es durch die Nutzung mobiler Technologien in Transportmitteln – wie etwa in Zügen – immer wieder zur Herausbildung „individualisierter Mobilitätsräume", die sich – auf der Basis des Eindringens eines „virtuellen in den physischen Raum" – als „contemporary space" verstehen lassen. (Burkart zit. in Fallend 2010, 193f) Es sind Strategien einer teilweisen Privatisierung

---

[96] Rössler (2001, 310f) will in der solipsistischen Kommunikationskultur in öffentlichen Räumen, in der Menschen nicht mehr miteinander, sondern vermehrt über Technologien kommunizieren, ein „Arendtian nightmare" erkennen. Darin bedarf es neuer Kompetenzen des Umgangs mit einer „dezisionalen Privatheit".

des öffentlichen Raums[97] (vgl. Humphreys 2005, 371), der sich eben in den unterschiedlichen Spielarten und Aneignungsweisen äußert und in Handlungsroutinen manifestiert. Für den häufig zitierten Flaneur der urbanen Zonen, der durchaus auch auf „gesellschaftliche Koordination – genauer: eine ‚Koordination von Handlungen durch stillschweigende Kommunikation'" (Goffman zit. in Höflich 2010, 101f) angewiesen ist, veränderten sich mit dem Hinzukommen neuer Kommunikationstechnologien der Handlungsraum und auch das dort geübte Mobilitätsverhalten. (vgl. Höflich 2010, 102) Umgeben vom Fluss der Alltagsbewegungen werden für die mobile Kommunikation – nicht selten begleitet von quasi-autistischen Mustern des nonverbalen Verhaltens – vorhandene Ortsbesonderheiten zu neuen Rückzugsorten bzw. zu „Mobilitätsschleusen"[98] (Burkart 2007, 86) – seien das Haltestellen oder Warteräume öffentlicher Verkehrsmittel, die als virtuelle Telefonzellen dienen. Gerade an diesen Orten des öffentlichen Verkehrs und des Transits, die Marc Augé (1994) in seinen Vorüberlegungen zu einer Ethnologie der Einsamkeit als „Nicht-Orte" bezeichnete, bildeten sich derartige – über den Zeitverlauf jeweils unterschiedlich geduldete – Muster des mobilen Lebens heraus. Damit gehen Räume des Öffentlichen wie auch des Privaten neue Mischformen und Mediatisierungsformen ein, die nicht selten von einer nur „unvollständigen Privatisierung" (McCarthy 2001 zit. in Höflich 2010, 108) geprägt sind und daher eigener Aushandlungsprozesse bedürfen, um auch Fragen der Wahrung einer „akustischen Ökologie" (vgl. Höflich 2010) abgeklärt zu wissen. Diese Fragen spiegeln sich freilich auch in den privaten Zonen des Alltags, da auch dort Prozesse der Aneignung und Integration neuer Technologien veränderte Kommunikationsarrangements schaffen. Die Ankunft mobiler Technologien führte in den Haushalten zu einer Neukalibrierung persönlicher Kommunikationsräume und zu Flexibilisierungen, da damit individualisiertere Nutzungsformen der Technologien möglich wurden und sich dadurch persönliche Sphären der Kommunikation besser schützen ließen. Über dieses Phänomen der Mediatisierung öffentlicher, wie privater, Räume hinaus gilt es nun auf makrostrukturelle Veränderungen einzugehen, die mit der Transformation von Räumlichkeit im Kontext einer mobilen digitalen Vernetzung in Verbindung zu bringen sind.

---

97 Kumar/Makarova (2008) sprechen in diesem Zusammenhang von einer „Domestication of Public Space". Im Fall der Nutzung von mobilen Kommunikationstechnologien seien auch Prozesse einer „individualization of public space" zu erkennen. (Kumar/Makarova 2008, 81)

98 Zu diesen „Schleusen" zählt Burkart nicht nur – wie das Augé vorschlägt – Orte des Transits, sondern auch Ämter, die Schlange vor der Kinokasse, Zugabteile oder Wartezimmer. (vgl. Burkart 2007, 86)

3.2 Neue Orts- und Raumkonzepte

Neben den oben angesprochenen Fragen vollzogen sich im Verlauf der Integration medientechnologischer Innovationen in das Alltagsgefüge immer wieder auch generelle Veränderungen in Bezug auf die Phänomenologie von Räumlichkeit. Zunächst überwiegend euphorisch als neue Handlungsräume mit offenen Spielregeln für Identitäts- und Weltentwürfe im Cyberspace und mitunter auch für Expansionsbestrebungen der New Economy gefeiert, mehrten sich im Verlauf der Diskussion Widersprüchlichkeiten um die Ausgestaltung neuer Raumkonfigurationen. Auf der Ebene der handlungsgebundenen Verortung sozialer Strukturen zeigte etwa das Konzept von „Glokalisierung" (vgl. Robertson 1995) neue Problemfelder auf, wie sie aus dem Aufeinanderprallen lokaler und globaler Dynamiken entstanden. „Such contradictions and ambiguity is by no means isolated, and it is perhaps not surprising that the term ‚globalisation' has become something of a conduit or pivot for the (re)consideration of global/local tensions in terms of articulating ‚place'." (Wilken 2011, 64) Und im Rahmen von Konzepten der Deterritorialisierung und Reterritorialisierung wurden Diskussionen geführt, die sich mit darin eingeschriebenen Ambivalenzen kritisch auseinandersetzten. (vgl. Wilken 2011, 67) Denn mit der spürbaren Zunahme mobiler Kommunikationsformen stellten sich Effekte der Deterritorialisierung und Entbettungserscheinungen in der Gesellschaft ein, in deren Kontext bereits in Verflüssigung geratene Orts- bzw. Raumzuschreibungen weiter flexibilisiert wurden.

Die Übergänge von den „stabilitas loci" zur „mobilitas loci" (Wilken 2005) dürfen in den „spaces of flows" (Castells 2001a) jedoch nicht vorschnell mit der gänzlichen Aufhebung räumlicher Bezüge gleichgesetzt werden. (vgl. Peil 2011, 103) „‚Placelessness' became a popular concept, but [...] media use is always situated. We have to look closely at the complex microphysics of the ways in which media take place and claim space." (Löfgren 2006, 299) In der aktuellen Debatte um das „ubiquitous computing" wird etwa davon ausgegangen, dass wir mit der vollständigen Umgebungsvernetzung nicht mehr der Anbindung an physische Verortungen bedürfen. „Once enacted, embodiment does not always need to be located in physical space." [...] Instead, we create space as we create our bodies across digital media."[99] (Farman 2012, 21f) Und obwohl auch schon Meyrowitz von einem „No Sense of Place" (1990) im Kontext sich verändernder Raumwahrnehmungen in Verbindung mit dem Fernsehen sprach und Morley den „death of geography" (Morley zit. in

---

99 Farman erhärtet seine Position mit der Feststellung, dass die Handlungspraktiken in die digital konfigurierten Räume gewissermaßen abwandern: „Thus, significant practices of embodied space can and do take place in spaces that have no foundational connection to any shared material space." (Farman 2012, 23) Die Form der Wahrnehmung dieser Raumstrukturen wird als „proprioception" verstanden. (Farman 2012, 32)

Wilken 2005) konstatierte, ist es dennoch ratsam, Metaphern vom Verschwinden oder einer völligen Auflösung des Raums kritisch zu hinterfragen.[100] (vgl. Ek 2006, 55) Da unser Handeln immer von Raumbezügen geprägt ist und soziale Praktiken, in welcher Weise auch immer, räumlich zu verorten sind, manifestiert sich Räumlichkeit in der einen oder anderen Art auch auf der Ebene kommunikativer Handlungsstrukturen.[101] Über dieses Niveau hinausreichende Verschiebungen sind insbesondere auf dem Feld mentaler Repräsentationen von Räumlichkeiten, wie im Konzept des Cyberspace, festzumachen. Manfred Faßler spricht in diesem Zusammenhang etwa von einem „cybernetic localism"[102] als räumliche Imagination und bezeichnet die in diesem Zusammenhang sich vollziehende Raumbildung als „key virtuell". Diese Form von Räumlichkeit ist dabei als eine prozesshafte „Remedialisierung" der ortsbasierten sozialen Welt zu verstehen. (vgl. Döring/Thielmann 2008, 31)

Selbst die damit angesprochene Verortung von Räumen kann nicht gänzlich losgelöst von real-physikalischen Verortungen gedacht werden, zumal auch jede räumliche Modellbildung sowohl „umgebungsgebunden" wie auch „interaktivitätsgebunden" sei (Faßler 2008, 195) und als eine „Vorstellung [zu denken ist], mit der wir Menschen Zusammenhänge sichern". (Faßler 2008, 196) Gerade in der mobilen Nutzung des Internets kommt es zu einer Hybridisierung von Raumwahrnehmungen und zu Verortungen, die sich als eine Überwindung davor möglicher Trennungen interpretieren lassen:

"Because many mobile devices are constantly connected to the Internet [...] users do not perceive physical and digital space as separate entities and so not have the feeling

---

100 Ähnliche Metaphern in diesem Zusammenhang adressieren den „death of distance" (Caincross) oder das „Ende des Raums" (Baudrillard) bzw. die „Ästhetik des Verschwindens" (Virilio) (vgl. Schroer 2008, 127). Und in soziologischen Theorien der Modernisierung werden zwar nicht die Auflösung, wohl aber der geringere Stellenwert des Raums konstatiert. Gerade aber der Diskurs um den „spatial turn" vereint die Kritik an diesen Verlustmetaphern, denn „durch gesteigerte Kommunikationsgeschwindigkeiten werden Räume nicht ausgelöscht, sondern zu anderen." (vgl. Döring/Thielmann 2008, 15) Mit diesem ironisch bezeichneten „geographischen Reflex" (Miggelbrink zit. in Döring/Thielmann 2008, 38) reagiert der „spatial turn" auf „Deterritorialisierungsbefürchtungen" mit einer „primitiv-semantischen" Reterritorialisierung. (vgl. Döring/Thielmann 2008, 38)

101 Moores geht von keiner „‚Auflösung' physischer Orte", sondern eher von einer „Pluralisierung des Ortes" aus. Ähnlich finden wir das bei Scanell konzipiert, der von einem „doubling of place" ausgeht. (Moores bzw. Scanell zit. in Düvel 2006, 402)

102 Genau versteht Faßler darunter „vorläufige, informations- und änderungssensible Community-Räume". (vgl. Faßler 2008, 215)

3.2 Neue Orts- und Raumkonzepte

of 'entering' the Internet, or being immersed in digital spaces, as was generally the case when one needed to sit down in front of a computer screen and dial a connection." (de Souza e Silva zit. in Richardson 2012, 141)

Vielmehr sei heute für die Anwendungsformen im Bereich der „location-based applications" von Strukturen auszugehen, die als „complex dimensionality of place and space" im Sinne einer Hybridisierung zu beschreiben wären. „Yet in a phenomenological sense, hybridity more simply describes the relational ontology of bodies, technologies and the affordances of the environment." (Richardson 2012, 142)

Trotz gravierender Transformationen in Bezug auf die Räumlichkeit sollte also anstelle eines Verschwindens vielmehr von einer – wenn auch zum Teil weitreichenden – Neukonfiguration räumlicher Konfigurationen ausgegangen werden, da wir – über vernetzte und mobile Technologien verbunden – stets mit mehreren geografischen wie sozialen oder mental repräsentierten Orten gleichzeitig vernetzt sein können und so die Entbettung aus fixen Raumbeziehungen in neue hybride Raumrepräsentationen übergeht. Dahingehend kann auch von einer Reterritorialisierung (vgl. Döring/Thielmann 2008, 14) in eine neu erfahrbare Multilokalität als Überlagerung real-geografischer mit sozial-erlebten bzw. einwirkenden Räumen gesprochen werden. Wilken benennt diesen Zustand als eine hybride Beziehung zwischen einem „physical and wirelessly co-present context", in dessen Rahmen der Zustand einer „networked mobility" einzuordnen ist, „as a heavily mediated engagement, where place is experienced via a complex filtering of imbrication of the actual with the virtual". (Wilken 2011, 168f) Die Konzeptualisierung von Raumerfahrung findet damit in einer sozialen Ko-Konstruktion statt, in der – über technische Vermittlung verbunden – anwesende wie auch abwesende Akteurinnen und Akteure konvergierende räumliche Repräsentationen einbringen. In der postmodernen Debatte wird diese Hybridisierung als eine „Diversifizierung räumlicher Bezüge" (vgl. Schroer 2008, 131) thematisiert bzw. als „physische Territorialität [...] soziotechnisch reorganisiert" begriffen. (vgl. Döring/Thielmann 2008, 15) Mit diesen Spielarten des Einwirkens räumlich neu in Bezug gesetzter Handlungsfelder, die „paradoxerweise auch [...] [Erfahrung von] Nähe" (Hjorth 2006, 62) mitunter stören, lassen sich Fragen der Neukonfiguration von Raumrepräsentanzen für das Feld mobiler Konnektivitäten adäquat diskutieren. Denn für alle Formen mobiler Vernetzungen finden nunmehr auch im Zustand von Mobilität räumliche Verortungsprozesse statt, da statische und fixe Raumanbindungen überwunden werden. Die Bezüge kommunikativer Handlungsmuster zu räumlichen Strukturen lösen sich aber nicht auf, vielmehr konfigurieren sie sich neu. „Place persists but does not remain unchanged [...]. That is to say, networked mobility in general and mobile phone use in particular, lead to altered or transformed understandings of place and place-making." (Wilken 2011, 172) Dieser Faktor von Multilokalität verweist auf eine Vielzahl von Lokalitäten, „die mitunter in ganz unterschiedlichen nationalpolitischen und kulturellen Kontexten wurzeln", wobei das Lokale als ein „Raum vernetzter und für ein Individuum im Alltag bedeutsamer und erreichbarer Lokalitäten" zu verstehen sei, „die die persönliche Lebenswelt konstituieren [...] [und] selbst zum Objekt der Globalisierung" werden. (Lingenberg 2010, 151f) Er meint damit eine „Multi-Lokalität" als ein „die Lebenswelt konstituierender Raum vernetzter und im Alltag relevanter Lokalitäten [...], der sich über verschiedene nationale und kulturelle Kontexte hinweg erstrecken kann". (Lingenberg 2010, 157) Dieser Begriff „bezieht die alltägliche Mehrörtigkeit, die tagesrhythmische Zirkulation ebenso wie biografische Wohnortswechsel und translokale soziale Beziehungsnetzwerke mit ein". (Lingenberg 2014, 76)

In Verbindung mit der hier als Mehrörtigkeit angesprochenen Multilokalität zeigt sich erneut, dass im Zusammenhang mit der Nutzung mobiler Kommunikationstechnologien Räume als solche nicht „verschwinden", sondern „sogar die Festigung der Beziehung zum geographischen Raum mit sich bringen können". Und „mit der mobilen Kommunikation wird jene kulturelle Praxis, die sich mit dem Versprechen vom Überwinden des Raumes positioniert, zum Festigen nicht nur sozialer, sondern auch geographischer Bezüge verwendet".[103] (Janssen/Möhring 2014, 117f) Im Status einer „networked mobility" kann die Wahrnehmung von Raum und Örtlichkeit aber zumindest als ein „heavily mediated engagement" gelten, „where place is experienced via a complex filtering or imbrication of the actual with the virtual". (Wilken 2005) Es kommt zu einer Herausbildung einer neuen Form von „Zwischen-Räumen", die sich als „soziomaterielle Räume" in Form eigenständiger „Zeit/Räume" darstellen und in die auch mobile Kommunikationstechnologien eingreifen und vermehrt Platz finden. (vgl. Hulme/Truch 2006, 162) Nicht zuletzt spiegelt sich in der Debatte um die Veränderung von Raumkonzepten eine gewisse Sehnsucht nach einer Aufrechterhaltung der Idee von räumlicher Verortung wider. „The persistence of place in the face of networked mobility seems to suggest a continuing desire to reterritorialize the uncertainty of location inherent in online worlds". (Morley zit. in Wilken 2005)

---

103 Gerade auch das von Tomlinson in die Diskussion eingebrachte Konzept der „glocalisation" weist nicht auf ein Verschwinden des Raums, sondern auf die wechselseitig sich beeinflussenden Sphären des Lokalen wie des Globalen hin. (vgl. Robertson 1995) „The tendency to cast the idea of globalization is inevitably in tension with the idea of localization". (Robertson 1995, 49) Auch Harkin argumentiert in eine ähnliche Richtung, wenn er hervorhebt: „Unlike the internet, which is often presented as a globalising technology, there is some evidence that mobile communications have the potential to reinvent our ideas about the local." (Harkin 2003, 23)

3.2 Neue Orts- und Raumkonzepte

Über diese Perspektiven hinaus lassen sich mit Blick auf die Theoriedebatte um den „spatial turn" (Soja 1989) Raumkonfigurationen als Ergebnis ihrer gesellschaftlichen und sozialen Konstruiertheit[104] und daher auch als etwas Politisches begreifen. (vgl. Hipfl 2004, 27) Dies reflektiert insofern einen Wandel im Medienverständnis, als „der von einer anfangs eher funktionalistischen Sichtweise der Medien, bei der auch räumliche Faktoren mitberücksichtigt werden, zu einem Verständnis der Medien als Räume mit spezifischen Interaktionsformen und Machtrelationen führt". (Hipfl 2004, 25f) Der soziale Raum ist damit „zugleich in die Objektivität der räumlichen Strukturen eingeschrieben und in die subjektiven Strukturen, die zum Teil aus der Inkorporation dieser objektivierten Strukturen hervorgehen", integriert. (Bourdieu 1991, 28) Damit ist eine „Räumlichkeit des gesellschaftlichen Lebens" angesprochen, als „eigentlich belebte[r] und sozial produzierte[r] Raum", den man mit Lefèbvre als eine „tatsächlich belebte und sozial geschaffene Räumlichkeit" (Soja 1991, 76) bezeichnen kann. Lefèbvre ergänzte aufbauend auf einer Marx'schen Analyse des Raums (als produzierte Entität) die Dualität zwischen der philosophisch und mentalen Raumrepräsentanz um den Raum des gelebten Alltags und die Kategorie des sozialen Raums bzw. des Raums des sozialen Lebens und entwickelte so ein triadisches Raumkonzept. (vgl. Ek 2006, 47) Räumliche Veränderungen dieser Form bilden sich dabei nicht nur auf einer globalen Ebene ab, sondern werden durch vernetzte Kommunikation auch auf einer lokalen Ebene gefiltert realisiert „[where] the global is filtered through the local and, increasingly, through local mobility". (Wilken 2005) Reichert bringt in diesem Zusammenhang den Begriff des „Mapings" als eine „soziale Produktion von Raum" ein. Diese Form einer sozial hergestellten Repräsentation von Raumerfahrungen und Raumdarstellungen, die „mit einer bestimmten Vorstellung von Kartografie" arbeitet, wird „als ein vielschichtiger und oft widersprüchlicher gesellschaftlicher Prozess angesehen und meint eine spezifische Verortung von kulturellen Praktiken, eine

---

[104] Der „eigentliche" Ansatz des „spatial turn" war im Umfeld der politisch umkämpften 1960er Jahre im Kontext neuer Überlegungen über die Sozialstruktur von Städten – aufbauend auf den Arbeiten Michel Foucaults und Henri Lefèbvres – entstanden. Der „turn" basierte nicht zuletzt auf der Idee, der Dimension der Geschichte jene des Raums gegenüberzustellen, also dem „Zeitgeist" auch einen „Raumgeist" hinzuzufügen. (vgl. Soja 2008) Es war Michel Foucault, der 1967 darauf hinwies, dass es nicht mehr so sehr nach der Zeit als der „große[n] Obsession des 19. Jahrhunderts" zu fragen gelte, sondern nunmehr das „Zeitalter des Raumes" im Zentrum stehen würde. (Foucault zit. in Döring/Thielmann 2008, 9) Über die Konzeption der gelebten Räume erschließt sich auch der politische Impuls, Räume damit verändern zu können. (vgl. Soja 2008) Döring/Thielmann vertreten die These, dass dem „spatial turn" in der Medienwissenschaft wiederum ein „media(l) turn" in der Geographie gegenüberzustellen sei. (vgl. Döring/Thielmann 2009, 7f; 46f)

Dynamik sozialer Beziehungen, die auf die Veränderbarkeit von Raum hindeutet".
(Reichert 2007, 226)

Lefèbvres Anliegen war es, sich mit seiner Konzeption von Raum von jenen traditionellen Raumkonzepten abzusetzen, die Raum im Sinne einer feststehenden Entität oder als Container (wie z. B. in Form des Nationalstaats) begriffen. Räume lassen sich somit auch als prozessuale und relationale Kategorie verstehen, deren Struktur sich über die Zeit hin verändert und die sich in laufender Adaptierung durch unterschiedliche Einflüsse jeweils immer neu ausbilden. Die spezifischen Repräsentanzen von Räumlichkeit, die wir auch im Zustand mediatisierter Konnektivitäten vorfinden, spiegeln sich in der von Lefèbvre entworfenen konzeptionellen Triade insofern wider, als sie sowohl auf der Ebene der „spatial practice" wie auch in den „representational spaces" anzutreffen sind. (vgl. Lefèbvre 1994, 38f) Gleichzeitig finden kognitiv entwickelte Raumkonzepte aus den „representations of space" zum Teil im „gelebten Raum" ihren Niederschlag, wie Teilaspekte von zuvor erdachten und dadurch vermutlich auch idealisierten Konzepten Eingang in die „Räume der Repräsentation mit ihren komplexen Symbolisierungen" finden.[105] Die theoretischen Konzepte Lefèbvres sowie Sojas[106] konzipieren Raum im Sinne des „spatial turn" damit als Produkt sozialer Praktiken bzw. die Produktion von Raum sowohl als Medium wie als Ergebnis sozialer Praktiken und Beziehungen. (vgl. Soja in Ek 2006, 48)

Die als „sozialräumliche Dialektik" bezeichnete Strukturierung (vgl. Soja 2008, 256) bleibt für den Kontext der Nutzungswirklichkeiten mobiler Kommunikationstechnologien in der Gesellschaft nicht ohne Konsequenz. Denn auf Basis einer

---

105 Generell werden bei Lefèbvre die Beziehungen zwischen der „räumlichen Praxis", den „Repräsentationen von Raum" und den „Raum der Repräsentationen" als in einer Dialektik zueinander verortet gesehen. „Raum ist ein sowohl mentales und physisches als auch symbolisches Konstrukt". (Schroer 2008, 138)

106 Soja selbst überwindet die binären Setzungen zwischen dem materiellen und mentalen bzw. realen und vorgestellten Räumen mit dem Modell einer Trialektik von Räumlichkeit durch die Einführung der Kategorie des „dritten Raumes". „[…] that is the space produced by the processes that exceed and displace binary knowledge". (Soja zit. in Ek 2006, 49) Dieser dritte Raum ist – auch als Weiterentwicklung des Konzepts von Lefèbvre – als eine Position zu denken, von der aus ein oppositionelles bzw. alternatives Denken und die Kritik dominanter Herrschaftsverhältnisse im Sinne eines „Thirding as Othering" (vgl. Soja 1996, 58) entworfen werden kann. Wenn „firstspace" als die materielle Welt zu verstehen ist, der „secondspace" als Raum „geografischer Imaginationen, Kognitionen und Symbolisierungen über diesen firstplace" gelten kann, handelt es sich beim „thirdspace" um „das alles zugleich". (Hard 2008, 296) In der theoretischen Auseinandersetzung wurde dieser Ansatz insbesondere in der gendertheoretischen Debatte wie z. B. durch Massey weiterentwickelt. (vgl. Drüeke 2011)

3.2 Neue Orts- und Raumkonzepte

kommunikativen Neuverortung werden Räume in ihrer Repräsentation auf der Ebene der Nutzerinnen und Nutzer neu konfiguriert, es entstehen neue Raumwahrnehmungen und neue Nutzungsweisen von Räumen, die ohne eine Mediatisierung über Kommunikationstechnologien so nicht existieren würden. Mediatisierte Räume sind also als neue soziale Erfahrungsräume zu denken, in deren Geflecht Kommunikationsbeziehungen im Wechselspiel mit technoökonomischen Einflüssen sich sozial neu strukturieren. „All experiences of space are mediated, and mobile technologies are best viewed as interfaces of these spaces, allowing different perceptions of places, and locations".[107] (de Souza e Silva/Frith 2012, 45) Besonders mobile Applikationen der Kommunikation, die auf der Vernetzung mit ortssensiblen Daten aufbauen, können als Instrumente einer Konstruktion sozialer Raumkonfigurationen verstanden werden, wie sie über „pervasive interfaces" (Gane/Beer zit. in de Souza e Silva/Frith 2012, 3) von den Nutzerinnen und Nutzern entstehen. Durch eine Vernetzung privater, individueller Handlungsräume innerhalb öffentlicher Räume werden damit neue, „dritte" Ort, oder „third spaces" (Oldenburg zit. in Humphreys 2010, 764) sozialer Kommunikation erschlossen, die als „parochial spaces" gelten können. „Parochial spaces are territories characterized by ‚a sense of communality among acquaintances and neighbours who are involved in interpersonal networks that are located within communities'."[108] (Lofland 1998, 10)

Entscheidend in diesem Zusammenhang ist der Hinweis Lefèbvres, wonach Raum als politisch und ideologisch geformt zu verstehen sei, „as it is a product literally filled with ideologies". (Lefèbvre zit. in Ek 2006, 57) Es muss daher davon

---

107 Zugespitzt dazu verweisen de Souza e Silva/Frith (2012, 46) auf Hansen, der die menschliche Haut als erstes „Medium" bzw. in de Souza e Silvas/Frith's Sicht als erstes Interface betrachtet. „Everything we know about the space we inhabit, every sensation we take in, is mediated by our bodies. The mobile technologies described here only add a layer of mediation to our experience of space." (de Souza e Silva/Frith 2012, 46)

108 Eines von Humphreys Argumenten im Kontext einer Untersuchung des „Google Latitude"-Vorgängers „Dodgeball" besteht in der Annahme, mobile Netzwerke der Vergemeinschaftung könnten zu einer Entschärfung von Individualisierungs- und Vereinzelungseffekten in urban verdichteten Zonen beitragen. „Rather than social networks helping people to find the love of their lives or their new best friend, a more plausible and realistic role for this technology may be just to make the public social life of the city more familiar." (Humphreys 2010, 775) Dem stehen Befürchtungen gegenüber, dass mobile Technologien der Verortung nicht nur die Verknüpfung von Individuen mit hoher Ähnlichkeit hinsichtlich bestimmter sozialer Faktoren fördern, sondern Technologien auch dazu herangezogen werden, um die Überführung von mediatisiert sichtbar gewordenen Verbindungen in Face-to-Face-Begegnungen zu vermeiden. „The same information exchanged through Dodgeball could be used to facilitate meeting up as much as it could be used to avoid a particular person." (Humphreys 2010, 774)

ausgegangen werden, dass wir es mit hegemonialen Einschreibungen innerhalb dieser Strukturen zu tun haben, Räume also als politisch und ideologisch geformt zu denken sind. (vgl. Lefèbvre 1977, 341) Im Fall des hier vorgeschlagenen Konzepts mediatisierter Konnektivitäten lassen sich Räume daher auch als von Imperativen der Technologie und Ökonomie beeinflusst verstehen. Im Zeitalter eines „informationellen Kapitalismus" (Castells 1991) steht schließlich die „alltägliche Technologisierung von Produktion und Reproduktion, welche die modernen Beziehungen von Geld, Zeit und städtischen Räumen informalisiert" (Prigge 1991,103), für die Einschreibung informationeller Kommunikationsstrukturen in die Herstellungsmodalität sozialer (Kommunikations-)Räume und beeinflusst damit den Prozess von Mediatisierung. Derartige Modalitäten finden wir in den „Tracing"-Modellen der mobilen Kommunikation ebenso wie auf der Ebene des mobilen Internets in Verbindung mit Anwendungen des „ubiquitous computing" verwirklicht, in der die Nutzerinnen und Nutzer in eine Kartographie ökonomisch kalkulierter Verortungen eingebunden werden. In enger Verwobenheit des Individuums in die Kommunikations- und Interaktionsstrukturen digitaler Netze kommt es damit zu einer Integration „zwischenmenschlicher Kommunikation in marktbezogenes Handeln, wobei bei allem, was man damit macht, [...] die Hersteller [...] mit ihren Interessen beteiligt" sind. (Krotz/Schulz 2006, 65) Dies gilt umso mehr dann, wenn technologische Konfigurationen der mobilen Kommunikation auf dem Niveau einer fortgeschrittenen Konvergenz nicht nur technische, sondern auch ökonomische Allianzen mit anderen Internetplattformen oder Medien eingehen. Auf diesem Entwicklungsniveau spielt die Kommerzialisierung eine zentrale Rolle und es entstehen Räume der Kommunikation, in denen dispositive Strukturen eine durchaus große Rolle spielen. Denn die Nutzerinnen und Nutzer erzeugen über mediatisierte Konnektivitätshandlungen permanent ökonomisch verwertbare Daten und damit Produkte, von deren Verwertung sie weitgehend ausgeschlossen sind. Dies tun sie, indem sie Nutzungsspuren und Informationen aus ihrer Privatsphäre freigeben und die Zugänglichkeit zu ihren jeweiligen Aufenthaltsorten öffentlich zugänglich machen. In diesen Nutzungskontexten werden nicht nur Erodierungen der informationellen Selbstbestimmung zu offensichtlichen Problemen, sondern seitens der Nutzerinnen und Nutzer auch (nicht immer bewusste) Tauschverhältnisse eingegangen. Dabei werden persönliche Daten und Nutzungsspuren zum Gegenwert der Eingebundenheit in soziale Beziehungen und Netzwerke getauscht. Derart durch Technologien und neue Tauschverhältnisse der digitalen Ökonomie transformierte Räume werden damit im Sinne Lefèbvres zu „dominanten" Räumen, die jenen Räumen gegenüberstehen, die sich nicht nach den Angebotskalkülen

3.2 Neue Orts- und Raumkonzepte

von Netzwerkplayern, sondern nach den Bedürfnissen der Menschen richten. (vgl. Lefèbvre 1994, 164ff[109])

Auf der Makroperspektive ist im Hinblick auf die Entstehung vernetzter Raumstrukturen schließlich noch darauf hinzuweisen, dass der von Castells so bezeichnete „Raum der Flüsse" nicht als homogener Raum angenommen werden kann, sondern Zentren und Peripherien kennt[110], man also auch hier eher von einer Heterogenität als einer Homogenität räumlicher Strukturen sprechen muss. Wie der Lefèbvre-Schüler Castells selbst hervorhebt, ist dieser neue Raum in einem global funktionierenden informationellen Kapitalismus nicht als ein „placeless space" zu begreifen, „[as] it does have a territorial configuration related to the nodes of the communication networks". (Castells et al. 2007, 171) Castells, der aus einer technikessentialistischen Perspektive heraus argumentiert und soziale Handlungsstrukturen nicht selten dem Vernetzungsparadigma unterordnet bzw. als Netz konfiguriert denkt, verortet die Ströme des global wirksamen informationellen Kapitalismus als die Hauptschlagadern des Systems.[111] Saskia Sassen zeigte schon Mitte der 1990er Jahre,

---

109 Mark Poster verweist in diesem Zusammenhang auf das Foucault'sche Konzept der Heterotopien, wenn es darum geht „to explore the multiplicity and dispersion of mediatized and non-mediatized spaces. From this perspective, we can elaborate cartographies of the global and the local that open the possibility of a new politics of planetary space. Such a postmodern mapping would labor to account for the increasing imbrication of the human and the information machine." (Poster 2004)

110 Eine Anfang der 1990er Jahre von Castells geäußerte These fokussiert auf die Annahme einer „Fragmentierung und Verfinsterung der Ausbeutungs- und Unterdrückungsbedingungen durch die Formation eines Raums der Flüsse". So wird „einerseits [...] die Logik der wirtschaftlichen Macht um weltweite Flüsse herum konzentriert. [...] Andererseits sind die Menschen im allgemeinen und die Beschäftigten im besonderen weiterhin orts-orientiert." (Castells 1991, 142f) Diese Spaltung würde – so sein Argument – dazu führen, dass vor allem soziale Bewegungen „auf defensive Reaktionen" in ihren „Fähigkeiten, breitere gesellschaftliche Projekte um die Verteilung spezifischer lokaler Interessen herum zu organisieren" reduziert seien. (Castells 1991, 143) Die mittlerweile fortgeschrittenen Entwicklungen auf dem Feld der neuen Informations- und Kommunikationstechnologien haben diese Befürchtungen insofern entschäft, als insbesondere über mobile Technologien der Vernetzung Mobilisierungseffekte zu erwarten sind.

111 De Souza e Silva/Frith (2012, 5) finden die Kritik an Castells, die sich gegen eine technikdeterministische Sichtweise richtet, insofern differenzierungsbedürftig, als Castells selbst viel eher ein an die Akteur-Netzwerk-Theorie angelehntes integriertes Konzept von Technologie und Gesellschaft vertritt. An anderer Stelle finden wir bei Castells Hinweise, die sich mit dem Verhältnis von Technologie und Sozialem im Kontext der Mobiltelefonie als ein Gegenüber auseinandersetzen. „We can say that mobile communication is, throughout the whole world, a pervasive means of communication, mediating social practice in all spheres of human life. But it is adopted, adapted and modified by

wie etwa eine Konzentration von Machtstrukturen im Rahmen der „neuen Rolle der Global Cities" entsteht.

"The space constituted by the global grid of global cities, a space with new economic and political potentialities, is perhaps one of the most strategic spaces for the formation of new types, including transnational, of identities and communities. This is a space that is both place-centered in that it is embedded in particular and strategic sites; and it is transterritorial because it connects sites that are not geographically proximate yet intensely connected to each other." (Sassen 2000a, 92)

Zudem sind auch darin aufgehobene Zonen des Lokalen wiederum transnational (wie z. B. über Kommunikationsströme von Migrantenströmen) vernetzt. Wie Sassen dies in Bezug auf die Telefonströme New Yorks aufgezeigt, muss auch das Lokale vor dem Hintergrund der Möglichkeiten einer globalen Vernetzung als ein „microenvironment with global span" (Sassen 2009, 531) verstanden werden.[112] „The local now transacts directly with the global – cross border structurations that scale at a global level: but the global also inhabits localities and is partly constituted through a multiplicity of local instantiations." (Sassen 2009, 528) An anderer Stelle wird der Zustand sich neu konfigurierender Geografien über den Globus noch pointierter akzentuiert, wenn mit Bezug auf die Verbindung globale Finanzplätze wie London oder New York von einer „relation of intercity proximity" gesprochen wird, „operating without shared territory: Proximity is deterritorialized. [...] In so doing, these cities instantiate denationalized spatialities and temporalities." (Sassen 2000b, 226f) Ökonomische Globalisierung wird also einerseits von einer „deterriorating spatiotemporality" bestimmt, zugleich befindet sich das Globale im Prozess einer „spatiotemporal (dis)order" eingebunden. (vgl. Sassen 2000b, 229)

Ebenso zeigt sich eine politische Dimension des neuen Raumdenkens auf der Ebene seiner gesellschaftlichen Konstruiertheit. So ist an Stehr oder Castells durchaus zu kritisieren, dass es eben nicht die Vernetzung als „der Quellcode für Raum par excellence, sondern der räumliche Steuerungs-, Verfügungs- und Zusammenhangsbedarf" sei, der „[...] die Codierung für die Reichweite von Netzwerken" liefere. (Faßler 2008, 198f) Gerade im Feld mobil vernetzter Kommunikationstechnologien

---

people to fit their own practices, according to their needs, values, interests and desires. People shape communication technology, rather than the other way around." (Castells et al. 2007, 125)

112 Sassen analysierte auf der Basis von AT&T-Telefondaten über Manhattan das transnationale Kommunikationsaufkommen und konnte zeigen, dass zu den vier meistangewählten Zonen aus Manhattan neben den Finanzplätzen London und Toronto auch die für die migrantische Gemeinden relevanten Vernetzungen zu Santo Domingo und Kingston (Jamaica) zählen. (vgl. Sassen 2009, 518)

3.2 Neue Orts- und Raumkonzepte

manifestieren sich Möglichkeiten der Überwachung in besonderer Weise. Denn in diesen Systemen sind Strategien der Überwachung nicht nur von einem Zentrum aus möglich, sondern generieren sich im Rahmen neuer Tracing-Modelle durch das mobile Nutzungsverhalten der Individuen und zwischen ihnen selbst. „In this era, contemporary technologies of information, communication and mobility in general constitute a new social topology in which individuals no longer move between site of surveillance and discipline (as in Foucault's panopticon thesis) but are subjected to free-floating mobile forms of control [...]." (Ek 2006, 59) Daran anschließend kann auch auf die globale Dimension dieser Strukturierung hingewiesen werden, „[that] it is a *decentered* and *deterritorializing* apparatus of rule that progressively incorporates the entire global realm within its open, expanding frontiers". (Negri zit. in Ek 2006, 59) Es stellt sich damit die Frage, in welcher Weise es gelingen kann, neben diesen „dominanten Räumen" auch Zonen zu schaffen, die außerhalb einer ökonomischen Verwertungslogik oder von Räumen der Überwachung liegen. In diesem Zusammenhang bedürfte es nicht nur eines aufgeklärten und problembewussten Nutzungsverhaltens, das in der Lage ist, alternative Handlungsräume für das Individuum zu erschließen. Auch auf gesamtgesellschaftlicher Ebene gilt es auf derartige defizitäre Entwicklungen zu reagieren und entsprechende alternative Modelle – wie etwa Räume der „digital commons" – zu schaffen. „[As] a site in which the contradictions, relations and values of public life may be freely discussed [...] as a web of social relations, ethos of shared access, „[as] joint responsibility rather than individual advantage". (Murdock 2012) Das Alternativmodell der Commons versteht Nutzerinnen und Nutzer nicht in ihrer Rolle als Konsumentinnen und Konsumenten, sondern spricht sie als Bürgerinnen und Bürger mit Potentialen ihres „Citizenship" an.

Wenn also mit Zunahme der Vernetzungsdichte und sich durchsetzenden Dynamiken in Richtung mobiler und individualisierter Konnektivitätskulturen auch Veränderungen auf der Ebene von Raumkonfigurationen und Raumrepräsentationen einhergehen, gilt es auch einen Blick auf jene Räume und Zonen zu richten, in deren Rahmen Medien- und Technologieaneignung stattfindet. Als ein Zugang, der die Auseinandersetzung mit Fragen der Medienaneignung mit einem ethnografisch ausgerichteten Fokus in den Mittelpunkt rückte, kann die Domestizierungstheorie gelten. Aus dem Theoriumfeld der britischen Cultural Studies entwickelt, untersucht sie die Aneignungsformen von Medientechnologien im Kontext sozialer Alltagspraktiken des Zuhauses sowie darin wirksame Machtverhältnisse. Der Ort des Zuhauses wird dabei nicht nur als eine soziale Entität, sondern auch in seinem Spannungsfeld zwischen dem Öffentlichen und Privaten verstanden. Mit Zunahme mobiler Formen der Kommunikation, die verstärkt außerhalb der Zonen des Zuhauses und auch vermehrt individualisiert stattfinden sowie neue Spielarten der Medienaneignung dorthin verlagern, gilt es zentrale Fragestellungen des Domestizierungsansatzes neu zu diskutieren und mit Blick auf neu sich entwickelnde Rahmenbedingungen zu adaptieren.

# Mediatisierte Konnektivität und Prozesse der Domestizierung

4.1 Herausforderungen an ein Konzept der Medienaneignung

Die Theorie der Domestizierung konzentriert zunächst ihr Interesse auf den Faktor sozialer Einflusskräfte im Kontext der Aneignung von Medientechnologien und rückt die Verwobenheit technischer Aneignungsprozesse im Rahmen einer „moral economy of the household" (Silverstone/Hirsch/Morley 1992) in den Fokus des Interesses. Medientechnologien werden im Rahmen von Domestizierungsprozessen in die zeitlichen wie auch örtlichen Bedingungen des Haushalts integriert und damit die dort alltagswirklichen Rahmenbedingungen verändert. Diese Herangehensweise hebt sich damit deutlich von technikdeterministischen Diffusionstheorien ab, da der Prozess der Aneignung von Technologie im Rahmen von Alltagskontexten nicht von einer Außenposition her betrachtet wird, sondern vom Standpunkt der sozialen Konfiguration der darin Handelnden aus erfolgt. „Technology is produced in environments and contexts, as a result of the actions and decisions, interests and visions, of men and women in organisations and institutions of complex and shifting politics and economics. [...] Technologies emerge [...] as a result of these complexes of actions and objects, politics and cultures." (Silverstone/Hirsch 1992, 3) Auf der anderen Seite hebt sich die Domestizierungstheorie auch von ausschließlich sozialkonstruktivistisch ausgerichteten Ansätzen ab, wie sie etwa Mackenzie /Wajcman (1985) vorgelegt haben.

> "[...] It provided ways to refuse technological and media determinism and rationalistic biases [...] [and] avoided the replacement of one set of single sided asumptions with another and instead gave way to a more complexed and balanced account. [...] Neither did it follow those social constructivist authors who – in a socio-deterministic manner – suggest that 'relevant social groups' lead the principal interpretative flexibility of every technology to a closure, thus shaping its resulting function and form." (Berker/Hartmann/Punie/Ward 2006, 6)

In dieser Form viel eher einem Konzept des „mutual shaping of technology" (vgl. Boczkowski 1999) verpflichtet, fokussiert sich der Domestizierungsansatz auf die Integrationsweisen neuer Medien(technologien) und ihre „Zähmung" im Sinne einer Anpassung an die jeweiligen Bedürfnisumfelder sowie als eine Herangehensweise, „that filled a gap both in media and communication studies and science and technology studies". (Berker/Hartmann/Punie/Ward 2006, 4) Die Theorie wurde zunächst im Kontext ethnographischer Forschungen zur Aneignung des Fernsehens auf der Ebene der Haushalte und Familien entwickelt. Die Aneignung selbst vollzieht sich dabei im wesentlichen in vier Phasen (der „appropriation, objectification, incorporation und conversion" [vgl. Silverstone/Hirsch 1992]), die als solche wiederum Spezifizierungen aufweisen und als nicht abgeschlossene Folge von Einzelprozessen anzusehen sind. In weiterer Folge wurden auch Integrationsweisen neuer Informations- und Kommunikationstechnologien untersucht (vgl. Silverstone 2005a), wobei soziale Kontexte und auch Aspekte der Gender-Forschung eine wichtige Rolle spiel(t)en. (vgl. Röser 2003)

Eine Herausforderung für die Domestizierungsforschung stellen zweifellos gegenwärtig sich vollziehende Wandlungsprozesse auf dem Feld mobiler Vernetzungstechnologien dar. Wie oben diskutiert, treffen neu sich herausbildende Konzepte von Räumlichkeit auf sich verflüssigende Konzepte von Zeitlichkeit und Prozesse der Individualisierung und Fragmentierung verstärken sich. Wir können nicht mehr von jener Gesellschaft ausgehen, wie sie Williams noch mit dem Konzept einer mobilen Privatisierung versucht hat zu beschreiben, in dessen Zentrum die klassischen Massenmedien des Hörfunks und Fernsehens mit ihrer One-to-Many-Architektur Informations- und Unterhaltungsprogramme lieferten, die überwiegend in den Haushalten der Familien konsumiert wurden. Vielmehr haben wir gegenwärtig von einer weitgehend individualisierten und mobilen Gesellschaft mit einer hohen kommunikativen Vernetzungsdichte auszugehen, in der die Nutzung von Kommunikationstechnologien ubiquitär und in zeitlicher Permanenz stattfindet. Für die Domestizierungstheorie gilt es diese aktuell sich vollziehenden Veränderungsprozesse in ihr Konzept zu integrieren und an die neuen Rahmenbedingungen zu adaptieren.

Die im Terminus der Domestizierung aufgehobene doppelte Wortbedeutung der Aneignung und „Zähmung" (von Medien- und Kommunikationstechnologien) wie jene des „domus", als dem Ort, an dem sich diese Prozesse vollziehen, korrespondiert mit Veränderungen auf diesen Ebenen in zweifacher Weise. So muss davon ausgegangen werden, dass „die unbestrittene Relevanz der häuslichen Nutzung [...] nicht die alleinige Antwort sein kann. [...] Denn wie integriert man die Mobilität (von Medien und Menschen) in einen Ansatz, der sich gerade durch den spezifischen Ort auszeichnet." (Hartmann 2008, 412) Spätestens mit dem

Hinzukommen mobiler Kommunikationstechnologien stellt sich das Konzept der Domestizierung als „zu eng" und als „zumindest [...] erweiterungsbedürftig" (Höflich/Hartmann 2007, 211) dar. Schon mit den klassischen Medien Radio und Fernsehen wie auch in der Folge mit der Telefonie ergaben sich Veränderungen, die eine Neuausrichtung der Verortung des Haushalts zwischen den Sphären des Öffentlichen und Privaten verlangten. (vgl. Meyrowitz 1990) In seiner technisch hochgerüsteten Form der „smart houses" (Spigel 2001a) ist der Rückzug in das Zuhause sogar mit der Idee verbunden, in der Daueranbindung an das Netz einen hohen Grad an virtueller oder mentaler Mobilität abgesichert zu wissen.[113] Neben Konzepten einer „Mobilisierung" des Zuhauses lässt sich heute diese Grundidee – als die Verbindung von Privatheit und mobiler Vernetzung – auch auf die Stufe der „smart phones" hin ausdehnen. Sie sind als hochgradig individualisierte und personalisierte Gadgets der Vernetzung Teil umfassenderer Mediatisierungsprozesse und Technologien der Ausdehnung des Privaten in den öffentlichen Raum, die auch zu neuen Formen einer „Domestication of Public Space" führen können. „The home now overflows its physical boundaries to colonize increasing tracts of public space." (Kumar/Makarova 2008, 84)

Hartmann plädiert auf der Basis des aktuell erreichten Entwicklungsstands mobiler Kommunikations- und Vernetzungsformen – wie auch Feldhaus (2007, 119) – daher „für ein Verlassen des häuslichen Terrains, zumindest als ausschließlichem Ort der Domestizierungsforschung", der als „ein möglicher Ort von vielen" (Hartmann 2008, 413) betrachtet werden kann, an dem Prozesse der Medienaneignung und Aushandlung von Nutzungsformen stattfinden. In Abgrenzung zu Haddon's Vorschlag, die eine Erweiterung des Ansatzes für den Bereich der mobilen Kommunikation ablehnt, sei darauf zu „bestehen [...], dass der Domestizierungsansatz für ein besseres Verständnis mobiler Kommunikation nur dann hilfreich sein kann, wenn er nicht primär auf die Eingliederung in den Haushalt [...] begrenzt" wird. Denn „das Private ist nicht mehr auf den Haushalt zu begrenzen; es geht nicht mehr um Orte, sondern vielmehr um Typen von Interaktionen." (Höflich/Hartmann 2007, 213) Eine Lösung könnte sein, „den Rahmen der Domestizierungsperspek-

---

113 Die Idee dieses „intelligent livings" lässt sich damit als ein „,last vehicle' [begreifen], where comfort, safety and stability can happily coexist with the possibility of instantenous digitalised ‚flight' to elsewhere". (Morley 2007, 200) Spigel versteht den Ort der „smart houses" daher auch „less as a private refuge than as a means of transport taking us – instantaneously – somewhere else – of the home [...] [that] is now offered through digital mobile communication". (Spigel 2001b, 400) Schon 1893 berichtete das „Answers Magazine" von einem „electrical home of the future". 20 Jahre später sprach niemand geringerer als Le Corbusier davon, „that the problem of our epoch is the problem of the electronically mediated home". (Corbusier zit. in Morley 2007, 237)

tive um Momente *medienbezogener sozialer und kommunikativer Arrangements"* zu erweitern, womit die relationalen und situativen Elemente der Mediennutzung hervorgehoben werden". (Höflich/Hartmann 2007, 211) Folgerichtig wird die Interaktion selbst, „in dem sich Privates wie Öffentliches vollzieht" (Weil 2005 zit. in Höflich/Hartmann 2007, 214), als relevante Verortung des sozialen Handelns hervorgehoben. Das Individuum wäre so im Umfeld einer „liquid modernity" (vgl. Bauman 2003) im Status einer Dauerabgleichung seiner Position im sozialen Netz zu sehen, in einem „ongoing stream of renegotiations, reconfigurations involving the constant rescheduling of all obligations and commitments". (Morley 2007, 224) Gegenüber vormodernen Formen der Verortung erlauben mobile Formen der Konnektivität eine „transposition of a form of [...] locality, where everybody in the village knows pretty much where everyone else is at a given moment into a new virtual, deterritorialised form in which the same ongoing form of quotidien intimacy is now dispersed over much wider geographical space". (Morley 2007, 224)

Die Brüchigkeit des Konzepts des Zuhauses als ausschließlichem Ort von Medienaneignung wird damit klar (vgl. auch Bakardjieva 2006, Hynes/Rommes 2006) und ist als Konzept daher weiterzuentwickeln. Auf der Ebene einer imaginären Verortung (vgl. Ward 2006, 147) scheint seine Gültigkeit plausibel.

"[But] the shift from the material to the phenomenological is a necessary one, for a sense of place and placement, a sense of belonging, a sense of location, in each case and in their overdetermination, just that: a sense, a perception – something inside, intangible, fluid, mobile transferable as well as ontological. The notion of home is as a projection of self; and as something that can be carried with you: a notion of home that extends from a place of origin to a dream of redemption: a notion of home that attaches to the keypad of the mobile phone or Blackberry, a technological extension of the self, and one which means that you are never out of reach, never disconnected. It is a notion of home that is performed on a daily basis through interaction rituals both with other individuals and with the technologies that enable those interaction." (Silverstone 2006, 242)

Vor dem Hintergrund dieser Verschiebung hin zu einem Konzept, das von einer starken Verflüssigung und Öffnung des Konzepts ausgeht, ist es angebracht, nunmehr von einer „mobilen Domestizierung" zu sprechen. Diese Begrifflichkeit integriert Tendenzen der verstärkten „mobilen Individualisierung" und nimmt die „Verortung" des Zuhauses jeweils situationsbedingt auch auf einer ortsflexiblen Basis vor. Damit finden „ubiquitäre Privatisierungstendenzen" (Feldhaus 2007, 208) Berücksichtigung, wie sie sich im öffentlichen Raum in Formen der „Selbstzähmung" (Höflich/Hartmann 2007, 212) ereignen, sich also weitgehend auf der Ebene der mobil vernetzten Individuen vollziehen. Vorschläge, die in eine ähnliche Richtung gehen, finden wir in der Bezeichnung des Haushalts als einen

4.1 Herausforderungen an ein Konzept der Medienaneignung

„phantasmagoric place", „to the extend that electronic media of various kinds allow the intrusion of distant into the space of the domestic".[114] (Morley 2001, 428) Mit dem Hinzukommen mobiler Kommunikationstechnologien würde sich diese Zuschreibung um eine Stufe der Vernetzung erweitern. Bekanntlich findet die Aufnahme von Kommunikation in der mobil vernetzten Konnektivität nicht mehr von Ort zu Ort, sondern von Person zu Person statt. „[So] today, the mobile phone often becomes, in effect, the person's virtual address, the new embodiment of their sense of home, while their ‚land line' becomes a merely secondary communication facility [...]." (Morley 2007, 205) Diese Verlagerung der Kommunikationsknoten von den Haushalten auf die Ebene der mobil vernetzten Individuen wird – wie schon weiter oben erwähnt – von Wellman als „networked-individualism" bezeichnet. (vgl. Wellman 2001) Trotz dieser weitreichenden Loslösung der Anbindung an den sozialen Ort des Zuhauses plädiert Morley dafür, die Bindungswirkung an diesen Ort nicht zur Gänze aufzugeben.

"Notwithstanding Meyrowitz's arguments that the advent of broadcast television means that 'we' (whoever that is) now live in a 'General Elsewhere', rather than a specifiable place, and despite Wark's claims that we no longer have roots or origins, but only aerials and terminals, it seems that we in fact do still inhabit actual geographical locations, which have very real consequences for our possibilities of knowledge and/ or action." (Morley 2007, 203)

Nicht ohne Grund ist auch darauf hinzuweisen, dass mobile Applikationen für den „out-of-room"-Gebrauch auch (noch) einer technischen Rückbindung bedürfen, „[that] these out-of-room media also improve life back in the room, indoors".[115] (vgl. Levinson 2004, 44) Gegen eine vollständige Auflösung des Konzepts dürften

---

114 Morley spricht an anderer Stelle von einer Kolonialisierung des Haushalts, die dazu führe, „[that] the home nowadays is not so much a local, particular a ‚self-enclosed' space, but rather [...] more and more a ‚phantasmagoric' place, as electronic means of communication allow the radical intrusion of what he calls the realm of the far [...] into the realm of the near [...]." (Morley 2006, 23)

115 Auf der Ebene der administrativ-ökonomischen Abwicklung stellt immer noch der Haushalt einen wichtigen Knotenpunkt dar, an den nicht zuletzt die Adressierung konsumierter Kommunikationsdienstleistungen gerichtet ist. Der griechische Wortstamm des Begriffs Ökonomie verweist nicht ohne Grund auf das Bedeutungsfeld des Hauses, des Haushalts oder der Hausgemeinschaft. Und die Adresse sei – so Nyíri – als ein Erbe aus der Zeit der Staatenbildung zu betrachten, die als Ordnungskriterium in einem Netzwerk des Postsystems eine notwendige Zuordnung von Menschen gewährleistete. „National networks had a lot to do with nation building. But the network did more than that. It created a new form of discipline, or ordering people. To participate. People had to have addresses. Think of it. No one had an address before until it was

aber nicht nur die Argumente Morleys sprechen, sondern auch eine Reihe von Gründen, die sich auf historische Entwicklungen beziehen lassen.

4.2 Mobile Dauervernetzung zwischen Privatheit und Öffentlichkeit

Wirft man einen Blick auf die historische Genese der Beziehung von Privatheit und Öffentlichkeit, so zeigt sich, dass Medien und Kommunikationstechnologien an der Ausgestaltung dieses Verhältnisses stets einen wichtigen Anteil hatten. Über eine lange Phase waren es auf der konkreten medialen Ebene die Druckmedien, die auf die Ausgestaltung des Verhältnisses zwischen diesen beiden Sphären Einfluss nahmen. Mit dem Hinzukommen elektronischer Medien sollten sich – unter Einwirken der Metaprozesse von Mobilisierung und Privatisierung – die Verhältnisse zwischen den Zonen der Privatheit und jenen der Öffentlichkeit neu zueinander ausrichten. Und mit der Telegrafie und der Telefonie erweiterten und beschleunigten sich die Möglichkeiten der Kommunikation mit neuen Verbindungslinien zwischen den Sphären des Privaten und Öffentlichen. Einen weiteren Entwicklungsschub brachte die Ausdifferenzierung klassischer Medien mit sich, zumal sich nach einer einmal erreichten Vollversorgung der Haushalte mit Hörfunk und Fernsehen auch die Verbreitung von Zweitgeräten und damit die „Mediatisierung der Familien" (Feldhaus 2007, 119) weiter fortsetzte. Die Technologien der Rundfunkmedien begannen aber auch zunehmend Orte des öffentlichen oder halböffentlichen Raums zu „besetzen". Dies äußerte sich in einer „Kolonialisierung" des öffentlichen Raums durch das Fernsehen, die auch auf einer ökonomischen Ratio (u. a. der Geräteindustrie) gründete und einen Wandel der „de-domestication of the media and the radical dislocation of domesticity itself" (Morley 2006, 33) einleitete. Lynn Spigel bezeichnete das Phänomen der Ausweitung jener privater Nutzungskulturen, die mobile Rezeptionsformen im öffentlichen Raum ermöglichten – in Fortsetzung des Williams'schen Modells – folgerichtig als „privatised mobility".[116] (Spigel 2001b, 391) Durch diese neue Welle einer „Nomadisierung von Medien" (Höflich/

---

needed. They were required in order to deliver mail. And then an address became part of your identity, who you are. (Nyíri 2006, 26)

116 Beispielhaft verwirklicht waren sie etwa im Vehikel des mobilen Campingwagens und den damit auch möglichen mobilen TV-Empfangsformen als die Fortsetzung einer „privatised mobility" mit touristischen Mitteln. (vgl. Steinmaurer 1999) Damit wurden auch Prozesse der „re-domestication" des öffentlichen Raums auf einer medialen Ebene eingeleitet. (vgl. Green/Haddon 2009, 45)

Hartmann 2007, 219) realisierte sich eine Form der Erweiterung und Ausdifferenzierung zuvor etablierter privater Nutzungskulturen in den öffentlichen Raum hinein.[117] Nicht selten finden wir daher in der Öffentlichkeit Privatisierungsformen des öffentlichen Raums als Hybridisierungen von öffentlichen und privaten Nutzungskulturen. Und neben dem Modell der Fortsetzung familialer Rezeptionsweisen in öffentlichen und halböffentlichen Plätzen wurde in der Folge auch der Modus individualisierter Rezeptionsformen für den mobilen Empfang durch die zunehmende Portabilität miniaturisierter Geräte erschlossen. „Portability is more than a technological contraption: it serves to define not only the receiver but also the experience of television spectatorship itself. Portability is thus portrayed as a conceptual design for living – a mode of experience – that became the dominant model for television culture in the 1960." (Spigel 2001b, 393) Während Spigel die nächste Phase mobiler Nutzungskulturen in dieser Zeitphase in den sogenannten „smart homes" realisiert sah, soll an dieser Stelle die weitere Entwicklungsrichtung mobiler Nutzungsformen von Medien und Kommunikationstechnologien im öffentlichen Raum verfolgt werden.[118]

Die konkrete Ablösung der medialen Technologienutzung vom Ort des Haushalt vollzog sich mit den „wearables technologies" zunächst über die Bestückung der Autos mit Radiogeräten, ein Modell, das aufgrund seines Erfolgs „zur Blaupause für spätere Portables" werden sollte. (vgl. Weber 2008, 150) Das Auto selbst wurde „zum mobilen Kommunikations- und Medienzentrum ausgerüstet, um dem Fahrer den Kontakt zur Außenwelt zu ermöglichen [und] um [...] die Fahrzeit mit Begleitmedien zu ästhetisieren", eine Form der Mediatisierung im Zustand einer „mobilen Privatisierung", die den Insassen ein „car-cocooning" möglich machte. (Weber 2008, 149) Im nächsten Schritt wurde, vorangetrieben durch die Transistortechnologie und Miniaturisierung, die mediale Produktpalette um mobile Koffer- und Taschenradios erweitert, die zu „persönlichen Begleitern" (vgl. Weber 2008, 123) ihrer Nutzerinnen und Nutzer wurden. Die weitere Diversifizierung sollte über Radiorecorder, CompactDiscs bis hin zum Discman und

---

117 Anzulehnen ist dies an Anwendungsformen mobiler Kommunikationsapplikationen im öffentlichen Raum mit ihrer „laufende[n] Neukalibrierung" des „kontextuellen Rahmen[s] des Privaten im Öffentlichen" (vgl. Höflich/Hartmann 2007, 220). Vor diesem Hintergrund der Domestizierungsansatz um die Perspektive der „Arrangiertheit" zu erweitern, will er den Gegebenheiten neuer mobiler Kommunikationsformen gerecht werden. (vgl. Höflich/Hartmann 2007, 213)

118 Auf der Ebene der „smart homes" geht es darum „[...] to balance instant technological access to the world outside with inviolable personal safety and quietude [...] offering a form of connectedness to the world which is also a defense against it." (Morley 2007, 215)

Walkman führen, die eine weitgehende Individualisierung und Mobilisierung des Musikkonsums erlaubten und Mediatisierungsnischen erschlossen, in denen sich später die Mobiltelefonie entwickeln konnte.[119] Zunächst waren es die Medien des Musikkonsums, durch die sich „vom Transistorradio bis zum Walkman […] mediatisiertes (Musik)Hören mobilisierte" und etablierte. (Schönhammer 2000, 62) Vor allem der Walkman realisierte – als Fortsetzung des Transistorradios mit einer noch stärker individualisierten und vor allem personalisierten Nutzungsform als „intrinsically solipsistic technology"[120] (Morley 2006, 31) – eine unmittelbar an das Individuum gebundene mobile Ausformung der Medienrezeption. Sie fand vorwiegend im öffentlichen Raum statt und schloss damit an eine für den städtischen Bereich bereits von Simmel beschriebene neue Lebensform der Fragmentierung und Individualisierung in der Moderne an, wie er sie in seinem 1890 erschienen Werk zur sozialen Differenzierung erstmals systematisch beschrieb.

Seitens der Industrie wurden diese neuen Formen der Nutzung schließlich auch als „Befreiung" der/des Einzelnen von zuvor als fix akzeptierten Mediennutzungsmodi inszeniert, eine Diversifzierung, die auch nicht ohne Auswirkungen auf das Alltagsleben im öffentlichen Raum blieb. „In the case of the Walkman, private, subjective, and emotional geographies are mapped on to the public space into a continuation of private, subjective experiences, rather than a collective of shared experiences." (Green 2002a, 283) Bezogen auf Neu-Verortungen im öffentlichen Raum war mit dem Walkman eine „re-spatialization" subjektiver Erfahrung verbunden. (vgl. Green/Haddon 2009, 53) „So, as with the book, the Walkman did not lead to a ,withdrawal' from public space; instead, it reshaped the experience of place, personalizing it and filtering out the auditory nature of the environment."[121] (de Souza e Silva/Frith 2012, 42) Die Autoren verweisen in diesem Zusammenhang auf die Nutzungsspezifik des „alone together", wie sie Sterne (vor Turkle) (2006)

---

119 Die Miniaturisierung der mobilen Musik-Gadgets sollte mit der 1963 erstmals auf dem Markt erhältlichen Compact-Cassette und den Mitte der 1960er Jahre auf dem Markt erhältlichen Radiorecordern eine stärkere Individualisierung des Konsums eröffnen. Der erste Walkman kam nach seiner Präsentation in Japan im Jahr 1979 – im selben Jahr des Starts des ersten kommerziellen Mobilfunknetzes – und in Deutschland 1980 auf den Markt. Im Jahr 1984 sollte der „Discman" folgen. (vgl. Weber 2008, 161ff)

120 Die anfängliche Konfiguration des Sony Walkman, die eine gemeinsame Nutzung für zwei Userinnen/User vorsah, sollte sich auf dem Markt der mobilen individualisierten Kommunikationsgadgets nicht durchsetzen. (vgl. Churchill/Wakeford 2002, 176)

121 Mitunter trug der Walkman auch zu einer „filmischen" Wahrnehmung der Umgebung für die einzelnen Nutzerinnen/den einzelnen Nutzer der mobilen Musikkonsole bei. (vgl. de Souza e Silva/Frith 2012, 42)

4.2 Mobile Dauervernetzung zwischen Privatheit und Öffentlichkeit 127

für die Geschichte des Hörens im 19. Jahrhundert für typisch ansah.[122] (vgl. de Souza e Silva/Frith 2012, 42) Im Hinblick auf diese Entwicklungslinie lässt sich perspektivisch sagen,

> "[that] people are able to domesticate public space, though not by retreating into the private physical space of the car-with-sound but into the virtual space of the acoustic bubble created by the personally chosen soundtrack with which they accompany their journeys. [...] Walkman-users thus seem to achieve a subjective sense of public invisibility withdrawing from social interaction and effectively 'disappearing' or subtracing themselves from the public realm, if still physically present within it."[123] (Morley 2007, 219)

Das Gadget des Walkman erlaubte als stark miniaturisierte und personalisierte Musikkonsole ab Ende der 1970er Jahre (zunächst auf der Basis der Kassettentechnologie), sich in einer geschützten Soundschale des Privaten mobil in den Zonen der Öffentlichkeit zu bewegen und bildete damit so etwas wie ein „mobile home". (Baudrillard zit. in Bull 2001, 239) Die Umwelt bilde in diesem Zusammenhang ein „akustisches Territorium" oder in Summe jene „Soundscapes", innerhalb derer neue Formen des mobilen Musikkonsums eingepasst werden. (vgl. Labelle; Schafer in Höflich 2011, 42) Mit dieser Mediatisierungsform des Musikkonsums im öffentlichen Raum realisieren sich auch Ambivalenzen, „in which users use the personal stereo both to construct a space of security and ‚independence' while, at the same

---

122 Für Sterne (2006) sind Techniken des Hörens grundsätzlich „described through a language of mediation. Audile technique is premised on some form of physical distance and some mediating practice or technology whereby proximal sounds become indices of events otherwise absent to the other sense." (Sterne 2006, 94) Eine kontemporäre Spielart des kollektiven und gleichzeitig individualisierten Musikkonsums finden wir unter technisch elaborierteren Rahmenbedingungen im Phänomen der „silent discos", „in which the same media that isolate and divide also heighten people's awareness of others, potentially fostering social partizipation and collective action". (Deuze 2012, 171) Teilnehmerinnen und Teilnehmer derartiger Veranstaltungen, die auch als eine Form des „mobile clubbing" gelten, rezipieren individuell jeweils in einem Kollektiv Musik über mobile Kopfhörer, sind jedoch nach außen hin als Gruppe weitgehend geräuscharm wahrzunehmen.

123 Morley erkennt auch in der öffentlichen Nutzung der Zeitung ähnliche Phänomene, wobei gerade die Tabloidisierung der Formate die „Usability" der jeweils genutzten Titel deutlich verbesserte. (vgl. Morley 2007, 219) Der Vollständigkeit halber müsste man – wie an anderer Stelle auch hervorgehoben – auch das klassische Buch oder vielmehr das Taschenbuch (bzw. verkleinerte Spezialformate) als ein für die individualisierte Nutzung in der Mobilität geradezu prototypische „Applikation" anführen. Dies umso mehr, als mittlerweile jene digitalen Technologien vorliegen, die auf einer neuen Konvergenzstufe „Content" in großer Vielfalt und vernetzt bereitstellen.

time, becoming dependent on the technology". (Bull 2001, 253) Die von Simmel sowie Sennett für das Verhalten des Menschen in urbanen Zonen als Abschottung wie auch Einfügung beschriebene Verhalten, zeigt sich heute auch am Beispiel der iPod-Nutzung und verdeutlicht die Funktion mobiler Nutzungsstrategien im Verhältnis zum jeweiligen Umfeld. „[...] The iPod reorganises the user's relation to space and place. Sound colonises the listener but it is also used to actively recreate and reconfigure the spaces of experience. Through the power of sound the world becomes intimate, known, and possessed." (Bull 2005, 350) Im Zustand der Mediatisierung auf der Ebene mobiler Nutzungskulturen kann diese Integrationsform von Medientechnologien durchaus als eine „Mediation" zwischen den beschriebenen Zonen im Sinne des Ansatzes von Livingstone (2009) gelten. „The disjunction between the interior world of control and the external one of contingency and conflict becomes suspended as the users develop strategies of managing their movement mediated by music." (Bull 2005, 353) In Verbindung mit diesem Interface-Management zum Umgebungsraum (vgl. de Souza e Silva/Frith 2012, 43) erschließen sich auch Bezugspunkte zu einer neuen Ethnographie der Einsamkeit: „Today, such an ethnography of solitude must be one of technologically mediated solitude – we are increasingly alone together." (Bull zit. in Höflich 2011, 52) So ist gerade auch die Nutzungsspezifik mobiler Musik in Zusammenhang mit kulturkritischen Konzepten zu bringen, denn Privatisierungsdynamiken erlauben – so Williams – immer auch eine hohe Form der Mobilität und damit eine Form von Lebenskultur wie in einer „Schale, die man mitnehmen kann". (Williams 1984, 261) Damit werde einem – wie bereits weiter oben angesprochen – „das Gefühl einer ursprünglichen Identität des wirklichen Lebens" angeboten, „sozusagen vermeintliche Authentizität suggeriert". (Williams 1984, 261) (vgl. auch Steinmaurer 2001, 236) Bezeichnenderweise vollzog sich die Phase der Diffusion des Walkman etwa in Deutschland nicht zufällig in einer Zeit, „in der die Individualisierung der Gesellschaft und deren zunehmend postmaterielle Konsum- und Erlebnisorientierung kritisch diskutiert wurden" und der Walkman als Symbol einer „Verewigung des Single" und als „akustische Droge" (Weber 2008, 191, 192, 194) galt. Viele Modi der Mediennutzung haben sich auf diesem Diversifizierungsniveau erkennbar individualisiert und aus dem Einfluss familiärer Nutzungsmuster „befreit".

4.3 Von der privaten zur mobilen Domestizierung

Wie sich an diesen historischen Entwicklungslinien zeigt, verliert spätestens auf der Ebene hochgradig individualisierter und mobiler Nutzungsformen die Entität des Zuhauses als sozialer Rahmen der Aneignung und Nutzung von Medientechnologien einen Teil seiner Bindungswirkung, zumal auch die Grenzziehung zur öffentlichen Welt nicht mehr „in dieser Abtrennung betrachtet werden kann" (Hartmann 2008, 409), wie sie zuvor noch für den überwiegenden Teil des Medienkonsums als typisch gelten konnte. Hartmann stellt daher – um damit auch wieder zur Diskussion über die Weiterentwicklung der Domestizierungstheorie zurückzukommen – zu Recht die Frage, wie man die „Mobilität (von Menschen und Medien) in einen Ansatz [integriert], der sich gerade durch den spezifischen Ort auszeichnet?" (Hartmann 2008, 412) Neue Orte in der Öffentlichkeit oder Zonen des Halböffentlichen gewinnen für Nutzungspraxen immer mehr an Bedeutung. Und wie die Arbeiten über den Walkman zeigen, „nehmen Portable-Nutzer mit ihren Geräten [...] ein Stück ihrer eigenen, häuslich-intimen Lebenswelt als Wegbegleiter mit, um für die potentielle Fremde gerüstet zu sein und die durchkreuzten Räume mittels vertrauter Routinen und Medieninhalte zu domestizieren". (Weber 2008, 16) Desgleichen ist es dort das Individuum oder die einzelne Person und nicht mehr so sehr die Familie, die das Gravitationszentrum der Aneignung und „Zähmung" der Technologie ausmacht. Und bezogen auf den Übergang vom Walkman zur mobilen Telefonie lässt sich der Bezug zur Erweiterung des Nutzungsumfelds auf das Individuum folgendermaßen auf den Punkt bringen: „If the walkman is, in this sense, a privatized technology, than [...] the mobile phone is perhaps the privatizing (or individualizing) technology of our age, par excellence." (Morley 2006, 34) „[...] [It] dislocate[s] the idea of the home [...] enabling its user [...] ‚to take your network with you, wherever you go' [...]." (Morley 2007, 220)

Durch die Weiterentwicklung der Mobiltelefonie auf das Niveau einer mediatisierten Konvergenz, deren zentraler Innovationssprung die mobile Verfügbarkeit des Internets ausmacht, verstärkt sich dieser Effekt abermals. Und mit Integration von Anwendungsfeldern des „ubiquitous computing" kommt es zu einer weiteren Hybridisierung zwischen jenen Zonen, in denen Aneignungsprozesse stattfinden. Diesen Befund bestätigt Hjorth, wenn sie schreibt: „Hence, I argue that we need to deploy a hybrid approach that considers the dynamism of domestication while also engaging the fact that ‚the home' has migrated to new premises that are both online and co-present." (Hjorth 2012, 196) Es ist daher tatsächlich sinnvoll, nunmehr von einem Konzept einer „mobilen Domestizierung" auszugehen, die den Prozess der Aneignung von Medien und Kommunikationstechnologien in Bezug auf die Dimension der konkreten Verortung flexibler und breiter fasst. Diesen Veränderungsprozessen gilt es auch die im klassischen Konzept der Domestizierung angelegten Phasen der Aneignung von Medien(technologien) anzupassen – nämlich jene der Appropriation, der Objektifikation, der Inkorporation und der Konversion. Bereits der im Prozess der Kommodifizierung[124] und der materiellen Warenwerdung aufgehobene Aspekt der Imagination ist mit Blick auf immer wichtiger werdende Fragen des Designs und von Strategien der Vermarktung eine besondere Relevanz beizumessen.[125] In dieser Phase sind es insbesondere ästhetische und symbolische Aufladungen der Marken und Produkte, die in der Phase des Erwerbs, also der Appropriation, erste Anschlussstellen und Identifikationsprozesse bereithalten. Denn „erst im Zusammenspiel von Potentialen der Technik und den Aneignungsweisen der Menschen entsteht die Bedeutung der Medientechnologien". (Röser 2007, 23 unter Verweis auf David Morley) Die Zuschreibung symbolischer Markenimages findet dabei über ein „public framing of technologies as symbolic objects of value and desire" (Silverstone 2006, 232) statt und die Form der Materialität wird zu einem symbolischen Statement der Zugehörigkeit zu bestimmten Lebensstilgruppen und Werthaltungen, da sie Teil einer diskursiv aufbereiteten Bedeutungswelt sind und als solche eine wichtige Form der Artikulation darstellen. „The medium *is* not, but it *does become* the message [...] or as I would clame, it becomes part of a different set of messages. Put together, the practices and discourses of the production, marketing and use of these technologies constitute the first meanings."[126] (Hartmann, F. 2006, 86) Global agierende Konzerne und Kultmarken wie Apple entfalten auf diesem Terrain ihre besondere Wirkmächtigkeit und stützen ihre Position gerade über die Positionierung auf dem Feld des Designs ihrer Produkte und jene Strategien der Vermarktung, die als „icons of the new" (Agar zit. in Morley 2007, 301) gelten. Denn gerade in einer Zeit der „flüchtigen" bzw „flüssigen Moderne" „fluidity is the

---

124 „Commodification refers to the component of the process of domestication, which in design, marketing, market research, the knowledge of pre-existing consumer behaviour and the formation of public policy, prepares the ground for the initial appropriation of new technology. Machines and services do not come into the household naked, they are packaged, certainly, but they are also ‚packaded' by the erstwhile purchaser and user, with dreams and fantasies, hopes and anxieties: the imaginaries of modern consumer society." (Silverstone 2006, 233f)

125 Hynes und Rommes orten wiederum für die Phase der „objectification" und „incorporation" hohe Wirkmächtigkeiten für den Stellenwert der symbolischen Wirkung des technischen Arrangements. „In the appropriation and conversion phase, emphasis seems to be on the symbolic meaning an artefact has, whereas during the objectification and incorporation dimension, the material expression of the symbolic meaning of the artefact is more relevant." (Hynes/Rommes 2006, 127)

126 Hartmann bezieht sich hier auf Silverstone 1994, 82f und Silverstone/Haddon 1996, 62. Vgl. dazu auch Silverstone 1994 sowie Silverstone/Haddon 1996.

4.3 Von der privaten zur mobilen Domestizierung

principal source of strength and invicibility [where] it is now the smaller, the lighter, the more portable that signifies improvement and progress" (Bauman zit. in Morley 2007, 303) In diesem Prozess verdeutlicht sich die im Domestizierungsansatz formulierte Idee einer „doppelten Artikulation" von Medien sowohl hinsichtlich ihrer Bedeutung als materielle Objekte als auch als Träger bzw. „Botschafter" bestimmter symbolischer Zuschreibungen auf die Nutzerin und den Nutzer.

In den darauf folgenden Phasen spielen Aspekte der symbolischen Zuschreibung ebenso eine Rolle. Im Zuge der „objectification", in der es zur räumlichen Einpassung der Objekte und der Kommunikationstechnologien in das Gefüge des Haushalts kommt, finden Zuschreibungen hinsichtlich jener Werte statt, die einer Medientechnologie entgegengebracht werden. „Clearly it is possible to see how physical artefacts, in their arrangement and display [...] provide an objectification of the values, the aesthetic and the cognitive universe, of those who feel comfortable or identify with them." (Silverstone/Hirsch/Morley 1992, 2f) Für Medientechnologien der mobilen Vernetzung heißt das aber nun, dass als Raum der Einfügung nicht mehr nur jener des Haushalts in Frage kommt, sondern einerseits innerhäusliche Kommunikationsnischen neu erschlossen werden und andererseits sich eine räumliche Einfügung über das kommunikative Sozialverhalten seiner Nutzerinnen und Nutzer auch an öffentlichen und halböffentlichen Orten vollzieht. Dabei sind insbesondere auch Orte beruflicher Tätigkeiten von Relevanz, wo sich durch das Hinzukommen mobiler Kommunikationsgeräte neue räumliche Kommunikationsarrangements entwickeln. Und im öffentlichen Raum bilden sich – wie an anderer Stelle hervorgehoben – neue Muster einer räumlichen Adaptierung, wie sie Höflich (2005, 2011) etwa im Konzept des Telefonrahmens der Mobilkommunikation beschrieb. In diesem Zusammenhang wird der öffentliche Raum zu einem „Moment einer Domestizierung als Privatisierung" (Höflich 2011, 18) und es damit von entscheidender Bedeutung, jeweils auch den Kontext als wichtigen Teil der Nutzung anzuerkennen.[127] (vgl. Höflich 2011, 33) Auf allen hier genannten Ebenen finden jene Aushandlungen statt, in deren Rahmen eine sozialverträgliche Einpassung neuer Nutzungsmodi erfolgt. Dabei werden – jeweils kulturspezifisch – neue Orte für die Nutzung erschlossen wie auch auf bestimmten gesellschaftlichen Konsensbildungen beruhende Vereinbarungen getroffen, die auch den Ausschluss oder die stark eingeschränkte Nutzung von mobilen Kommunikationstechnologien für bestimmte Zonen vorsehen kann. Dabei ginge es nicht so sehr um eine „Rettung des Privaten", sondern um die jeweilige Situationsspezifik,

---

[127] Höflich verweist auf die Bezeichnung der „situativen Geografie", wie Mortensen sie vorschlägt, der eine jeweils spezifische Rahmung und einen Umgebungsraum des Medienhandelns bezeichnet. (vgl. Höflich 2011, 42)

in der „die Grenze zwischen dem Privaten und dem Öffentlichen [...] mit Blick auf die jeweilige Handlungssituation ausgehandelt" werde. (Höflich 2011, 35)

In der Phase der Inkorporierung vollzieht sich wiederum der Prozess der Einfügung neuer Nutzungsmuster in die zeitlichen Strukturen des Alltags (vgl. Morley/Silverstone 1990), ein Prozess, der schon im Feld der Mobilkommunikation nicht mehr nur auf die Zeitphasen des häuslichen Alltags, sondern generell auf das Alltagsleben der Individuen hin ausgedehnt ist. Eine zentrale Konsequenz dieser Ausweitung von „Zeiträumen" besteht im Übergang in die kommunikative Dauervernetzung, die den phänomenologischen Kern mobiler Konnektivitätstechnologien ausmacht. Schließlich kommt vor dem Hintergrund zunehmender Grenzauflösungen zwischen privaten und öffentlichen Räumen dem Faktor der „Konversion" insofern eine neue Dimension zu (vgl. Hartmann 2008, 413), als diese Transformationsstufe des nach „Außen-Tragens" davor „domestizierter" Medientechnologien (sowie in die „moralische Ökonomie" des Haushalts inkorporierte Medientechnologien) in dieser Form nicht mehr aufrecht zu halten ist.[128] Diese abschließende Phase, in der der „*Wandel* der Beziehung des Haushalts zur Außenwelt" (Röser 2007, 21) erfolgt, muss für den Kontext mobiler Konnektivitätsmedien in einer noch weiter aufgelösten räumlichen und zeitlichen Transparenz gesehen werden. Darin finden abermals symbolische Zuschreibungen der Nutzung statt, in der sich die Bedeutungszuweisungen zu Statussymbolen wie Metaphern beschreiben lassen. „[Because] the metaphor is a monetary one. Meanings are like currencies." (Silverstone 1994, 130) Die weitreichende Öffnung von privaten Nutzungskulturen in den öffentlichen Raum hinein und die Auflösungserscheinungen von zuvor stärker manifestierten Grenzen zwischen diesen beiden Sphären stehen konstitutiv für die neue Ära mobiler Technologien der Konnektivität, in der sich auch neue Rahmenbedingungen für Mediatisierung etablieren. Es kommt also zu Verschiebungen auf unterschiedlichen Ebenen, die es jeweils spezifisch zu adaptieren gilt: „Firstly in respect of the need to attend and content issues. Secondly in respect of the need to recognize the significance of the transformative work of everyday life in public as well as in private spaces." (vgl. Silverstone 2005b, 14)

---

128 Die zum Konzept der Domestizierung gehörende „moralische Ökonomie" des Haushalts kann als ein in weiten Punkten nach wie vor gültiges Konstrukt angesehen werden, wenn es auch nunmehr in einer „örtlich bedingten Öffentlichkeit an Relevanz" (Höflich/Hartmann 2007, 212) gewinnt. Silverstone, der den Haushalt in seiner „economy of meanings" und als „meaningful economy" bezeichnete, hielt dazu etwa fest: „The household is, or can be, a moral economy because it is an economic unit which is envolved, through the productive and reproductive activities of its members, in the public economy and at the same time it is a complex economic unit in its own right." (Silverstone 1994, 48)

4.4 Ontologische Sicherheiten in der Dauervernetzung

Ein weiteres Konzept, das es für das Feld der mobilen, konnektiven Kommunikation im Rahmen der Domestizierungsforschung noch anzusprechen gilt, ist jenes der „ontologischen Sicherheit". Denn wenn im Zuge der Mediatisierungsentwicklung der Ort, an dem sich Domestizierungsprozesse vollziehen, weit über das häusliche Umfeld hinausreicht, gilt es auch das Konzept der „ontologischen Sicherheit" neu zu überdenken. Bereits im Verlauf der Verbreitung mobiler Musikgadgets lag – wie das beispielhaft beim Walkman der Fall war – neben dem Effekt der Erlebnissteigerung und Ästhetisierung ein wesentliches Nutzungsmotiv in dem Faktor begründet, damit „die Fremde durch eine vertraute Hörkulisse zu domestizieren". (Weber 2008, 213) So ist es im Kontext einer zunehmend ubiquitär und im Zustand der Mobilität stattfindenden Nutzung von Medien vermehrt das einzelne Individuum, das die Absicherung seiner ontologischen Sicherheit (vgl. Giddens ³1995) durch die Aufrechterhaltung seiner Daueranbindung – auch an ein „Zuhause" – vorzunehmen trachtet. Denn neben dem Gefühl einer erhöhten Sicherheit, ist es mitunter die Möglichkeit der Herstellung einer „emotionellen Stabilisierung", die eine Daueranbindung an Kommunikationsnetzwerke sicherstellt. Nach Linz (2008, 178) sei etwa das Handy als „Element des peripersonalen Nahraums zugleich als Teil einer schützenswerten Privatsphäre" zu betrachten, wobei das „psychosoziale Zuhause in den mobilen Nahraum des Körpers" (Tischleder/Winkler zit. in Linz 2008, 178) gerate. So zeigen eine Reihe von Studien, dass mobile Kommunikationsformen zunächst dazu führen, vorhandene und bereits existierende soziale Bande, wie im übrigen auch eher Nah- denn Fernverbindungen, weiter zu stärken. (vgl. Green/Haddon 2009, 92) Auch im Kontext der Eltern-Kind-Kommunikation werden Technologien der Mobilkommunikation nicht selten zu einer „virtuellen Nabelschnur" ihrer Benutzerinnen und Benutzer.[129] (vgl. Weber 2008, 289f) Morley bezeichnet daher nicht ohne Grund das Mobiltelefon als „technologies of the hearth', [...] [as] imperfect instruments, by which people try [...] to maintain something of the security of cultural location [...] [within] a culture of flow and deterritorialisation". (Morley 2007, 224) Die ontologische Sicherheit, die als emotionales Phänomen das „Gefühl der Zuverlässigkeit von Personen und Dingen" (Giddens 1996, 118) und eines „belonging" (Morley 2001) anspricht und sich ontologisch in einem Zu-

---

129 Nicht ohne Grund vergleicht Weber daher die in der Mobiltelefonie immer wieder geübte Praxis des Anrufens in Form eines Sich-Vergewisserns als eine Kontaktform, bei der es nicht um den Austausch von Informationen, sondern um Emotionen geht, „so dass die Handy-Kommunikation oft auch eher einer Face-to-Face, denn der früheren Festnetz-Kommunikation gleicht". (Weber 2008, 290)

stand des „In-der-Welt-Seins" ausdrückt, findet in der Moderne ihre Einbettung in abstrakten Systemen, die „als Mittel zur Stabilisierung von Beziehungen über unbegrenzte Raum-Zeit-Spannen" dienen. (Giddens 1996, 128)

Wenn nun durch mobile Kommunikationstechnologien der Ort des Zuhauses nicht mehr als die alleinige „Station" der Absicherung einer ontologischen Sicherheit vermutet werden kann, überträgt sich die Bindungswirkung der Absicherung nicht selten auf die Netzwerke und Artefakte der mobilen Kommunikation selbst, die eine Art von absichernder Anbindung gewährleisten „which principally functions to maintain social ties of belonging and dependencies". (Morley 2007, 223) Die ontologische Sicherheit „zieht [somit] ihre Kraft aus anderen Quellen". (Hartmann 2010, 40) Auch vor diesem Hintergrund sei daher Änderungsbedarf in Bezug auf den Domestizierungsansatz gegeben, da die Verortung des Individuums, sein „Sein in der Welt", flexibilisiert, offener wird, und in diesem Zusammenhang die Prozesse von „Fragmentierung und Fluidität von Identitäten" Berücksichtigung finden müssen. (Hartmann 2010, 40) Die Bindung der Absicherung an einen konkreten Ort erfährt damit eine Schwächung und es gewinnt der Zustand des alleinigen Verbundenseins an das Mediennetz immer mehr an Bedeutung. Darauf zielt auch Morleys Hinweis ab, wenn er mit Tomlinson festhält, „[that] we would be mistaken to see these new technologies simply as tools for the extension of cultural horizons, [rather we should see them as] ‚imperfect instruments by which people try [...] to maintain some sense of security and location' admits a culture of flow and deterritorialization". (Tomlinson 2001, 17 zit. in Morley 2006, 35)

Auch wenn Morley selbst das Modell der Domestizierung für die Aneignung von Medien als nach wie vor hilfreich ansieht (vgl. Hartmann 2008, 412), lässt sich doch auch festhalten, „[that] domesticity itself has now been dislocated". (Morley 2006, 36) Er benennt den Zustand als eine „privatized mobility" (Morley 2006), ein Begriff, den Wilken für das Niveau einer konvergenten mobilen Vernetzung als „networked mobility" adaptiert. (Wilken 2011, 169) Denn der Ort der Anbindung an jene Zone, die Vertrauen und Zugehörigkeit schafft, scheint sich selbst in das Netzwerk der Kommunikation hin auszudehnen und findet dort eine neue, sich verflüssigende Entsprechung.

> "[...] The creation of ontological security is a function of space-time distanciation. In modern societies which are decreasingly reliant on kindship relations and in which locality (neighbourhood, community) no longer has the same significance as the source and support of daily routine, we have become increasingly reliant on relational networks and mechanisms whose workings we cannot see and feel as part of our physical located pattern of daily life." (Silverstone 1994, 6)

4.4 Ontologische Sicherheiten in der Dauervernetzung

Das von Giddens als „Vertrauen auf Distanz" angesprochene Lebensgefühl in einer sozialen Welt, „in a dialectic of space and time, presence and absence" (Silverstone 1994, 7) nimmt folglich in der Welt einer fortgeschrittenen mobilen Vernetzung eine neue Form an, in der man sich den „phantasmagorischen" Ort des Zuhauses als deutlich erweitert vorstellen muss.

> "[...] Meaningfull space, is something that increasingly now depends both on our capacity to domesticate the technologically new, but also on our, technologically-enhanced, capacity to extend the domestic beyond the confines of the household. Home, then, is no longer singular, no longer static, no longer, in an increasingly mobile and disrupted world, capable of being taken for granted." (Silverstone 2006, 242)

Das Festhalten am Begriff und Konzept des Zuhauses im Sinne einer – wenn auch sich verflüssigenden und mobilisierenden – relationalen Anbindung an eine (auch imaginäre) Verortung, stützt sich trotz der Einforderung einer deutlichen Erweiterung des Konzepts nicht zuletzt auf die Idee, dem Menschen ein Bedürfnis nach Absicherung einer ontologischen Sicherheit nicht abzusprechen. „[Because] if the human condition requires a modicum of ontological security for its continuing possibility and its development, home – technologically enhanced as well as technologically disrupted – is a sine qua non. We cannot do without it, within or without the household. To be homeless is to be beyond reach, and to be without identity." (Silverstone 2006, 243)

Auch Jutta Röser plädiert für eine Beibehaltung der Bezugnahme auf die häusliche Sphäre. Röser rechtfertigt ihren Theorievorschlag mit Verweis auf die Entwicklung der Mobiltelefonie dreifach: Zum einen würden Mobiltelefone nicht nur im öffentlichen Raum, sondern auch im Haushalt benutzt werden, wie das etwa bei Jugendlichen zum Zweck des Schutzes ihrer Intimsphäre der Fall ist. Weiters hätten eine Reihe von Studien gezeigt, dass mobile Kommunikationstechnologien als familienbindende Medien[130] [sic!] wirken, mit deren Hilfe sich die Organisation des innerfamiliären Kommunikationszusammenhalts erleichtert. (vgl. Röser 2007,

---

[130] Castells sieht in den mobilen Kommunikationstechnologien ein Mittel, das der „postpatriarchalen Familie" ihr Überleben als Verbindung von Individuen, zwischen den Polen neuer Autonomiegewinne einerseits und der Möglichkeit der Unterstützung andererseits, sichert. (vgl. Castells et al. 2007 126) Studien wie jene von Christensen unterstreichen den Befund einer gleichzeitig stattfindenden Aushandlung zwischen familienbindenden Effekten und Individualisierungsschüben, in der auch Aspekte elterlicher Fürsorgemotive eine nicht unwichtige Rolle spielen. Hier geht es um eine „continuous reactivation and reaffirmation of the strong bonds between family members and comprises elements of parental care and control, security and mutual accountability and micro-coordination". (Christensen 2009, 449)

27 bzw. Matsuda 2009) Zumindest ist davon auszugehen, dass eine im Vorfeld der Einführung mobiler Technologien befürchtete gänzliche Fragmentierung familiärer Kommunikationsbande ausblieb. Und drittens würde auch im öffentlichen Raum diese Technologie dazu verwendet, das Zuhause gewissermaßen mitzunehmen und ein Gefühl der Sicherheit und Örtlichkeit „in einer Kultur des Flusses und der Deterritorialisierung zu gewinnen".[131] (Röser 2007, 27 unter Verweis u. a. auf Morley 2006, 35) Peil/Röser sprechen sich daher dafür aus, Faktoren von Mobilität und Domestizierung nicht als gegensätzliche Prozesse zu betrachten, „because it becomes effective not only beyond but also within the domestic sphere. [...] This trend will be referred to as the *domestic mobilization of media practices*." (Peil/Röser 2014, 244) Diese Perspektive einer Beharrung auf der Relevanz des Zuhauses stützen auch andere Autorinnen und Autoren unter Bezugnahme zur Erfahrung der ontologischen Sicherheit: „In the case of the mobile phone, while the domestic technology device may have *physically* left the home, it *psychologically* resomates what it means to be at home and local no matter where it is located." (Hjorth 2009, 149) Selbst die Konzipierung einer „networked mobility", wie Wilken sie vorschlägt, tendiere dazu, die Idee des Zuhauses „in a domestic sense" zu stärken, da in der aktiven Verwendung das Netzwerk in der mobilen Nutzung immer mit dabei ist. (vgl. Wilken 2011, 169)

Insgesamt wirkt die Art der Vernetzung in der mobilen Telefonie – und erst recht im Fall des mobilen Internets – wie ein soziales Netzwerk, das jederzeit aktiviert werden kann und potentiell permanent verfügbar ist. Besonders Jugendlichen dient das mobile Kommunikationsmedium dazu, „an ihren Beziehungen intensiver zu arbeiten" (Harper 2006, 129) und die Vernetzung in ihrer Peer-Group damit abgesichert zu wissen und dadurch eine gewisse Form einer „nomadischen Intimität" (Fortunati zit. in Hulme/Truch 2006, 163) sicher zu stellen.[132] Studien bestätigen die soziale Bindungskraft einer Technologie, die, obwohl hochgradig

---

131 An anderer Stelle betonen Röser/Peil diesen Aspekt, indem sie festhalten, dass auch „unter den Bedingungen von Globalisierung und Mobilisierung [...] das Zuhause ein besonderer Ort" bliebe – „einerseits für die Identität und die sozialen Beziehungen der Menschen" und „andererseits für die Durchsetzung und Aneignung neuer (und alter) Medien und Kommunikationstechnologien." (Röser/Peil 2012, 140)

132 Die Grenzziehungen von der Peer-Group nach außen verläuft dabei entlang eines Netzwerks gemeinsam geteilter Nummern. Wird eine aus dem Netzwerk oder bei einem Mitglied des Netzwerks gelöscht, fällt diese Person aus diesem Kreis heraus. Darauf weisen u. a. Caron/Caronia (2007, 65) hin, wenn sie zeigen, dass das Mobiltelefon „establishes social positions within the group and confirms the weight of certain aspects of young people's culture, such as constraints due to relationships with parents, the obligations that go with the status of friends, and maintenance of contact among members of the network".

4.4 Ontologische Sicherheiten in der Dauervernetzung

individualisiert, gerade durch den Status der Dauervernetzung zur Stärkung sozialer Bindungen beiträgt. (vgl. Wajcman/Bittman/Brown 2009 oder Licoppe 2003) „Rather than fragmenting time [...] mobile phones practices are strengthening and deepening personal relationships, building durable social bonds". (Wajcman/Bittman/Brown 2009, 20) Castells spricht daher von einer „networked sociability", in deren Strukturierung Individualisierungseffekte nicht so sehr zu einer Isolation des Einzelnen führen, sondern die Vernetzung von Kontakten vielmehr selektiver und selbstgesteuerter erfolgt, um eine Einbindung des Individuums in eine Gruppe gewährleistet zu wissen.[133] (vgl. Castells et al. 2007, 143f).

Damit ist abermals explizit das von Giddens als „ontologische Sicherheit" benannte Phänomen angesprochen, dessen Aufrechterhaltung unter sich stark verändernden Rahmenbedingungen immer wieder neu abzusichern ist.

"Information and communication technologies make the project of creating ontological security particularly problematic, for media disengage the location of action and meaning from experience, and at the same time (and through the same displaced spaces) claim action and meaning for the modern world system of capitalist social and economic (and moral) relations." (Silverstone/Hirsch/Morley 1992, 20)

Insofern dürfte die Einheit des Zuhauses auch in Bezug auf seine Einbindung in den allgemeinen ökonomischen Kreislauf der Gesellschaft immer noch von großer Bedeutung sein. Der Ort des Zuhauses findet in seiner Ausprägung als soziale und kulturelle Entität eine Äquivalenz gerade im Kontext der Herstellung „ontologischer Sicherheit", zu deren Absicherung er einen wesentlichen Anteil beiträgt, auch wenn diese auch auf der Ebene des Individuums durch seine bloße Anbindung an die Netzwerke der Kommunikation vorgenommen wird. Gerade die heute auch im Zustand der Mobilität möglich gewordene permanente Chance der Kontaktaufnahme zum Zuhause oder zur Familie bzw. von dieser Ebene aus zu den in der Mobilität befindlichen Kontakten erhöht sogar den Faktor der Absicherung sozialer Bande zwischen den Netzwerkteilnehmerinnen und -teilnehmern

---

133 Die große Selektivität der Steuerung ist zudem zu einem großen Teil bei Jugendlichen auch kontextabhängig, weshalb diese auch als eine „flipper orientation" bezeichnet wird. (Tsuji zit. in Matsuda 2005, 30) Studien zur Email-Nutzung bei japanischen Jugendlichen zeigen, wie sehr die Verbindung von Freundschaften über vernetzte Kommunikationstechnologien – und zum Teil auch ausschließlich über diese – Netzwerke etabliert und aufrecht erhalten werden. So zeige sich bei „virtual girlfriends" „[that] many teenagers have dozends, sometimes hundreds of ‚meru tomo' ‚e-mail-friends', who may never meet and only ever know each other through the keitai". (Plant 2002)

und dem Ort des Zuhauses.[134] Und es dürfte der Status des Zuhauses als Nukleus sozialer Behausung und Einheit des gesellschaftlichen Gefüges sein, der diesen Ort immer noch zu einem Ort des Rückzugs von der Öffentlichkeit macht, auch wenn die Trennungslinien zwischen Öffentlichkeit und Privatheit zunehmenden Auflösungserscheinungen unterliegen. „[...] Home is the most important anchor for daily activities, and anchor [like a] pocket of local order." (Kellerman 2006, 140) Das Zuhause ist damit also als ein relationales Konzept, „[as] the product of the mutuality of public and private spheres, but the product too of the suburban hybridization of modernity, [...] home – the home – assumes a new and contradictory significance as the location where the competing demands of modernity are being worked out". (Silverstone 1994, 51)

Mit der Diskussion um die Veränderungen des Stellenwerts des Zuhauses im Rahmen der Domestizierungstheorie sind in besonderer Weise auch Strukturen und Prozesse des Konzepts von Alltag selbst und die Rolle der Medien und Kommunikationstechnologien darin angesprochen. Durch Entgrenzungseffekte im Rahmen der Mediatisierungsentwicklung verdichten sich die Netzwerke der Kommunikation über zunehmend alle Nischen des Alltags hinweg und führen zu einem bislang nicht gekannten Durchdringungsgrad. In welcher Form sich dadurch Konzepte von Alltag verändern und sich darin dominante Strukturen einschreiben, erschließt sich durch eine Bezugnahme zum Modellvorschlag eines Dispositivs mediatisierter Konnektivitäten.

4.5 Das Dispositiv der Konnektivität im Kontext des Alltags

Neue Konfigurationen von Mobilität und Konnektivität erweitern – wie beschrieben – das Spektrum der Kommunikationsformen und bringen weitreichende Veränderungen für den „Medienalltag" mit sich. Das Konzept des Alltags adressiert theoretisch zunächst jenes Feld, „in dem die Menschen unter ihren Lebensbedingungen

---

134 Feldhaus (2005, 161) benennt in diesem Zusammenhang vier Funktionen, die von den mobilen Kommunikationstechnologien für Familien übernommen werden können. Es ist dies die Sicherheitsfunktion, die Funktion emotionaler Stabilisierung, die Organisationsfunktion sowie die Erziehungsfunktion. Auch hier wird dem Mobiltelefon eine positive Funktionsrolle im Hinblick auf die Aufrechterhaltung der familiären Zusammengehörigkeit zugeschrieben, auch wenn es durchaus zu Schieflagen kommen kann, wenn etwa die Kinder ein Recht auf Unerreichbarkeit von einem Zustand des „remote mothering" (Rakow/Navarro 1993) einfordern.

4.5 Das Dispositiv der Konnektivität im Kontext des Alltags 139

Wandlungsprozesse bewältigen" (Krotz/Thomas 2007, 40) und jenen sozialen Raum, "in dem die Aneignung von Medien erfolgt bzw. der mit dessen fortschreitender Mediatisierung durch die Aneignung von Medien selbst mit artikuliert wird". (Hepp 2008, 79). Mobile Medien der Konnektivität sind heute fest in diesen Alltag und in die Handlungspraktiken des Menschen verankert.[135] Das Konzept der Alltagswelt kann dabei – als Fluss mobiler und lokaler Handlungsrahmen (vgl. Kircher 2011) – „selbst in Bezug gesetzt werden zu spezifischen Konnektivitäten, nämlich (a) Netzwerken von Personen und Orten und (b) Flüssen von Kommunikation und physischer Bewegung". (Hepp 2008, 80) Demgemäß gilt es die Diskussion „auf Veränderungen von Kommunikationsmustern, -regeln und -routinen zu beziehen [...] und diese wären vor dem Hintergrund gesellschaftlicher Veränderungen etwa Prozesse der sogenannten Individualisierung der Lebensläufe und Erwerbsbiografien [...]; dabei wäre der Alltag der zentrale Bezugspunkt der Untersuchung." (Krotz/Thomas 2007, 40) Ein derart verstandenes Alltagskonzept ist damit als eine Wirkungssphäre von Prozessen der Mediatisierung und Domestizierung zu verstehen, bestimmt „von individueller [...] kulturell und gesellschaftlich geprägter [...] Medienaneignung mit einem sich im Mediengebrauch im Alltag konkretisierenden Handlungssinn. Denn dieser konstituiert sich und wird handlungsleitend, indem er an Wissensvorräte und Alltagserfahrungen einerseits, andererseits aber auch an hegemoniale Diskurse, Normen und Werte anknüpft und diese damit weiter entwickelt." (Krotz/Thomas 2007, 41)

Der theoretische Mehrwert dieser Herangehensweise zeigt sich in der Offenheit und – gegenüber dem Domestizierungsansatz – breiteren Integrationsfähigkeit des Konzepts. Denn „über die medialen Potentiale treten Kultur, Gesellschaft, Kapitalismus auf neue Weise in den Alltag ein und bilden die Basis für neue Bedeutungsgenerierungen und neue Zwänge". (Krotz/Thomas 2007, 40) So sollte ein derartiges Modell auch im Stande sein, in mediatisierten Alltagsstrukturen wirksame dominante Strukturen und „hegemoniale Diskurse, Normen und Werte" aufzuzeigen wie auch diese kritisch zu reflektieren. Denn es darf schließlich „[...] nicht übersehen werden, dass die Domestizierung neuer Medien veränderte kommunikative Abhängigkeiten und organisatorische Abhängigkeiten, neue Überwachungsmöglichkeiten und neue Kontrollpotentiale beinhaltet, weil damit Kommunikation industriell organisiert und von Interessen dritter Begleiter stattfin-

---

135 Kircher (2011) gibt zu bedenken, dass die Struktur des Alltags auch von anderen Entitäten und Medien geprägt ist und – wie in diesem Fall – mobile Kommunikationstechnologien in diesem Kontext oftmals nur eine untergeordnete Rolle spielen oder von anderen Alltagshandlungen, zu denen auch solche mit Medien gehören, abgedrängt werden. Den Technologien der Kommunikation kann aber eine alltagsstabilisierende Funktion zugeschrieben werden, da sie fest in Handlungsstrukturen integriert sind.

det." (Thomas 2010, 267) Eine verbesserte Anschlussfähigkeit an die Analyse sollte einerseits durch die oben dargestellte Ausweitung des Domestizierungsansatzes im Sinne einer „mobilen Domestizierung" gelingen und andererseits durch eine damit verbundene Fokussierung auf das Modell des Dispositivs mediatisierter Konnektivitäten gewährleistet sein. Die Bezugnahme zum Theoriemodell der Dispositive ermöglicht es uns, Alltagshandeln mit Medientechnologien, also die Nutzung von Technologien im Gefüge sozialer Strukturen nicht losgelöst von darin wirksamen dominierenden Einflussfeldern zu denken und kritisch zu reflektieren. Denn Machtbeziehungen sind – „as a structuring influence within society that permeates all our social relationships" (Green/Haddon 2009, 109) – in Sozialstrukturen und mediatisierte Handlungsprozesse eingeflochtene Dynamiken. „[…] Power relationships are achieved, managed and negotiated on an everyday basis by members of social and cultural groups." (Green/Haddon 2009, 109) In Bezug auf ihre Ausformung können Machtbeziehungen in der Gesellschaft sowohl relational als auch prozessual verlaufen. Des weiteren können sie als reziprok wirksame Einflusskräfte analysiert werden, die für das Individuum sowohl ermöglichende wie auch einschränkende Dimensionen bereithalten. Im Zusammenhang mit der Integration neuer Informations- und Kommunikationstechnologien in die Strukturen des Alltags sind es neben den Fragen des Zugangs insbesondere Aspekte ihres technoökonomischen „Designs", der damit zusammenhängenden möglichen Nutzungsformen, aber auch Aspekte des Kulturbezugs, die an Fragen nach der Macht zu koppeln sind. Dazu zählen auf der Makroebene auch Aspekte der politischen Partizipation wie auch Möglichkeiten der Technologieregulierung und -steuerung. (vgl. Green/Haddon 2009, 109f) Auf der Mikroebene sind es – neben vielen anderen Dimensionen – Fragen der Sozialisations- und Vernetzungsbedingungen wie auch Probleme der informationellen Selbstbestimmung, die es in diesem Zusammenhang zu bedenken gilt.

Bezogen auf das Feld mobiler Kommunikationstechnologien führen Green/ Haddon (2009, 115f) drei relevante Felder an, die es in Bezug auf Machtfragen kritisch zu diskutieren gilt. Zum einen sei das die Frage nach der Kontrolle über die eigene Technologie und über jene der Anderen sowie die Aushandlung interpersoneller Beziehungsnetzwerke. Zum zweiten seien es jene Machtbeziehungen, die als konstituierendes Element die soziale Ordnung beeinflussen sowie dort zugeschriebene Rollen, Autoritäten und Beziehungen bestimmen. Schließlich gilt es Machtbeziehungen in ihrer Ausprägung als Ideologien und politische Ökonomie zu sehen, in deren Rahmen etwa die Rolle der Technologien in politischen Prozessen zu klären sei. In diesem Zusammenhang wären etwa auch Formen des Widerstands mit Hilfe neuer technologischer Vernetzungsmöglichkeiten zu berücksichtigen wie auch die Frage, welche Inhalte für welche Nutzergruppen zugänglich sein sollten. (vgl. Green/Haddon 2009) Zusätzlich dazu sind noch die Problematiken um den

4.5 Das Dispositiv der Konnektivität im Kontext des Alltags

Schutz der informationellen Selbstbestimmung, neue Möglichkeiten der Überwachung sowie die Ökonomisierung kommunikativer Handlungsformen zu bedenken. Damit stellt sich die Frage nach der Macht als ein breit gefächertes Problemfeld dar, in dem an vielen Punkten unterschiedliche Dynamiken ihre Wirksamkeit entfalten. „Mobility and control over mobility both reflect and reinforce power. It is not simply a question of unequal distribution, that some people move more than others. Some have more control than others."[136] (Massey zit. in de Souza e Silva/Frith 2012, 12) Besonders raum-sensitive Anwendungen mobiler Kommunikation seien Technologien, „[that] are reshaping mobility, privacy, power, and control in public space, as well as social relationships".[137] (de Souza e Silva/Frith 2012, 12) Für den Prozess der Mediatisierung gilt es – wie erwähnt – zu bedenken, dass ein Großteil der vernetzten Kommunikationsformen von der Ratio ihrer Ökonomisierung und Kommerzialisierung dominiert bleibt.[138] Und nicht selten gehen auch Effekte der Überwachung und neu sich etablierender Formen der Kontrolle der Privatsphäre auf die Logik neuer Geschäftsmodelle zurück, die das kommunikative Handeln der Netzwerkteilnehmerinnen und -teilnehmer einer ökonomischen Zweckrationalität unterordnen.

Geht man also von einem Rahmenmodell aus, das auf der Ebene des „sozialisierten Menschen ansetzt, der in und durch Kultur und Gesellschaft existiert" (Thomas/Krotz 2008, 32), kann diese Einbettung nicht ohne die darin eingewobenen Machtkonstellationen und kritischen Problemlagen gedacht werden. Die Analyse der voranschreitenden Entwicklung der Mediatisierung hat somit auch Fragen nach

---

136 Hipfl streicht in diesem Kontext den Machtfaktor von Raum und Mobilität insofern heraus, indem sie auf die zur Mobilität gezwungenen Flüchtlinge hinweist, die oftmals über ihre räumliche Beweglichkeit „wenig bis gar keine Kontrolle" hätten. (Hipfl 2004, 30) Zudem gilt es jene Gruppen zu bedenken, deren Mobilität aufgrund eingeschränkter sozioökonomischer Rahmenbedingungen streng limitiert ist und die daher als echte Mobilitätsverlierer gelten müssen. Gerade im Kontext von Flüchtlingsströmen spielen neue Technologien der Vernetzung aber auch eine wichtige Rolle für die zur Mobilität gezwungenen Menschen.
137 Die Autoren verweisen in diesem Zusammenhang auf Solove, der in Bezug auf die Problematik mit der Privatheit auf drei Bereiche verweist, die es zu differenzieren gelte. Es sind das die Phänomene der Transparenz, jene der Exklusion und die der Datenaggregation. „All three of these concerns are related to the idea of control and apply to local privacy." (de Souza e Silva/Frith 2012, 128f)
138 Neben dem Metatrend der Kommerzialisierung, der insbesondere das Feld der mobilen Kommunikationstechnologien seit seinen Anfängen dominiert, erkennt Silverstone in den Technologien einen für diesen Kontext relevanten Faktor: „Technologies are political. Their innovation is motivated by political and economic interest and agendas. […] There are unequal powers." (Silverstone 2006, 235)

darin wirksamen Konstellationen der Dominanz und Macht zu stellen. Aneignung wie Nutzung, also die „Domestizierung" von Kommunikationstechnologien, finden unter dem Einfluss dispositiver Strukturen statt, die sich im Rahmen von Mediatisierungsprozessen zwischen den Polen neuer Freiheiten und Handlungsspielräumen aber auch Zwängen und Einschränkungen entwickeln. Anzupassen sind diesen Prozessen neue kommunikative Verhaltensregeln ebenso wie soziale Kommunikations- und Handlungsmuster, wie sie sich etwa als Folge der Auflösung alter Grenzziehungen zwischen Öffentlichkeit und Privatheit bzw. Arbeit und Freizeit herausbilden.[139] Ebenso verändert sich das Verhältnis des Subjekts bzw. des Körpers zum sozialen Raum, da dieser auf der Basis seiner technologischen Vernetzung durch einen weitaus höheren Grad an Offenheit und Verletzlichkeit gekennzeichnet ist. Yoshida (2010, 49) fragt daher zu Recht, ob das nun bedeute, „dass der rechtmäßige Raum des individuellen Körpers (der Subjektivität) in Bezug auf seine Zugänglichkeit oder Unzugänglichkeit für den Konsum anderer reguliert wird?" Im Kern des Dispositivs der Konnektivität ergibt sich für die Individuen eine neue Qualität einer „fusional relationship" (de Gournay zit. in Fallend 2010, 196), die auch die Handlungsoption widerständiger Praktiken eröffnet und alternative Verhaltensformen kennt. Vor diesem Hintergrund ist es daher sinnvoll, das eingangs vorgestellte Modell angereichert um die diskutierten Rahmenbedingungen abschließend darzustellen.

Grundsätzlich versucht das hier entwickelte Modell den Fokus auf die Idee zu legen, dass wir es bei der Analyse des Dispositivs mediatisierter Konnektivitäten mit einer Struktur zu tun haben, für deren neue qualitative Zuspitzung es dafür typische Prozesse zu adaptieren gilt. Wie oben dargestellt, gilt es zunächst Phänomene veränderter Raumstrukturen für das Umfeld mobiler Konnektivitäten neu zu konzipieren. Dahingehend stellt sich die Idee hybrider Multilokalität als für dieses Feld charakteristisch dar. Hinsichtlich des Prozesses der Domestizierung müssen und können wir mit Formen der „mobilen Domestizierung" rechnen. Sie erkennt innerhalb des Basisprozesses von Domestizierung den Stellenwert des Zuhauses als eine nach wie vor wichtige Basis der Aneignung von Medien an, betont aber den beständig wachsenden Stellenwert des Faktors von mobilen und individuellen

---

139 Die Auflösung der Grenzziehung zwischen den Zonen der Arbeit und Freizeit bringt nicht zuletzt auch eine Auflösung der Diskrepanz zwischen den Sphären informeller interpersoneller Beziehungen und den Bereichen einer formellen Organisation, wie sie etwa in Institutionen vorherrschen, mit sich. (vgl. Geser 2006, 31) Die Auflösung „diskreter", also voneinander bisher abgeschlossener Zonen, veranlasste etwa Cooper dazu, das mobile Telefon als eine „indiskrete Technologie" zu bezeichnen. (Cooper zit. in. Höflich 2006, 143) Zur Auflösung der Zonen zwischen Arbeit und Freizeit vgl. etwa Gant/Kiesler (2002).

4.5 Das Dispositiv der Konnektivität im Kontext des Alltags

Aneignungs- und Nutzungsstrategien von Technologien im Rahmen der Dauervernetzung. Ähnlich verhält es sich mit dem Prozess der „mobilen Privatisierung", der in Weiterentwicklung des Williams'schen Modells für die neuen Rahmenbedingungen als „mobile Individualisierung" adäquater erscheint. Vor dem Hintergrund dieser Adaptionsschritte lässt sich das weiter oben in seiner Grundstruktur bereits entworfene Modell folgendermaßen präzisieren.

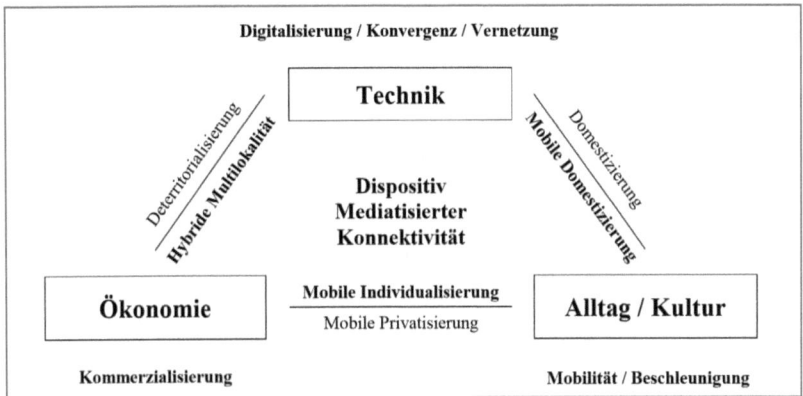

Abb. 9 Das Dispositiv Mediatisierter Konnektivität im Kontext seiner Rahmenbedingungen
Quelle: eigene Darstellung

Als ein Beitrag zur Weiterentwicklung der Mediatisierungstheorie gilt es mit Hilfe dieses Modells und mit der Bezugnahme zur Theorie der Dispositive einen Fokus auf darin wirksame dominierende Strukturen und Aspekte von Macht zu richten. In Bezug auf das sich allgemein durchsetzende Dispositiv der Dauervernetzung des Menschen mit Kommunikationstechnologien wird die darin eingeschriebene Kopplung der Technologie an die Ökonomie als dominierende Einflusskraft verstanden. Wie oben erwähnt, zeigen sich Effekte dieser dispositiven Struktur etwa auf der Ebene neuer Möglichkeiten von Überwachung, damit zusammenhängender Erosionen von Privatheit und in einer zunehmenden Ökonomisierung kommunikativer Handlungsprozesse. Zudem erweitern Nutzungsformen von Zusatzapplikationen und weiterführende Vernetzungsformen im Rahmen einer fortschreitenden Umgebungsvernetzung das Spektrum des Kommunikationshabitus der Dauervernetzung. Über den Weg sich verfestigender Handlungsroutinen und Praktiken der Kommunikation setzen sich alltagskulturell damit dominante Nutzungsmodi durch, die es im Rahmen der Mediatisierungstheorie sowohl auf der Ebene der Individuen wie auch auf gesamtgesellschaftlicher Ebene kritisch zu hinterfragen und zu diskutieren gilt. Ebenso sind die Wechselwirkungen zwischen der Mikro- und der Makroebene in ihren gegenseitigen Verschränkungen ernst zu nehmen. Aus einer kommunikationswissenschaftlichen Perspektive gilt es daher verstärkt über alternative Technikimplementierungen bzw. Nutzungsformen nachzudenken, die stärker human- und gemeinwohlorientierten Ansätzen verpflichtet sind und nicht nur einer Ratio ökonomischer Nutzungskalküle folgen. Gerade auch die Dispositivtheorie kennt die Idee der Entwicklung widerständiger Praktiken und richtet ein Augenmerk auf die Identitäts- und Verhaltensausbildung des darin agierenden Individuums.

Hinsichtlich des oben dargestellten Modellvorschlags sei noch darauf verwiesen, dass sich diese Skizze – wie an anderer Stelle auch hervorgehoben (vgl. Steinmaurer 2013b) – als eine Akzentuierung und Hervorhebung bestimmter Dimensionen versteht. So werden im Modell durchaus auch stark dominierende Dynamiken einer zunehmenden Beschleunigung von Kommunikationsprozessen und ihr Einfluss auf Individuum und Gesellschaft nicht zentral hervorgehoben, wenngleich sie im Rahmen dieser Arbeit durchaus diskutiert und reflektiert werden. Zudem gilt es die oben dargestellten Zuordnungen auch als übergreifende und damit auch flexible Dimensionen zu begreifen. So stehen etwa Prozesse einer „mobilen Domestizierung" auch stark mit Wechselverhältnissen von Technologie und Ökonomie in Verbindung. Gleichfalls lassen sich etwa Phänomene einer „hybriden Multilokalität" zum Spannungsfeld von Technologie und Alltagskulturen in Bezug setzen. Es gilt also das oben vorgeschlagene Modell unter den Einschränkungen der notwendigen Abstraktion und bewussten Reduktion auf bestimmte Dimensionen hin zu verstehen, das seine Modellierung der hier gewählten Themenfokussierung verdankt.

Teil II
Zur historischen Entwicklung mediatisierter Konnektivitäten

Prozesse des Medienwandels aus historischer Perspektive 5

Eine Auseinandersetzung mit Phänomenen des medialen Wandels ist untrennbar mit der Analyse historischer Entwicklungslinien von Medien und Kommunikationstechnologien verbunden und eng mit der Frage verknüpft, aus welchem historischen Erkenntnisinteresse heraus eine Analyse historischer Transformationsprozesse erfolgt. Das im Rahmen der Kommunikationswissenschaft entwickelte Fachverständnis von einer zunächst vielfach isoliert angelegten Fakten- und Typengeschichte über ihre Erweiterung zu einer Geschichte der Einzelmedien hin zu einer Struktur- und Sozialgeschichte trug entscheidend zu einer Ausdifferenzierung des Untersuchungsfelds bei. Mit der Integration sozial- und alltagsgeschichtlicher Ansätze, die auch Blickwinkel einer „Geschichte von unten" mit einschloss, wurden kommunikationshistorische Ansätze zudem um Aspekte mentalitätshistorischer Zugänge erweitert. Harry Pross forderte schon 1985, „Mediengeschichte müsste eine Art Universalgeschichte [...] werden, wenn sie die konstitutive Macht der Kommunikation für die Gesellschaft interpretieren wollte". (vgl. Pross 1987, 12) Schließlich hat eine differenziert aufgearbeitete Geschichte von Kommunikation und Medien auch danach zu fragen, welche Richtungsverläufe von Geschichte ihre Grundlage bilden, welche prägenden Triebkräfte die Entwicklung dominieren und welche Arten von Periodisierungen gewählt werden. (vgl. Brügger 2002, 33)

Im Feld der Kommunikations- und Medienwissenschaften ist die Erschließung historischen Wissens von einer Reihe unterschiedlicher Zugangsweisen mit jeweils spezifischen Komplexitätsgraden geprägt. So differenziert etwa Hickethier (2003, 353) neben chronologischen Darstellungen und Strukturgeschichten unterschiedliche Felder im Bereich der Geschichte der Massenmedien sowie jene der Einzelmedien.[140] Ansätze aus der Kanadischen Schule weisen wiederum Wege in eine „Ausdehnung

---

140 Dazu zählen die Institutionengeschichte, die Technikgeschichte, die Programm- und Produktgeschichte sowie die Rezeptions- und Wahrnehmungsgeschichte. (vgl. Hickethier 2003, 353)

der Mediengeschichtsschreibung auf die gesamte Kulturgeschichte". (Hickethier 2003, 360) Werner Faulstich steht für den Versuch, existierende integrative Ansätze, wie jene in Richtung einer Sozialgeschichte oder Funktionsgeschichte, auf dem Niveau einer Medienkulturgeschichte zu integrieren. (vgl. Faulstich 2004, 201[141]) Und Krotz machte aus dem Blickwinkel der Mediatisierungstheorie den Vorschlag, nicht das „Soziale insgesamt in den Blick zu nehmen, sondern so etwas wie gesellschaftliche Metaprozesse [...], um eine Kommunikationsgeschichte zu schreiben". (Krotz 2010, 105) Denn wenn es darum geht, „dass Gesellschaften und Kulturen durch für sie typische kommunikative Handlungs- und Interaktionsmuster beschrieben und charakterisiert werden können" (Krotz 2010, 97) und im Verlauf der Geschichte das Hinzukommen jeweils neuer Medien einen Prozess in Gang setzt, „in dessen Verlauf sich Medien und Kommunikation ausdifferenzieren und so die Medienumgebungen der Menschen immer komplexer werden" (Krotz 2010, 106), lässt sich eine derartige Herangehensweise als Mediatisierungsgeschichte begreifen. Auf der Mikroebene frägt sie „nach dem Wandel von Kommunikation und [...] nach dem Wandel der Menschen und ihres Alltags und ihrer sozialen Beziehungen", auf der Makroebene wiederum nach dem Wandel von Politik und Wirtschaft, von Sozialisation, Gesellschaft und Kultur. (Krotz 2012a, 37)

Im Feld der klassisch kommunikationshistorisch orientierten Analysen finden wir zumeist unterschiedliche Phasenmodelle, die auf der Basis derartiger Stufenverläufe bestimmte medientechnische Basisinnovationen mit Prozessen des sozialen Wandels in Verbindung bringen und damit auch Hinweise auf die Ausbildung von Mediatisierungsstufen liefern. Eine Periodisierung schlägt etwa Schmolke (1997) entlang unterschiedlicher „Epochengrenzen" vor, der eine erste Epoche zunächst mit der Entstehung der Schrift im Vorderen Orient (Ägypten) und der damit verbundenen Möglichkeit einer umfassenden Speicherung von Gedachtem festmacht. Darauf folgt die Epoche Gutenbergs mit den Prinzipien der Reproduzierbarkeit, Serienfertigung und Arbeitsteiligkeit von Produktionsprozessen. Ihr folgt die Phase des Aufkommens der öffentlichen Meinung mit der Funktionszuschreibung an Medien als Akteure zwischen Kontrolle und Freiheit. Sie mündet in einer Epoche der Übertragungstechnologien ohne Draht und Kabel, die schließlich in die Phase der Digitalisierung mit den damit verbundenen Konvergenzprozessen übergeht. (vgl. Schmolke 1997) Schade (2005) wiederum identifiziert gewisse „Epochen der

---

141 Faulstich unterscheidet „mindestens zehn verschiedene Ansätze" in der Mediengeschichtsschreibung: Dazu gehören die Annalistische Mediengeschichte, die Technikgeschichte, die Personen- und Ideengeschichte, die Institutionen- und Organisationsgeschichte, die Sozialgeschichte, die Kunst- und Ästhetikgeschichte, die Wahrnehmungsgeschichte, die Produktgeschichte, die Rezeptionsgeschichte sowie die Funktionsgeschichte. (vgl. Faulstich 2004, 199ff)

Medialisierung" und ordnet diese bestimmten Entwicklungsphasen von Gesellschaftsformationen zu: Von der Frühgeschichte bis Mitte des 15. Jahrhunderts wird der Wandel von Kommunikationsstrukturen im Übergang von archaischen zu ständisch strukturierten Gesellschaften und die Entwicklung von szenischen Medien, Schriften und nicht mechanisierten Druckverfahren angesetzt. Danach folgen – vom 15. bis zum 17. Jahrhundert – die Zeit der Mechanisierung des Buchdrucks und die zögerliche Ausbreitung periodischer Publikationen in stratifizierten Gesellschaften. Diese Phase wird im 18. und 19. Jahrhundert von der Epoche einer sich beschleunigenden „Medialisierung" im Zusammenhang mit der Herausbildung funktional differenzierter Gesellschaften abgelöst: Die Ära der Massenpresse im Zeitalter des Liberalismus und der Industrialisierung geht schließlich im 20. Jahrhundert in einen Zeitabschnitt der Popularisierung tertiärer Medien in Form der Differenzierung durch Radio und Fernsehen über. Ein vorläufiger Höhepunkt der Entwicklung ist mit dem Einsetzen der Digitalisierung (ab den 1980er Jahren) festzumachen. Andere Modelle, wie etwa jenes von Faulstich, orientieren sich hinsichtlich der jeweiligen Phasen weitgehend an den Pross'schen Medienkategorien.[142] (vgl. Faulstich 1994)

Ein Modell, das sich im Hinblick auf seine innere Strukturierung und hinsichtlich seiner Entwicklungslogik vom Großteil der vorliegenden Konzepte unterscheidet, finden wir im mediengenealogischen Entwurf Vilèm Flussers. Er ordnet den unterschiedlichen Entwicklungsstufen jeweils spezifische Erfahrungs- und Rezeptionsdimensionen zu, die entlang des Verlaufs der Medienentwicklung von einer Dreidimensionalität bis hin in eine Nulldimensionalität führen. (vgl. Flusser 1989, 10) Den Beginn der Entwicklung setzt Flusser mit der Phase des konkreten Erlebens an, in der Mensch und Tier – noch aufgehoben in einer Vierdimensionalität – leben. Mit der Benutzung und der Herstellung von Werkzeugen „als Verlängerung der menschlichen Organe" (vgl. Flusser 2006, 22) tritt der Mensch in die Phase der Dreidimensionalität (2.000.000 bis 40.000 v. Chr.) ein, die mit einer Trennung von Subjekt und Objekt einhergehen. Die Stufe hin zur Zweidimensionalität wird mit dem Auftauchen von Bildern – zumeist in Form der Abbildung von Tieren – erreicht, die eine neue Qualität des Umgangs mit der Natur mit sich bringt. Auf dem Niveau der Eindimensionalität, deren Ausprägung mit der Erfindung der linearen Schrift zusammenhängt, bildet sich schließlich auf der Basis der

---

142 Faulstich geht zunächst von einer Dominanz der Primärmedien (oder „Menschmedien") aus, der zwischen 1500 und 1900 eine Phase der Druck- also Sekundärmedien folgt. Zwischen 1900 bis Ende des 20. Jahrhunderts stehen die elektronischen, also tertiären Medien im Vordergrund und seither die durch die Digitalisierung hervorgebrachten Quartärmedien. (vgl. Faulstich 1994)

Linearität von Schrift die Darstellbarkeit von Geschichte aus.[143] Die bislang letzte Stufe erreicht mit der Erfindung der technischen und digital erzeugten Bilder die Ebene der Nulldimensionalität. Auf diesem Niveau übernehmen nach Flusser die Bilder vielfach die Funktion von Schrift als neue Träger für Informationen. „Zuerst trat man von der Lebenswelt zurück, um sie sich einzubilden. Dann trat man von der Einbildung zurück, um sie zu beschreiben. Dann trat man von der linearen Schriftkritik zurück, um sie zu analysieren. Und schließlich projiziert man aus der Analyse dank einer neuen Einbildungskraft synthetische Bilder." (Flusser 1995, 149) Den Möglichkeiten, die sich auf der Ebene der digitalen Bilderwelten eröffnen, stand Flusser mit einer gewissen Ambivalenz gegenüber. Denn auf dieser Stufe entscheide sich, ob der Mensch „im Universum der technischen Bilder" den Paradigmenwechsel hin in eine vernetzte Welt für sich als Erweiterung und Verbesserung seiner Entwicklung nützen könne, oder sich die „Telematik" gegen den Menschen selbst richte.

„Es ist möglich, daß die gegenwärtige Synchronisation von Massenmedien und Netzdialogen – bei gleichzeitiger Unterwerfung aller übrigen Kommunikationsformen unter diese Synchronisation – nicht zur Errichtung eines nachgeschichtlichen Totalitarismus, sondern zu einer neuen Stufe der menschlichen Kommunikation führt. Beide Möglichkeiten sind aus der gegenwärtigen Kommunikationsrevolution ersichtlich."[144] (Flusser 1996, 50)

Aus einer derartigen Analyse historischer Entwicklungsverläufe zeichnen sich freilich zum Teil andere Perspektiven auf historische Mediatisierungsverläufe ab, da damit auch deutlich die Verbindungen individueller Handlungsmöglichkeiten mit gesellschaftlichen Strukturen und damit verbundene Entwicklungsbedingungen ins Zentrum des Interesses rücken. Zudem wird damit stärker auch auf qualitative Kommunikationsprozesse Bezug genommen, als dies etwa im Rahmen klassischer Steigerungsparadigmen der Fall ist. Wenn etwa Hepp/Krotz in der

---

143 Die mit der Linearität der Schrift ebenso evozierte Linearität des Denkens hoben sowohl Flusser wie auch McLuhan immer wieder hervor. Inwiefern das „Aufschreibesystem" (Kittler 1985) Schrift in der Welt von Hypertext wieder eine neue Form der Entlinearisierung erfährt und inwiefern diese neue Struktur wiederum eine neue Form des Denkens induziert, gehört zu jenen Fragen, die es im Kontext der Mediatisierungstheorie zu vertiefen gilt.

144 Kritisch zu Flusser äußert sich Han, wenn er befindet, dass „Flussers digitaler Messianismus" der „heutigen Topologie der digitalen Vernetzung nicht gerecht" werde. Denn „das Projekt, zu dem sich das Subjekt befreit, erweist sich heute selbst als Zwangsfigur. Es entfaltet Zwänge in Form von Leistung, Selbstoptimierung und Selbstausbeutung." (Han 2013a, 63f)

Konzeptionierung des Modells von Mediatisierung zwischen quantitativen und qualitativen Aspekten unterscheiden, wird unter dem quantitativen Aspekt von einer Zunahme der technischen Medien als auch der Nutzungsformen über die Zeit ausgegangen. „If we focus on this in more detail, we can define mediatisation as an ongoing process of the increase of media communication on a temporal, spacious and social level." (Hepp/Krotz 2007, 5) So steigt mit der Zunahme der Medien auf der zeitlichen Achse ihre Verfügbarkeit und in räumlicher Hinsicht die Zugangsmöglichkeit an unterschiedlichen Orten. In sozialer Hinsicht sind kontinuierlich immer mehr soziale Handlungsfelder und Kontexte mit der Nutzung von Medien in Verbindung zu bringen. „With the increase of different media in human life, we have a synergetical process that brings mediatisation additionally forward, for example in the way cross-media content production is more and more characterised by mediated communication." (Hepp/Krotz 2007, 5) Mit dieser Hinwendung zu historischen Prozessen der Steigerung, Vervielfachung und Verdichtung darf allerdings der Blick auf die qualitative Ebene von Veränderungen nicht außer Acht gelassen werden. Denn insgesamt nennt Schade – neben der funktionalen Differenzierung und der Technisierung der öffentlichen Kommunikation – die „Medialisierung" bzw. „Mediatisierung" der Gesellschaft als einen der wichtigsten Strukturwandlungsprozesse für die Konzeptualisierung von Mediengeschichte[145] (vgl. Schade 2005, 46), wobei in diesem Zusammenhang „in historischer Perspektive [...] insbesondere [interessiert], ob, inwiefern und in welchen Schritten sich Medialisierung zu einem Transformationsprozess von gesamtgesellschaftlicher Bedeutung entwickelte." (vgl. Schade 2005, 50)

Wie immer die unterschiedlichen Modelle einer Mediengenealogie im Detail ausgeformt sein mögen: Es drängt sich in diesem Zusammenhang auch die Frage nach der Evolutionslogik als erkenntnisleitende Hintergrundfolie des medientechnischen Wandels auf. Denn neben der Steigerungslogik finden wir auch Muster unterschiedlicher Formen der Differenzierung und Linien der Diversifizierung in den Entwicklungsverläufen von Medien(technologien). Auch wenn eine Reihe von grundlegenden Prinzipien der Makrotheorie von Evolution – wie z. B. die „fehlende Berücksichtigung intentional handelnder Akteure" (Dogruel 2013, 57f) – für die Idee von Medienentwicklung sicherlich nicht übertragbar sind[146] und biologische von technologischer Evolution zu trennen sei (vgl. Latzer 2015), könnten dazu doch

---

145 Dazu nennt er noch die Individualisierung, Mobilisierung und Beschleunigung. (vgl. Schade 2005, 46)

146 Stöber fragt darüber hinaus, ob die Zielgerichtetheit bei der Entwicklung von Medien nicht doch eine Rolle spiele oder in welchem Ausmaß etwa das Beschleunigungsparadigma als zutreffend zu erachten sei. (vgl. Stöber 2003)

auch Parallelen festgemacht werden: Beide Prozesse seien als zeitabhängige, offene und ungleichmäßig verlaufende Prozesse anzusehen, da sie „wie alle historischen Prozesse [...] nicht vorhersehbar, [...] aber *ex post* folgerichtig" erscheinen. (Stöber 2003, 36) Die Evolutionstheorie würde daher „notwendige, aber keineswegs hinreichende Erklärungen zum Verständnis des kommunikativen und medialen Wandels" bereitstellen. (Stöber 2008, 142) Darüber hinaus wirken sowohl für die Evolutionstheorie wie auch die Medienentwicklung endogene und exogene Faktoren als beeinflussende Komponenten und stellen als solche Ausdifferenzierungsprozesse dar. Und schließlich sei noch die Rolle des Interpretationsstandpunkts zu bedenken: Denn „die Evolution des Lebens und die der Medien erzeugen nur die Illusion des Fortschritts. Ob von Fortschritt gesprochen werden kann, hängt von der Perspektive ab." (Stöber 2003, 36) Auch von Merten (1994, 141) wird das Evolutionsmodell von Kommunikation als ein sowohl für psychische wie auch soziale Systeme „durchgreifender und hochrelevanter Prozess" verstanden. Er versteht darunter die „Veränderungen der Struktur in gewissem Umfang und über eine gewisse Zeit hinweg", die „eine positive Inferenz auf die Systeme" haben müssen, „deren Struktur verändert wird". (Merten 1994, 141) Die Evolution von Kommunikation sei als eine „notwendige Voraussetzung für die Evolution von Gesellschaften" zu verstehen. (vgl. Merten 1994, 142) Ziemann wiederum operiert mit den Metaphern der Evolution wie auch mit jener der Revolution, die er beide für die Beschreibung des medialen Wandels als tauglich erachtet. Die Idee von Revolution würde sich gut für die Makroperspektive eignen, die ihr Auge auf die Abfolge großer medialer Epochen von Leitmedien richte, währenddessen der Evolutionsgedanke „die Analyse auf mediale Veränderungen als Prozessgeschehen von Variation, Selektion und Restabilisierung" (Ziemann 2006, 27) fokussiere. Er geht davon aus, dass Medienentwicklung „keiner logischen Steigerungskette" folgt und „kein fortschrittsoptimistisches Endziel" kennt, zumal auch – unter Verweis auf Kittler – selbst die Geschichte der Technik als eine „Geschichte von Schnitten" zu sehen sei und die „evolutionären Errungenschaften neuer Produktions- und Verbreitungstechniken von Kommunikation" [...] [als] Vergrößerungen eines ‚range of correspondences', verstanden werden müssten. (Ziemann 2006, 29) Der Vorteil dieses Zugangs läge darin, die Evolutionstheorie stärker unter dem Blickwinkel der Wechselwirkungen von Gesellschaft und Technik zu akzentuieren. Denn die Evolutionstheorie wäre in der Lage Beschreibungen zu liefern, „wie Entwicklung und Wandel rekursiv ablaufen und wie sich prinzipiell ‚geringe Entstehungswahrscheinlichkeiten in hohe Erhaltungswahrscheinlichkeiten' [...]" transformieren. „Medientechnik und Medienfunktion unterliegen demnach einem „kontinuierlichen Selektionsprozess und gesellschaftlichen Anpassungsdruck." (Ziemann 2006, 31) Latzer plädiert daher auch für den Begriff der Ko-Evolution, die als „komplexes, d. h. adaptives, nicht-lineares Systemverhalten gekennzeichnet sei" und eine „dauerhafte Wechselbeziehung mit Kausalitäten in beiden Richtungen" kenne.[147] (Latzer 2015, 100)

Dem Modell der evolutionären Entwicklungslogik von Medien und Kommunikation, nach dem sich „Möglichkeiten von Kommunikation [...] evolutionär in der Zeit" vergrößern, (Merten 1994, 142) kann also eine gewisse Erklärungsqualität und -reichweite zugesprochen werden, stößt gleichzeitig aber auch an Grenzen. Vor dem Hintergrund einer Geschichte von Mediatisierungsprozessen problematisierte zuletzt Hepp die Tatsache, dass ein auf das Prinzip der Evolution gerichteter Blick „nicht nur den Zugang zur Komplexität und Widersprüchlichkeit der Veränderungen, mit denen wir aktuell konfrontiert sind" verhindere. „Es suggeriert auch eine Funktionalität des Fortschritts" (Hepp 2013a, 48) und damit eine Engführung, die der Differenziertheit des Mediatisierungskonzepts nicht entspricht. So weist uns Arnold darauf hin, dass ein auf das neodarwinistische Schema ausgerichtetes Evolutionsmodell von Luhmann nach den Mechanismen Variation, Selektion und Restabilisierung (vgl. Arnold 2008, 115) eine Reihe von Defiziten aufwirft, wenn es darum geht, bei der Durchsetzung von Innovationen – sei es auf der Programmebene oder bei konkreten medientechnologischen Innovationen – nach konkreten Gründen für die Durchsetzung oder deren Zurückweisung zu fragen. „Bei der Selektion hat das Konzept der Kommunikationsmedien zwar eine gewisse Erklärungskraft. Allerdings ist die Feststellung, dass durch Macht und Geld gestützte Variationen größere Chancen haben, selektiert zu werden, auf dieser allgemeinen Ebene banal und deshalb kaum befriedigend." (Arnold 2008, 118) Zudem blieben viele Erklärungen nur auf dem Niveau des Allgemeinen hängen, kurzfristige Entwicklungen einzelner Teilsysteme scheinen mit seinem Modell nicht erklärbar zu sein „und manche Phänomene geraten möglicherweise überhaupt nicht ins Blickfeld". (Arnold 2008, 118) Daher schlägt Arnold die Erweiterung des Modells um die Perspektive der akteurstheoretischen Herangehensweise vor[148] und sieht – neben einem Hinweis

---

147 Auch Dogruel (2013) erkennt im Modell der Ko-Evolution ein geeignetes Beschreibungsmodell für die Erklärung medienstruktureller Wandlungsprozesse. Eine derartige Sichtweise böte die Möglichkeit, „diese nicht einseitig als kausale Prozesse zu modellieren, sondern ihre Einbettung in gesellschaftliche Kontextfaktoren und daraus abgeleitet Entwicklungsdynamiken [...] zu erfassen sowie den Wandel von Medienstrukturen als kollektiven Prozess zu untersuchen, der heterogene Akteure umfasst, die wechselseitig Anpassungsdruck aufeinander ausüben". (Dogruel 2013, 61)

148 Arnold erhofft sich konkret aus einem „differenztheoretischen Konzept, das akteurs- und systemtheoretische Perspektiven verbindet", Möglichkeiten, „das interessegeleitete Handeln individueller und kollektiver Akteure in bestimmten Situationen oder Phasen zu untersuchen, andererseits aber auch die Struktur- und Systemebene zu berücksich-

auf den Einfluss der Technik – auch die aus dem Leistungsbezug hervorgegangenen Prozesse der Kommerzialisierung und des Konkurrenzmechanismus als Integrationsaspekte an. Vor allem weist sie auf die Wirkungskraft ökonomischer Interessen hin, die nicht zuletzt vor dem Hintergrund entsprechender Technikentwicklungen und programmlicher Innovationen zunehmend an Einfluss gewinnen.

Ein Ansatz, der immer wieder auf Ideen von Fortschritt und Steigerung rekurriert, ist mit den Diffusionstheorien angesprochen. Unter Bezugnahme auf idealtypische Verlaufskurven der Invention, Innovation und Diffusion, wie wir sie auch aus der Technikgeneseforschung kennen, sind damit insbesondere die Konzepte von Everett Rogers aber auch Modelle des österreichischen Nationalökonomen Joseph Schumpeter verbunden. Während es Schumpeter in seinem Ansatz einer zyklischen Wirtschaftsentwicklung vorwiegend um ökonomische Entwicklungsszenarien ging, und der im Rahmen von Produktionszyklen den Innovationsfaktor der „schöpferischen Zerstörung" als zentrale Weichenstellung ansieht, charakterisierte Rogers (1964) Innovationskurven als Verlaufskurven der Technologien wie auch von innovativen Ideen. Beide Modelle erfuhren in unterschiedlicher Weise eine breite Rezeption. Mit Schumpeter fand etwa der Begriff der „Kondratjew-Zyklen" große Verbreitung, der sich auf den russischen Wirtschaftswissenschafter Nikolai Kondratjew und seine Forschungen zu den volkswirtschaftlichen Konjunkturzyklen im Rahmen der Theorie der langen Wellen bezog. Die Neo-Schumpeterianische Schule argumentiert wiederum in kritischer Auseinandersetzung mit dem klassischen Modell damit, dass zwar (in der ersten Hälfte einer Phase) von starken technoökonomischen Determinierungen ausgegangen werden könne, danach allerdings soziale Formatierungskräfte und Ideen längerfristiger Nutzenkalküle (vermittelt über Regulierungsinstitutionen) wieder an Gewicht gewinnen.[149] (vgl. Rogers/Sparviero 2011) Für den Bereich neuer Technologien kann Benkler als Vertreter jener Innovationstheorien gelten, die von einer „confluence" im Wechselverhältnis des technischen und ökonomischen Wandels ausgehen. (vgl. Latzer 2015, 105) Eine in der Kommunikationswissenschaft „weitgehend vernachlässigte Kombination" erkennt Latzer in der Verknüpfung von „innovations-, evolutions- und komplexitätstheoretischen Ansätzen", aus der heraus eine Fundierung für das Verständnis von Medienwandel erfolgen könnte. (vgl. Latzer 2015)

---

tigen, die das Handeln der Akteure prägt, von diesen jedoch auch hervorgebracht wird. Anders als bei der Luhmann'schen Systemtheorie können Bezüge zwischen einer eher konkreten und einer eher abstrakten Ebene hergestellt werden." (Arnold 2008, 127f)

149 Weitere, in den Denkschulen ökonomischer Entwicklungsmodelle verhaftete Ansätze finden wir etwa in den Stadientheorien des Futurologen Alvin Toffler, der sich mit dem Phänomen der „Dritten Welle" auseinandersetzte. (vgl. Toffler 1983)

5 Prozesse des Medienwandels aus historischer Perspektive

Ansätze, die sich sowohl gegen evolutionäre Strukturierungen wie auch ökonomische Steigerungslogiken wenden, entwickelte Siegfried Zielinski in seinen „Audiovisionen", in deren Rahmen Kino und Fernsehen als „Zwischenspiele der Geschichte" mit Blickwinkel auf eine „integrierte Mediengeschichte" im „doppeltem Sinn" konzipiert werden. (vgl. Zielinski 1989) Einerseits werden darin wichtigste Stränge einer kulturindustriellen Entwicklung von Kino und Fernsehen in einer integrativen Sichtweise mit sozio-kulturellen Aspekten verbunden. Die Materialität der Medien wird als ein triadisches Modell von Technik-Kultur-Subjekt begriffen und mit drei Denktraditionen verbunden: Das sind zum einen die Cultural Studies, weiters die moderne Technikgeschichtsschreibung sowie ein metapsychologischer Zugang zum Mediendiskurs, der sich auf die Arbeiten von Comolli, Baudry, Metz und Heath beruft. „In der Entfaltung eines Apparatebegriffs, der kulturell dimensioniert ist, eines Kulturbegriffs, der auch das Technische wesentlich enthält, und in der Einbindung des Subjekts in dieses Wechselverhältnis lässt sich das theoretische Interesse des Entwurfs zur Geschichte der Audiovision grob umreissen." (Zielinski 1989, 16) Andererseits weist seine daran anschließend entwickelte Archäologie der Medien in die „Tiefenzeit des technischen Hörens und Sehens" und liegt in der Suche nach „Wendungen" und „Brüchen" quer zu klassischen Diskursen der Steigerung und Perfektionierung, wenn sie versucht, auf der Basis einer Recherche nach „Phantasten und Modellierern" (Zielinski 2002, 19) – von Empedokles über Athanasius Kircher bis zu Cesare Lombroso – aus der Frühzeit der Medien „individuelle Variationen herauszufinden, anstatt auf verbindliche Trends, Führungsmedien und zwingende Fluchtpunkte zu insistieren". (Zielinski 2002, 17). In diesem Sinn verstanden ist „Mediengeschichte [...] nicht der Ausdruck einer allmächtigen Tendenz vom Primitiven zum komplexer Zusammengesetzten" (Zielinski 2002, 16), sondern sucht in einer „an-archäologischen" Betrachtungsweise nach „dynamischen Momenten" in der „abgelegten Vergangenheit", die „kraftvoll in Heterogenität schwelgten und dadurch Spannungen zu den anderen Augenblicken erzeugen, sie relativieren und entscheidungsfähiger machen können". (Zielinski 2002, 21f) Dieser Entwurf eines historischen Denkens zur Genese von Medienartefakten, wie sie von einzelnen Erfinderfiguren ersonnen und im Rahmen vielfach verschlungener technokultureller Wege zusammenhängen, ist damit bewusst abseits des Mainstreams medien- und kommunikationshistorischer Forschung positioniert. Ähnlich abseits kanonisierter Diskurse dürfte – wenn auch nicht so pointiert – die politökonomisch orientierte Aufarbeitung der Geschichte von Kommunikation einzureihen sein, wie sie Prokop mit dem „Kampf um die Medien" als „Geschichtsbuch der neuen kritischen Medienforschung" vorgelegt hat. (vgl. Prokop 2001) Prokop untersucht darin die Geschichte der Massenmedien als eine nicht an der Idee von Evolution orientierte Geschichte „des Kampfs um Medienfreiheit, Rationalität, Individualität, Kreativität,

Solidarität, Demokratie, Emanzipation. [...] Die neue kritische Medienforschung untersucht [...] [vielmehr] wo und wie sich in der Mediengeschichte identitäts-stärkende, solidarische, rational-diskursive Kommunikations- und Entscheidungsformen entwickelten, durch welche Macht- und Wirtschaftsstrukturen und durch welche Theorien sie verhindert wurden und in welchen strukturellen Konstellationen sie sich trotz aller Macht- und Wirtschaftsinteressen – und oft auch über sie vermittelt – durchsetzen." (Prokop 2001, 8f)

Ohne an dieser Stelle weiter auf Entwicklungsmodelle von Medientechnologien im Umfeld gesellschaftlicher Rahmenbedingungen bzw. auf Debatten der Techniksoziologie eingehen zu können (vgl. dazu ausführlicher Steinmaurer 2013a), sollte mit Blick auf den Prozess der Mediatisierungsentwicklung jedenfalls darauf geachtet werden, gegenüber den Mythen großer Geschichtserzählungen einen differenzierten Blick zu bewahren. Denn die – wie das Giesecke für die Entwicklung des Buchdrucks herausarbeitete –

„dominante Geschichtskonzeption der Buch- und Industriekultur ist mystifizierend, weil sie von den drei Hauptparametern der Kulturgeschichte: Umsturz und Erneuerung, Wiederholung und Bewahrung, Akkumulation und Besserung von Vorhandenem nur den letzten gelten lässt. Von dieser Einseitigkeit muss sich natürlich auch die Mediengeschichtsschreibung frei machen, die einen Beitrag zur Beratung der Informationsgesellschaft leisten will." (Giesecke 2002, 255)

Giesecke sieht ähnlich wie andere Autorinnen und Autoren die Bereiche der Technik, der Menschen und der sozialen Systeme in einer Koevolution aufgehoben, die sich „nicht [...] im kulturellen Ökosystem autonom ‚designen'„ lässt. Und es lässt sich sagen, dass eine „empirisch verankerte und gleichzeitig übergreifende sowie theoretisch ausgerichtete Kommunikationsgeschichte eher ein zu entwickelndes Projekt, denn ein bestehender Ansatz" sei und daher Anstrengungen in diese Richtungen zu unternehmen sind. (Giesecke 2002, 250) Die vorliegende Arbeit versteht sich jedenfalls als ein Beitrag zum Projekt einer breit verstandenen Kommunikationsgeschichte, die im Kontext sozialer Wandlungsprozesse den Fokus auf Prozesse der Mediatisierung richtet.

In einem nächsten Schritt gilt es zunächst ein Augenmerk darauf zu richten, wie sich Konzepte und Theorien des sozialen Wandels mit Ansätzen medialer Wandlungsprozesse in Beziehung setzen lassen, können wir doch von einem in sich stark ausdifferenzierten Interdependenzverhältnis zwischen diesen beiden Sphären ausgehen. So führt Krotz (2003) etwa folgende drei Typen von Zusammenhängen als gültig und „wahrscheinlich gleichzeitig" stattfindend an: Zum einen können wir uns den Wandel der Medien als *Teil und Ausdruck* des Gesellschaftswandels vorstellen, der sich in Metaprozessen der Individualisierung und Globalisierung realisiert. Weiters lässt sich Medienwandel als *Folge* des gesellschaftlichen Wandels verstehen, da mediale Innovationen sich auch nur dann in der Gesellschaft durchsetzen, wenn Bedarf nach ihnen besteht und sie gewissermaßen zum richtigen Zeitpunkt eine geeignete Passförmigkeit für nachgefragte Funktionen aufweisen sollten.[150] Schließlich lässt sich Medienwandel als *Ursache* gesellschaftlichen Wandels verstehen, wie das etwa die Werke von Meyrowitz verdeutlichten. Insgesamt liegt also ein „komplexes, dialektisches Verhältnis" vor, das auch im Kontext der Mediatisierungstheorie zu analysieren ist. (vgl. Krotz 2003, 15) Dabei gilt es immer wieder auch den Gesamtverlauf im Blick zu haben. Denn

> „Zeiten der Mediatisierung sind dementsprechend nicht nur die Zeiten, in denen Medien entwickelt werden und sich durchsetzen, sondern auch die, in denen die Vorbedingungen für ihre Erfolge geschaffen werden, in denen sich die menschliche Wahrnehmung von Wirklichkeit wandelte und dann in der Folge angepasst, normiert und standardisiert wurden. Zeiten der Mediatisierung äußern sich auch in gesellschaftlichen Entwicklungen, die neue Organisations-, Handlungs- und Wahrnehmungsformen erforderlich machen. Sie hängen damit natürlich immer auch von kulturellen und sozialen Bedingungen ab, von denen die Rede ist." (Krotz 2012b, 29)

Dies führt uns zu der Frage des sozialen Wandels und jenen unterschiedlichen Zugangspunkten, die eine weitere Vertiefung der Mediatisierungstheorie als Interdependenzgeschichte des medialen, kommunikationstechnologischen und gesellschaftlichen Wandels erlauben.

5.1 Zur Theorie sozialer Wandlungsprozesse

Die Verbindungen von Prozessen des medialen Wandels lassen sich mit den Transformationen von Kultur und Gesellschaft als „unauflösbar miteinander verbunden" begreifen. (Kinnebrock/Schwarzenegger/Birkner 2015, 12) Die theoretische Auseinandersetzung mit dem Phänomen des gesellschaftlichen Wandels, der als Fachbegriff erstmals 1920 von S. H. Prince[151] und eingehender schließlich 1922 von William F. Ogburn mit seinem Werk „Social Change" in die soziologische

---

150 Krotz (2003) belegt dies mit dem Hinweis auf die Tatsache, dass zwar in China die Technik des Buchdrucks Jahrhunderte vor Gutenberg erfunden, jedoch gesellschaftlich nicht implementiert wurde.
151 Prince, Samuel H. (1920): Catastrophe and Social Change. New York. Columbia University Publication.

Theorie eingebracht wurde[152], spiegelt in ihrer Reichhaltigkeit die hohe Komplexität des Phänomens wider. Ende der 1970er Jahre zeichnete sich im Hinblick auf die Theoriedebatte folgendes Bild: „Das Gebiet des sozialen Wandels ist zur Zeit gekennzeichnet durch einen Reichtum an Theorien, die sich entweder mit breit angelegten, allgemeinen Aspekten des Wandels oder mit eng eingegrenzten Details, aber selten mit beiden befassen." (Strasser/Randall 1979, 227) Es fehlt vor allem an umfassenden integrativen Theoriekonzepten aus der „Unzahl an einzelnen Ansätzen und Problemaufrissen". (Endruweit/Trommsdorff 1989, 803) Auch Zapf bestätigt diesen Befund, wenn er anführt, dass „die meisten ‚Theorien' des sozialen Wandels nicht Theorien im [...] deduktiven Sinn genannt werden können. Zumeist sind es viel komplexere Aussagen und Interpretationen der Ursachen, Abläufe und Wirkungen gesellschaftlicher Veränderungen: Kombinationen von Theorien, Modellen, Metatheorien und komparativen Analysen." (Zapf ³1971, 14)

Auch die definitorische Eingrenzung, was genau unter gesellschaftlichem Wandel zu verstehen sei, ist aufgrund der Vielschichtigkeit der Thematik kaum möglich und fällt jeweils spezifisch aus. In der Soziologie wird der Begriff des „sozialen Wandels" als „inflationierter Begriff" verstanden, dessen Theorien so „vielfältig wie das Spektrum moderner Sozialwissenschaften" sind. (vgl. Zapf ³1971, 18) Als eine sehr allgemein gehaltene Begriffsdefinition kann sozialer Wandel als die „Gesamtheit der in einem Zeitabschnitt erfolgten Veränderungen in der Struktur einer Gesellschaft" beschrieben werden. (Heintz zit. in Zapf ³1971, 13) Bei Hillmann wird sozialer Wandel als „Veränderung der quantitativen und qualitativen Verhältnisse und Beziehungen zwischen den materiellen und normativ-geistigen Zuständen, Elementen und Kräften in der Sozialstruktur" konzipiert. (Hillmann ⁴1994, 919[153]) Andere Autoren bezeichnen sozialen Wandel als „bleibende Veränderungen im Großen – von ganzen Gesellschaften oder doch wichtigen Bereichen und Institutionen von gesamtgesellschaftlichem Belang." (Scheuch 2003, 10) Zudem ist zu bedenken, dass die Vorstellungen über den Wandel in der Gesellschaft selbst grundsätzlich immer in Entwicklung begriffen sind,

> „(1) weil Gesellschaft und ihre Geschichte immer das Ergebnis des dialektischen Verhältnisses der zielgerichteten Handlungen der Gesellschaftsmitglieder und ihrer institutionellen Verselbständigungen sind; (2) weil die gesellschaftliche Wirklichkeit einerseits durch unterschiedliche Wert- und Interessenlagen von Individuen und Gruppen zu einem bestimmten Zeitpunkt unterschiedlich und andererseits durch den Zusammenhang von menschlichen Interessen und sozialwissenschaftlichem

---

152 Ogburn, William F. (1922): Social Change: With respect of Culture and Original Nature. New York: Huebsch.
153 Zu weiteren Definitionen vgl. Zapf, 31971, 13.

5.1 Zur Theorie sozialer Wandlungsprozesse

Wissen auch verschieden interpretiert wird; (3) weil über die Zeit hinweg der Gegenstand ein anderer wird und der theoretisch-methodische Zugriff durch Änderungen und Anpassungen der konkurrierenden Aussagensysteme sich ebenfalls wandelt." (Strasser/Randall 1979, 13)

Auf dieses Problem des Verhältnisses von Statik und Dynamik ist in der Analyse von sozialer Wirklichkeit sicherlich Rücksicht zu nehmen: Denn „es ist empirisch und theoretisch nicht einfach und eindeutig erklärbar, ob sich ein bestimmtes soziales System bzw. die ganze Gesellschaft in einem relativ schnellen oder eher langsamen Wandel befindet. Ist dies empirisch schon schwierig entscheidbar, so kommt hinzu, dass die Theorien als solche in sehr unterschiedlichem Maße zur Statik oder Dynamik (und damit des Wandels) von sozialen Systemen und Gesellschaften beitragen wollen." (Schäfer ^{6}1995, 9) Bei Rosa finden wir im Rahmen seiner Konzeptionierung von Beschleunigung den wichtigen Hinweis, dass sich sozialer Wandel selbst – vorangetrieben vom Faktor der technischen Beschleunigung – seit der Modernisierung dynamisiere und beschleunige. (vgl. Rosa 2005) Und zu berücksichtigen sei auch, dass in der Sozialstruktur unterschiedliche Entwicklungsgeschwindigkeiten der einzelnen Bereiche vorzufinden sind und sich Menschen, indem sie in „sehr unterschiedlichen Graden in Gegenwart, Tradition und Vergangenheit" leben, in einer „Gleichzeitigkeit des Ungleichzeitigen" befänden.[154] (Schäfer ^{6}1995, 9) Zudem gilt es darauf zu achten, auf welcher Ebene Phänomene des Wandels – ob innerhalb gesellschaftlicher Subsysteme oder gesamtgesellschaftlich – stattfinden und untersucht werden.

Die Frage, was den Wandel ausmacht, kann dabei nur insofern beantworten werden, als „jene Veränderungen in einer Gesellschaft, die als bedeutsam angesehen werden, [...] offenbar vom Aspekt der Gesellschaft bzw. vom Ausschnitt der sozialen Realität ab[hängen], der vom Sozialforscher für die Realisierung seiner Erkenntnisabsichten als strategisch betrachtet wird." (Strasser/Randall 1979, 28) In der gegenwärtigen Auseinandersetzung zu Fragen des sozialen Wandels haben sich freilich die Blickwinkel auf die Ausdifferenzierung sozialer Wandlungsprozesse vervielfacht. So kennen wir mittlerweile etwa über 40 Entwürfe so genannter „Bindestrich-Gesellschaften", die unter jeweils spezifischen Blickwinkeln versuchen, Gesellschaft zu beschreiben. (vgl. Pongs 1999, 2000) Schon die Anzahl allein ist Indikator für die Vielfalt und Heterogenität sowie die Tatsache, dass Gesellschaft heute nicht mehr mit einem einheitlichen umfassenden Konzept erfasst werden kann. Die jeweiligen Entwürfe spiegeln vielmehr das Erkenntnisinteresse und den

---

[154] Schäfer verweist hier auf den Terminus des Kunsthistorikers Wilhelm Pinder.

Blickwinkel der jeweiligen Autorinnen und Autoren wider und tragen damit ihren „selektiven Stempel". (vgl. Strassee/Randall 1979, 38)

„Daß es Aufgabe der soziologischen Theoriebildung ist, die homöostatisch-synchronische (d.i. soziale Organisation und Stabilität), die genetisch-diachronische (d.i. soziale Strukturbildung und Veränderung), die autonomische (d.s. Austauschbeziehungen zwischen den Elementen der Gesellschaft) und die kommunikativ-konstruktive Dimension (d.i. der Grad an kommunikativer Kompetenz in der Konstruktion sozialer Realität durch Interaktion) gesellschaftlicher Erscheinungen zu berücksichtigen, heißt nicht, das geschehe auch tatsächlich systematisch und in einem ausgewogenen Verhältnis." (Strasser/Randall 1979, 37)

Die theoretische Zuordnung unterschiedlicher Ansätze reicht von den struktur-funktionalen Theorien, Evolutionstheorien, historisch-materialistischen, systemtheoretischen bis hin zu kybernetischen Theorien des gesellschaftlichen Wandels.[155] Auf der Ebene der Theorien selbst kann wiederum nach ihrem jeweiligen Abstraktionsgrad (Aggregationsniveau) zwischen mikroskopischen (Veränderungen von Beziehungen, Rollen und Rollenverbänden) und makroskopischen (generelle Eigenschaften von Gesellschaft) Ansätzen differenziert werden, wobei insbesondere Ansätze zur politischen, sozialen und ökonomischen Modernisierung in den meisten Fällen makroskopischer Natur sind.[156] (vgl. Zapf ³1971, 17) Grundsätzlich sind als Leitmotive des Wandels moderner Gesellschaften – in Anlehnung an

---

155 Zapf erhoffte sich etwa von der Makrosoziologie Amitai Etzionis, „die strukturfunktionalistische, konflikttheoretische und kybernetische Betrachtungsweise explizit zu vereinen". (Jäger/Meyer 2003, 23) Diese Hoffnung hätte sich allerdings als „wenig berechtigt und weitgehend trügerisch" erwiesen, weshalb auch Zapf heute davon ausgehe, „dass eine einheitliche Theorie des sozialen Wandels nicht in Sicht" sei. (Zapf ³1971, 15)

156 Als meist verwendete Attribute zur Beschreibung des gesellschaftlichen Wandels werden die (analytische) Reichweite oder das Ausmaß, die betroffene Zeitspanne, die Richtung, Planbarkeit und die Geschwindigkeit (Beschleunigung, Verlangsamung) des Wandels angeführt. Ebenso wird nicht selten zwischen sozialen (Änderungen bei gesellschaftlichen Organisationen) und kulturellen Wandlungsprozessen (Veränderungen in Kunst, Wissenschaft, Technologie, Philosophie etc.) sowie zwischen Ursachen bzw. Faktoren (exogen vs. endogen) und Prozessen (einfaktoriell, mehrfaktoriell, Einheiten und Richtung des Wandels) unterschieden. (vgl. Strasser/Randall 1979, 28f, 40f) Weiters erfolgen Differenzierungen nach den Perspektiven (psychologische bzw. sozialpsychologische), Dimensionen und Formen (Verlaufsformen des Wandels, Richtung und Sequenz der Entwicklungsstadien) sowie Triebkräften der Wandlungsprozesse. (vgl. Strasser/Randall 979, 37f sowie Zapf ³1971, 17) Appelbaum führt darüber hinaus vier verschiedene Typen von Theorien des Wandels an: die Evolutionstheorien, Gleichgewichtstheorie, Konflikttheorie und die zyklischen Theorien. (vgl. Appelbaum zit. in Strasser/Randall 1979, 40)

5.1 Zur Theorie sozialer Wandlungsprozesse

Tönnies oder Weber – die Versachlichung von (menschlichen) Beziehungen sowie die Zunahme des Grads an Rationalisierung und die Differenzierung als zentrale Kategorien zu nennen. (vgl. Scheuch 2003) Zudem lassen sich – nicht zuletzt vor dem Hintergrund der hier relevanten Fragestellungen – die Kernentwicklungen der Individualisierung und jene der Beschleunigung als weitere wichtige Kategorien des sozialen Wandels identifizieren.

Ohne an dieser Stelle weiter auf die soziologische Theoriediskussion eingehen zu können, gilt es in der Auseinandersetzung um die Beschreibung des sozialen Wandels jedenfalls die Wechselbeziehung zwischen den Ebenen der Strukturen und des Handelns – also zwischen der Makroebene der Gesellschaft und der Mikroebene des Individuums – im Blick zu haben. Sie spiegeln die Differenzierung zwischen den System- und Handlungstheorien und damit auch die unterschiedlichen Zugänge zu den Beschreibungsfeldern wider. Für handlungstheoretisch angelegte Konzepte wie die Mediatisierungstheorie stellt sich jedoch stärker, als das für strukturorientierte Theorien der Fall ist, die Problematik, makrosoziologische Prozesse wie die des sozialen Wandels als Ganzes abbilden zu können, da das Erkenntnisinteresse von der Handlungsebene der Individuen ausgeht und weniger auf Aspekte der Gesamtstruktur abzielt. Eine mögliche Brücke zwischen diesen Ebenen verspricht die von Giddens entwickelte Theorie der Strukturierung zu schlagen. Sie sieht sich dem theoretischen Anspruch verpflichtet, Handeln und Struktur in einer Dualität zu verorten und konzeptualisiert das Gegenüber von Struktur und Handeln in kritischer Auseinandersetzung mit dem Funktionalismus als eine dialektische Vermittlungsstruktur. In der Dualität der Strukturen sind diese zugleich Medium wie auch Resultat von Handlungen, die auf der Grundlage von Regeln und Ressourcen erfolgen. Darin eingeschriebene Formen der Rekursivität schließen dabei immer die Möglichkeit der Replikation wie auch der Veränderung von Strukturen mit ein. (vgl. Giddens ³1995; Weder 2008, 349) Er lehnt Konzepte von geschlossenen Systemen ab und versteht soziale Systeme dynamisch als „raum-zeitlich produzierte und reproduzierte Handlungen". (Giddens ³1995, 68f) Einen besonderen Stellenwert nehmen im Giddens'schen Konzept die Handlungsroutinen der Menschen ein, die in eine Kontinuität der Reproduktion sozialer Praktiken integriert sind. Faktoren des Wandels werden dabei mitunter als „Entroutinisierung" von Handlungsstrukturen verstanden, wenn bestimmte Faktoren dazu führen, „dass der routinisierte Verlauf sozialer Interaktionen behindert oder aufgelöst wird". (Jäger/Meyer 2003, 101) Besonders jene für die Entwicklung der Moderne identifizierten Kernentwicklungen, die Giddens im „Auseinanderdriften von Raum und Zeit" und in der „Entbettung sozialer Systeme und Tätigkeiten" erkennt, sind von Relevanz für die Mediatisierungsforschung, da der Einfluss von Medien und Kommunikationstechnologien auf diese Kernprozesse zunehmend bedeutsamer wird. Sowohl die sich verdichtende Integration von Kommunikationstechnologien in die Handlungspraktiken des Alltags wie auch der mittlerweile hohe Durchdringungsgrad der Gesellschaft mit Kommunikationstechnologien insgesamt tragen in einem hohem Maß zur Strukturbildung sozialer Systeme bei.

Über die theoretische Fundierung der Mediatisierungsforschung hinaus ermöglicht die Theorie der Strukturierung Giddens'scher Prägung eine Brücke von der Handlungsebene auf die Systemebene zu schlagen und damit auch Prozesse des sozialen Wandels auf der Makroebene stärker zu integrieren. Auch diese Prozesse sind – wie das zuletzt etwa Rosa (2005) aufgezeigt hat – hohen Dynamisierungsbewegungen ausgesetzt. Er spricht von einem Akzelerationszirkel, der – ausgehend von der technischen Beschleunigung – zu einer Beschleunigung des sozialen Wandels selbst führt und als solcher wiederum eine Beschleunigung des Lebenstempos zur Folge hat. (vgl. Rosa 2005, 251) Ihren Niederschlag findet die Beschleunigung des sozialen Wandels in einer „Steigerung der Verfallsraten von handlungsorientierten Erfahrungen und Erwartungen" und in einer „Verkürzung der für die jeweiligen Funktions-, Wert- und Handlungssphären als Gegenwart zu bestimmenden Zeiträumen". (Rosa 2008, 133) Auch Jäger/Meyer konstatieren, „dass jener Wirkungs-, Sinn- und Bedeutungszusammenhang, den wir Gesellschaft nennen, in beschleunigte Bewegung gerät". (Jäger/Meyer 2003, 11) Ihrer Einschätzung nach wäre der „Komplexität der betreffenden gesellschaftlichen Vorgänge, die Vielzahl relevanter Bedingungsfaktoren und die Nicht-Linearität der zugrunde liegenden Dynamiken" mit umfassenden Theorien, wie sie Habermas oder Luhmann entwarfen, nicht mehr zu begegnen. (Jäger/Meyer 2003, 28) Winter (2010) wiederum argumentiert, dass gerade die Mediatisierungstheorie in Anschluss an die Makrotheorien von Habermas und Luhmann Ansätze erkennen ließe, in der Medien und Kommunikation als Instanzen der Vermittlung zwischen unterschiedlichen Ebenen konzipiert werde. Dies sei daher v. a. in der Tradition der Makrotheorien zu denken, „die Wandel auf der Mikroebene verstehen und erklären wollten" und in der „die Berücksichtigung von Medien der Kommunikation zur Konstitution des Sozialen in komplexeren Vermittlungsprozessen eine Innovation" darstellten. (Winter 2010, 290)

> „Dichotomien wie von Idealismus und Materialismus, Individualismus und Holismus, von Handlungstheorie und System- oder Strukturtheorie oder von System und Lebenswelt werden immer grundlegender in Frage gestellt. Weiterentwickelt wurde diese ‚Innovation' bisher vor allem deshalb nicht, weil es der Soziologie erstens an Wissen und Forschung zur Zunahme medialer Kommunikation fehlt, welches vor allem in den Medienkommunikationswissenschaften entwickelt wird, und zweitens,

5.1 Zur Theorie sozialer Wandlungsprozesse

weil ein Rahmen zur Integration dieser Forschung gefehlt hat, den die Mediatisierungstheorie nun anbietet."[157] (Winter 2010, 290)

Neben der im Kontext der Mediatisierungsforschung geleisteten Theoriearbeit, die von einer zunehmenden Zentralität der medialen und medientechnologischen Durchdringung der Gesellschaft ausgeht, sei noch darauf verwiesen, dass eine Reihe von Zeitdiagnosen im Vorfeld dem Phänomen der Medien bzw. dem Faktor der Kommunikation eine zentrale Strukturierungsrolle für Gesellschaft zusprachen bzw. diese Strukturierungsdimensionen zum Teil in das Zentrum ihrer Analyse rückten. In einem engeren Sinn mit Bezug zum Medien- und Kommunikationsbereich wurde der Übergang von der industriellen in eine nachindustrielle Gesellschaft bereits von Daniel Bell beschrieben, der diese Neustrukturierung auch als Informationsgesellschaft bezeichnete.[158] (vgl. Bell 1973) Konzepten wie diesen liegt allerdings, so die Kritik Hofkirchners (1999, 53), ein „fortschrittsoptimistischer, technikdeterministischer Bias" zugrunde. Ebenso spielte das im Denken des Kybernetikers Steinbuch (1961) wie auch bei Brzezinski (1968), der den Begriff des „technotronischen Zeitalters" prägte, eine wichtige Rolle.[159] (vgl. Hofkirchner 1999) Eine kritische Aufarbeitung des Konzepts der Informationsgesellschaft wurde von einer Reihe von Autorinnen und Autoren mit unterschiedlichen fachlichen Zugängen geleistet. Stellvertretend sei auf die Arbeiten von Webster (2006) oder

---

157 Winter selbst schlägt für das Feld der Medien- und Kommunikationsbeziehungen in Weiterentwicklung des von Hall eingebrachten encoding/decoding-Modells das „Medien-Kommunikations-Kontexte/Momente-Modell" vor, das über das Prinzip der medialen Konnektivität die Bereiche der Produktion, Allokation, Rezeption und Nutzung verbindet. „Mit diesem Kommunikationsmodell lässt sich die Differenzierung und Rationalisierung von sozialen Beziehungen wie auch der Metaprozess Mediatisierung als komplexer und paradoxer Prozess der Arbeit an der Verringerung medialer Abstände zu Leuten und Dingen empirisch und normativ neu verstehen." (Winter 2010, 292f)

158 Der Begriff der Informationsgesellschaft wurde bereits von Tadao Umesao 1963 in die Debatte eingebracht. (vgl. Steinbicker ²2011, 16) und als Übergang von der agrikulturellen über die stoffliche hin zur Informationsgesellschaft postuliert.

159 Stark repräsentiert finden wir die technoökonomische Dimension etwa bei Sola Pool, der in seiner retrospektiven Analyse zum Telefon schreibt: „The choice among the technological alternatives and decisions about just what services to offer, and in which ways they should function, was generally determined by an economic-technical set of considerations. [...] What actually emerged was determined by what could effectively marketed, for what activities capital could be raised, and what arrangements would allow for efficient billing – in short, by economic considerations." (Sola Pool 1983, 155)

Mattelart (2005) verwiesen.¹⁶⁰ Als sekundäre Faktoren spielten Medien und Kommunikationstechnologien darüber hinaus im Konzept der „Erlebnisgesellschaft" (vgl. Schulze 1992) oder im Entwurf der „Multioptionsgesellschaft" (vgl. Gross 1994) eine wichtige Rolle.¹⁶¹

Enger und direkt den Sektor der klassischen Medien betreffende Entwürfe finden wir in den Konzepten zur Mediengesellschaft, wie sie etwa Postman (1985), Saxer (2007) oder Münch (1991) vorlegten. Und stärker an den Paradigmen der technischen Innovation und den damit verbundenen Phänomenen des gesellschaftlichen Wandels orientierte Gesellschaftsentwürfe einer Netzwerkgesellschaft sind in den Arbeiten von van Dijk (1999) oder Castells (2001a) repräsentiert. Diese Konzepte, die als zentrale Werke pars pro toto für die Vielfalt unterschiedlicher Entwürfe zu diesem Themenfeld stehen, spiegeln die zunehmende Relevanz digitaler Kommunikationstechnologien und die Zentralität der Vernetzung für die Strukturbildung des sozialen Wandels wider. Dazu kommen jene soziologischen Analysen, die dem Wandel von Raumstrukturen und der Transformation der Zeitwahrnehmung einen zentralen Stellenwert im Kontext der Mediatisierung der Gesellschaft beimessen. Darüber hinaus gilt es noch auf medienwissenschaftliche bzw. medienphilosophische Entwürfe hinzuweisen, die das Apriori von Medien und Kommunikationstechnologien für das Subjekt und die Gesellschaft im Ganzen in unterschiedlicher Weise theoretisieren. Sie reichen von Analysen der Hyperrealisierung (wie bei Baudrillard) bis hin zu Entwürfen der telematischen Gesellschaft (bei Flusser) oder weitgehend technikphilosophisch orientierten Entwürfen (wie sie Kittler entwarf).¹⁶² Insgesamt untermauert die große Vielfalt an vorgelegten Konzepten die gestiegene Relevanz von Medien- und Kommunikationstechnologien für Strukturierungsprozesse des sozialen Wandels und ihren Stellenwert in der Gesellschaft.

Dem „Totalphänomen" des Medienwandels begegnet Wilke (2015) jüngst mit dem Vorschlag, eine Differenzierung unterschiedlicher theoretischer Zugänge für einen kommunikationswissenschaftlichen Kontext vorzunehmen. Der Überblick weist nicht weniger als elf Theoriestränge aus, die von anthropologischen Theorien, von Evolutions- und Zeichentheorien bis hin zu Gesellschaftstheorien reichen.

---

160 Vertieft wurde das Kozept etwa von Scott Lash, der – in Zusammenarbeit mit John Urry – die Informationsgesellschaft in ihrer globalen Bedeutung als eine neue symbolische Kultur begreift. (vgl. Lash/Urry 1994)

161 Gleichfalls liefern theoretische Konzepte, wie jene der Risikogesellschaft von Ulrich Beck (1986) mit der darin entworfenen Theorie der Individualisierung, zentrale Erklärungsschemata für eine Theorie der Mediatisierung.

162 Auf weitere Konzepte, wie der von Régis Debray entwickelten „Mediologie" oder auf Arbeiten von Paul Virilio, Norbert Bolz, Florian Rötzer, Dietmar Kamper, Peter Tholen oder Peter Weibel kann hier nur verwiesen werden.

5.1 Zur Theorie sozialer Wandlungsprozesse

Dazu kommen politische und ökonomische Theorieentwürfe wie auch Kultur- und Akteurstheorien. Die Mediatisierungsforschung selbst wird dabei – als ein den kommunikationswissenschaftlichen Theorien zugeordnetes Konzept – „als Resultante des Medienwandels" kategorisiert (Wilke 2015, 46) und damit als zentraler Zugang zu Fragen des Medienwandels verstanden. In der von Krotz vertretenen Konzipierung beschäftigte sich der Mediatisierungsansatz mit „dem Wandel von Alltag, sozialen Beziehungen, Identität etc. der Menschen, dem Wandel von Institutionen und Organisationen sowie dem Wandel von Kultur und Gesellschaft insgesamt und den damit zusammenhängenden Fragen". (Krotz 2015, 129) Er sei dabei als kein linearer, sondern rekursiver Prozess (Krotz 2015, 131) zu verstehen und Kommunikation wiederum als „zentraler Mechanismus" zu begreifen, „durch den sich wandelnde Medien Einfluss auf die Gestaltung von Alltag, Kultur und Gesellschaft nehmen". (Krotz 2015, 130) In Bezug auf die Phänomene des Wandels könne daher „Medienwandel einerseits als Voraussetzung für Mediatisierung, Mediatisierung andererseits als Voraussetzung für Medienwandel" gelten. (Krotz 2015, 132) Damit beansprucht dieser Zugang eine gewisse Zentralität für Fragen des Medienwandels und versteht sich als ein Analysezugang, der – mit einer handlungstheoretischen Fundierung – die vielschichtigen Wechselbeziehungen zwischen Individuum und Gesellschaft kritisch reflektiert sowie auf unterschiedlichen Ebenen und Prozessausprägungen analysiert.

Wenn es in einem weiteren Schritt nun darum geht, historische Entwicklungslinien von Mediatisierungsprozessen als fest mit den Wechselwirkungen des medialen und gesellschaftlichen Wandels verbundene Prozesse nachzuzeichnen, kann dies nicht ohne einen kursorischen Blick auf die Interdependenzbeziehungen von Technik und Gesellschaft geschehen. Sie wirken strukturbildend auf gesellschaftliche Transformationsprozesse und beeinflussen als darin integrierte Dynamiken auch das Kräfteverhältnis der Einflusskräfte insgesamt. Das Interdependenzgefüge zwischen Medientechnologien und Gesellschaft lässt sich sowohl auf der Ebene der handelnden Subjekte wie auch auf der Systemebene der Gesellschaft als strukturbildend erkennen. Da die dahingehend relevanten Diskussionen der Techniksoziologie in der Kommunikationswissenschaft meist ausgeblendet bleiben und gerade im Kontext der hier aufgeworfenen Fragestellungen von hoher Relevanz sind, soll an dieser Stelle nur auf einige zentrale Aspekte eingegangen werden. (ausführlicher dazu vgl. Steinmaurer 2013a)

5.2 Wechselverhältnisse von Technik und Gesellschaft

Die Auseinandersetzung über den Stellenwert der Technik und seine Relevanz in gesellschaftlichen Zusammenhängen stellt sich fachdisziplinär als eine zunächst weitgehend isoliert geführte Diskussion dar, die mitunter dazu führte, dass sich die Soziologie nicht mit Technik und umgekehrt die Technikwissenschaft nicht mit soziologischen Fragen auseinandersetzte. Wurde auf der einen Seite das Soziale nur durch Soziales erklärt, fanden die Diskussionen über technische Entwicklungen überwiegend in technikspezifischen Diskursen statt. Diese Engführungen führten zu einem gewissen Soziologismus auf der einen Seite bzw. einem Technizismus auf der Ebene der Technikwissenschaften. Und es ist nicht zuletzt der Trennung dieser Diskurswelten zu verdanken, dass sich in den 1930er Jahren daraus eine breiter geführte Auseinandersetzung über gesellschaftliche Folgen der Technik entwickeln konnte. Denn „für die sozialwissenschaftliche Technikforschung, die sich weniger an die Reinheitsgebote der Soziologie, Soziales nur durch Soziales zu erklären, halten musste, brachte diese dualistische Auffassung ein einfaches, aber fruchtbares Forschungsprogramm. Es lässt sich im Kern auf die Frage zuspitzen: Welche Folgen hat die Technik für die Gesellschaft?" (Rammert 2002, 4)

Aufbauend auf der in den 1950er Jahren in die Debatte eingebrachten These William Ogburns über den „cultural lag", wonach es die kulturelle Entwicklung sei, die der technischen Entwicklung in der Gesellschaft hinterherhinke (vgl. Ogburn 1922), sollte sich eine Denkschule entwickeln, die im Kern der Argumentation einen technologischen Determinismus vertrat. Daran anknüpfend richteten Forschungsanstrengungen im Bereich der Technikfolgenabschätzung ihren Fokus überwiegend auf ökonomische oder militärisch-politische Einflusskräfte auf die Verläufe der Technikentwicklung. Die sich davon abgrenzende Gegenbewegung trat dagegen dafür ein, die Technik wieder in das Soziale zurückzuholen, sie als Produkt und Resultat der Gesellschaft und v. a. als weitgehend prozesshaft verlaufend anzusehen. (vgl. Rammert 2002, 5) Sie widmete sich der Frage nach der gesellschaftlichen Konstruktion von Technik im Kontext einer sozialwissenschaftlich orientierten Technikforschung, eine Denkschule, zu der die Ansätze des Sozialkonstruktivismus, des „Social Shaping of Technology" bzw. „Social Construction of Technological Systems" und auch der Technikgeneseforschung gezählt werden können. (vgl. Rammert 2002, 5) Der Versuch einer Überwindung der gegensätzlichen Denkschulen führte einerseits zu einer Aufweichung streng technikdeterministischer Ansätze und andererseits zu der Einsicht, dass es nicht alleine soziale Einflüsse auf Seiten der Gesellschaft sein können, die Gestaltungsmacht über die Technikentwicklung besitzen. Schließlich wurde „mit der Kritik an deterministischen Vorstellungen der Relation Technik-Gesellschaft [...] Ende der 70er Jahre erst die Vorausset-

5.2 Wechselverhältnisse von Technik und Gesellschaft

zung einer Soziologisierung der Technik geschaffen" (Beck 1997, 174), da zuvor die Technik vielfach als eine außerhalb des Sozialen wirkende Kraft konzipiert worden war.[163] Ebenso wurden auf der anderen Seite Einflusskräfte wie jene der Ökonomie, sozialer Faktoren oder ästhetischer Leitlinien – wie z. B. bei Thomas P. Hughes – aufgezeigt, die den Verlauf einer Technikgenese prägen. „Erst durch die Aufgabe beider Determinismen wurde in der Soziologie die Voraussetzung für eine umfassende Transformation der Technikstudien geschaffen" (Beck 1997, 180), eine Wende, die Technik überwiegend als einen „sozialen Prozess" begriff. Radikal aufgelöst finden wir die „Leitunterscheidung Mensch-Maschine-Opposition" in den Konzepten von Deleuze/Guattari, die „technisches Handeln als rekursiven, kommunikationsvermittelnden Prozeß" einordnen und damit gängige „Leitunterscheidung Mensch-Technik kollabieren" lassen. (Beck 1997, 190) In der Techniksoziologie selbst stehen diese non-dualistischen Auffassungen im Zentrum der Akteur-Netzwerk-Theorie, wie sie mit Bruno Latour zu verbinden sind. Darin geht der Antagonismus in ein „nahtloses Geflecht [...], eine heterogene Assoziation, eine kreolisierte Mischung aus zwischenmenschlichen Beziehungen [...] oder ein Aktanten-Netzwerk aus menschlichen und nichtmenschlichen Wesen" über. (Rammert 2002, 5) Im Zentrum stehen hier etwa Begriffe der Interobjektivität, in der sich Relationen zwischen menschlichen und nicht-menschlichen Akteuren, „zwischen den beteiligten Dingen, Artefakten, Techniken, Materialien, die Interaktionen tatsächlich einen Rahmen geben", ausbilden. (Passoth 2010, 213) In diesem Zusammenhang könne – so Passoth – Medienwandel als ein Wandel von Interobjektivitätsformen begriffen werden, als – über Interaktionsformen hinaus – von „Verwebungen, Assoziationen, Assemblagen von Techniken, Prozeduren und Routinen". (Passoth 2010, 228)

Weniger radikal non-dualistisch ausgerichtet versucht Beck das Gegenüber von Technik- und Sozialeinfluss durch eine Verbindung einerseits der „harten" Objektpotentiale der Technik (die er als „Kon-Texte" bezeichnet) und andererseits „weicher" Nutzungsanweisungen (den „Ko-texten") zu überwinden. Sie werden auf dem Feld der konkreten Nutzung zu einer Praxis, die zwar durch kulturelle Bedeutungssysteme und technische Objektpotentiale orientiert, aber nicht determiniert sind. (vgl. Beck 1997, 169f) Und „erst die situative, pragmatische Realisation der technischen Kon- und Ko-texte durch die Nutzer [transformiert] Technik als

---

163 Bei Beck finden wir noch eine detaillierte Spezifizierung in den „genetischen Determinismus", wie Ropohl den durch Naturgesetze vorangetriebenen technischen Fortschritt bezeichnet, und einen „konsequentiellen Determinismus", der von erforderlichen gesellschaftlichen Anpassungen an die jeweils angewandte Technik ausgeht. (vgl. Beck 1997, 176)

soziales und kulturelles Konstrukt zur Tat-Sache". (Beck 1997, 295) Beck versucht sich mit diesem Ansatz von handlungstheoretischen Konzepten abzugrenzen und eher einen praxistheoretischen Zugang mit einer erneut starken Bezugnahme zur Akteursperspektive zu finden, um diesen dann für das Feld der Ethnologie zu erschließen.[164] Technik bewegt sich dabei zwischen den Polen als Nutzungs- und Orientierungskomplex, wobei technische Artefakte „einerseits als sozio-kulturell geformte sachliche Ausstattung der Industriemoderne, andererseits als formender Faktor des Alltagslebens" (Beck 1997, 362) zu verstehen sind.

Während also in der klassischen Handlungstheorie die Technik noch immer als „non-social object" kategorisiert wird, da dort nur Personen Objektstatus besitzen, wurde durch eine ab den 1970er Jahren einsetzende kritische Reflexion (etwa durch Linde oder Rammert) Technik zunehmend als in das Handlungsschema integrierte Institution angesehen. Das Konzept der

> „Technisierung bezeichnet dabei eine zivilisationsgeschichtliche Entwicklung, die als ‚Übertragung, Verfremdung, Verfestigung oder Objektivierung von realen Handlungen' verstanden wird und bei der ‚moderne Gesellschaften große Teile ihrer Sozialstruktur in maschinentechnische Strukturen [verlegen], die mehr oder weniger erfolgreich versiegelt, dem Alltagsbewußtsein der Bürger entzogen werden. Sozialstruktur wird externalisiert.' Durch Technisierung werden nach diesem Konzept soziale Transaktion und soziales Handeln zunehmend über komplexe Maschinerien abgewickelt, eine ‚Objektivation sozialer Strukturen und Prozesse'."[165] (Beck 1997, 207f)

Technik könne im Rahmen des sachtheoretischen Konzepts als eine „Automatisierung des Sozialen" konzipiert werden, da damit „ein immer größerer Teil ehemals sozialer Handlungen technisiert und damit – materiell in Artefakten vergegenständlicht – gegen die Bedürfnisse, Kalküle und Intentionen der Handelnden immunisiert" werden. (Beck 1997, 208)

Dieser hier als Automatisierung des Sozialen verstandene Technisierungsprozess weist insofern Anknüpfungspunkte zum Konzept der Mediatisierung auf, als der darin zuvor ohne technische Hilfe erfolgte soziale Austausch heute in zunehmenden Maß über Informations- und Kommunikationstechnologien vermittelt erfolgt. Beck differenziert in diesem Zusammenhang die „starke Version" eines sachtheoretischen Ansatzes, in der Technik eine entlastende, beschleunigende

---

164 Die Hinwendung zu einem praxistheoretischen Zugang zielt darauf ab, „Technik und Technologie als *Faktoren soziokulturellen Kontingenzmanagements*", als „individuell und kollektiv wirksame Bedingung und Ermöglichung des alltäglichen Handelns" zu verstehen. „Kultur" findet sich dabei „sowohl auf Seiten der Technik als auch auf Seiten des Handelns". (Beck 1997, 296f)
165 Dazu wird hier auf Ropohl (1988, 144) verwiesen.

5.2 Wechselverhältnisse von Technik und Gesellschaft

und dynamisierende Rolle spielt, von einer abgeschwächten Version, in der Technik als „Garant sozialer Stabilität" gilt. In beiden Spielarten bleibt Technik der „Verlaufssouverän des Handelns" (vgl. Beck 1997, 212) ein Inputgeber, der auch in soziotechnischen Konzepten als solcher repräsentiert ist. Der Prozess der Technisierung ist hier als sozialer Prozess, mit einem Schwerpunkt auf Erfindungs- und Durchsetzungsprozesse, angelegt

> „indem ökonomische, politische, kulturelle und technische Einflußfaktoren auf die Technikgenese kenntlich gemacht werden, lassen sich die in technischen Artefakten materialisierten ‚Handlungsnormen' als soziale und technische Prägungen sozialen Handelns rekonstruieren. In diesen Ansätzen wird damit die Gefahr des genetischen Determinismus ebenso vermieden wie eine, die materielle Seite technischer Artefakte vernachlässigende, sozial-reduktionistische Sichtweise, die Technik alleine als Ausdruck sozialer Beziehungen […] untersucht." (Beck 1997, 213)

Es treffen hier also zwei sich „gegenseitig beeinflussende Größen" als „Ausdruck eines dialektischen Verhältnisses" in einem soziotechnischen System aufeinander. (vgl. Beck 1997, 214) Eine an diese Annäherung anschlussfähige Position vertrat zuletzt auch Rammert mit der Forderung nach einer pragmatischen Technik- und Sozialtheorie, in der Technik als Resultat sozialen Handelns konzipiert ist. (vgl. Rammert 2007, 11) Dieser Pragmatismus geht von einer Dualität aus, der technische und soziale Ordnungen in einer gleichzeitig stattfindenden Reproduktion aufgehoben betrachtet und damit „den Dualismus von Determinismus und Konstruktivismus" untergräbt. (vgl. Rammert 2007, 30) Technik wird von vornherein als Konstruktionselement der sozialen Welt entwickelt (vgl. Rammert 2007, 41) und nicht als Substrat, sondern als Prozess (der Verwendung, Erzeugung und der Aktivität des Objekts selbst). (vgl. Rammert 2007, 42) Diese Konzeption weist darüber hinaus auf die Prozessorientierung der Technisierung hin:

> „Es wäre an der Zeit, dass wir nicht mehr von der Technik und ihrer Struktur ausgehen, sondern von den Techniken und ihren Erzeugungsweisen in Prozessen und Projekten der Technisierung. Diesen gesellschaftlichen Prozess der Herstellung und Objektivierung bezeichne ich – damit dem Giddens'schen Modell der Strukturierung folgend […] – als ‚Technostrukturierung'." (Rammert 2007, 45)

Weiters setzt sich Rammert für einen relationalen Begriff von Technik ein und geht von einem Konzept einer „ambivalenten" Technik aus, die keine „dichotomen Gegenüberstellungen" mit Natur, Kultur oder Gesellschaft kennt, sondern „mehr oder weniger technisierte Beziehungen" untersucht. (vgl. Rammert 2007, 58) Schließlich habe er „die subjektivistische Sicht der Instrumentalität und die objektivistische Sicht der Mittel-Zweck-Verkehrung verworfen. Die Subjekt-Objekt-Trennung wurde durch eine symbiotische Sicht auf den Umgang mit Objekten, wie sie der Pragmatismus kennt, und durch eine vermittelnde Sicht, wie sie Auffassungen von der Materialität der Medien ins Spiel bringen, ersetzt." (Rammert 2007, 59) Abschließend gelangt Rammert zu der Überzeugung, Techniksoziologie auch als eine Sozialtheorie zu konzipieren, die Technik als einen selbstverständlichen Teil des sozialen Handelns anerkennt. (vgl. Rammert 2007, 44f)

Für den Kontext der Medien- und Kommunikationswissenschaft nimmt v. a. die Konzeption des „Mutual Shaping of Technology", die sich ihrerseits auf die Science and Technology Studies beruft, diese relational angelegte Orientierung auf. „The *mutual-shaping* perspective from STS (Science and Technology Studies[166]) has become a core concept in new media studies. It holds that society and technology are co-determining and articulated in the ongoing engagement between people's everyday practices and the constraints and affordance of material infrastructure."[167] (Lievrouw 2009a, 310) Das Modell eines „mutual shaping" finden wir etwa bei Boczkowski (1999) repräsentiert, der im Rahmen einer Untersuchung zur Bildung nationaler Identitäten über computervermittelte Kommunikation auf unterschiedliche Entwicklungsstufen eingeht, in dem die Entwicklung von einem linear und unidirektional ausgerichteten hin zu einem koevolutionären Modell nachgezeichnet wird. Die beiden hier dargestellten Modelle zeigen einerseits den Ausgangspunkt und andererseits das schließlich aus dem Prozess folgende Konzept eines „mutual-shaping-approaches".

---

166 Die Science and Technology Studies gelten als eine verhältnismäßig junge und interdisziplinär angelegte Disziplin und setzen sich mit Strukturen und Prozessen wissenschaftlicher Wissenssysteme auseinander. Erste Bezüge beziehen sich nicht selten auf die Arbeiten Thomas Kuhns (The Structure of Scientific Revolutions, 1962) oder auf Ludwig Fleck (Genesis and Developement of a Scientific Fact, 1935). Unter den unterschiedlichen Forschungsfeldern reihen sich darin auch die Akteur-Netzwerk-Theorie (Bruno Latour) und der Ansatz der „Social Construction of Technology" (SCOT, Trevor Pinch, Wiebe Bijker) ein. Vielfach bildet dabei die Konstruktion von Wissen in ihren unterschiedlichen Ausprägungen eine leitende Methapher. (vgl. Sismondo 2008).

167 Bei Wyatt wiederum finden wir die zugespitzte These, dass selbst in den Ansätzen eines „Social Shaping of Technology" technikdeterministische Grundlagen integriert seien. „My provocation here is that our guilty secret in STS is that really we are all technological determinists. If we were not, we would have no object of analyses; our raison d'etre would disappear." (Wyatt 2008, 175)

5.2 Wechselverhältnisse von Technik und Gesellschaft

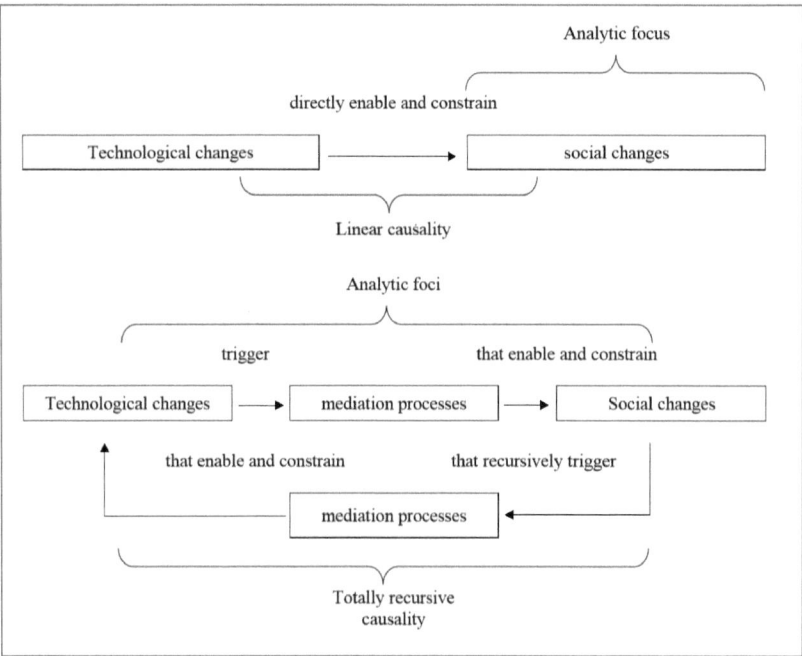

Abb. 10 Das Konzept eines „Mutual Shaping of Technology"
Quelle: Boczkowski 1999, 88 u. 90

Unter Verweis auf zahlreiche Studien zeigt der Autor, wie Kommunikationstechnologien über den Weg der Verwendungspraxen in die Koevolution spezifischer technischer Anwendungen integrativ eingebunden sind. Die Nutzerinnen und Nutzer von Technik adaptieren nicht einfach nur technische Artefakte, sondern transformieren diese über den Weg von Verwendungs- und Aneignungspraxen (vgl. Boczkowski 1999, 89), wobei Innovationen kontinuierlich entlang des Nutzungsprozesses – und zwar auf jeder Stufe des Innovationsprozesses – weiterentwickelt werden. (vgl. Boczkowski 1999, 90)

"Empirical studies informed by the conceptual trend have revealed, that users integrate new technologies into their daily lives in myriad ways. Sometimes they adapt to the constraints artifacts impose. On other occasions they react to them by trying to alter unsuitable technological configurations. Put differently, technologies' features and users' practices mutually shape another." (vgl. Boczkowski 1999, 90)

Beispielhaft verdeutlichte sich im französischen Téletél-System, wie durch die Nutzungspräferenzen seiner Verwenderinnen und Verwender eine „one-to-many-Architektur" in eine „many-to-many-Architektur" transformiert wurde. Der Erfolg des französischen Systems gegenüber dem englischen und dem deutschen Modell lag dabei insbesondere im Anpassungsvermögen an die Nutzungspräferenzen und damit in seiner technologischen Flexibilität insgesamt. (vgl. Boczkowski 1999, 91) Für Produkte aus dem Feld der Informations- und Kommunikationstechnologien trifft dies insofern zu, „because they are becoming highly customizable, general-purpose tools adopted in mutual shaping settings". (Boczkowski 1999, 91) Durch diese Prozesse erklärt sich auch der Umstand, dass technische Artefakte eben nicht nur durch das Design ihrer Herstellung, sondern eben auch durch die Nutzerinnen und Nutzer konstruiert und rekonstruiert werden. In diesem Zusammenhang kann besonders den von Giddens angeführten Handlungsroutinen und in Praktiken der Nutzung eingeschriebenen Stilen eine große Formatierungskraft unterstellt werden, da aus diesem Prozess Adaptierungsleistungen hervorgehen. Entgegen den in technikdeterministischen und sozialkonstruktivistischen Ansätzen angelegten Dynamiken zeigten die Studien des „technology-in-use", „that technological and social elements recursively influence each other, thus becoming explanans [...] and explanandum [...] at different periods in the unfolding on their relationships". (Boczkowski 1999, 92) Vor dem Hintergrund dieser Untersuchungen zeigt sich schließlich die Flexibilität der Perspektive des „mutual shaping"-Ansatzes:

"At a conceptual level, mutual shaping perspectives offer a more comprehensive and flexible framework than technology's impact and social shaping approaches. They are more comprehensive because they consider the influence of more elements and their relationships over time. They are more flexible because they do not set the explanans a priori, but let the researcher find it through the process of inquiry." (Boczkowski 1999, 104)

Eine derartige Konzipierung überwindet Randpositionen nicht zuletzt deshalb, als sowohl der Ansatz des Technikdeterminismus wie auch jener des „social shaping" jeweils Verkürzungen aus ihren Perspektiven heraus aufweisen. In Erweiterung zu Lievrouws Gegenüberstellung von „determinism/contingency", in der beide Ansätze als voneinander separiert gedacht werden, schlägt er vor, von einem interagierenden Wechselverhältnis auszugehen und nennt drei Aspekte, die es dahingehend zu berücksichtigen gelte: „The simultaneous pursuit aspects of new media evolution, the ongoing character of these processes and the importance of the historical context in which it unfolds." (Boczkowski 2004, 255). Der Ansatz des „mutual shaping of technologies" charakterisiert sich also insgesamt durch die Interdependenz der Einflusssysteme, „by showing that actors simultaneously

5.2 Wechselverhältnisse von Technik und Gesellschaft

pursued interdependent initiatives of technical construction and societal adoption, that this was an ongoing process in which partial outcomes in the construction domain influenced adoption events at a later phase – and vice versa – and that such process was both enabled and constrained by historical conditions." (Boczkowski 2004, 262) Ähnliche Hinführungen zu diesem Konzept erkennen wir in Pfaffenbergers Begriff der „humanisierten Kultur", in der er „Materialität, das Soziale und das Symbolische in einem assoziativen Netz" verknüpft. (vgl. Budka 2013, 81)

Einen Vorschlag im Sinne einer Weiterführung des „mutual-shaping"-Ansatzes finden wir bei Bingle/Weber (2002) bzw. referiert bei Weber (2008), der die oftmals als Leerstelle markierte Zone zwischen der Produktion von Technologien und ihrem Konsum als Ort des Wechselspiels unterschiedlicher Einflussfaktoren ansieht, durch deren Interaktion es zu einer – nicht in einem machtfreien Raum stattfindenden – Aushandlung bzw. Definition von Produkten und ihren Nutzungsformen kommt. „Dieser *user de-sign*-Ansatz operationalisiert die komplexen und überwiegend mittelbaren Wechselwirkungen zwischen Konsum und Produktion, welche dem „mutual shaping" von Technologie und Gesellschaft in Massenkonsumgesellschaften zugrunde liegen." (Weber 2008, 65) In diesem Verständnis werden die Nutzerinnen und Nutzer der Technologien als aktive, im Technisierungsprozess eingebundene Faktoren begriffen, die über den Weg ihrer Nutzungsweisen und Verwendungspraxen die Ausformung einer Technologie wesentlich mitbestimmen. Zwischen den Sphären der Produktion und Konsumtion wirkt ein Prozess der „Mediation", der sich insofern als fruchtbar erweist, „[as] it also allows for a healthy critical distance from one-sided technological development narratives". (Bingle/Weber 2002, 34) Der Prozess stellt sich als ein Abgleich von aktiv im Produktionsprozess oder über Marktforschung projizierten Nutzungsbildern mit aus der tatsächlichen Nutzung gewonnenen Entwurfswirklichkeiten dar. Nicht selten ist daher auch damit zu rechnen, dass es auf der Seite der Nutzerinnen und Nutzer durchaus auch zu widerständigen Praktiken kommt, sich also alternative und von den ursprünglich erdachten Entwürfen abweichende Verwendungspraktiken mit einem – von de Certau so konzipierten – „Eigensinn" durchsetzen. (vgl. Weber 2008, 52) Ebenso gäbe es im Entstehungsprozess von Technologien auch unvorhergesehene Nutzungsmuster, wie das etwa im Fall der Telefonie die Verwendungspraxen amerikanischer Farmer zeigten. Sie nutzten diese Technologie nicht – wie vermeintlich ursprünglich von den Entwicklern angedacht – als Übertragungstechnologie für kurze Mitteilungen, sondern tatsächlich auch als Möglichkeit, sich einfach nur zu unterhalten. (vgl. Weber 2008, 46) Damit werden Nutzerinnen und Nutzer zu „Ko-Produzenten" in einer „mediated junction" (Weber 2008, 46) und können daher auch als „Hauptakteure in einer sich wandelnden Technikkultur" verstanden werden (vgl. Weber 2008, 67), in der „technische Artefakte das gegenständliche Verbindungsglied" darstellen.

Durch Nutzungsvarianten entstehen also Eingriffe in einer Zone von Schnittstellen zwischen Produktion und Konsum, indem ein „mutual shaping of user de-signs" im Sinne einer „Ko-produktion" auch tatsächlich stattfindet. (vgl. Weber 2008, 49) So sei nach Einschätzung von Weber schließlich auch die „,mobile Revolution' [...] keinesfalls einseitig durch die digitalen Funktechniken der 1990er Jahre in Gang gesetzt worden, sondern [...] das Ergebnis eines langen Prozesses der Aneignung mobiler Mediengeräte." (Weber 2008, 312)

Vor dem Hintergrund derartiger Techniktheorien gilt es auch kommunikationswissenschaftlich orientierte Ansätze weiter zu differenzieren, die davon ausgehen, dass „immer erst gesellschaftliche Verwendung [...] die neuen Medien" formatierten (vgl. Stöber ²2005, 332). Vielmehr haben wir von einem komplex ausgestalteten Wechselverhältnis auszugehen, in dem Strukturierungen und Handlungsroutinen in einem zirkulären Kreislauf zueinander in Beziehung stehen. Gerade die Komplexität der Verwobenheit von Medien(technologien) im Umfeld alltäglicher Handlungspraxen und darin sich entfaltende Feedbackschleifen lassen die Annahme unidirektionaler Einflussmodelle als wenig plausibel erscheinen. Für den Domestizierungsansatz, der in seiner Prozesshaftigkeit ebenfalls von einem kontinuierlich ausgelegten Interdependenzverhältnis ausgeht, formuliert es Silverstone folgendermaßen: „Both parties of the interaction, the human and the technological, and in both material and symbolic ways, were, and are, in a constant dialectic of change. A dialectic of change that is unending, that takes place across different temporalities and different territories, and that is indeed the very stuff of what everyday life now consists." (Silverstone 2006, 232) Und auch Lievrouw weist etwa darauf hin, dass gerade die Domestizierungsforschung als ein darin integriertes Konzept zu verstehen ist. „Taking a page from the socio-technical approach of science and technology studies and cultural critic Raymond Williams, domestication rejects technological determinism as well as strong social-constructivist views that reduce media to mere reflections of existing cultural practices and formations." (Lievrouw 2009a, 313f) Zudem kann das Konzept von Williams als zum „mutual shaping-approach" konform gehendes Modell erachtet werden, „[as] he warns against both technological determinism and what he calls ‚symptomatic technology' [...], that is, technology as an entirely socially determined ‚symptom' of the culture that produces it". (Boczkowski/Lievrouw 2007, 953[168]) Zu differenzieren ist davon sicherlich der Zugang der Mediumstheorie, der in seinen unterschiedlichen Spielarten

---

168 Boczkowski/Lievrouw (2007) zeigen auf, dass eine Reihe von Konzepten aus den STS, wie z. B. die interpretative Flexibilität, das „social shaping" und das Modell des Sozialkonstruktivismus von Technologie von vielen Vertreterinnen und Vertretern der Kommunikationswissenschaft aufgegriffen wurde.

5.2 Wechselverhältnisse von Technik und Gesellschaft

überwiegend technikdeterministisch argumentiert und im angloamerikanischen Sprachraum zentral mit den Arbeiten McLuhans verbunden ist.

"McLuhan saw broad effects emerging as a result of a single technology. [...] In Williams' view, technologies were not merely artifacts but were also embodiments of knowledge and skillfull practices that are required for the use of any tools or machines. This insight is key to the emergence of the social construction of technology school of thought." (Schofield Clark 2009, 92)

Williams selbst kritisierte die Rhetorik McLuhans, in dessen Bild der „Medien als Botschaft" er einen „simplen Formalismus" erkennt und dessen Formel von „Medien als Massage" er als eine „direkte und funktionierende Ideologie" einschätzt, „mainly as an example of an ideological representation of technology as a cause, and in this sense it will have successors, as particular formulations lose their force. What has to be seen, by contrast, is the radical different position in which technology, including communication technology, and specific television, is at once an intention and an effect of a particular social order". (Williams 1975, 128) Williams Zugang steht für eine Balance zwischen den beiden Einflusssphären, wenn er gegen einseitige Ausrichtungen Stellung bezieht:

"In other words, while we have to reject technological determinism, in all its forms, we must be careful not to substitute for it the notion of determined technology. Technological determinism is an untenable notion because it substitutes for real social, political and economic intention, either the random autonomy of invention or an abstract human essence." (Williams 1975, 130)

Mit einem resümierenden Blick auf die vorgestellten Diskussionen stellt sich das Konzept eines „mutual shaping of technology" als ein Modell dar, das in mehrfacher Weise unidirektional und eindimensional ausgerichtete Konzeptualisierungen des Gegenübers von Technik und Gesellschaft überwindet. Es zeigt Ansätze des Technikdeterminismus wie des Sozialkonstruktivismus als oft zu einseitig orientierte Herangehensweisen. (vgl. Schulz-Schaeffer 2000) Zudem steht es alternativ zu weitgehend holistischen Sichtweisen, wie sie zum Teil die Akteur-Netzwerk-Theorie verfolgt, wenn sie – wie oben angesprochen – mit dem radikalen Gestus der Symmetrisierung notwendige Differenzierungen aufgibt. (vgl. Rammert 2007) Ebenso versteht sich der Ansatz eines „mutual shaping" in Distanz zu systemtheoretisch orientierten Konzipierungen, die in einem nur unzureichenden Maß die Dialektik der Wechselbeziehung zwischen Technik und Sozialem zu fassen in der Lage sind und die Stellung des handelnden Subjekts vielfach untergraben. (vgl. Degele 2002) Gerade der Handlungsaspekt spielt in unterschiedlichen Alltagskontexten eine wesentliche Rolle im Rahmen unterschiedlicher Aneignungspraktiken von Technologien. So sind – wie sich das am Beispiel der Entwicklungswege der Telefonie veranschaulichte – technologische Arrangements immer auch stark umfeld- und kontextorientiert ausgerichtet. (vgl. Rammert 1993, Winston 1998) Im Spektrum des „mutual shaping" treten zudem Dynamiken aus der Phase der Technikgenese mit sozialen Prägekräften, seien sie ökonomischer, regulatorischer oder kultureller Natur, in ein dialektisches Wechselverhältnis ein. Ein derart ausgerichtetes Modell kann daher auch als ein Konzept gelten, das in seiner Grundstruktur modellhaft das Wechselverhältnis zwischen medialen und gesellschaftlichen Wandlungsprozessen abzubilden in der Lage ist. Denn im Kontext dieser Wechselbeziehungen sind – folgt man Giddens – die Beziehungen zwischen der Handlungs- und Strukturebene ebenso wenig zu vernachlässigen wie auch die darin wirksamen hegemonialen Strukturen, die das Handlungsspektrum der Nutzung immer wieder beeinflussen. Wie oben mit Williams angesprochen, müssen wir nämlich davon ausgehen, dass – eingeschrieben in diese Wechselverhältnisse – hegemoniale Dynamiken und Dominanzeinflüsse wirksam werden, die nicht ohne Einfluss auf Handlungsstrukturen bleiben und immer wieder neu zu problematisieren sind. Besonders digitale Netzwerkapplikationen sind in ihren Software-Codes und Formatierungen häufig an ökonomischen Nutzenkalkülen ausgerichtet. Mit der Aneignung und Übernahme derart vordefinierter Technikkonfigurationen, die oftmals keine offenen oder alternativen Nutzungsvarianten zulassen, werden Handlungsroutinisierungen der Kommunikation zu Gunsten anderer – wie das etwa in Sozialen Netzwerken oder anderen Technikapplikationen der vernetzten Kommunikation der Fall ist – eingeübt und verfestigt. Es gilt daher in den theoretischen wie auch historischen Analysen immer wieder auch die Frage nach den dispositiven Strukturen zu stellen, will man Prozessverläufe mediatisierter Konnektivitäten verstehen.

Auf dem Weg in eine mediatisierte Gesellschaft 6

Im folgenden Abschnitt gilt es nun den Versuch zu unternehmen, historische Entwicklungslinien der Mediatisierung von Gesellschaft sowie Dynamiken der Vernetzung des Menschen mit Medien und Kommunikationstechnologien nachzuzeichnen. Dabei wird zunächst auf die Phase der Schriftentwicklung und in der Folge auf die Herausbildung der Druckmedien – als die Vorläufer mobiler Medien und zentrale Katalysatoren kommunikativer Prozesse in der Gesellschaft – eingegangen. Die Welt der visuellen und später auch audiovisuellen Medien wird nur streiflichtartig einbezogen, da mit Schwerpunktsetzung auf Phänomene der Konnektivität insbesondere Mediatisierungsverläufen tele-kommunikativer Prägung gefolgt wird. Beginnend mit dem Übergang von der optischen zur elektrischen Telegrafie werden die Innovationspfade hin zur Telefonie – jeweils eingebettet in das Wechselspiel des medialen und gesellschaftlichen Wandels – im Zentrum stehen. Daran anschließend bilden weitere Diversifizierungsstufen der Telefonie den Übergang in die Welt der mobilen Kommunikation, in der Phänomene von Konnektivität und Mobilität im Rahmen gesellschaftlicher Prozesse kontextualisiert werden. Abschließend werden jene gegenwärtig sich vollziehenden Konvergenzentwicklungen zu diskutieren sein, die eine Integration von Mobilkommunikation, Internet und weiterführender Formen der Umgebungsvernetzung erlauben. Auf diesem Konvergenzniveau werden unterschiedliche Applikationen und Plattformen vernetzter Kommunikation, darin integrierte Medienangebote sowie rechnergestützte Dienste in ein konvergentes Interaktionsfeld zusammengeführt, das in der derzeit elaboriertesten Form der digitalen Dauervernetzung ein neues eigenständiges kommunikatives Dispositiv bildet.

Weniger geleitet vom Anspruch auf Vollständigkeit, sondern vielmehr konzentriert auf ausgewählte Faktoren wie jene der Mobilität und Konnektivität, liegt die Absicht dieser historischen Spurensuche darin, historische Prozessverläufe der Mediatisierung freizulegen, Linien zu finden, die die zunehmende Durchdringung der Gesellschaft mit Medien und Kommunikationstechnologien sichtbar und nachvollziehbar werden lassen. Diesen Linien gilt es entlang jener technischen Innovationsdynamiken zu folgen, wie sie Prozesse der Spezialisierung und Diversifizierung – in sich nicht kontinuierlich, sondern in Schüben und Phasen, immer wieder unterbrochen von Zäsuren und innovationsarmen Phasen der Stabilisierung – durchschritten. So gilt es auch in diesem Zusammenhang jeweils zu bedenken, dass „Mediatisierung als Metaprozess verschiedene historische Formen annehmen" kann, da zunächst „Medien nacheinander als einzelne Sinnprovinzen im Alltag der Menschen" auftauchten, „heute dagegen [...] die früher für sich genutzten und funktionierenden Medien zusammenwachsen – sowohl auf der Ebene des Angebots als auch auf der Ebene der Nutzung". (Krotz 2005, 19f) Mediatisierungsgeschichte bildet damit auch Entwicklungsgeschichte einer „soziokulturellen Vergesellschaftung" (Gentzel/Koenen 2012, 201) als „langen, letztlich nur kulturgeschichtlich zu begreifenden Prozess" (Beck zit. in Gentzel/Koenen 2012, 201) ab, der auch in Form „horizontaler (also sozialer) und vertikaler (historischer) Verkettungen des symbolischen Handelns des Menschen" (Blumler zit. in Gentzel/Koenen 2012, 201) verstanden werden kann. Historische Verläufe der Medien- und Kommunikationsentwicklung bilden damit jeweils auch spezifische Mediatisierungsgrade einer Gesellschaft ab und geben Hinweise auf den Stellenwert der Medien und Kommunikationstechnologien im Kontext sozialer und gesellschaftlicher Handlungsstrukturen. In diesem Zusammenhang spielen auch die jeweils sich vom Status einer face-to-face-Kommunikation „entfernenden" Kommunikationsformen und deren über technische Konnektivitäten „simulierte" Mediatisierung eine wesentliche Rolle. Denn „die Geschichte der Menschheit [zeichnet sich auch] durch eine zunehmende Verlagerung von direkter wechselseitiger Kommunikation in verschiedene Formen von medienvermittelter Kommunikation aus". (Hepp/Krotz (2012, 10) Zudem reflektiert Mediatisierungsentwicklung auf einer Makroebene das Verhältnis einer „zunehmende[n] (quantitative[n]) Verbreitung von Medien über den Prozess der Zivilisation" mit „(qualitativen) Prägungen von Kultur durch Formen mediatisierter Kommunikation" in einer „kontextualisierenden Weise [...], ohne von vornherein eine eindimensionale Wirklogik der Medien" anzunehmen. (Hepp zit. in Gentzel/Koenen 2012, 202) Unter Berücksichtigung eines in dieser Arbeit auch auf die Materialitäten der Medien und Kommunikationstechnologien fokussierenden Zugangs, lässt sich sodann auch medialer Wandel als „Veränderung kommunikativer Praktiken im Sinne ihrer sinnbezogenen, räumlichen und zeitlichen Entgrenzungen nachzeichnen". (Gentzel/Koenen 2012, 211) Unter diesem Blickwinkel lassen sich konkret „reziprok typisierte und insofern stabile, weil von intersubjektiv geteilten spezifischen Handlungserwartungen und -verpflichtungen geformte Alltagszusammenhänge" (Gentzel/Koenen 2012, 212) als Figurationen der Mediatisierung begreifen. Demnach erschließen sich „mediatisierte Kommunikationspraktiken [...] nicht über einzelne Mediennutzungssequenzen, sondern episodisch-kontextuell über die spezifisch mediale Prägung von Kommunikationspraktiken, aus der im Falle genuin neuer medialer Innovationen, Offerte oder Technologien, dann neue Gebrauchspraktiken hervorgehen, insofern sie gesellschaftliche Akzeptanz finden". Ein derartiger Zugang reicht über das „Paradigma öffentlicher Kommunikation hinaus" und erhebt einen Anspruch, „der zu einer Verbreitung des Gegenstandsfeldes der Disziplin" (Gentzel/Koenen 2012, 213) der Kommunikationswissenschaft beiträgt. Die nun folgende Spurensuche konzentriert sich auf einige wichtige Stationen der Mediatisierungsentwicklung im Spektrum kommunikativer Konnektivitäten, versucht beispielhaft auf wichtige Dynamiken und Phänomene einzugehen und versteht sich als ein Baustein für eine noch zu entwickelnde umfassende Geschichte der Mediatisierung.

6.1 Sprache und Schrift als Katalysatoren von Kommunikation

Bevor auf die historische Entwicklung einer „Technisierung" von Kommunikation eingegangen wird, lohnt es, die Systeme von Sprache und Schrift als wichtige Vorstufen einer weitreichenderen Folgeentwicklung anzusprechen.[169] „Denn seit der Erfindung der Schrift lassen sich historisch immer wieder Mediatisierungsschübe nachweisen, die die soziale Bedeutung von Zeit und Raum veränderten, die sozialen Beziehungen und Normen der Menschen, die Machtkonstellationen, Werte, Traditionen, und sozialen Regeln einerseits erodieren ließen, andererseits dafür entsprechend andere Bedingungen von Alltag und Leben schufen." (Krotz 2008, 54) Wenn wir nun Sprache als *ein* „Medium" von Gedachtem begreifen wollen, lässt sich in der Folge Schrift auf ihren unterschiedlichen Entwicklungsformen als ein mehr oder weniger komplexes „Aufschreibesystem" (Kittler 1985) verstehen. Auf dem abstrakten Niveau des alphabetischen Codes wird Schrift als Medium des Speicherns zu einem Vehikel von Mediatisierungsprozessen und zu einem universell einsetzbaren Werkzeug der Vermittlung, Übersetzung und Verbreitung von Informationen. Mit Krotz können wir davon ausgehen, dass Mediatisierung dort

---

169 Dieser frühe Einstieg in die „Medien"geschichte zielt nicht zuletzt darauf ab, wesentliche Aspekte von Mobilität und Kommunikation bezogen auf ihre Frühentwicklung zu erkennen, noch bevor – wie das in der überwiegenden Anzahl der Publikationen zur Medien- und Kommunikationsgeschichte der Fall ist – mit dem Buchdruck ein erstes klassisches Massenmedium auf den Plan tritt.

beginnt, „wo die Menschen Zeichen benutzen, die über situative Wahrnehmbarkeit hinausgehen, um anderen etwas mitzuteilen". (Krotz 2012a, 37) So war es nicht zuletzt das Abstraktionsniveau des Zeichensystems selbst, das dem griechischen Alphabet eine demokratisierende Wirkung verlieh:[170] Sie war in dieser Form leicht zu erlernen, wenn auch um den Preis einer „Vernachlässigung der sinnlichen Welt".[171] (Nyíri 2006, 187) Zudem wirkt alphabetische Schrift grenzüberschreitend, da das Alphabet auch fremde Sprachen wiederzugeben in der Lage war und ist. (vgl. Ong 1987, 92) Schrift überbrückt also auch immer Distanzen zwischen unterschiedlichen Sprachwelten und verfügte damit über weitreichende Potentiale der Vermittlung.

Medien verdanken grundsätzlich dem Phänomen von in Kommunikationssituationen Abwesenden ihre Existenz (vgl. Hörisch 2001, 34), wobei sich im historischen Verlauf diesbezüglich unterschiedliche Entwicklungsstufen ausbildeten. Mit der Erfindung der Schrift im dritten vorchristlichen Jahrtausend setzte zunächst eine „Entfesselung der Kommunikation von räumlicher Gebundenheit [ein]. Zugleich vollzog sich hiermit eine Entfesselung der Kommunikation auch von der Zeit [...]." (Wilke 2004, 1) In Verbindung mit diesen Entwicklungsschritten steht bekanntermaßen jeweils auch ein bestimmter „Bias" von Kommunikation, da die Materialität der Träger von Informationen Einfluss auf die zeitliche und räumliche Ausdehnung von Kulturen, Wissens- und Herrschaftsstrukturen nimmt. (vgl. Innis 1997a) Schrift erlaubte „räumliche wie zeitliche Verhältnisse zu kontrollieren" (Goody 1990, 181) und stärkte die Bindungswirkung zwischen Zentrum und Peripherie. Als Medium der Kontrolle über den Raum war sie auch dazu im Stande, eine „Tyrannei der Distanz" (Goody 1990, 188) zu stützen. „The increasing use of writing in the process of administration was a necessary condition for control at a distance, for the rise of the centralized state." (Briggs/Burke 2002, 34)

Jene Ausprägung der Schrift, wie sie sich in Mesopotamien – zunächst nicht so sehr als ein Medium der Religion, sondern als ein „Charakter der Wirtschaft in der frühmesopotamischen Gesellschaft" – entwickelte und damit „vornehmlich für die Buchführung [...] und weniger zur Aufzeichnung von Mythen und Ritualen" (Goody 1990, 95) verwendet wurde, ließ sie schon in ihren frühen Entwicklungsphasen im Rahmen „der Verwaltung des Tempelbesitzes [...] [neben Mathematik

---

170 Im Gegensatz dazu sei das chinesische System als „elitär" einzustufen, da die piktografische Schrift über keine derartige Flexibilität verfügte. Dagegen war „diese griechische Errungenschaft der abstrakten Übertragung verschlossener Klangwelten in visuelle Äquivalente [...] Wegbereiter und Voraussetzung für die späteren analytischen Glanztaten." (Ong 1987, 92)
171 Bekanntlich warnte bereits Plato vor wirklichkeitsverzerrenden Effekten der Schrift und vertraute daher eher den in der Rede und im „Dialog" ausgetauschten Inhalten. (vgl. Nyíri 2006, 191)

6.1 Sprache und Schrift als Katalysatoren von Kommunikation

und Abstraktion] eine bedeutende Stellung einnehmen". (Innis 1997a, 98) Schrift war damit ein „Medium" der Rationalisierung, Verwaltung und Organisation und Antwort auf die Bedürfnisse einer sich professionalisierenden Verwaltung sowie des Wirtschaftslebens insgesamt. (vgl. Haarmann 1990,18) Sie verwirklichte zunächst auf der Ebene der zeitlichen Verankerung von Kommunikation ihre herausragende Stellung, speicherte Sprache und Denken, zeichnete zeitliche Abläufe und Geschehnisse auf und wurde damit Mittel jener Entwicklung, die wir heute unter Historizität und Geschichte verstehen. (vgl. Flusser ³1990)

Durch Schrift als Medium der Aufzeichnung wird Denken in Sprache auf der Ebene ihrer symbolischen Zeichen – in seiner elaborierten Form auf dem Niveau des Alphabets[172] – abstrakt codiert und damit für weitere Verbreitungsformen flexibel gehalten. Schon die Sprache nahm in gewisser Weise ihren Entwicklungsweg noch vor der Möglichkeit ihrer Aufzeichnung vorweg: Denn

> „die Allgegenwart einer Sprache spielt bei der Mobilisierung von Kräften eine außerordentlich große Rolle, besonders, wenn es darum geht, in sämtlichen Gesellschaftsschichten eine bestimmte Meinung zu verbreiten. Eine Sprache, die immer wieder dem Eindringen von außen ausgesetzt war, erlangte größte Flexibilität, erleichterte gesellschaftliche Mobilität, förderte die Ausbreitung neuer Technologien und beschleunigte die Anpassung an geänderte Verhältnisse." (Innis 1997b, 76)

Waren es in der Zeit der Stammesgesellschaften bestimmte rhetorische Figuren und Mnemotechniken, die eine Konservierung von Bewusstseinsinhalten unterstützten und tradierten (vgl. Wilke ²2008, 5), entwickelte sich mit der Technik ihrer Aufzeichnung in Form der Schrift ein umfassender Möglichkeitsraum nicht nur zeitlicher, sondern auch räumlich ausgedehnter Kommunikationsmodi. Sprache und erst recht Schrift eröffneten die Entwicklung von Ordnungsstrukturen und Organisation ökonomischer Räume und griffen damit in die Formierung sozialer Handlungsstrukturen ein. Im Rahmen erster Urbanisierungsentwicklungen waren es vorwiegend ökonomische und in der Folge administrative Bedürfnisse, die den Bedarf nach schriftlichen Organisationsstrukturen entstehen ließen. „Die Urbanisierung schuf den Anreiz, die Aufzeichnungstechnik zu entwickeln. Die Zeit, in der

---

172 Es war Vilém Flusser, der darauf hinwies, dass es das Alphabet sei, durch das erst das „mythische Geplapper begradigt werden konnte", und dass es erfunden wurde, „um das mythische Sprechen durch ein logisches Sprechen zu ersetzen", ja um „überhaupt erst ‚buchstäblich' denken zu können". (Flusser ³1990, 36) Das phonografische Alphabet der Griechen sei als ein analytisches und nicht als ein synthetisches Verfahren zu verstehen, da es keinen Wort-, sondern einen Lautbezug herstellt. Insofern kommt das „Erlernen phonographischer Codifizierungsverfahren [...][einem] Crashkurs in Abstraktion" gleich. (Hörisch, 2001, 94)

man das Schreiben für fiktive Schöpfungen gebrauchte, [...] in der das Schreiben der Produktion von Literatur im engeren Sinne diente, sie folgte erst später in der Geschichte der Schrift." (Ong 1987, 88) Zudem ist das „Schreiben [...] nicht nur das Resultat bürokratischer Erfordernisse, sondern das Resultat der Erfindung des Zählens in seiner abstrakten Form". (Schmandt-Besserat zit. in Hörisch 2001, 92) Insofern war das Zählen als Notwendigkeit der Organisation ökonomischer Abläufe auch eine „Vor-Schrift" des Schreibens. Hörisch weist uns daher auch darauf hin, dass die von den Sumerern gebrauchten Zeichen in Tonformen, die Token[173], keine Schriftzeichen, sondern Zählgeräte waren, denn „vor dem Schreiben war das Zählen". (Hörisch 2001, 91)

Die Schrift nahm als ausdifferenzierte Aufzeichnungsform in der Folge eine wichtige Funktion im Rahmen der Kodifizierung von Gesetzen und Regeln sowie in der Verwaltung bürokratischer Staatsverbände ein, die eng mit organisatorischen Belangen wirtschaftlicher Tätigkeiten verbunden waren. (vgl. Goody 1990, 119) Insbesondere für die Abwicklung von Handelsbeziehungen bildete sie ein Mittel des „Rechtsschutzes" eingegangener Verpflichtungen über längere Zeiträume und für ganze Handelsräume. „Einer der Gründe für die große Nützlichkeit der Schrift im Handel lag darin, dass man mit ihrer Hilfe Informationen dauerhaft speichern konnte und derart das ‚Gedächtnis' zuverlässig machen konnte." (Goody 1990, 138) Auch andere Bereiche, wie frühe Formen der Wissenschaft[174], sollten von den Potentialen schriftlicher Aufzeichnung profitieren. (vgl. Goody 1990) Ebenso entlastete die Schrift den Geist von der Aufgabe des Memorierens von Information und eröffnete die Möglichkeit, „neuen spekulativen Gedanken nachzugehen". (Ong 1987, 46) Schreiben stellte nach Ong, der sich mitunter auf McLuhan, Goody sowie auf Havelock bezieht, „die wichtigste technologische Entwicklung der Menschheit" dar, zumal sie „kein bloßes Anhängsel des Sprechens" ist, sondern „dieses aus seinem oral-auralen Zusammenhang befreit und zur neuen Welt des Schauens emporhebt" und „Sprechen und Denken gleichermaßen" transformiert. (Ong 1987, 87) Und unter Verweis auf die Arbeiten Jan Assmanns lässt sich sagen, dass wir „die Geburt der individuellen Seele aus dem Geist der phonetischen Alphabetschrift" zu verstehen hätten, „denn erst mit der Alphabetschrift wird das menschliche Gedächtnis für individuelle Reaktionen und Erinnerungen frei". (Hörisch 2001, 100) Schrift greift damit in einem beträchtlichen Ausmaß in das Wahrnehmungs- und Kommunika-

---

173 Die Token können als eine Vorform der Keilschrift gelten, die ihrerseits zu den ägyptischen Hieroglyphen führte. (vgl. Hörisch 2001, 92)

174 Es ist nach Ong das Schreiben, das „den Wissenden vom Wissensstoff [trennt] und [...] so die Bedingungen für Objektivität im Sinne eines persönlichen Unbeteiligt- und Distanziertseins" errichtet. (Ong 1987, 50)

6.1 Sprache und Schrift als Katalysatoren von Kommunikation 183

tionssystem des Menschen ein und eröffnet neben ihrer Speicherfunktion wesentliche neue Informations- und Vermittlungsoptionen. Sie stellt damit nicht nur die Struktur sozialer Organisationsmuster auf eine neue kommunikative Grundlage, sondern modifiziert die Wahrnehmungsverhältnisse zur Umwelt und wird damit zu einer wesentlichen Triebfeder neuer Mediatisierungsformen.

Als Medium der Verbreitung von Information war die Schrift allerdings auf materielle Träger angewiesen. Auf der Basis des aus Ägypten stammenden Papyrus war sie leicht und einfach zu transportieren, unterstützte und dominierte damit – wie erwähnt – nicht nur die räumliche Ausdehnung von Organisations- und Herrschaftsstrukturen, sondern erhöhte auch die Verbreitungsgeschwindigkeit von Informationen. (vgl. Innis 1997a) Insofern war Schrift „nicht bloß Literatur, sondern immer auch schon Post". (Kittler 2002, 48) Ebenso fördert die leichtere Transportierbarkeit den Handel mit schriftgebundenen Inhalten. Die Ursache, weshalb die Schrift über einen derart langen Zeitraum ihr Monopol halten konnte, sei zudem in der Tatsache zu suchen, dass „die Schrift Speicherung und Übertragung von Information auf einmalige Weise kombinierte". (Kittler 2002, 49) Die Übertragbarkeit von Information war grundsätzlich bis zur Möglichkeit des „schwerelosen" Transports über Tele-Medien und insbesondere in der frühen Entwicklungsphase stark an die materielle Beschaffenheit ihres Trägers gebunden. Ein tatsächlich intaktes und funktionierendes Informationsnetzwerk stellte der im Römischen Reich unter Kaiser Augustus eingerichtete „Cursus Publicus" dar[175], der auf der Basis berittener Boten ein organisiertes Nachrichtensystem „für Regierungsbeamte und -nachrichten" (Hörisch 2001, 195) etablierte und zur Übermittlung schriftlicher wie wohl auch mündlicher Informationen herangezogen wurde. (vgl. Schürmann 2003) Völker (2010) bezeichnet die Boten, die nach Herodot schon 480 v. Chr. nachgewiesen waren, als „Mobilmedien", die damals die einzige Möglichkeit darstellten, komplexe Nachrichten zu übertragen. (vgl. Völker 2010, 32) Der in diesem System eingesetzte leicht transportierbare Papyrus als Trägermedium von Schrift trug somit wesentlich zur räumlichen Ausdehnung des Römischen Reiches bei und unterstreicht damit auch den zentralen Stellenwert von Kommunikation und Transport in diesem Zusammenhang.

> „Es ist nämlich nicht nur der Geist, es sind auch die Technologien, die die Kultur einer Gesellschaft historisch prägen, und hier vor allem die Medientechnologie der Kommunikation und des Transports. Die Geschichte des Transportwesens und des Güterverkehrs ist ein wesentlicher Teil dieses gesellschaftsprägenden Aspekts, der

---

175 Nach Göttert kann man davon ausgehen, dass sich die Römer bis auf wenige Ausnahmen keines optischen Signalwesens bedienten. (vgl. Göttert 1998, 104f)

als ‚technological turn' der Kulturtheorie ins Zentrum der Theorie von Innis tritt." (Hartmann 2000, 239f)

Die Mobilität der Medienträger gewinnt damit entscheidenden Einfluss auf die Ausdehnung von Ordnungsstrukturen, Wissen sowie Informationen und nimmt Einfluss auf frühe Mediatisierungsprozesse. Über den Umschlagplatz der altsyrischen Hafenstadt Byblos sollte sich die Buchrolle aus Papyrus von Ägypten aus in die gesamte antike Welt verbreiten. (vgl. Janzin/Güntner ²1997, 29) Mit dem Codex als eine in der römischen Kaiserzeit neu entwickelte Frühform des Buches, der Einzelblätter aus Papyrus – und in der Folge überwiegend aus Pergament, also verarbeiteten Tierhäuten – zwischen zwei Holzdeckel band und im 4. Jahrhundert allmählich die Papyrus-Schriftrolle verdrängte (vgl. Janzin/Güntner ²1997, 37), war ein weiterer Innovationsschritt verbunden. Gegenüber der Schriftrolle war er „bequem in einer Hand zu halten, weshalb er ideal auf Reisen" transportierbar war und zudem geeignet für die „übersichtliche Aufbewahrung in Bibliotheken". (Janzin/Güntner ²1997, 38[176])

Erst das „Medium" Papier sollte die nächste entscheidende Innovationsstufe auf der Ebene der Informationsspeicher darstellen. Dieses neue Träger- und Speichermedium, das schon im 13. Jahrhundert über China (dort bereits entwickelt im 2. Jahrhundert n. Chr.) und Arabien nach Europa gelangte[177], kam zunächst „den Bedürfnissen von Kaufleuten, Bürokraten, Predigern und Literaten entgegen; [es] beschleunigte das Tempo des Briefverkehrs und ermöglichte es einer größeren Anzahl von Literaten als ihre eigenen Schreiber zu arbeiten." (Eisenstein 1997, 18) Ein wesentlicher Vorzug des neuen Materials lag zudem darin, einen entscheidenden Preisverfall in der Produktion mit einzuleiten. Über die gleiche Haltbarkeit wie Papyrus oder Pergament verfügte es jedoch nicht. (vgl. Hörisch 2001, 122) Die von Giesecke als „skriptografisch" bezeichneten Medien blieben gegenüber den „typografischen" Medien aus der Welt des Buchdrucks noch eher den alten Zeiten verhaftet.

---

176 Historischen Quellen zufolge sollen die Christen mitunter den Codex bevorzugt haben, „um ihren Protest gegen die heidnische Papyrusrolle und die jüdische Thora-Rolle zu bekunden. Eine derart demonstrative Haltung erübrigte sich allerdings, als Kaiser Konstantin im Jahr 313 n. Chr. mit dem *Mailänder Toleranzedikt* das Christentum schützte, was für die Aufwertung des Pergamentcodex als Buchform gegenüber der Papyrusrolle nicht folgenlos bleiben konnte." (Janzin/Güntner ²1997, 38)

177 Janzin/Güntner (²1997, 95) weisen darauf hin, dass schon 1144 in Xàtiva, einer Kleinstadt in Valencia, die Papierherstellung in Europa ihren Anfang nahm. Und „unter König Alfons X. (reg. 1252-1282) [...] begann man in Spanien, Papier stärker zu verwenden." (Janzin/Güntner ²1997, 95)

„Erstere fungieren nämlich gar nicht als autonome Kommunikationsmedien, sondern dienen als ‚Gedächtnisstütze der Schreiber', während die typographischen Medien von Anfang an nicht nur für den Autor, sondern auch für die von ihm verschiedenen Leser gedacht sind [...]. Noch in den antiken und mittelalterlichen Kulturen fungieren die schriftlichen Medien in ihrer übergroßen Mehrheit als Magd der Rede. Sie bereiteten den mündlichen Vortrag vor, halfen ihn strukturieren oder entstanden als Aufzeichnung desselben. Als Vermittlungsinstanz zwischen den Personen trat die Rede, nicht der schriftliche Text auf." (Giesecke 2002, 232)

Es sollte daher vor allem dem Buchdruck vorbehalten sein, den Menschen „aus der magischen Welt des Ohrs hinaus in die neutrale visuelle Welt" zu leiten (McLuhan 1968, 28), ihn zu „entkollektivieren" (vgl. McLuhan 1968, 216) und aus dem „Stammesdasein in die Zivilisation" zu führen, und ein „Auge für ein Ohr zu geben". (McLuhan 1968, 40)

6.2 Das System Buchdruck als Mediatisierungsmaschine

Was sich mit der Schrift und den Frühformen ihrer Speichermöglichkeiten angekündigt hatte, trat mit der Erfindung des Buchdrucks als ein System beweglicher Lettern Mitte des 15. Jahrhundert in ein neues Stadium ihrer Perfektionierung ein. Johannes Gutenberg (1397-1468) gelang um 1445[178] mit der Neukombination vorliegender Innovationen (Legierungstechniken, Pressverfahren, Papier etc.) und einer „gründlichen Verbesserung des Zusammenspiels der verschiedenen bei den bisherigen Druckverfahren eingesetzten Medien" (Giesecke 1991, 77) sowie mit der Entwicklung einzelner zentraler Elemente (Handgussinstrument von Buchstaben, Winkelhaken) nicht nur die Systematisierung von Einzelkomponenten zu einer neuen eigenständigen medialen und technischen Form. Mit seinem Drucksystem setzte er ein frühindustrielles mechanisches Produktionssystem (vgl. Giesecke 1991, 80) auf der Basis eines arbeitsteilig organisierten Fertigungsverfahrens mit nachhaltiger Wirkung ins Werk.[179] „Die Mechanisierung der Schreibkunst war

---

178 Gutenberg befasste sich ab 1439 mit der Materie der Metallurgie, begann zunächst mit dem Druck von Kleindrucken wie Ablassformularen („Ablassbriefen") und Kalendern (um 1450) und vollendete 1455/56 den Druck der vermutlich 1452 begonnenen 42-zeiligen Bibel. (vgl. Giesecke 1991, 63; Stöber 2005, 21f)
179 Vorläufer des Drucks sind bekanntermaßen bereits zu einer früheren Zeit aus China (und später in Korea) bekannt. Der Chinese Bi Sheng arbeitete zwischen 1040 und 1048 mit einem System des Buchdrucks. (vgl. Stöber 2005, 21) Schüttpelz beleuchtet die Innovation des Buchdrucks insofern kritisch, als er hervorhebt, dass dieser, nachdem

wahrscheinlich die erste Zerlegung einer Handfertigkeit in mechanische Glieder. Das heißt, sie stellte die erste Übersetzung einer Bewegung in eine Reihe statischer Momentaufnahmen oder Teilbilder dar." (McLuhan 1968, 172f[180]) Damit verfügte die Typographie über eine Tendenz, „die Sprache in ein transportables Konsumgut zu verwandeln" (McLuhan 1968, 220) und sein Produktionssystem in Richtung einer fordistischen Produktionsweise überzuführen, denn „das Fließband beweglicher Typen ermöglichte ein Erzeugnis, das uniform war und wie ein wissenschaftliches Experiment wiederholt werden konnte". (McLuhan 1968, 173[181]) Mit der Mechanisierung des Schreibens durch eine standardisierte Herstellung einzelner, aus einem vordefinierten Pool abrufbarer Informationseinheiten, lässt sich der Buchdruck als eine Art analoger Prototyp heutiger digitaler Kommunikationstechnologien interpretieren, denn er arbeitete mit der flexiblen Verarbeitung einzelner diskreter Zeichen im Rahmen eines hochgradig arbeitsteiligen und standardisierten Produktionsprozesses. Seine Produkte waren grundsätzlich anpassungsfähig für eine Vielzahl von Rezeptionsweisen, da der „Buchdruck die individuierende Macht des phonetischen Alphabets viel weiter aus(dehnte), als es die Manuskriptkultur je vermochte". (McLuhan 1968, 216) Zudem brachte der Buchdruck durch die Standardisierung der Schriftbilder eine Zunahme der Lesegeschwindigkeiten mit sich. (vgl. McLuhan 1968, 281)

Die Voraussetzung für neue Formen der Textaneignung war allerdings mit einem anderen Schritt bereits vorbereitet worden: Sie erfolgte schon in einer Phase der Veränderung lateinischer Schriftbilder, als „von der fortlaufenden Schriftfolge zur Gliederung des Textes durch Wortabstände und Zeichensetzung" (Wilke ²2008,

---

in China bereits wichtige Vorentwicklungen stattgefunden hatten, „in Europa mühsam [‚mit jahrhundertelanger Verspätung'] neu erfunden werden" musste, und zwar [...] mitten in einer zentralen europäischen Handelsachse und Kontaktzone für die Verbreitung neuer Ideen [...] als ein kalligraphisches Prestigeprojekt [...]." (Schüttpelz 2009, 100)

180 McLuhan stellt hier phänomenologische Ähnlichkeiten des Buchdrucks mit dem System des Films her, „denn die Lektüre eines Buches versetzt den Leser in die Rolle eines Filmprojektors. Der Leser bewegt die Reihe vor ihm liegender, aufgedruckter Buchstaben mit der Geschwindigkeit, die es zur Erfassung des Gedankenganges des Autors bedarf." (Mc Luhan 1968, 172)

181 Ong wies darauf hin, dass es erst im 18. Jahrhundert der industriellen Revolution gelang, jene „Technik der Montage aus Einzelteilen auf andere Produktionszweige auszudehnen". (Ong 1987, 119) Die berühmte, 1454 von der Werkstätte Gutenbergs hergestellte Bibel verfügte über einen Umfang von 1 282 Seiten, verbrauchte 100 000 Buchstaben, 230 670 Arbeitsgänge, 48 000 Papierbögen á 16 Seiten, die Häute von 3 200 Tieren und zwei Jahre Herstellungszeit. Sie war in dieser Form produziert um 75 % preiswerter, als wäre sie in Handschrift hergestellt worden. Die Auflage betrug knapp 200 Exemplare, davon 150 Exemplare in Papier und 35 Drucke in Pergament. (vgl. Hörisch 2001, 134f)

6.2 Das System Buchdruck als Mediatisierungsmaschine

12), eine „Formatierung" stattfand, die auch eine Möglichkeit für selektives Lesen eröffnete. (vgl. Wilke ²2008, 12) Der Übergang vom lauten zum leisen Lesen wird – worauf Krotz (2011, 38) hinweist – von Ivan Illich Mitte des 12. Jahrhunderts festgemacht, als sich ein Wechsel von einer „monastischen" zu einer „scholastischen" Form des Lesens und Schreibens vollzog. Gestützt auf die Schrift des Theologen Hugo von Sankt Victor (1097-1141), der in seinem „Didascalicon" als Erster über die Kunst des Lesens schrieb, macht Illich eine fundamentale Veränderung bezüglich der – auf die Technik des Index gestützte – Produktion und Rezeption von Texten aus. Dieser Wandel brachte eine Hinwendung zu einer reflektierten, an den Verstand orientierten Rezeption, mit sich. Eine ganze Reihe neuer Verfahren im Umgang mit Buchstaben, Texten, Schriftbildern und Buchillustrationen – wie z. B. die Trennung von Worten durch Leerzeichen oder die Einführung von Absätzen, Kapiteln oder Glossen – emanzipierte die Leserin und den Leser von den davor nur auditiv wahrgenommen, vorgegebenen, geschlossenen und „nicht reflektierten" Textkörpern. „Aus der Partitur für fromme Murmler wurde der optisch planmäßige gebaute Text für logisch Denkende." (Illich 1991, 8)

Der Theologe Illich räumt dem Wandel in der Buchherstellung insgesamt eine ähnlich hohe Bedeutung ein, wie der Erfindung des phonetischen Schreibens durch die Griechen oder dem Buchdruck durch Gutenberg. Im Zusammenhang mit der neuen Stellung, die das neue Lesen mit sich bringt, verbindet Illich zudem auch die Herausbildung des modernen „Selbst" und des „Individuums". (vgl. Illich 1991, 27). Als einen Hinweis auf jene kulturellen Rahmenbedingungen, die zu diesem Wandel beigetragen haben mögen, führt er die Widerspiegelung einer neuen Mentalität und Ökonomie des 12. Jahrhunderts an. „Die Veränderung in den Verschriftlichungstechniken kann man als Reaktion der Schreiber auf die Anforderungen von Fürsten, Juristen und Kaufleuten sehen" (Illich 1991, 103), zumal auch vor Gericht Urkunden vor Zeuginnen und Zeugen das letzte Wort eingeräumt wurde. So kann die im 12. Jahrhundert stattgefundene „Verschriftlichungsrevolution" (Illich 1991, 122) nicht nur als eine wesentliche Vorstufe der später stattfindenden Vervielfältigungstechnologie des Buchdrucks angesehen werden. Vielmehr ist diese Zeit, „als der Text von der Seite abhebt" (Illich 1991, 129), als eine Mediatisierungsstufe zu begreifen, die das Wechselverhältnis von „geistigen Mustern" und „Verhaltensmustern" vermittelt über ein Medium neu sich konfigurierender Text- und Buchformen verdeutlicht. „Der bibliogene Text – sowohl wie er geschrieben als auch wie er gelesen wurde – reflektiert, artikuliert, verstärkt und legitimiert das mentale Klima, in dem der Umgang mit Recht, Philosophie und Theologie erwächst." (Illich 1991, 127)

Auf der Ebene des Buchdrucks sollte sich diese neue Rezeptionsdisposition nachhaltig als eine neue Form des Lesens auf breiter Basis habitualisieren. „In dem Maße, in dem die Gutenberg-Typographie die Welt sättigte, verstummte die menschliche Stimme. Man begann schweigend und als passiver Konsument zu lesen." (McLuhan 1968, 337) Wie McLuhan schreibt auch Giesecke dem Medium Buch die Potentialität der Erweiterung der Sinnesorgane des Menschen zu, fungiert eine Autorin oder ein Autor doch als ein verlängertes Auge der Leserin oder des Lesers (vgl. Giesecke 1991, 520) und „sogar als Verbesserung des menschlichen Geistes und seiner Fähigkeiten". (Scholz 2004, 21) Zudem wird das individuell verfügbare Buch zu einem Wissensspeicher, der jederzeit abrufbar Informationen für die unterschiedlichen Bedürfnisse – wie etwa als Ratgeber bei Gesundheitsfragen – bereithält. Auch neue Angebotsformen für die Zwecke der Unterhaltung verbreiten sich damit zunehmend.

> „Der Beschleunigungseffekt führt zum Anschwellen der Literaturproduktion, zur Ausbildung von Moden und entsprechend zum raschen Veralten einzelner Formen. Ein weiterer Effekt, der letztlich dazu motiviert hat, die Unterhaltungskunst im Rahmen der ‚Technisierung der privaten Informationsverarbeitung' zu behandeln, ist, daß durch die Technisierung nunmehr im Prinzip jede Person Unterhaltungsinformationen in ihren eigenen vier Wänden abrufen kann." (Giesecke 1991, 311)

Die Spezifik des Buches erlaubte nicht nur die stille Rezeption in den privaten Räumen, sondern auch in der Sphäre der Öffentlichkeit oder im Zustand der Mobilität. Noch vor dem Eintritt in die Phase der Industrialisierung treten damit Effekte von Individualisierung, Mobilität und Kommunikation in ein Beziehungsgefüge, dessen Ausgestaltung sich über lange Zeitstrecken hinweg verfestigen sollte. Die später eingeführten Taschenbücher machen aus dem „Interface" Buch (Flichy zit. in de Souza e Silva/Frith 2012, 3) ein Medium, „which established the book as the dominant form of mobile media". (de Souza e Silva/Frith 2012, 37) Die Rezeption von Büchern im öffentlichen Raum und im Zustand der Mobilität brachte es mit sich, neu mit Formen der Privatheit und Öffentlichkeit umzugehen zu müssen (oder zu können) bzw. diese Sphären durch eine gewisse Form der Aufmerksamkeitssteuerung aktiv gestalten zu können. „The book allows the individual to divert attention away from the public nature of the street and to create a somewhat controlled experience of the space through the text of the reading material." (de Souza e Silva/Frith 2012, 60) Mit individualisierten Nutzungsformen von Büchern waren erste Formen einer „Teil-Privatisierung" öffentlicher Räume und die Erschließung von Nutzungsnischen verbunden, die später von technisch avancierteren mobilen Medien und Kommunikationstechnologien erfolgreich besetzt werden sollte.

Insgesamt führte die Innovation des Buchdrucks die Systementwicklung der alphabetischen Schrift nach dem Prinzip der mechanisierten Massenproduktion auf ein neues Niveau und erhöhte Präzision, Geschwindigkeit sowie die Anzahl herstellbarer Einheiten. Die gesellschaftliche Verbreitung des Buchs sollte im Vergleich zu den

6.2 Das System Buchdruck als Mediatisierungsmaschine

Innovationszyklen anderer Medien allerdings verhältnismäßig lange Zeit für sich in Anspruch nehmen. Denn zunächst stieß die Erfindung „auf keine gesellschaftliche Resonanz, [...] erst die Emanzipation der schriftlichen Medien von der Rede und ihre soziale Prämierung zunächst in einzelnen Institutionen und dann in immer breiteren sozialen Gruppen des europäischen Spätmittelalters schuf die Grundlage für ein schichtenübergreifendes Interesse an einer Technisierung der Kommunikation". (Giesecke 1991, 127) Mit der neuen Möglichkeit der maschinellen Herstellung von Büchern potenzierten sich auf der Ebene einer „high definition"-Handschrift (McLuhan 1968, 190) die „Wirkungen des Schreibens"[182] (Giesecke 1991, 34) und damit die Möglichkeiten der Verbreitung von Informationen in der Gesellschaft. Die verhältnismäßig schnelle Diffusion der Technologie selbst verdankte sich nicht zuletzt der hohen Mobilität des Handwerks. (vgl. Stöber 2005, 32) Zunächst noch als Verfahren, das die „Öffentlichkeit der Macht" weltlicher und geistlicher Prägung stärkte, indem es ihre Texte vereinheitlichte, Verwaltungsprozesse harmonisierte und größere Flächenstaaten im Inneren zusammenhielt (vgl. Stöber 2005, 296), sollte es in der Folge – auch durch die Loslösung seiner Produktion von den alten Autoritäten – Wissen und Informationen über die Räume seiner bis dahin wirksamen Verfügungsmächte hinaus breit zugänglich machen. Über die neu entstehenden Druckmedien ließen sich insofern auch „Kommunikationsabstände" verringern,

> „weil die Teilhabe an öffentlicher Orientierung nun nicht nur mehr an einen Ort gebunden war, sondern an ein Druckmedium. Sie verringern den Abstand zu Themen, weil sie erstmalig mit nach Hause oder an einen anderen Ort genommen werden konnten. Die Etablierung eines Marktes für Druckerzeugnisse wurde die Voraussetzung dafür, dass sich subversive Gedanken von der Unterdrückung durch die Herrschenden emanzipieren konnten, so wie die elektronischen oder Tertiärmedien später die Voraussetzung dafür wurden, dass wir unseren Horizont sozial wie geografisch erheblich ausweiten konnten. [...] Die Entwicklung von Medien wird so als Arbeit an der Verringerung von Abständen sichtbar, die umso besser funktioniert, je intensiver daran in den Momenten medialer Kommunikation gearbeitet wird." (Winter 2010, 293)

Und im Hinblick auf den Faktor der Mobilität wie auch für die „Veränderung der Orientierung" wurde es wichtig, dass die „Produktion, Allokation, Wahrnehmung und Nutzung" von Schriften „nicht mehr mit einem einzigen Ort zusammenfiel". (Winter 2011, 16) Im Zusammenhang damit stand die Etablierung neuer Geschäftsmodelle „für die Produktion und Verteilung kultureller Orientierung, die auch aufgrund der nachfrageorientierten Verteilung über Märkte unterhalten wurden".

---

182 Giesecke verweist in diesem Zusammenhang auf Aussagen von Ong und auch McLuhan. (vgl. Giesecke 1991, 34)

Über die Auflösung einer „strikten Trennung zwischen orientierenden und unterhaltenden Anbietern und Angeboten von Kultur [...] entstanden neue Möglichkeiten, sich kulturell zugehörig zu machen und zu unterscheiden". Es wurde damit auch „öffentliche Orientierung in der ‚Druckkultur' mobil", wobei sich als Grenzen der Orientierung „die neuen Hochsprachen und Nationen" herausbildeten. (Winter 2011, 22f) Die mit der neuen Mediatisierung von Wissen und Informationen auf gedruckter Basis verbundenen gesellschaftlichen Konsequenzen können also nicht hoch genug eingeschätzt werden.

Eisenstein bringt – unter Bezugnahme zu Ernst Cassierers „Philosophie der Aufklärung" – den Buchdruck generell mit der Etablierung eines neuen Wissenssystems in Verbindung: Denn „was die Kirche in ihren Grundfesten bedrohte, war das neue Konzept der Wahrheit, das Galilei verkündete. Neben der Wahrheit der Offenbarung zeigt sich nun eine unabhängige und ursprüngliche Wahrheit der Natur." Sie konnte in „mathematischen Konstruktionen, Figuren und Zahlen" ausgedrückt werden. (Cassirer zit. in Eisenstein 1997, 245) Es waren damit die Voraussetzungen geschaffen, dass sich ein System der Wissenschaft entwickeln konnte, das die intersubjektive Überprüfbarkeit von Quellen ermöglichte und eine Freisetzung von Wissensströmen zur Folge hatte. „Der Buchdruck förderte Formen kombinatorischer Aktivität sowohl sozialer als auch intellektueller Natur. Er veränderte Beziehungen sowohl zwischen Gelehrten als auch zwischen Ideensystemen" (Eisenstein 1997, 42) wie das Verhältnis von Lehrern zu ihren Schülern, da letztere in zunehmenden Ausmaß über neue Möglichkeiten der individuellen Wissensaneignung verfügen konnten. (vgl. Eisenstein 1997, 236f) Durch die Effizienzsteigerung in der Übermittlung schriftlicher Informationen (vgl. Eisenstein 1997, 32) demokratisierte die neue Technologie – trotz immer wieder unternommener Versuche ihrer Eindämmung – die Produktion von Wissen und erhöhte über die Alphabetisierung seiner Nutzerinnen und Nutzer deren mentale Mobilitäten. Wissen wurde Stück für Stück den alten Autoritäten entzogen und durch die „Dislozierung des Lesens aus seinem institutionellen Rahmen" (Scholz 2004, 19) gehoben. Mit Eintritt in eine Phase der „sekundären Oralität" (Ong 1987, 135[183])

---

183 Die „sekundäre Oralität" ist jener der primären Oralität ähnlich, entwickelt sie sich doch „aus einem starken Gruppensinn, denn die Konzentration auf ein gesprochenes Wort formt die Hörer zu einer Gruppe, einem wirklichen Publikum, wohingegen das Lesen eines geschriebenen oder gedruckten Textes die Individuen auf sich selbst zurückwirft." In jedem Fall ist dabei aber Spontaneität gefragt, denn „primäre Oralität befördert die Spontaneität, weil ihr die analytische Reflexivität, die das Schreiben mit sich bringt, verschlossen bleibt. Sekundäre Oralität befördert die Spontaneität, weil wir durch analytische Reflexion erkannt haben, daß Spontaneität eine gute Sache ist." (Ong 1987, 136) Damit wurden Oralität und Literalität „zum integralen Bestandteil der

6.2 Das System Buchdruck als Mediatisierungsmaschine

wurden „öffentliche politische Diskussionen technisiert" und „die Kopplung des Buchdrucks an die Prinzipien des freien Handels schaffte darüber hinaus Raum für die Entfaltung einer weiteren Grundidee westlicher Demokratien: den freien Meinungsstreit über alle Standes- und Gruppengrenzen hinweg in den technisierten Informationsmedien". (Giesecke 1991, 187)

Hörisch erkennt in diesem Übergang eine „eigentümliche Gemengelage aus Massenmedialität und Vereinzelung": „Durch das Medium des Drucks verschränken sich die älteren Begriffe von Einsamkeit und Geselligkeit zu einem neuen Begriff, dem der Öffentlichkeit." (Assmann zit. in Hörisch 2001, 149) Die Entstehung einer neuen Form von Öffentlichkeit baute also auf die Verfügbarkeit von geteilten Informationen auf und erhielt damit ein neues Fundament mediatisierter Bezugnahme und Zugänglichkeit.

> „Personen und soziale Schichten, die zuvor keinen Zugang zu bestimmten Erfahrungs- und Wissensbeständen hatten, wurden in der frühen Neuzeit in Kommunikationsgemeinschaften ganz unerwarteten Zuschnitts aufgenommen. So gesehen erwies sich die Druckmaschine auch als ein Katalysator bei der Schaffung zwischenmenschlicher Beziehungen, als ein Interaktionsmedium. Kein Wunder auch, dass gegensätzliche Auffassungen darüber vertreten wurden, wer mit wem in welcher Intensität sozial vernetzt werden sollte." (Giesecke 1991, 210)

Der „produktive Mangel alles Gedruckten" besteht also mitunter in der Tatsache, „dass es im großen Maßstab Interaktion und Information entkoppelt". (Hörisch 2001, 155). In diesem Sinne schaffen also Buchdruck und gedruckte Bücher mediatisierte Frühformen sozialer Netzwerkstrukturen. Denn als „Kooperations- und Interaktionsmedium" entwickelte der Buchdruck eine Kraft, „die neue soziale Netze schafft, die das Miteinander der Menschen und der größeren sozialen Gruppen verändert" (Giesecke 2002, 207) und damit Dynamiken der Mediatisierung in Gang setzt. Über die individualisierte Rezipierbarkeit von Wissensbeständen erschloss die „Aufklärungsmaschine" (Giesecke 2002, 207) Buchdruck den interaktiven Austausch von Informationen, der von „neuen Formen des Feedbacks" unterstützt wurde und „im Zeitalter des Handschriftenwesens nicht möglich war". (Eisenstein 1997, 70) Die Öffnung des Zugangs zu Informationen gelang den darin Partizipierenden bezeichnenderweise über das gleichzeitige Ineinandergreifen der Konzepte von Uniformität und Diversität. „So gesehen könnte man das Auftauchen eines neuen Gefühls für das Individuelle als ein Nebenprodukt der neuen Formen der Standardisierung sehen. Je standardisierter der Typus, umso zwingender ist de facto das

> Bewußtseinsentwicklung. Sie treibt diese zu stärkerer Innerlichkeit und gleichzeitig zu größerer Offenheit." (Ong 1987, 176)

Gefühl für ein eigentümliches, persönliches Selbst." (Eisenstein 1997, 52[184]) Auch auf dieser Ebene lassen sich Strukturähnlichkeiten zu aktuellen digitalen Systemeigenschaften und damit auch verbundenen Mediatisierungseffekten erkennen.

Abb. 11 Formen der Schriftrezeption im Zustand der Immobilität[185]
Quellen: Giesecke 2011; Fritz Milkau, Preußische Staatsbibliotheken; de Souza e Silva 2012, 37

Innerhalb dieses Systems spielt auch der Faktor der Mobilität eine Rolle, da sich mit zunehmender Beschleunigung der Informationsverbreitung Informationseinheiten und Wissen selbst mobilisierten. Giesecke verweist in diesem Zusammenhang auf niemand geringeren als Johannes Kepler, der 1606 dazu festhielt: „Jetzt erst lebt, ja rast die Welt." (Kepler zit. in Giesecke 1991, 288) Die Aneignungsmöglichkeit

---

184 Nicht ohne Einfluss blieben dabei die neuen Ordnungssysteme der Drucker, wie alphabetische Anordnungen, Register, Zwischentitel usw. auf das Denken und Gedankenmuster der Leserinnen und Leser. Es entwickelte sich eine „zunehmende Vertrautheit mit regelmäßig nummerierten Seiten, Satzzeichen, Absätzen, Zwischentiteln, Registern usw.", die dazu beitrugen, „die Gedanken *aller Leser* neu zu ordnen, welchen Beruf sie auch immer ausübten". (Eisenstein 1997, 67)
185 Die Kettenbücher, auch „libri catenati" genannt, wurden auf Lesepulten mit Ketten fixiert. Sie waren angekettet, „um die Ordnung zu wahren und die Bücher vor Diebstahl zu schützen" [...]. Die Kettenlänge erlaubte ein Benutzen des Buches am Pultplatz; falls erforderlich, konnte es der Bibliothekar mit einem Schlüssel loslösen. Mit der Überführung der Klosterbibliotheken in weltlichen Besitz nahm man vielerorts Ketten und Ringe ab, sodaß nur die Löcher an der Oberkante der Rückendeckel von der alten Aufbewahrung zeugten." (Janzin/Güntner ²1997, 84) Quelle zu Milkau, Fritz [1997]: Bücherschrank mit angekettetem Buch aus der Bibliothek von Cesena. Online: http://www.ib.hu-berlin.de/~wumsta/Milkau/p109.html (22.1.2015)

6.2 Das System Buchdruck als Mediatisierungsmaschine

von Information war für das Individuum also eng an die Transportierbarkeit des Trägermediums geknüpft. Mit Veränderung der Materialität des technologischen Trägers veränderte sich die Zugänglichkeit und die Aneignungsmöglichkeit des Mediums und löste buchstäblich die Ketten ihrer Anbindung an die klösterlichen Bibliotheken. Für de Souza e Silva/Frith (2012, 36f) stellte etwa das Bücherrad A. Ramellis aus dem 16. Jahrhundert (1588 – „Le diverse et artificiose machine") eine Maschine dar, die eine anfänglich eingeschränkte Verfügbarkeit von Büchern damit zu kompensieren suchte, indem sie eine erhöhte Rezeptionsmobilität im Zustand der Immobilität organisierte. Zudem brachte die Nutzung dieser Lesemaschine auch eine neue Art des Lesens selbst mit sich, da sie die Zugriffsgeschwindigkeit auf unterschiedliche Informationseinheiten erhöhte und damit neue Möglichkeiten eines „hypertextuellen" Quellenvergleichs erschloss.

Die Weiterentwicklung der Materialität eines Mediums, „that still this day remains one of the marvels of media mobility" (Levinson 2004, 17), erlebte mit der Einführung des Oktav-Formats Anfang des 16. Jahrhunderts[186] einen weiteren Innovationsschritt, „[der] ein Buch in jeder Satteltasche Platz finden ließ [und] dem Gedruckten den Aufstieg zu einem sich über ganz Europa ausbreitenden Medium [sicherte]". (Lenk 1996, 7[187]) Als eine „Gegenbewegung" auf die Riesenbibeln der Romantik tritt neben dem Repräsentationswerk nun „das Gebrauchsbuch zum In-die-Tasche-Stecken, aus der man es jederzeit zum Lesen hervorholen konnte." (Janzin/Güntner ²1997, 84) Später wurden „Andachtsbücher und Stundenbücher im Taschenformat am zahlreichsten unter allen Büchern", zumal die neuen Produktionsweisen auch dazu beitrugen, dass die Bücher, die in einer Bibliothek zu verbleiben hatten, an Exklusivität einbüßten. „Man hatte immer mehr das Bedürfnis, Bücher mit sich herumtragen zu können, um sie irgendwo und irgendwann zu Rate zu ziehen oder zu lesen" (Febvre/Martin zit. in McLuhan 1968, 281) und die Frage der freien Verfügbarkeit und Zugänglichkeit wurde für Bücher zu einem

---

186 Diese erfolgte 1501 durch den venezianischen Drucker und Förderer antiker Literatur, Aldus Manutius. (vgl. Nyíri 2007, 102)

187 Lange vor Gutenbergs Innovationsleistung erleichterte im 13. Jahrhundert die Produktion von Miniaturbibeln den Zugang der Menschen zum „Buch der Bücher". Ivan Illich liefert uns den Hinweis, dass in der ersten Hälfte des 13. Jahrhundert eine Reihe von Neuerungen zu einer „Mobilisierung" und „Privatisierung" des Buches beitrugen. Die in großen und äußerst unhandlichen Großbänden verschriftlichte Bibel wurde durch die Verwendung einer kleineren Schreibweise und den Gebrauch von Abkürzungen handlicher und für einen individualisierten Gebrauch damit zugänglicher gemacht. Zusammen mit dem Einsatz eines neuen, feineren Pergaments um 1240 und anderer Erleichterungen öffnete sich dieses Medium neuen Möglichkeiten seiner Nutzung und der über eine lange Phase sehr träge Informationsträger wurde zu einem „tragbaren Buch". (Illich 1991, 117)

entscheidenden Faktor. (vgl. McLuhan 1968, 281) Auch mit dem Druck verkleinerten sich Bücher, wodurch sie nicht nur leichter handhabbar wurden, sondern sich auch neue Rezeptionsstile ergeben konnten. „Somit war die psychische Gelegenheit geschaffen, allein in einer stillen Ecke zu lesen und schließlich auch völlig schweigend zu lesen."[188] (Ong 1987, 130) Damit verdeutlicht sich der Stellenwert gedruckter Bücher für die Herausbildung von Formen der Privatheit und erste Schritte der Individualisierung (vgl. Ong 1987, 130), wobei die Rezeptionsformen über Sozialschichten hinweg durchaus unterschiedlich ausfielen.

"Books of poetry in particular were often printed in this [small] format, which encouraged reading in bed, especially in the eighteenth century, when bedrooms in upper- or middle-class houses were gradually becoming private places. [...] [So] it may be possible to make a distinction between reading habits according to social class – the middle class tended to read privately while the working classes listened publicly." (Briggs/Burke 2002, 65)

Der Konsum von Büchern gestaltete sich damit jeweils abhängig von seiner sozialen Rahmung und jeweils spezifischen Situationskontexten. Und das Medium Buch erwies sich damit bald als ein extrem anpassungsfähiges und für unterschiedliche Verwendungsweisen kompatibles Medium, eine Flexibilität, die von den aktuellen digitalen Trägermedien schriftlicher Informationen mit großem Aufwand immer wieder aufs Neue angestrebt wird. Digitale Applikationen von heute stellen avancierte Varianten dieser individualisierten und allzeit verfügbaren Medien dar, die heute die Userinnen und User mit riesigen und jederzeit abrufbaren Textbeständen im Zustand der mobilen und zeitlich permanenten Vernetzung versorgen.

Im Zeitalter der Gutenberg-Galaxis war es zunächst die Verfügbarkeit einer gedruckten Bibel, die auf dieser Basis den individuellen Zugang zu einer davor für den einzelnen Menschen nicht zugänglichen Wissensressource erlaubte. Sie kam einem „Bürocomputer (gleich), der an einen Zentralcomputer angeschlossen ist". (Giesecke 1991, 245[189]) Damit wandelte sich das „Wort" zu einer Art

---

188 Auf die soziokulturelle Bedeutung dieses privaten Lesevorgangs weist auch Morley hin. „The privatisation of reading [...] [was] one of the major cultural developments of the early modern era [and] milestone in the history of leisure. [...] Reflection, contemplation, privacy and solitude are associated with reading books [and] withdrawl [...] from the world around one, from the cares of everyday life." (Rybctynski zit. in: Morley 2007, 211)

189 Die Herauslösung des Informationsträgers aus der Interpretationsmacht der Kirche sollte bekanntlich für Luther ein wesentlicher Motivationsfaktor werden, seine Thesen gegen die Autoritäten vorzubringen. „Luther ging es in seiner Reformation um weit mehr als nur um die, zu seiner Lebzeit schon weitgehend durchgeführte Verbesserung

6.2 Das System Buchdruck als Mediatisierungsmaschine

„Gebrauchsartikel" (Ong 1987, 119) und die Bücher wurden zu „‚Apparaten‘, die einen Anschluss an die typographischen Netze herstellen" (Giesecke 1991, 334) und zwar an ein Netz, das im Gegensatz zu einer davor hierarchischen Gliederung über „eine sternförmige Struktur mit dem Markt als Mittelpunkt" (Giesecke 1991, 419) verfügte. Insofern wurde das Medium Buch „von einem einfachen Instrument der Informationsspeicherung zu einem Teil eines komplexen Automaten, einer selbstregulierenden Informations- und Kommunikationsmaschine", mit der „vielfältige Hoffnungen auf neue Informationsquellen und Kommunikationsformen und neue zwischenmenschliche Kontakte" (Giesecke 1991, 167) verbunden waren. Daran gekoppelt war die Durchsetzung einer neuen ökonomischen Logik seiner Verbreitung, die sich Ende des 15. Jahrhunderts realisiert haben dürfte, als in Europa immerhin schon in 256 Städten um die 1100 Druckereien existierten. (vgl. (Janzin/Güntner ²1997, 126) In dieser Phase, als sich eine „Arbeitsteilung zwischen Herstellung und Vertrieb", und in der Folge von Druckern und Verlegern abzuzeichnen begann, rückte der Faktor der Ökonomisierbarkeit des Systems zunehmend in den Mittelpunkt. „Gesteigerte Produktivität führte zu einer Steigerung der Auflagenhöhe, höhere Auflagen erforderten ein größeres Absatzgebiet." (Janzin/Güntner ²1997, 154) Vor dem Hintergrund beginnender ökonomischer Expansionsbewegungen entwickelte sich zudem die Vertriebsform des „reisenden Buchhändlers", der auch als „Buchführer" bezeichnet wurde. (vgl. Janzin/Güntner ²1997, 154) Und es war nicht zuletzt die Reformation, die – wie kaum eine andere Bewegung – vom System des Buchdrucks profitierte, auch wenn Luther selbst die Buchdrucker zuweilen wegen ihrer „Habgier" kritisierte. (vgl. Eisenstein 1997, 154) Die große Verbreitung der Streitschriften Luthers wäre aber ohne den Buchdruck nicht möglich gewesen. (vgl. Stöber 2005, 299) Und als effektivste Form der Informationsverbreitung sollten sich für die Reformation die schnell verbreitbaren und leicht rezipierbaren Flugschriften erweisen,[190] auch wenn

---

der innerkirchlichen Bürokommunikation. Er wollte die Daten der Bibel gleichsam in einem Homecomputer unterbringen und diesen verbreiten. Nicht nur durch das kirchliche Personal, jeder Hausvater sollte die Möglichkeit haben, sich aus der Bibel zu Hause die Informationen herauszuziehen, nach denen es ihn verlangte." (Giesecke 1991, 247) Es waren damit Hoffnungen auf Ablösung alter Strukturen geschaffen, alte „Verkündigungs-, Beicht- und Absolutionstechniken der Papstkirche veralteten moralisch und die früher in diese Institutionen hineinprojizierten Wünsche verschoben sich auf den Buchdruck". (Giesecke 1991, 167) Luther selbst bezeichnete den Buchdruck „als das letzte und zugleich größte Geschenk Gottes", da für ihn nur die Schrift, also die gedruckte Bibel, allein („sola scriptura") den Zugang zur „göttlichen Wahrheit" eröffnete. (vgl. Giesecke 2002, 209)

190 Von dieser Sorte gedruckter Informationen, die anfangs noch in Latein und ab 1520 auch in deutscher Sprache im Umlauf waren, dürften im ersten Drittel des 16. Jahrhunderts

nicht jede Flugschrift eine Stimme der Reformation gewesen sein mag.[191] (Janzin/Güntner ²1997, 170) Und selbst als die Reformationsbewegung um die Mitte des 16. Jahrhunderts ihre Wirkmächtigkeit einbüßte, behielten „der Protestantismus [...], und folglich der protestantische Buchhandel [...] ihren beherrschenden Einfluß auf das intellektuelle Leben Deutschlands bis in die ersten Jahrzehnte des 19. Jahrhunderts bei". (Eisenstein 1997, 155) Zudem beförderte, wie das bekanntlich Max Weber herausarbeitete, die protestantische Ethik und ihre Prädestinationslehre nachhaltig die irdischen Anstrengungen um die Entwicklung eines kapitalistischen Geistes. (vgl. Weber 1920)

Insgesamt entwickelten sich – in Abgrenzung von zuvor hierarchisch angelegten und kontrollierten Strukturen – mit diesen Transformationen neue Kommunikationsnetze der Mediatisierung sowie weitgehend individualisierte wie auch mobile Nutzungspraktiken, jeweils getragen durch eine neue Logik des Marktes. „Nunmehr existieren weder ein zentraler Verteiler noch überschaubare, vorgezeichnete Bahnen. Die Logik des Marktes nötigt zudem dazu, das Angebot an Informationen und die Zahl der Anbieter beständig zu erhöhen." (Giesecke 1991, 480f) In diesem Sinn schuf das ökonomische System um den Buchdruck eine neue flexible Netzwerkstruktur und setzt den mehrstufig hierarchisch aufgebauten institutionellen Systemen eine neue Verteilungsstruktur entgegen. (vgl. Giesecke 2002, 63) Aus einer erfolgreichen Allianz von Technologie und Ökonomie entwickelte sich eine neue treibende Kraft im Rahmen sozialer Wandlungsprozesse. „Das ökonomische System bringt es mit sich, dass beständig um Käufer und für eine Beschleunigung des Informationsumschlags geworben werden muß." (Giesecke 1991, 643) Und das Netzwerkwachstum selbst war dabei wesentlich vom Paradigma der Ökonomie dominiert.

„Die Utopien der Marktwirtschaft: Kapitalakkumulation, Wettbewerb, Eigenverantwortung, Fortschritt und grenzenloses Wachstum beeinflussen die Utopien über die

---

schon 10 000 Titeln vorgelegen haben. (vgl. Janzin/Güntner ²1997, 169) Die Distribution erfolgte nicht nur durch Boten, sondern auch über das Thurn- und Taxis'sche Postsystem, das 1490 den Auftrag erhielt, ein postalisches Vertriebsnetz – zunächst mit einer Linie zwischen den Niederlanden und den Höfen bzw. Königen in Spanien, Frankreich und dem deutschen Kaiser – aufzubauen. (vgl. Wilke ²2008, 46; Stöber ²2005, 18)

191 Die schnelle Verbreitung der Inhalte dürfte zunächst Multiplikationseffekten von in der Öffentlichkeit ge- und verlesenen Schriften zu verdanken sein. Insbesondere war es – neben den 1517 angeschlagenen Thesen an der Kirchentür der Schlosskirche zu Wittenberg – die 1522 erstmals vorgelegte Übersetzung der Bibel ins Deutsche, die Luther und seiner reformatorischen Bewegung zu einer hohen Breitenwirkung verhalf. Für Kritiker seines Vorgehens „inflationierte" der Buchdruck die „heilige Schrift, die dadurch aufhörte, heilig zu sein". (Hörisch 2001, 141)

6.2 Das System Buchdruck als Mediatisierungsmaschine

Nachrichtennetze und über die Autoren und Leser. Ältere, nicht ökonomisch fundierte Triebkräfte, werden durch die Marktgesetze überformt." (Giesecke 1991, 332)

Innerhalb dieses neuen Systems bildeten sich zudem neue Formen des Tauschhandels aus, „denn man tauscht nicht Information gegen Information, wie dies beim Lehrgespräch unter bestimmten Bedingungen der Fall sein kann, sondern man tauscht Informationen gegen Geld." (Giesecke 1991, 526) Und beide Systeme, jene der technologischen Innovation wie jene des Marktes, „eröffnen die Möglichkeiten der Parallelverarbeitung von großen Mengen technisierter und standardisierter Informationen". (Giesecke 1991, 657) Obwohl Gutenberg, der mit der Absicht angetreten war, mit seiner Innovation wirtschaftlich zu reüssieren, als Unternehmer scheiterte, sollte sich seine Innovationsleistung als ein enorm tragfähiges und profitables Modell erweisen. Aber es waren nicht nur allein der ökonomische Impuls oder eben die christliche Mission, die als alleinige Antriebskräfte für die Technologie des Buchdrucks wirkten. In Summe zeigt sich die Medieninnovation als „Konglomerat aus vielerlei Antriebskräften" und daher als ein „überdeterminiertes" Ereignis, das zur „Inbetriebnahme der ersten Druckerpressen" führte. „Der Zusammenschluss verschiedener Impulse erwies sich als etwas Unwiderstehliches und führte zu einer massiven, nicht umkehrbaren Phasenverschiebung in der kulturellen Entwicklung." (Eisenstein 1997, 249) Das gedruckte Buch erschloss – wie wir gesehen haben – neue Netzwerke der Kommunikation und war damit „HighTech des 15. Jahrhunderts". (Giesecke 1991, 67)

Als eine universelle Technologie sollte der Buchdruck bekanntlich die Entstehung nationaler Uniformitäten, wie die Bildung von Nationalsprachen und zentralisierende Kräfte des Nationalismus, befördern. (vgl. McLuhan 1968) Gleichzeitig beschleunigte die neue Technologie auch die Ausdifferenzierung sozialer Gemeinschaften, erweiterte den Erfahrungshorizont seiner Nutzerinnen und Nutzer und leitete – getragen auch von der Suche nach neuen standardisierten Formen der Wahrnehmung[192] – den Übergang von der Welt des Mittelalters in ein neues Zeitalter ein. „Die modernen Konzepte von ‚Neuheit', ‚Wissen', ‚Wahrheit', ‚Wissenschaft', ‚Täuschung' usf. emergieren mit der typografischen Technologie. Die Geistesgeschichte der [frühen] Neuzeit ist deshalb als eine Geschichte der typografischen Information zu schreiben." (Giesecke 1991, 501f) Die Transformationen, wie sie mit dem Buchdruck in Verbindung zu bringen sind, lassen sich auch als eine Entwicklung gesellschaftlicher Mediatisierungsprozesse lesen. Sowohl auf

---

192 Giesecke verweist in diesem Zusammenhang auf die Methode der Zentralperspektive als neue Leitidee einer Systematisierung der Wahrnehmung, die von ihrem Konstruktionsprinzip ähnlich wie der Buchdruck ein „intersubjektiv wiederholbares Verfahren" darstellte und daher für andere nachvollziehbar sein konnte. (vgl. Giesecke 2002, 70)

der Mikroebene des Individuums wie auch auf der Makroebene der Gesellschaft kommt es durch die neue Medientechnologie zu nachhaltigen Transformationen und sozialen Wandlungsprozessen. Brachte schon der Buchdruck eine Potenzierung jener Innovationen mit sich, die zuvor die alphabetische Schrift leistete, sollten mit den periodischen Printmedien die Potentiale des Buchdrucks auf ein neues Entwicklungsniveau gehoben werden.

6.3 Prozesse der Mediatisierung in der Welt der Printmedien

Mit dem Übergang der Herstellung von Druckwerken in ein System periodisch verfügbarer Einheiten von Schrift etablierte sich eine neue Infrastruktur von und für Kommunikation und mit ihr Wandlungsprozesse der Mediatisierung. Die Infrastruktur baute in nicht unwesentlichen Teilen auf einem sich diversifizierenden Mobilitätssystem auf, das seinerseits – sieht man von Schüben der Mobilität im Rahmen kriegerischer Aktivitäten ab – eng mit der Entwicklung von Handelsbeziehungen in Verbindung stand.

Die Weiterentwicklung in die Welt periodischer Druckwerke vollzog sich in unterschiedlichen Innovationsschritten. Als Vorform der Zeitungen und Zeitschriften berichteten seit dem frühen 16. Jahrhundert in unregelmäßigen Abständen die „Neuen Zeitungen" über ungewöhnliche Naturereignisse, Kriege und Katastrophen. Nicht selten angereichert mit Bildinformationen auf der Basis von Holz- oder Kupferstichen waren diese „aus der Verschmelzung von Einblattdrucken mit den [anfänglich noch handschriftlich verfassten] Nachrichtenblättern der Postmeister" (Pürer/Raabe ^{3}2007, 42) entstandenen Vorformen der Zeitung neue mobile Medien der Informationsverbreitung. Ebenso leisteten Flugschriften und später auch die (mit der Abhaltung von Messen verbundenen) halbjährlich erscheinenden und bis zu 100 Seiten starken „Messrelationen" (seit 1583) die Funktion einer regelmäßigen Verbreitung von Nachrichten. Entstanden aus der Form des brieflichen Verkehrs zum Zweck der Verbreitung vorwiegend wirtschaftlich relevanter Informationen[193] und gefördert durch sich ausbreitende Handelsbeziehungen im Spätmittelalter waren besonders Flugschriften schnell und

---

193 In der 2. Hälfte des 16. Jahrhunderts versorgten etwa die sogenannten „Briefzeitungen" große Handelsfamilien (wie etwa jene der Fugger in Augsburg) mit für sie relevanten Nachrichten und Informationen. Diese auch „Fugger-Zeitungen" genannten Informationsmedien sind ab 1566 nachgewiesen. (vgl. Bollinger 1995, 8)

6.3 Prozesse der Mediatisierung in der Welt der Printmedien

mit geringem Kapitalaufwand herstellbar und versprachen auch wirtschaftlichen Erfolg. Ihre Verbreitung erfolgte durch „ambulante" Händler entweder durch Verkauf oder – für „propagandistische" Zwecke – in Form der Gratisverteilung. (vgl. Wilke ²2008, 28) Informationen gelangten so schnell an ihre Abnehmerinnen und Abnehmer, deren eigene physische Mobilität zumeist stark regional gebunden war und die bezüglich ihres Wahrnehmungshorizonts daher von Nachrichten von außen abhängig waren. Damit kompensierten die neuen mobilen Nachrichtenmedien auch Mobilitätseinschränkungen ihrer Nutzerinnen und Nutzer und erfüllten wichtige soziale wie individuelle Funktionen. Sie waren Produkte einer ökonomischen Zweckrationalität und gingen mit einer „Entgrenzung lokaler und regionaler Öffentlichkeit des Mittelalters" einher. (Wilke ²2008, 38f) Gleichzeitig spielten sie eine Rolle als integrierender Faktor einer „frühneuzeitlichen Vergesellschaftung", da ihr damit „eine wesentliche Rolle bei der zivilisatorischen und sozialdisziplinären Regulierung menschlichen Verhaltens" zukam. (Wilke ²2008, 38f) Mobile Postdienste, Netzwerke des Handels und darauf aufbauende Kommunikationsstrukturen bildeten auf diese Weise eine systemische Allianz zum Zweck der Herstellung für sie nützlicher Verbindungen. Wie etwa die Kaufmannsbriefe zeigen, entwickelte sich aus dem Bedürfnis nach politischen und ökonomischen Informationen ein neues Medium, das auf unterschiedlichen Ebenen weiter professionalisiert und diversifiziert wurde. In gewisser Weise stellen sich die soziokulturellen Veränderungen des 15. und 16. Jahrhunderts damit als Netzwerkbildungen dar, da „zumindest von einer Verknüpfung und Verdichtung des Handels, von Erschließung und Eroberung fremder Märkte und Länder, von Verbindung und Verstetigung der Nachrichtenwege und -kanäle gesprochen werden kann", und zwar in einer Welt, in der die Menschen „in wachsendem Maß mit ‚mediatisierten' Informationen" über Nachrichtenzentren großer Handelsstädte versorgt wurden". (Stöber ²2005, 15f[194])

Der Übergang in eine regelmäßige Periodizität führte zu einer wöchentlichen Erscheinungsweise, die als solche wiederum an den Takt eines zuverlässig operierenden Postvertriebs, also an eine Mobilitätsinfrastruktur, gebunden war. Sowohl technische Verfeinerungen auf der Ebene der Drucktechnologie als auch politische und soziale Rahmenbedingungen – wie die Partikularisierung der politischen Landschaft in Deutschland oder die Wirren des Dreißigjährigen Kriegs – stellten Rahmenbedingungen dar, die – sieht man von einem Einbruch Mitte des Jahrhunderts ab – für eine Blüte des Zeitungswesens in Deutschland sorgten. Das sich

---

[194] Neben den klassischen Nachrichtenbriefen der großen Handelsfamilien setzte man etwa auf königliche Boten, Klosterboten oder Universitätsboten. (vgl. Museum für Kommunikation 2000, 20)

steigernde Informationsbedürfnis der Bevölkerung wurde von einem beständig sich technisch und logistisch ausdifferenzierenden Nachrichtensystem versorgt, wobei die Zugangsmöglichkeiten zu den Produkten der Informationsversorgung überwiegend an öffentlichen Orten gegeben war. Die Printmedien lagen vielfach „in Wachstuben, Kaffeehäusern, Gaststätten und Avisobuden aus und wurden [meist für einen Kreis von Zuhörerinnen und Zuhörern] vorgelesen". (Stöber ²2005, 72) Auch wenn Ende des 17. Jahrhunderts insgesamt erst 2 % der Bevölkerung mit den damals neuen Medien in Berührung kamen, kann davon ausgegangen werden, dass – unter Berücksichtigung einer hohen Sekundärleserrate – immerhin zwischen 20 bis 25 % derjenigen Kreise einbezogen wurden, die für dieses Medium als potentielle Zielgruppe galt. (vgl. Wilke ²2008, 64) Stöber (²2005, 72) geht davon aus, dass im „17. Jahrhundert schon ein Fünftel bis ein Viertel der Bevölkerung mehr oder weniger regelmäßig von der aktuellen Tagespublizistik erreicht wurde, in der Zeit der Französischen Revolution schon mehr als jeder zweite Erwachsene", wobei das sogar „alle Schichten gleichermaßen" betroffen haben dürfte.[195]

Wie immer die – heute nur lückenhaft nachzuzeichnenden – Diffusionsverläufe ausgesehen haben mögen: Die neuen Medien dieser Zeit schafften es verhältnismäßig schnell, für die Menschen zu einem wichtigen Verbindungs- und Vermittlungselement zu ihrer nahen und fernen Umwelt und zu Hilfsmitteln ihrer Alltagsorientierung zu werden. Dies gelang ihnen mitunter durch die Erhöhung ihrer „Produktattraktivität" auf der Basis einer sich steigernden Aktualität und sich verkürzenden Periodizitäten. (vgl. Stöber ²2005, 72) Die Struktur der Verteilung und die Produktion von Information waren eng an die Netzwerke der Post und des Drucks gekoppelt, wobei anfänglich die Postmeister und Drucker aufgrund ihrer Profession zu den ersten Verlegern und Herausgebern zählten. (vgl. Behringer 1994) Die Medienprodukte als solche waren aber für einen großen Teil des Publikums anfänglich sicher noch eher teuer, denn erst mit Hinzukommen von Werbeanzeigen[196] verbilligten sich nach und nach die neuen Nachrichtenmedien. (vgl. Hörisch 2001, 176f; Pürer/Raabe ³2007, 51) Gleichzeitig erhöhte sich die Attraktivität des Mediums als Wirtschaftsunternehmen für diejenigen, die sich von seiner Herstellung ökonomischen Profit erhofften, ein Kalkül, das mit den späteren Anzeigenblättern (den sogenannten Intelligenzblättern) noch klarer aufging. Im Jahr 1650 konnte schließlich mit den täglich (außer sonntags) erscheinenden „Einkommenden Zeitungen" die Periodizitätsform nach heutigem Maßstab erreicht werden. Insgesamt

---

195 Zur Übersicht von Schätzungen über den Alphabetisierungsgrad vgl. Stöber (²2005, 311). In jedem Fall steigerten sich Presseverbreitung und Lesefähigkeit wechselseitig. (vgl. Stöber ²2005, 72)
196 Dieser Schritt lässt sich für das Jahr 1622 festmachen. (vgl. Pürer/Raabe ³2007, 51)

6.3 Prozesse der Mediatisierung in der Welt der Printmedien

professionalisierte sich damit ein System der Nachrichtenproduktion, das für weitere Mediatisierungsentwicklungen eine entscheidende Basis bilden sollte.

Wenn die Zeitungsentwicklung als solche in diesem Jahrhundert eine Zunahme öffentlicher Publizität und eine „Säkularisierung der Wahrnehmung des Politischen" beförderte, (Wilke ²2008, 68) dürften auf Seite des Publikums noch Defizite im Bereich der Meinungs- und Unterhaltungstoffe vorgelegen haben. Allein die so genannten „Bänkelsänger" sorgten – an der Wende zum 17. Jahrhundert – als mobile Boten von Informationen für Berichte über „Moritaten" mit Gesang und Bildern, die man auch als frühe Form einer „audiovisuellen ‚Medialität'" verstehen könnte.[197] (Wilke ²2008, 69) Sie sorgten zu Zeiten von Jahrmärkten und Messen für „Medienspektakel" in Dörfern und Städten, die ansonsten weniger mit medialen Unterhaltungsformen in Berührung kamen. Der Jahrmarkt war somit anfangs „der wichtigste Ort, an dem Erfahrungshunger durch Konkretion gestillt werden konnte, womit er auch zum wichtigsten Vermittler einer Bildkultur der Massen wurde". (Scheurer 1987, 26 u. 40) Dahingehend wurden die Bänkelsänger zu einer Vermittlungsform, in der – als Vorläufer späterer Medienkombinationen – Bild- und Textinformation an ein Publikum vermittelt wurde, das kaum die Möglichkeiten hatte, sich individuell Informationswelten zu erschließen. „Die eigene Immobilität, der beschränkte Erfahrungshorizont und die Dürftigkeit der eigenen Mittel und Möglichkeiten verhinderte den Zugang zu fremden Erfahrungsräumen. So ist es nicht verwunderlich, daß die Informationen und Erfahrungen mit dem fahrenden Volk den Weg zu den Erfahrungshungrigen machte." (Scheurer 1987, 28)

Grundsätzlich war in der ersten prosperierenden Ära der Zeitungsentwicklung der Konsum der Produkte vorwiegend für bestimmte Rezeptionssituationen ausgelegt. In so genannten „Avisenboutiquen" vertrieben, wurden sie im 17. und 18. Jahrhundert vorwiegend in Wirts- und Kaffeehäusern, also an Orten einer öffentlichen Alltagskultur, konsumiert. „Newspapers were often read aloud and discussed in coffee-houses, a political forum in which craftsmen as well as gentlemen, and women as well as men, had a voice (though they might not be heard with equal attention by their listeners)." (Briggs/Burke 2002, 95) Ebenso gab es – wie angesprochen – im öffentlichen Raum Formen der Verlesung bzw. Vorlesung von Zeitungsinhalten – also „auditive Rezeption" der Printinformation.[198] Für die

---

197 Schon die Vorläufer der Bänkelsänger, die „Zeitungs- oder Avisensänger des 16. Jahrhunderts", traten als Verkäufer der Flugschriftenliteratur auf. (vgl. Scheuer 1987, 36)

198 „Die Geschichte des Zeitungslesens ist von Anfang an bis tief ins 19. Jahrhundert hinein eine Geschichte der Gemeinschaftslektüre. […] Im allgemeinen schlossen sich Zeitgenossen nicht zur Verringerung der Kosten zusammen; man las die Zeitung auch gemeinsam und diskutierte spontan und leidenschaftlich ihren Inhalt […]." (Welke 1994, 141)

Form der klassischen Mobilität, also für die Welt des Reisens, dürfte zunächst eher der Konsum von Büchern als das Lesen von Zeitungen – nicht zuletzt aufgrund der beschwerlichen und unkomfortablen Reisevehikel und Reisebedingungen – vorgeherrscht haben. Auch das Lesen in der freien Natur soll eher mit Büchern „und zwar mit Werken der Poesie, die mit dem Naturerlebnis im Einklang standen und – modern gesprochen – der ‚Stimmungsregulation' dienten", in Verbindung gestanden haben. (vgl. Wilke 2004, 5) In jedem Fall führte der vermehrte Konsum von Literatur zu Individualisierungsschüben und neuen Aneignungsformen von Medien: „The privatization of reading has often been viewed as a part of the rise of individualism and also of empathy or ‚psychic mobility' [...]." (Briggs/Burke 2002, 65)

Das neue Medium der Zeitung konnte bei der voranschreitenden Integration in die Kommunikationsstrukturen der Gesellschaft des 17. Jahrhunderts auf neue technische Möglichkeiten des Buchdrucks sowie auf sich ausweitende Handelsbeziehungen mit Nachrichten aufbauen. Zudem wirkten sich soziale und politische Wandlungsprozesse sowie der Anstieg der Lesefähigkeit positiv auf die Mediendiffusion aus. Dazu zählte (in Deutschland) weiters die „territoriale Zersplitterung" und der Partikularismus, neue „geistig-weltanschauliche Konstellation(en) der angehenden Neuzeit mit ihrem Bedürfnis nach immer mehr und immer kontinuierlicher Information" sowie sich verändernde politische Rahmenbedingungen „mit ihren konfessionellen, weltanschaulichen, politischen und militärischen Auseinandersetzungen, die viel Konflikt- und Nachrichtenstoff abgaben, der sich in der Zeitung niederschlug". (Pürer/Raabe ³2007, 50) Darüber hinaus erwuchs auf der Basis neuer Netzwerke des Wissens ein Bedarf nach schneller Verbreitung auch überprüfbarer Informationen, wie sie die ersten „gelehrten Zeitschriften" in der zweiten Hälfte des 17. Jahrhunderts lieferten. Im Feld der allgemeinen Lesekultur beförderten Veränderungen auf dem Buchsektor, wie der spürbare Rückgang religiöser Literatur zugunsten belletristischer Titel, einen Übergang von einer intensiven hin zu einer extensiven Lesekultur[199] (vgl. Hörisch 2001, 165) als auch die Zunahme der Lesefähigkeit als Kulturtechnik des Lesens selbst.[200]

---

199 Andere Autorinnen und Autoren, wie etwa Martin Welke, widersprechen dieser Annahme insofern, als das extensive Lesen auf der Basis der periodischen Presse schon im 17. Jahrhundert angesetzt werden könne, in einer Zeitphase, als die „Lesewut" sogar schon als „Suchtverhalten" angeprangert wurde. (vgl. Stöber ²2005, 325)

200 Bei Krotz finden wir den interessanten Hinweis auf Stein, der als Leseforscher darauf hinwies, „dass das Lesen zwar vor allem im 18. und 19. Jahrhundert mit den Mitteln des Staates als prinzipiel notwendige Kulturtechnik durchgesetzt worden ist, aber weniger wegen der Menschen als wegen der Entwicklung von Industrie und Wirtschaft". (Krotz 2012a, 49)

Diese wurde wiederum gestärkt durch neu gegründete Lesegesellschaften, die als „typische Erscheinung der Aufklärung" (Stöber ²2005, 315) gelten können. Die Buchhändler selbst wurden zu Vermittlerfiguren, „known as ‚middle men' between writers and readers before the word ‚media' was used". (Briggs/Burke 2002, 113) Und durch eine verstärkte Verbreitung der Tageszeitungen gegen Ende des 18. Jahrhunderts intensivierten sich gesellschaftlich wirksame Mediatisierungseffekte. Dies auch durch Diversifizierungseffekte auf der Medienebene selbst, als innerhalb der Gattungen kontinuierlich Neugründungen hervorgingen.[201] Darüber hinaus begannen Familienzeitschriften und moralische Wochenschriften die Diskurswelten von Familien und Lesegesellschaften zu erobern. Gerade die „Etablierung moralischer Wochenschriften [...] durch insbesondere Damen des höheren Bürgertums, die mit der ästhetisch-moralischen Erziehung ihrer Kinder durch Kleriker unzufrieden waren", sollte „kulturell folgenreich" werden. „Damals wurde die Vermittlung der Jugend mit Gesellschaft der Kirche aus der Hand genommen" [...] zumal Druckmedien als „mobile schriftlich fixierte Bedeutungsträger neue Bedeutungen und Nutzungsmöglichkeiten" versprachen. (Winter 2011, 17f)

Im Rahmen der damit verbundenen Wandlungsprozesse verdichtete sich die Präsenz und Wirkung der Medien im Alltag der Menschen. Wie Habermas zeigte, beginnt um 1750 das bürgerliche Publikum, mit der patriarchalen Kleinfamilie als ihr soziales Zentrum, zu einer relevanten Größe zu werden, eine Entwicklung, die auch mit einer Privatisierung des Lebens einherging. (vgl. Habermas ³1993, 107f) Aus der Sphäre kleinfamilialer Intimitäten heraus sollten sich Adressatengruppen für Medien formieren, die in der Folge ihr „Publikum" ausmachten: „Buchclubs, Lesezirkel, Subscriptionsbüchereien schießen aus dem Boden und lassen in einer Zeit, in der sich, wie seit 1750 in England, auch der Umsatz von Tageszeitungen und Wochenzeitschriften innerhalb eines Vierteljahrhunderts verdoppelt, die Romanlektüre in den bürgerlichen Schichten zur Gewohnheit werden." (Habermas ³1993, 115f) Es ist die Presse, die dieses Publikum, „das aus jenen frühen Institutionen der Kaffeehäuser, der Salons, der Tischgesellschaften längst herausgewachsen ist", (Habermas ³1993, 116) zusammenhält und gewissermaßen eine gemeinsame Basis des Austauschs und der Selbstverständigung über sich selbst herstellt. An öffentlichen Orten werden – mitunter vermittelt über die Inhalte medialer Träger – vermehrt Aspekte von Öffentlichkeit ausgehandelt und über sie räsoniert. „Die traditionelle gemeinsame Lektüre der Zeitung und die darauffolgende Erörterung des Inhalts korrespondierte mit der Forderung der Aufklärung, sich über alle gesellschaftlichen

---

201 Darunter waren traditionsreiche Blätter wie die „Neue Zürcher Zeitung" (ab 1780) und die „Times" (ab 1788) sowie das Erscheinen der ersten Anzeigenblätter.

Vorgaben zu informieren, das dabei Erfahrene kritisch-rational zu durchdenken und es mit Gleichgesinnten in der Absicht zu diskutieren, Verbesserungen herbeizuführen." (Welke 1994, 146)

Diese Foren der Information, des Austauschs und der Auseinandersetzung von Meinungen stellten eine Basis sich wandelnder Kommunikationsprozesse dar, denn „mit der Entstehung einer Sphäre des Sozialen, um deren Regelung die öffentliche Meinung mit der öffentlichen Gewalt streitet, hat sich das Thema der modernen Öffentlichkeit, im Vergleich zur Antike, von den eigentlich politischen Aufgaben der gemeinsam agierenden Bürgerschaft zu den eher zivilen Aufgaben einer öffentlich räsonierenden Gesellschaft (der Sicherung des Warenverkehrs) verschoben". (Habermas ³1993, 116). Mit der von Habermas als bürgerliche Öffentlichkeit[202] bezeichneten Gesellschaft beginnen sich – auch in Absetzung zu einer feudalistisch-ständischen Gesellschaft (vgl. Wilke ²2008, 137) – literarische und politische Öffentlichkeiten „eigentümlich ineinander" zu verschieben, denn „die entfaltete bürgerliche Öffentlichkeit beruht auf der fiktiven Identität der zum Publikum versammelten Privatleute in ihren beiden Rollen als Eigentümer und als Menschen schlechthin". (Habermas ³1993, 121) Wirtschaft und Presse befördern so eine Emanzipation des Bürgertums, Frühformen kapitalistischer Produktionsarten und freie private Verfügungsformen über Eigentum (vgl. Habermas ³1993, 143) ebnen – in Großbritannien (mit der Wende zum 18. Jahrhundert) früher als in Frankreich und Deutschland – den Weg zu einer politischen Öffentlichkeit. So zeigen sich die zentralen Einflüsse der Presse im 18. Jahrhundert einerseits in ihrer Wirkmächtigkeit für den Prozess der Aufklärung sowie in ihrem Einfluss auf die voranschreitende Trennung von Staat und Gesellschaft. (vgl. Wilke ²2008, 152f)

Wir haben es also – um in heutigen Kategorien zu sprechen – vermittelt über die Entstehung einer bürgerlichen Öffentlichkeit mit der ersten Vorstufe einer kommunikativen Vernetzung der Gesellschaft zu tun, zumal über sie wiederum neue Formen der Infrastruktur des kommunikativen Austauschs verbunden sind. Nicht zuletzt brachte auch die Blüte brieflicher Kommunikation im 18. Jahrhundert „eine voranschreitende Individualisierung ebenso wie eine gesellschaftliche For-

---

202 Wilke wendet kritisch zur Habermas'schen These vom Übergang der repräsentativen zur bürgerlichen Öffentlichkeit ein, dass sich das Konzept der Repräsentativität als eine Vereinfachung erweise, „weil Ambivalenzen und die Funktion der Medien zur Herrschaftslegitimation ausgeblendet werden". Andererseits würde der Beginn der Nachrichtenpresse nicht Ende des 17. Jahrhunderts einzureihen sein, sondern bereits hundert Jahre davor. (vgl. Wilke ²2008, 152) Auch Stöber räumt in diesem Zusammenhang ein, dass „der politisch-öffentliche Diskurs, den Habermas zum Ausgang seiner Betrachtungen nimmt, [...] selbst schon Folge eines Strukturwandels (war), der sich zwischen dem 15. und dem 18. Jahrhundert abgespielt hatte". (Stöber ²2005, 319)

6.3 Prozesse der Mediatisierung in der Welt der Printmedien

malisierung" und damit auch Mediatisierungseffekte mit sich. „In allen sozialen Lebensbereichen und Räumen wurde personale Interaktion in zunehmendem Maße durch schriftliche Kommunikation ersetzt." (Wilke ²2008, 153) Damit finden Austauschformen des sozialen Handelns vermehrt über mediatisierte Verbindungen statt. Über Zeitungskonsum vervielfachen sich die Anschlusspunkte an ein immer dichteres Netz von Informationen und mit Ausweitung des Angebotes an Büchern erreicht der Einfluss gedruckter Medien auf die Gesellschaft insgesamt ein relevantes Niveau. Die neuen Medien aus der Welt der Printmedien nisteten sich nachhaltig in den Alltag der Menschen ein, begannen Schritt für Schritt Zeit- und Handlungsräume der Menschen zu kolonialisieren, indem sie sowohl in halböffentliche wie öffentliche Räume zunehmend integriert wurden.

Mit Fortschreiten der Entwicklung wurden Zeitungen darüber hinaus zu selbstverständlichen Begleitern der Menschen im Stadium ihrer – wenn auch meist noch bescheiden ausgeprägten – Mobilität. Besonders in Zügen, wo mitunter von einer dichten „Ko-Präsenz" der Reisenden auszugehen war, dürfte die Lektüre der Zeitung auch ein probates Mittel gewesen sein, sich neben dem Konsum der Inhalte damit auch von Mitreisenden räumlich abgrenzen zu können. (vgl. Weber 2008, 29[203]) Auch wenn anfänglich die ungewohnte Form des beschleunigten Unterwegsseins die Reisenden noch zum Verzicht auf jegliche Form medialer Ablenkungen angehalten haben mag, sollte sich das mit Einstellen eines Gewöhnungseffekts bald ändern.

"The early warnings against reading on trains were soon dismissed by a new desire to read, as travellers tired looking out of the window. Train riding was now meant for reading, as a antidote to the boredom of travel, and the concept of travel reading was created. In discussing what came to be called railway literature […] a connection between easy reading and easy travel was established." (Löfgren 2006, 303)

Für de Souza e Silva/Frith (2012) stellten die auf engem Raum konsumierten Medien spezifische Interfaces zur Bewältigung eben dieser neuen Rezeptionssituation dar. „Just as Simmel's metropolitan man developed the *blasé* attitude to deal with the chaos of the city, Victorian bourgeois turned to any type of interface that could give them control over their experience of the railway compartment.

---

203 Schmitz geht sogar so weit, die Reise an sich zu einem „Medium" zu erklären, wenn er schreibt: „ Die ‚Reise' selbst wird nicht nur von Kommunikationsakten und Kommunikationsnormierungen begleitet, sondern sie kann selbst als ein Medium betrachtet werden, als ein Zeichenensemble, zu dessen Botschaft eben die jeweilige Kultur den Schlüssel zu suchen hat." (Schmitz 2005, 12) Für ihn wird Mobilität allgemein schließlich zu einer „semiotischen Kategorie", die in ihrer „Metaphorik des Rämlichen expansiv" als „metaphorische Territorialisierung" erlebt wird. (Schmitz 2005, 12)

These interfaces were the newspapers and the portable paperback novel." (de Souza e Silva/Frith 2012, 38) Beide Medien, Bücher wie Zeitungen, erwiesen sich also als ideale Medien für die Nutzung im Zustand der Mobilität: „For 150 years after the first paperback novel was printed, books and newspapers remained the most effective mobile technologies for filtering experiences of public space." (de Souza e Silva/Frith 2012, 40)

Abb. 12 Zwei Rezeptionsansichten in der Mobilität: Die Zeitung als „Interface" des Distanzmanagements und eine Vision über die Zukunft des Buchkonsums im Transit
Quelle: Thorburn/Jenkins 2004, 85; Beyrer/Dallmeier 1994, 128

Im Verbund mit der Kopplung von Mobilität und Mediennutzung etablierten sich auch entsprechende Vermarktungsstellen der Medien an Knotenpunkten der Verkehrsnetze, die für die Reisenden die jeweils aktuellen Produkte bereithielten.

6.3 Prozesse der Mediatisierung in der Welt der Printmedien

Entlang der neuen Transportwege entwickelte sich etwa in England um etwa 1840 ein organisierter Bahnhofsbuchhandel, der neue Absatzwege erschloss[204] und die Verbreitung von (in Lesemappen gesammelten) Zeitschriften über ein Verleihverfahren und andere Vertriebsformen organisierte. (vgl. Wilke ²2008, 285) Besonders in den aufblühenden Städten begannen sich – getragen auch durch ein sich intensivierendes kaufmännisches Kalkül – die Presseerzeugnisse zunehmend in den Alltag der Menschen zu integrieren. Sie wurden, über die beschriebenen Nutzungsformen hinaus, auch für Studium und Bildung ein Hilfsmittel des Unterrichts: Die Bereiche des Lesens, Schreibens und Rechnens entwickelten sich „zu [...] ersten Instrument[en] der Erwachsenenbildung [...], indem sie den Zeitgenossen, die niemand Geographie und Geschichte gelehrt hatte, die räumliche und geografische Gliederung der Welt nahebrachte und sie über die unterschiedlichen Staats- und Regierungsformen unterrichtete". (vgl. Welke 1994, 142f) Und die unterschiedlichen Angebote – von den Intelligenzblättern bis zu den Zeitschriften – „verbanden sich zu einem regelrechten Netzwerk der Kommunikation, das Ländergrenzen nicht mehr kannte und die Diskussion auch von Grundfragen der feudalabsolutistischen Gesellschaft ermöglichte". (Böning [1994], 103)

Ein entscheidender Entwicklungsschub in der Welt gedruckter Information und Unterhaltung setzte mit der Modernisierung des Pressewesens ab Ende des 18. Jahrhundert ein. Ein sich beständig entfesselndes System der Massenkommunikation, das freilich auch Phasen einer Stagnation – etwa in Form ihrer politischen Reglementierung – kannte,[205] korrespondierte auf gesellschaftlicher Ebene mit Tendenzen in Richtung einer wachsenden Urbanisierung. (vgl. Wilke ²2008, 154ff) Technische Innovationen wie das 1790 eingeführte Rotationsprinzip im Zylinderdruck und die ab 1811 mit Dampf betriebenen Schnellpressen modernisierten die Printmedienproduktion, aus der sich wiederum eine Verdichtung der

---

204 In Frankreich entstanden 1852 derartige Stationen des Vertriebs, in Deutschland erst Anfang des 20. Jahrhundert. (vgl. Wilke ²2008, 160) Eigens für Zwecke der Post verkehrende Bahnpostwagen gab es in Deutschland ab den späten 1840er Jahren, die erste für die Post zugängliche Eisenbahnverbindung 1839 zwischen Berlin und Potsdam. (vgl. Museum für Kommunikation 2000, 22)

205 Schüttpelz weist in diesem Zusammenhang darauf hin, dass erst „im Laufe der ersten Hälfte des 19. Jh. [...] Medienentwicklung zunehmend planbar und investierbar" wird, wobei dies mit einer „Zunahme der Innovationsfreude" wenig zu tun gehabt hätte, „sondern mit der bezahlbaren Erwartung von technischen Innovationen und vor allem mit Infrastrukturinnovationen, die einhundert Jahre früher undenkbar gewesen wären. Aus diesem Umschwung entsteht die Welt der modernen Medien, und sie entsteht von Anfang an durch die Investitionen der großen Machtorganisationen und im Rahmen ihrer globalisierten Agnostik." (Schüttpelz 2009, 102)

Erscheinungsintervalle ergab.[206] (vgl. Wilke ²2008, 229) Die in der ersten Hälfte des 19. Jahrhunderts verkehrende Eisenbahn erweiterte zudem auf der Basis der Dampfkraft ihre Vertriebswege für inzwischen massenhaft produzierte Medienprodukte. Historisch kann generell die Entwicklung der Industrialisierung als eine für das Paradigma der Mobilität entscheidende Wendezeit gelten, wobei insbesondere die 1840er und 1850er Jahre in England und Frankreich von einer hohen Innovationsdichte geprägt waren. Nicht ohne Grund entfaltete sich – wie weiter oben bereits angesprochen – in diesem Zeitraum eine dynamische Ko-Evolution der Systeme des Verkehrs und der Kommunikation. „Across the colonial world in the mid late nineteenth century people also witnessed (and contributed later to) the building of roads, canals, railways, ports and systems for the regional and worldwide shipment of goods and people, usually via burgeoning colonial port cities." (Sheller/Urry 2006, 6) Mit der Erschließung neuer Verkehrswege ist es in Europa allen voran die Eisenbahn, die mit der neuen Technologie der Telegrafie eine Innovationsallianz einging.[207] „The nineteenth-century railway initiates a drive to speed and the time tabling of social life that cast long shadows over the forms of movement that emerge in subsequent centuries." (Urry 2007, 100) Aus der wechselseitigen Verschränkung von Transport und Kommunikation – ein Verhältnis, auf das später noch ausführlicher einzugehen sein wird – ging eine „dramatic public mobilization of private life" (Urry 2007, 91) hervor, die im 19. Jahrhundert wiederum in neue Formen einer „connectedness" führt, „as masses of people are newly and extensively mobilized along routes that enable them to move and imagine moving through extended times and spaces. Public Space becomes mobile and connected, a set of circulating process that undercuts the spatial divide of the ‚public' and ‚private'." (Urry 2007, 91)

Ganz im Sinne der Thesen Benigers, der die Entwicklung neuer Kommunikationstechnologien als eine Antwort auf Kontrollkrisen einer wachsenden industriellen Produktion versteht (vgl. Beniger 1986), entwickelte sich – zunächst in Europa – das System der Telegrafie anfänglich zu einem kommunikativen Parallelsystem der Vernetzung und Kontrolle der Transportwege der Eisenbahnen.[208]

---

206 Die „London Times" wurde erstmals in der Nacht vom 28. auf den 29.11.1814 auf diesem hohen technischen Niveau maschinell hergestellt.

207 Nachdem in Großbritannien Cook und Wheatstone (1837) ein zunächst für den Verkehr der Eisenbahn gedachtes telegrafisches Koordinierungsinstrument entwickelt hatten, sollte in der Folge diese neue Form der Kommunikationstechnologie „gleichsam an die Dynamik des Verkehrswesens angeschlossen" (Buschauer 2010, 93) werden.

208 Die Eisenbahnen können wiederum als Vorläufer jener heutigen Kommunikationsnetze gelten, da sie Regionen und nationale Märkte miteinander verbanden. (vgl. Buschauer 2010 in Verweis auf Castells) Insgesamt sei – so Völker (2010, 140) – auffällig, dass

6.3 Prozesse der Mediatisierung in der Welt der Printmedien

Integriert in einem organisationslogistischen Umfeld, das staatlicher Kontrolle und militärischen Überlegungen zunächst den Vorrang vor ökonomischen Verwertungslogiken einräumte, kam in Europa der Verbindung beider Systeme, die für einen enormen Mobilitätsschub für Güter, Personen und Nachrichten sorgten, eine entscheidende Rolle zu.[209] Anders verlief dagegen die Entwicklung in den USA: Samuel Morse, der dort 1845 den Schreibtelegrafen entwickelt hatte[210], verstand die Telegrafie nicht als eine primär mit der Eisenbahn verkoppelte Technologie, sondern vielmehr als ein der Post nahes System und – wie Sterne (2006, 144) hervorhebt – auch als eine zunächst visuelle Technologie[211], die den Transport von Nachrichten und v. a. die Überbrückung großer Räume gewährleisten sollte. Nicht ohne Grund „rümpfte man ein wenig die Nase ob der Begeisterung, mit der [der Telegraf] auf der anderen Seite des Atlantiks aufgenommen wurde". (vgl. Standage 1999, 66[212]) So gelang auch – getrieben vom Ehrgeiz privater Investoren – die telegrafische Verbindung zwischen Atlantik und Pazifik über das amerikanische Festland noch vor der Eisenbahn mit einem System, das vorwiegend für die Geschäftskommunikation und von Nachrichtenagenturen genützt werden sollte. (vgl. Buschauer 2010, 94)

Telegrafen zunächst an die Systeme von Uhren, also an das System der Zeit, und in der Folge stark an das System des Transports angebunden waren. So sollten auch die späteren mobilen Telekommunikationstechnologien eng an die Entwicklung des Automobils gekoppelt sein.

209 Die Beziehung von Personen, Gütern und Nachrichten hatte 1857 schon Karl Knies in seiner Schrift zur Telegraphie hervorgehoben. Nach Buschauer weist Knies damit schon vor der Jahrhundertwende darauf hin, dass „sowohl die Nachrichtenflüsse den Transport fördern und beschleunigen, wie auch die wachsenden Verkehrsflüsse des Transportwesens ihrerseits den Nachrichtenverkehr anwachsen lassen". (Buschauer 2010, 269)

210 Seine Erfindung geht auf das Jahr 1832 zurück, als er im Zuge einer Schiffspassage von Le Havre nach New York die Idee der Telegrafie entwickelte. (Völker 2010, 140)

211 Die Tatsache, dass der telegrafische Zeichengebrauch zunächst über die visuelle Wahrnehmung organisiert war, sollte sich erst mit zunehmender Veralltäglichung der Technologie verändern. „This shift from visual to sound telegraphy began at the level of practice; only slowly did managers and companies become interested. [...] Very quickly, telegraph operators learn that they could discern messages more clearly and with greater speed by listening to the machine than by reading its output." (Sterne 2006, 147)

212 Gleichzeitig dürfte der Umstand, dass in Europa die Telegrafie als ein Teil der öffentlichen Verwaltung angesehen wurde, dazu geführt haben, „dass der Telegraph in Europa weit stärker für private Zwecke verwendet wurde als in den Vereinigten Staaten". (Standage 1999, 185f)

Die Telegrafie, auf die weiter unten noch detaillierter eigegangen wird, wurde für die Printmedien jedenfalls zum Motor einer Entwicklung, die eine Erhöhung ihrer Aktualität und Reichweite mit sich brachte. „Der elektrische Telegraf beschleunigte die gesellschaftliche Kommunikation in bis dahin nicht gekanntem Ausmaß und eröffnete das Zeitalter der Globalisierung in der Telekommunikation." (Wilke ²2008, 163) Als neue Kommunikationsinfrastruktur erschloss das „viktorianische Internet" (Standage 1999) ab Mitte des 19. Jahrhunderts für die Printmedienwelt eine Reihe neuer Innovationspotentiale. Zunächst waren es „Telegraphische Depeschen", die als neuartige Rubrikenform – überwiegend für schnelle Nachrichten aus der Welt des Handels und der Börsen – in den Zeitungen erschienen und dort ihren Niederschlag fanden. (vgl. Wilke ²2008, 232) Aus ihnen sollten sich – ab den 1830er Jahren[213] – neue Serviceagenturen, die Nachrichtenbüros, entwickeln, die entscheidende Beschleunigungs- und Vernetzungseffekte im Sinne einer Verdichtung und Ausweitung des Nachrichtenraums gewährleisteten. Damit wurden auf der medientechnologischen Ebene der Produktion Entwicklungsschritte gesetzt, die mit Effekten einer sich verdichtenden technischen Mediatisierungsinfrastruktur verbunden waren und auf der Seite der Nutzerinnen und Nutzer ebenso Effekte von Mediatisierung zeitigten. Ein immer größerer Anteil des Wissens und der Erfahrung über – v. a. weit entlegene – Ereignisse fand medien- oder kommunikationstechnologisch vermittelt den Weg zu den Menschen, die auch zeitlich zunehmend lückenloser mit den Informationsnetzwerken verbunden waren.

Innerhalb der Welt der Printmedien innovierten in der Folge weitere technische Innovationsschritte das Gesamtsystem: Mit der 1872 erstmals eingesetzten Rotationspresse für den Zeitungsdruck und der 1884 eingeführten Setzmaschine, die eine Ablösung des Handsatzes zur Folge hatte, entwickelte sich das Zeitungsgewerbe zu einem hochindustrialisierten Produktionsfeld und wurde zu einem wesentlichen Baustein im Innovationszyklus der Industriellen Revolution. (vgl. Pürer/Raabe ³2007, 634f) „During the 1880s there was ample evidence of a dramatic new burst of invention – with steam power giving way to electricity, and with ‚the media' at the centre of the activity." (Briggs/Burke 2002, 130). Die Entstehung neuer Produktionstechnologien brachte in Verbindung mit Anstrengungen der ökonomischen Effizienzsteigerung neue Produkte wie die „penny press" hervor, die sich überwiegend auf der Basis von Anzeigen zu finanzieren suchten.[214] Zudem

---

213 Die „Agence Havas" in Paris eröffnete 1835 ihren Dienst. Es folgten die „Associated Press" 1848, „Wolffs Telegraphisches Büro" in Berlin 1849, „Reuters" – zunächst in Aachen – und 1851 in London.

214 Flichy verweist in diesem Zusammenhang etwa auf die französischen Titel „La Presse" (1836) oder „Le Siècle", die zugunsten einer Herabsetzung des Kaufpreises den Anteil

ließen sich neue Formen von Zeitschriften in den entstandenen Kapazitätslücken der Hochleistungsdruckmaschinen herstellen. (vgl. Levinson 2004, 19) Diesen Neuerungen standen auf der Ebene des Privatlebens eine Reihe von Wandlungsprozessen gegenüber. „Mit der Herausbildung der viktorianischen Familie wurde Häuslichkeit nun großgeschrieben. Durch diesen Rückzug ins Private entstand den damals aufkommenden Medien eine ökologische Nische, in der sie sich entwickeln konnten." (Flichy 1994, 102) Dynamiken des medialen und gesellschaftlichen Wandels standen insofern in einem engen ko-evolutiven Wechselverhältnis zueinander und verstärkten Effekte der Durchdringung der Gesellschaft mit zunehmend mehr medialen Innovationen und Produkten. Auch wenn Stöber die These vertritt, dass es eher der soziale Wandel war, der die medialen Strukturen stärker veränderte als umgekehrt (vgl. Stöber ²2005, 329), können wir spätestens an diesem Punkt von einer Dynamik sprechen, in der Medien und Kommunikationstechnologien zu einem fixen Bestandteil gesellschaftlicher Modernisierungsprozesse wurden und fest in das Alltagsgefüge der Menschen integriert waren.

Der Mediensektor selbst wurde zu einem immer wichtigeren wirtschaftlichen Faktor und zu einer Plattform ökonomischer Informations- und Austauschverhältnisse für andere Teilsysteme der Gesellschaft. So stellen etwas Gentzel/Koenen die zentrale Stellung der Presse im Geflecht von Ökonomie, Kultur und Gesellschaft heraus. Der Presse komme die Klammer als „Kulturform" zu, die es „erlaubte, die Zeitung als gesellschaftlich abhängiges wie wechselwirkendes Phänomen unter die anderen Kulturerscheinungen der Moderne einzureihen". (Gentzel/Koenen 2012, 206) In den Analysen dieser Epoche ließe sich so auch ein „zentrales Motiv der Mediatisierungstheorie" finden: Nämlich die „kapitalistische Vergesellschaftung und Entfesselung der Massenpresse samt den [...] Folgewirkungen [...] als korrespondierende Prozesse eines ersten *Take Off* des Metaprozesses Mediatisierung". (Gentzel/Koenen 2012, 207) Resümierend stellen die Autoren fest, dass die Presse „nicht bloß eine soziale Institution" darstelle, „sondern gleichzeitig Erlebnisraum, emotional, sachlich wie räumlich-zeitlich entgrenzend" sei und das „alltägliche Sinnverstehen und den Rhythmus modernen Lebens" veränderte.[215] (Gentzel/Koenen 2012, 207) Wie erwähnt spielen auch Faktoren der Mobilität im Kontext ökonomi-

---

des Anzeigenverkaufs erhöhten. Das Publikum wurde mit neuen Angeboten wie dem Fortsetzungsroman an das Medium gebunden. Das „Petit Journal" (1863) wiederum schenkte dem politischen Tagesgeschehen nur noch wenig Aufmerksamkeit und wurde nicht zuletzt wegen seines geringen Bezugspreises von einer breiten Leser(innen)schaft konsumiert. (vgl. Flichy 1994, 101)

215 Ebenso sei die Presse ein „Inszenierungsapparat, nicht zuletzt dadurch, wie sie Ereignisse, Informationen, Nachrichten aufmacht, selektiert, in den Mittelpunkt rückt oder über sie schweigt." (Gentzel/Koenen 2012, 207)

scher Entwicklungsschübe dahingehend eine große Rolle. Denn „die Aufhebung der Leibeigenschaft und das wachsende Arbeitsplatzangebot an den Maschinen markierten den Übergang von einer statischen zu einer dynamischen Gesellschaft, von der nicht nur Menschen, sondern auch Geld und Waren erfaßt wurden. Es ist kein Zufall, daß gerade in dieser Zeit die Erfindung der technischen Verkehrsmittel fällt, mit denen der Transport von Menschen, aber auch die Zirkulation der Waren enorm beschleunigt werden konnte." (Scheurer 1987, 41) Eine rasch wachsende Wirtschaft sorgte für expandierende Arbeitsmärkte und eine steigende Kaufkraft. Die Bevölkerung war damit nicht nur ökonomisch in der Lage, regelmäßig Zeitungen zu beziehen, sondern es verringerten sich auch aufgrund einer steigenden Bildung und Alphabetisierung die Zugangsschranken. Damit erreichten erstmals Zeitungen und Zeitschriften den Großteil der Bevölkerung (vgl. Pürer/Raabe ³2007, 65) und über kollektive Nutzungsformen in Lesegesellschaften erhöhte sich die Kumulation der Reichweite. Dennoch waren es schließlich Effekte der Individualisierung der Zeitungslektüre, die im 19. Jahrhundert zu einer Reduzierung der Leserzahlen pro Exemplar führten. (vgl. Wilke ²2008, 201)

Auf der Ebene der gesellschaftlichen Wandlungsprozesse sorgten in dieser Phase politische und soziale Umwälzungen für eine Loslösung des Zeitungsgewerbes von alten Fesseln. Mit der – nach Ländern unterschiedlich und immer wieder durch Phasen der Einengung und Gängelung unterbrochenen – Aufhebung der Zensur[216] und der modernen Massenpresse, der Gesinnungs- und Parteipresse sowie der Qualitätspresse wurde das Medium Zeitung endgültig zu einem gesellschaftlich hochrelevanten politischen und kulturellen Faktor. (vgl. Pürer/Raabe ³2007, 66f) Das Massenmedium, das prototypisch für die Etablierung der öffentlichen Meinung stand, erlebte also ab Mitte des 19. Jahrhunderts einen weiteren Modernisierungsschub, der abermals die Verbreitung und Ausdifferenzierung des Mediums vorantrieb. Große Pressekonzerne sorgten für eine Diversifizierung des Angebots, das verstärkt auch auf unterhaltungsorientierte Produkte bei gleichzeitiger Zunahme der Aktualitätsdichte setzte. (vgl. Pürer/Raabe ³2007, 63f) Nicht zuletzt dadurch wurden neue Leserschichten erschlossen und der Grad der „Durchsättigung der Gesellschaft mit Zeitungskommunikation schritt jedenfalls fort". (Wilke ²2008, 274) Mit der Fotografie kam ein weiteres neues mediales Stilmittel hinzu, das die Printmedienwelt um weitere Qualitäten

---

216 Vorreiter waren in diesem Bereich England (1695), die USA (1776) und Frankreich (1789). In Deutschland erfolgte zunächst politisch 1848 und real existierend ab 1874 dieser Modernisierungsschritt. Auf die spezifischen Phasen der Retardierungen und – mit nach Ländern unterschiedlichen Unterbrechungen – der Befreiung der Presse von den Zensurmaßnahmen kann an dieser Stelle nicht ausführlich eingegangen werden. Mehr dazu vgl. Wilke ²2008.

medial anreicherte. Ab den 1880er Jahren verbesserte sie Informationsqualitäten für die Berichterstattung und erweiterte den Erfahrungshorizont der Leserinnen und Leser. „Die illustrierte Presse gewöhnte somit an Bilder und lief damit dem Film voraus oder parallel zu ihm, jenem technischen Medium, das am Jahrhundertende als neues hinzutrat." (Wilke ²2008, 286)

Als ein Zwischenresümee lässt sich ein zeitliches Phasenmodell vorschlagen, das versucht, technokulturelle Entwicklungsstufen in einen systematischen Rahmen der Mediatisierungsentwicklung zu stellen. Es identifiziert unterschiedliche Entwicklungsstufen der Mediatisierung, von der zunächst einfachen Stufe der Verfügbarkeit unterschiedlicher Medien in der Gesellschaft bis hin zur Phase mediatisierter Konnektivitäten auf dem derzeit entwickelten Niveau. Neben einer jeweils im Zentrum stehenden Technologie und den dazu entsprechenden Medienformen sollen in dieser sich entlang der historischen Phasen erweiternden Übersicht auch damit zentral verbundene Phänomene des sozialen Wandels benannt werden. Als erste Mediatisierungsstufe können wir jene der öffentlichen wie auch individuellen Verfügbarkeit von Druckmedien festhalten. In dieser Phase verfestigen sich Nutzungs- und Rezeptionsformen von Medien in unterschiedlichen Ausprägungen, wobei sich Printmedien als mobile Medien auch für individualisierte Aneignungsformen besonders gut geeignet darstellen. Die Durchdringung der Gesellschaft mit Büchern, Zeitungen und Zeitschriften vollzieht sich in Form einer massenhaften Verbreitung und schafft für die Gesellschaft den Aufbau eines Forums gemeinsam geteilter Öffentlichkeit. Druckmedien unterschiedlicher Art dringen in zahlreiche Nischen des Alltags vor und stiften auf dieser Mediatisierungsstufe für zahlreiche Sektoren der Gesellschaft jeweils spezifischen Nutzen. Die Weiterentwicklung des vierstufigen Phasenmodells wird jeweils in Form der Ergänzung um weitere Mediatisierungsstadien vorgenommen.

Phase	Technologie	Medium/Infrastruktur	Phänomene
Mediatisierungsstufe 1	Drucktechnologie	Buch, Zeitungen, Zeitschriften	Kollektive und individualisierte Aneignungsformen

Abb. 13 Mediatisierungsstufen im historischen Kontext I
Quelle: eigene Darstellung

6.4 Fotografie und Film als „Zwischenspiele"[217] auf dem Weg in eine mediatisierte Welt

Wie oben für den Kontext der Printmedienwelt angesprochen, erschloss die Fotografie eine neue Dimension im Rahmen eines bis dahin gut entwickelten medialen Ensembles. Als eigenständige Medientechnologie erweiterte sie das Spektrum mediatisierter Wahrnehmungsformen und ermöglicht die Speicherung von Wirklichkeit wie auch Formen der visuellen Inszenierung oder Dokumentation. In der Reihe bis dahin entwickelter Abbildungstechnologien markiert sie „nicht nur einen Endpunkt in der Entwicklung vorindustrieller Massenmedien, sie stellt gleichzeitig auch den Übergang zu den Medien des 20. Jahrhunderts her, indem sie deren Wahrnehmungsweisen einübt". (Scheurer 1987, 12)

Unter Rückgriff auf frühe Abbildungsverfahren, deren zentrales Basismodell die Camera Obscura darstellt, gelangen Mitte des 19. Jahrhunderts die entscheidenden Innovationen.[218] Auch wenn anfangs noch wichtige Schritte der Perfektionierung zu setzen waren, eröffneten sich mit der Fotografie auch neue Formen mediatisierter Bildvermittlungskulturen. Auf dem Feld der Speichermedien war die Fotografie damit „die erste große medientechnische Erfindung nach [...] Gutenberg" (Hörisch 2001, 224) und vollzieht damit ihren „Eintritt ins Zeitalter seiner technischen Reproduzierbarkeit". (vgl. Hörisch 2001, 231) Ähnlich wie die später von Edison patentierte Phonographie[219] (1877) entsprach diese Erfindung dem „Wunsch, Spuren der Gegenwart zu bewahren und sich der Vergänglichkeit der Gegenwart entgegenzustellen" und war damit Teil jener Ideen, „die sich Ende des 19. Jahrhunderts an die neuen Kommunikationsmittel knüpften". (Flichy 1994, 112) Die Reisefotografie sollte dafür sorgen, dass – auch vermittelt über Zeitungen und Zeitschriften – die Bilder der Welt näher an den Erfahrungshorizont der

---

217 Diese Titelgebung versteht sich als Anlehnung an Zielinskis Arbeit zur Geschichte der „Audiovisionen" (1989).

218 Der Franzose Joseph Nicéphore Niépce erreichte durch Kombination lichtsensitiver Substanzen 1826 die Aufnahme und Fixierung eines Bildes mit dem Verfahren der „Heliographie". Eine weitere entscheidende Innovation leistete der Panoramen-Maler und Hersteller von Dioramen, Louis Daguerre, der 1839 die nach ihm bezeichneten Daguerrotypien (als Unikate ohne Vervielfältigungsmöglichkeit) herstellte. Er schaffte kürzere Belichtungszeiten und klarere Bildauflösungen als sein Erfinderkollege, mit dem er zur Weiterentwicklung der Fotografie später eine Kooperation einging. Die Herstellung von Negativ-Fotografien war um 1835 schon Wilhelm Henry Fox Talbot mit seiner Kalotypie gelungen, als er Fotografien auf Papier herstellte. (vgl. Kittler 2002, 177)

219 Die Phonographie ging – wie Flichy (1994, 112) zeigt – aus den Arbeiten zur Verbesserung der Telegrafie und Telefonie hervor.

6.4 Fotografie und Film als „Zwischenspiele"

Menschen heranrückten. In Ermangelung der Möglichkeit individueller Mobilität konnten damit Wirklichkeitserfahrungen aus fernen Länder und Kulturen „aus zweiter Hand" erlebt und konsumiert werden. Integriert in die Printmedienwelten leitete die Fotografie dort neue Mediatisierungsschübe ein und „durch den Eintritt der Industrialisierung bestimmten die gesamten [visuellen] [Druck-]Techniken mit zunehmender Verbreitung gleichermaßen das Bild der Umwelt wie auch das Leben der Zeitgenossen." (Scheurer 1987, 108)

Auf alltagskultureller Ebene war der Einzug der Fotografie in die Haushalte von einer ambivalenten Entwicklung im Kontext sich verändernder Grenzziehungen zwischen den Zonen der Öffentlichkeit und Privatheit begleitet, eine Veränderung, die v. a. in urbanen Räumen sichtbar wurde. Die Entwicklung „kann beschrieben werden als eine fortschreitende Polarisierung des gesellschaftlichen Lebens unter dem Aspekt ‚Öffentlichkeit' und ‚Privatheit'", in deren Rahmen es zu einer „Störung des Wechselverhältnisses zwischen öffentlicher und privater Sphäre" kam. (Habermas ³1993, 246f) Denn auf den Verlust der Überschaubarkeit über das Gesamtgefüge der Stadt folgt häufig der Rückzug in die Privatsphäre, der Zerfall einer städtischen Öffentlichkeit ist schließlich die Konsequenz. (vgl. Habermas ³1993, 247) Wie das Walter Benjamin beschreibt, sind Schübe der Urbanisierung und der Aufbruch in die moderne Massenkultur unmittelbar auch mit einer Bewegung zurück ins Private verbunden. Die Fotografie dient in diesem Gefüge wiederum als medialer Anschlusspunkt an die Außenwelt und übernimmt eine Funktion, die später im Wesentlichen von Hörfunk und Fernsehen im Umfeld einer zunehmenden „mobilen Privatisierung", wie sie Williams beschrieb, wahrgenommen werden sollte. (vgl. Groening 2010, 1334)

"For Benjamin, the equation of the home with seeing the world begins in the early age of photography, and grows from an encounter with mass culture and urbanization. [...] Benjamin provides a clear path from changes in social relations – the withdrawal of the individuum into seduction – to the contemporary act of observing and watching." (Groening 2010, 1334)

Auf der Ebene der technischen Verfeinerung der Technologie erleichterte die von Eastman (ab 1888) vorangetriebenen Weiterentwicklungen die Verfügbarkeit billiger Boxkameras mit Zelluloidfilm und einem daran angeschlossenen Entwicklungsservice. Diese neue Medientechnik schuf so etwas wie eine „Industrialisierung der fotografischen Praxis" (Busch, 1995, 322) und vereinfachte damit – jetzt auch für die Verwendung im mobilen Bereich – die Nutzung und Aneignung der Technologie für die breite Masse. „Im Zeitalter ihrer technischen Reproduzierbarkeit" (Benjamin 1936) wurde die Fotografie zu einem populären visuellen Speichermedium für private Bildwelten und eroberte sich damit – wenn auch zum Preis des Verlusts seiner ehemals exklusiven Aura – den Ruf eines demokratischen Mediums, „hob es [doch] das Privileg des Bildbesitzes endgültig auf". (Scheurer 1987, 139) Gleichzeitig veränderten sich damit Formen der Wahrnehmung von Privatheit v. a. im öffentlichen Raum, da mit der Individualisierung des Zugangs zu Bilderwelten gewisse Formen der Anonymität so nicht mehr gewahrt werden konnten. „The portable camera challenges the anonymity that individual use to maintain their privacy in public. [...] Image-capturing technologies can take away that anonymity, making the space feel more public and exposed for the person whose picture is taken and whose anonymity disappears." (de Souza e Silva/Frith 2012, 58) Auf der Entwicklungslinie hin zu einer umfassenderen Mediatisierung von Wirklichkeit setzte die Fotografie mit Fluchtpunkten in die Welt der „Audiovisionen" (vgl. Zielinski 1989) jedenfalls erste entscheidende Schritte.

Der Weg hin zum Film führte bekanntlich über die Reihen- und Chronofotografie Eadweard Muybridges (1830-1904) und Étienne-Jules Mareys (1830-1904), denen in der fotografischen Darstellung die Zerlegung von Bewegungsabläufen gelang. Der Schritt ihrer Zusammenführung in der Projektion als ein wahrgenommener Bilderfluss des Films gelang bekanntlich den Brüdern Lumière fünf Jahre vor der Jahrhundertwende. Damit erweiterte sich nicht nur das mit der Fotografie neu eroberte mediale Terrain um neue Qualitäten der Imagination, Dokumentation und Inszenierung, es eröffnete sich eine neue mediale Kulturform und in der Folge auch eine Industrie des Films. Die Orte seiner „Inszenierung" spielten wiederum im Ensemble urbaner Lebenswelten eine bedeutungsvolle Rolle, denn:

„Als Segment der Outdoor-Kultur des ausgehenden 19. Jahrhunderts fügt sich das entstehende Kino hervorragend in die urbane Massenkultur mit ihrer beginnenden Vermischung von Kollektiv-Öffentlichem und Intim-Privatem andererseits ein." (Zielinski 1989, 77)

Zu einem zentralen neuen Baustein im Ensemble der „Audiovisionen" geworden erweiterte das neue Medium die Wahrnehmungshorizonte der Menschen um neue medienkulturelle Dimensionen und Spielarten seiner Verwirklichung zwischen hoher Kunst, neuen Formen der Dokumentation und einer global sich durchsetzenden Unterhaltungsindustrie. Für den Kontext der hier im Zentrum stehenden Entwicklungslinien mag dem Medium Film auf den ersten Blick keine primäre Rolle zukommen. In das Feld der medialen Netzwerke sollte der Film – zunächst re-medialisiert über die audiovisuelle Schleife des Fernsehens – wieder auf der Ebene digitaler Konvergenzebenen eintreten und eine wichtige Rolle im Ensemble neu sich herausbildender Nutzungsrepertoires spielen. Mittlerweile verfügbar auf mobilen Applikationen sind heute Bausteine des Audiovisuellen erneut integrierter Teil eines konvergierten Medienspektrums und Teil eines breiten „Content"-Ensembles, in dem Modi der schnellen individuellen Verfügbarkeit und Phänomene zunehmender Flüchtigkeit auch filmische bzw. audiovisuelle Medienformen verändern. Im Zentrum stehen dort neue Prozesse der digitalen Konnektivität, deren technokulturellen Wurzeln im folgenden Abschnitt nachzugehen sein wird.

Entwicklungsstufen der Tele-Kommunikation als Innovationsschübe der Konnektivität

7

Mit den Entwicklungsschritten in die Welten der modernen Telekommunikation[220] etablierte sich ein neues kommunikationstechnologisches System, auf dessen Basis völlig neue Reichweiten und Geschwindigkeiten in der Informationsübertragung zu erreichen waren und in der Folge auch Bindungen an die materiellen Träger des Transports überwunden werden konnten. Verbunden mit diesem technokulturellen Paradigmenwechsel ist ein Übergang von den Speichermedien hin zu den Technologien der Übertragung und Interaktion sowie Dynamiken einer kommunikativen Überschreitung bis dahin gültiger Begrenzungen und materiellen Trägheiten. Die neuen Tele-Technologien leiteten eine Entwicklungen in ein System der globalen Vernetzung und in eine Kultur kommunikativer Gleichzeitigkeiten ein.

Die Anfänge um das Bemühen, Informationen über weite Distanzen zu senden, reichen bis in das 2. Jahrhundert v. Chr. zurück, wenngleich es bis heute unklar ist, inwieweit diesen frühen Konzepte tatsächlich zur Anwendung kamen. (vgl. Zielinski 1990; Göttert 1998) Jedenfalls spielten dabei schon früh Ideen der Reduktion von Information durch Kodierungsverfahren und die Ökonomie der Zeichenverwendung eine Rolle. Auf diese Elemente sollte schließlich auch das System der optischen Telegrafie aufbauen, als es darum ging, Informationen über große Distanzen innerhalb eines geschlossenen Systems zu übermitteln. Noch im 17. Jahrhundert befanden sich die technischen Vorentwürfe in einer eigenartigen Schwebe zwischen „Magie und Wissenschaft" und erst im 18. Jahrhundert konnte man – nicht zuletzt auch vor dem Hintergrund sich wandelnder gesellschaftlicher Rahmenbedingungen – „einen endgültigen Umschwung" verzeichnen. (Göttert 1998, 365) Es mangelte lange an einer

---

220 Der Begriff der Telekommunikation selbst wurde 1932 eingeführt, um damit sowohl die Sprachtelefonie wie auch die Übertragung von Informationen über ein Netz zu bezeichnen. (vgl. Goggin 2006, 20)

„gesellschaftliche[n] Struktur, die in der Lage gewesen wäre, sich den möglichen Nutzen von Telekommunikation nicht nur überhaupt vorzustellen, sondern den Bau eines Kommunikationsnetzes tatsächlich in Angriff zu nehmen. Erst im Zuge der Französischen Revolution tauchte mit der Schaffung des neuzeitlichen Staates ein gesellschaftliches Handlungssubjekt auf, das sich fähig und gewillt zeigte, die Errichtung von fest installierten Fernmeldeanlagen voranzutreiben." (Flichy 1994, 22f)

Die technische Realisierung erster optischer Telegrafiesysteme, die insbesondere in Frankreich und in der Folge auch in anderen Staaten an der Wende vom 18. zum 19. Jahrhundert in Angriff genommen wurde, konnte zunächst auf einer Verbesserung optischer Linsensysteme aufbauen[221] und Ende des 18. Jahrhunderts realisiert werden. Die wesentlichen Innovationen im Feld der optischen Telegrafie waren zunächst hauptsächlich von Frankreich ausgegangen, auch wenn in einer Reihe anderer Staaten entsprechende Systeme – mit unterschiedlichen Verbreitungsgraden und beruhend auf zum Teil eigenen technischen Verfahren – entwickelt wurden. Die zentrale Erfinderfigur war dabei Claude Chappe, der, unterstützt von seinen vier Brüdern,[222] 1790 erstmals ein derartiges System erprobte und zwei Jahre später erfolgreiche Versuche vorzuweisen hatte.[223]

Integriert in ein technisches System, das den Ordnungsparadigmen der Französischen Revolution verpflichtet war und unter staatlicher Kontrolle stand, gelang es am 16.8.1794 eine erste Depesche zwischen Paris und Lille über 22 Stationen telekommunikativ zu übermitteln. (vgl. Flichy 1994, 29f) Der weitere Ausbau der Tele-Verbindungen war in der Folge eng an die Eroberungszüge der französischen Armeen und deren militärische Erfolge gebunden. (vgl. Museum für Kommunikation 2000, 26) Napoleon selbst, der 1799 an die Macht kam, wusste den Wert der neuen Kommunikationsinfrastruktur zu schätzen und setzte sich für den Ausbau des für ihn militärisch nützlichen Netzwerkes ein. (vgl. Standage 1999, 15) Der Erfinder selbst hatte einst sein System der gesetzgebenden Versammlung mit der

---

221 Auf Basis dieser Erfindungen wurden Vorentwicklungen telegrafischer Systeme 1663 vom Marquis von Worcester und 1684 von Sir Robert Hooke vorgestellt. (vgl. Holzmann [1995], 117f)
222 Claude Chappe selbst war Priester, ging jedoch durch die Französische Revolution dieser Berufung verlustig und wurde Ingenieur. Seine ersten Modelle aus 1790 beruhten auf durch Glocken, also Akustiksignale, synchronisierten Uhren. Erst ein zusammen mit dem Uhrmacher Abraham-Louis Breguet entwickeltes und ebenfalls auf einem Uhrwerk aufbauendes Signalarmsystem sollte in eine erfolgreiche Richtung weisen. (vgl. Völker 2010, 124)
223 Für Hartmann steht fest, dass es sich dabei um keine eigentliche technische Neuerung, „sondern um eine Optimierung der bereits vorhandenen technischen Möglichkeiten" handelte. (Hartmann, F. 2006, 36)

7 Innovationsschübe der Konnektivität

Idee nahegebracht, dass es mit seinem „Tachygraphen"[224], also dem Schnellschreiber, möglich sei, in „Echtzeit" regieren zu können. (vgl. Flichy 1994, 24) So benötigte man etwa nicht mehr als eine Stunde, um aus dem Norden Frankreichs Botschaften in Paris zu empfangen. Es hatte nur „eine Stunde [genügt], um Geschichte zu machen: ohne Reden, ohne wirkliche Worte, auf jeden Fall ohne Stimme". (Göttert 1998, 367) Die Ausdehnung des optischen Telegrafiesystems Frankreichs reichte im Endausbau immerhin von Norditalien im Süden bis nach Flandern im Norden.[225] (vgl. Flichy 1994, 39)

Die Durchsetzung der Innovation war aber nicht nur einer militärischen Handlungslogik geschuldet, sondern stand in enger Verbindung mit staatspolitischen und alltagskulturellen Harmonisierungsbestrebungen des französischen Zentralstaates, dem – wie oben angesprochen – daran gelegen war, im Verlauf der Revolution eine Vielfalt von Lebensbereichen einer grundlegenden Vereinheitlichung zu unterziehen. Maß- und Gewichtssysteme, Kalender und Sprachformen sollten dem Geist der Rationalisierung der Aufklärung entsprechend neu geordnet werden, um damit dem Ancien Régime eine neue Wirklichkeit gegenüber zu stellen. „Rationalität, Einfachheit und Allgemeingültigkeit", der „Universalanspruch der Revolution", (Flichy 1994, 33) stand im Zentrum der Umbrüche. Und so bildete auch

> „die Verwendung einer Nachrichtenübermittlungsmaschine [...] ein Symbol aufklärerischen Gedankenguts: auf französischen Kirchtürmen errichtete der Staat Telegrafenanlagen. [...] Die politische Führung stellte sich in den Dienst der Telegrafentechnik, indem sie diese finanzierte; die Technik stellte sich umgekehrt in den Dienst der Politik, indem sie durch die Einrichtung einer Hochgeschwindigkeitskommunikation, die zentrale Kontrolle des Reiches erleichterte." (Museum für Kommunikation 2000, 39)

Das System der optischen Telegrafie implementierte also eine Infrastruktur der schnellen und raumübergreifenden Kommunikation und war Teil territorialer wie ordnungspolitischer Harmonisierungsbestrebungen. Der Vorteil des Systems von Chappe gegenüber anderen Vorschlägen hatte stark damit zu tun, „daß sein Projekt zur Mentalität seiner Zeit paßte" (Flichy 1994, 38) und er selbst ein „Kind der Aufklärung und Revolution" war. Als Projekt einer „gegenseitigen Beeinflussung von Technik und Gesellschaft" (Flichy 1994, 38) waren es auf der Seite der sozialen Wandlungsprozesse die Revolution und die damit in Verbindung stehenden Veränderungen, die zu einem wesentlichen Impulsgeber wurden. (vgl. Museum für

---

224 Als offizieller Name setzte sich allerdings ab 1793 der Begriff „télégraphe" (Fernschreiber) durch. Die übermittelten Botschaften nannte man ab etwa 1804 „dépêche télégraphique". (vgl. Museum für Kommunikation 2000, 24)
225 Die Schließung dieser Linien erfolgte im Jahre 1814. (vgl. Flichy 1994, 39)

Kommunikation 2000, 24) „With the Chappe telegraph, an official legal framework was established, which later served as reference for the electric telegraph and the telefone, not to mention future media." (Stourdze 1981, 99) Mit der Entwicklung eines festen Netzwerks – mit wenigen mobilen Varianten als Versuch seiner Flexibilisierung – schuf man noch vor der elektrischen Telegrafie ein modernes Techno-System interaktiver Kommunikation, in dem die zu übertragenden Informationseinheiten selbst mobilisiert und „in Echtzeit" übermittelt werden konnten.

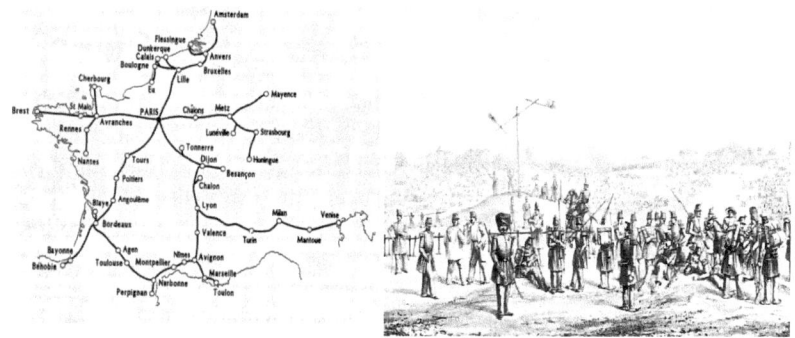

Abb. 14 Das Netz der optischen Telegrafie und eine Variante des mobilen Einsatzes
Quellen: Museum für Kommunikation 2000, 27; Hohrath 1995, 143

Typisch für die Kommunikationsarchitektur des französischen Zentralstaats war ihr zunächst sternförmiger Aufbau, mit der Hauptstadt Paris im Zentrum der kommunikativen Kontrolle. Im Zuge politischer und organisatorischer Veränderungen tauchte 1829 zudem die Idee auf, die sternförmigen Verbindungslinien um Paris herum zusätzlich zu verbinden. Damit kam der „wichtige Begriff der ‚Vernetzung'„ (Charbon 1995, 44), der für die Zukunft kommunikativer Verbindungsformen essentiell werden sollte, ins Spiel.[226] „Fortan verstand man unter einem Netz – und diese Neuerung war von außerordentlicher Bedeutung – nicht mehr ein Nebeneinander unzusammenhängender Linien, sondern ein in sich gegliedertes Ganzes, bei dem schnellstmögliche Übertragung und kürzester Übertragungsweg nicht mehr

---

[226] Diese Idee wurde 1829 von den beiden Brüdern Chappe selbst in einem Memorandum zu einem „allgemeinen Telegraphenkommunikationssystem" vorgeschlagen und von ihren Nachfolgern später aufgenommen. (vgl. Flichy 1994, 56) Standage (1999, 17) spricht in diesem Zusammenhang sogar von einer „Art mechanischem Internet".

unbedingt zusammenfielen." (Flichy 1994, 56f[227]) Insgesamt kündigte sich damit eine Kommunikationsarchitektur an, die im Zeitalter der digitalen Kommunikation – wenn auch in einer flexibleren Form – zu einem paradigmatischen Modell werden sollte. Zusätzlich wurde, wenn auch nur partiell, zu den fest verbundenen Knotenpunkten auch schon eine mobile Informationsvernetzung – für vorwiegend militärische Belange – vorübergehend realisiert. So genannte „télégraphes ambulants" stellten portable Modelle für temporär und vor allem militärisch nutzbare Stationen dar. (vgl. Museum für Kommunikation 2000, 26) Die Bewirtschaftung des Kommunikationssystems als solches war wegen des hohen Personalaufwands mit enormen logistischen Anstrengungen verbunden und naturgemäß nur am Tag und bei guter Sicht zu betreiben. Versuche des Einsatzes in der Dunkelheit gab es zwar, sie erwiesen sich jedoch für den praktischen Betrieb als weitgehend ungeeignet.[228] Es war damit zwar bestimmten Beschränkungen unterworfen, fügte sich aber als Innovation in ein Umfeld ein, das mit den Entwicklungen der Dampfmaschine (1782), der mechanischen Webstühle (1785) und der Ballonflüge (1783) (vgl. Museum für Kommunikation 2000) von Versuchen geprägt war, vorherrschende Grenzen und Begrenzungen auf unterschiedliche Weise zu überschreiten. Der Anfang vom Ende des Projekts, Informationen über große Strecken mit Hilfe optischer Systeme zu übermitteln, kündigte sich 50 Jahre nach Eröffnung der ersten Linie zwischen Paris und Lille im Jahr 1847 mit der Einstellung der einstmaligen Pionierlinie an. Schon drei Jahre zuvor war in Paris die Entscheidung gefasst worden, auf die neue Zukunftstechnologie der elektrischen Netze zu setzen. In dieser Phase des Übergangs von der optischen zur elektrischen Telegrafie verfügte das optische Netz in Frankreich immerhin auf einer Gesamtlänge von 5 000 Kilometern über 534 Stationen, mit – von Paris aus – direkten Verbindungen in 29 Städte.[229] (vgl. Charbon 1995, 47f)

Eine Vor-Formatierung technisch vermittelter Vernetzungsformen war mit dem optischen Übertragungssystemen insofern erreicht worden, als es gelang, damit

---

227 Schon 1835 nahmen 10% der telegrafischen Depeschen netztechnische Umwege entlang der Verbindung einzelner Knoten. Die Idee der Vernetzung war nach Flichy beim Bau städtischer Wasserversorgungsnetze aufgekommen. (vgl. Flichy 1994, 56f)

228 Ein Aufbau von optischen Telegrafensystemen fand neben Frankreich – und mit jeweils unterschiedlicher Ausbreitung – ab den 1820er Jahren auch in Großbritannien, den Niederlanden, Preußen, Schweden, Dänemark, Norwegen, Finnland, Russland, Spanien, Südafrika, den USA, Kanada und in Australien sowie Indien statt und war überall an nationalstaatliche Organisationen gebunden. (vgl. Flichy 1994, 42f; Holzmann [1995], Museum für Kommunikation 2000, 29) Die Umstellung auf die elektrische Telegrafie fand in den genannten Ländern Mitte des 19. Jahrhunderts statt.

229 1854 wurden in Frankreich die letzten Posten der optischen Telegrafie geschlossen.

wesentliche Bausteine für telekommunikative Vermittlungsprinzipien der Zukunft frühzeitig zu etablieren: Es gelang über weite Distanzen hinweg und beinahe „in Echtzeit" einigermaßen stabile kommunikative Verbindungen aufrecht zu halten. Der Zugang zu diesem Netz war allerdings nur Organen des Staates vorbehalten. Obwohl immer wieder Versuche unternommen wurden, die Netze für kommerzielle oder private Zwecke zu nutzen (wie in den 1830er Jahren in Großbritannien und in Frankreich), scheiterten alle weiteren Bemühungen seiner Öffnung. Es waren die Brüder Chappe selbst, die – nach Querelen mit der Staatsobrigkeit – vorschlugen, das Netz für andere, durchaus auch kommerziell orientierte Zwecke, wie z. B. für die Übertragung von Wechselkursen, zugänglich zu machen. Mit Ausnahme der Nationallotterie sollte das System in Frankreich allerdings hoheitlichen Kommunikationsbelangen vorbehalten bleiben, zumal sich die tatsächliche Nachfrage auf gesellschaftlicher Ebene trotz der erwähnten Vorschläge in Grenzen hielt, da „die industrielle Revolution […] in Frankreich noch in den Kinderschuhen [steckte], und die Nachfrage nach schnellen Übermittlungsmöglichkeiten für Industrie- und Handelsnachrichten […] begrenzt [war]. Während der Revolution und des Kaiserreichs wurde der Telegraph im wesentlichen für militärische Zwecke eingesetzt, während der Restauration eher für polizeiliche." (Flichy 1994, 41) In Frankreich erklärte man schließlich mit Beschluss der Regierung vom 2. Mai 1837 das Kommunikationssystem zum Staatsmonopol (vgl. Charbon 1995, 46), ein gesetzlicher Akt, in dem sich ein „gesellschaftlich-technischer Zyklus" festschrieb: „die Verknüpfung von Chappeschem Telegraphen und Staatsmonopol". (Flichy 1994, 52)

Trotz dieser technischen und ordnungspolitischen Limitierungen manifestierte sich bereits auf der Basis der optischen Telegrafie eine paradigmatische neue Vernetzungsinfrastruktur der Kommunikation für die Gesellschaft. Eine schnelle Nachrichtenübermittlung erfolgte mit verschlüsselten und universalisierten Codes über ein dauerhaft eingerichtetes und mit Betriebssignalen geregeltes Netz sowie fachlich ausgebildetem Personal. (vgl. Flichy 1994, 58) Und es eröffnete sich mit dieser Kommunikationsarchitektur ein technokultureller Entwicklungspfad, der für die nächste Innovationsstufe der elektrischen Telegrafie ein Basismodell bildete. Gewissermaßen als Weiterentwicklung der Post mit hochtechnologischen Mitteln, die auf der weitgehenden Loslösung der Botschaft von der Materialität ihres Trägermediums fußte, sollte dieses Infrastruktur in Folge – von der elektrischen Telegrafie bis hin zu den digitalen Netzen – jeweils weiter perfektioniert werden.

7.1 Von der optischen zur elektrischen Telegrafie

Der Übergang von der optischen zur elektrischen Telegrafie war – ähnlich wie in anderen Technosystemen – von einer Phase der Parallelentwicklung zweier Systeme geprägt. Schon zum Zeitpunkt der Eröffnung der ersten optischen Telegrafenstrecke[230] lagen erste Konzepte und Versuchsanordnungen auf der Basis der Elektrizität vor.[231] Daneben arbeiteten auch eine Reihe anderer Entwickler an der neuen Kommunikationstechnologie, die daher auch keinen eigentlichen singulären Erfinder kennt, sondern jeweils auf unterschiedlichen Einzelinnovationen aufbaute.[232] Schon 1753 wurde in Veröffentlichungen (wie dem „Scott's Magazine") über die Idee der Signalübermittlung von Zeichen entlang elektrischer Leiter spekuliert. (vgl. Winston 1998, 21) Chappe selbst hatte sich, bevor er sich intensiv mit der Informations-Überbrückung mit Hilfe optischer Verfahren beschäftigte, mit den Phänomenen der Elektrizität auseinandergesetzt. Für Flichy (1994, 66) markiert jedenfalls das Jahr 1837 – als William F. Cooke und Charles Wheatstone gemeinsam ein Patent einreichen und das erste Telegramm übermittelt wurde – den Übergang von der wissenschaftlichen Forschung zur wirtschaftlichen Nutzbarmachung. Niemand geringerer als Samuel Morse selbst eröffnete sieben Jahre danach – auf der Basis des nach ihm benannten Codes – die erste telegrafische Städteverbindung entlang der Eisenbahnverbindung zwischen Washington und Baltimore. Er leitete das Unterfangen als privatwirtschaftliches Unternehmen, da sich der Staat nicht entschließen konnte, eine Finanzierung dafür freizugeben.[233] (vgl. Flichy 1994, 77) Große Schritte in Richtung einer Transnationalisierung gelangen schließlich im Jahr 1850 mit der Überbrückung des Ärmelkanals und 1858 bzw. 1866 mit der Schaffung einer Transatlantikverbindung. Wichtige industrie-institutionelle Schritte

---

230 Sie erfolgte zwischen Paris und Lille im Jahr 1794.
231 Georges-Louis Lesage versuchte (1774) eine Übermittlung über einzelne Buchstaben und arbeite mit insgesamt 24 Einzeldrähten. Einen weiteren wichtigen Anstoß für die Telegrafie lieferte der Münchner Samuel Thomas Soemmerring mit einem elektrochemischen Verfahren. Nach 1830 zeichneten sich drei unterschiedliche Telegrafietypen ab: die Nadel-, Zeiger- und Schreibtelegrafen. (vgl. Museum für Kommunikation 2000, 33f)
232 Künzi hebt die beiden „Erfinder-Unternehmer" Cooke und Morse hervor, denen er einen entscheidenden Anteil im Innovationsumfeld zuschreibt. (vgl. Museum für Kommunikation 2000, 40f)
233 Die dadurch sich entwickelnden Netze sollten sich in der Folge rasch nicht nur technisch, sondern auch ökonomisch – in Form der „Western Union" – zusammenschließen. Sie errangen in der Folge eine Monopolstellung auf dem Telegrafenmarkt in den USA. (vgl. Flichy 1994, 77)

in Richtung Harmonisierung der Systeme wurden 1865 zudem mit der Gründung der „Internationalen Telegraphenunion" (ITU) und 1866 in den USA mit der Vereinheitlichung des Netzes der „Western Union" gesetzt. (vgl. Flichy 1994, 71f) Mit diesen Rahmenbedingungen stand ein neues Kommunikationssystem zur Verfügung, das im Rahmen der weiteren Mediatisierungsentwicklung insbesondere dem Metaprozess der Globalisierung einen ersten großen Entwicklungsschub verlieh. Dieser war wiederum untrennbar mit Anstrengungen eines weltweit sich ausdehnenden Handelssystems verbunden, wobei die ökonomischen Einkünfte des Kommunikationsnetzwerkes auch mit jenen des zwischenstaatlichen Handels korrespondierten. (vgl. Cherry 1971[234]) Der „Scientific American" sprach 1858 schon damals von einem „Highway of Thought" (vgl. Standage 1999, 82) und die „Times" keine zehn Jahre später von einer „Shrinking World". (vgl. Cherry 1971, 101) Schon zu Beginn der 1870er Jahre, als mit der Duplex-Technologie die Kapazität der Übertragungsraten vergrößert werden konnte, waren zwei Drittel der Erde über das Kabel vernetzt, wobei britische Gesellschaften aufgrund ihres logistischen Vorsprungs in den Bereichen der Kabeltechnologie, des Flottenbaus und insbesondere aufgrund ihrer imperialistischen Handelsstrukturen eine Vorreiterrolle einnahmen. (vgl. Museum für Kommunikation 2000, 107)

„Like canals, railways and ocean highways, the telegraph linked national and international markets [...]. It also speeded up the transmission of information, public and private, local, regional, national and imperial, and this in the long run stood out at its most significant outcome." (Briggs/Burke 2002, 136)

Gegenüber der optischen Telegrafie hatte die über Kabel vernetzte Infrastruktur den unmittelbaren Vorteil der Unabhängigkeit gegenüber Wettereinflüssen und sorgte schon vor diesem Hintergrund für eine enorme Steigerung der Übertragungsstabilität und -geschwindigkeit.[235] Die Steigerung in Bezug auf die Geschwindigkeit machte sich insbesondere auf den Überseeverbindungen bemerkbar, wobei auch schon zuvor über die Entwicklung von Handelsrouten deutliche Beschleunigungsschübe im Hinblick auf die Übermittlungsgeschwindigkeiten von Gütern und Informationen

---

234 Cherry hob zudem in einer Publikation aus der Sicht Großbritanniens hervor: „Just as the telegraphs were built alongside railway lines, so our North Atlantic telefone traffic correlates with the heavy aircraft traffic on that busiest overseas route." (Cherry 1971, 90) Wie auch Höflich hervorhebt, hatte damit die Telegrafie „vor allem eine verkehrstechnische Ergänzungsfunktion".

235 Darüber hinaus waren die Signale von Unbefugten nicht zu entziffern, der Personalaufwand im Verhältnis geringer und damit ökonomischer zu betreiben. (vgl. Museum für Kommunikation 2000, 40)

7.1 Von der optischen zur elektrischen Telegrafie

zwischen 1820 und 1860 gelangen. (vgl. Kaukiainen 2001) Die Kommunikationstechnologie der Telegrafie baute also auf einer bereits vorentwickelten Infrastruktur auf, beschleunigte diese erneut und setzte für bestimmte Sektoren gänzlich neue Maßstäbe in der Etablierung globaler Kommunikationsverbindungen. Die damit einhergehenden Harmonisierungsbestrebungen der Zeitzonen blieben auf vielen Ebenen nicht ohne Konsequenzen. „Once that was possible, the new definitions of time could be used by industry and government to control and coordinate activity across the country, infiltrate into the consciousness of ordinary men and women, and uproot older notions of rhythm and temporality." (Carey 2006, 241)

Mit der Etablierung internationaler Kommunikationsströme ging auch eine neue räumlich-kommunikative Vernetzung einher, die über die physikalisch-geografischen Grundgegebenheiten gewissermaßen eine zweite Raumstruktur legte. Sie war weitestgehend an ökonomische (und auch militärstrategische) Rationalitäten gebunden und brachte neue Raum-Zeit-Konvergenzen sowie auch stärkere Interdependenzen im Geflecht sich internationalisierender Vernetzungen mit sich. (vgl. Stein 2006) Innerhalb dieser Räume waren – im Sinne eines „telegrafic divide" – allerdings auch gewisse Regionen und Zentren stärker miteinander vernetzt als andere und es wurden damit neue Raumdominanzen geschaffen. Der neue „communication space" kannte neue Naheverhältnisse mit Zeitvorteilen für gut vernetzte Zonen, daneben aber auch Peripherien mit den entsprechenden Nachteilen. Und bereits auf der Stufe telegrafischer Infrastrukturen zeigte sich der Prozess der Globalisierung nicht als eine homogene, sondern als eine in sich heterogen und diskontinuierlich verlaufende Strukturveränderung. Diese Entwicklung zeigt Wenzelhuemer (2010) in einer beispielhaften Untersuchung über den Ausbau kabelgebundener Telegrafie für die Jahre 1850, 1870 und 1900 auf, in deren Verlauf sich die neue Raumstrukturierung zunehmend von ihrer real-geografischen Anbindung ablöste, vorwiegend die Küstenzonen zu Globalisierungsgewinnern wurden und neue Zeitvorteile innerhalb des Netzwerks zu erwirtschaften waren.

"[…] communication space had detached itself almost completely from geografic space. […] While much of communication space had, indeed, shrunk (or been compressed) during the last fifty years, some parts had moved much closer together than others. A forerunner of today's digital divide had come into existence." (Wenzelhuemer 2010, 37)

Ihren Ausgang nahm diese Dynamik in einer zunehmend sich verdichtenden Kopplung der elektrischen Telegrafie an die Ausbaulinien der Eisenbahnnetze, also einer Verbindung von Strukturen der Kommunikation mit jenen des Transports bzw. der Mobilität. Schon vor der Elektrifizierung der Verkehrsströme sorgte der Ausbau der Verkehrsinfrastruktur in Form des regelmäßigen dampfgetriebenen Schiffverkehrs und der Eisenbahnnetze für eine Verbreitung und Beschleunigung von Informationen. Yrjö Kaukiainen weist für den Zeitraum zwischen 1820 und 1870 nach, wie stark die Durchsetzung der erwähnten Verkehrstechnologien mit einer Verringerung der Kommunikationszeiten zwischen den Weltregionen einherging. (vgl. Wenzelhuemer 2007, 347) Die Kopplung der Kommunikationstechnologien mit den Eisenbahnen intensivierte schließlich diese Dynamik und schuf neue Voraussetzungen für eine weitere Vernetzungsstufe. „Railways – carrying people, goods, newspapers and books – and telegraphs – the first nineteenth-century electrical invention to carry messages, public and private – were directly related to each other in his and their minds." (Briggs/Burke 2002, 134) Die auf Elektrizität basierende Kommunikationsinfrastruktur können wir daher auch als Fortsetzung der Dampfkraft mit technisch avancierteren Mitteln begreifen. „Following what Charles Knight (1791-1873), pioneer of cheap books and a popular press, called a ‚victory over time and space', time (and distance) were redefined under the influence first of the railway and the steamship and then of a cluster of new media – telegraph, radio, photography and moving pictures." (Briggs/Burke 2002, 104)

Eisenbahn und Kommunikationsinfrastrukturen gingen also – zumindest über einen bestimmten Zeitraum hinweg – eine erfolgreiche Innovationsallianz ein. Nicht ohne Grund sprach ein damaliger Fachmann des Bahn- und Telegrafiewesens – ein Jahrhundert vor McLuhan – von der Eisenbahn als Organismus und von der Telegrafie als dem dazugehörenden Nervensystem. (vgl. Museum für Kommunikation 2000, 70) Der kanadische Medientheoretiker sollte später die Telegrafie als ein „Hormon" der Gesellschaft bezeichnen, da er den elektrischen Medien die Fähigkeit zuschrieb, „alle gesellschaftlichen Einrichtungen in organische gegenseitige Abhängigkeit zu bringen. [...] Während nämlich die ganze vorhergehende Technik (ausgenommen der Sprache selbst) tatsächlich einen Teil unseres Körpers erweitert hatte, kann man von der Elektrizität sagen, dass sie das Zentralnervensystem selbst einschließlich des Gehirns nach außen gebracht hat." (McLuhan 1992, 284) Diese „extension of men" wurde mit dieser Technologie auf ein globales Niveau gehoben und sollte sich als neue Triebfeder für weite Teilbereiche der Gesellschaft erweisen. Michael Geistbeck bemüht sogar die „Selbstbeschreibungssemantik" (Werber 2008, 176) der über Nationen hinweg entstehenden „einen" Gesellschaft, wie sie sich durch die soziale Kraft der telekommunikativen Vernetzung um 1900 gebildet hätte. (Geistbeck zit. in Werber 2008, 176)

Die Verbindung der Systeme der Kommunikation und des Transports beruhte im wesentlichen zunächst – wie oben bereits erwähnt – auf dem Bedarf der Eisenbahngesellschaften nach einem Leitungs- und Kontrollsystem, das die Sicherheit ihres Betriebs gewährleistete. Dieser, in den 1830er Jahren sich abzeichnende Bedarf (vgl. Wenzelhuemer 2007, 353) übte wiederum einen besonderen Innovationsdruck auf das System der Telegrafie selbst aus.

7.1 Von der optischen zur elektrischen Telegrafie

"Here then is a real and pressing supervening necessity – railway safety. The history of telegraphy offers a clear example, creates a supervening necessity for another, the telegraph. [...] In fact, the earliest telegraph wires did indeed run beside railway tracks and were used for operational purposes. That they could also be used for other messages was determined almost immediately." (Winston 1998, 23f)

Zunächst noch gekoppelt an das neue Transportsystem der Eisenbahn, sollten sich aus dem Wechselverhältnis von physikalischer und kommunikativer Mobilität neue Entwicklungsdynamiken ergeben. Aus einem Leitungssystem zur Kontrolle und Sicherung einer Mobilitätsinfrastruktur des Transports wurde ein eigenständiges Netz für die Kommunikation.[236] (vgl. Flichy 1994, 76f) Dieses Netz beschleunigte und intensivierte in der zweiten Hälfte des 19. Jahrhundert wiederum globale Handelsströme und sicherte bzw. kontrollierte – so die Thesen Benigers (1986) – entlang der Nervenstränge des Transports die damit in Verbindung stehenden expandierenden Ströme von Waren und Personen. „Global connectivity became a key factor in determining a country's or a region's position in international trade during that time." (Wenzelhuemer 2007, 348) Die Infrastruktur der Telegrafie brachte schließlich eine Harmonisierung raumbezogener Preisbindungen mit sich und entkoppelte zusehends Märkte von ihren unmittelbaren geografischen Einbettungen. (vgl. Carey 2006, 238) Und nicht zuletzt stand von Beginn an auch die Idee der Rationalisierung militärischer Kommandoabläufe im Zentrum telegrafischer Entwicklungsüberlegungen. Schon 1842 versprach sich der sächsische Militärtheoretiker Karl Eduard von Pönitz militärtaktische Vorteile aus der Kopplung von Telegrafie und Eisenbahn, eine Entwicklung, die in ihrer Realisierung nicht unwesentlich zur „Industrialisierung des Krieges" führen sollte. (vgl. Hohrath 1995, 144ff) „Tatsächlich mußte die Kombination schnellerer Befehls- und Nachrichtenübermittlung mit der Möglichkeit zu beschleunigtem Truppen- und Materialtransport hier zu einer neuen Qualität beitragen." (Hohrath 1995, 144) Und die Telegrafie selbst wurde bereits im Krimkrieg (1853-1856) und insbesondere im Amerikanischen Bürgerkrieg (1861-1865) in militär-strategischer Weise eingesetzt. (vgl. Briggs/Burke 2002, 137f)

Im zivilen Bereich gehörten für die Telegrafie insbesondere die Bedürfnisse der Börsenkommunikation und der Nachrichtenagenturen zu den ökonomisch erfolgreichen Entwicklungszweigen. „The telegraph was saved because new uses were immediately discovered and rapidly developed by the stock market and, especially

---

[236] Schon auf dieser Stufe findet für Carey auch ein wichtiger Moment der Trennung der Systeme statt, „[as the] most important point about the telegraph is that it marked the decisive separation of ‚transportation' and ‚communication'. Until the telegraph these words were synonymous." (Carey 2006, 233)

in North America, newspapers." (Winston 1998, 27) Neben den Agenturen, für die das Sammeln und Verbreiten von Nachrichten zu einem lukrativen Geschäftszweig wurde, setzte für die international vernetzten Börsen- und Warenströme die Überwindung räumlicher und zeitlicher Barrieren bis dahin nicht gekannte Dynamiken frei und revolutionierte das System der internationalen Wirtschaftsbeziehungen. Die sich intensivierenden Verkehrsflüsse der Börsen und deren Bedürfnisse nach beschleunigten Kommunikationsverbindungen stellte eine wichtige Triebfeder dar, denn „erst die Börse gab schneller Information ihren eigentlichen Wert". (Flichy 1994, 86). Wie Flichy zeigte, machten nicht ohne Grund die Börsennachrichten in allen wichtigen Handelsnationen den größten Anteil am Nachrichtenaufkommen aus, ging doch „aus dem Zusammenwirken von elektrischem Telegraphen und Transportmitteln [...] das moderne Warenzirkulationssystem der zweiten Hälfte des 19. Jahrhunderts hervor". (Flichy 1994, 87f) Telegrafie und Nachrichtenagenturen sollten zudem über eine lange Zeitstrecke ein monopolistisches Netzwerk etablieren, das alte Netzwerke des Wissens aufbrach, gleichzeitig wiederum mit den großen dominierenden Agenturen neue entstehen ließ. (vgl. Sterne 2006, 140) Die Systeme der Ökonomie und der Medien fanden – wie schon zuvor über die Netze der Post und der Eisenbahn – im Netzwerk der Telegrafie ein neues Instrument der Beschleunigung und Perfektionierung ihrer unternehmerischen Ambitionen. Somit kann für die zweiten Hälfte des 19. Jahrhunderts von einer enormen „Kommunikationsbeschleunigung" (Museum für Kommunikation 2000, 100) und Verdichtung der Vernetzungsstrukturen gesprochen werden, die in Bezug auf die Diffusionsgeschwindigkeit für die Telegrafie sogar dynamischer verlief als jene der ihr nachfolgenden Telefonie. (vgl. Hugill 1999, 54)

Im Hinblick auf die organisatorische Ausrichtung des Systems zwischen Staatszentriertheit und seiner Privatisierung wurden unterschiedliche Wege eingeschlagen. „In Europe the telegraph, a substitute for the imperial semaphore, was seen as an extension of postal, i.e. state, services. The American Postmaster General's position on the necessity of governmental control was implicitly accepted." (Winston 1998, 29) So waren etwa in Frankreich die Interessensverbindung von Staat und Kommunikationsnetzen traditionell eng aufeinander abgestimmt, in anderen Ländern wiederum zeichneten sich – wenn auch zum Teil nur vorübergehend – Tendenzen in Richtung einer Liberalisierung der Infrastrukturentwicklung ab. Frankreich war zudem ein Land, in dem die territoriale Ausrichtung der Telegrafie traditionell eng an die Linien der nach Paris hin zentralisierten Verkehrsnetze angelehnt war.

> „Neben dem schon in vorrevolutionärer Zeit ausgebauten, auf Paris zentrierten Straßensystem konnten nun auch die Telegrafenlinien einem schnellen Informationsaustausch zwischen den Truppen im Felde und der Pariser Zentrale förderlich sein. Namentlich für die politische Kontrolle der Feldheere durch die Revolutions-

7.1 Von der optischen zur elektrischen Telegrafie

regierung setzte man auf den Telegrafen, [um eine] zentrale Koordination militärer Bewegungen" abgesichert zu wissen. (Hohrath 1995, 140)

In Entsprechung zu den liberalen Wirtschafts- und Freihandelsbestrebungen wurden in Ländern wie England auch Versuche unternommen, die neuen Netze der Telekommunikation gänzlich oder nur zum Teil zu liberalisieren bzw. ihre Weiterentwicklung dem freien Spiel der Marktes zu überlassen. In den USA wurde, nachdem staatliche Autoritäten im neuen System keine Kontroll- oder Profitabilitätsansprüche stellten, die Nutzung der Netze dem freien Spiel der Marktkräfte überlassen. Die Öffnung der Netze für die allgemeine Nutzung, die um 1850 erfolgte, markiert schließlich einen „Wendepunkt von einer staatszentrierten zu einer marktorientierten Hochgeschwindigkeitskommunikation". (Museum für Kommunikation 2000, 68) Nach anfänglichen Kooperationsbestrebungen privater Unternehmen mit dem Staat sollte sich mit der „Western Union" ein Monopolist mit rasch wachsenden Netzen durchsetzen und den Markt dominieren. Auch Kanada hatte sich für einer Privatisierung des Systems entschieden. In Großbritannien wurden dagegen – zumindest auf nationalstaatlicher Ebene – mit einer Verstaatlichung im Jahre 1868 (mit Wirkung ab 1870) anfängliche Liberalisierungsentwicklungen wieder rückgeführt. (vgl. Flichy 1994, 89f) Und in Frankreich behielt sich der Staat – nach einer Öffnung für private Zwecke im Jahr 1851 – ebenfalls hohe Eingriffsrechte offen. So hatte sich „ein Jahrhundert nach der Erfindung von Chappe [...] zwischen staatszentrierter und marktorientierter Kommunikation eine Art Gleichgewicht herausgebildet." (Flichy 1994, 96). Innerhalb Europas war Ende des 19. Jahrhunderts das Telegrafenwesen den staatlichen Hoheitsverwaltungen überlassen, währenddessen zwei Drittel der international vernetzten Verkehrswege in privater Hand lagen.

Insgesamt stellt sich die Entwicklung der Telegrafie damit als ein Mediatisierungsverlauf dar, der sich – entlang der Linien des Verkehrs und Transports – zunächst auf nationaler Ebene durchsetzte und dort Effekte der Integration, Harmonisierung und Zentralisierung von Teilsystemen hervorrief. Aus diesen Entwicklungen ergaben sich folgerichtig – neben dem Ausbau zwischenstaatlicher Verbindungsnetze – weitere Expansionsdynamiken auf globaler Ebene. „Only years after domestic telegraphy had started to emerge, a global telecommunication network began to be woven. [...] The domestic lines provide the essential link between the global and the local." (Wenzelhuemer 2007, 356) Das Zentrum des weltweiten Telegrafen-Netzwerks machten im späten 19. und beginnenden 20. Jahrhundert die großen Metropolen London, Berlin und Paris aus, wobei Europa selbst als das Telegrafienetzwerk mit der höchsten Integrationsdichte galt. (vgl. Wenzelhuemer 2007, 370) Aufbauend auf eine Geschichte der europäischen Globalisierung, die zwischen 1500 und 1800 durch die „Trias der Erfindungen" von Kompass, Schießpulver und dem gedruckten Buch etabliert und durchgesetzt wurde (vgl. Schüttpelz 2009, 67[237]), nehmen auf der Basis der telegrafischen Vernetzung Großbritannien, Frankreich und Deutschland eine Führungsposition ein, osteuropäische Länder, skandinavische Staaten (mit Ausnahme Dänemarks) und Knoten auf der iberischen Halbinsel stellten Netzwerkanalysen zufolge benachteiligte Regionen dar. Neben Europa waren es die USA, die eine extensive Telegrafienutzung betrieben und gemeinsam mit Europa alle anderen Länder hinter sich ließen. (vgl. Wenzelhuemer 2007, 356ff) „Not only did telegraphy technically originate there, the domestic expansion of the technology was also favoured by the creation of vast transport networks and their excellent position in the global trade network." (Wenzelhuemer 2007, 357)

In der zweiten Hälfte des 19. Jahrhunderts spielte im globalen Vergleich Großbritannien eine zentrale Rolle im geopolitischen Netz der Telegrafie.[238] Die auf der Grundlage von Kommunikationsnetzwerken aufbauende imperiale Position sei allerdings nicht ohne Konnex zu einer dahinter liegenden bürokratischen Strukturierung zu denken. „The bureaucratic state, the bureaucratic firm, and the bureaucratic military all depended upon better information technology, which until then late nineteenth century meant the telegraph." (Hugill 1999, 139) Im weiteren Verlauf der Entwicklung hatte allerdings Großbritannien – als späterer „weary titan" (Friedberg zit. in Hugill 1999, 106) – seine führende Rolle an die USA abzugeben.[239] (vgl. Hugill 1999, 21) „The late nineteenth and early twentieth

---

237 Schüttpelz geht in Bezug auf die Diskussion um die Überlegenheit u. a. auf die These Bruno Latours ein, der diesen Vorsprung aus der Kombination von Mobilität und der Unveränderlichkeit der Zeichen erklärt. Die Technologien, aus denen sich die Überlegenheit speist, würden nach Latour nicht nur den Buchdruck betreffen, sondern auch die Linearperspektive, die geometrische Projektion, kartographische Erfindungen oder auch die Camera Obscura umfassen. Dazu kämen Methoden der Buchhaltung sowie die Fähigkeit der Erstellung von Grafiken und Tabellen. (vgl. Schüttpelz 2009, 70)

238 Auf interkontinentaler Ebene nahmen noch um 1840 die USA die führende Rolle ein, konnten diese jedoch darüber hinaus nicht ausbauen. (vgl. Hugill 1999, 21) Als Beginn der hegemonialen Betrebungen Großbritanniens nennt Hugill (1999, 224) die Phase von 1790 bis 1798, die zwischen 1815 und 1825 und schließlich zwischen 1844 und 1851 einen Höhepunkt erreichte. Den Beginn des „hegemonic circle" der USA setzt er dagegen für die Phase zwischen 1890 und 1896 an. (vgl. Hugill 1999, 225)

239 Im Bereich der Informationshegemonie nahm Großbritannien eine führende Rolle bis Ende der 1950er Jahre ein, auch wenn in unterschiedlichen Kommunikationsbereichen die Dominanz einzubrechen begann. (vgl. Hugill 1999, 28) Danach waren es die USA, die eine dominierende Position im Bereich der Kommunikationstechnologieentwicklung anstrebten. „The first successful American challenge to Britain hegemony was thus deferred until after World War II, when it came from a totally different, commercial

7.1 Von der optischen zur elektrischen Telegrafie

century were a critical period in the world system. British hegemony was waning in a period of multipolarity, albeit far more in the economic than in the military sphere."[240] (Hugill 1999, 106)

Der nächste Innovationsschritt wurde mit dem Übergang in die Ära der drahtlosen Telegrafie vollzogen. Diese um die Jahrhundertwende realisierte Entwicklungsstufe ermöglichte nun endlich kommunikative Verbindungen auch im Zustand der Mobilität und ebnete den Weg in die Ära immaterieller Datenflüsse. Als eine unverzichtbare Kommunikationsverbindung für den global operierenden Schiffsverkehr oder die Luftfahrt entwickelte sich aus der drahtlosen Telegrafie ein nicht nur ökonomisch äußerst effizientes System der Kommunikation, sondern für spezifische Einsatzformen eine auch unabdingbar notwendige Technologie der Konnektivität. „Ermöglichte Mitte des 19. Jahrhunderts die ersten Eisenbahntelegraphen, die Mobilität des Zuges und der mit ihm Reisenden (oder auch Flüchtenden) nachrichtentechnisch einzuholen bzw. zu überholen, so gilt dies seit einer ‚ambulanten' drahtlosen Kommunikation auch für das Schiff." (Buschauer 2010, 268) Auch andere auf mobile Vernetzung angewiesene Infrastrukturdienste bauten neben ortsungebundenen telekommunikativen Netzwerken auf neuen technischen und logistischen Infrastrukturen telekommunikativer Verbindungen auf.

Mit Guglielmo Marconi stand zudem eine Erfinder- und Unternehmerfigur im Zentrum der Entwicklung, die nicht müde wurde, nach immer neuen Varianten ökonomischer Verwertbarkeit der drahtlosen Telegrafie zu suchen. Einerseits nachgefragt vom Militär, für das das neue Funksystem zu einem zentralen Steuerungsmittel für mobile Einheiten – also insbesondere für Marine und Luftstreitkräfte – avancierte[241], entwickelte es sich im zivilen Bereich zu einem informationstechnologischen Rückgrat für weitere Mobilitätsinfrastrukturen. Wie zuvor im Fall der Eisenbahn, von

---

rather than geopolitical arena, that of the American telefone company, Bell." (Hugill 1999, 228)

240 Hugill benennt vier Faktoren, die es im Kontext geopolitischer Strukturen zu beachten gelte. Es sind dies jene der Technologie, der Geostrategie, der Kontrolle von Patentrechten sowie die Systeme der Kommunikation. Der Technologie räumt er einen prioritären Einfluss noch vor der Geostrategie ein. (vgl. Hugill 1999, 91)

241 Konkret führte die drahtlose Telegrafie die militärische Struktur von „Command" and Control" (C2) auf das Niveau von „Command, Control and Communication (C3) (vgl. Hugill 1999, 141), wodurch sich insbesondere die kommunikative Steuerung für See- und Luftstreitkräfte entschieden veränderte. „The possibility of centralized C3 of combined air and ground operations revolutionized the theory of warefare. Spark telegraphy was a one-way system that could be crudely applied to spot for the artillery. Continuos wave wireless telephony between headquarters and mobile air and ground units meant a return to mobile warfare without loosing the bureaucratic advantages of centralization." (Hugill 1999, 152)

der aus der zur Sicherungs- und Kontrollinfrastruktur herangezogene Drahtfunk zu einer eigenständigen Kommunikationstechnologie wurde, stellte der drahtlose Funk sodann für die Schifffahrt eine zentrale Ausweitung seiner Kommunikationsinfrastruktur und eine Neuausrichtung seines Leistungsspektrums dar. Denn „mit der Einrichtung eines regulären Telegraphendienstes zwischen Irland und Kanada, der schrittweise auf das europäische Festland, die USA und Australien ausgedehnt wurde, kam es 1907 zur praktischen Synthese von technischer Zielsetzung (der Möglichkeit interkontinentaler Verbindungen) und gesellschaftlicher Zweckbestimmung (der Schaffung eines umfassenden Telekommunikationsnetzes)". (Flichy 1994, 173) Als neue Infrastruktur der Kommunikation wurde die drahtlose Telegrafie zu einem technokulturellen Motor der Globalisierung und informationstechnologische Hauptschlagader weltweit sich entfaltender Handelsströme. Sie gehorchte damit einer technoökonomisch motivierten Verwertungslogik, die in den Industriestaaten der westlichen Welt ihr Zentrum hatte.

In Weiterführung des oben begonnenen Phasenmodells lässt sich an dieser Stelle der Abschluss einer weiteren Mediatisierungsstufe festmachen, die vorerst mit der Entwicklung einer fixen Vernetzungsinfrastruktur für Kommunikationsverbindungen – zunächst über die optische und in der Folge über die drahtgebundene elektrische Telegrafie – erreicht wurde. Mit der drahtlosen Telegrafie öffnete sich das System für neue Formen der mobilen Konnektivität und erweiterte das Netzwerk der Telegrafie in entscheidenden Dimensionen. Insgesamt gehen diese Weiterentwicklungen mit einer Beschleunigung der Kommunikationsströme und Strukturentwicklungen in Richtung Transnationalisierung und Globalisierung einher. Ihre wesentlichen Triebfedern sind – neben staatlich-militärischen Interessen – in den ökonomischen und weltpolitisch motivierten Expansionsbestrebungen der jeweils dominierenden Einflussmächte festzumachen.

Phase	Technologie	Medium/Infrastruktur	Phänomene
Mediatisierungsstufe 1	Drucktechnologie	Buch, Zeitungen, Zeitschriften	Kollektive und individualisierte Aneignungsformen
Mediatisierungsstufe 2	Fixe und mobile Vernetzung	Drahtgebundene optische und elektrische Telegrafie, drahtlose Telegrafie	Beschleunigung, Nationalisierung, Transnationalisierung, Globalisierung, kommunikative Mobilität

Abb. 15 Mediatisierungsstufen im historischen Kontext II
Quelle: eigene Darstellung

Nach diesem Blick auf vorwiegend makrostrukturelle Veränderungen soll im folgenden Übergang ein kursorischer Blick auf den Einzug damals neuer Medien in die privaten Alltagsumgebungen geworfen werden. Es stellt sich die Frage, welche Aneignungsformen Hörfunk und Fernsehen in den Haushalten annehmen sollten und zu welchen Veränderungen ihre Integration in den häuslichen Alltag führte. Als Teil jener Wandlungsprozesse, die Williams als eine „mobile Privatisierung" beschrieb, sollten sich die neuen Medien der Audiovision im Rahmen sich kontinuierlich verfeinernder Technikentwicklungen und unter Einfluss dynamischer wirtschaftlicher Rahmenbedingungen jedenfalls weiter diversifizieren. In der Folge sorgten miniaturisierte Gerätegenerationen für neue Formen des Konsums in der „privaten Mobilisierung", Hörfunk und Fernsehen wurden zu mobilen Medien und zunehmend auch für individualisierte Nutzungskontexte adaptiert. Mit diesen Mediatisierungsschüben veränderten sich mediale Allagskulturen und damit auch die Rahmenbedingungen für die Integration neuer telekommunikativer Technologien.

7.2 Neue Medien zwischen öffentlichen und privaten Räumen

Während wir auf der Makroebene eine Entwicklung in international sich verdichtende Kommunikationsnetzwerke beobachten, treffen wir – wie oben bereits angedeutet – ab Mitte des 19. Jahrhunderts auf der Ebene der Alltagskultur auf Tendenzen eines verstärkten Rückzugs der Menschen in ihre Privatsphäre. Und „durch diesen Rückzug ins Private entstand den damals aufkommenden Medien eine ökologische Nische, in der sie sich entwickeln konnten". (Flichy 1994, 102) Der Ort des beschützten Heims, der aus Angst vor einer sich dynamisierenden Alltagswelt in der „Stadt und der Härte des kapitalistischen Alltags" (Sennett zit. in Flichy 1994, 117) wieder zu einer nachgefragten Sphäre des Alltagslebens wurde, manifestierte genau diese „Trennung zwischen Familienleben und außerhäuslicher kapitalistischer Produktion". (Flichy 1994, 116) Diese Abkopplung von Innen- und Außenwelt fand zudem auch in der Trennung der spezifischen Aktionsfelder der Geschlechter ihren Niederschlag. (vgl. Flichy 1994, 116f) Eine wieder neu entdeckte Welt für Möglichkeiten der persönlichen Entfaltung der Individualität und des familiären Glücks wurde allerdings Schritt für Schritt auch von neuen Medien besetzt, was wiederum eine Mediatisierung privater Lebensräume zur Folge hatte. Beispielhaft zeigt sich dies im Zusammenhang mit der Verbreitung des Phonographen als neuem Gadget des privaten Musikkonsums.

„Während der Chappesche Telegraph mit der Schaffung des neuzeitlichen Staates verknüpft war und der elektrische Telegraph im Zuge sich ausweitender Börseaktivitäten aufkam, begleitete der Phonograph Veränderungen im Familienleben, die mit der viktorianischen Familie in der zweiten Hälfte des 19. Jahrhunderts zusammenhingen." (Flichy 1994, 116)

Vorbereitet durch die Kultur der familiären Hausmusik leiteten der Phonograph (1877) und später das Grammophon (1887) eine neue Form privater Unterhaltungskultur ein. Auch wenn Thomas A. Edison, auf dessen Konto auch die Innovation der Tonwalzen ging, zunächst nicht an den Erfolg seiner Erfindung glaubte und aus ökonomischen Überlegungen ihre Verwendung als Diktiergerät im Auge hatte, sollte sich doch die Anwendungsvariante als Unterhaltungsmedium durchsetzen. Sterne hebt in seiner umfangreichen Geschichte über die „Audible Past" (2006) auch hervor, dass sowohl die Phonographie wie auch zunächst die Telefonie als Technologien einer neuen Form der bürokratischen Geschäftskommunikation und Rationalisierung werblich angepriesen wurden. (vgl. Sterne 2006, 210) Als Edison den Systemwechsel des Phonographen zur Musikkonserve vollzogen hatte, wurde diese Nutzungsnische schon von Emil Berliner für sein Grammophon als neues Entwicklungsfeld erkannt. Wie in anderen Innovationsverläufen spielten also auch hier „[…] unterschiedliche Techniksysteme und Nutzungsweisen auf komplizierte Weise ineinander" (Flichy 1994, 115) und machten Prognosen über Technikentwicklungen überaus schwierig.

Neben den neuen Möglichkeiten, im privaten Umfeld medientechnisch gestützt Musik konsumieren zu können, barg – wie oben bereits angesprochen – gegen Ende des 19. Jahrhunderts auch die Fotografie die Möglichkeit, die eigene Familienwelt auf der Ebene technischer Bilder festzuhalten und stellte so Formen einer ikonografischen Vergewisserung der eigenen Familienidentität sicher. „Dieser Wunsch, Spuren der Gegenwart zu bewahren und sich der Vergänglichkeit der Zeit entgegenzustellen – sogar Tote noch sehen und hören zu können –, gehört in den Umkreis der Vorstellungen, die sich Ende des 19. Jahrhunderts an die neuen Kommunikationsmittel knüpften." (Flichy 1994, 112) Damit sorgten noch vor der Phase der telekommunikativen Vernetzung der Haushalte neue Bild- und Tonmedien dafür, separierte Lebenswelten zueinander in Beziehung zu setzen. Über spezifische Aneignungs- und Integrationsformen, die mit diesen neuen Konsumgütern verbunden waren, finden wir in der Literatur nur bedingt Hinweise, erfahren aber einiges über Rahmenbedingungen und Integrationsfaktoren. Geprägt von einer patriarchalen Kontrolle über den Haushalt dokumentieren historische Bildsujets neben der Dominanz des männlich Familienoberhaupts den Geist eines Familienidylls, der sich modernen Medien gegenüber grundsätzlich aufgeschlossen gab und die Räume der familiären Kommunikation für Medieninnovationen öffnete.

7.2 Neue Medien zwischen öffentlichen und privaten Räumen

Auf die Diffusionsentwicklungen von Hörfunk und des Fernsehen soll und kann hier nicht im Detail eingegangen werden (vgl. Steinmaurer 1999), zumal diese klassischen Medien für die Entwicklungslinien der Konnektivität auch nur bedingt von Relevanz sind. Dennoch sei auf jene zentralen Veränderungsprozesse verwiesen, auf deren Basis sich mit Hörfunk und Fernsehen neue „Netzwerke" der Kommunikation bildeten und sich damit Verbindungen zu neuen, wenn auch mediatisierten Erfahrungswelten auftaten. Mit ihrer klassischen massenmedialen Verbreitungsarchitektur einer one-to-many-Struktur waren sie darauf ausgelegt, die Versorgung einer großen Anzahl von Haushalten von einem zentralen Sender aus zu organisieren. Sieht man von den ersten Rezeptionsmodellen in öffentlichen Räumen ab, drängten die dominierenden Empfangskonzepte sowohl des Hörfunks wie auch des Fernsehens zunächst in die Disposition des Heimempfangs.[242] Der Rückzug in die Räume des Privaten erleichterte sich in dem Maße, in dem die neuen Medien eine direkte Anbindung und damit eine kommunikative Teilhabe an eine sich dynamisierende Umwelt versprachen und auch ermöglichten. Wie oben ausführlicher diskutiert, war es genau das alltagskulturelle Rahmenmodell der „mobilen Privatisierung", das in dieser Phase die Verbreitung von Hörfunk und Fernsehen soziokulturell rahmte. Nicht ohne Grund sprach auch Arnheim davon, dass sich das Fernsehen als ein „Verwandter von Auto und Flugzeug [erweisen sollte], [...] [indem es sich zu einem] Verkehrsmittel des Geistes" entwickelte. (Arnheim 1935 in Arnheim 2000, 41[243])

Bezogen auf den Hörfunk und die Nutzungsverläufe des Radios verlief deren Aneignung in den Orten des Privaten in unterschiedlichen Phasen und Stufen. Bevor etwa das gemeinsame Zuhören durch eine Versammlung der Familienmitglieder vor dem Apparat eine klassische Rezeptionsform fand, war der Empfang von Hörfunksendungen technisch bedingt nur individuell über Kopfhörer möglich. Die dispositive Kopplung von Apparat und Subjekt, wie sie Lenk beschrieb, machte anfangs daher nur ganz bestimmte Nutzungsformen möglich. „Der Kopfhörer fesselte (im wörtlichen Sinn) an das Medium, machte seinen Nutzer immobil, isolierte ihn gleichzeitig von der alltäglichen Lebenswelt. Radiohören war eine vom Alltag

---

242 Insbesondere in der Phase des Dritten Reichs in Deutschland wurden Rezeptionsformen des Fernsehens im Kollektiv – und da u. a. auch integriert als Großbildfernsehen in Kinos – aus zum Teil propagandagetriebenen Motiven, aber auch aus technisch-organisatorischen Erwägungen heraus – bevorzugt. Und auch in der unmittelbaren Nachkriegszeit spielte diese Form der Rezeption, aus dem anfänglichen Mangel an Empfangsgeräten, eine wichtige Rolle. (vgl. Steinmaurer 1999) Die kollektiven Formen des Fernsehens, wie wir sie heute als „Public Viewing" kennen, knüpft an diese ersten Rezeptionsformate in gewisser Weise wieder an.

243 Den Hinweis zu Arnheim finden wir bei Morley (2001, 437).

abgehobene Veranstaltung. Zudem fand sie nicht als Raumklang statt, sondern konzentriert im Ohr, in einer Raumdimension zwischen zwei Kopfhörermuscheln."[244] (Lenk 1996, 11) Erst mit der Einführung von Lautsprechern[245] wurde die Rezeption von Hörfunk im privaten Raum für eine gleichzeitige Nutzung aller Familienmitglieder möglich und zu einer „für das Radiohören so typischen Durchmischung von Medien- und Alltagswahrnehmung". (Lenk 1996, 11) Diese Rezeptionsdisposition einer Ausrichtung der Menschen auf einen zentralen Apparat hin sollte sich später nach Ankunft des Fernsehens in den eigenen vier Wänden weiter verfestigen und zu einer einigermaßen stabilen Form finden. (vgl. Steinmaurer 1999)

Innerhalb der Familien verdrängte das Fernsehgerät zunächst den zentralen Ort der Kommunikation, den Familientisch, und wurde so zum „negativen Familientisch". (vgl. Anders [7]1985, 105f) Das Medium versammelte anfangs seine Zuschauerinnen und Zuschauer halbkreisförmig um sich, verdrängte das davor im Zentrum positionierte Radio in neue Nutzungsnischen und wirkte damit als ein zunächst stark familienbindendes Medium bei gleichzeitiger Schwächung innerfamiliärer Kommunikationsstrukturen. Im Verlauf seiner technischen Verfeinerung erhielt das neue Medium zunehmend benutzerfreundlichere Bedienungsformen und lieferte kontinuierlich größere, brillantere und in der Folge auch bunte Bilder. Es wurde damit sehr schnell zu einem fest in die familiären Kommunikations- wie auch Alltagskulturen integrierten Medium, dem im Rahmen gesellschaftlicher Wandlungsprozesse auch eine zunehmend zentralere Rolle zukam. Mit Vermehrung des Programmangebots und der Durchsetzung neuer miniaturisierter Empfangsmöglichkeiten sorgte die Verbreitung von Zweitgeräten für eine Lockerung des klassisch familienorientierten Rezeptionsmodells. Im Zuge seiner Selbstkommerzialisierung richteten sich immer wieder neu konzipierte Programmangebote vermehrt an vordefinierte Zielgruppen aus und die Empfangsdispositionen drängten – bezogen auf die Art des Konsums – zunehmend auch in individualisierte Rezeptionsformen. Innerhalb der Familien kam es damit zu Individualisierungsschüben in Bezug auf den Fernsehkonsum im Rahmen einer „domestic ecology". (Caron/Caronia 2007, 60) „Patterns of viewing have changed radically [...], with ‚family viewing' consistently declining in favour of individualized

---

244 Dieses Rezeptionsdispositiv sollte später für die Verwendung mobiler Audiomedien – wie für mobile Radiogeräte oder den Walkman, bzw. später für Radioapplikationen im Kontext mobiler Konnektivitätstechnologien – im öffentlichen Raum wieder Teil des Konsumspektrums werden.
245 Sie ist in Deutschland zwischen 1926 und 1928 anzusetzen.

modes of media consumption. The ‚multi-screen' household is now the norm".[246] (Morley 2007, 210) Erweitert wurde das Spektrum des Technosystems Rundfunk in der Folge um weitere elektronische Bausteine der Audiovision mit Integration der Videotechnik, auf dessen Basis neue Nutzungsstile und Gebrauchsformen über die vorgegebenen televisuellen Massenprogrammierungen hinaus möglich wurden. (vgl. Zielinski 1989)

Für die Rezeption im öffentlichen Raum sollten außerhalb der Haushalte besonders mobile Formen des Fernsehens – gekoppelt an die Vehikel des Reisens – an Popularität gewinnen. Aufbauend auf der Transistortechnik und soziokulturell gerahmt vom Konsummodell des „American way of life" entwickelten sich, nachdem schon das Radio für die Rezeption in der Mobilität adaptiert worden war, neue Rezeptionsvarianten einer auch televisuell unterstützten mobilen Privatisierung. Miniaturisierte Zweitgeräte begleiteten in einer „geographical migration" (Caron/Caronia 2007, 62f) die zunehmend auch mobiler werdenden Menschen auf ihren Reisen und erweiterten damit die mediale Durchmischung öffentlicher wie halbprivater Rezeptionskulturen. Im Zuge seiner weiteren Verbreitung besetzte das Fernsehen weitere Orte und Räume des öffentlichen Lebens: Neben dem Einsatz als audiovisueller Reisebegleiter drang das Fernsehen außerhalb des Systems Rundfunk in neue Nutzungsnischen vor, wie etwa in der Industrie oder im Einsatz als Überwachungstechnologie. Es wurde zu einer tendenziell ubiquitär verfügbaren Medientechnologie und beförderte damit unterschiedliche Dimensionen der Mediatisierung. Die Integration von Hörfunk und Fernsehen in immer weitere Nischen und „Orte bzw. Nicht-Orte" (vgl. Augé 1994) des Alltags lässt sich damit als ein Mediatisierungsprozess von Alltagsräumen verstehen und in eine technokulturelle Entwicklungslinie einreihen, die von einer „mobilen Privatisierung" in Nutzungsspezifika der „mobilen Individualisierung", als das adäquate soziokulturelle Rahmenmodell für die Technowelt der mobilen Vernetzungen, übergehen sollte.

Die weiteren Entwicklungsphasen auf dem Weg in diese Mediatisierungsformen werden in der Folge in Form eines Streifzugs durch die technokulturelle Geschichte der Telefonie, die für das Dispositiv der kommunikativen Dauervernetzung als Basistechnologie gelten kann, nachgezeichnet. Dabei geraten die unterschiedlichen technischen Innovationsstufen in ihren Wechselwirkungen zu kulturellen und sozialen Wandlungsprozessen in den Blick und medientechnologische Entwick-

---

246 Koepnick weist auf der Basis US-amerikanischer Studien auf eine „transformation of the American living room into a multiscreen communication and entertainment hub, [that changes the] domestic sphere", hin. (Koepnick zit. in Williams 2011)

lungsstränge werden als Prozesse einer sich zunehmend verdichtenden kommunikativen Vernetzung und damit Mediatisierung von Gesellschaft kontextualisiert.

7.3 Auf dem Weg in ein Netz mediatisierter Konnektivitäten

7.3.1 Vorbemerkung zu einer soziotechnischen Geschichte der Telefonie

In der Beschäftigung mit dem Innovationsfeld der Telefonie verdeutlicht sich zunächst die besondere Offenheit und Flexibilität des soziotechnischen Systems selbst und die damit verbundenen Integrationsvarianten und Nutzungsnischen in den unterschiedlichen Alltagskontexten. Beck plädiert daher auch für eine Bezugnahme zum Begriff des „Mediums" Telefon, dessen „Wirkungen sich mit denen eines Katalysators vergleichen lassen", zumal im Falle der Telefonie auch der „prinzipielle Doppelcharakter [der] technische[n] Ware (gemäß dem technischen und symbolischen Charakter als „zeichenhaftes Kulturgut") zu berücksichtigen ist. (Beck 1989, 54 u. 65) Der Begriff des Katalysators erlaube es, die Entstehung kurzfristiger Zwischenprodukte und Varianten Berücksichtigung finden zu lassen, wie sie sich aus der „Verschiedenartigkeit heterogener Katalysen" ergeben. (Beck 1989, 69) Der Vorteil der metaphorischen Übertragung des Begriffs bietet zudem den Vorteil, das Telefon als eine Technik zu sehen, die unter Einwirkung vielfältiger sozialer und kultureller Aneignungsformen jeweils spezifische Ausformungen annimmt. Darüber hinaus beinhaltet das Modell der realen Katalyse die Veränderbarkeit des Katalysators selbst. (vgl. Beck 1989, 69) Einflüsse sozialen Ursprungs würden – so Beck – sowohl in den Phasen der Erfindung, der Innovation und besonders auf dem Feld der Nutzung ihre Wirkung entfalten. In Überwindung techniksoziologischer Engführungen wie jene des „technologischen Assessments" gelte es daher gerade im Fall der Telefonie Prozesse der sozialen Aneignung in den Blick zu nehmen. Sie sollten sich etwa – über die engen Dimensionen des Konsums hinaus – mit Fragen unterschiedlicher sinnlicher Aneignungsformen, der Telefon- oder Telefoniekultur sowie dem partiellen Eingreifen in die weitere Entwicklung der Technik beschäftigen. (vgl. Beck 1989, 55f) Die im Verlauf der Technikentwicklung sich einstellenden Verselbstständigungen der Nutzung verstellten dabei nicht selten den Blick auf Prozesse des sozialen Wandels, wobei jede Generation jeweils spezifische Nutzungskulturen entwickelt. (vgl. Lange 1989, 10 u. 16) Der Ort, an dem diese individuellen Aneignungsprozesse – „soziale Reproduktion und Individualisierung

7.3 Auf dem Weg in ein Netz mediatisierter Konnektivitäten 241

zugleich" – stattfinden, ist der Alltag, also jener Ort, an dem die Akteurinnen und Akteure selbst aktiv über die Entwicklung von Normen und Konventionen in die Adaptionsprozesse eingreifen und jeweils spezifische kulturelle Prägungen vor dem Hintergrund ihrer spezifischen Bedürfnisse und sozialen Muster einbringen. (vgl. Beck 1989, 56f)

Für den Rahmen der Telefongeschichte ist daher insgesamt eine sozialgeschichtlich-kulturalistische Perspektive zu befürworten, die besonderen Wert auf die Auseinandersetzung mit sozialen und kulturellen Mustern – wie z. B. das Erkenntnisinteresse der Erfinder, gesellschaftliche Kommunikationsbedürfnisse sowie historisch wandelbare Medienumwelten – legt. Damit werden auch technikdeterministisch orientierte Analysemodelle weitgehend überwunden oder zumeist auch zu kurz greifende systemtheoretisch orientierte Konzepte ausgeschlossen. (vgl. Beck 1989, 70) Für die historische Analyse der Telefonie ließen sich nach Beck fünf Entwicklungslinien des Funktionswandels festmachen, die sich auf die mediale Form des Mediums beziehen und daher auch nicht ausschließlich mit historischen Verlaufsformen konform gehen. Die Phasen beschreiben a) die Entwicklung vom technischen Demonstrationsobjekt zum Kommunikationsmedium, b) die Linie vom massenkommunikativen Verteilmedium zum Individualkommunikationsmedium, c) den Übergang vom Nah- zum Fernmedium, d) den Weg vom Geschäftsmedium zum massenhaft verbreiteten Privatmedium und e) den Wandel von der Unidirektionalität in die Interaktivität. (vgl. Beck 1989, 60f) Zu ergänzen wären aus heutiger Sicht noch die Mobilisierung der Telefonie sowie ihre Integration in die Systeme der digitalen Konvergenz und Vernetzung.

Mit einem breiteren techniksoziologischen Zugang begegnet Werner Rammert dem System der Telefonie, indem er etwa das Telefon nicht nur als materielles, sondern in einem umfassenderen Sinn als kulturelles Artefakt ansieht. Es sei demnach offen in seiner Formgebung entlang des gesamten Entwicklungsprozesses und integriert in einen technischen Komplex, in dem „wissenschaftliche Ideen von Sprechen und Hören, [die] Speicherung und Übertragung von Lauten [sowie] soziale Visionen der Nutzung und kulturelle Praktiken der Kommunikation ihren Niederschlag finden". (Rammert 1989b, 89) Hinsichtlich der Aufarbeitung der Entwicklungsschritte plädiert er – unter Verweis auf Gilfillans „Sociology of Invention" (1935) – für eine Anlehnung an evolutionstheoretische Konzepte, die die Genese „als einen mehrstufigen Prozeß der Generierung und Selektion von Problemen und Lösungen in unterschiedlichen Kommunikationszusammenhängen" vollzogen sehen.[247] (Rammert 1989b, 89) Damit liegt diese Herangehensweise nahe

---

247 Konkret spricht er dabei von den Phasen der a) theoretischen Konzepte des Sprechens und Hörens im Wissenschaftskontext, der b) praktischen Nutzungsvisionen und techni-

an jener Modellentwicklung, wie sie etwa Brian Winston (1998) als Grundmodell für die Genese von Kommunikationsmedien entwarf. Er sieht den Geneseverlauf von Medieninnovationen im Sinne eines sozialkonstruktivistischen Ansatzes stets in einem gesellschaftlichen Umfeld verortet, die gesellschaftliche Sphäre als ein primäres Einflussfeld und ein weiteres Gebiet von Aktivitäten, „die die technologischen Entwicklungen bedingen und bestimmen".[248] (Winston 2001, 10)

Im Folgenden soll versucht werden, die facettenreiche soziotechnische Genese der Telefonie als eine Entwicklungsgeschichte von Mediatisierung nachzuzeichnen. Dabei sollen sowohl – wie das etwa Rammert vorschlägt – hinter der Technikentwicklung liegende kulturelle Konzepte der Kommunikation (vgl. Rammert 1989b, 94) eine Rolle spielen, wie auch jene Aspekte angesprochen werden, die im Interdependenzverhältnis zwischen Technik und Gesellschaft den Prozess des „mutual shaping of technology" ausmachen.

7.3.2 Zur Phänomenologie tele-fonischer Konnektivität

Noch bevor die klassischen Massenmedien Radio und Fernsehen eine neue Epoche in der Medienentwicklung einleiten sollten, entwickelte sich auf der Ebene des Technosystems der Telegrafie eine neue Vernetzungsinfrastruktur der Kommunikation. War zuvor eine Stufe technischer Mediatisierung erreicht, die überwiegend die Sphäre öffentlicher Räume betraf und – wie eben im Fall der Telegrafie – von dort aus den Zugang zu einer Netzwerkinfrastruktur bereithielt, entwickelte sich mit dem Telefon ein Kommunikationssystem, das erstmals eine direkte und vor allem in Echtzeit ablaufende Interaktionsverbindung zwischen zwei Gesprächspartnerinnen bzw. -partnern ermöglichte.[249] Zudem wurde diese Vernetzungsinfrastruktur nicht nur (zunächst) für den Bereich der Geschäftswelt, sondern in weiterer

---

schen Konstruktionen im Erfindungskontext und c) von sozialen Akzeptanzproblemen und bevorzugten Kommunikationspraktiken im Anwendungskontext. (vgl. Rammert 1989b, 89)

248 Die Spezifik der auch im Fall der Telefonie einwirkenden Wechselverhältnisse unterstreicht auch Gottmann mit folgender Feststellung: „It may be that the social impact of the telephone is so difficult to access because it is such an adaptable and unobtrusive tool, the use of which is molded by individuals and society to the pursuit of diverse aims." (Gottmann 1981, 316)

249 Der Begriff des Telefons für Apparate, mit deren Hilfe die Übertragung von Tönen gelang, setzte sich Mitte des 19. Jahrhunderts durch. (vgl. Winston 1998, 31) Zu weiteren etymologischen Spuren des Begriffs vgl. Steinmauer 2013a, 357f.

Folge auch für private Kommunikationszusammenhänge erschlossen.[250] Direkte Verbindungen der Kommunikation zwischen Privathaushalten waren bis dahin entweder nur über die briefliche Form oder vermittelt über die Telegrafie üblich. Auch wenn die Telefonie ihrerseits mit technologiespezifischen Einschränkungen verbunden war, waren mit ihr neue Qualitäten verbunden, die insbesondere die Dimension des Echtzeitdialogs und die damit verbundenen Nähe-Erfahrungen über Stimme und Ohr erweiterten. Die basale Form der face-to-face-Verbindung, die nach Bülow (1990, 307) anthropologisch auf gegenseitige Sichtbarkeit ausgelegt ist, konnten damit zumindest bis zu einem gewissen sensorischen Grad ersetzt und technisch vermittelt, also mediatisiert, annäherungsweise erreicht werden. Sie charakterisiert damit ein Qualitätsmerkmal, „[that] one of the main features of modern technologies of communication is that they no longer allow distance in space to govern temporal distance in mediated interaction. The telefone recaptures the immediacy of face to face interaction across spatial distance." (Giddens 1979, 204) Als solche gilt die Telefonie als eine klassische Form der technischen Mediatisierung von face-to-face-Kommunikation.

Der Kommunikationsgewinn durch unmittelbare dialogische Verbindungen brachte auf vielen Ebenen Verbesserungen und Erleichterungen mit sich, stiftete und sicherte Verbindungen über Distanzen hinweg, war aber auch mit gewissen Ambivalenzen verbunden. Der „duale Charakter" (Sola Pool 1981, 4) offerierte gleichermaßen die Möglichkeit des Rückzugs wie das Eingehen neuer Verbindungen und erschloss Optionen der Konnektivität bei gleichzeitiger Möglichkeit des sozialen Rückzugs. Der von Tomlinson (1999, 163) als „disembodied intimacy"[251] beschriebene Doppelcharakter der Telefonie ist somit zweifacher Natur: Einerseits ist darin die „eigentümliche" Verbindung von Anonymität und Intimität eingeschrieben, andererseits sind mit ihr Idealvorstellungen von Allgegenwärtigkeit und Unnahbarkeit (bzw. selektiver Erreichbarkeit) – wie auch von Unmittelbarkeit – verbunden. (vgl. Zerdick 1990, 11; Sterne 2006, 171) Aus der Spezifik dieses Wechselspiels ergibt sich die Charakteristik jener technisch vermittelten Konnektivität, die den Kern telefonischer Kommunikation ausmacht. Phänomenologisch lässt sie sich auf der Handlungsebene des Individuums in einer „kommunikativen Mittellage zwischen

---

250 Die Idee, eine direkte technisch vermittelte Verbindung zwischen Privathaushalten noch mit Mitteln der Telegrafie zu etablieren, versuchte noch 1877 in den USA die „Social Telegraph Association". (vgl. Aronson 1981, 18)

251 Tomlinson begreift die Form einer „telemediated intimacy not as a shortfall from the fullness of presence, but as a different order of closeness, not replacing (or rather falling to replace) embodied intimacy, but increasingly integrated with it in everday lived experience". (Tomlinson 1999, 165)

face-to-face-Gespräch und Schriftverkehr"[252] (vgl. Bräunlein 1997, 83f) verorten, da sie auch das Auseinanderfallen von Wahrnehmungsraum und Kommunikationsraum kennzeichnet. (vgl. Bräunlein 2000, 144) Damit verbunden sind Besonderheiten der unmittelbaren Konnektivität zwischen Gehör und Stimme und jene Spezifika, die zwischen großer Nähe und Möglichkeiten des Verstellens und Täuschens breiten Raum lassen. Ball sprach daher auch vom Konversationsstil einer „interaction in the dark", […] thus, telephonic communicants are (1) free to concentrate on their conversational presentations; and (2) able to ignore or misrepresent those aspects of appearance which might be not only relevant, but also damaging should they be seen and reacted to by the conversational other."[253] (Ball 1968, 71) Telefonisch vermittelte und damit mediatisiert verbundene Gespräche sind also von jeweils spezifischen Ritualen und – nicht immer bewussten – Spielregeln[254] im Kommunikationsalltag charakterisiert, zu denen inszenierte wie ritualisierte „Sprechakte" ebenso gehören wie „Akte der Fiktionalisierung", die an jeweils situative Kontexte angepasst werden können. (vgl. Bräunlein 1997, 69)

Joachim Höflich ordnet die Spezifik der Handlungsmuster telefonischer Kommunikation in Anlehnung an Erving Goffman mit dem Modell des „Rahmens" ein und leitete daraus die Besonderheiten eines „Telefonrahmens" ab. Dieser „technisch präformiert[e], aber gleichwohl soziale Rahmen" (Höflich 2000, 86), der spezifische „Organisationsprämissen" für die Kommunikationssituation setzt,[255] ist dabei in jeweils unterschiedlichen Räumen von dafür besonderen Charakteristiken geprägt. Einerseits wirken soziale Bedingungen auf ihn ein, andererseits werden Einflüsse von darin integrierten Medien und Medienmaterialitäten sichtbar. Darin äußert sich die Phänomenologie von Medien sowohl als „technisches" wie „soziales Artefakt" (Höflich 2000, 90), wobei jedes Medium über spezifische Besonderheiten verfügt

---

252 Mit der face-to-face-Struktur stünde eine Tendenz der Rückgewinnung der Mündlichkeit in Verbindung, währenddessen mit der Schriftlichkeit der Aspekt der Technisierung angesprochen sei. (vgl. Bräunlein 1997, 85)
253 Vor diesem Hintergrund können telefonisch vermittelte Gespräche in einem hohen Grad als vertrauensabhängige Kommunikationsform gelten (vgl. Ball 1968, 72), eine Charakteristik, die freilich auch missbraucht werden kann.
254 Höflich spricht in diesem Zusammenhang von „prozeduralen Regeln", „die als solche konsentierte Standards eine mediale Konversation erst ermöglichen". So ist auch „das Schweigen […] der alltägliche Testfall, um die Selbstverständlichkeiten einer telefonvermittelten Kommunikation aufzubrechen, respektive die Fragilität des Telefonrahmens gewahr werden zu lassen". (Höflich 2000, 92)
255 Nach Goffman dient ein Rahmen der „Organisation von Erfahrung", wobei jeweils spezifische Verhaltenskonfigurationen – im Sinne einer (nach Williams) „Verkettung von Handlungen und Interaktionen" – vorgegeben und in eine „Grammatik von Erwartungen" eingefügt werden. (Goffman zit. in Höflich 2000, 87)

7.3 Auf dem Weg in ein Netz mediatisierter Konnektivitäten   245

und die – über Sozialisations- und Habitualisierungseffekte eingeübte – Rahmung als solche Veränderungen unterworfen ist, bzw. die in ihr handelnden Individuen auch in jeweils andere Rahmungen eingebunden sein können.[256] Generell fungieren „Medienrahmen [...] als metakommunikative handlungsleitende interpretative Hinweise, so daß die Interpretation der durch die Medien transportierten Inhalte durch das jeweilige Medium mitbestimmt wird". (Höflich 2000, 90)

Die für die Telefonie charakteristische Rahmung ist grundsätzlich von der Spezifik einer telekommunikativ hergestellten Ko-Präsenz – oder um mit Flusser zu sprechen – von einer „Tele-Präsenz" geprägt, die bis zu einem gewissen Grad von der Ortsgebundenheit der „Vorderbühnen" „entkontextualisiert" und daher zum Teil mit „Imaginationsleistungen" zu füllen ist. (vgl. Höflich 2000, 89f) Die Gleichzeitigkeit von Nähe und Distanz sichert jedoch eine „soziale Präsenz" (vgl. Höflich 1989) für beide Kommunikationspartner. In öffentlichen Räumen zeichnet sich der Telefonrahmen durch eine Spezifik des flexiblen Distanzhaltens der/des Einzelnen zu ihrem/seinem unmittelbaren Umfeld aus und hat auch die Verortung des individuellen Verhaltens in den „Lauträumen" in öffentlichen Umfeldern zu berücksichtigen. (vgl. Höflich 2010, 100) Gerade im öffentlichen Raum greifen Kommunikationsaktivitäten des Telefonierens in eine „normative Ordnung des Akustischen" (Höflich 2010, 100) ein und bedürfen – wie oben beschrieben – neuer Formen des Aushandelns von Nutzungskonventionen und Verhaltensregeln. Sie schreiben sich im Verlauf von Habitualisierungsphasen bzw. im Rahmen der „Telefonsozialisierung" (vgl. Höflich/Kircher 2010, 279) in ein kollektives Verhaltensgefüge ein und gehen in der Folge in eine Veralltäglichung über. An öffentlichen Orten unterwerfen sich Telefonierende nicht selten auch einer „gewissen Selbstzensur" (Höflich 2000, 96), wobei es für die Beteiligten eines gewissen Geschicks bedarf, „um ein Arrangement der getrennten Triade zu erreichen, sprich: um weder die Regeln des Telefonrahmens noch die der Präsenzsituation zu verletzen". (Höflich 2000, 96)

Telefonisch vermittelte dialogische Kommunikation stellt zudem immer unmittelbare Konnektivität her und ist daher auch mit Effekten der Beschleunigung verbunden. Eingebunden ist die Prozesshaftigkeit des telefonischen Gesprächs in eine „dialogische Spannung" (Flusser 1991, 239), die McLuhan als die „Sofortstruktur" des Mediums beschrieb. (vgl. Bräunlein 1997, 64) Jedenfalls verlangt das Telefongespräch trotz dieser Unmittelbarkeit – entsprechend seinem Charakter als ein (im Sinne McLuhans) „kaltes Medium" – nach besonderen Ergänzungsleistun-

---

256 Der Technik spricht Höflich eine durchaus prägende Rolle zu, da sie Einfluss auf das Handeln von Akteurinnen und Akteuren ausübt, „ohne diese allerdings zu präformieren". Es seien gerade soziale Kompetenzen notwendig, um Technik „in einem sozialen Sinn nutzbar zu machen". (Höflich 2000, 91)

gen hinsichtlich fehlender Kommunikationsanteile und weist daher eine gewisse „Rekonstruktionsproblematik" auf. (vgl. Lange/Beck 1989, 149) Untersuchungen zeigten, dass Konversationspartnerinnen bzw. -partner in der Lage sind, hohe Adaptionsleistungen zu erbringen und im Gegenzug auch vielfach die Wirkung des visuellen Informationskanals bei face-to-face-Kontakten überschätzt werde. (vgl. Fielding/Hartley 1989[257]) Jedenfalls aber eröffnen telefonisch verbundene Gespräche, die als solche auch über ein nicht selten „kompliziertes Macht- und Beziehungsgeflecht" (Lange/Beck 1989, 147) verfügen, den Rückzug auf Unverbindlichkeiten, die im Fall direkter face-to-face Gespräche nicht in diesem Ausmaß gegeben sind.

Makroperspektivisch war die Entwicklung dieser neuen Formen der Konnektivität in ein Umfeld eingebettet, das auf neue Systeme der Mobilität im Umfeld weitreichender gesellschaftlicher Wandlungsprozesse traf. „The twentieth century then [...] saw a huge array of other ‚mobility-systems' develop, including the car system, national telephone system, air power, high-speed trains, modern urban systems, cheap air travel, mobile phones, networked computers and so on." (Sheller/Urry 2006, 6) Integriert in ein derartiges Umfeld wurde die Telefonie zu einem integralen Baustein in diesem System, stellte sie doch eine neue Qualität auf dem Feld der konnektiven Kommunikationsformen zu Verfügung. Das als „größte einzelne Maschine" (Fielding/Hartley 1989, 125), oder „als Kristallisationskern des größten soziotechnischen Systems unserer Kultur" (Ropohl 1989, 77) bezeichnete Kommunikationssystem wurde allerdings seitens der wissenschaftlichen Teildisziplinen über einen langen Zeitraum nicht mit jener analytischen Aufmerksamkeit bedacht, die ihrem Stellenwert entsprach. Gegenüber den klassischen Medien galt die Telefonie zumindest bis in die 1980er Jahre als ein von der Forschung „vernachlässigtes Medium" (vgl. Fielding/Hartley 1989, Becker 1989a, Aronson 1971, Lange/Beck 1989), ein Befund, der insbesondere auch auf die Kommunikationswissenschaft zutrifft. (vgl. Beck 1989, 47) Wir finden aber auch gegenteilige Stimmen, die von der Notwendigkeit sprechen, die Telefonie als Medium der Kommunikation für die Forschung durchaus ernst zu nehmen. So wiesen Lange/Beck (1989, 145) darauf hin, dass nicht zuletzt vor dem Hintergrund abnehmender Zeitbudgets für massenmediale Kommunikation der interpersonellen Kommunikation und damit auch Formen der Telefonkommunikation neue Aufmerksamkeit zu schenken sei. Spätestens mit Verbreitung der Mobilkommunikation und ihrer Integration in aktuell sich vollziehende Konvergenzentwicklungen erlangen Prozesse individu-

---

257 Fielding/Hartley führen in diesem Zusammenhang Studien von D.R. Rutter an, der unter Bezug auf das Konzept der „Hinweislosigkeit" („cuelessness") den Stellenwert des visuellen Kommunikationskanals als für die direkte interpersonelle Kommunikation überschätzt qualifiziert. (vgl. Fielding/Hartley 1989, 125ff)

alisierter interaktiver Kommunikation wieder einen entsprechenden Stellenwert in der Erforschung „mediatisierter Welten". Welche Entwicklungswege die Kommunikationstechnologie der Telefonie im Zuge ihrer soziotechnischen Genese und im Rahmen ihrer Innovationsphasen genommen hat, soll im folgenden Abschnitt erörtert werden. Die vergleichsweise ausführliche Darstellung ist der Zentralität dieser Kommunikationstechnologie für die hier relevanten Fragestellungen geschuldet, baut doch das aktuell dominierende Dispositiv der mobilen Dauervernetzung auf diesem Entwicklungsstrang auf und prägt noch bis heute einen Teil der darin wirksamen Nutzungspraktiken und mediatisierten Handlungsformen.

7.3.3 Innovationswege der Telefonie

Die Innovation der Telefonie war anfänglich stark mit der Idee verknüpft, das System der Telegrafie um weitere Möglichkeiten der Kommunikation zu erweitern. Im Zentrum standen zunächst Versuche, sprachliche Zeichen phonetisch abzubilden oder zu reproduzieren, erst dann folgten Anstrengungen, ihre Übermittlung und den Austausch von Informationen in Richtung Interaktivität voranzutreiben. Zusammen mit der Elektrizität galt die Telefonie zunächst „als ein technisches Kuriosum, dessen Alltagstauglichkeit erst noch unter Beweis gestellt werden musste". (Höflich 1998, 190) Verbunden waren die ersten Versuche mit der Idee, die zu diesem Zeitpunkt bereits global vernetzte Telegrafie um eine weitere Qualitätsstufe zu innovieren. In diesem Umfeld entwickelte sich – vorangetrieben durch die Metaentwicklung der Industrialisierung – eine intensivere Verbindung von Unterhaltungs- und Kommunikationstechnologie mit den Systemen des Transports.

> "The improvement of continuous transportation networks around the globe, sewing together the mushrooming centers of population, created the need for more transactions and for more and better communications. The birth of the telephone in 1876 is historically sandwiched between the establishment of the Universal Postal Union in 1875 and the invention of the gramophone by Edison in 1877. In three successive years the means of communication between people scattered around the globe and of recording communications were revolutionized by new prospects of three different kinds." (Gottmann 1981, 305)

Die Telefonie begünstigte als neue Kommunikationsinfrastruktur diese Vernetzungsentwicklung und trug zu einer Veränderung räumlicher aber auch zeitlicher Kommunikationsverbindungen bei.

Ähnlich wie in anderen Innovationsfeldern arbeiteten auch in diesem Techniksektor unterschiedliche Entwickler mit jeweils spezifischen Zugängen an einer gemeinsamen Grundidee, die sich im Fall der Telefonie auf die Übertragung von Sprache mit Mitteln der Elektrizität konzentrierte. Dass schließlich die Anmeldung zweier zentraler Patente an ein und demselben Tag erfolgte, verdeutlicht einmal mehr das Muster paralleler Innovationsentwicklungen und die Dynamik des Innovationsmilieus in der zweiten Hälfte des 19. Jahrhunderts. Am 14. Februar 1876 reichten sowohl Alexander Graham Bell wie auch Elisha Gray ein Patent zur Telefonie ein.[258] (vgl. Flichy 1994, 137). Das Wettrennen um die Erfindung der Telefonie sollte schließlich Alexander Graham Bell, ein aus Schottland in die USA emigrierter Taubstummenlehrer und Stimmenphysiologe, für sich entscheiden.[259] Er kam damit seinem Kontrahenten, dessen technische Darstellungen deutlich klarer gewesen sein sollen (vgl. Genth/Hoppe 1986, 25), um ganze zwei Stunden zuvor.[260] Typisch für die Innovation war nicht nur der offensichtliche Einfluss der Telegrafie und zum Teil auch der Phonographie[261], sondern eine schon in der Anfangsphase deutliche Variabilität der Nutzungskonfigurationen. Auch wenn Flichy meint, dass der „Übergang von der telegraphischen Mitteilung zum telegraphischen Gespräch in Handel und Finanz bereits vor dem Aufkommen des Telephons" (Flichy 1994, 145) dem Umfeld der Telegrafie zuzuordnen wäre, war die tatsächliche Integrationsform

---

258 Die im selben Jahr auf der Weltausstellung in Philadelphia dargebotenen Vorführungen sollen nur auf begrenzte Begeisterung gestoßen sein. Ein entsprechender Widerhall war erst 1877, nach der Durchführung technischer Verbesserungen, erreicht worden. (vgl. Genth/Hoppe 1986, 31f)

259 Bell wusste um die Anstrengungen von Gray und befürchtete noch ein Jahr zuvor, das Kopf-an-Kopf-Rennen zu verlieren. (vgl. Brooks 1975, 43) Der Zuspruch des Patents an Bell wurde von Elisha Gray mit einer ganzen Reihe von Einsprüchen bekämpft. (vgl. Aronson 1981, 21)

260 In Alexander Graham Bells Familie spielte die Unfähigkeit des Hörens und Sprechens biografisch eine bedeutsame Rolle. Er hatte eine nahezu taube, an Schwerhörigkeit leidende Mutter, einen Vater und einen Großvater, die sich mit Taubstummensprache und Vokalphysiologie beschäftigten. Er selbst heiratete wiederum dem familiären Muster folgend eine taubstumme Frau und arbeitete u. a. als Taubstummenlehrer. (vgl. Hagen 2000) Zu weiteren Details vgl. Steinmaurer 2013a, 367f.

261 Das Telefon selbst wurde nach einem seiner Vorgängermedien zunächst als „sprechender" oder „harmonischer Telegraph" bezeichnet. (vgl. Völker 2010, 163) Bell selbst soll es gewesen sein, der anfänglich einen „musikalischen Telegraphen" zu konstruieren beabsichtigte. Danach arbeitete er an einem „sprechenden Telegraphen", dem späteren Telefon. (vgl. Völker 2010, 164) Wheatstone verwendete 1821 den Begriff „telephonic" in Verbindung mit der Entwicklung einer Vorrichtung zur Weiterleitung von Tönen und bezeichnete die 1839 von ihm entwickelte elektrische Klingel als „rhythmical telephone". (vgl. Brooks 1975, 35f) Zu weiteren Details vgl. Steinmaurer 2013a, 367f.

7.3 Auf dem Weg in ein Netz mediatisierter Konnektivitäten

in den Alltag noch alles andere als klar. Die ersten Entwürfe Bells weisen eher noch auf die Verbindung von Aufzeichnung und Übertragung hin. (vgl. Sterne 2006, 234)

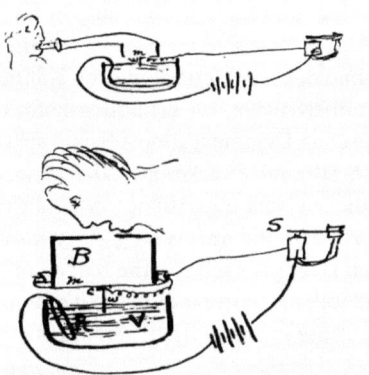

Abb. 16 Alexander Graham Bells Skizze zur Telephonie aus 1876
Quelle: Sterne 2006, 234

Am Beginn der Entwicklungsarbeiten in den Labors stand also nicht primär die Idee der Erfindung einer neuen massentauglichen Kommunikationstechnologie, sondern allein das technisch-wissenschaftliche Interesse an der Innovation selbst. So lagen die „kulturellen Wurzeln für die Entwicklung des Telefonapparats [...] in den besonderen kognitiven Idealen und experimentellen Praktiken der Naturforscher".[262] (Rammert 1989b, 91) Ein gesellschaftlicher Bedarf war anfangs kaum zu orten, da sich vielen der unmittelbare gesellschaftliche Nutzen der Erfindung in diesem Stadium nicht erschloss (vgl. Aronson 1981, 19) und auch kein explizit ökonomisches oder militärisches Kalkül den Forschergeist der Entwickler leitete.[263] Die einzelnen Komponenten der Telefonie waren daher anfangs „als Experi-

---

[262] Ein wichtiges Dynamisierungsmoment für die Genese der Technologie sei in diesem Zusammenhang in der „wechselseitigen Bezugnahme der naturwissenschaftlichen Forscherkultur und der technischen Erfindungskultur" zu sehen gewesen. (Rammert 1989b, 91)

[263] Seine Nützlichkeit als militärisch relevante Kommunikationstechnologie bewies das Telefon erst 1905 im Russisch-Japanischen Krieg und wurde daraufhin als Mittel der militärischen Kommunikationsinfrastruktur systematisch integriert. Sein Einsatz im großen Stil erfolgte schließlich im Ersten Weltkrieg. (vgl. Thomas 1989b, 91) Eine

mentier- und Demonstrationsmittel erkenntnisorientierten Forschungshandelns entstanden; [...] Die kognitive Invention ging der technischen Invention voraus." (Rammert 1989a, 80) Auch König schätzt die Technologie als eine angebotsinduzierte Innovation ein, die zunächst einmal durch Forschungsleistungen erzielte technische Lösungen vorlegt und nicht primär auf ein unmittelbares Bedürfnis reagiert. (vgl. König 1994, 148[264]) Insofern stellte sich der Innovationsweg des Telefons als neuartige Technologie zur Herstellung von Konnektivität als durchaus „außeralltäglicher" (Rammert 1989a, 79) Erfindungskontext dar. „Daß man die wissenschaftlich-technischen Demonstrationsobjekte später im geschäftlichen oder privaten Alltag für bestimmte Zwecke anwenden kann, ist erst das *sekundäre* Ergebnis an gesellschaftlichen Nutzungsvisionen orientierter Innovationen [...]." (Rammert 1989a, 79) Primär stand am Anfang vielmehr ein Staunen über die Tatsache des technischen Gelingens selbst: „The marvel of the machine was not that it reproduced sound well (of course it didn't) but that it reproduced sound at all; this was cause for applause in and of itself: here was an aesthetic of function." (Sterne 2006, 249)

Auch die Absichten des deutschen Entwicklers Philipp Reis[265], der an der Entwicklung eines „Telefons" arbeitete, zielten darauf ab, dieses nicht „als nützliche Alltagsmaschine zur Kommunikation, sondern eben nur als Demonstrationsobjekt

---

Vielzahl von Schilderungen aus dem Ersten Weltkrieg berichten von der Allgegenwart des Telefons im Alltag des Kriegs und zeichnen – wie im übrigen auch im Nachhinein die Antikriegsiteratur – das „Bild des Ersten Weltkriegs als einen Telephonkrieg". (vgl. Genth/Hoppe 1986, 84) Weitere Hinweise zur Integration der Telefonie vgl. Steinmaurer 2013a, 370.

264 König zeigt, dass es für die Charakterisierung einer angebotsorientierten Technologie auch typisch sei, dass ein entsprechender Markt zu einer Innovation erst entwickelt werden müsse und die Entwicklungen sich im Allgemeinen langsam verbreiten würden. Als eine rein angebotsorientierte Technologie könne jedoch auch die Telefonie nicht gelten, da auch in diesem Fall Abhängigkeiten von politischen, gesellschaftlichen und kulturellen Bedingungen auszumachen wären. (vgl. König 1994, 148)

265 Dem Deutschen Phillip Reis (1834-1874), der – also noch vor Bell und Gray – erstmals ein Gerät namens „Telephon" in Frankfurt präsentierte, war eine wissenschaftliche Anerkennung und eine Patentierung seiner Erfindung versagt geblieben. Seit 1852 mit dem Modell eines nachgebauten menschlichen Ohrs experimentierend, versuchte er mit unterschiedlichen Modellen die Übertragung von Tönen. Für Brooks gilt Reis als ein Frühentwickler des Telefons, „[who] never knew how close he came, and never claimed; that he had invented the telephone". (Brooks 1975, 36) Ähnlich wie danach der deutsche Paul Nipkow, der sehr früh ein Patent zum mechanischen Fernsehen vorlegte, sollte Philipp Reis in der Zeit des Nationalsozialismus von der Propagandamaschinerie als deutscher Technikinnovator usupiert worden sein. (vgl. Bernzen 1994, 65)

7.3 Auf dem Weg in ein Netz mediatisierter Konnektivitäten

und Spielzeug für physikalische Laboratorien und Kabinette" zu bauen.[266] (Rammert 1989a, 79) Die Innovationskraft seiner Forschungsarbeiten – von Winston als „paralleler Prototyp" eingestuft (vgl. Winston 1998, 43) – wurde zur Zeit ihrer Entwicklung von keinem Industrieunternehmen erkannt oder gefördert.[267] Und nicht zuletzt aus Mangel an entsprechenden Patentschutzregelungen, die in Deutschland erst 1877 in Kraft traten, sollte Reis' früher Entwurf zur Telefonie als eine kaum beachtete Frühentwicklung in die Technikgeschichte eingehen. (vgl. Mache 1989) Mit Voranschreiten der Entwicklung rückten die Arbeiten Alexander G. Bells und seine Idee einer unidirektionalen Informationsübermittlung in den Mittelpunkt weiterer Überlegungen.[268] Eine dialogisch ausgerichtete Kommunikationsarchitektur stand zu Beginn keineswegs im Zentrum der Überlegungen. „Durch diese Vorentscheidung vernachlässigte er das Zweiwegverfahren; als technische Konsequenz entwickelte er das Sende- und das Empfangsgerät getrennt und verbesserte die Einwegübertragung." (Rammert 1989a, 80). Dem Gehörlosenexperten Bell war auch daran gelegen, Sprache für Gehörlose rezipierbar bzw. sichtbar zu machen. In einer seiner späten Aufzeichnungen heißt es zum Telefon daher nicht ohne Grund: „It did not enable the deaf to see speech as others hear it, but it gave ears to the telegraph, and today we hear in Boston what is spoken in New York and Chicago."[269] (Bell zit. in Hagen 2000, 54) Und es macht also „ein vergeblicher Versuch, Gehörlose

---

266 So soll die Zahl der produzierten Geräte, die für 8 und 12 Taler verkauft wurden (vgl. Rammert 1989b, 90), deutlich im zweistelligen Bereich geblieben sein. (vgl. Beyrer 2000, 65)

267 Werner Siemens gestand 1877 in einem Brief an seinen Bruder ein, die Tragweite und Qualität der Entwicklungen von Reis nicht erkannt zu haben. (vgl. Genth/Hoppe 1986, 22) Auch Alexander Graham Bell stieß anfangs auf wenig positiven Rückhalt von Seiten der Industrie. Als er „[...] sein Telefonpatent der ‚Western Union Telegraphy Company' für 100 000 Dollar zum Verkauf anbot, lehnte diese mit der kolportierten Antwort ab: ‚Was soll eine Gesellschaft mit solch einem Spielzeug anfangen?'" (Oberliesen zit. in Rammert 1989a, 79)

268 Es war auch Bell, der schon 1878 eine Vernetzungsinfrastruktur voraussah, die ähnlich dem der Gas- und Wasserleitungen ein Verbindungsnetzwerk für die Gesellschaft etablieren sollte. (vgl. Sola Pool 1983, 21)

269 Es lag an der geschäftlichen Initiative des späteren AT&T-Direktors Theodore N. Vail, dass 1880 die erste Fernverbindung und damit – ganz nach dem Muster der Telegrafie – ein neuer zukünftiger Geschäftszweig für Bell erschlossen wurde. Vail war einer der wichtigen Promotoren des Systems, der in seiner Funktion vor allem an der ökonomischen Entwicklung interessiert war. Die „American Bell" wurde Ende 1899 durch AT&T (der American Telephone and Telegraph Company) aufgekauft und mit dem Bell-System für eine lange Zeit zum Monopolträger der Telefonie in den USA. Die Gründung der „Bell Telephone Company" erfolgte am 9.7.1877 durch Bell, Gardiner Green Hubbard und Thomas Sanders. (vgl. Bräunlein 1997, 42)

sehen zu lassen, was Hörende hören, [...] die Telegrafie sprechen." (Hagen 2000, 54) Damit wurde anfänglich die unidirektionale Informationsübermittlung im Sinne eines Nachrichtenmodells für die Frühgeschichte des Telefons prägend und beeinflusste damit auch die ersten Nutzungserwartungen.

Die heute in Bezug auf die unterschiedlichen Nutzungsformen sich als systemoffen darstellende Technikentwicklung spiegelte sich zunächst auch in der medialen Berichterstattung über das Medium wider. Sie bezog sich anfangs ebenso überwiegend auf unidirektionale Anwendungsformen und wusste oftmals nicht zwischen Telegrafie und Telefonie zu unterscheiden. (vgl. Aronson 1981, 22). Die ersten Implementierungen der Telefonie selbst erfolgten in den Bereichen des Geschäftsverkehrs[270], des Militärs und im Umfeld zahlreicher Präsentationen auf diversen Großausstellungen. „In den Privathaushalten und in Hotels ersetzten die ersten Haustelefone die elektrische Klingel, mit der die Dienstboten oder das Hauspersonal gerufen werden konnten. Diese Nutzungsweisen knüpften alle an das Nachrichtenmodell der telegrafischen Kommunikation an" (Rammert 1989a, 80f), das gegenüber der Telefonie immerhin über den Vorzug verfügte, auf schriftlichen Aufzeichnungen festgehalten worden zu sein. (vgl. Aronson 1981,17) Diesem Muster eines „Transport-Konzepts" sollte sich auch die Einsatzform der Telefonie nach dem klassischen „Radio-Konzept" annähern. Als „Pleasure Telephone" (vgl. Briggs 1981) organisierte es die Übertragung von Musik- und Literaturaufführungen von einem Punkt aus an viele Empfänger, wobei die Übertragung entweder an private Empfangsapparate erfolgte oder, wie in der Mehrzahl der Fälle, an öffentliche Empfangsstellen für mehrere Besucherinnen und Besucher gerichtet war.[271] Als „kulturelles Muster" hinter diesen Applikationen stand – so Beck – das Bedürfnis nach Unterhaltung[272], das in dieser Phase noch nicht ausreichend von anderen Medien (allem voran dem Hörfunk) abgedeckt worden war. (vgl. Beck 1989, 62) Anwendungen wie das seit Dezember 1893 bis zum Beginn des Ersten Weltkriegs in Budapest in Betrieb befindliche „Telefon Hirmondó" (Tele-

---

270 Im ersten Berliner Telefonbuch aus dem Jahr 1881 hatte nicht ohne Grund die Börse die Nummer 1. Danach folgten ein „Indisch-Chinesisches Teehaus" und zwei Banken. (vgl. Baumann 2000a, 12f)

271 In einer Ausgabe des „Springfield Republican" vom 15.2.1877 hieß es zum Telefon: „Again, by an instrument skillfully arranged, all the music of a prima donna could be distributed over the country while she was singing, thus popularizing good music to an extent as yet unknown." (zit. in Sola Pool 1983, 81)

272 Beck zählt zu den Unterhaltungsfunktionen des Telefons allerdings auch „zweckfreie" Formen der gemeinsamen Unterhaltung, wie sie später in den USA – erstmals in Betrieb in Long Island 1984 (vgl. Gumpert 1989, 242) – als „Party Lines" betrieben wurden. (vgl. Beck 1989, 62; Leky/Schumacher 1989, 137; Quadt/Rombach 1986).

7.3 Auf dem Weg in ein Netz mediatisierter Konnektivitäten 253

fon-Bote), das als „Telefonzeitung" eine vielfältige Mischung von Inhalten an bis zu 10 000 Abonnentinnen und Abbonnenten[273] (vgl. Becker 1989a, 21; 1989b, 71) übermittelte[274], waren Beispiele für diese Implikationsvariante. Ebenso zählte das 1890[275] gestartete und bis 1932 in Paris im Einsatz befindliche „Theatrophone" zu diesen Nutzungskonzeptionen[276], das – stärker an das Radio-Konzept angelehnt – Opern- und Theateraufführungen aber auch Kurznachrichten – für die Rezeption in öffentlichen Hörkabinetten oder auch in Privatheimen – übermittelte.[277] „In den Salons der großen Pariser Hotels braucht man nur eine 1-Franc-Münze

---

273 Sterne berichtet von insgesamt 9 107 Subskribierten. (vgl. Sterne 2006, 193) Damit war es ein sehr „elitäres Medium", da es „gemessen an der Gesamtbevölkerung Budapests nur 1 % als registrierte Zuhörer" erreichen konnte. (Höflich 1998, 195) Ungarn verfügte 19 Jahre lang (von 1925 bis 1944) mit dem Telefon-Boten und dem neuen Ungarischen Rundfunk über zwei in einer „friedlichen Koexistenz" stehende, sehr ähnliche mediale Angebote. (Szabó 1994, 107)

274 Immerhin konnte dieser Dienst mit den als „gesprochene Zeitung" bezeichneten Nachrichten schon 1905 auf nicht weniger als 7 000 Abonnentinnen und Abonnenten verweisen, die das „Radio-Programm" über das Telefon (mit Vorträgen, Musik und eben auch Nachrichten) zu einem kostenpflichtigen Tarif empfingen. (vgl. Genth/Hoppe 1986, 45) Bei Briggs wird eine Zahl von 6 000 Subskribentinnen und Subskribenten (über ein Netz von 220 Meilen) für den als „telephonic messenger" bezeichneten Dienst genannt. (vgl. Briggs 1981, 50f) Erwähnenswert für den ungarischen Dienst bleibt die Tatsache, dass die von Puskás eingeführte „Sprechende Zeitung" auf einem kurz davor von ihm entwickelten Fernsprechdienst aufbaute, also durchaus eine System-Verbindung zwischen dem Dialog-Konzept und dem Radio-Konzept bestand. Weitere Details dazu vgl. Steinmaurer 2013a, 375.

275 Bei Becker (1989b, 71) finden wir dagegen das Eröffnungsjahr 1892 und bei Szabó (1994, 101) die Vorstellung desselben durch die Société Générale des Téléphones im Jahr 1881, womit die Vorstellung auf der Weltausstellung gemeint sein dürfte.

276 Sterne berichtet im Gegensatz zu anderen Quellen, dass das Pariser Theátrophon – im übrigen zum Teil unterstützt von Tivadar Puskás – bis 1925 existiert hätte. (vgl. Sterne 2006, 193)

277 Schon 1881 waren auf der Pariser Weltausstellung und später in anderen Städten derartige Angebote präsentiert worden. Es folgten auch Opernübertragungen via Telefon in Basel, Paris, Berlin und München. Ein Sonderfall ist das Münchner Operntelefon aber deshalb, weil „das bereits etablierte dialogische Telefon nun zweckentfremdet auch zur Übertragung von Musik [...] Verwendung fand." (Höflich 1998, 192) Neben der Möglichkeit des privaten Empfangs waren die telefonisch vermittelten und damit dem Radiokonzept entsprechenden Übertragungen später sogar in „einigen öffentlichen Opernhörstuben" – ab 1925 in Stereoqualität – zugänglich gemacht worden. (vgl. Becker 1989a, 19) Nachdem nicht zuletzt die Zahl der Drahtfunkteilnehmerinnen und -teilnehmer 1929 die Zahl der Teilnehmerinnen und Teilnehmer am Operntelefon deutlich zu übersteigen begann, wurde im Juli 1930 beschlossen, das Opern-Telefon mit September einzustellen. (vgl. Feudel 1976, 17f)

in den Schlitz des Theatrophons einzuwerfen, dann kann man 10 Minuten lang mithören." (de Vries zit. in Szabó 1994, 101) Der in London 1883 unter dem Titel „electrophone" gestartete Dienst für Musikangebote konnte im Gegensatz zu den Systemen in Budapest oder Paris keine großen Erfolge verbuchen. (vgl. Briggs 1981, 44) Immerhin wurde Ende des 19. Jahrhunderts von „selbst als illusionslos eingeschätzte[n] Menschen vom Telefon als ‚Volksnachrichtenmittel'" geträumt, „und vielfach herrschte die Überzeugung vor, das Dampfmaschinenzeitalter werde von dem modernen Kommunikationsmittel abgelöst". (Wessel 2000, 16) Jedenfalls übten sich mit diesen Telefonanwendungen Nutzungspraktiken ein, die später eine klassische Rezeptionsform des Hörfunks ausmachten. Denn

> „daß die massenmediale Anwendungsoption des Telefons [...] Einfluß auf die Attraktivität des Mediums besaß, machen Formen der kulturellen Aneignung deutlich, die nicht zwangsläufig zum Anschluß vieler Teilnehmer führten, das neue Medium aber populär machten und es mit einer Nutzungsutopie verknüpften, die letztlich erst Jahrzehnte später mit dem Rundfunk Einzug in den Alltag [...] halten sollte". (Beck 1989, 63)

Abb. 17 Die Telefonie nach dem Radio-, dem Transport- und dem Dialog-Modell
Quellen: Rammert 1989b, 81; Daniels 2002, 87; Scientific American, 31.3.1877

7.3 Auf dem Weg in ein Netz mediatisierter Konnektivitäten

Diese Frühentwicklungen der Telefonie verdeutlichen einmal mehr die Vielschichtigkeit der Interdependenzen zwischen technoökonomischen Einflusskräften und spezifischen sozialen Nutzungspraxen bzw. die Vielschichtigkeit der „Anwendungskonkurrenzen" zwischen „interaktiver Sprachkommunikation" und „passiver, massenmedialer Rezeption für Musikübertragungen". Es verdeutlicht sich dadurch auch die These, dass es offenbar „über einen langen Zeitraum hinweg kein weiter verbreitetes Bedürfnis nach Fern*sprechen* gab". (vgl. Becker 1989b, 71[278]) Angebote wie jene aus der Frühzeit der Telefonie korrespondierten vielmehr mit den gesteigerten Bedürfnissen der Menschen nach Unterhaltung und Informationen in einer sich entfaltenden urbanen Lebenskultur der Städte. Unterstützt wurde die Nachfrage nach neuen Kommunikationsdiensten nicht zuletzt auch von gestiegenen Einkommensmöglichkeiten und einer Zunahme an Freizeit, die insbesondere den vermögenden Bevölkerungsschichten zur Verfügung standen. (vgl. Briggs 1981, 45) Mit dem „pleasure telephone" als einer partiell realisierten Vorwegnahme des Hörfunks mit Mitteln der Tele-Kommunikation sollte nun eine medienphänomenologische Novität immer populärer werden, die für viele ein gleichzeitiges Miterleben von Ereignissen ermöglichte. Das konnte etwa mit der Life-„Übertragung" von musikalischen Unterhaltungsangeboten an unterschiedliche Orte – über ein „singing telegram" – konkret in die Wirklichkeit umgesetzt werden. „Although the idea of ubiquity was not yet fully developed, the conception of instaneity was already there." (Briggs 1981, 49) Damit war eine weitere Qualität im Spektrum der Mediatisierung und technisch vermittelten Wirklichkeitsvermittlung verbunden, mit der sich neue Möglichkeiten für die Zukunft erahnen ließen.

Wie die Entwicklung der Telefonie jedoch verdeutlicht, erlaubt die Erfindung eines technisch-apparativen Grundprinzips allein noch keine klare Aussage über die spezifische Ausprägung seiner Verwendungspraxis im Alltag, da „unterschiedliche Nutzungsvisionen […] in verschiedenen Milieus der Gesellschaft entworfen und erprobt [werden].[279] Dabei prägen die dahinterstehenden kulturellen Konzepte der Kommunikation den Ausbau des technischen Systems" (Rammert 1993, 238), aus denen zumeist schon in der Phase der technischen Genese unterschiedliche Realisierungsvarianten hervorgehen. Im Fall der Telefonie waren dies eben das zunächst auf dem Telegrafie-System aufbauende „Transport-Konzept" und das

---

[278] Als am 26.10.1861 der deutsche Erfinder Philipp Reis seine Ideen zum Telefon vorstellte, sprach er von der Fortpflanzung „musikalischer Töne" und verwies im Rahmen seiner Präsentationen immer wieder auf die Verbreitungsmöglichkeit von Musik mit Mitteln der Telefonie. (vgl. Becker 1989b, 70)

[279] Der Einsatz der Telefonie für die Stimmenzählung bei Wahlen fand in den USA erstmals 1896 im Zuge der Präsidentschaftswahl zwischen Bryan und McKinley statt. (vgl. Briggs 1981, 43)

darauf aufbauende „Radio-Konzept", mit dem Versuch, damit erfolgreich Musik- und Nachrichtenübertragungen zu realisieren. Diese Implementierungsform dürfte mitunter auch durch die Tatsache begünstigt worden sein, dass in den Anfangszeiten an ein „Fern-Sprechen" im Sinne der Überbrückung größerer Distanzen auf einem technisch akzeptablen Niveau nicht zu denken war und daher eher das „Nah-Sprechen" als relevante Form in Betracht kam. Es wurden daher in der Implementierungsphase vorwiegend die Bande des Lokalen telekommunikativ gestärkt (vgl. Becker 1989b, 71) und das Telefon in dieser Form zu einer Art „technischem Substitut" der Muttertechnologie Telegrafie.[280] (vgl. Hörning 1990, 256) Erst danach setzte sich im Verlauf des ko-evolutionären Entwicklungsprozesses jenes dialogisch und interaktiv ausgerichtete „Verständigungskonzept" durch, das wir heute für das Telefon als selbstverständlich ansehen (vgl. Rammert 1993, 236) und auf dessen Basis in der Folge eine Vernetzungsinfrastruktur aufbauen konnte. (vgl. Rammert 1989b, 94)

Mit der dialogisch ausgerichteten Technologie interaktiver Sprachkommunikation setzte sich jedenfalls eine paradigmatisch neue Kommunikationsinfrastruktur durch, die in enger Wechselwirkung zu den sozialen und ökonomischen Wandlungsprozessen ihrer Zeit stand. Eingebunden war die Startphase der Innovation in eine Periode, in der etwa in den USA schon die Verbindung der beiden Ozeane mittels der Eisenbahn gelungen war, in einem Land, dessen – auch kommunikative – „Eroberung" von der Ostküste aus erfolgte.

"[…] The whole west was still raw and lawless, there was as yet no electric light, trolly cars, or skyscrapers anywhere, and there were people alive who had been born before the Declaration of Independence. It was a lonely, far-seperated, underpopulated nation, crying out for the telephone to bind its people closer together." (Brooks 1975, 59f)

Obwohl sich die wirtschaftliche Entwicklung noch von einer kurz zuvor stattgefundenen Krise zu erholen hatte, war es zunächst die Geschäftswelt, in der die neue Kommunikationstechnologie der Telefonie vorerst ihr Einsatzfeld fand.[281] „The

---

280 Nach Hörning (1990) erfüllen Techniken oftmals nach ihrem Primärzweck im Kontext der Alltagsnutzung auch einen Sekundärzweck, der häufig großen Einfluss auf den Umfang der tatsächlichen Nutzung hat und als solcher wieder eine Rückwirkung auf die Technikentwicklung ausübt.

281 Für Sola Pool gehörte Bell wie auch seine Mitstreiter zu jenen amerikanischen Erfinderfiguren, denen es – wie Edison oder Ford – neben ihrer technischen Kompetenz auch stark an den ökonomischen Potentialen ihrer Erfindung gelegen war. (vgl. Sola Pool 1981) Für Beck (1989, 61) sind sowohl Bell wie auch Gray zu jenen Figuren zu zählen, die mit ihren Erfindungen „praktische Anwendung und kommerzielle Verwertung verfolgten" und damit schon weiter waren als etwa Philipp Reis, der viel mehr als

7.3 Auf dem Weg in ein Netz mediatisierter Konnektivitäten

early history of telephone usage, then, is largely the story of how commercial and professional communities adopted the new means of communication." (Aronson 1981, 28) War zuvor die Nutzungsvariante der unidirektionalen Informationsübertragung vorwiegend für kommerzielle Anwendungen gedacht, sollte dies auch für die dialogisch ausgerichtete Version der Fall sein. „In diesem Sinn ist die telefonische Kommunikation als eine soziale Innovation zu begreifen, die der weiteren technischen Entwicklung die Richtung gewiesen und der technischen Invention erst den Weg in den gesellschaftlichen Alltag bereitet hat." (Rammert 1989a, 82)

In den USA wurde bereits 1878 in New Haven (Connecticut) ein erstes öffentliches Telefonnetz für den Geschäftsverkehr von der gerade im Jahr davor gegründeten „Bell Telephone Company" errichtet, also für eine Klientel, die sich die anfangs teureren Tarife auch leisten konnte.[282] Ein Jahr danach wurde in London ein kleineres Netz von anfänglich nur acht Verbindungen in Betrieb genommen. (vgl. Cherry 1981, 115) Im Zuge der Einführung dieser Dienste wurde naturgemäß über Vor- und Nachteile der neuen Technologie diskutiert. „American businessmen were beginning to learn the value of exchange telefone service; the directors of the telegraphic exchange began to replace the morse instruments with telephones as early as 1878, and their subscribers started speaking to one another."[283] (Aronson 1981, 27) Mit Errichtung der für die Telefonie zentralen Infrastruktur, nämlich der Vermittlungstechnologie, kann die unmittelbare Phase der Innovation als abgeschlossen gelten. (vgl. Rammert 1989a, 82) Dieses technische Kernelement wurde um 1881 sowohl in den USA wie auch in einigen Städten in Europa implementiert. (vgl. Baumann 2000a, 13)

Für eine bestimmte Phase war in den Vermittlungsämtern auch ein neues Arbeitsfeld erschlossen worden. Hatten sich anfangs v. a. junge Männer für den Einsatz vor den Vermittlungsschaltern beworben, sollte sich bald zeigen, dass es

---

die beiden US-Amerikaner an der wissenschaftlichen Erkenntnis des menschlichen Hörvorgangs interessiert war.
282 Brooks (1975, 60) berichtet von anfänglich 600 Anschlüssen, wobei die ausschließlich privaten Anschlüsse ohne eine zentrale Vermittlung auskamen. Sie sollen – so Brooks – aufgrund der anfänglich technisch rudimentären Ausstattung von der neuen Technik auch nur beschränkt begeistert gewesen sein. Die erste über Vermittlung funktionierende Verbindung war in New Haven am 28.1.1878 in Betrieb gegangen. Sie verband 21 Teilnehmer, „who were called by name rather than number". (Brooks 1975, 65) Dabei dürfte es sich um die in der Literatur beschriebenen Geschäftskunden gehandelt haben.
283 Die zahlreichen Vorteile telefonischer Vernetzung zeigten sich im gleichen Jahr auch für den Einsatz in Krisensituationen, als nach einem Eisenbahnunglück die Rettungskräfte mit Hilfe des Telefons besonders effektiv organisiert werden konnten. (vgl. Aronson 1981, 25) 1879 wurde erstmals ein Zug, und zwar die Pennsylvania Railroad, mit einem Telefon ausgestattet. (vgl. Aronson 1981, 29)

vorwiegend die „Frauen am Klappenschrank" (vgl. Holtgrewe 1989) waren, die in diesem Arbeitsfeld die besseren Beschäftigungsmöglichkeiten fanden. Die männlichen Arbeitskräfte dürften sich als weniger geeignet erwiesen haben, [as] „they proved to be unruly and somewhat unreliable". (Brooks 1975, 88) Die „Fräulein vom Amt" stellten deutlich die Mehrheit in einem Beruf, der auch in der Öffentlichkeit als prestigeträchtig galt. (vgl. Genth/Hoppe 1986, 110) In der Realität sollten sich jedoch – worauf Klaus (2007) hinweist – die Arbeitsbedingungen für Frauen alles andere als angemessen darstellen, da die Anforderungen mit einer ganzen Reihe von psychischen und physischen Belastungen verbunden waren. (vgl. Klaus 2007, 144[284]) Sowohl arbeitsrechtliche Restriktionen als auch geringe Verdienstmöglichkeiten ließen die neuen Arbeitsmöglichkeiten als nur begrenzt attraktiv erscheinen, weshalb für viele diese Beschäftigung nur zu einer „Übergangsberufstätigkeit" (Holtgrewe 1989, 122) wurde.[285] Mit der Einführung des Selbstwählverkehrs und der Installierung maschinell organisierter automatischer Telefonvermittlungen sollte das Berufsbild schließlich auch zu einem Zwischenspiel in der Geschichte der Kommunikationsberufe werden.[286] Der für eine gewisse Phase gesellschaftlich durchaus umstrittene Umstieg auf automatisierte Vermittlungsinfrastrukturen, der einen höheren Effizienzgrad bei geringerer Betreuungsintensität versprach, war – von der Makroebene aus betrachtet – jedoch „Teil der epochenübergreifenden Tendenz des Industriekapitalismus zur Erhöhung der Arbeitsproduktivität durch Mechanisierung und Automatisierung." (Flichy 1994, 198) Mit der Innovation der

---

284 Hinsichtlich der Vorzüge wurden u. a. der Klang der höheren Stimme, ihre größere Geduld oder Höflichkeit angepriesen. Seitens der arbeitgebenden Telefongesellschaften wurde öffentlichkeitswirksam mit dem „Dekorationswert junger Frauen für die Vermarktung der neuen Technik" geworben. (Holtgrewe 1989, 122, vgl. dazu auch Maddox 1981) Eine der restriktiven Anstellungserfordernisse für Frauen in der Telefonvermittlung lag u. a. in der Forderung, dass die Bewerberinnen ledig oder kinderlos verwitwet zu sein hatten, um eine Anstellung zu erhalten. (vgl. Genth/Hoppe 1986, 111)

285 Zudem spiegelte die Anstellung von Frauen auch ihre Alltagsbedingungen in einer patriarchal dominierten Gesellschaft wider. Denn „den im Telefonwesen beschäftigten Frauen kam die Rolle zu, zwischen den überwiegend reichen, männlichen Telefonkunden das Gespräch herzustellen". (Klaus 2007, 144)

286 Nach Flichy wurden 1950 55 % der Selbstwählverbindungen automatisch geschaltet. (vgl. Flichy 1994, 202) In der Folge innovierte sich das System der Vermittlungslogistik entlang der technischen Erprobung unterschiedlicher technischer Realisierungswege und über den Weg der Elektromechanik, der Elektronik und der Digitalisierung beständig weiter. Damit wurden die Vermittlungsstellen zu datenverarbeitenden Maschinen. (vgl. Flichy 1994, 211) Die Zusammenführung aller Teilkomponenten der Telefonie auf die Ebene der Digitalisierung sollte „für die Entwicklung des Telekommunikationswesens von grundlegender Bedeutung" werden. (Flichy 1994, 212)

individuellen Wählmöglichkeit entwickelte sich das Telefon jedenfalls zu einem „transparenten" Medium, „mit dessen Hilfe man einfach, direkt und privat mit anderen Personen Kontakt aufnehmen" konnte. (Fielding/Hartley 1989, 129)

7.3.4 Zur Diffusion der Telefonie im soziotechnischen Kontext

Wie stark der Einfluss des Nutzungsumfelds auf die Entwicklungsgeschwindigkeit von Innovationen einzuschätzen ist, sollte sich in den weiteren Verbreitungsverläufen der Telefonie zeigen. In den unterschiedlichen Ländern wirkten jeweils spezifische soziokulturelle Muster auf die gesellschaftliche Implementierung der neuen Kommunikationstechnologie ein. In einem von Rammert vorgenommenen Vier-Länder-Vergleich zwischen den USA, Großbritannien, Deutschland und Frankreich zeigte sich für die Phase der ersten Diffusion der Technologie klar, dass im Zuge der kulturellen Aneignung das „soziale Feld der Verhandlungsarena zwischen den kollektiven Akteuren und die kulturellen Modelle der Kommunikation in verschiedenen Teilbereichen der Gesellschaft eine führende Rolle" spielen. (Rammert 1993, 243) Nach seiner Einschätzung wirken sich nicht so sehr technische Präkonfigurationen, sondern insbesondere jeweils vorherrschende Nutzungsmuster, Akteurskonstellationen und kulturelle Prägekräfte entscheidend auf Diffusionsgeschwindigkeiten und Verwendungspraxen aus.[287] Im unmittelbaren Vergleich der Länder wird dabei deutlich, dass in Europa zumeist staatliche Monopole aus der Zeit der Telegrafie und das Einwirken entsprechender Hoheitsbehörden eine schnelle Diffusion bremsten und vorgeprägte Kommunikationskulturen im privaten wie geschäftlichen Umfeld eine schnelle Verbreitung dialogisch orientierter pragmatischer Kommunikationsstile hemmten. Zusätzlich zu der Tatsache, dass es „das Design der Institutionen [...] erlaubte, die Akteure mit den unterschiedlichen Interessen in etwa gleichrangig an einer Verhandlungsarena zu beteiligen und den Diskurs zwischen den verschiedenen Visionen der Technikentwicklung zu einem miteinander abgestimmten Technisierungsprojekt zusammenzuführen" (Rammert

---

287 Beispielhaft dafür steht die Tatsache, dass das Bildtelefon zwar technisch real schon 1929 (auf der 6. Funkausstellung mit der „Fernseh-Sprechstelle" von Gustav Krawinkel) umgesetzt und als regulärer Dienst 1936 in Deutschland als „Weitverkehrs-Fernsprechverbindung" über moderne Koaxialkabel zwischen Berlin und Leipzig implementiert wurde. (vgl. Flessner 2000, 36f) Als Innovation im Rahmen der Telefonie traf sie in der Nachkriegszeit in den USA und in Großbritannien allerdings auf keine substantielle Nachfrage. Löfgren (2006, 300f) weist uns darauf hin, dass gerade die ausschließlich auf die Stimme ausgerichtete und bei den Menschen eingeübte Kommunikationsspezifik durch ein Hinzukommen eines Bildes dieses Setting gestört hätte.

1993, 251f), war es etwa Bell, der schon sehr früh eine „diskursiv abgestimmte Vision[288] von der zukünftigen breiten Nutzung des Mediums entwarf, die den technischen Weg für den Ausbau eines Netzes von frei wählbaren Anschlüssen wies". (Rammert 1993, 254)

Diese für die Telefonie besonders deutlich ausgeprägte Vorreiterrolle der USA war nach Rammert besonders auf die soziale Rahmung der Technologienutzung zurückzuführen. Aus einer techniksoziologischen Perspektive machten im wesentlichen die „offene und pragmatische Kommunikationskultur" und – so seine Vermutung – „eine breite Informalisierung des Verhaltens im gesellschaftlichen Verkehr" (Rammert 1993, 262) den Weg für eine erfolgreiche schnelle Verbreitung der Telefonie frei. Demgegenüber dominierte in Frankreich eine „monologische Kommunikation", die durch „einen extrem nationalen Stil der technischen Kommunikation" in einem „staatlich geführten Monolog mit den Bürgern" vorgeprägt war. Einer derartigen Leitvorstellung „in der politischen Kultur des nachrevolutionären Frankreichs entsprach sowohl das Chappe-System der optischen Telegrafie wie auch das zentralistische elektrische Telegrafiesystem". (Rammert 1993, 257) Und interessant ist eben auch der Befund, dass es in Frankreich nicht technologische oder ökonomische Hemmnisse gewesen wären, die eine schnelle Verbreitung des Telefons behinderten, sondern dass die Barrieren im „Beharrungsvermögen einer monologischen gegenüber einer dialogischen Kommunikationskultur" lagen. „Dieses hat sich – so könnte man annehmen – in den Köpfen der politischen Akteure wie auch der ökonomischen Investoren derart ausgewirkt, dass ihre tief verankerte negative Haltung zur Telefon-Kommunikation sie zu den kurzsichtigen politischen Entscheidungen und zu den langfristig falschen ökonomischen Strategien bewegt hat."[289] (Rammert 1993, 257)

---

288 Mit der „diskursiv abgestimmten Vision" ist konkret die „Reflexion von ökonomischen Orientierungen der Produzenten und Verbraucher und der politisch-rechtlichen Gegebenheiten im technisch-wissenschaftlichen Erfinderdiskurs" angesprochen. (Rammert 1993, 254) Die Ausschöpfung der Patentrechte war für Bell zu dieser Zeit nur für die USA möglich. In Europa konnte man auf jeweils spezifische Vorentwicklungen setzen oder baute – wie im Falle von Deutschland durch Werner v. Siemens – die Apparate von Bell ohne patentrechtliche Konsequenzen nach. (vgl. Rammert 1989a, 83) 1877 meldet Siemens ein deutsches Patent für einen „Fernsprecher" an und verkaufte zu diesem Zeitpunkt bereits „mehrere hundert Apparatpaare täglich". (Baumann 2000a, 11)

289 Zudem wäre – so Sola Pool – in Frankreich das System der Telekommunikation mit der Idee der nationalen Sicherheit und Verteidigung in Verbindung gestanden. „In France a basic assumption was that the primary function of telecommunications was national defense. Service to private citizens was subordinated. The phone (especially a diffused network) was considered to have certain disadvantages from a security point

7.3 Auf dem Weg in ein Netz mediatisierter Konnektivitäten

Auch an anderer Stelle finden wir Hinweise auf die von Rammert vertretene These. „Where Americans immediately took to the telephone like ducks to water and Englishmen came to find it useful enough, Frenchmen apparently still regard it with a suspicion that may arise out of temperament or out of the particularly bizarre service difficulties that were formerly prevalent in their country." (Brooks 1981, 215[290]) In den USA traf – wie angesprochen – die neue Technologie auf wesentlich günstigere Diffusionsbedingungen, auch wenn die Diffusionsgeschwindigkeit der Telefonie in den USA gegenüber späteren Kommunikationstechnologien vergleichsweise gering war.[291] In Deutschland dürften – so die Analyse Rammerts – ein in der Gesellschaft verankerter „autoritärer" Kommunikationsstil und wohl auch teilweise falsche Technikeinschätzungen der Industrie eine hemmende Wirkung auf die Verbreitungsgeschwindigkeit gezeigt haben. In der Phase zwischen 1877 und 1881 wurde die Telefonie seitens der deutschen Postverwaltung überwiegend als neue, auch ökonomisch günstigere Möglichkeit der Übermittlung von Telegrammen – insbesondere für die ländlichen Gebiete – eingesetzt. Erst danach wurde die Telefonie für die Nutzungspraxis der dialogischen Kommunikation, auf die in den USA schon seit 1878 gesetzt worden war, erschlossen.[292] (vgl. Bräunlein 1997,

---

of view as compared with the telegraph." (Sola Pool 1983, 24) In Großbritannien habe dagegen eine stärkere Offenheit des Systems insbesondere für kommerzielle Zwecke geherrscht. (vgl. Sola Pool 1983, 24)

290 Bertho-Lavernir argumentiert wie Rammert in eine ähnliche Richtung und zeichnet die Entwicklung der Telefonie in Frankreich als eine Geschichte von Krisen nach, die anfangs von organisatorisch-institutionellen Hemmnissen geprägt war und in der Phase zwischen den beiden Weltkriegen auf zu geringe Entwicklungspotentiale in der Forschung wie in der Industrie zurückgreifen konnte. Danach sorgte insbesondere die fehlende Nachfrage für eine deutlich verzögerte Diffusion der neuen Technologie. (vgl. Bertho-Lavernir 1988)

291 Kellerman berechnete, dass vom Beginn der Massenproduktion bis zum Erreichen einer Diffusionsmarke von 50 % der Haushalte das Internet nur sieben Jahre benötigte, das Mobiltelefon und das Automobil jeweils 17, das Telefon dagegen 68 Jahre. Für die Diffusion der Telefonie könnte dabei in Rechnung gestellt werden, dass die erste Verbreitungswelle zunächst im Bereich der Geschäftswelt und nicht in den Privathaushalten verlief und die systematische Vernetzung der doch großflächigen ländlichen Gebiete längerfristigere Zeitstrecken in Anspruch nahm, auch wenn dort teilweise bereits durch Eigeninitiative Verbindungen aufgebaut worden waren. (vgl. Kellerman 2006, 77)

292 In Berlin eröffnete am 12.1.1881 die erste Fernsprechvermittlungsstelle in Deutschland für nicht einmal acht Teilnehmerinnen und Teilnehmer den Dienstbetrieb. Das erste Fernsprechbuch – es wurde am 14.7. des gleichen Jahres herausgegeben – führte (als „Buch der 94 Narren") überwiegend Anschlüsse aus dem Bank- und Kreditgewerbe. (vgl. Höflich 1998, 203) Mit der Inbetriebnahme eines eigenen Fernsprechamts (mit neuen Sprechstellen für die Börse) noch im gleich Jahr sollte die Diffusion der Nutzung

49) Rammert sieht auch hier die Wirkung kultureller Muster am Werk, wo „die Direktheit und Distanzlosigkeit des neuen technischen Kommunikationsmediums Telefon [...] in Konflikt mit Gesellschaften und Schichten [gerät], in denen das förmliche, das hierarchische und das klassendistinktive Modell der Kommunikation vorherrscht". (Rammert 1989a, 86) Auch Beck spricht davon, „dass erst eine Veränderung der gesellschaftlichen Kommunikationsbedürfnisse und der vorherrschenden Kommunikationskultur dazu führt[en], daß das Telefon als interaktives Sprachmedium im Alltag angeeignet wird". (Beck 1989, 65)

In Großbritannien – wo die Regierung die Telefonie 1912 wieder einer staatlichen Kontrolle unterordnete – waren es zum einen die nur in beschränktem Ausmaß eingesetzten Potentiale des Telefons im Geschäftsverkehr und zum anderen die stark hierarchisch geprägten Nutzungsmuster, die sich für eine schnelle Verbreitung als hinderlich erwiesen.

> „Der symbolische Gebrauch des Telefons – so könnte man annehmen – hat zu dieser Zeit seine funktionale Nutzung für wechselseitigen Sprechverkehr überwogen. Das Telefon diente als Medium der Statusdifferenzierung, der Distinktion der oberen von den unteren Rängen. [...] Hierarchie- und statusbetonte Haltungen zur Kommunikation begünstigten Ein-Weg-Medien, wie schriftliche Anweisungen, Briefe, Botendienste und Telegrafie, und bremsten die rasche Diffusion des Zwei-Weg-Mediums Telefon." (Rammert 1993, 259)

Auch Brooks führt Elemente jener Zurückhaltung gegenüber der neuen Technologie an, wie sie in Großbritannien vorzufinden war. „In Great Britain, the establishment of service was delayed partly by the widespread public conviction that the new device was merely a ‚scientific toy', and partly by a confused patent situation. [...] Britishers just didn't seem to get the idea – or if they did, they pretended not to."[293] (Brooks 1975, 92) Interessant in diesem Zusammenhang ist wiederum der Hinweis, dass es innerhalb Europas lediglich die skandinavischen Länder waren, die sowohl hinsichtlich der Infrastrukturentwicklung wie auch bezüglich der Nutzungsbereitschaft die neue Technologie ohne größere Verzögerungen adaptierten.

---

einer dialogisch orientierten Telefonkommunikation einsetzen. (vgl. Bräunlein 1997, 50)

293 Auch bei Perry finden wir ähnliche Hinweise: „The telephone may have been too direct and abrupt a means of communication to be fully accepted. [...] Another cause of resentment may have been its anonymous, often annoying nature." (Perry 1981, 79) Insgesamt hätte es bis in die 1970er Jahre gedauert, bis die Telefonie außerhalb der Ober- und Mittelschicht eine generelle Verbreitung fand und gar erst bis in die 1980er Jahre, bis mehr als drei Viertel der Haushalt über einen Zugang zu dieser Infrastruktur verfügten. (vgl. Thrift 1996, 273f)

7.3 Auf dem Weg in ein Netz mediatisierter Konnektivitäten 263

Der Rest von Europa zeigte dagegen deutlich verzögerte Nutzungs- und Verbreitungsraten.[294] (vgl. Brooks 1975, 94) Becker (1989b, 69) erinnert darüber hinaus an die Beharrungskräfte seitens der Telegrafenindustrien, die sich insgesamt in Europa durch die Innovationen bedroht sahen. Weiters dürften die noch teilweise fehlende technische Qualität und der in der Phase des Ersten Weltkriegs durch die militärische Nutzung minimierte private Gebrauch ebenfalls zu einer Drosselung der Diffusionsgeschwindigkeit beigetragen haben. So lag die Diffusionsrate in den USA im Jahr 1925 schon bei 40 % der Haushalte, während sie etwa in Frankreich 1935 erst 10 % erreicht hatte.[295] (vgl. Flichy 1994, 152ff) Zudem war in Europa in ländlichen Regionen die unmittelbare soziale Vernetzung dichter ausgeprägt und die städtische Entwicklung von einer geringeren Suburbanisierungstendenz begleitet. In den USA kam dagegen der telefonischen Vernetzung der ländlichen Farmen zumindest in der Phase vor der Verbreitung des Autos und des Hörfunks ein besonderer Stellenwert zu, da mit dieser Infrastruktur ihre kommunikative Isolierung für eine ganze Reihe von Zwecken durchbrochen werden konnte.[296]

Insgesamt zeigen die angesprochenen Länderspezifika, wie sehr v. a. soziale Rahmungen und kulturelle Prägungsmuster die Diffusion einer neuen Kommunikationstechnologie fördern oder eben auch hemmen können. „Erst die soziale Innovation des Umgangs mit einer Sache [...] die kulturelle Aneignung einer technischen Innovation" (Rammert 1993, 264) vollendet den Prozess gelungener

---

294 Brooks führt in diesem Zusammenhang – neben den aus seiner Warte für Europa unzulänglichen Finanzierungsstrukturen – den für die USA offenbar mentalitätsaffinen Nutzungsoptimismus in Bezug auf diese Kommunikationstechnologie an. „[That] the more important reason is the vast, and at that time unique, American appetite for making telephone calls, morning, noon, at night, long-distance and short-duration – an appetite natural as rain to a lonely, far-spread people addicted with equal favor to new gadgets and to the art and pasttime of talking." (Brooks 1975, 94)

295 Auch in Deutschland zeigte die Verbreitung des Telefons ähnliche Muster. Im Deutschen Reich zählte man 1890 in 258 Orten Fernsprechanlagen mit 58 711 Sprechstellen, allein 15 000 davon in Berlin, in einer Zeit, in der der überwiegende Anteil aller Gespräche auf den Wirtschaftsverkehr entfielen. Zur Jahrhundertwende stieg die Zahl auf 15 533 Orte mit 290 000 Sprechstellen, als die Anzahl der Telefongespräche bereits die Menge der versandten Telegramme überstieg. Die hauptsächliche Nutzung war in den Bereichen Industrie und Handel sowie für die Staats- und Militärverwaltung zu verzeichnen. (vgl. Wilke 2008, 164).

296 Auch wenn die Anschlussrate bei den Farmen durchaus sehr schwankte, spielten die anfänglichen Aktivitäten jener Farmer, die auf Eigeninitiative für eine Telefonvernetzung sorgten, für die Gesamtentwicklung der Telefonverbreitung in den USA eine wichtige Rolle. Allein zwischen 1902 und 1907 war der Anteil der Telefonanschlüsse in den ländlichen Gebieten von 267 000 auf 1,5 Mio. – und damit um 450 % – gestiegen. (vgl. Brooks 1975, 116)

Integration in die Nutzungswirklichkeiten einer Gesellschaft. Zudem sei auch der Faktor der politischen Kultur als eine Dimension zu bedenken, die auf den Modus der Kommunikation einer Gesellschaft starken Einfluss nimmt. So würden autoritäre Systeme den Weg in die Einwegkommunikation stützen, egalitärere Systeme eine dialogische Orientierung fördern. Vor diesem Hintergrund „fällt es nicht schwer, die günstigen Bedingungen für die Ausbreitung des Telefons in der amerikanischen politischen Kultur auszumachen. Als ein stark auf die öffentliche Information und auf den öffentlichen Diskurs angelegtes politisches System war es geradezu auf das Funktionieren von Zwei-Weg-Kommunikation angewiesen." (Rammert 1989a, 84f)

Neben diesen kulturellen Einflussfaktoren sei schließlich auch noch an die „Akkordierung unterschiedlicher Interessen und Visionen" von Akteuren „im Vergesellschaftungsprozeß der Technik" wie auch an die Umsetzung einer technischen Praxis „in den Köpfen der Systembauer" und an die „prospektiven Anwender" in der „Aneignung und Kultivierung einer Technik" zu denken, die für die Kommunikationskultur eine entscheidende Rolle spielen.[297] (Rammert 1993, 266) Es sei aber nicht so sehr die „Produktionsweise und ihre Beziehung zur ökonomischen und politischen Ordnung, sondern die *Kommunikationsweise* per Medium Telefon und ihre Beziehung zur vorherrschenden *Kultur der Kommunikation* [...] die [die] Veralltäglichung dieser Kommunikationstechnik" bestimmen. (Rammert 1989a, 86) Die folgende Übersicht zeigt deutlich die Spezifik der Diffusionsverläufe in den beschriebenen Ländern und die Vorreiterrolle der USA in Bezug auf die Telefonverbeitung.

---

297 So zeigt sich, dass erst „wenn es gelingt, die voneinander abweichenden Interessen und Leitorientierungen der sozialen Akteure in einer Verhandlungsarena zu konfrontieren und die jeweils anderen Orientierungen in den eigenen Diskurs reflexiv einzubauen und miteinander zu akkordieren, [...] der Ausbau eines technischen Systems und die Diffusion einer neuen technischen Praxis mit Erfolg betrieben werden" können. (Rammert 1993, 265)

7.3 Auf dem Weg in ein Netz mediatisierter Konnektivitäten 265

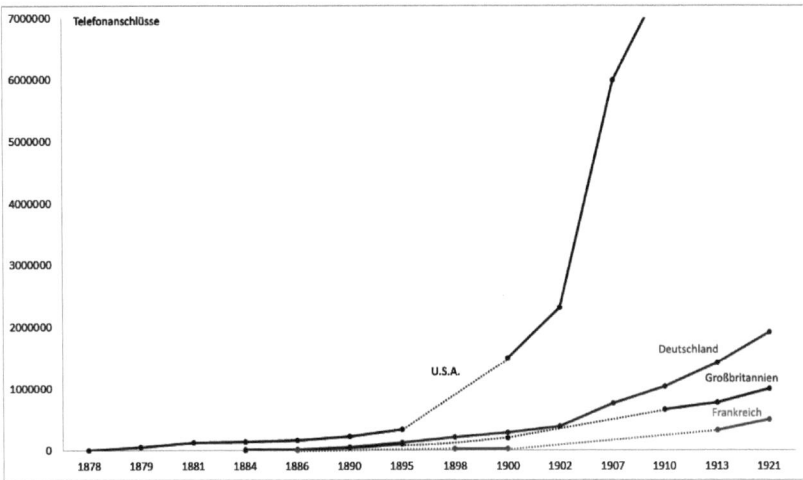

Abb. 18 Die Diffusion der Telefonie im Vier-Länder-Vergleich (1884-1921)
Quelle: Rammert 1993, 249 (Grafik adaptiert)

Am Beispiel der Telefonentwicklung lässt sich nach Rammert darüber hinaus zeigen, „dass die Konzepte alter Medien (das einseitige Transport-Konzept der Telegrafie) häufig über längere Zeit das Ausprobieren und Erkennen technologischer Potentiale neuer Medien verhindern („Zwei-Weg-Gesprächs-Konzept"), dass eben anfänglich häufig mehrere Innovationsvarianten parallel vorliegen, und dass der Erfolg einer Innovation weniger von technischen oder ökonomischen Parametern, sondern a) von der erfolgreichen Koordination staatlicher, ökonomischer und technologischer Akteure durch eine gemeinsam geteilte Vision der Medienentwicklung und b) von den spezifischen Traditionen und Kulturen der Kommunikation [...] in den jeweiligen Ländern" (Rammert 2000, 218) abhängt. Resümierend lassen sich damit drei wichtige Faktoren hervorheben, die für die Verbreitungsgeschwindigkeit der Telefonie entscheidend sind. Demnach spielen erstens Unterschiede zwischen einer *„förmlichen* und *informellen* Geschäftskultur, zweitens die Unterschiede zwischen einer *hierarchischen* und *dialogischen* Kommunikationsform in der politischen Kultur und drittens, die Unterschiede zwischen *klassendistinktiven* und *individualistisch-utilitaristischen* Kommunikationsweisen im gesellschaftlichen Verkehr" eine entscheidende Rolle für ihre Diffusionsform und Verbreitungsgeschwindigkeit. (Rammert 1989a, 86) Mit diesem techniksoziologischen Blick, der einen Fokus auf soziokulturelle Einflusskräfte und damit zusammenhängende Wechselverhältnisse richtet, erschließen sich wertvolle Einsichten für die Analyse der gesellschaftlichen

Aneignung und Adaptierung von Kommunikationstechnologien. Ein derartiger Zugang tendiert aber freilich auch dazu, harten ökonomischen Rahmenbedingungen und technisch-administrativen Akteurskonstellationen nicht jene Einflusskraft einzuräumen, die andere Fachdisziplinen diesen Faktoren beimessen. So muss in Bezug auf die Akteure in der Telefonie zumindest auch in Betracht gezogen werden, dass sich diese Konstellationen in den USA grundsätzlich anders darstellt, als dies in Europa der Fall ist. Dort erwuchs dem dominierenden Telegrafie-Anbieter, der „Western Union", mit Bell und AT&T eine neue starke Konkurrenz, die eine überwiegend aggressive Marktpolitik betrieb. Darüber hinaus verfügte in den USA eine hohe Zahl der Farmerinnen und Farmer, die 1905 fast 60 % der amerikanischen Bevölkerung ausmachten (vgl. König 1994, 157), über eigene telefonische Netzinfrastrukturen, die sie in der Folge auch in die kommerziellen Netze einbrachten.[298]

Über die von Rammert eingebrachten Aspekte gilt es demnach auch noch makrostrukturelle Gegebenheiten im Blick zu haben, die auf die Verbreitung von Kommunikationstechnologien Einflusskräfte ausüben können. So geht etwa König davon aus, dass unterschiedlichen Sozial- und Wirtschaftsstrukturen sowie der Differenz zwischen privatwirtschaftlich und staatswirtschaftlich orientierten Technologieeinführungen eine wichtige Rolle beizumessen ist. (vgl. König 1994) Die sprunghafte Verbreitung der Telefonie in den USA sei gegenüber jenen verzögerten Diffusionskurven, wie sie in Europa vorlagen, einerseits durch die Unterschiedlichkeit in den Monopolstrukturen (bis 1893/94) mitbegründet, die auf der einen Seite privatwirtschaftlich (durch Bell) organisiert, und auf der anderen Seite staatlich strukturiert war. Dordick (1989, 223) bezeichnete etwa das über eine lange Phase aufrechte und als solches regulierte AT&T-Monopol[299] als hoch effizient „and benevolent [...] with a corporate policy that, quite clearly, stressed service quality and universal service at affordable cost".[300] Der ökonomische Erfolg des Monopolunternehmens baute auf

---

298 Sie verfügten in den USA im Jahr 1920 über eine höhere Anzahl von Anschlüssen als dies in städtischen Gebieten der Fall war. (vgl. König 1994, 161)

299 Im Jahr 1899 wurde die bis dahin für den Fernverkehr von Bell zuständige AT&T durch Transfer der Hauptanteile der American Bell an sie zum ökonomischen Zentrum des Gesamtunternehmens, die in diesem Zuge auch den Firmensitz von Boston nach New York verlagerte. (vgl. Brooks 1975, 107) Zur Entwicklung der AT&T vgl. auch Basse 1977.

300 Pound kommentierte die Diskrepanz der wirtschaftlichen Diffusionsgeschwindigkeiten zwischen den USA und Europa Mitte der 1920er Jahre folgendermaßen: „The most extensive free trade area on earth, equipped with a network of superior communications, has been buying the output of plants constantly improving in efficency-result, a trade so vast and an increase in wealth so prodigious that Europeans accustomed to another scale of values stand astonished at our statistics of production and consumption." (Pound 1926, 45)

7.3 Auf dem Weg in ein Netz mediatisierter Konnektivitäten

die Verdichtung vordringlich lokaler Netzwerke in den urbanen Zonen auf, ließ aber auch die Aufnahme von vor allem für die USA wichtigen Fernverbindungen nicht aus dem Auge. So begann man im Jahr 1892 Fernverbindungen zunächst von New York aus nach Chicago zu errichten, und erweiterte bis 1915 – mittlerweile möglich geworden durch die von de Forest[301] verbesserte Verstärkertechnologie – das Netz bis nach San Francisco.[302] (vgl. Fischer 1992, 42ff) „All these changes in electronic communication reinforced the rise to dominance of the republic of the North as a capitalist core within the American system and its eventual successful hegemonic challenge to Britain and Germany." (Hugill 1999, 19)

Nach Auslaufen der Patente Bells kam es durch Effekte weiterer Marktliberalisierungen zu einem starken Anstieg in der Verbreitung der Telefonie, da nicht zuletzt auch die Preise rasch fielen.[303] Es wurden zudem auch – so Marvin (1988) – ökonomische Netzeffekte wirksam, die sich aus dem Wettbewerb um den Anschluss unterschiedlicher Netze und aus der Konkurrenz um neue Nutzergruppen ergaben. Allein die Kostenstruktur für die lokale Kommunikation baute in den USA in Form des Flat-Rate-Modells auf einer gänzlich anderen Basis auf. Sie förderte im Effekt eher die geschäftliche, als die private Kommunikation. Die Entwicklungen in Europa stellten sich gegenüber den USA als insofern anders da, als dort der Wettbewerb der Systeme innerhalb staatlich organisierter Monopole und demnach in einer wesentlich abgeschwächteren Form stattfand. Thomas (1989) zeigte etwa für Deutschland die Spezifik der Akteurskonstellationen auf, die sich aus der staatlichen Monopolsituation ergab. In deren Rahmen erfolgte die Telefonentwicklung ab 1877

---

301 Lee de Forest war nicht nur als Ingenieur der Röhrentechnologie bekannt, sondern sah auch die Möglichkeiten der mobilen Telefonie voraus. (vgl. Agar 2003, 167)

302 Die Überbrückung des Atlantiks mittels Telefonkabel sollte mit ihrer Hilfe erst 1956 – für anfänglich 36 gleichzeitig geführte Gespräche (vgl. Stöhr 1977, 171) – gelingen. (vgl. Fischer 1992, 42ff) In der Frühphase der Entwicklungsgeschichte der Telefonie waren es in den Städten nicht zuletzt die sich fortwährend verdichtenden Telefonkabelverbindungen in Form der überirdisch verlegten Leitungen, die auf den hohen Verdichtungsgrad mit der neuen Telekommunikationsinfrastruktur hinwiesen und – wie das auf zahlreichen Abbildungen zu sehen war – das Stadtbild vieler amerikanischer Großstädte nicht unbeträchtlich prägten. Nachdem es aber durch Unwetter immer wieder zu massiven Beeinträchtigungen in den oberirdischen Leitungsnetzen gekommen war und auch die Leitungstechnik zunehmend verbessert werden konnte, ging man – wie etwa in New York – Ende der 1880er Jahre dazu über, die Telefonkabel zunehmend unterirdisch zu verlegen und verbesserte damit nicht nur die Qualität der Leitungsinfrastruktur, sondern entlastete auch optisch das Stadtbild durch den Rückbau der sich bis zu diesem Zeitpunkt verdichtenden Leitungsnetze. (vgl. Brooks 1975, 99)

303 Der Marktanteil der Bell-Telefonie ging zwischen 1893 und 1907 von 100 % auf nicht weniger als 49 % zurück. (vgl. König 1994, 160)

zunächst als Erweiterung des Telegrafensystems und erst ab 1881 auf der Basis eines öffentlichen Teilnehmernetzes ohne Einfluss der Bedrohung durch das Eindringen anderer Marktanbieter. (vgl. Thomas 1989a, 43f) Die Systeme der Telegrafie und der Telefonie konnten sich unter einem organisatorischen Dach eines staatlichen Monopols entwickeln, aus der keine „technologisch in sich zwangsläufige Entwicklung" hervorging. (Thomas 1989a, 39) Und so hatte die Verzögerung der Diffusion in europäischen Ländern auch damit zu tun, dass es von Seiten staatlich organisierter Telekommunikationsmonopolisten „explizite und bewußte Strategien [gab], [die] die neuen konkurrierenden Technologien, und damit z. T. auch neue Akteure, [...] unterdrück[t]en". (Becker 1989b, 63) Zudem ergaben sich für Gesamteuropa hemmende Faktoren nicht zuletzt aus der Tatsache, dass sich die Interoperabilität und der telekommunikative Verkehr zwischen den einzelnen Nationen gegenüber der Situation in den USA deutlich komplexer gestalteten. Erst Ende der 1920er Jahre sollten – wie z. B. im Rahmen der 1927 abgehaltenen Stockholm-Konferenz – Harmonisierungsbestrebungen erste Erleichterungen bringen. Eine nachhaltige Auflösung hemmender Strukturen ließ auf diesem Gebiet aber noch länger auf sich warten, „[as] Europe remained a messy patchwork of national systems with poor intercommunication until the 1970s". (Hugill 1999, 77)

So ergibt sich damit insgesamt ein Bild, das im Rahmen der unterschiedlichen Einflusskräfte für die Telefonie auf einen starken Einfluss sozialer Wirkungskräfte hinweist. Unterschiedliche Kommunikationskulturen und kulturelle Prägekräfte in den jeweiligen Ländern und Kulturräumen spielen – wie das Rammert zeigt – eine bedeutende Rolle in Bezug auf die Diffusion und Aneignung neuer Kommunikationstechnologien. Über diese Einflusskräfte hinaus, dürfen unterschiedliche Akteurskonstellationen und damit auch jeweils marktspezifische Ausgangsbedingungen sowie ökonomische Nutzenkalküle jedoch nicht außer Acht gelassen werden. Sowohl kulturelle und soziale Prägekräfte wie auch technisch-ökonomische bzw. akteursspezifische Konstellationen wirken auf den Entstehungs- und Diffusionsprozess ein und formen die kulturelle und technische Form eines Mediums. Beide Wirkungsfelder gilt es im Blick zu haben, will man die Aneignungsprozesse und Diffusionsverläufe von Medien und Kommunikationstechnologien in ihrer ganzen Komplexität erfassen. Insofern lässt sich auch die Entwicklung der Telefonie und der damit verbundene Wandel kommunikativer Verhältnisse als ein komplexer technokultureller Prozess der Ko-Evolution unterschiedlicher Einflussfelder begreifen, aus dem heraus sich individuelle kommunikative Handlungsstrukturen wie auch gesellschaftliche Kommunikationsprozesse verändern. Auch die frühe Telefonie-Entwicklung lässt sich als ein komplexer technokultureller Prozess der Ko-Evolution unterschiedlicher Einflussfelder begreifen, in dessen Verlauf medientechnologische Dispositive geformt wurden und bestimmte kommunikationstechnologische Anwendungsvarianten zu ihrer kulturellen und technischen Form fanden.

7.3.5 Zum Wandel kommunikativer Verbindungen im Netz neuer Konnektivitäten

Die beginnende Durchdringung der Gesellschaft mit neuen Technologien der Vernetzung brachte Effekte von Mediatisierung mit sich, die auf unterschiedlichen Ebenen des Alltags ihren Niederschlag fanden. Marvin beschreibt, wie die Veränderungen in Verbindung mit den neuen Kommunikationsmöglichkeiten anfänglich als durchaus ambivalent wahrgenommen wurden: „In short, communities in the habit of communicating without telephone […] will find that communicating with the places established modes and rules of social contact in jeopardy." (Marvin 1990, 148) Über die neu zur Verfügung stehenden Technologien war es für Besitzerinnen und Besitzer privater Anschlüsse auf eine neue Art und Weise möglich, mit außerhäuslichen Lebensbereichen in Kontakt zu sein. Ebenso war die Zugänglichkeit zu den privaten Haushalten von außen leichter möglich als jemals davor, „[as] the telephone was the first electric medium to enter the home and unsettle ways of dividing the private person and family from the more public setting of the community". (Marvin 1988, 6)

Die Diffusion der neuen Technologie war insbesondere im Bereich der breiten Mittelklasse mit spürbaren Strukturveränderungen verbunden. Neue Netzwerke der Kommunikation hoben die Einbettung in eine weitgehend konsumorientierte Lebenskultur auf ein neues Niveau: „[It was] the notion of public convenience – a notion rooted in an increasingly mobile and atomized middle-class public – couples with an increasing sensibility of consumer entitlement no doubt contributed to a sense of the telefone's increasingly ubiquitous presence in the first decades of the twentieth century." (Sterne 2006, 198) Innerhalb der Familien sicherten die stets verfügbaren Leitungen in die Außenwelt erstmals das Gefühl einer kommunikativen Daueranbindung, die nicht ohne Auswirkung auf das Alltagsleben bleiben sollte. „Particular nervousness attached to protected areas of family life that might be exposed to public scrutiny by electrical communication. […] New forms of communication put communities like the family under stress by making contacts between its members and outsiders difficult to supervise." (Marvin 1988, 67; 69) Die Telefonie wurde deshalb auch nicht selten kritisch als ein kommunikatives Eindringen in die Privatsphäre der Familien erfahren, da nun jederzeit „Störungen" von außen möglich waren, zumal die neuen Apparate der Vernetzung auch über keine Ausschalttaste verfügten. „Telephone [was] an intrusion, a disrupter of existing patterns of communication in the communities of its earliest days". (Marvin 1990, 145) Für amerikanische Haushalte war es deshalb ab den 1960er Jahren nicht unüblich, dass Haushalte über Nebenstellenanlagen verfügten (vgl. Weber 2008, 229f), um damit auch wieder kommunikative Freiräume innerhalb der Familien schaffen zu können. Insgesamt wurde damit die Telefonie zu einem „exemplarischen Prüfstein technischen und sozialen Wandels" (Lange/Beck 1989, 146), der eine Adaption eingeübter Kommunikationsmuster des Alltagslebens notwendig machte.

In den städtischen Zonen führte die Integration der Telefonie in das Gefüge des Alltags zu einer Verdichtung zeitlicher wie räumlicher Strukturen und Alltagswahrnehmungen. Auch wenn zunächst der Zugang zum Netz überwiegend über Privat- und Geschäftsanschlüsse möglich war, sollte die Verbreitung öffentlicher Sprechstellen noch eine gewisse Zeit in Anspruch nehmen. Durch sie öffnete sich ein schneller Zugang zu einem Netz der Kommunikation auch für jene Schichten, die sich in dieser frühen Diffusionsphase keinen eigenen Anschluss leisten konnten, da es bis dahin nur vorwiegend ökonomisch besser Gestellten vorbehalten war, über einen privaten Zugang zu verfügen. Flichy weist in diesem Zusammenhang darauf hin, dass es anfangs ein Motiv vieler Unternehmer gewesen sei, sich – gewissermaßen als Verlängerung des Arbeitsplatzes mit telekommunikativen Mitteln – auch die Privatbereiche bzw. Urlaubsdomizile mit entsprechenden Telefonverbindungen auszustatten. Gerade diese Praxis soll anfänglich die Diffusion für die private Nutzung vorangetrieben und „den Zweck der Allgegenwart" der neuen Technologie gefördert haben. (Flichy 1994, 149) Zuerst war es aber überwiegend zu einer „kommunikativen Verstärkung des Nahbereichs" gekommen, die sich über „zahlreiche Telefonate zwischen Geschäfts- und Familienhaus, zwischen der ‚Herrschaft' und dem Dienstbotenpersonal, den Familienmitgliedern untereinander und mit Freunden der Familie" entwickelte. (Becker 1989b, 72) Diese Nutzungspraxis stützte schließlich auch ausschließlich der privaten Kommunikation vorbehaltene Nutzungsformen, zumal auch für diesen Sektor sinkende Kosten und Tarife den privaten Haushalten erleichterte, sich an das beständig wachsende Kommunikationsnetz anzuschließen. Zudem sorgten neue Marktanbieter mit entsprechenden Angeboten dafür, den Anteil der privaten Nutzerinnen und Nutzer sowohl in urbanen wie auch in ländlichen Gebieten beständig zu erhöhen.[304]

---

304 Wie in Europa wurde in den USA ab 1891 – nach dem Auslaufen der Bell-Patente – auch die Möglichkeit von Mehrfachanschlüssen angeboten, die noch bis in die 1920er Jahre die Mehrzahl der Telefonanschlüsse ausmachten. (vgl. Durham Peters 2000, 64) Die steigende Ausbreitungskurve vor 1900 hatte jedoch nicht nur mit dem Auslaufen der Patente Bells zu tun, sondern war auch auf den sich entwickelnden Geschäftszweig für Ferngespräche zurückzuführen. (vgl. Pierce 1981, 161)

7.3 Auf dem Weg in ein Netz mediatisierter Konnektivitäten

Auf der Ebene der alltäglichen Nutzungskulturen treffen wir auf neue Konsummentalitäten im Zusammenhang mit einer Technologie, die für den Eintritt in das neue „nervöse" Zeitalter durchaus charakteristisch waren. „In city and country alike, the telephone was creating a new habit of mind – a habit of tenseness and alertness, of demanding and expecting immediate results, whether in business, love, or other forms of social intercourse." (Brooks 1975, 118) Auf populärkultureller Ebene wurden die unterschiedlichen Aneignungs- und Nutzungsformen mitunter durch die Auflage von Postkartenserien popularisiert.[305] (vgl. Levinson 2004, 3ff) Integriert in ein Umfeld neuer technischer Errungenschaften, wie dem elektrischen Licht oder der Automobilisierung, war die Telefonie Teil jener Wandlungsprozesse, die in ein neues Zeitalter der Konnektivität wiesen. Neue Medien und Kommunikationstechnologien spielten somit generell eine zunehmend zentrale Funktion im Rahmen gesamtgesellschaftlicher Transformationsentwicklungen. Die unten stehende Grafik zeigt die Diffusionsentwicklung unterschiedlicher Technologien, die in Summe den Verlauf technokultureller Modernisierungsphasen abbildet. Die darin ablesbare Systemverwandtschaft der Telefonie mit der Automobilisierung zeigt sich dabei sowohl auf der Ebene der Individuen wie auch auf gesellschaftlicher Ebene.

"Like automobiles, telephones provided flexibility in movements, when assuming that most households and businesses are connected to the system. Also like automobiles telephones provide subscribers with personal autonomy and individualism […]. […] However, like automobiles, they have facilitated the suburbanization of population, services and production." (Kellerman 2006, 96f)

---

305 Darunter waren Sujets des Reisens („The Telephone Keeps The Traveler in Touch with Home") oder eine Reihe von Einsatzmöglichkeiten für die Telefonie, wie die Technologie als Hilfsmittel in Alltags- und Notsituationen heranzuziehen sei. („The Bell Telephone gives Instant Alarms", „A Doctor Quick By Bell Telephony", „The Bell Telephone Guards the Home by Night as by Day"). (vgl. Levinson 2004)

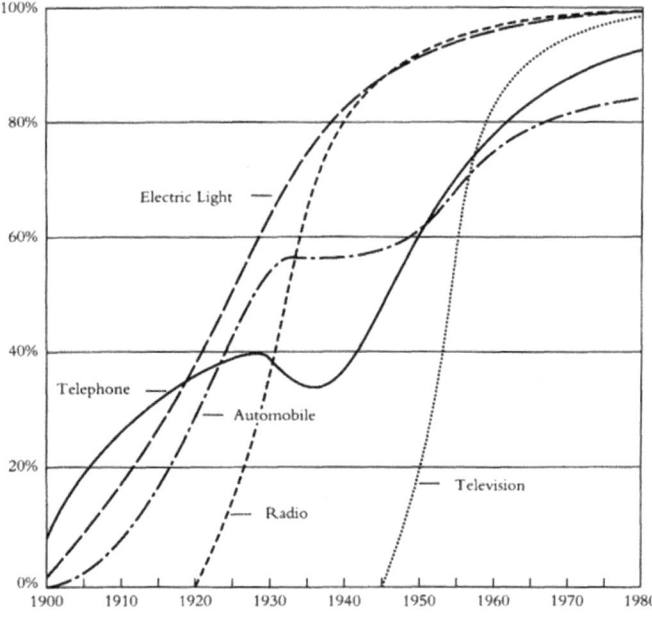

Abb. 19 Die Diffusion von Mobilitäts- und Konnektivitätstechnologien in US-amerikanischen Haushalten
Quelle: Fischer 1992, 22

Die Korrespondenz der Verlaufskurve des Fernsehens mit jener der Mobilität zeigt wiederum, wie sehr wir sie als Manifestationen zueinander in Beziehung stehender soziotechnologischer Prozesse betrachten können.

> "Both provide a material and a symbolic expression of something quite specific – the uniqueness of their technical arrangements and functions. [...] It is their systemic quality which is the key, a system which includes both objects and action, actors and structures, artifacts and values, all of which together are both determined [...] and determining [...]. [...] Whereas the car becomes the focus of mediation – cars are symbols and the objects of much symbolic and communicative work – television is constituted as a medium sui generis." (Silverstone 1994, 87)

Als einer in dieses Umfeld integrierten Technologie kam auch der Telefonie eine wichtige Funktion zu. Die Konsumpräferenzen waren aber an eine Reihe unterschiedlicher Erwartungen geknüpft. So wurde etwa in sozioökonomisch eher schlechter gestellten Gruppen der Erwerb eines (wenn auch nur gebrauchten) Autos der Vorzug gegenüber der Anschaffung eines Telefons eingeräumt, da mitunter die Sichtbarkeit der neuen Konsumgüter nach außen – ganz im Sinne der in der Domestizierungstheorie als „conversion" bezeichneten Aneignungsphase – eine Rolle spielte. „The automobile was (and is) much more noticeable and notorious than the telephone. In economic, political, and even mythic ways, the automobile was, by all appearances, more important." (Fischer 1992, 143) Die Vehikel der physischen Mobilität verfügten über ein höheres symbolisches Präsentations- und Distinktionskapital, einen Mehrwert, der sicherlich auch zu einer anfänglich schnelleren Verbreitung des Autos beitrug. Auch im Rahmen der Suburbanisierungsentwicklungen mag der Erwerb eines Autos gegenüber der Telefonie zunächst sicher im Vordergrund gestanden haben. (vgl. Fischer 1992, 264; Silverstone 1994, 63) Die neue Kommunikationstechnologie sollte in der Folge aber gerade in diesen Zonen wichtige Verbindungen zur Außenwelt sicherstellen, und – ähnlich wie das Fernsehen – im Wandlungsprozess einer „mobilen Privatisierung" (Williams 1975) für die Familien in den suburbanen Stadtzonen zu einer zentralen kommunikativen Infrastruktur werden.

Vergleiche zu anderen Ländern, wie sie etwa Kellerman (2006) vornahm, zeigen durchaus ähnliche Verlaufskurven hinsichtlich der Verbreitung von Telefonie und Automobilen, wobei – wie oben ausführlicher diskutiert – bezogen auf die Telefonie die USA, Kanada und Schweden zu den führenden Ländern zählten. Die Ähnlichkeit der Verlaufskurven zwischen den USA und Kanada zeigt zunächst einen Überhang für die Telefonie, der – jeweils mit Differenzen – zwischen den 1920er und 1950er Jahren (als Nachhall der Beendigung des Zweiten Weltkriegs) von der Automobilverbreitung unterbrochen wurde[306], um danach wieder von der Telefonie eingeholt und überboten zu werden.[307] „[So] it seems that physical mobility at large and individual mobility in particular were already shaped as American societal values in the late nineteenth century, as part of the frontier era and culture. [...]" (Kellerman 2006, 115) Ähnliche Muster zeigen, wenn auch zeitlich verzögert, die Diffusionsverläufe für Deutschland (mit dem Beginn des Überhangs der Tele-

---

306 „Though both, automobiles and telephones, were decribed for that [early] period as *sociability technologies*, used mainly for social purposes, cars were perceived as more empowering and changing lifestyles, whereas telephones at home were conceived more of a luxury, substitutable through public phones and other means." (Kellerman 2006, 115f)

307 Diese Entwicklung spiegelt die wichtigsten Phasen der Wirtschaftsentwicklung jener Jahre wider: „Prosperity in the mid-1920s; depression from 1920 into the mid-1930s; recovery until 1939; and war years until 1945." (Kellerman 2006, 115)

fonverbreitung gegenüber dem Auto erst Mitte der 1970er Jahre) und Frankreich (entsprechend Anfang der 1980er Jahre). (vgl. Kellerman 2006, 113ff) Fischer/Carroll kommen zu dem Befund, dass generell der Prozess der Kommerzialisierung die Verbreitung der Telefonie sowie jene der Automobilisierung in den urbanen Räumen der USA vorantrieb. (vgl. Fischer/Carroll 1988, 1172[308]) Darüber hinaus erklärt die „[...] weite Verbreitung der Eigenheimideologie [...], weshalb die Revolution im städtischen Nahverkehr derart rapide vonstatten ging." (Flichy 1994, 154) Insgesamt beginnt sich eine zunehmd mobilere Gesellschaft in ein urbanes und suburbanes Umfeld zu integrieren, indem die Notwendigkeiten bzw. Vorzüge des urbanen Lebens mit den gleichzeitigen Rückzugsmöglichkeiten in das Eigenheim eine Verbindung eingehen. Auto wie Telefon boten Mittel und Möglichkeiten der Etablierung und Aufrechterhaltung kommunikativer Verbindungen sowohl für private wie für geschäftliche Belange. Im Spannungsfeld zwischen Urbanisierung und Suburbanisierung wurde die Infrastruktur der Telefonie, wie sich das im Rahmen der Entstehung der Geschäftszentren in amerikanischen Großstädten zeigte, zu einem entscheidenden Faktor ökonomischer wie städtebaulicher Wandlungsprozesse.[309] Sola Pool spricht daher von einem dualen Charakter der Nutzungswirkung des Telefons.

"The telephone is a facilitator used by people with opposite purposes. [...] It served communication needs despite either the obstacle of congested verticality or the obstacle of distance; the magnitude of the opposed effects may differ from time to time, and with it the net effect. At an early stage, the telephone helped dissolve the solid knots of traditional business neighbourhoods and helped create the great new downtowns to new suburban business and shopping centers. [...] The same device at one stage contributed to the growth of the great downtowns and at a late stage to suburban migration. The same device, when it was scarce, served to accentuate the structure of differentiated neighbourhoods. When it became a facility available to all, however, it reduced the role of the geographical neighbourhood." (Sola Pool 1981, 141; 144)

---

308 In den ruralen Zonen verlief der Prozess dagegen differenzierter ab. „Well-off, independent farmers embraced both technologies before World War I [...]. At least, states with many such residents were relatively quick adopters. But states with many tenant farmers – heavily southern – were slow to adopt." (Fischer/Carroll 1988, 1172)

309 Die Etablierung dieser Verbindung ermöglichte der Geschäftswelt die Trennung von Produktions- und Verwaltungsstätten, und trug damit auch zum Aufbau kommerzieller Bürozentren in den Innenstädten bei. Deren architektonische Kernzellen, die in den US-Metropolen in verdichteter Form mit den Wolkenkratzern entstanden, waren wiederum nicht ohne eine Kommunikationsinfrastruktur wie dem Telefon möglich. (vgl. Sola Pool 1983, 42f)

7.3 Auf dem Weg in ein Netz mediatisierter Konnektivitäten

Ähnlich wie später das Fernsehen wurde das Telefon zu einem Vehikel jener „mobilen Privatisierung", die paradigmatisch für neue soziokulturelle Veränderung steht. „Rather private activities seemed to replace public ones. That development apparently preceded mass telephoning and driving, but may have been accelerated by both technologies." (Fischer 1992, 220) Im Prozess der Suburbanisierung brachte die Verschränkung von Telefonie mit individuell zugänglichen Formen des Transports neue Dynamiken sozialer und städtebaulicher Dimension hervor und wies auch der Lebenswelt der Arbeit einen neuen Platz innerhalb der Gesellschaft zu, da die beiden Lebenssphären mit Hilfe dieser Technologien leichter als je zuvor überbrückt und vernetzt werden konnten.

"[...] The individual motorcar and the telephone have actively aided suburban sprawl. [...] In the dynamic circumstances of recent times, especially in countries of advanced economy, the telephone has increased this spatial division of labor and society: the home could be more distant from the place of work, the office of a firm from its plant, the consumer from his supplier." (Gottmann 1981, 312)

Die Telefonie trug also auch dazu bei, materielle wie soziokulturell wirksame Grenzen zwischen städtischen wie auch ländlichen Zonen einzuebnen und neue Formen von Konnektivitäten zu etablieren. So kann es nicht verwundern, dass schon 1909 der damalige Monopolist AT&T das Bell-System, dessen Patente er besaß, als einen „Highway of Communication" (vgl. Fischer 1992, 255) anpries, als sich mit der Verschränkung von Mobilität und Kommunikation neue Formen der Vernetzung auszuweiten begannen.[310] „Telephony has grown with, rather than superseded, transportation." (Pierce 1981, 172) Beide Systeme ergänzten einander und schufen eine Infrastruktur, in der Mobilität und Konnektivität eine neue qualitative Allianz – als sich gegenseitig verstärkende Prozesse – eingingen. Schon 1933 hielten daher Willey/Rice fest: „The increased physical mobility between the city and the suburb made possible by improvements in transportation has its counterpart in the increased facility of point to point communication brought about by the telephone." (Willey/Rice 1933, 143) Es entwickelte sich also ein Netz, das für Individuen und Familien eine neue Form sozialer Integration in veränderten Wohnumfeldern bereithielt, aber auch neue Anschlussstellen an die Welt des Konsums anbot.

"[...] The combination of automobile and telephone created the possibilities for suburban and exurban living by providing mobility, safety, and community access. In

---

310 Auch Sterne erinnert an die Werbeslogans von Bell, die von einem „Highway of Speech" oder von einem „Clear Track" sprachen und damit Metaphern von Mobilität und Raum verbanden. (Sterne 2006, 211)

fact, the telephone system is a form of societal insurance; no one knows how many lifes are saved or injuries prevented by its reliability and speed of access to every kind of service and assistance. People moving to a new home unconsciously assume the service will be there on the day they settle in." (Boettinger 1981, 205)

AT&T-Werbekampagnen mit dem Slogan wie „touch someone" oder „keep in touch" versinnbildlichen den Übergang in neue soziale Verwendungspraktiken (vgl. Hörning 1990, 257[311]) und popularisierten damit tendenziell „weichere" Themen (vgl. Fischer 1992, 83) der Kommunikation. Im Zentrum werblicher Anstrengungen stand vielfach das Telefon als neuer Ersatz für face-to-face-Gespräche. (vgl. Sterne 2006, 265) Aber erst der sich entwickelnde Sprachfernverkehr in den 1920er Jahren hob den Anteil rein privater Gespräche gegenüber dem Gesprächsaufkommen für berufliche Belange deutlich an[312] (vgl. Flichy 1994, 151), in einer Phase, in der auch in Europa das Telefon zu einem weit verbreiteten neuen Kommunikationsinstrument wurde. Zudem wurden die Vorzüge der neuen Form technisch vermittelter Kommunikation im Rahmen von umfangreichen Werbemaßnahmen im populären Diskurs verankert und die Vielfalt der Einsatzmöglichkeiten präsentiert. Auch im Feld der Literatur hielt die neue Form der Kommunikation in den 1920er Jahren Einzug, „in denen die ‚telephonische Korrespondenz' sich endgültig aus der formelhaften Enge der militärisch geprägten Kaiserreichsrhetorik befreit und individuelle Kontakte ermöglicht[e]", zumal auch Möglichkeiten der individualisierten Aneignung, wie der Selbstwählverkehr, zunahmen. (Baumann 2000a, 32) Es wurde ferner nach neuen Formen der Integration des Telefons in soziale Settings gesucht, die bis dahin ohne diese neue Kommunikationsunterstützung ausgekommen waren. In großen Städten wie Berlin oder Hamburg kam sie als neue Attraktion in Abendlokalen und Restaurants in Form eines ausschließlich dafür eingerichteten Netzes mit Telefonapparaten an den einzelnen Tischen zum Einsatz, um damit den Gästen die Aufnahme der Kommunikation schmackhaft zu machen. So soll es in Mode gekommen sein, dass „wohlhabende Frauen Telefongespräche von Tisch zu Tisch

---

311 In Deutschland trugen – wenn auch mit zeitlich großer Verzögerung – Werbebotschaften der Bundespost wie „Ruf doch mal an!" dieser Entwicklung Rechnung. (vgl. Hörning 1990, 257) Die Zunahme der Nutzung des Telefons für soziale Zwecke sei – so Hörning – damit in Verbindung zu bringen, dass innerhalb der Familien die Nutzungshäufigkeit des Telefons der Frauen und Jugendlichen deutlich zunahm. Insbesondere wurde die höhere Nutzung des Telefons der Pflege soziale Kontakte – innerhalb wie außerhalb der Familie – zugeschrieben. (vgl. Hörning 1990)

312 Eine in populären Sujets immer wieder dargestellte Nutzungsvorstellung pries das Telefon als neue Verbindungstechnologie für Verliebte an. Eine Fülle an Postkarten verbreitete Illustrationen zu diesen neuen Form der Pflege von Verbindungen. (vgl. Baumann 2000a, 23f)

7.3 Auf dem Weg in ein Netz mediatisierter Konnektivitäten

führten". Nicht zuletzt waren Nutzungsarten wie diese dazu angetan, den „vorherrschenden Einwegcharakter des Mediums" zu sprengen. (vgl. Klaus 2007, 141) Abseits dieser Sonderformen und Spielarten standen für den Plan einer gesellschaftsweiten Verbreitung jedoch andere Nutzungsentwürfe im Vordergrund.

"Telephone salesmen from the 1880s to the 1920s praised the residential telephone for its utility in emergencies; that function is now taken for granted. They also claimed the telephone was good for shopping: that function persists ('let your fingers do the walking'), but never seemed too important to residential subscribers [...] Sociability, obviously an important use of the telephone today was ignored or resisted by the industry for almost the first half of its history." (Fischer 1992, 84)

Waren es – wie bereits an anderer Stelle erwähnt – zunächst insbesondere sozioökonomisch besser gestellte Gesellschaftsschichten, die sich mit der neuen Technologie ausstatteten, setzte mit fortschreitender Entwicklung eine Diffusion über breite Schichten hinweg ein. Eine soziale Differenzierung in der Telefonnutzung sollte sich „nicht mehr an ihrem Erwerb, sondern an der Art ihrer Handhabung" ablesen lassen. (Höflich 2000, 95) Als eine Technologie der Konnektivität trug die Telefonie über die Etablierung netzwerkförmiger Beziehungen zur Stärkung sozialer Bande bei und kreierte – als eine raumbasierte Technologie im Sinne von Innis – „communities of space: communities that were not in place but in space, mobile, connected over vast distances [...]". (Silverstone 1994, 93) Schon an der Wende zum 20. Jahrhundert zeichneten sich derartige „zentrifugale Effekte" mit der neuen Verbindungstechnologie ab, da direkte persönliche Kontakte vermehrt auch durch Verbindungen auf technisch vermittelter, also mediatisierter Basis, ersetzt wurden. (vgl. Ball 1968, 63) Ball nennt das eine „decentralization of relationships", die räumlich wie organisatorisch zu einer Ausdehnung technisch vermittelter „sozialer Netzwerke" zu Lasten direkter Kontakte führte. (vgl. Ball 1968, 67) „Americans by the 1910s and 1920s were using the telephone largely for sociability. [...] It is true for women more than men, the younger more than the older, and the garious more than the shy." (Fischer 1992, 253)

Im städtischen Bereich, v. a. in den suburbanen Zonen, wurde – wie oben bereits bei Becker angedeutet – die Telefonie vorwiegend zu einer Unterstützerin des unmittelbaren lokalen Zusammenhalts. (vgl. Fielding/Hartley 1989, 128) „Rather than building a new metropolitan community, the telephone was utilized to maintain or build smaller communities. [...] The telephone replaced the back fence and so was local in its influence. The frequency of local contacts was amplified primarily because of the habitual use of the telephone." (Moyer 1981, 365) Diese Entwicklung bestätigt auch Marvin, die insgesamt den Effekt des kommunikativen Zusammenhalts in den Vordergrund rückt. „[She] argues, that arrival of the telephone was a significant central issue of community identity in the possibility of reorganized communicative patterns." (Marvin 1990, 148) Die Telefonie förderte also vielfach die Entstehung und die Aufrechterhaltung bereits existierende Beziehungen auf einer mediatisierten Basis in zweifacher Weise. „The instrument also had a dual effect, fostering opposite tendencies at different times and in different ways. It tended at an early stage of its development to encourage the stabilization of ‚good' neighbourhoods and business districts and their separation from areas of decay."[313] (Sola Pool 1983, 45) Für eine bis dahin vermutlich wenig beachtete Nutzergruppe eröffnete sie neue Kommunikationschancen jenseits familiär gesetzter Einschränkungen. „The telephone was becoming the American teen-ager's entertainment, friend, and perhaps psychological necessity. […] [And] all in all, the telephone seemed to have been invented to serve the needs of this tense, educated, somewhat alienated first generation of the atomic and television age." (Brooks 1975, 256f)

Das Netz interaktiver Kommunikation wurde damit generell zu einem wichtigen „sozialen Netzwerk" innerhalb eines gesellschaftlich breit gefächerten Nutzungsspektrums. Es stärkte zunächst vorwiegend lokale Bande (vgl. u. a. Willey/Rice 1933, 153; Lange 1989, 26), in der Folge auch die Beziehungen über die weitere Ferne, verband unterschiedliche Lebenswelten auf eine neue Art und Weise und erleichterte bzw. veränderte damit familiäre Kommunikationsstrukturen. Es wurde zudem ein nützliches technologisches Hilfsmittel für eine ressourcensparende Koordination sozialer Interaktionen, da die schnelle Kommunikation über größere Distanzen hinweg zum Teil aufwändigere Transportwege ersetzte. (vgl. dazu u. a. Ball 1868, 68)[314] Es wirkte Prozessen sozialer Desinteraktion entgegen und ermöglichte eine neue Form des „psychologic neighbourhood". Damit traten mitunter „telefonische ‚Wahlverwandtschaften' […] an die Stelle der nachbarschaftlichen Bekannten- und Familienclans" (Lange 1989, 36f) und mediatisierte Kommunikationsbeziehungen

---

313 Im Bereich der Kriminalität zeigten sich ähnliche Muster: „The telephone became part of the pattern of both crime and law enforcement, affecting both. Criminals and policemen alike came to use the telephone, and it changed the way the did things. There even came to be special telephone crimes and telephone methods of enforcement." (Sola Pool et al. 1981, 139)

314 Gleichzeitig darf nicht außer Acht gelassen werden, dass die Erhöhung kommunikativer Konnektivität wiederum – gefördert durch verbesserte Strukturen der Mobilität – zu vermehrten direkten face-to-face-Kontakten führte und daraus zusätzliche Verkehrs- und Transportaktivitäten erwuchsen. (vgl. Rutter 1987, 10) Die angestiegene räumliche Zerstreuung von Familienstrukturen ließ etwa Ende der 1980er Jahre erstmals wieder den Anteil der Ferngespräche bei einem gleichbleibenden deutlichen Überhang ortsbezogener Gesprächsanteile überproportional ansteigen. (vgl. Maschke 1989, 99)

7.3 Auf dem Weg in ein Netz mediatisierter Konnektivitäten

ersetzten über die neue „soziale Nabelschnur" (vgl. Claisse 1989) direkte soziale Bande.

Cherry bringt zudem die Verbreitung der Technologie mit Effekten der Demokratisierung in Verbindung. Denn während bei Abwesenheit entsprechender Kommunikationsinfrastrukturen – so sein Argument – der Zusammenhalt von instabilen Gesellschaften oder Staaten nur durch entsprechend starke ideologische Systeme und rigide Erziehungsstrukturen gesichert werden könne, würden durch die Möglichkeit der direkten Konnektivität, die auf der Grundlage des Vertrauens auch in abstrakte Instanzen der Gesellschaft beruhen, Demokratisierungspotentiale gehoben. „A highly developed, two way communication service is an essential pre-requisite to any form of ‚democratic' state [...]. It is discourse, the conversational mode, which is needed; the telephone has made an immense contribution, not merely in the home but also in the functioning of our great institution." (Cherry 1981, 125) Er weist in der Folge zu Recht darauf hin, dass Möglichkeiten der interaktiven Kommunikation auch dazu beigetragen hätten, den durch klassische Medien wie Hörfunk oder Fernsehen mitunter aufgebaute Positionen politischer oder staatlich relevanter Autoritäten etwas entgegenzusetzen. Den Potentialen direkter Partizipation sei daher in diesem Zusammenhang ein zentraler Stellenwert beizumessen. Diese Einschätzung hängt freilich davon ab, inwiefern eine dialogisch orientierte Kommunikationsinfrastruktur die entsprechenden Freiheitsregeln gesetzlich auch absichert. Denn nicht ohne Grund bringt Cherry selbst auch die Frage von Durkheim ins Spiel: „How can it be that we feel more free, as the power of state has grown." (Cherry 1981, 124) Damit ist zumindest zum Teil jene Kritik vorweggenommen, die sich in diesem Zusammenhang aufdrängt. Denn gerade Kommunikationsnetzwerke wie die Telefonie bewiesen im Zuge der historischen Entwicklung, wie schnell sie auch zu Mitteln der Überwachung und Kontrolle in staatlich autoritären Systemen werden können.[315] Nur zu leicht lassen sich mit telekommunikativen Mitteln Freiheitspotentiale in ihr Gegenteil verkehren oder zum Zweck der Durchsetzung ökonomischer Interessen instrumentalisieren.[316] In

---

315 Schon um 1900 entstand die Idee, die Technologie für Zwecke der Überwachung zu verwenden. (vgl. Baumann 2000a, 51)

316 Auch Roesler warnt vor einer zu optimistischen Einschätzung, wie sie etwa auch von Derrida geteilt wurde, der dem Telefon eine demokratische Kraft zuschrieb. Roesler dazu: „Diese Diagnose halte ich für falsch. Kein totalitäres Regime ist wegen des Telefons zusammengebrochen oder wird deswegen zusammenbrechen. Im Gegenteil, das Beispiel DDR hat gezeigt, daß totalitäre Regime leicht alle Telefongespräche abhören können und dies auch hemmungslos tun [...]. Das Telefon kann kontrolliert werden und ist meines Erachtens nicht unbedingt als [wie das Derrida bezeichnet hat] ‚demokratische Durchgangsstätte' anzusehen." (Roesler 2000, 155f)

der Phase der stärksten Diffusion der Telefonie beklagten in den USA nicht wenige Publikationen den Niedergang des Konzepts von „Gemeinschaft", die durch die Herausbildung einer komplexeren und im Kern von weniger unmittelbaren persönlichen Kontakten dominierten „Gesellschaft" verdrängt würde.[317] „Writers discussed the growth of the city, the breakdown of the family, or some other aspects of this grand historical process, noted how the automobile or some other technical change led to it, and added (as an aside) ‚along with such other innovations as the telephone, the telegraph, or you-name-it'." (Sola Pool 1981, 147)

Insgesamt standen sich auf Ebene der Telefonie neue Möglichkeiten und Chancen wie auch Gefahren und Risiken gegenüber, die in Summe die Ambivalenz bestimmter Anwendungen und des Gesamtsystems als solches ausmachten. Fragen der (persönlichen) Sicherheit, Möglichkeiten der Überwachung oder Erodierungserscheinungen von Privatheit stellten sich auf der Ebene der Telefonie in einer neuen Form.[318] Ebenso sollte die Angst um die Verminderung direkter sozialer Kontakte und die Furcht um die Zerstörung familiärer Beziehungskulturen ein Thema werden.

Die Aneignungsformen der Telefonie innerhalb der Haushalte waren sowohl von technischen Vorbedingungen, sozialen Rahmenaspekten und jenen innerfamiliären Kommunikationsstrukturen abhängig, die Silverstone u. a. als die „moral economy of the household" bezeichnete. (vgl. Silverstone/Hirsch/Morley 1992) Diversifizierungen der Technologie führten innerhalb der privaten Refugien zu Flexibilisierungen in den Verwendungspraktiken und zu einer „Mobilisierung" der Telefonnutzung sowie neuen Regeln des Umgangs. Die Geräteentwicklung „läßt sich nicht zuletzt als schrittweise Befreiung des Körpers von der aufgenötigten Zuwendung lesen. Mit dem Tischgerät wurde die Platzierung des Apparats in einem gewissen, durch das bewegliche Kabel zwischen Wand und Gerät bestimmten Umfang variabel. Die Beweglichkeit des Apparats hob mit der absoluten Festlegung der Telefonierstelle im Raum zugleich die Vorgabe einer fixen Haltung beim Telefonieren auf." (Schön-

---

317 Diese Denkrichtung sei, so Sola Pool (1981, 147), um 1908 in den USA aus Deutschland rezipiert worden. Es dürfte dabei zu den Arbeiten Ferdinand Tönnies Bezug genommen worden sein, dessen Werk „Gemeinschaft und Gesellschaft" 1887 erstmals erschien und 1912 in einer zweiten Auflage herauskam. Tönnies formuliert bekanntlich den Übergang in die Moderne von „Gemeinschaft" – geprägt von kleinteiligeren Strukturen mit traditionellen Werten und Bindungen – zur „Gesellschaft" – mit verstärkter Individualisierung und rationalisierten Fragmentierungen von Beziehungen. (vgl. Green/Haddon 2009, 89)

318 Der voranschreitende technische Ausbau sollte neue Formen des Missbrauchs eröffnen: „An acute social problem involving telephones and their use […] began to be a serious matter in the middle 1960s. It was the use of telephones for the purpose of conveying abusive, obscene, or threatening messages to strangers, usually women." (Brooks 1975, 287)

7.3 Auf dem Weg in ein Netz mediatisierter Konnektivitäten 281

hammer 2000, 64) Anfänglich mussten sich ja die Nutzerinnen und Nutzer bei den Telefongesprächen über Wandtelefone nicht selten von ihrem innerfamiliären Kommunikationsumfeld abwenden, um ein Minimum der Konzentration auf das telekommunikative Gegenüber aufrecht zu erhalten. Erst neue Gerätetypen sollten diese Einschränkungen erleichtern.

> „Tischtelefone entkoppeln die Transtendenz des Sprechens und Hörens von der körperlichen Abwendung von der Umgebung. [...] Bei zweihändigem (‚amerikanischem') Telefonieren ist der Körper zwar auch noch deutlich durch die Technik gebunden, doch hat er sie zugleich – im Griff. [...] Das System tritt in den Hintergrund. Die Abwendung von Sprechen und Hören aus dem Umraum kontrastiert umso deutlicher mit der souveränen physischen Präsenz." (Schönhammer 2000, 65)

Zusätzliche Verlängerungsmöglichkeiten der Telefonkabel brachten sodann weitere Mobilitäts- und Flexibilitätsgewinne innerhalb der Haushalte. Erst mit der Einführung der Schnurlostelefone wurden die Telefoninfrastrukturen innerhalb der Haushalte vollständig mobilisiert und individualisiert, „traced by the ‚journey of telephone' in the household". (Morley 2007 unter Verweis auf Eliseo Veron, 204). Die Technikentwicklung war auf Geräteebene von einer kontinuierlichen Anpassung des Designs der Apparate an den jeweiligen Zeitgeist geprägt, denn die „Evolution des Telefons geht [...] nicht [allein] in der Entwicklung der Technik auf, sondern ist [...] auch ein gestalterisches Spiel von Synthese und Trennung, Formung und Arrangement von Komponenten bei einem gegebenen Stand der Technik: Design". (Schönhammer 2000, 78) Die Domestizierungsphasen waren also in ein Umfeld eingebettet, in dem jeweils neue Technikinnovationen neue Aneignungspraktiken evozierten, die in der Folge auch zu einer Veränderung familiärer Kommunikationsmuster führten.

In einer besonderen Weise gestaltete sich die Adaptierung der neuen Technologie in Randbereichen der Gesellschaft, wie das etwa im Fall der Amish Community in den USA der Fall war. Die Alltagsregeln dieser Gemeinschaft sahen einen strikten Schutz familiärer Familienstrukturen vor und standen für eine enge Bindung an natürliche Lebensformen und eine unbedingte Ausrichtung am Geist des Prinzips der „Gelassenheit". Demzufolge stand man auch neuen Technologien wie Radio und Fernsehen und erst recht interaktiven Kommunikationstechnologien grundsätzlich ablehnend gegenüber. „Telephone use decontextualized communication from the Amish community and decontextualized the Amish communicator. [...] The order of community had to be preserved, even if the cost was the loss of some of its events." (Zimmermann Umble 1992, 190) Die Verweigerung, in ihren Haushalten die Telefonie als neues Kommunikationsmittel zuzulassen, trug sogar zu einer im Jahr 1910 vollzogenen Spaltung innerhalb der Amish-Community bei, im Zuge derer sich etwa 1/5 der Mitglieder von der Gemeinschaft trennte. Erst Mitte der 1930er Jahre kam es in der Community zu einer teilweisen Adaptierung der neuen Technologie, als eigens für die Telefonie vorgesehene Häuser eingerichtet wurden. Diese streng von den Wohnhäusern getrennten „community phones" wurden etwa von sechs Familien geteilt und waren vorwiegend nur für Anrufe „nach draußen" gedacht. „[The] ‚community phone' [...] represent the Amish' attempt to protect their home from interruptions. They say that home phones would ‚spoil' the natural rhythm of family life. [...] They feel that it helps maintain the family unit by eliminating the temptation to participate in activities outside the home." (Zimmermann Umble 1992, 190f) Diese bei den Amish People entwickelte Form der Aneignung stellt jedoch – neben hier unberücksichtigt gebliebenen speziellen soziokulturellen Nischen – eine Ausnahme dar. Die klassischen Muster der Integration der Telefonie in die Alltagskulturen und Lebenswirklichkeiten der Menschen verliefen ansonsten durchaus homogen und in ähnlichen Verläufen.

Das Prinzip der Verbreitung selbst baute seinerseits sehr stark auf dem Muster der Netzwerkbildung auf. Der Verlauf des Wachstums über den Austausch sozialer Kontakte ließ die Telefonie rasch wachsen und zu einem ersten „sozialen Medium" noch vor der Digitalisierung werden.

"It was the exchange principle that led to the growth of endless new social organizations, because it offered choice of social contacts, on demand, even between strangers, without ceremony, introduction, or credentials, in ways totally new in history. The exchange principle led rapidly to the creation of networks, covering whole countries and, since World War II, interconnecting the continents." (Cherry 1981, 114)

Schon Theodore Vail, zweimaliger Direktor von Bell bzw. der späteren AT&T (1885-1889, 1907-1919) wusste – nicht zuletzt als vehementer Verfechter einer Monopolidee (vgl. Brooks 1975, 143) – um die Netzwerkeffekte der Telefonie. „The telephone became an extension of itself in America more than anywhere else because Vail perceived that its utility was a function of its ubiquity: the more people had the telephone, the more valuable the service would be." (Mayer 1981, 226) Das seitens der Bevölkerung stark vorherrschende Bedürfnis, sich in ein öffentlich verfügbares Verzeichnis eintragen zu lassen, förderte die Wirkung des Netzwerkeffekts zusätzlich. „It was the introduction of the telephone exchange principle and the growth of the network that finally converted Graham Bell's invention from a toy into a social instrument of immense organizational and economic power. The network served both the domestic and economic spheres of usage, in changing ratio, as time passed." (Cherry 1981, 116) Die Geschwindigkeit des Prozesses und die zunehmende Verdichtung der Struktur hingen wiederum stark mit Fragen der Gebührenpolitik, den infrastrukturellen Rahmenbedingungen und eben den

7.3 Auf dem Weg in ein Netz mediatisierter Konnektivitäten

Konstellationen institutioneller Akteure sowie den jeweils herrschenden Marktbedingungen zusammen. Die Dynamik der Netzwerkbildung traf dabei auf soziale Netzwerkmuster, die hinsichtlich der städtischen oder ländlichen Struktur jeweils spezifisch ausgebildet waren. „In villages networks tend to be overlapping, comprehensive, and in that sense closed, whereas in cities they are non-overlapping and open-ended. Such open ended networks complement other tendencies of urban life toward variety, diversity of interests, and pluralistic standards and styles." (Keller 1981, 283) Hinsichtlich ihrer jeweils spezifischen Ausrichtung und spezifischen Verortung dürften sich diese beiden Netzwerkformen schließlich auch ergänzt haben. Der Vernetzungsgrad war zudem mit einem Gewinn an Freiheit für das Individuum verbunden. Anders, als dies in der oben erwähnten Sozialstruktur der Amish-Community der Fall ist, hängen Effekte des Netzwerkwachstums auch mit Freiheitsgraden für individuelle Netzwerkbildungen zusammen und vergrößerten entsprechend die Reichweite sozialer Beziehungen.[319] „It is very much through the extensive network of communication in industrial countries […] that enable us to feel ‚free' as individuals, though knowing, that we are socially constrained. Liberty rests not only on a foundation of defined authority but also upon the operation of a two-way communication service." (Cherry 1981, 124) Und mit den Möglichkeiten des leichteren individuellen Zugriffs verfügte die Telefonie über einen Vorteil gegenüber ihren Vorgängertechnologien. Damit wurde das Telefon als Medium sofort herstellbarer Konnektivität integrierter Teil einer sich wandelnden Alltagskultur, die besonders in urbanen Gebieten mit hohen Flexibilitäten und sich diversifizierenden Lebensformen verbunden war.

Vor diesem Hintergrund stellt sich die Entwicklung des Telefonsystems auch als charakteristisches Infrastrukturmerkmal für gesellschaftliche Modernisierungsentwicklungen dar. (vgl. Reimann 1990, 173) Denn ohne diese Infrastruktur könnten wir nach Schramm nicht von einer Informationsgesellschaft sprechen, „[for] it is the indispensible terminal for access to the network world".[320] (Dordick 1989, 223) Der direkte ökonomische Einfluss der Telefonie auf die Gesamtwirtschaft sei nach Cherry sogar höher einzustufen, als das für klassische Medien wie Tageszeitungen und Fernsehen angenommen werden könne. (vgl. Cherry 1971, 137) Das

---

319 Willey/Rice sprachen bezeichnenderweise bereits 1933 von der Einzelperson als „terminal point for each of the various agencies of point to point communication. […] He is always able, because of the network of facilities converging upon him, either to send or receive communications as needs arise." (Willey/Rice 1933, 152)

320 Dordick hebt in diesem Zusammenhang hervor, „[that] the late Wilbur Schramm called the telephone the most modern of information technologies, since it can perform those very functions sought by the newer information technologies: interactivity, easy to use, inexpensive, inordinatly flexible, and ubiquitous." (Dordick 1989, 223)

Netzwerksystem der Telefonie ergänzte damit das System der sich entwickelnden Massenmedien Radio und Fernsehen in einer komplementären Weise, wobei die neue Kommunikationstechnologie im Vergleich zur Verbreitung klassischer Massenmedien durchaus auch Verzögerungsphasen hinzunehmen hatte.[321] Mit der Etablierung direkter Konnektivitätsverbindungen zwischen den unterschiedlichen Lebens- und Arbeitsfeldern etablierte sich eine neue Stufe der Mediatisierung. Die Räume der Privatheit wurden sowohl für die klassischen Massenmedien zum zentralen Zielort ihrer massenmedial verbreiteten Offerte wie auch zu neuen Knoten im Netz interaktiver Kommunikationssysteme. Mit dieser Stufe ist der Übergang in eine Mediatisierungsstufe erreicht, die auch das soziale Rahmenmodell der „mobilen Privatisierung" um eine weitere Dimension ergänzt. Denn nicht mehr nur massenmediale Kanäle und Technologien schaffen eine Anbindung an die „Außenwelt", auch neue Anschlüsse an ein interaktives System der Kommunikation vernetzen die Haushalte auf eine neue Art und Weise mit ihrem Umfeld. Zudem verstärken sich auf dieser Stufe erneut Prozesse der Individualisierung und Globalisierung sowie Effekte der Beschleunigung von Kommunikationsprozessen.

---

321 So kann etwa für Deutschland erst Ende der 1960er Jahre/Anfang der 1970er Jahre von einer steigenden Diffusionsentwicklung gesprochen werden. (vgl. Ropohl 1989, 78) Noch zur Jahreswende 1962/63, als immerhin schon 34 % der Haushalte über ein Fernsehgerät verfügten, konnten erst 14 % der Haushalte – und da v. a. jene mit einem höheren Einkommen – auf einen Telefonanschluss verweisen. Die 50 %-Marke konnte aber schon 1973 erreicht werden. Erst 1983 verfügte der Großteil der Haushalte über ein Telefon (vgl. Ropohl 1989, 78), zehn Jahre danach waren knapp 90 % der Haushalte mit einem Telefonanschluss versorgt. (vgl. Bräunlein 1997, 51). Die Vernetzung der Telefonie auf internationalem Niveau sollte ebenfalls in den 1960er Jahren einen großen Schritt vorankommen. Nachdem 1963 die ersten geostationären Satelliten im All positioniert worden waren, ging schließlich 1995 Intelsat I für die kommerzielle Nutzung in Betrieb. Der auch als „Early Bird" bezeichnete Satellit war immerhin in der Lage 240 Telefongespräche oder zwei Fernsehprogramme gleichzeitig zu übertragen. (vgl. Wessel 2000, 27)

Phase	Technologie	Medium/Infrastruktur	Phänomene
Mediatisierungsstufe 1	Drucktechnologie	Buch, Zeitungen, Zeitschriften	Kollektive und individualisierte Aneignungsformen
Mediatisierungsstufe 2	Fixe und mobile Vernetzung	Drahtgebundene optische und elektrische Telegrafie, drahtlose Telegrafie	Beschleunigung, Nationalisierung, Transnationalisierung, Globalisierung, kommunikative Mobilität
Mediatisierungsstufe 3 (primäre Konnektivität)	Fixe und mobile Vernetzung	Telefonie, Verkabelung klass. Medien, beginnende Konvergenz	Kommunikative Mobilität, Vernetzung, Globalisierung, Individualisierung, Beschleunigung

Abb. 20 Mediatisierungsstufen im historischen Kontext III
Quelle: eigene Darstellung

Auf der damit erreichten Stufe erweiterte also die Telefonie das bis dahin entwickelte Spektrum der Mediatisierung um zentrale neue Qualitäten der Vernetzung und Interaktion. Mit zunehmender Verbreitung dieser Innovationen traten zugleich hohe Gewöhnungseffekte ein (vgl. Schabedoth u. a. 1989, 103), wobei steigende Möglichkeiten der Erreichbarkeit sowohl im Privatbereich wie auch in anderen Lebensfeldern mitunter auch als freiheitseinschränkend erlebt wurden. (vgl. Singer 1981, 2) Ball sprach vom Telefon als einem „ubiquitous and central mode of communication" (Ball 1968, 59) und unterstrich damit die Allgegenwart einer neuen Kommunikationsinfrastruktur, die auch als „irresistible intruder in time or place" wahrgenommen werden konnte. (McLuhan zit. in Ball 1968, 64) Mit der Mobilisierung der Telefonie sollten sich diese Tendenzen weiter intensivieren.

7.4 Die Mobilisierung der Telefonie

Im folgenden Abschnitt gilt es nun auf Entwicklungen der Übergangsphase in die mobile Telefonie einzugehen. Auf dieser Ebene spitzen sich eine Reihe im Kontext der klassischen Telefonie eingeführter Kommunikationsphänomene weiter zu und es bilden sich neue Mediatisierungsformen heraus, die von nun an deutlich in die Dauervernetzung des Menschen streben. Auch diese technokulturelle Entwicklungslinie kennt ihre historischen Vorläufer und frühen Technikvisionen. Es wird daher im folgenden Abschnitt noch einmal mit einem Rückblick in die Geschichte der Konnektivität dem Übergang in die weitere Technikgenese der mobilen Vernetzung gefolgt.

7.4.1 Vorstufen mobiler Konnektivitäten

Die Möglichkeiten der Herstellung technisch vermittelter Konnektivitäten, wie sie auf Innovationen der Elektrizität, der Leitungstechnologien sowie auf Neuerungen auf dem Gebiet des Magnetismus aufbauen sollten, ließen sich Ende des 19. Jahrhunderts zunächst in visionären, populärwissenschaftlichen Darstellungen erkennen. 1877 waren im englischen Satire-Magazin „Punch" bereits Visionen über den alltäglichen Einsatz der Telefonie vorgestellt worden (vgl. Weber 2009, 295), und ein Jahr darauf zeigte die Zeitschrift den Erfinder Edison mit seinem „Telephonoscope", einem technischen Hybrid zwischen Fernsehen und Telefonie, der bereits über interaktive Elemente gleichzeitiger Bild- und Tonübertragung verfügte. (vgl. Steinmaurer 1999, 71) Wenig später (1880) präsentierte man in einer Illustration das Bild eines tragbaren Fernsprechapparats „bei dem sich ‚durch eleganteste Konstruktionsformen [...] Praxis und Ästhetik' in gefälliger Weise verbinden und der [...] jedem Salon oder Boudoir der Damen sowie dem Privatkontor des ‚Bureauchefs' als Zierstück dienen könnte." (Baumann 2000a, 22). Diese Entwürfe über zukünftige Medientechnologien waren in einer Zeitphase erschienen, „welche die konkrete Eroberung des Raums zu einer ihrer Hauptaufgaben macht[e]" (Weber 2009, 305) und in der auch an den konkreten Innovationen in den Labors der Technikentwickler gearbeitet wurde.

In der Science-Fiction-Literatur des ausgehenden 19. Jahrhunderts wurden von Albert Robida (1883) oder Jules Verne (1895) zukünftige Anwendungen des Telefons in Technikvisionen dargestellt, in deren Rahmen sehr frühe Visionen von Medienkonvergenz ersonnen wurden. Während Jules Verne in seinem Band „Die Propellerinsel" von „telephotischen" Apparaten sprach, die Ton und Bild übertragen konnten (vgl. Flessner 2000, 30[322]), stellte sich Robida (schon 13 Jahre davor) für die kommenden Zeiten in seinem Zukunftsroman „Le Vingtième Siècle" (1883) die Applikation der Bildtelefonie als konvergente Medienapplikation zwischen

---

[322] Weber (2009, 298) berichtet von einer weiteren Publikation Jules Vernes über das Telefon aus dem Jahr 1892 mit dem Titel „Le Château des Carpathes". Und Didier de Chousy spricht etwa im Roman „Ignis" 1883 von einem „téléchromophotophonotétroscope". (vgl. Weber 2009, 298)

7.4 Die Mobilisierung der Telefonie

Telefonie und Fernsehen vor[323] und hielt Anwendungen wie die „Telefonzeitung", die für die Verbreitung von Nachrichten zur Verfügung stehen sollte, für eine plausible Innovation. (vgl. Baumann 2000b, 126f) Darüber hinaus dachte Robida – offensichtlich inspiriert von einem 1881 von Clément Ader vorgestellten „Theatrophon" (vgl. Weber 2009, 299) – an die Möglichkeit der Verbreitung nicht nur von Nachrichten, sondern auch an die Übermittlung von Hörspielen über das Telefon sowie an die Idee der Integration der interaktiven Telefonie bei der Übertragung von Fernsehbildern aus einem Theater. (vgl. Leclerc 1978, 82) Die Zugänglichkeit zu diesem interaktiven Dienst sollte für alle Menschen über Straßentelefone an öffentlichen Orten mit individuellen Zugangsformen sichergestellt werden. Daneben war auch schon an die unmittelbare Kopplung von Mobilität und Telefonie in Form von Telefongesprächen aus Zügen gedacht worden (vgl. Leclerc 1978, 84) und damit „Paradigmen der Simultaneität und der Ubiquität assoziiert". (Weber 2009, 310) Der „Scientific American" sah die Zukunft der Telefonie mit weit reichenden Veränderungen für die Gesellschaft verbunden: Er vermutete,

"nothing less than a new organization of society – a state of things in which every individual, however secluded, will have a call to every other individual in the community, to the saving of no end of social and businesses complication, of needless goings to and fro, of disappointments, delays, and a countless host of those great and little evils and annoyances which go so far under present conditions to make life laborious and unsatisfactory". (Scientific American, 10.1.1880, "The Future of the Telephone" zit. in Marvin 1988, 242)

1910 sah der Autor Robert Sloß das individualisiert verfügbare drahtlose „Telefon in der Westentasche" in seinem Buch „Die Welt in 100 Jahren" voraus, als er die Bürgerinnen und Bürger des „drahtlosen Jahrhunderts" beschrieb, die „überall mit ihren Empfängern herumgehen, der irgendwo im Hut oder anderswo angebracht und auf eine der Myriaden von Vibrationen eingestellt sein wird, mit dem er gerade Verbindung sucht". (Sloß zit. in Arndt 2010, 216) Zukunftsvisionen wie diese zeugen von einer erstaunlich sicheren Voraussagekraft, treffen sie doch sehr präzise später real gewordene Situationen der Dauervernetzung auf dem Niveau mobiler und individualisierter Konnektivitäten. Die unten dargestellten Visionen zur Idee einer öffentlich zugänglichen Telefonzelle der Zukunft, dem „télé", bauen auf der

---

323 Der englische Fernsehpionier John Logie Baird, dem es in den 1920er Jahren gelang, die ersten Fernsehbilder in Großbritannien zu demonstrieren, war sich darüber im Klaren, „[that] „seeing by telephone' would follow naturally from ‚hearing by telephone'." (Baird zit. in Briggs 1981, 47)

Grundidee einer interaktiv ausgerichteten Vernetzung für die mobilen Menschen im öffentlichen Raum auf.

Abb. 21 Visionen der Tele-Konnektivität im öffentlichen Raum
Robidas „cabine telephonoscopique" aus 1883, seine Idee zur Telefonie in der Öffentlichkeit und Vision aus den 1930er Jahren zur Zukunft der Telefonie im Jahr 2000
Quelle: Frewin 1974, 30; Päch 1983, 140

Vor dem Hintergrund der damals noch offenen Entwicklungspfade kann für diese Phase die Telefonie durchaus noch als eine „halbe Erfindung" gelten.[324] (vgl. Flessner 2000, 31) Denn nachdem mit dem Hörfunk ein neues Medium schon sehr früh zu

---

324 A. A. Campell Swinton, ein Erfinder im Kontext früher Fernsehinnovationen, sah wiederum das Fernsprechen als wesentliches Ziel der Fernsehentwicklung an. (vgl. Flessner 2000, 32f)

7.4 Die Mobilisierung der Telefonie

seiner „medialen Form" gefunden hatte, „wurde das Fernsehen nun nicht mehr länger nur als technische Vervollkommnung des Telefons, sondern als (visuelle) Alternative zum Hörfunk gesehen". (Flessner 2000, 34) Die Telefonie fand, wie oben dargestellt, nach Erprobung unterschiedlicher technokultureller Entwicklungsvarianten und der Verfestigung der Rundfunktechnologie als unidirektionales Massenmedium zu ihrer medialen und technischen Form als eine Kommunikationstechnologie für interaktive Sprachkommunikation. Ihre Weiterentwicklung als mobile Applikation sollte sich über den Entwicklungspfad der drahtlosen Telegrafie als neue Anwendung einer ortsunabhängigen Herstellung von Konnektivitäten ergeben.

Die technische Innovation von der Funk- zur interaktiven Sprachkommunikation stellte – wie an anderer Stelle ausführlicher erörtert – einen nächsten entscheidenden Entwicklungsschritt dar, auf dessen Basis schließlich die Mobilfunktechnologie ihre weiteren Innovationsphasen aufbauen konnte. Stützen konnten sich die Ideen, über Distanzen hinweg ohne Drahtverbindung Informationen auszutauschen, auf zahlreiche Experimente, die Ende des 19. Jahrhunderts im Kontext der Lichttelefonie, der drahtlosen Induktionstelegrafie und der elektrostatisch basierten Telefonie unternommen wurden.[325] (vgl. Völker 2010, 167f) Besonders die 1890er Jahre waren von intensiven Arbeiten an der Idee der drahtlosen Übertragung auf der technischen Basis von Radiowellen geprägt, waren doch der Rundfunk und die drahtlose Telefonie damals „noch verschwisterte"[326] (Völker 2010, 191) Technologien.[327] Eine

---

[325] Einen wichtigen Beitrag zur drahtlosen Telefonie lieferte u. a. auch Alexander Graham Bell, dem 1880 mit seinem Lichttelefon, einer später als „Radiophon" bezeichneten Apparat, eine auf Lichtwellen basierte Übertragung gelang. An der drahtlosen Induktionstelegrafie für Züge arbeitete wiederum Thomas A. Edison, der diese zwar 1887 technisch realisierte, seinen Dienst aber aus Mangel an Nachfrage wieder einstellen musste. Neben Bells „Photophon" gelang dem Amerikaner Amos Emerson Dolbear 1879 ein auf der Elektrostatik aufbauender Apparat für die kabellose Übertragung einer menschlichen Stimme. (vgl. Völker 2010, 169f)

[326] So war für die Idee der Verwendung der Radio-Telefonie und Radio-Telegraphie in den USA die Abkürzung „Radio" eine gebräuchliche Bezeichnung. (vgl. Völker 2010, 192)

[327] So soll im Jahr 1892 dem Amerikaner Nathan B. Strubblefield eine über 800 Meter reichende drahtlose Telefonübertragung gelungen sein. Darauf aufbauend reichte er 1907 das Patent eines „Wireless Telephone" ein, mit dem er beabsichtigte, die Telefonie in Kombination mit Transporttechnologien zu realisieren. Neben anderen Arbeiten standen schließlich insbesondere die Namen Nikola Tesla, Guglielmo Marconi und Reginald Fessenden für die wichtigsten Innovationen im Forschungsumfeld zur Nutzung von Radiowellen. (vgl. Völker 2010, 178ff) Fessenden war 1906 die erste Rundfunkübertragung gelungen, Marconi schaffte schon fünf Jahre zuvor, 1901, die Überquerung des Atlantiks mittels eines gefunkten Zeichens und Nicola Tesla lieferte mit der Verwendung von elektromagnetischen Wellen von wechselnder Hochfrequenz einen wichtigen Beitrag für die weitere Entwicklung der mobilen Telefonie. (vgl. Völker

klar strukturierte Abfolge von Innovationsverläufen zeigte sich bei der anderen Schwester- bzw. Vorgängertechnologie der Telefonie, der Telegrafie. Denn wie dort „der Telegraph dem Telefon vorausging, entstanden zunächst mobile Telegraphen und erst danach mobile Telefone". (Völker 2010, 242)

An Vorahnungen mit Bezug auf die Möglichkeiten der mobilen Konnektivität mangelte es – wie oben gezeigt – jedenfalls nicht. So sah etwa die Weiterentwicklung der Funktelegrafie zur Aufnahme interaktiver mobiler Sprachverbindungen Ende des 19. Jahrhunderts nach dem Konzept des englischen Physikers W. E. Ayrton folgendermaßen aus: „Einst wird kommen der Tag [...] wenn Kupferdrähte [...] nur noch in den Museen ruhen, dann wird der Mensch, der mit seinem Freund sprechen will und der nicht weiß, wo er ist, mit elektrischer Stimme rufen." (Ayrton zit. in Baumann 2000b, 126) Ähnlich wie in dieser Vorahnung wurde an der Wende zum 20. Jahrhundert immer wieder auch die Idee der ortslosen Dauervernetzung – etwa in Form der „pocket wireless" (angedacht für den Einsatz in Flugzeugen) (vgl. Völker 2010, 239) – thematisiert und mit ihr schließlich auch in der unmittelbaren technischen Entwicklungsarbeit experimentiert. Die konkreten Innovationsschritte der mobilen Telefonie waren dabei selbst stets eng an die Verbreitung der Transportmittel gebunden. 1910 experimentierte der Schwede L. M. Ericsson mit dieser Technik-Kopplung, indem er eine an ein Automobil gebundene Anlage mit Festnetzleitungen über Land verband. Dabei musste er allerdings für den Aufbau der Kommunikation die Phase der Mobilität selbst noch unterbrechen und anhalten.[328] (vgl. Agar 2003, 19; 10)

2010, 187) Tesla träumte 1920 von einer mobilen individualisierten Medientechnologie, die, sollte sie denn umgesetzt werden, die ganze Welt in ein riesiges Gehirn verwandeln würde. (vgl. Völker 2010, 197) Damit nahm er schon sehr früh Überlegungen vorweg, die uns viel später in systemtheoretisch inspirierten Überlegungen zur Entwicklung des Internets wieder beggenen sollten.

328 Vorahnungen von Applikationen dieser Art zeigte etwa der in den USA erschienene „Western Electrician", der ein mobiles, in ein Auto integriertes Telegrafiesystem vorstellte. Erste konkrete Entwicklungen in diesem Bereich sollen beginnend mit den späten 1890er Jahren einerseits durch Marconi – „[who] is credited with the first mobile car radio" – und in der Folge 1909 von der US-Armee gemacht worden sein. (vgl. Goggin 2006, 24) Eine ähnliche Version wie Ericsson erdachte im Jahr 1908 der Amerikaner A. F. Collins, der ebenso wie sein schwedischer Erfinderkollege die Systeme der Mobilität und Kommunikation zu verbinden trachtete. In eine konkreten Umsetzung gelangten Applikationen, die das Automobil und – wenn auch nicht wirklich mobile – Telefonie verbanden, zu allererst bei der Streifenpolizei der Stadt Detroit. In dieser Version konnte zwar mobil eine Information empfangen werden, der Rückruf musste aber erst nach Verbindungsaufnahme mit Festnetzleitungen erfolgen. Eine im Zustand der Mobilität auch mögliche Rückrufoption konnte erst mit einem „Zwei-Wege-Radio"-System von Motorola verwirklicht werden, das 1928

7.4 Die Mobilisierung der Telefonie

Eine andere Kopplung von mobiler Kommunikation an das System des Transports erschloss sich mit dem System der Eisenbahn, als 1922 in Chicago ein System der „Radio-Telefonie" eingeführt wurde. (vgl. Völker 2010, 247) Keine vier Jahre später wurde in Deutschland die drahtlose Zugtelefonie in zehn Schnellzügen zwischen Berlin und Hamburg als „öffentlicher beweglicher Landfunkdienst" implementiert.[329] Die vorliegenden Zahlen aus den ersten beiden Betriebsjahren berichten von rd. 40 Gesprächen, die täglich im mobilen Betrieb zwischen Hamburg und Berlin geführt wurden.[330] (vgl. Gold 2000, 77f) Die erste drahtlose, kommerziell operierende telefonische Verbindung im Bereich der Schifffahrt, für die die Funktelegrafie eine bereits enorm wichtige Kommunikationsinfrastruktur darstellte, wurde am 8.12.1929 in Betrieb genommen.[331] (vgl. Willey/Rice 1933, 147) All diese Versuche und Frühentwicklungen der „Mobiltelefonie" mussten noch ohne die heute übliche Zellulartechnik auskommen und funktionierten auf der Basis von Radiowellen, die zudem noch keine unmittelbare direkte Interaktivität erlaubten.[332] Nicht zuletzt

---

erstmals eingesetzt wurde (vgl. Völker 2010, 243ff). Damit „konnte Sprache zwar sowohl gesendet als auch empfangen werden, dennoch waren die ersten ‚Motorolas' bzw. ‚Walkie-Talkies' Radios und keine Telefone: das gleichzeitige Sprechen war nicht möglich und die Verbindungen waren nicht gerichtet". (Völker 2010, 246) Die Möglichkeit einer wirklich mobilen interaktiven Telefonie war schon allein deswegen unmöglich, weil es noch kein Funknetz gab, das gerichtete Gespräche in der Mobilität zugelassen hätte. (vgl. Völker 2010, 249)

329 Buschauer verweist in diesem Zusammenhang auf Telegrafieversuche aus fahrenden Zügen aus dem Jahr 1845 auf der Strecke der Taunus-Bahn. (vgl. Buschauer 2010, 267) Und niemand geringerer als Thomas A. Edison gründete 1875 die erste in Zügen übertragbare Zeitung, den „Grand Truck Herald", die als eine „durchaus mobile Medientechnologie" bezeichnet werden kann. (Völker 2010, 169)

330 Technisch funktionierte die Kommunikation auf der Basis von Langdrahtantennen, die von den Zugdächern aus eine Verbindung zu den Telegrafenleitungen über Langwellen entlang der Bahntrasse herstellten. (vgl. Gold 2000, 79) In den USA wurden „Musik und Gespräche in den fahrenden Zügen" übertragen. (Becker 1989a, 24)

331 Die Versorgung der Passagiere auf hoher See mit medialen Informationen sollte ein Jahr später gelingen, als die Seite einer New Yorker Zeitung von RCA-Communications auf einen Ozeandampfer übermittelt wurde. (vgl. Willey/Rice 1933, 147)

332 Mitrea qualifiziert die Unfertigkeit dieser Frühform (sie spricht von einem „first avatar dispositif") „of radio spoken communication [as] unstable and immature. Because the usage frame was unilateral, communication indirect, technical mobility imperfect, and the user himself/herself limited as a category, this early dispositif failed to consolidate the theoretically born mobile communication and to construct communicative mobility. [...] All in all, in this phase, technical imperfections and various social and economical constraints hindered the consolidation of a true mobile communicative structure in the dispositif." (Mitrea 2006, 34) Zur näheren technischen Erläuterung vgl. Mitrea 2006, 34.

deshalb sei aus technischer Sicht „der Urahne des Mobiltelefons nicht das Telefon, sondern das Radio", und mobile Medien der ersten Stunde in diesem Sinn auch „Zwei-Wege-Radios". (Völker 2010, 14)

Alle hier angeführten Vorentwicklungen sollten durch die Zäsur des Zweiten Weltkriegs zunächst gestoppt werden, wurden die entsprechenden Kommunikationstechnologien doch sehr rasch in vielen Ländern in den Kontext der Militärtechnologien integriert und innerhalb dieses Entwicklungsumfelds weiter innoviert. Noch vor dem Wirksamwerden dieser Zäsur versuchte man jedoch im nationalsozialistischen Deutschland mit technischen Neuerungen rund um die Telefonie Aufmerksamkeit zu erreichen. Eine damals völlig neue Applikation, die Bildtelefonie, wurde am 1.3.1936 – aus den gleichen Gründen wie ein Jahr zuvor das Fernsehen – gestartet: Man verfolgte damit das Propagandaziel, mit Technikinnovationen international zu reüssieren und Deutschland als Land moderner Ingenieursentwicklungen zu inszenieren.[333] Die im Rahmen der Bildtelefonie tatsächlich erreichte Bildqualität ließ jedoch nach Berichten von Zeitzeugen zu wünschen übrig. Und auch wenn 1937 der Dienst von Berlin aus nach Nürnberg und ein Jahr später bis nach München ausgebaut wurde, lag das eigentliche Motiv des Technikengagements in diesem Sektor im Bereich der militärischen Nutzung, da sich die modernen Koaxialkabel besonders gut für die Übertragung militärstrategisch wichtiger Bildinformationen eignen sollten. (vgl. Flessner 2000, 36f) Drei Jahre später wurde die Technologie auch nur noch innerhalb des militärischen Verwendungskomplexes eingesetzt.[334]

Unmittelbar nach dem Krieg wurden die Arbeiten an der Mobilkommunikation für den zivilen und kommerziellen Verwendungszusammenhang international rasch wieder aufgenommen. Mit der Entwicklung der Zellulartechnik durch D.H. Ring gelang, ein Jahr nach der Eröffnung des ersten Mobiltelefondienstes in St. Louis (Missouri[335]), den Bell-Laboratorien 1947 in den USA – wenn auch zunächst nur im

---

333 Die Innovation als solche war allerdings keine alleinige Leistung nationalsozialistischer Ingenieurskunst, denn die ersten Versuche der Verbindung von Telefonie und Fernsehen wurde am 7.4. 1927 in den USA, in New York City, von AT&T öffentlich präsentiert. (vgl. Goggin 2006, 193)

334 In Bezug auf die klassische Telefonie wurde im nationalsozialistischen Deutschland die jüdische Bevölkerung mit Erlass vom 29. Juli 1940 – abgesehen von wenigen Ausnahmen – aus dem Fernsprechnetz ausgeschlossen. Auch die Benutzung öffentlicher Sprechstellen wurde ihnen später untersagt. (vgl. Schwender 2000, 95f)

335 Dieses System wurde von AT&T, seitens der FCC zusammen mit der Southwestern Bell mit einer Lizenz versorgt, als „Mobile Telephone Service" (MTS) betrieben. Die Nutzung war aufgrund der Größe und wegen des notwendigen hohen Strombedarfs nur in Automobilen möglich. (vgl. Völker 2010, 252f) Ein weiteres System startete 1956, das 1964 immerhin bereits auf 1,5 Mio. Nutzerinnen und Nutzer verweisen konnte. (vgl. Goggin 2006, 25)

7.4 Die Mobilisierung der Telefonie

Labor – ein zentraler Innovationsschritt.[336] Im selben Jahr installierte man zwischen New York und Boston einen sogenannten „Highway Service". (vgl. Agar 2003, 19; 36) Das international erste landesweit funktionierende Mobilfunksystem startete 1949 in den Niederlanden (vgl. Völker 2010, 257), dem 1955 die staatliche schwedische „Televerket" mit einem erfolgreichen mobilen Dienst folgte. Die zur selben Zeit in den USA eingeführten „Mobile Telephone Services" (MTS), die in 40 Städten in Betrieb waren, basierten auf einem Wechselsprechfunk-System, waren also keine voll interaktive Telefonie im engen technischen Sinn.[337] (vgl. Buschauer 2010, 275)

Auf der Ebene der soziotechnischen Implementierung gingen in der Folge die Systeme der Telefonie und der Mobilität auf einem weiterentwickelten Niveau eine Innovationsallianz ein. Die Integration der Telefonie in die Automobilentwicklung erschloss neue Märkte und Möglichkeiten. „Mobile Telefone signalisieren jetzt Reichtum, Dynamik und Flexibilität." (Baumann 2000a, 43) In Deutschland startete 1958 mit dem A-Netz das erste flächendeckende Mobilfunknetz der Bundespost (vgl. Weber 2008, 232), dessen Verwendung für viele noch unerschwinglich blieb, kostete es doch in Anschaffung und Betrieb mehr als ein Kleinwagen. Dennoch war in diesem bis 1977 in Betrieb befindlichen Netz 1971 bereits die Höchstgrenze seiner Kapazität (mit 10 000 Teilnehmerinnen und Teilnehmern) erreicht.[338] In dieser ersten Verbreitungsphase wurden sowohl Autos als auch die neuen Formen der Telefonie seitens der Industrie als „Mobilitätsmaschinen" inszeniert (Weber 2008, 269) „[...] If the landline telephone ‚arrived at the exact period when it was

---

336 Das System wurde Ende der 1970er Jahre erstmals technisch in die Realität umgesetzt (vgl. Buschauer 2010, 275) und in der kommerziellen Implementierung erstmals 1983 eingesetzt. (vgl. Völker 2010, 261)

337 Das MTS-System wurde schließlich 1964 technisch verbessert. Das neue IMTS (Improved Mobile Telephone System) erlaubte ein eigenständiges Wählen und erübrigte die Vermittlung über eine Zentrale. (vgl. Völker 2010, 260f)

338 Nicht zuletzt vor dem Hintergrund dieser für die Funktelefonie anfänglichen Kapazitätsengpässe entstand der Vorschlag, für mobile Teilnehmerinnen und Teilnehmer ein Netz von Zugangspunkten bereit zu halten, um eine telekommunikative Vernetzung gerade für besonders mobile Menschen gewährleisten zu können. So schlug etwa Eisenhut im Jahr 1977 ein „Portable" für Fernsprechteilnehmerinnen und -teilnehmer vor, „die viel unterwegs sind". Er meinte, dass es für diese Nutzergruppe „eine leichte, tragbare Ausführung ihres Fernsprechapparats mit einem Stecker geben [könnte], und überall wo sie hinkommen, auf allen öffentlichen Parkplätzen und entlang den Autobahnen sowie in Krankenhäusern, Fernsprechhäuschen und Hotels werden sie eine öffentliche Steckdose der Deutschen Bundespost antreffen, von wo aus sie überall hin telefonieren können". (Eisenhut 1977, 238) Auch die Etablierung für die Bildtelefonie hielt Eisenhut – besonders für den Einsatz in Unternehmen und Organisationen – bis in die 1980er Jahre für möglich. (vgl. Eisenhut 1977, 239)

needed for the organization of great cities and the unification of nations', the mobile arrived to suit a new era of mobility." (Casson zit. in Plant 2002, 76) Die Telefonapparaturen belasteten die Vehikel des mobilen Verkehrs um anfänglich nicht weniger als 16 kg und waren in der Anschaffung alles andere als günstig. Zudem kam es mit den Möglichkeiten erster mobiler Tele-Verbindungen insofern zu Einschränkungen, als mit dem Wechsel von Sendebereichen auch eine Unterbrechung der Gespräche in Kauf genommen werden musste. Wollte man ungestört ein Gespräch von den mobilen Verkehrsmitteln aus führen, war es immer noch zu empfehlen, dafür die Fahrt zu unterbrechen. Die darauffolgende Technikgeneration, das – PR-strategisch günstig – im Rahmen der Olympischen Spiele in München 1972 eingeführte B-Netz, erlaubte immerhin schon im Zustand des Unterwegsseins im Auto angerufen werden zu können. Man musste allerdings dafür auch über den wahrscheinlichen Aufenthaltsort der Empfängerin oder des Empfängers Bescheid wissen. (vgl. Gold 2000, 81f)

Das erste vom Automobil losgelöste Mobiltelefon und damit in der Hand tragbare „Handy" – das so genannte „DynaTAC" – wurde am 3.4.1973 in den USA von Motorola präsentiert.[339] Die Vorstellung dieser Weltneuheit, mit der ein individualisiertes mobiles Telefonieren möglich wurde, war an große ökonomische Erwartungen geknüpft. Die Herstellerfirma hatte damit die Absicht, im Wettlauf mit dem großen Konkurrenten AT&T dessen Monopolstellung anzugreifen.[340] (vgl. Völker 2010, 263f) Es standen also explizit ökonomische Nutzenkalküle im Zentrum einer Entwicklung, deren Dynamik weite Teile der Gesellschaft erfassen sollte und in dessen Verlauf sich gänzlich neue Strukturen und Spielarten technisch gestützter Alltagskommunikation durchsetzten. Noch war allerdings in den USA die Mobilfunklandschaft entgegen jener in Europa deutlich heterogener strukturiert. 1977 wurde das erste auf der Zellular-Technologie basierende System in Chicago gestartet[341] (vgl. Agar 2003, 37) und ein erstes „reguläres" System ging

---

339 Vom „Dynatac 8000X", das eine Sprechzeit von gerade einmal 35 Minuten erlaubte, wurden im ersten Jahr 300 000 Stück zum Preis von 4 000 US-Dollar verkauft. (vgl. Burkart 2007, 25)

340 Dieser Versuch war insofern auch von Erfolg gekrönt, als die FCC davon Abstand nahm, AT&T alleine das Monopol im Mobilfunk zu überlassen und auch Motorola eine Lizenz erteilte. (vgl. Völker 2010, 269)

341 Die Verzögerung der Diffusion hatte in den USA einerseits mit der Art der Lizenzvergaben der FCC (zum Teil durch Lotterien) und auch damit zu tun, dass man dem Telefon-Monopolisten AT&T nicht das gesamte Feld der Mobiltelefonie überlassen wollte. (vgl. Agar 2003, 41) Neben der Tatsache, dass man sich auf keinen gemeinsamen Standard einigen konnte, hatte zudem die Mobiltelefonie auf den jeweiligen Märkten mit den bereits eingeführten Pager-Systemen zu kämpfen. Des weiteren dürfte die

7.4 Die Mobilisierung der Telefonie

von „Ameritech" im Jahr 1983 in Betrieb. (vgl. Carey/Elton 2010, 307) Auch in Deutschland nahmen die Diffusionszahlen vorerst nur bescheidene Ausmaße an. Technisch versorgt über das so genannte „B-Netz" waren Anfang der 1980er Jahre nur 20 000 von insgesamt 20 Mio. zugelassenen Autos mit der damals sehr teuren und technisch aufwändigen Autotelefonie ausgestattet, womit diese Form einer telekommunikativen Mobilität zunächst ein „Privileg der Wirtschafts- und Politikelite" blieb. (Weber 2008, 232) Nach Erreichen der Kapazitätsgrenzen wurde 1986 schließlich das C-Netz in Betrieb genommen, das bereits Anrufe zwischen den einzelnen Funkzellen weiterleiten konnte und 1990 eine Flächenabdeckung von 90 % erreichte.

Durch die inzwischen verbesserte Miniaturisierungstechnologie wurden die Telefonapparaturen für den mobilen Einsatz zunehmend leichter, billiger und kleiner, alles Faktoren, die die Verbreitung der neuen Generation der Mobiltelefonie erheblich beförderten. Sie waren auch nicht mehr an das Auto als „Trägermedium" für die mobile Kommunikation gebunden. Damit wurden die technischen Apparate der Mobilkommunikation, „Mobil-Sein" und Mobilität von den Verkehrstechniken im Verlauf ihrer „Normalisierung [...] von solchen Bewegungssituationen entkoppelt". Und wie auch bei anderen portablen Geräten war es „nur noch der einzelne Nutzer, der [...] die mobile Einheit darstellte". (Weber 2008, 327f) Der entscheidende nächste Innovationssprung für die Weiterentwicklung der Mobiltelefonie lag in der auf der Zellulartechnik aufbauenden Teildigitalisierung der Netze, die eine dauerhafte Lokalisierung der Teilnehmerinnen und Teilnehmer ohne Unterbrechung zwischen den Funkzellengebieten erlaubte. (vgl. Wessel 2000, 30f; Gold 2000, 82) Damit wurde ein wichtiger Schritt zur Freisetzung von Mobilitätspotentialen gesetzt und die Entwicklung in Richtung ubiquitärer Erreichbarkeit und mobiler Vernetzung weiter vorangetrieben.

Während sich auf dem Feld der Festnetztelefonie im Zuge der 1980er Jahre eine Phase der weiteren Diversifizierung durch weiter verfeinerte technische Applikationen mit Zusatzdiensten vollzog, wurde auf dem Mobilfunksektor mit der Volldigitalisierung der nächste Innovationsschritt gesetzt. Das D-Netz baute zur Gänze auf dieser Basis auf und startete in Deutschland 1992 mit dem europäischen GSM-Netz.[342] Damit gelang ein wesentlicher Durchbruch für die weitere Diffusion

---

Problematik der Netzabdeckung in den topografisch ausgedehnten ländlichen Gebieten sowie die Preispolitik, die anfangs die Entstehung der Kosten bei der Empfängerin oder beim Empfänger vorsah, nicht zu einer schnellen Verbreitung der Handy-Telefonie in den USA beigetragen haben. (vgl. Burkart 2007, 32)

342 Die ersten Anstrengungen zur Einführung eines gemeinsamen Standards wurden bereits 1982 gesetzt. Zehn Jahre später starteten acht europäische Staaten auf Grundlage dieses Systems, das 1995 beinahe eine Vollversorgung in Europa erreichte. (vgl. Agar 2003) Die

der Mobiltelefonie.[343] (vgl. Gold 2000, 85) Hatte schon bis dahin das System der Telefonie als „largest integrated machine in the world" in besonderer Weise seine Wachstumsdynamik (aufbauend auf der Netzwerklogik) unter Beweis gestellt, sollte mit der digitalen Basistechnologie der nächste entscheidende Entwicklungsschritt erfolgen. Die Mobiltelefonie wurde damit zu der bis dahin sich am schnellsten verbreitenden Kommunikationstechnologie. Seitens der Industrie wurde eine Zielgruppenansprache forciert, die „nun ihr Mobil-Sein, die Erlebnisorientierung, ihre Kommunikationsfreudigkeit und bei jungen Leuten der Wunsch nach ständiger Erreichbarkeit und dem ‚Nichts-Versäumen-Wollen' betont". (Weber 2008, 247) Damit wurde an einen Nutzungshabitus appelliert, der zukünftig den Kern des Phänomens einer kommunikativen Dauervernetzung ausmachen sollte.

Den Weiterentwicklungen im Mobilfunksektor stand im Festnetzbereich wiederum die Ausbaustufe in Richtung ISDN gegenüber, auf dessen Basis sich das System um zusätzliche Dienste erweitern konnte. Insgesamt wurde der gesamte Telekommunikationsbereich mit der Digitalisierung auf die Konvergenzstufe der Telematik gehoben, in der sich die Felder der Informatik und der Telekommunikation technologisch integrierten. (vgl. Latzer 1997) Alle diese technischen Innovationsentwicklungen waren von einer hohen wirtschaftlichen Dynamisierung vorangetrieben worden, konnten also als Projekte verstanden werden, die auf einer überwiegend technoökonomischen Dynamik aufbauten. „A society in constant touch was partly created by this economic rational to squeeze ever higher levels of productive work." (Agar 2003, 83) Damit kann die Mobiltelefonie auch eindeutig als eine „push-Technologie" gelten, also als eine Innovation, die gezielt seitens der Industrie mit dem Kalkül der ökonomischen Gewinnorientierung auf den Markt gebracht wurde.[344] (vgl. Carey/Elton 2010)

Effektivität von GSM geht nicht zuletzt auf ein Frequenzsprungverfahren zurück, das 1942 von der österreichischen Schauspielerin Hedi Lamarr und dem Pianisten Georg Antheil – wenn auch zunächst für einen anderen Kontext, und zwar für die Lösung einer abhörsicheren Fernsteuerung von Torpedowaffen – entwickelt worden war. (vgl. Völker 2010, 254f)

343 Ein weiterer großer Schub in der Diffusion erfolgte Ende der 1990er Jahre, als auf dem Markt Pre-Paid-Modelle angeboten wurden, die nicht mehr die Notwendigkeit einer Vertragsbindung vorsahen. (vgl. Weber 2008, 272).

344 Relativierend dazu äußern sich Carey/Elton (2010, 306) im Hinblick auf den „technology push", da sie sehr wohl einen Bedarf auf der Seite der Konsumentinnen und Konsumenten erkennen, eine Nachfrage, die ihrerseits seitens der Telekommunikationsindustrie zum Teil nicht wahrgenommen wurde. Schon die sich durchsetzende Verbreitung mit mobilen Radiogeräten oder dem Walkman sowie die später einsetzende Verbreitung der Pager-Technologie hätten Hinweise darauf geben können.

7.4 Die Mobilisierung der Telefonie

Die Verbreitungskurven der Mobiltelefonie übertrafen in vielen europäischen Ländern sogar die Diffusionsgeschwindigkeit der späteren Internetverbreitung „so that the impact of the adoption of mobile phone on telefone adoption (or its abandoning) has been more significant in Europe than in North America, whereas the adoption of the internet as an additional medium of virtual mobility has been more extensive in North America." (Kellerman 2006, 122) Die Verbreitungsverläufe innerhalb des Mobilkommunikationssektors, den auch Nyíri als die „erfolgreichste Maschine aller Zeiten" (Nyíri 2002, 11f) bezeichnet, verliefen – ähnlich wie im Fall anderer Kommunikationstechnologien – zunächst von der Gruppe einer kleinen begüterten Nutzerschicht aus in Richtung des Massenmarkts und in der Folge in stärker diversifizierte Zielgruppenmärkte.[345] (Kopomaa 2000, 35) Als eine wichtige Zielgruppe sollte sich für den Diffusionsverlauf insbesondere die Gruppe der Jugendlichen erweisen: Die zwischen 1990 und 2000 geborene „first mobile generation" (Carey/Elton 2010, 331) vermochte die Potentiale der Technologie besonders extensiv auszuschöpfen (vgl. Gournay/Smoreda 2003, 69), wenngleich innerhalb der Gruppe auch große Heterogenitäten und Widersprüchlichkeiten festzustellen waren. (vgl. Green 2003, 215) Gegenüber dem Internet machten sich anfänglich stark fallende Preise für Geräte und Netzkosten sowie im Vergleich zu anderen Kommunikationstechnologien kurze Ersatzzyklen wirtschaftlich positiv bemerkbar. (vgl. Carey/Elton (2010, 32) Und wie schon in anderen Fällen spielten für Divergenzen in der Diffusion zwischen Europa und den USA generelle unterschiedliche Umfeld- und Regulierungskonstellationen eine Rolle.

"European countries have presented past direct and full governmental involvement in the provision of telephone services, and indirectly in personal physical mobility through the controlling of urban sprawl and the construction of efficient and extensive public transportation systems. Currently, with the privatization of telephone services and the introduction of mobile phones, households in major European nations show higher preferences for personal virtual mobility, whereas North American ones adopt equally, or close to equally, media for both physical and virtual personal mobilities. These trends are coupled with growing shares of household expenditures to communications, compared with declining shares of expenditures on physical mobility." (Kellerman 2006, 126)

---

345 In den USA war anfänglich vorgesehen, dass die Kosten bei eingehenden Anrufen anfielen. Das führte wiederum dazu, dass der Großteil der Nutzerinnen und Nutzer nur in einem sehr beschränkten Ausmaß ihre Rufnummern weitergaben und die Mobiltelefonie in der Anfangsphase der Diffusion überwiegend auf den Geschäftsbereich beschränkt blieb und nur vereinzelt in das Segment der Alltagsnutzung vordrang. (vgl. Green/Haddon 2009, 21f)

In Japan stellte sich die Entwicklung auf eine andere Weise dar, als dort die Mobiltelefonie in Form des „Keitai" bereits frühzeitig als Trägertechnologie für die Verbreitung des mobilen Internet diente. Als eine in der Anschaffung günstige und nutzerfreundliche Technologie, die an eine bis dahin gebräuchliche Pager-Technologie anknüpfte, verzeichnete diese Verbreitungsform ab Ende der 1990er Jahre – nicht zuletzt auch aufgrund einer geringen Verbreitung von Personal Computern – besonders hohe Diffusionsraten. Da diese japanische Innovation auch keine GSM-Technologie verwendete, stieg mit der Keitai-Nutzung auch die Verbreitung des mobilen Mailverkehrs deutlich an. (vgl. Matsuda 2009, 63)

Auf dem damit erreichten technischen Entwicklungsniveau der Mobilkommunikation zeichnen sich Prozesse der Mediatisierung ab, in deren Rahmen sich prototypisch Handlungsfelder der Individualisierung und Mobilität sowie Prozesse der Vernetzung und kommunikativen Daueranbindung verbinden. Auf der nächsten Konvergenzstufe des mobilen Internets verdichten sich diese Tendenzen und verfestigen sich zu einem neuen Dispositiv der Dauervernetzung des Menschen.

7.4.2 Konvergenzen von Mobilkommunikation und digitalen Netzen

Mit der Konvergenz von Mobilkommunikation und Internet erfolgt ein wesentlicher nächster Entwicklungsschritt in Richtung einer umfassenden Vernetzung mobiler Konnektivitäten. Hatte schon mit der Digitalisierung der Mobilkommunikation eine Erweiterung des Kommunikationsspektrums stattgefunden, sind auch mit dieser Innovationsstufe neue Dimensionen und Effekte von Mediatisierung verbunden. Nach Krotz kann der universelle Prozess der Digitalisierung auf drei Ebenen verortet werden: Zum einen wird ein „komplexes Netzwerk aus Internet, Handy, Fernsehen, Telefon, Radio" sowie sonstiger medialer Netzwerke gebildet. Weiters würde die Welt durch „intelligente Bausteine" in „immer mehr Artefakte sowie durch eine parallele Realitätsebene im Netz, über die sich Geräte miteinander verständigen, über die aber auch interaktive Mensch-Maschine-Kommunikation stattfindet", belebt. Und schließlich wird „die Welt in dieses Netz hinein abgebildet, arrangiert und inszeniert". (Krotz 2007, 13) Die Debatte zum Themenfeld der Konvergenz kennt inzwischen eine große Breite unterschiedlicher Konzepte, innerhalb derer sich immer auch die Unbestimmtheit des Begriffs der Konvergenz selbst abbildet. Nicht ohne Grund sprach Silverstone (1995, 11) daher auch von einem „dangerous word". Die diversen Zugänge zum Konzept der Konvergenz reichen von technologisch-strukturbezogenen Ansätzen über medienmaterielle bzw. medienphänomenologische Zugänge bis hin zu nutzungsorientierten und nutzungskulturbezogenen Schwerpunktset-

7.4 Die Mobilisierung der Telefonie

zungen. (vgl. z.B. Bolter/Grusin 1999, Jenkins 2008, Jensen 2010, Meikle/Young 2012) Ohne an dieser Stelle auf die angeführten Modellentwicklungen eingehen zu können, lassen sich zumindest strukturell unterschiedliche Ebenen der Konvergenz benennen, die für die hier relevanten Kontexten von Bedeutung sind. Aufbauend auf der Basis des universellen digitalen Codes wirken Konvergenzprozesse primär auf der Ebene der Technologie. Sie manifestiert sich in großtechnischen Systemen wie auch in apparativen Applikationen, also in Endgeräten. Dieses System korrespondiert eng mit industriell-ökonomischen Konvergenzdynamiken und damit mit vielschichtigen Prozessen des Zusammenwachsens unterschiedlicher Medien- und Kommunikationssektoren bzw. -industrien. Aus dieser Kopplung und daraus sich bildenden Allianzprozessen formieren sich Anbieter und Konzerne, die zum Teil dominierenden Einfluss auf Markt- und Nutzungsstrukturen und darin sich formierende Konvergenzbewegungen ausüben.[346] Damit hängen wiederum Phänomene auf der Ebene sich entgrenzender Lebenswelten zwischen unterschiedlichen Alltagssektoren zusammen. Insgesamt stehen diese Konvergenzentwicklungen in heterogenen und komplexen Wechselbeziehungen zueinander und bilden in Summe daher keine homogene Strukturierung.

Noch im Jahr 2001 zeigten sich bezogen auf die diskursiven Narrative Unklarheiten in Bezug auf die unterschiedlichen Entwicklungsrichtungen der Mobilkommunikation. Untersuchungen wiesen darauf hin, dass im Hinblick auf bevorstehende Konvergenzphasen eine gegenüber dem Internet stärkere Dominanz einzuräumen sei. „In its ‚marriage' with the Internet, the mobile phone might reinforce features for innovation and extension of place, which are common to both technologies but in which it displays a prominence." (Fortunati/Contarello 2002, 91) Die Differenzierung zwischen den beiden Technologien setzte auf Zuschreibungen des Mobiltelefons als „prosthesis of the human body" und verstand das Internet als „extension of knowledge". (vgl. Fortunati/Contarello 2002, 91) Zudem fußte die Konvergenzdebatte noch Anfang der 1990er Jahre eher auf einer Komplementaritäts- denn auf einer Verschmelzungsidee, in einem Stadium, als der Mobiltelefonie eine dem Internet gegenüber bedeutendere Rolle eingeräumt wurde. Aus einem „telephoniccentric view" heraus bewertete Levinson daher damals den Computer noch als eine Ergänzung bzw. Beigabe, als ein „adjunct" zum Telefon und formulierte, „[that] physical mobility-plus-connectivity through the world – what the cellphone brings us – may be more revolutionary than all the information the Internet brings to us in rooms". (Levinson 2004, 8)

---

346 Damit in Verbindung stehen weiters Konvergenzbildungen auf regulatorischer Ebene, die sich überwiegend nur zeitverzögert und daher nur bedingt an real sich vollziehenden Entwicklungen adaptieren lassen.

Deutlicher aus dem Blickwinkel der Mobilkommunikation heraus argumentieren auch Aguado/Martínez (2007), die Konvergenzentwicklungen als ein „massmediatizing [of] mobile phones" zu verstehen, in deren Verlauf unterschiedliche Felder von Kommunikation und Medien in einem „digital metadevice" verschmelzen. Im Umfeld einer „mobile phone mediatization" bilden aktuell Funktionen der Multifunktionalität, Ubiquität und eine on-demand Konnektivität zentrale Dimensionen, in dem sich zwischen den Polen der „self media", „mass media" und „conversational media" jeweils unterschiedliche Nutzungsformen und spezifische Angebotsformen ausdifferenzieren. Darin entwickeln sich neue Rollen für Nutzerinnen und Nutzer, die nun potentiell zu Produzentinnen und Produzenten kommunikativer Inhalte werden. „Permanent availability, combined with the capacity to record, edit and send text, audio and video content of sufficient quality, render mobile phones a privileged channel for audience involvement in media content production." (Aguado/Martínez 2007, 7) Im Gesamtspektrum nehmen dabei gerade die „mobilen Medien" – eine Bezeichnung, die wir auch bei Goggin/Hjorth (2008) finden – eine zentrale Rolle ein, denen seitens der Autorinnen und Autoren große Potentiale in Bezug auf den Wandel von Kommunikationsformen zugeschrieben wird. „In this sense, hybridization of the private and identity-attached nature of the mobile phone and the standardizing massive cultural consumption modes and contexts, accord mobile media a privileged place within the media ecosystem." (Aguado/Martínez 2007, 24) Die unterschiedlichen konvergierenden Felder werden in Verbindung mit den jeweils vorherrschenden Nutzungsformen zwischen den Polen der „self media" und der „conversational media" bzw. zwischen den Sphären des Öffentlichen oder Privaten verortet.

Oksman (2009) bewertet unter einem ähnlich medienorientierten Zugang das Zusammenwachsen bislang getrennter Technologiestränge, indem er vom Übergang der Mobiltelefonie in ein „new information medium" spricht, „used for various forms of personal, community, and mass communication". (Oksman 2009, 118f) Die Integration von Angeboten klassischer Medien in das Feld des mobilen Internets drückt sich in entsprechenden Diskursen aus. „It appears that the ‚killer application' for mobile media seems to be the opportunity to consume media at anytime, independently from the conventional broadcasting times." (Oksman 2009, 119) Vor diesem Hintergrund muss wohl auch die Einschätzung Goggins und Hjorths gelesen werden, die in den „mobilen Medien" Praktiken und Ideologien aus dem klassischen Medienumfeld wieder neu kontextualisiert sehen (vgl. Goggin/ Hjorth 2008, 7), also die Vernetzung zwischen klassischen Medien und mobilen Anwendungen weiterhin als wirksame Verbindung betrachten. Goggin schlug bereits an anderer Stelle vor, die Geschichte des Telefons unter dem Blickwinkel der Geschichte eines „Mediums" zu lesen, zumal im Verlauf der Entwicklung dieser

7.4 Die Mobilisierung der Telefonie

Kommunikationstechnologie die Integration oder „Simulation" von Funktionen klassischer Medien – wie oben ausführlich dargestellt – immer wieder eine Rolle spielte und dies im Prozess der Konvergenz abermals tut. „[As] we can see the telephone as media [...] in a number of senses [...] my argument, then, is that in the last two decades of the 20th century [...] the cell phone contributed in a slow and subterranean way to the reconceptualization of media."[347] (Goggin 2011, 238; 240)

Innerhalb von Konvergenzprozessen diversifizieren sich mediale Formen und Formate im Sinne neu adaptierter „Mediatisierungen" aus dem Feld der klassischen Medien, die Bolter/Grusin (1999) als „Remediation" bezeichneten (Hjorth 2009, 148) und Farman im Rahmen der „embodiment"-Debatte als „mobile media space" konzipiert.[348] (Farman 2012, 35) Es wird auch die Metapher einer „trojan horse strategy" bemüht (vgl. Carey/Elton 2010, 55), um den Prozess der Diversifizierung und Adaptierung klassischer Medieninhalte auf neue Plattformen zu beschreiben. Jenkins wiederum versteht die Nutzung unterschiedlicher Kommunikationsmodalitäten auf mobilen Plattformen als „transmedia navigation", die mitunter die Möglichkeit eröffnet, auf mehreren Ebenen in Form einer „hyper-sociality" dauervernetzt zu sein. (Jenkins zit. in Lee 2012, 72) In einer Vorform wurden Adaptierungsstrategien dieser Art, wie z. B. in Zusammenhang mit Spielapplikationen oder Klingeltönen, bereits im Umfeld der Mobiltelefonie realisiert und zu einem erfolgreichen Geschäftsfeld entwickelt.

"Games and ring tones were added to existing mobile phone service: automated voice service (audiotex) were added to the telefone network. [...] The trojan horse strategy eliminates the need to develop a new platform or infrastructure for a service, though there may be a need to develop application software." (vgl. Carey/Elton 2010, 55)

Eine Weiterführung dessen findet aktuell auf der Ebene von digitalen Applikationen („Apps") im Rahmen eines inzwischen extrem breiten Angebotsspektrums statt. Oksman sieht in diesen Konvergenzprozessen auf mobiler Ebene nicht einfach

---

347 Goggin zählt vor allen Dingen die Integration von Musik- und Spielangeboten zu dieser Stufe (vgl. Goggin 2011, 240) als eine Verbindung mit Medienangeboten, die auf der Stufe der Konvergenz von Internet und Mobilkommunikation noch weit darüber hinaus reicht.

348 Lev Manovich spricht nach Konvergierung klassischer Medien auf die Ebene des digitalen Codes in allen ihren Ausformungen von „neuen Medien". (vgl. Manovich zit. in Farman 2012, 44)

nur eine mobile Form der Mediennutzung, sondern versteht sie als ein „medium in itself" oder als „postbroadcast medium".[349] (Oksman 2009, 120)

Von diesen Konzepten der Konvergenz differenzieren sich jene Diskurse, die deutlicher auf die Innovationsdynamik aus dem Internet-Sektor fokussieren. Sie heben die wesentliche neue Dimension, die mit diesem Transformationsschritt verbunden ist, hervor und zeigen die Reichweite dieses Entwicklungsschritts.

"The diffusion of Internet, wireless communication, digital media, and a variety of tools of social software has prompted the development of horizontal networks of interactive communication that connect local and global in chosen time. With the convergence between internet and wireless communication and the gradual diffusion of greater broadband capacity, the communicating and the information processing power of the Internet is being distributed to all realms of social life, just the electric grid and the electric engine distributed energy in industrial society." (Castells 2009, 65)

Insbesondere aus der Verbindung mit internetbasierten Angeboten des Web 2.0 sind Dynamisierungsfaktoren gegeben, deren Wirkung auf das heute erreichte Konvergenzfeld als besonders hoch einzuschätzen ist. Eine besondere Rolle spielen in diesem Zusammenhang – neben anderen Informations- und Kommunikationsapplikationen – darin integrierte soziale Netzwerke. Denn gerade die Multifunktionalität von Smartphones führt – wie von Lee (2012) in Korea durchgeführte Untersuchungen zeigen – zu vielschichtigen Formen der Organisation sozialer Interaktionen, in der jeweils adaptiert auf bestimmte Interaktionstypen unterschiedliche Verbindungsformen etabliert und aufrecht erhalten werden. Lee spricht davon,

"[that] mobile social communication mediated by smartphones enable individuals to maintain states of hyper-connection and hyper-awareness of others. That is, users can engage in multiple social communication networks at any moment, continually access the various levels and scales of multi-layered communication contexts and expect that others in different contexts are always available in their virtual social space." (Lee 2012, 68)

Bemerkenswert in diesem Zusammenhang ist jedoch der Befund, wonach die multimodalen Vernetzungsformen zwar die Zugangswege zu anderen Netzteilnehmerinnen und -teilnehmern vervielfachen und jeweils auch unter Applikationen differenzieren, gleichzeitig aber eine Ego-Zentriertheit der eigenen Kommunika-

---

349 Seine im Rahmen einer Untersuchung zu Nutzungsqualitäten von Inhalten für die mobile Verwendung erzielten Ergebnisse weisen auf eine hohe Zufriedenheit mit textbasierten Informationsformen hin und liefern eher skeptische Einschätzungen in Bezug auf mobile Applikationen des Fernsehens. (vgl. Oksman 2009)

7.4 Die Mobilisierung der Telefonie

tionspraktiken gefördert wird. (vgl. Lee 2012, 73) In einer Untersuchung zur iPhone-Nutzung zeigt sich zudem die Differenzierungsmöglichkeit in unterschiedliche soziale Verbindungsformen auf der Ebene ein und derselben technischen Plattform.

> "[That] the iPhone as an convergent medium allows users to stay connected to the network of strong ties as well as to the online networks of weak ties and latent ties and to extend the personal circle of virtually co-present others. While the mobile phone used to contribute to maintaining strong ties with family members and close friends, the iPhone makes anyone on the contact a possible conversant via mobile messaging and conveys in real time the updates of registered friends on online social media." (Lee 2012, 74).

Zudem erweitert sich beständig die große Vielfalt an unterschiedlichen Zusatzapplikationen – von Varianten vernetzter Bild- und Tonaufnahmen, integrierten Geoinformationssystemen bis hin zu Möglichkeiten der Informationsanreicherung über Standorte (wie etwa über QR-Codes). (vgl. Palmer 2012, Chesher 2012) Auf der weiterentwickelten Stufe der mobilen Vernetzung werden Internetanwendungen in den mobilen Kommunikationswelten verfügbar und verbreitern bzw. intensivieren deren Mediatisierungseffekte in diesen Sektor. Mobiles Internet führt in eine neue Qualität mediatisierter Konnektivität über und bringt sowohl im Bereich individueller Kommunikationswelten wie auch auf gesamtgesellschaftlicher Ebene vielfältige Konsequenzen und Veränderungen mit sich. Für Nyíri stellt das über mobile Kommunikationstechnologien verfügbare Internet „eine echte Revolution im Kommunikationswesen" dar. Er spricht – als Technikphilosoph – von nichts weniger „als [...] [von einer] Umkehrung der jahrhundertelangen kommunikativen Entfremdung der Menschheit". (vgl. Nyíri 2006, 189f)

Folgt man Krotz, kommt es zu einem Zusammenwachsen von drei für die Mediatisierungsentwicklung zentralen und – von ihm 2010 „noch" als voneinander getrennt dargestellten – medialen Erlebnisräumen: Denn neben der globalen Vernetzung und dem Netz der Mobilkommunikation kommen auch interaktive Erlebnisräume wie z. B. Spielapplikationen hinzu. „Die Kombination dieser Netze mit den alten und neuen kommunikativen Potentialen konstituiert den neuen Kern eines zweiten, digital vermittelten, kommunikativen Netzes, in dem wir uns bewegen und in dem sich unterschiedliche Funktionen ausdifferenzieren." (Krotz 2010, 109) Noch mit Eintritt in die Welt der Digitalisierung konstituierte jedes Medium einen „eigenen, besonderen Erlebnisraum", der damit „einzelne Sinnprovinzen kommunikativen Handelns" öffnete und jeweils „seine Zeit und seinen Platz im Alltag der Menschen" beanspruchte. Mittlerweile sprechen wir von einem

„Prozess des Zusammenwachsens aller Medien zu einem universellen Netz, an dem unterschiedliche Endgeräte hängen, über die der Mensch zu Inhalten in spezifischen Formen Zugang hat. [...] Wir müssen diesen Prozess daher als Prozess einer zunehmenden Entgrenzung und Durchmischung der vorher vorhandenen Einzelmedien begreifen, die von begrenzten und relativ erwartungsstabilen sozialen Zwecken und Nutzungsweisen entkoppelt werden." (Krotz 2008, 55)

Begleitend zu diesen Konvergenzbewegungen stellen wir also auch eine Entgrenzung der Nutzungsweisen fest, da auf der Ebene digitaler Plattformen immer weniger von monomedialen Angebotsformen auszugehen ist und der Trend hin zur Parallelnutzung von Medien- und Kommunikationsangeboten ebenso zunimmt. Offen bleibt, wie weit die Konvergenzprozesse in den unterschiedlichen Nutzungskontexten gehen bzw. habitualisierte Modi weiterhin Beharrungskraft besitzen und um Parallel-Nutzungsformen ergänzt werden. Wir haben von sich diversifizierenden Prozessen auszugehen, die in unterschiedlichen Nutzergruppen von jeweils spezifischen Kommunikationsmodi (vgl. Hasebrink 2004) und medialen Figurationen geprägt sind. Somit bleibt der Prozess der Konvergenz von heterogenen Hybridisierungen gekennzeichnet, der nicht jene vollständigen oder homogenen Verschmelzungen unterschiedlicher Felder kennt, wie sie der Diskurs um die Metaentwicklung vermuten lässt. Von der technologischen Konvergenz mit dem universellen digitalen Code sind andere Konvergenzfelder wie die ökonomische oder nutzungsbezogene Ebene zu differenzieren, in der wir immer auch eine Reihe von Divergenzentwicklungen bzw. „De-Convergences" (vgl. Balbi 2013) und Diskontinuitäten vorfinden. So kommt Goldhammer in einer Studie zu dem Ergebnis, „that product differentiation, divergence, and single usage applications will succeed. The continuing need to build device-specific content as well as missing standards show that the term ‚convergence' is vague and possibly mythical. Whatever the focus is, be it device, content or companies and markets – true convergence is rarely seen." (Goldhammer 2006, 42) Mit der Integration auf einer neuen Stufe der mobilen Kommunikation entwickelt sich jedenfalls das einstige Mobiltelefon „into the single unique instrument of mediated communication, mediating not just between people, but also between people and institutions, and indeed between people and the world of intimate objects". (Nyíri 2006, 16) Diese Form der Vernetzung unterschiedlicher Funktionen und Applikationen auf der Ebene miniaturisierter Rechnerarchitekturen erreicht auf der nächsten Konvergenzstufe durch das mobile Internet – und damit mit der Integration von Internet und „Handy-Dispositiv" (Linz 2008, 180) – ein neues Niveau und weitreichendes Wirkungsfeld.

Eine weitere Innovationsbewegung findet zudem auf der Ebene der voranschreitenden Informatisierung und kommunikationstechnologischen Vernetzung im Rahmen der Ausbildung einer „ambient intelligence" statt. Aus der Vernetzung

7.4 Die Mobilisierung der Telefonie

mit dem „Internet der Dinge"[350] werden neue räumliche Interaktionsräume und Vernetzungskontexte geschaffen, die als Fluchtpunkt in ein „ubiquitous computing" streben.[351] Dieses von Mark Weiser (1991) formulierte Konzept geht von einer unsichtbaren Einbettung interaktiver Netztechnologien in unser Alltagsumfeld aus, das über Interfaces die Handlungs- und Vernetzungsmöglichkeiten der Nutzerinnen und Nutzer in einer „informatischen Auflading der physikalischen Umwelt" um zusätzliche Dimensionen der Kontextwahrnehmung erweitert. (vgl. Wiegerling 2008, 22) Diese in einer „ambient intelligence" erreichte Umgebungsvernetzung stellt insbesondere für mobile Applikationen neue vielfältige Anschlusspunkte in einer „ubiquitous interaction"[352] oder „mediatized mobility" (vgl. Pellegrino 2007) auf einer damit erreichten neuen Mediatisierungsstufe her.[353] Besonders in urbanen Umfeldern entstehen daraus verändernde Aktivitätsräume in einer „hypermobility" für die darin vernetzten Menschen. (Gillespie/Richardson zit. in Kellerman 2006, 142) Greenfield verwendet den Terminus des „everyware", mit dem er den Zustand bezeichnet, „[that] the garment, the room and the street become sites of processing and mediation" (Greenfield zit. in Farman 2012, 6), wobei die Technologie des „pervasive computings" selbst in den Zustand seiner Unsichtbarkeit – in ein „seamless computing" – drängt. Modellhaft reduziert stellt sich die aktuelle Entwicklung als eine Konvergenzdynamik zwischen drei Feldern dar.

---

350 Der Begriff geht auf Kevin Asthon und seine Publikation zum „Internet of Things" aus dem Jahr 1999 zurück. Bereits Anfang bzw. Mitte der 1990er Jahre wurde das Konzept, das wir heute mitunter als „ubiquitous computing" ansprechen, theoretisch ausgearbeitet, stieß allerdings zunächst noch an Grenzen seiner technischen Machbarkeit. (vgl. Farman 2012, 11)

351 Eine „medienarchäologische" Vision dieses Konzepts geht zurück auf den – oben bereits genannten – neapolitanischen Universalgelehrten Giovanni Battista della Porta (1535-1615) zurück, der – so Wiegerling (2008, 16) – „bereits die Idee einer universalen Verbindung aller Dinge [...] über die Einwirkung des Magnetismus und nicht zuletzt die Idee einer magischen Auflading der Dinge" ersonnen hatte.

352 Farman (2012) subsummiert unter dem Oberbegriff des „mobile computing" die Felder des „pervasive computings" und des „ubiquitous computing".

353 Wiegerling hebt in einem Text zu den Visionen des „ubiquitous computing" die unterschiedlichen Bedeutungsfelder hervor und zeigt, dass der Terminus der „ambient intelligence" stärker als jener des „ubiquitous computing" sich auf die soziale Einbettung der Technologie bezieht, wobei mit der Zusatzkonnotation der „intelligence" „eine gewisse [...] den Bürger vor unliebsamen Zugriffen schützende Komponente" mitschwinge. (Wiegerling 2008, 21) Der Begriff des „ubiquitous computing" meint „eine die gesamte Mesosphäre durchdringende informatische Ausstattung, die unser Leben nicht nur begleiten, sondern sowohl unsere Welt- als auch unsere Selbsterfahrung bis in die Erfahrung des eigenen Leibes verändern wird". (vgl. Wiegerling 2008, 18)

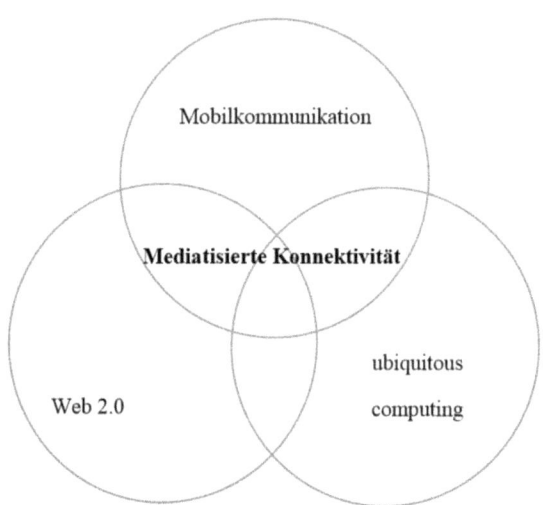

Abb. 22 Die Konvergenz von Mobilkommunikation, Internet und „ubiquitous computing"
Quelle: eigene Darstellung

Wie oben angesprochen haben wir uns auch auf der technischen Ebene den Prozess des Zusammenwachsens nicht als eine vollständig homogene oder in Bezug auf die Entwicklungsgeschwindigkeiten gleichzeitig ablaufende Transformation vorzustellen. Es sind vielmehr diskontinuierlich verlaufende Phasen mit Brüchen und auch widersprüchliche Tendenzen in diese Konvergenzprozesse eingeschrieben. Zudem finden sich auch darin jeweils spezifische Einflussgrößen und Konstellationen, die in ungleicher Weise die Entwicklung weiter vorantreiben. Auf der Ebene mobiler Plattformen der Konnektivität müssen wir mit Eikeness/Morrison (zit. in Richardson 2012, 139) jedenfalls von einer „multimodal site of activity" ausgehen. Oder wie das Richardson für eines der Kernprodukte von Apple beschreibt:

"[…] In the case of the iPhone, internet browsing, downloadable apps, locative functionality, haptic touchscreen, casual and networked modes of interaction and gaming, – […] what emerges is not a unitary interface but a range of activities that each prioritize a specific technosomatic arrangement." (Richardson 2012, 139)

Bewegungen bzw. Initiativen, die für einen freien Zugang in das globale Netz über neue mobile „interfaceless interfaces" (Bolter/Grusin zit. in Farman 2012, 7) plädieren, treffen in den aktuellen Innovationsfeldern auf Entwicklungen, die das neue Feld

7.4 Die Mobilisierung der Telefonie

der Konnektivität vorwiegend als Plattform für neue Geschäftsmodelle entdecken. Eine dafür einfache Erfolgsformel, wie sie Groebel vorschlägt („Mobility success is a function of content, the functionality for human behaviour and the respective situation the person is in"[354]) (Groebel 2006, 248) wird von Krone spezifischer auf unterschiedliche Nutzungsformen hin diskutiert, wobei seiner Einschätzung nach dem mobilen Internet sehr hohe Akzeptanz-Chancen einzuräumen seien. (vgl. Krone 2010, 53) In der Differenzierung zwischen Mobilkommunikation und Internet erkennt Shawney (2009) jedenfalls einen größeren Migrationsdruck von Innovationen aus dem Internet-Bereich in Richtung der mobilen Applikationen als umgekehrt. Der Ausgang der Entwicklung müsse jedoch als offen gelten: „Only time will tell which scenario will prevail. But the possibility of a new mobile-based arena of innovation should not be discounted as fancy imagination." (Shawney 2009, 115) Für Castells ist es deutlicher als bei anderen Autorinnen und Autoren überwiegend das Internet, von dem der größere Innovationsdruck auf die jeweils anderen Teilbereiche ausgeht. (vgl. Castells 2009).

Das aktuell erreichte Konvergenzniveau markiert jedenfalls eine Mediatisierungsstufe, die die derzeit elaboriertesten Formen vernetzter Konnektivität abbildet. Auf dieser Ebene drängen starke Innovationsdynamiken aus dem Internet-Sektor in Richtung der mobilen Anwendungsfelder. Die aktuell erreichte Innovationsstufe lässt sich auch kaum noch nur als eine einfache Weiterentwicklung der Mobilkommunikation oder als eine zusätzliche Nutzungsebene von Internetanwendungen einordnen, sondern muss als eine mittlerweile eigenständige mediale und technische Form im Sinne eines neuen Dispositiv der Vernetzung verstanden werden. Es etabliert die ubiquitäre Dauervernetzung als einen neuen Status von Konnektivität. Diese neuen mobilen Technologien der Kommunikation sind inzwischen fest in die kommunikativen Handlungsroutinen ihrer Nutzerinnen und Nutzer integriert und zu wichtigen digitalen Werkzeugen in unterschiedlichen Alltagskontexten geworden. Sie sind als solche näher als jemals zuvor an die Körper ihrer Trägerinnen und Träger herangerückt und zu einem selbstverständlichen weiteren „Organ" innerhalb des Identitätsspektrums „mutiert". Farman spricht daher nicht ohne Grund im Rahmen des „ubiquitous computing" von einem „embodiment" und einem „,sensory-inscribed' body, that becomes a lens for all our interactions with mobile interfaces". (Farman 2012, 19) Nutzungsbezogen sind die Anwendungen der Vernetzung eng mit individualisierbaren Netzwerkapplikationen und dafür adaptierten Geschäftsmodelle der Kommunikation verknüpft, die für diese neu sich

---

354 Die Formel lautet demgemäß: M=CxFxS: In seiner Darstellung der Verhaltensprinzipien unterscheidet Groebel zwischen „cognition", „emotion", „interaction", „action" und „surprise". (vgl. Groebel 2006, 243)

herausbildende technokulturelle Strukturierung charakteristisch sind. (vgl. Hjorth 2012, 207) Im Dispositiv der ubiquitären und zeitlich permanenten Vernetzung des mobilen Menschen erreicht die Mediatisierungsentwicklung eine vorläufige Zuspitzung und schließt mir dieser Stufe den Phasenverlauf vorläufig ab.

Phase	Technologie	Medium/Infrastruktur	Phänomene
Mediatisierungsstufe 1	Drucktechnologie	Buch, Zeitungen, Zeitschriften	Kollektive und individualisierte Aneignungsformen
Mediatisierungsstufe 2	Fixe und mibile Vernetzung	Drahtgebundene optische und elektrische Telegrafie, drahtlose Telegrafie	Beschleunigung, Nationalisierung, Transnationalisierung, Globalisierung, kommunikative Mobilität
Mediatisierungsstufe 3 (primäre Konnektivität)	Fixe und mobile Vernetzung	Telefonie, Verkabelung klass. Medien, beginnende Konvergenz	Kommunikative Mobilität, Vernetzung, Globalisierung, Individualisierung, Beschleunigung
Mediatisierungsstufe 4 (sekundäre, mediatisierte Konnektivität)	Mobile Sender und mobile Empfänger	Mobiltelefonie, weitreichende Konvergenz (mobiles Internet und „ubiquitous computing")	Vollständige Mediatisierung in permanenter und ubiquitärer Konnektivität und Umgebungsvernetzung

Abb. 23 Mediatisierungsstufen im historischen Kontext IV
Quelle: eigene Darstellung

Teil III
Aktuelle Tendenzen und Herausforderungen

Prozesse der Transformation   8

Mit dem Erreichen eines fortgeschrittenen Vernetzungsniveaus und der Durchsetzung eines Kommunikations-Dispositivs, das die Daueranbindung des Menschen an die digitalen Netze zum Regelfall macht, sind eine Reihe von Forschungsperspektiven verbunden, die es in einem abschließenden Problemaufriss aufzuzeigen gilt. Dabei wird zunächst auf die Mikroebene des Individuums und die dafür relevanten neuen Rahmenbedingungen eingegangen. Neben Fragen des sich verändernden Stellenwerts von Privatheit und neuen Formen der Überwachung sind insbesondere auch medienanthropologische Fragestellungen von Relevanz. Auf der Makroebene der Gesellschaft beobachten wir dialektische Entwicklungstendenzen, die einerseits auf Gefahren der Fragmentierung und andererseits auf Chancen der Re-Integration hinweisen. Es stellt sich dabei die Frage, welchen Einfluss neue Formen individualisiert vernetzter Kommunikation auf Vergesellschaftungs- und Öffentlichkeitsprozesse nehmen. Diese Aspekte werden – auch im Hinblick auf die jeweiligen Verbindungen zwischen Mikro- und Makroebene – beispielhaft angesprochen und diskutiert.

Zurückkommend auf das oben entwickelte Theoriemodell lassen sich aktuelle Phänomene der Transformation auch in einen breiteren Kontext einordnen und in ihren Bezügen zu den relevanten Teilprozessen darstellen. Sie kennzeichnen sich durch eine überwiegend ambivalente und keineswegs eindimensionale Strukturierung, die auf unterschiedlichen Ebenen wirksam ist. Veränderungen auf der Ebene der räumlichen Strukturen lassen sich als Phänomene der Entgrenzung verstehen, wobei Tendenzen der Globalisierung auch zu Transformationen auf lokaler Ebene rückgebunden sind. Prozesse der Globalisierung sind daher als dialektische, zwischen den Sphären des Globalen und Lokalen aufgehobene Entwicklungen zu beschreiben, wobei sich der Zusammenhang von Mediatisierung und Globalisierung als „wechselseitig positiv bezeichnen" (Lingenberg 2010, 151) lässt.[355] Eine zentrale Bedeutung kommt in diesem Kontext dem Faktor der Mobilität zu. Diese Dynamik spielt nicht nur ihm Rahmen historischer Entwicklungsverläufe eine zentrale Scharnierfunktion zwischen den Systemen des Transports von Waren, Menschen und Informationen. Gegenwärtig gehen Dimensionen der „Multi-Lokalität und Mobilität" auf der Ebene individualisierter Lebenswelten neue Verbindungen über konnektive Kommunikationstechnologien ein, in deren Rahmen es wiederum zu einer flexibilisierten „Ausdifferenzierung örtlicher Bezüge" kommt. (vgl. Lingenberg 2010, 151) Beispielhaft manifestiert sich das in mobilen, über Internetapplikationen vernetzten Spielformen, „in which a sense of shared co-presence is produced through social media that is overlain with a sense of place and maintained through regular locational postings". (Hjorth/Wilken/Gu 2012, 58)

Ähnliche Transformationen der Hybridisierung vollziehen sich zwischen den Sphären von Öffentlichkeit und Privatheit: Auch hier beobachten wir auf der Ebene vernetzter Kommunikationsformen weitreichende Entgrenzungserscheinungen, da beide Handlungssphären gegenseitigen Verschränkungsprozessen unterworfen sind und traditionelle Grenzen tendenziell erodieren. Analog dazu zeigen sich zwischen sozialen Handlungsfeldern wie z. B. zwischen den Welten der Arbeit und Freizeit Effekte der Erosion eingeführter Grenzziehungen. Damit verbunden zeigen sich „mit fortschreitender Mediatisierung [...] [Phänomene der] Entkontextualisierung und Anonymisierung von Vergemeinschaftung" (Hepp 2013a, 97), Prozesse, die sich im Rahmen von Netzwerksozialitäten als zunehmend flüchtig und kurzlebig darstellen. Perspektivisch führt eine derartige Entwicklung – so die Sichtweise Hepps – sogar auf einen Verlust, und nicht einen Wandel von Vergemeinschaftungsprozessen – im Sinne einer „Veränderung [...] hin zu mehr Translokalität, Posttraditionalität und Situativität" – hinaus. (Hepp 2013a, 93) Diese Dynamiken der Entgrenzung fordern die darin verstrickten Individuen zu neuen Strategien des Grenzmanagements heraus, um den damit zusammenhängenden Risiken zu begegnen. (vgl. Just 2012) Gleichzeitig werden gerade den Infrastrukturen der – auch mobilen – Vernetzung, Chancen und Hoffnungen auf re-integrierende Potentiale zugeschrieben. In dieser Dialektik lassen sich einerseits „Atomisierungs- und Vereinzelungsprozesse ausmachen", die andererseits aber im „‚Hochkapitalismus' [auch mit] Dynamiken der Vermassung und Uniformierung" in Verbindung stehen. Daher würde auch „letztendlich [...]

---

355 „Mediatisierung ist einerseits Voraussetzung für Globalisierung, denn ohne Medien können Vernetzung und Austausch über raumzeitliche Distanzen hinweg kaum realisiert werden. Und andererseits ist Mediatisierung eine Folge von Globalisierung, denn Globalisierung führt dazu, dass die Menschen immer mehr Medien nutzen – bspw. um ihre sozialen Beziehungen über raumzeitliche Distanzen hinweg zu gestalten." (Lingenberg 2010, 151)

eine kulturelle Notwendigkeit zur Vermittlung gerade aufgrund des Eingebundenseins der Kommunikationspartner in verschiedene [...] Kontexte" bestehen. (Hepp 2013a, 31) So lassen sich in Zeiten einer fortschreitenden Individualisierung auch wieder Reintegrationsbewegungen erkennen, wenngleich nicht selten zum Preis einer „kommerzialisierten Wiedervergemeinschaftung", die von „einer Organisationselite ggf. durchaus mit Profitinteressen getragen werden". (Hepp 2013a, 107)

In Bezug auf das unten – um seine Kontextentwicklungen ergänzte – Rahmenmodell gilt es zu bedenken, dass sich die Komplexität derzeit vollziehender Transformationen modellhaft nur sehr bedingt abstrahieren lässt. Zu heterogen sind die Teilprozesse in ihren Beziehungsdynamiken zueinander angelegt, als dass sie sich in einem eindeutig strukturierten Gefüge abbilden ließen. Das vorgeschlagene Modell kann daher nur eine Hervorhebung zentraler Kernprozesse leisten und auf bestimmte Zusammenhänge hinweisen. So beeinflussen etwa Dynamiken, die aus der Kopplung von Technik und Ökonomie hervorgehen, die Ausgestaltung von Medienaneignungsprozessen. Ebenso wirken Effekte, die sich aus räumlichen Konfigurationen ergeben, auf eine bestimmte Weise auf Nutzungsweisen ein. Die unten dargestellte Dispositivstruktur kontextualisiert die darin wirkungsmächtigen Dynamiken und Dimensionen und führt die unterschiedlichen Prozesse in ihrer Interdependenz zusammen.

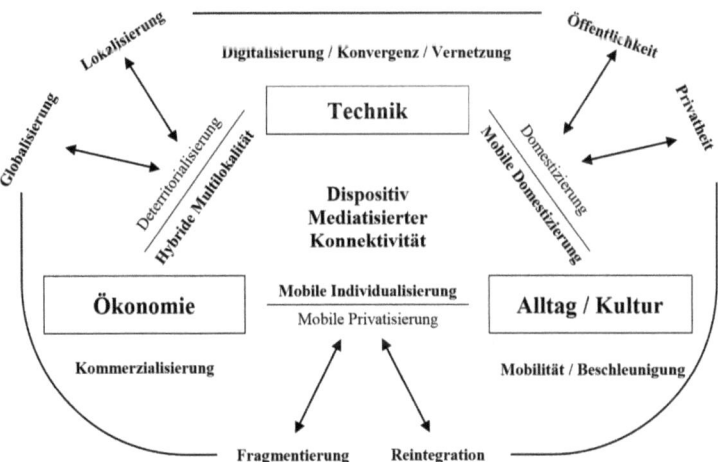

Abb. 24 Das Dispositiv einer Mediatisierten Konnektivität im Rahmen seiner Kontextentwicklungen
Quelle: eigene Darstellung

Abschließend gilt es nun auf jene Prozesse der Transformation einzugehen, wie wir sie im Kontext mediatisierter Konnektivitäten auf unterschiedlichen Ebenen feststellen. Zum einen betrifft das die zunehmende Beschleunigung von Kommunikations- und Interaktionsformen im Feld der vernetzten Alltagskulturen. Diese haben wiederum mit neuen Phänomenen des Umgangs mit unterschiedlichen Kommunikationstechnologien zu tun, wie sie sich etwa in Strategien des Multitaskings äußern und auch zu neuen Aufmerksamkeitsmustern führen. Damit angesprochene Veränderungen berühren auch Fragen medienanthropologischer Natur, da die Ausgestaltung der Mensch-Maschine-Verhältnisse mittlerweile neue Dimensionen erreicht hat. Mit Blick auf die dispositiven Strukturen in der Dauervernetzung diagnostizieren wir verstärkte Wirkungen von Transparenz, die sowohl auf der Handlungs- wie auf der Strukturebene neue Offenheiten aber auch Möglichkeiten der Überwachung mit sich bringen. Auf der Makroebene treffen wiederum – wie oben angedeutet – Tendenzen der Fragmentierung auf Effekte technisch vermittelter Re-Integration. Insgesamt ergeben sich damit für die Mediatisierungsforschung eine Reihe neuer analytischer Perspektiven, die unter dem Blickwinkel der sich durchsetzenden permanenten Konnektivität des Menschen noch höhere Brisanz gewinnen.

8.1 Kommunikationsbedingungen im Wandel

Wie oben mehrfach angesprochen, dynamisieren sich die Phänomene des gesellschaftlichen Wandels im Übergang in die Welt der digitalen Vernetzung. Dynamiken einer zunehmenden Beschleunigung und Steigerung der Geschwindigkeit betreffen dabei die Entwicklungsgeschwindigkeit sozialer Wandlungsprozesse selbst und manifestieren sich in einer Reihe unterschiedlicher Teilprozesse. Rosa (2005) differenziert grundsätzlich zwischen einer technischen Beschleunigung, einer Beschleunigung von Veränderungsraten in der Gesellschaft selbst und einer Steigerung des Lebenstempos. Er verortet diese Prozesse in einem Dreiecksverhältnis und sieht im technologischen Wandel die treibende Kraft des Metaprozesses, wobei die technische Beschleunigung insbesondere auf Beschleunigungsformen des Transports und der Kommunikation einwirkt. Die Steigerung im Bereich der Veränderungsraten betrifft den Prozess des sozialen Wandels selbst, den wir als „Gegenwartsschrumpfung" (Rosa 2005, 131) wahrnehmen. Die Intensivierung des Lebenstempos wiederum hat mit der Zunahme der Effizienzanforderungen zu tun, immer mehr Dinge innerhalb einer bestimmten Zeitspanne erledigen zu wollen oder zu müssen. (vgl. Rosa 2005) Davon sind nicht zuletzt auch Handlungsformen

8.1 Kommunikationsbedingungen im Wandel

der Kommunikation und Aktivitäten der Vernetzung betroffen, die im Zustand der Daueranbindung des Individuums an die Netzwerke der Kommunikation einer weiteren Verdichtung ausgesetzt sind und einem erhöhten Beschleunigungsdruck unterliegen. Die Auswirkungen auf dieser Ebene sind vielschichtiger Natur und betreffen sowohl die Ausgestaltung kommunikativer Handlungsformen wie auch die Organisation sozialer Beziehungen. Deren Qualität beschreibt Wittel (2006) – wenn auch nur für einen bestimmten Sektor – als zunehmend kurzlebig und flüchtig sowie in ihrer Charakteristik als überwiegend intensiv und informationell. Im Gegensatz zur Idee der Gemeinschaft, „die Stabilität, Kohärenz, Einbettung und Zugehörigkeit" (Wittel 2006, 163) voraussetzt, steht die Netzwerksozialität dagegen für eine flüssigere und weitgehend entbettete Vergesellschaftungsform. Für die unter beschleunigten Netzwerkbedingungen handelnden Individuen bringt das einen Übergang von zeitstabilen zu situativen Identitätsformen mit sich und kann – wie das Sennett mit dem Phänomen des „drift" beschreibt – im Rahmen zunehmend „erratischer Lebenserfahrungen" auch Formen des Autonomieverlusts zur Folge haben. (vgl. Rosa 2005, 362; 382f)

Die „komplementär-paradoxe Kehrseite" zum Metaprozess der Beschleunigung äußert sich wiederum im Phänomen des „rasenden Stillstands", wobei den Individuen in diesem Zusammenhang der „Verlust der Wahrnehmung einer gerichteten Bewegung des Selbst oder des Lebens durch die Zeit, und daher der Verlust der Entwicklungsperspektive" drohe. (Rosa 2005, 390) Gleichzeit sind als Gegenbewegung zu den Steigerungsimperativen auch alternativ-produktive Handlungsoptionen zu erwarten, aus denen sich Strategien der Beharrung und Entschleunigung ergeben könnten. (vgl. Rosa 2005, 171f; 239) Eine Möglichkeit, auf sich beschleunigende Prozesse zu reagieren, formuliert Byung-Chul Han mit dem Vorschlag, der Metapher der „vita activa" (im Sinne Arendts) eine „vita contemplativa" entgegenzusetzen, um damit auf den „Verlust des kontemplativen Vermögens" (Han 2009, 103) zu reagieren. „Das Leben gewinnt an Zeit und Raum, an Dauer und Weite, wenn es das kontemplative Vermögen wiedergewinnt. Wird aus dem Leben jedes beschauliche Element ausgetrieben, so endet es in einer tödlichen Hyperaktivität." (Han 2009, 111) In welcher Weise sich die Entwicklungsszenarien zwischen den Beschleunigungs- und Beharrungskräften weiter ausbilden, wird auch davon abhängen, wie sich die kommunikativen Rahmenbedingungen und die technologisch gestützten Netzwerkstrukturen des Alltags für den Menschen gestalten bzw. steuern lassen.

Eine Veränderung auf dem Feld der alltäglichen Nutzungsmodi mit Kommunikationstechnologien beobachten wir aktuell in Spielarten der zunehmenden Parallelnutzung und damit zusammenhängenden Strategien des Multitaskings. Da Prozesse der Konvergenz (zumindest bislang) keine universellen Zugangstechnologien, sondern eine doch immer noch breite Palette unterschiedlicher Technikapplikationen hervorgebracht haben, verteilen sich die Aktivitäten des Spielens, Arbeitens, des Medienkonsums und des Kommunizierens situationsbezogen auf unterschiedliche Plattformen und Devices mit jeweils dafür typischen Parallelnutzungsformen. Wie eine Reihe von Studien zeigt, erbringen darin eingesetzte Strategien des Multitaskings keine eklatanten Effektivitäts- oder Qualitätsgewinne in der Gestaltung kommunikativer Prozesse. (vgl. Baron 2008) Carr weist uns sogar darauf hin, dass „die geteilte Aufmerksamkeit bei der Multimedia-Nutzung [...] unsere kognitiven Fähigkeiten nur noch mehr [beansprucht] und [sich] dadurch Auffassungsvermögen und Lernergebnis[se]" vermindern würden. (Carr ²2010, 205) Untersuchungen zum „Ökosystem von Ablenkungstechnologien" (Doctorow zit. in Carr ²2010, 146) zeigten zudem, „dass der konstante Aufmerksamkeitswechsel bei Online-Tätigkeiten unser Gehirn vielleicht flinker mache, wenn es um Multitasking gehe, dass die Verbesserung unserer Multitasking-Fähigkeiten jedoch unsere Fähigkeiten zu konzentriertem und kreativem Denken einschränke".[356] (Stroke zit. in Carr ²2010, 222) Andere Studien wiederum gehen davon aus, dass der Effekt einer „inattentional blindness" es mit sich bringt, „dass Menschen faktisch nur einen kleinen Teil der Welt um sich herum" wahrnehmen, „auch wenn [...] irrtümlicherweise vom Gegenteil" ausgegangen wird. Es kann also – wie Forschungen von Chabris/Simons zeigen – von einer „Aufmerksamkeitsblindheit bei dynamischen Ereignissen" ausgegangen werden (vgl. Höflich 2011, 108), ein Effekt, der auch auf die Nutzungsspezifiken mit mobilen Technologien der Vernetzung durchschlagen dürfte.[357] In diesen Kontexten sei nicht nur mit einem „kognitiven", sondern auch mit Formen des „sozialen Multitaskings" im Sinne eines „Multikommunizierens" zu rechnen. (vgl. Höflich 2011, 104) Nach Chabris/Simons seien Effekte einer Aufmerksamkeitsblindheit sogar mit gesellschaftlichen Strukturen in Verbindung zu bringen. Denn „je komplexer die Gesellschaft, desto mehr gibt es auch wahrzunehmen und desto mehr Ereignisse können (versehentlich) übersehen

---

356 De Souza e Silva/Frith (2012, 27) halten grundsätzlich das Phänomen einer ungeteilten Aufmerksamkeit für ein idealisiertes Ziel, da es in der Wirklichkeit in einer reinen Form nicht anzutreffen sei. „In reality, our attention spans cycle through different things and environments – and mobile technologies help people manage these cycles." (de Souza e Silva/Frith 2012, 27)

357 Höflich weist in diesem Kontext auf die Problematik des Einsatzes von Freisprechanlagen in Autos hin, der zu entsprechenden Aufmerksamkeitsdefiziten beitrage. „Studien in einem Flugsimulator zeigten beispielsweise, dass Piloten, die sich auf Navigationssysteme konzentrieren, manchmal nicht einmal ein (virtuell) auf die Landebahn geschobenes Flugzeug sehen" würden. (Höflich 2011, 108 unter Verweis auf Haines)

werden".[358] (Höflich 2011, 115) Wenn also soziale Vernetzungstätigkeiten zunehmend technologisch vermittelt, also mediatisiert stattfinden, drohen Kommunikations- und Vernetzungskapazitäten bzw. -qualitäten an ihre Grenzen zu stoßen. Auch wenn der Schluss von Beobachtungen aus der Mikroebene auf gesellschaftliche Prozesse nur bedingt zulässig sein dürfte, weisen Hinweise wie diese zumindest auf generell sich durchsetzende Veränderungen in Bezug auf sich neu herausbildende Aufmerksamkeitsstrukturen hin. Mit dem Symptom des IFS (Information Fatigue Syndrom) wird heute jene Informationsmüdigkeit und Aufmerksamkeitsstörung in Verbindung gebracht, das eine „zunehmende Lähmung analytischer Fähigkeiten" beschreibt und ein Unvermögen, mit einer wachsenden Menge an Informationen umgehen zu können, diagnostiziert. (Han 2013a, 78)

Der Umstand, dass heute Menschen vermehrt die Technologien der Konnektivtät im Modus des „always on", also unter den Bedingungen einer Dauervernetzung in Rahmen ihrer Alltagsroutinen, nutzen, dürfte die Herausbildung neuer Formen der digitalen Nervosität und Phänomene kommunikativer Unaufmerksamkeiten fördern. Diese „breite aber flache Aufmerksamkeit" (Han [8]2010, 27) scheint im Zustand der Dauervernetzung dem Individuum tendenziell die Möglichkeit zu nehmen, sich über längere Zeitstrecken auf eine einzige Interaktionsform – sei das in Bezug auf einzelne Informationsplattformen oder im Rahmen alltagsbezogener Kommunikationssituationen mit Menschen – konzentrieren zu können. Befunde wie diese bestätigen sich etwa in den Analysen von Carr ([2]2010), der zudem davon ausgeht, dass sich neue Formen des Multitaskings selbst auf die Struktur und Architektur unserer Gehirnsynapsen auswirken. Basierend auf der Grundannahme der Neuroplastizität des Gehirns, die von einer beständigen Veränderbarkeit dieses Organs unter Einwirkung von Umwelt- und Wahrnehmungseinflüssen ausgeht, kommt er zu der Annahme, dass „die für das Überfliegen, Durchsuchen und Multitasking zuständigen neuronalen Netze erweitert und gestärkt werden, während diejenigen, die bei längerem Lesen und konzentriertem Denken benötigt werden, immer schwächer und lückenhafter werden".[359] (Carr [2]2010, 224) Mit

---

358 Damit verbunden kann das Phänomen zunehmend wahrgenommener Stresssymptome gesehen werden, das jenes „Erreichbarkeitsdilemma" anspricht, „demzufolge man andere immer erreichen will, selbst aber nicht immer erreichbar sein" möchte. (Höflich 2011, 168) Dieser Kontrollverlust wird dabei vielfach als zunehmender Stress empfunden.

359 Eine ganze Reihe populärwissenschaftlicher Publikationen, wie jene von Small/Vorgan (2009), nahmen diese Thematik auf und sehen unser Gehirn „für Schnellfeuer-Cyber- suchen verdrahtet", „die Bahnen für die menschliche Interaktion und Kommunika- tion" dagegen schwächer werden, „weil die herkömmlichen sozialen Fähigkeiten für den direkten menschlichen Kontakt verkümmern". (Small/Vorgan 2009, 39) In eine ähnliche Richtung argumentiert Jackson (2008), die insbesondere die Fähigkeiten zur

ähnlichen Beobachtungen sind wir in den Nutzungsumgebungen der mobilen Dauervernetzung konfrontiert. Untersuchungsergebnisse wie jene von Crawford (2012) weisen deutlich in diese Richtung: „[...] Figures reflect the multiple ‚checking in' moments that mark out frequent social networking users: not necessary long and sustained periods of use, or even necessarily posting content, but repeatedly and briefly listening in for the latest updates." (Crawford 2012, 219) Im Modus der sich habitualisierenden Dauervernetzung bilden sich auch meist unbewusste Nutzungsmuster aus, die von kontinuierlichen Rückversicherungsroutinen in Bezug auf die Netzanbindung geprägt sind. Vermittelt darüber führt die „Möglichkeit einer ständigen Erreichbarkeit [...] zugleich auch [zu] eine[r] steigende[n] Erwartungshaltung" und es bilden sich „neue Praxen phatischer Kommunikation mit rituellen Grüßungsformen und iterativen Affektbekundungen" heraus, „die primär dazu dienen, den Kommunikationsfluss aufrecht zu erhalten". (Linz 2008, 176f) Phänomene der Dauervernetzung haben also mit neuen Hybridisierungserscheinungen zwischen Menschen und Technologien zu tun, bringen neue Phänomene oder auch Devianzen der Mediatisierung hervor und führen damit zwangsläufig auch zu Fragen medienanthropologischer Natur.

8.2 Das vernetzte Individuum und Fragestellungen der Medienanthropologie

Wie sich sowohl im historischen Verlauf als auch in Bezug zu den aktuell sich herausbildenden Phänomenen zeigt, verändern sich mit fortschreitender Technisierung und Mediatisierung die Kommunikationsverhältnisse und kommunikativen Handlungsformen des Menschen. Neue technische Applikationen und Interaktionsmodi der Konnektivität transformieren Modi der Kommunikation sowie mediatisierte Handlungskontexte. Im Dispositiv der Dauervernetzung sind habitualisierte Kommunikations- und Interaktionsstrukturen mit neuen Möglichkeiten und Chancen der Vernetzung, zunehmend aber auch mit Risiken und sozial wie gesellschaftlich problematischen Aspekten in Verbindung zu bringen. Daher stellt sich insgesamt die Frage nach dem Verhältnis des Menschen zu den Medien(technologien) und den damit verbundenen Mediatisierungsprozessen. Die im angloamerikanischen

---

Aufrechterhaltung der Aufmerksamkeit unter der Bedrohung permanenter Ablenkung bedroht sieht. „In this land of distraction, we begin to rely on fragments, snippets, and push-button answers, and that is not a step forward. That is the beginning of a cultural decline." (Jackson 2008, 123)

8.2 Das vernetzte Individuum und Medienanthropologie

Sprachraum als „cultural anthropology" meist in den „humanities" verankerte Forschungstradition widmet sich im deutschsprachigen Raum in den Kulturwissenschaften Fragestellungen der „anthropologischen und soziologischen Grundlagen der Kultur" (Kübler 2001, 13).[360] Mit Krotz können wir Kommunikation zu einer „grundlegenden anthropologischen Konstante" zählen, da sie

> „zugleich für alle menschlichen Besonderheiten konstitutiv [ist] – für seine Arbeitsfähigkeit und für seine Fähigkeit, die Natur umzuformen […], für seine psychische Struktur, die in Kommunikation und Interaktion entsteht und sich entwickelt, und für seine Kreativität, Entwicklungsfähigkeit und Traditionsgebundenheit, in denen er sich ausdrückt und von denen er abhängt". (Krotz 2010, 93f)

Insofern lässt sich der Mensch also als ein „homo communicans" verstehen, der mit und durch Kommunikation existiert und sich seine soziale Welt über Kommunikation erschließt. „Aus der Perspektive der Kommunikations- und Medienwissenschaft" ist es daher naheliegend, „den Menschen als das einzige Wesen zu betrachten, das zu komplexen kommunikativen Formen befähigt und gleichzeitig von dieser Kommunikation abhängig ist". (Krotz 2010, 93) Damit kann Kommunikation als eine anthropologische Grundkonstante des Menschen gelten, die über unterschiedliche Ebenen vermittelt, die Einbettung in die soziale Umwelt konstituiert.

Rath weist in seiner Auseinandersetzung mit dem „homo medialis" auf die „Medialisierung" [sic!] des Menschen hin, den er – vom „homo oeconomicus" und „homo sociologicus" abgeleitet – als ein „animal symbolicum" charakterisiert. Er sieht den Menschen „immer nur als mediales (das heißt im Medium der Symbole sich selbst und die Welt konstruierendes) Wesen bestimmt". (Rath 2003, 25) Faßler geht sogar so weit, den Zeitpunkt des „medial turn" (vgl. Weber 1999) mit dem Auftritt des „homo sapiensis", also vor rund 30 000 Jahren, anzusetzen, mit dem eine eigene kulturelle Evolution in Gang gesetzt wurde: „Seine Abstraktions-, Zeichen- und schließlich Medienfähigkeit ermöglicht ihm, eine eigene (artifizielle, virtuelle, fiktionale) menschliche Umwelt zu erzeugen, die es bis dahin nicht

---

360 Nach Kübler fehle es der Anthropologieforschung deutschsprachiger Provenienz an adäquaten Theorien von Gesellschaft, Geschichte und Kultur, welche in den USA in der Ethnologie, Soziologie und Psychoanalyse weitaus stärker ausgeprägt wären. Und wenn nun die „Medienanthropologie an die Tradition der deutschen philosophischen Anthropologie anknüpfen will, könnte sie womöglich deren ursprünglichen Impetus aufnehmen, nunmehr unter dem Eindruck von Digitalisierung, Vernetzung und Globalisierung ein neues Konzept des Menschen zu kreieren. Aber sie müsste zugleich deren Hypothek einer vorsoziologischen bzw. exkulturellen, letztlich untheoretischen Verallgemeinerung bearbeiten". (Kübler 2001, 14)

gab: Kultur, die sich medial verfasst." (Faßler 2003, 33[361]) Für eine Kultur- und Sozialanthropologie des Medialen stellt sich daher die Frage, wie „Formalismen, Standards, Strukturen, Maschinenräume oder Programme und Netzwerke belebt werden". (Faßler 2003, 38) Der Horizont für kultur- und medienanthropologische Fragestellungen scheint insbesondere dann kaum mehr zu bewältigen sein, dehnt man diese auf „paläoanthropologische, kulturevolutionäre, neuro-anthropologische und medienevolutionäre Felder" aus. Es gelte daher in Bezug auf die Reichweite durchaus auch Begrenzungen einzuziehen, wobei es Ziel seines Ansatzes sei

> „den massiven Konkurrenzfeldern von Lesbarkeit, Sichtbarkeit, Schaltbarkeit, Hörbarkeit also von Text, Bild/Graphem/Skizze, Television, Video, Telefon (Radio) empirisch, wissenschaftlich und grundlagentheoretisch näher zu kommen [...] und es wird um die veränderten Bedingungen von Anwesenheit, Erreichbarkeit, Partizipation, raum-zeitliche Inszenierungen, künstliche Bewegungen, Differenzierung, Vertrauen, Verlässlichkeit, Distinktion und Negation gehen." (Faßler 2003, 39)

Mit diesen Kategorisierungen sind nicht so sehr Interaktionsstrukturen auf der Ebene von Inhalten angesprochen, sondern jene „Interaktionsszenarien", in die die Konstellationen zwischen Mensch und Medium eingebettet sind.[362] Demgemäß sind Medien nicht nur als in einer Umwelt angesiedelt zu denken, „sondern selbst Umwelt für Wahrnehmung, Deutung, Weltreferenz". (Faßler 2003, 40[363]) Grundsätzlich erkennt Faßler in der Medienanthropologie ein Forschungsfeld, das es in vielen Bereichen erst noch zu erschließen gilt.

Wenn also noch ein weiterer Entwicklungsbedarf für die Medienanthropologie besteht, gilt es mit Kübler auch zu bedenken, „dass die Anthropologie (noch) keine systematische, einigermaßen abgrenzbare und in sich konsistente Disziplin ist, die sich nun auf dem Gebiet der Medien und Netze konkretisieren und weiterentwickeln

---

361 Unter Medien versteht Faßler wiederum „Beschreibungen jener Artefaktgattungen, die Menschen zur Speicherung, Verbreitung und Informierung erfinden und weiter entwickeln, unabhängig, ob diese aus organischen und anorganischen Stoffen bestehen, von lebenden Tieren oder unbelebten Steinen genommen werden oder in der Minimierung von Stoffströmen bestehen, wie bei digitalen Medien." (Faßler 2003, 35)

362 Er unterscheidet in diesen „Mensch-Medien-Strukturen" einerseits zwischen „flüchtigen Medien" (mit Sprache und Musik), zwischen „Kommunikationstechniken (Mimik, Gestik, Telefon) und speichergestützte(n) Medien". (vgl. Faßler 2003, 40)

363 Beziehungen zwischen Medien sollten als „Umwelt (raum-zeitliche Referenz), als Hintergrundstruktur (Kontinuitäts- und Transformationsdimension), als Nutzungsfeld (funktionale und evolutionäre Differenzierungen), als Rezeptionsverlauf (Individualisierung der medialen Realitätsangebote) und als Gestaltungsaufforderung (Expression und Formentscheidungen)" unterteilt werden. (Faßler 2003, 37)

8.2 Das vernetzte Individuum und Medienanthropologie

ließe. Auch ihre biologischen Implikationen scheinen sich (noch) nicht hinreichend reflektiert und rationalisiert zu haben." (Kübler 2003, 80) Da nur bedingt entschieden werden könne, wie sich durch die „Digitalisierung, Vernetzung und Virtualisierung menschliches Dasein verändern" würde, wäre es „vermessen, heute entscheiden zu wollen, ob die Etablierung und Ausfaltung einer neuen, zugleich grundsätzlich wie umfassend ansetzenden medienwissenschaftlichen Disziplin, einer Medien- und Internetanthropologie, sowohl gerechtfertigt wie erforderlich ist". (Kübler 2003, 80) Kritisch setzt er sich jedenfalls mit jenen Medienphilosophien auseinander, die die

> „Grundfesten des menschlichen Daseins [...] leichtfertig und großspurig in Frage stellen oder schon preisgegeben haben. [Denn] wenn der Homo sapiens bereits zur beliebig manipulierbaren, kaum mehr eigenständig handlungsfähigen und sinnberaubten Schnittstelle in den Netzen mutiert bzw. instrumentiert ist, wozu bedarf es dann noch einer speziellen (Medien-)Anthropologie? Dann wären Netzwissenschaften und ‚artificial intelligence' angebrachter und angemessener." (Kübler 2003, 81)

Stefan Aufenanger plädiert dagegen – mit Verweis auf den Sozialphilosophen Plessner wie auch auf Mead – für einen anthropologischen Ansatz, der nicht zuletzt aus medienethischen Motiven von einer „prinzipiellen Offenheit" des Menschen ausgeht. Dies vor allem auch deshalb, da der Mensch an sich als „unergründliches Wesen" nicht vollständig bestimmbar sei. Er ist „im Unterschied zum Tier nicht in die Welt eingebunden bzw. zentriert" und hat sich daher aufgrund dieser – von Helmuth Plessner (1975) formulierten – „exzentrischen Positionalität", die ihm wiederum erst durch die Sprache möglich wird, zu sich selber zu verhalten. (vgl. Aufenanger 2001, 5) Nur aus der Position „der Distanz und Reflexion, der exzentrischen Positionalität", würden „Entwicklungen der Medienwelt kritisch betrachtet" werden können. Es bestünde daher die Gefahr, „den Menschen nur als das zu sehen, was er ist, ohne aber dabei alle Maßstäbe dafür zu verlieren, was er sein soll. Sehr leicht verfällt man nämlich dem so genannten naturalistischen Fehlschluss, das Sollen durch das Sein bestimmen zu lassen." (Aufenanger 2001, 10)

Mit zunehmenden Tendenzen der Mediatisierung und sich damit verdichtenden medientechnologischen Vermittlungsformen fragt die „Anthropologie der Medien [sodann auch] nach der Differenz von leiblich gebundener und medial-technischer Sinnestätigkeit. [Denn] mit der Technisierung der Sinne entsteht ein neuer Modus des Sinns und eine Modifikation der Sinnestätigkeit." (Karpenstein-Eßbach 2004, 64) Die Medienanthropologie verfolgt damit folgerichtig das Ziel „die Veränderung des Menschen in der Mediengesellschaft zu reflektieren und mit kritischen Fragen zu begleiten". (Aufenanger 2001, 9) In der Auseinandersetzung mit der Anthropologie der Medien kommt einerseits dem Bezug zum Stellenwert medialer Symbolwelten als Interpretations- und Konstruktionsfolie mediatisierter Wirklichkeiten eine große Rolle zu. Andererseits erfährt aber auch die technisch/materielle Ebene wieder vermehrt an Aufmerksamkeit innerhalb der sozial- und kulturwissenschaftlichen Fachdebatten. Spätestens mit der Durchsetzung der Digitalisierung rücken wieder verstärkt Ansätze der Medienmaterialitäten (vgl. z. B. Gumbrecht/Pfeiffer 1988) und technokulturelle Konstellationen in das Zentrum der Aufmerksamkeit. In einer „digitalen Anthropologie", in der die Materialität der Dinge von großer Bedeutung ist, lassen sich Technologien wie das Mobiltelefon als kommunikative Umwelten bzw. „communicative ecologies" begreifen. (vgl. Budka 2013, 30)

In den aktuellen Diskussionen rücken vor diesem Hintergrund daher auch immer wieder Bezüge zur Kanadischen Schule der Kommunikationswissenschaft in den Fokus. Meist einer technikdeterministischen Argumentationslogik verpflichtet, begreift insbesondere die literaturwissenschaftlich geprägte Medienwissenschaft technische Bedingungen und damit zusammenhängende Handlungsorientierungen als zentrale Konstituenten für Kommunikation. Mit der Technisierung der Wahrnehmung wäre – so das Argument – jede Form originär menschlich-natürlicher Wahrnehmung obsolet und eine „medial unverstellte, direkte Sicht auf die Objekte der Welt/Realität nicht mehr zu denken". (Virilio 1986, 393) Kittler geht von einem dominant technischen Apriori für mediatisierte Kommunikationsbeziehungen aus. Kritisch erkennt Rammert aus dem Blickwinkel der Techniksoziologie darin eine zu starke Betonung der „Eigenläufigkeit einer technischen Evolution", weil sie „am gattungsspezifischen Verhältnis oder Verhalten des Menschen zu Natur ansetzen. […] Damit blenden sie Unterschiede geschichtlicher Epochen, gesellschaftlicher Formen und kultureller Orientierungen aus und liefern technikdeterministischen Vorstellungen Vorschub." (Rammert 2000, 52) Trotz der Notwendigkeit einer kritischen Überwindung eindimensional technikdeterministischer Basismodelle bleibt es weiter von zentraler Bedeutung, Fragen der Medienanthropologie im Verhältnis des Menschen zu den Medien- und Kommunikationstechnologien ernst zu nehmen und gerade unter sich zunehmend intensivierenden Mediatisierungsprozessen zu diskutieren.

Grundsätzlich sieht Kübler die Ausdifferenzierungslinien der Medienanthropologie einerseits durch die Frage herausgefordert, inwieweit nun die „Medien natürliche Bestandteile des Menschen" in Form seiner „Mechanisierung" oder „Formatierung" werden, oder ob Medien selbst „anthropomorphe Züge" annehmen, wie sie in Robotermodellen Verwirklichung finden. (vgl. Kübler 2001, 14) Daran anschließend seien nach seiner Sicht im Wesentlichen zwei übergreifende Entwicklungen zu orten, die „neue Begrifflichkeiten oder gar Wissenschaftsdisziplinen" nahe legen […]:

8.2 Das vernetzte Individuum und Medienanthropologie

„Mit Digitalisierung und Vernetzung expandiert das Mediensystem in technischer Hinsicht offenbar unaufhaltsam und immer schneller [...]. Zusammen mit solcher Extensivierung scheint sich für jedes Individuum seine mediale Involvierung zu intensivieren. Einerseits erfährt es sich zunehmend als kontingente Schnittstelle (Interface) von Computer, Netz und menschlicher Kommunikation, andererseits gibt es mehr und mehr ursprünglich dem menschlichen Gehirn vorbehaltene Aufgaben an den Rechner und die Netze ab und verliert so Teile seiner Kompetenzen. [...] Beide Tendenzen mögen dazu angetan sein, Identität, Selbstbewusstsein oder Verortung ‚des' menschlichen Individuums zu überdenken." (Kübler 2001, 14f)

Unter diesem Blickwinkel lassen sich im Sinn der kanadischen Tradition der Kommunikationswissenschaft Medien(technologien) tatsächlich als Mittel der Erweiterung der menschlichen Sinnestätigkeit verstehen, wenngleich nicht selten getragen von einer „anthropologischen Unsicherheit [...] [und vorgetragen] mit einem medienapokalyptischen Unterton, [in dem] von einem Schwinden der Sinne oder ihrer Enteignung die Rede ist". (Karpenstein-Eßbach 2004, 64) Jedenfalls lässt sich die historische Entwicklung technischer Kommunikationsmittel unter einer medienanthropologischen Perspektive als eine Geschichte des beständigen Heranrückens der Kommunikationstechnologien an den Menschen und des Eindringens in seine unmittelbaren Handlungsfelder beschreiben. Die Alltags- und Lebenswelt des Menschen wird so zunehmend von Medien und Kommunikationstechnologien kolonialisiert und die Handlungsräume um ihn herum mit immer mehr Zugangsmöglichkeiten zu Medien- und Kommunikationsnetzwerken versehen. Technologien der Kommunikation sind heute im Heidegger'schen Sinn permanent und ubiquitär dem Menschen im Sinne einer „unauffälligen Brauchbarkeit" „zuhanden" (Heidegger 1927 zit. in Nyíri 2002, 11) und wurden zu „Dingen, die uns dienlich und handlich umgeben". (Nyíri 2002, 11)

Mit den sich verdichtenden Naheverhältnissen von Technologie und Individuen wird auch der Körper bzw. der Menschen schlechthin zu einer „Vermittlungsinstanz des Handelns" (Werlen 2008, 384), eine Kategorie, die insbesondere für mobile Formen der Vernetzung und damit verbundenen körperbezogenen Applikationen von Bedeutung ist. Denn „die Mobilisierung vormals ortsgebundener Gerätenutzung" knüpft ein enges Band zwischen Apparat und Person. Objekte, die den Menschen auf Schritt und Tritt begleiten, tendieren dazu, als Erweiterung (ähnlich wie Kleidungsstücke oder Schmuck) bzw. zu kaum noch verzichtbaren Teilen des Selbst zu werden. (vgl. Schönhammer 2000, 62) Im Sinne der „material cultures" stabilisieren damit technologische Artefakte der kommunikativen Vernetzung auch das Selbst.

"They do so first by demonstrating the owner's power, vital erotic energy, and place in the social hierarchy. Second objects reveal the continuity of the self through time, by providing foci of involvement in the present [...]. [...] Third, objects give concrete evidence of one's place in a social network as a symbol (literary the joining together) of valued relationships." (Csikszentmihalyi 1993, 23)

Eine dahingehende Plausibilität erlangt die von Arendt (2003) in ihrer „Vita activa" den „Gegenständen" zugeschriebene Funktion als „eigentlicher menschlicher Heimat des Menschen", mit ihrer Aufgabe, „Leben zu stabilisieren" und uns mit ihnen selbst als von der Welt separiert betrachten zu können. (Arendt ²2003, 161f) Umgelegt auf die heute hochgerüsteten technologischen „Gegenstände" der digitalen Vernetzung erlangen diese Beobachtungen neue Brisanz und Gültigkeit. Diskussionen in den material cultures setzen die Hinwendung zur Materialität der Dinge auch zu einer gewissen Instabilität des Menschlichen in Beziehung. „The body is not large, beautiful and permanent enough to satisfy our sense of self. We need objects to magnify our power, enhance our beauty, and extend our memory into the future." (Csikszentmihalyi 1993, 28) Damit ist auch wieder der Status des Menschen in seiner ontologischen Unsicherheit angesprochen, „[as] things play an important role in reminding us of who we are with respect of whom we belong". (Csikszentmihalyi 1993, 27)

Nicht nur unter Bezug auf diese Denktradition lassen sich die individualisierten mobilen Technologien der Vernetzung als Erweiterung des menschlichen Handlungs- und Interaktionsfelds begreifen. (vgl. Schulz 2004a, 2) Schon Sombart (1927) verstand – noch vor McLuhan – die Anbindung des Menschen an die Möglichkeiten der Kommunikation als „Emanzipation von den Schranken des organischen Lebens". (Sombart zit. in Schulz 2004a, 2) Ähnlich dem Modell der Übertragung menschlicher Beziehungsmuster auf konkrete Objekte, wie das etwa Kinder ihren Spielfiguren gegenüber tun, erfüllen die neuen Technologien die Funktion als „Übergangsobjekte" (vgl. Winnicott 1971) und stärken damit die „Beziehungsstruktur" der Nutzerinnen und Nutzer zu den technischen Artefakten. (vgl. Tully/Zerle 2005) Vincent spricht daher auch davon, dass sich schon die Beziehung zwischen den Mobiltelefonen und ihren Benutzerinnen und Benutzern als eine „empfindungsfähige" Relation (Vinzent zit. in Fallend 2010, 198) beschreiben ließe, „weil das Mobiltelefon für uns ein Aufbewahrungsort der Links und Hinweise ist, welche emotionale Reaktionen in uns hervorrufen". Dies v. a. auch deshalb, da in den Mensch-Maschine-Interaktionen über mobile Technologien „mehr Sinne in Anspruch genommen [werden], als [das] bei irgendeinem anderen Gerät" (Fallend 2010, 198) der Fall ist und daher diese technischen Applikationen als „affektive und emotionsgeladene Geräte" einzustufen sind.[364] (Lasén zit. in Fallend 2010, 198) Aus einer medienanthropologischen Sicht

---

364 Die besonders in Japan sich durchsetzende ästhetische Gestaltung einer Verniedlichung von Mobiltelefonen in Form der „kewaii" verweisen auf eine „Humanisierung" bzw. Inkorporierung in individualisierte Nutzungspraktiken. (vgl. Hjorth 2005, 39).

8.2 Das vernetzte Individuum und Medienanthropologie

gewährleistet die Dauervernetzung des Menschen über mobile Kommunikationstechnologien eine „Vergewisserung der sozialen Einbindung und damit der eigenen Identität" (Weber 2008, 307) Zudem stiftet sie im Zustand der Mobilität das Gefühl der Zugehörigkeit und bietet jene Rückversicherung, die Silverstone (1993) – wie oben angesprochen – als „ontological security" bezeichnete.

Die immer engere Verbindung zwischen den mobilen Gadgets der Kommunikation und den Körpern ihrer Trägerinnen und Träger lässt sich aus anthropologischer Sicht als Herausbildung einer neuen „social skin" (Pandolfi zit. in Caron/Caronia 2007, 231) interpretieren. Im Finnischen als „kännykkä", also Erweiterung der Hand, bezeichnet, werden die mobilen Technologien der Vernetzung tendenziell „zu einem intimsten Bestandteil der persönlichen Objektssphäre des Benutzers" (Srivastava 2008, 235) oder gar wie ein weiteres „Organ" wahrgenommen.[365] Dieses funktioniert wie die Ausweitung der menschlichen Sinne, das aber „bloß nicht implantiert worden ist".[366] (Weber 2008, 306) Neue theoretische Annäherungen zur Frage der Ausgestaltung der Mensch-Computer-Schnittstellen und Ansätze aus den „Tangible Computing" sehen etwa auch die kartesianische Differenz von Körper und Geist überwunden und betonen gerade – wie Dourish mit dem Konzept der „Embodied Interaction" – die Verbundenheit des Körpers mit den Systemen sensorisch-körperlicher Kognition. (vgl. Döring/Sylvester/Schmidt 2012, 119) Mark Poster verwendete daher auch den Begriff der „humachine" „to designate not a prosthesis but an intimate mixing of human and machine that constitutes an interface outside the subject/object binary". (Poster zit. in Farman 2012, 111) Caron/Caronia wiederum sprechen von einer „physical domestication", indem sie unterstreichen „[that] the mobile phone thus requires a new cognitive image of the physical self that integrates a biological body with a technological object."[367] (Caron/Caronia 2007, 235) Die Mobiltechnologien wurden ähnlich wie die Armbanduhr zu einem selbstverständlich mit dem Menschen verbundenem technischen Hilfsmittel und damit zu „bodyparts". Gerade für Jugendliche sind sie „[...] just a completely taken-for-granted dimension of their existence: to them, it is just like any other

---

365 Ähnlich pointiert argumentiert Golden (2007, 87), der hervorhebt, „[that] the switched-on mobile becomes the natural condition of man".
366 Eine Zuspitzung dieses Denkmodells realisierte auf der Ebene der künstlerischen Praxis der australische Netzkünstler Stellarc, der die technische Vernetzung des Körpers mit Kommunikationstechnologien zum Thema seiner Arbeiten machte. (vgl. http://stelarc.org/.swf)
367 So erlauben es mobile Technologien unter diesen Blickwinkeln den Menschen „to be ‚proper' beings. Without them, they are ‚lost'. [...] Mobile phones are no longer ‚extravagant' but ‚necessary evils' that have become a natural part of the human body, always at hand." (Larsen/Urry/Axhausen 2006, 16f)

item of clothing [...] [or] simply a normal part of being dressed." (Morley 2007, 205) Umso verstörender stellen sich Momente eines Verlusts der Technologien dar. „People who have lost their phone speak a medicalised discourse of trauma, even melodramatically comparing the loss of their phone to the loss of a limb."[368] (Morley 2007, 304) Untersuchungen aus Südkorea über die Nutzung des „iPhone" berichten von ähnlichen Phänomenen: „The iPhone absence is experienced as a source of greater anxiety, engendering a loss of presence. This feeling was exemplified in one interviewee's comment that the iPhone ‚cannot be separated from my hand'." (Lee 2012, 78) All diese Befunde markieren eine neue Qualität in Bezug auf die Beziehung von Medientechnologien und Mensch und unterstreichen die Tatsache, dass wir es tatsächlich mit einem neuen Dispositiv zu tun haben, dessen Auswirkungen und Konsequenzen es auch unter medienanthropologischen Gesichtspunkten kritisch zu reflektieren gilt. Für Han (2014, 23) ist – zugespitzt – davon auszugehen, dass auch „jedes Dispositiv, jede Herrschaftstechnik eigene Devotionalen [hervorbringt], die zur Unterwerfung eingesetzt werden. Sie materialisieren und stabilisieren die Herrschaft." Und da „devot" zu sein auch hieße, „unterwürfig" zu sein, würde das „Smartphone [...] die Devotionale des Digitalen überhaupt" darstellen.[369]

Auf dem Vernetzungsstandard der Smartphones oder anderer mobiler Touch-screen-Devices setzte sich bezogen auf die konkrete Nutzungsspezifik folglich auch ein Trend von der Visualität hin in die Taktilität durch. (vgl. Giesecke 2002, 285f) Diese neue Form des Benutzerzugangs bringt es mit sich „[...] that we moved away from the twentieth-century preoccupations with visual cultures and screen-ness that deems to view mobile media as a (advertising) *third screen* instead acknowledge as a third space that is governed by the politics and aesthetics of haptics." (Hjorth 2009, 154f) Dieser Faktor der Haptik wird zu einem wesentlichen neuen Aspekt in der körperlichen Aneignung der Technologien, da sich daraus ein neues Nahe-

---

368 Turkle berichtet von einem entsprechenden Fall mit dem Kommentar: „When my Palm crashed it was like a death. It was more than I could handle. I felt as though I had lost my mind." (zit. in Turkle 2008, 132) Und aus Studien kennen wir Beschreibungen von Jugendlichen, für die sich die Nichtverfügbarkeit des Mobiltelefons in einem diffusen Gefühl äußert, als ob „etwas fehlen" würde. „Die Mädchen ertappen sich dabei, wie sie in ihre Hosentasche – und plötzlich ins Leere greifen. Ständig nach dem Handy zu tasten, immer mal draufschauen, ohne dass man eine Nachricht oder einen Anruf erwartet, und sporadisch herumzutippen, sind routinierte Praktiken, die ein Gefühl von Sicherheit vermitteln" und im Fall einer Nicht-Verfügbarkeit zu großen Irritationen führt. (Schulz 2010, 240)

369 An anderer Stelle vergleicht Han das Smartphone mit einem „digitalen Spiegel zur postinfantilen Neuauflage des Spiegelstadiums", wie das Baudry in seiner Theorie des Kinos entwickelte (siehe dazu weiter oben). „Es eröffnet einen narzisstischen Raum, eine Sphäre des Imaginären, in der ich mich einschließe." (Han 2013a, 34f)

8.2 Das vernetzte Individuum und Medienanthropologie

verhältnis den Applikationen gegenüber ergibt. „Un-distance can be seen today in the practice of mobile media, particularly pervasive location-aware projects that rely on the so-called immediacy or instantaneity of the networked." (Hjorth 2009, 151) Kritische Beobachterinnen und Beobachter erkennen darin wiederum neue Verschränkungen von Technologie und Mensch als Vorstufe einer Inkorporierung von Applikationen der Kommunikation. „Die allzeit einsatzbereiten Nutzer tragen das letzte Interface für die mobilen Varianten der Endgeräte noch am und vor dem Körper, bevor es im nächsten Schritt unter die Haut gehen wird. Die glatten abgerundeten Artefakte der Kommunikation schmiegen sich in die Hand. Ihre flachen transluzenten Bildschirme werden mit den Fingerkuppen gestreichelt, als wären sie die poröse Haut, die den anderen umschließt. Man wacht mit ihnen morgens auf, für viele sind sie das letzte, das sie berühren, bevor sie einschlafen, zum Beispiel, wenn sie von ihrem elektronischen Dauerbegleiter geweckt werden wollen." (Zielinski 2011, 232)

Eine zugespitzte Technik-Variante dieses Naheverhältnisses stellt die von Google (2012) vorgestellte Produktstudie der interaktiv vernetzten Brille „Google Glass" dar, die vielfältige Funktionen der Alltagsnavigation integriert und ihren Nutzerinnen und Nutzern unmittelbar vor dem Auge eine mit der Umgebung interagierende Benutzeroberfläche anbietet. Als Hightech-Produkt einer neuen Form der digitalen Vernetzung des Menschen mit seiner Umgebung wurde die Innovation zuvor in der Militärtechnologie entwickelt und im Kontext künstlerischer Projekte experimentell für zivile Nutzungskontexte adaptiert. (vgl. http://www.googlewatchblog.de/2012/04/project-glass/) Applikationen wie diese entwarf schon Vannebar Bush in seiner bekannten Schrift „As we may think" (1945) ebenso in Form einer Brille, die eine Aufzeichnung und das Abrufen von Augenblicken ermöglichen sollte. (Bush zit. in Großmann 2007, 186) Auf der Ebene der aktuell vorliegenden Entwicklungen sei jedoch durchaus damit zu rechnen, dass sich aus der engen Verschränkung von Technologie und Mensch neue Entwicklungsformen „unserer kognitiven und kulturellen Kompetenzen" ergeben. (vgl. Linz 2008). Denn „dann werden unsere kulturellen Praktiken der Wissensorganisation, das individuelle Gedächtnis, unser Orientierungsvermögen und unsere ausgebildeten Lernstrategien und -inhalte ebenso weitreichenden Veränderungen unterzogen wie unsere Wahrnehmungsroutinen und Techniken der Problemlösung". (Linz 2008, 188) Carr bestätigt unter Verweis auf Untersuchungen des Delegierens von Gedächtnisleistungen an technische Systeme die oben angesprochenen Befürchtungen: „Das Internet stellt zwar eine bequeme und faszinierende Ergänzung unseres Gedächtnisses dar, aber wenn wir anfangen, es als Gedächtnisersatz zu benutzen und den inneren Prozess der Konsolidierung überspringen, riskieren wir, dass der Reichtum unseres Geistes verlorengeht." (Carr [2]2010, 301) Gerade unter den Bedingungen von heute permanent möglichen Zugriffen auf das Weltwissen werden sich entsprechende Effekte weiter verstärken. Während etwa das Handy noch eher als ein externalisiertes Werkzeug zu begreifen sei, rücken uns Innovationen wie Google Glass „so sehr auf den Leib, dass es als ein Teil des Körpers wahrgenommen wird". (Han 2013a, 59) Auch Meckel sieht durch das Zusammenwachsen von Mensch und Maschine eine Reihe von „Parametern menschlichen Lebens und menschlicher Existenz" in Veränderung begriffen: Neben der heute möglichen „umfassenden Personalisierung der Information" im Netz, beobachten wir den „Entwurf des Menschen als Hybridwesen aus Technik und Geist, Maschine und Körper, der bekannte, unser Leben prägende Unterscheidungen infrage stellt". (Meckel 2012, 34) So weisen Tendenzen des Mensch-Interface-Verhältnisses in die Richtung einer weiteren Verschmelzung von Körper und Kommunikationstechnologien, deren ultimativer Fluchtpunkt in der Integration technischer Kommunikationsinfrastrukturen in den menschlichen Körper selbst liegt und die auf eine Verschmelzung technisch-apparativer und kognitiver Systeme hinauslaufen.

Die aktuellen Innovationen auf dem Feld des „ubiquitous computing" und der „ambient intelligence" spitzen die Diskussionen um die Tragweite des Verhältnisses von Mensch und Maschine noch einmal weiter zu. Schon die Diskussion im Rahmen der Cyborg-Theorie stellte Mitte der 1980er Jahre die Verschmelzung von Technologie und menschlichen Körpern als utopische Überwindung real existierender Rollen- und Identitätszuschreibungen zur Debatte. (vgl. Haraway 1985) Ursprünglich im Umfeld der Militärtechnologen diskutiert, spielten die Diskussion um die Analyse der Mensch-Maschine-Schnittstellen eine wichtige Rolle in den Theoriefeldern der Medienwissenschaft, Computerkunst wie auch in den biotechnologischen Wissenschaften (vgl. Gray 1995). Haraway stellte schon Anfang der 1990er Jahre den Übergang der alten Technologie in neue, leichte mobile Formen ins Zentrum der Auseinandersetzung, als sie hervorhob, „[that] our best machines […] are all light and clean because they are nothing but signals, electronic waves, a section of a spectrum, and these machines are eminently portable, mobile. […] People are nowhere near so fluid, being both material and opaque. Cyborgs are either, quintessence." (Haraway zit. in Thrift 1996, 282). In diesem Zusammenhang wurde auch der Übergang in ein „third machine age" diskutiert, in dem nach Deleuze und Guattari die Mensch-Maschine-Interaktion nicht mehr als Nutzung bzw. Handeln *mit* Technologien abläuft, sondern – wie in der Akteur-Netzwerk-Theorie formuliert – als interne wechselseitige Interaktion zu denken ist. (vgl. Thrift 1996, 283) Nach der Jahrtausendwende verlagerte sich die aus der Cyborg-Theorie hervorgegangene Debatte vorwiegend auf die Frage um die technische Ausgestaltung zukünftiger Human-Computer-Interfaces und auf die Ausgestaltung des Designs von Systemen der „ambient intelligence" in einen eher technologisch-pragmatischeren Diskurs.

Es rückten vermehrt Fragen um die konkrete Ausgestaltung der Beziehungen von Mensch und „intelligenten Maschinen" in den Vordergrund. Die aktuell im Entwicklungsfeld des „Internet of Things" geführten Diskussionen stellen uns die darin entworfenen Mensch-Maschine-Konfigurationen als durchaus kritisch dar. Denn den damit verwirklichten Ideen einer „Smartness [liegt nicht selten] ein problematisches Modell menschlicher Interaktion zugrunde, welches entwicklungspsychologisch der Erwartungshaltung eines Kleinkindes entspricht, das seine Wünsche von der Mutter möglichst umgehend erfüllt sehen will". (Wiegerling 2008, 26) Folgerichtig ist daher die Frage zu stellen, inwiefern eine derartige Techno-Konstellation und „magische Welt nicht letztlich dem Menschen Kompetenzen nimmt und sogar die Möglichkeit untergräbt, seine Intelligenz auszubilden. Ja, es stellt sich die Frage, ob eine solche Technik den Menschen nicht wieder weit hinter seinen Status als homo faber, sozusagen auf eine Stufe eines vorhistorischen magischen Menschen zurückwirft."[370] (Wiegerling 2008, 26) Zu rechnen sei in diesem Zusammenhang etwa mit Phänomenen einer möglichen „schleichenden Entmündigung" sowie einer „schleichenden Regression durch Kompetenzverlust", die zur Abnahme von „Widerständigkeitserfahrungen" der Welt gegenüber führe sowie die Gefahr in sich berge, „dass das System an Stelle des Subjekts Träger von Handlungen wird" und uns „intelligente Systeme alltägliche Organisationsleistungen abnehmen [...] und somit Auswirkungen auf Kompetenzbildungen und damit auch auf die Bildung der personalen Identitäten haben". (Wiegerling 2008, 30f) Auch wenn diese Skepsis überzogen sein mag, ergeben sich durch Möglichkeiten der Dauervernetzung mit mehr oder weniger intelligenten Systemen jedenfalls Gefahren einer „Entindividualisierung" und „Entkontextualisierung" sowie einer Verkennung von „Verknüpfungs- und Einordnungszusammenhängen". (Wiegerling 2008, 27) Es sei daher – so eine mögliche Reaktion auf diese Defizite – der „visionäre, metaphysisch aufgeladene Entwurf" Weisers zur Idee des „ubiquitous computing" durchaus technisch so zu begleiten, dass die „Funktionsweise und Wirkung des Systems sichtbar" und auch ein „Eingriff in das System" jederzeit möglich wird. (Wiegerling 2008, 33) Damit sind Aspekte der Intervention und alternativen Neugestaltung von Technosystemen angesprochen, die auf eine Überwindung und Neuausrichtung sich verfestigender Strukturentwicklungen abzielen und die Frage nach der Ausgestaltung des Verhältnisses von Menschen und Technologie kritisch

---

370 Auf der Seite der handelnden Individuen steige zudem insofern ein Riskio des „Zauberlehrlingsproblems", als es zu „Fehlzuordnungen" an ausgelagerte Kompetenzen kommen könne (vgl. Wiegerling 2008, 31) oder umgekehrt „Fehlzuordnungen des Wahrgenommenen" geschehen. (vgl. Wiegerling 2008, 29) Jedenfalls ist in Umfeldern des „ubiquitous computing" mit dem Auftreten neuer Phänomene der Virtualisierung und der Unübersichtlichkeit zu rechnen.

überprüfen. Im Umfeld der ökonomiekritischen Debatten werden die Beziehungen zwischen Menschen und digitalen Netzwerken jedenfalls wieder verstärkt kritisch diskutiert, indem die Überwindung der Trennung zwischen Körpern, Identitäten und Netzwerken – etwa auf der Ebene des Konzepts der Netzwerkidentitäten – (erneut) zum Thema wird. „It is here, according to the digital discourse, that we can most evidently no longer talk of the utilization of technology by humans but of full absorption; it is here that humans seem to ‚vanish into' computers." (Fisher 2010, 170) Die Diskurse um die Auflösung der Grenzen zwischen Menschen und Netzwerktechnologie verdeutlichen sich noch einmal neu unter dem Blickwinkel der Begriffe der Identität, der Kreativität, von Intelligenz und Selbstkonzepten. Fisher streicht in diesem Zusammenhang die Diskussionen um die „network humans" heraus, die erneut die Figur des „cyborg" thematisieren. „Humans can be further technolized and instrumentalized, technology can be humanized, and the hybrid entity of the cyborg can be constructed." (Fisher 2010, 174) Aus diesem Blickwinkel lohnen Dynamiken im Bereich der HCI-Forschung – auch mit ihren Bezügen zur Mediatisierungsforschung – durchaus kritisch begleitet zu werden.

In enger Verbindung mit diesem Themenkomplex, der Prozesse der wechselseitigen Verschränkung menschlicher Interaktionsaktivitäten mit Systemen der technisch-apparativen Vernetzung in den Blick nimmt, stehen Entwicklungen, die sowohl die Handlungsebene wie auch die Strukturebene betreffen und zur Problematik verstärkter Möglichkeiten der Überwachung führen. Auch dahingehend spielt die Frage der technologischen Ausgestaltung neuer Dispositive der Vernetzung eine entscheidende Rolle. Ebenso ist die Kopplung vieler technischer Applikationen mit damit eng verbundenen ökonomischen Nutzenkalkülen ein Thema.

8.3 Neue Netzwerke der Überwachung und Veränderungen von Privatheit

Wie sich im Kontext medienanthropologischer Fragestellungen zeigt, können wir auf der gegenwärtigen Stufe der Mediatisierung von einer mittlerweile weitreichenden Verschränkung von Mensch und Technologie ausgehen. Aus der Spezifik der Konnektivitätsstrukturen erwachsen nicht nur veränderte Mensch-Maschine-Verhältnisse, sondern auch neue Möglichkeiten der Überwachung auf unterschiedlichen Ebenen. Sie weiten sich einerseits auf der vertikalen Ebene staatlicher Überwachungsformen aus, finden aber auch vermehrt auf der horizontalen Ebene in sozialen Netzwerkbeziehungen und ortsgebundenen Interaktionsformen statt. Häufig getragen vom Versprechen nach größerer Transparenz und Offenheit der

8.3 Neue Netzwerke der Überwachung

Netzwerke verbreitern sich mit diesen Tendenzen gleichzeitig die Möglichkeiten der Kontrolle und es drohen etablierte Grenzziehungen von Privatheit zu erodieren. Im Modus der Dauervernetzung werden die Informations- wie Kommunikationsspuren in einer „surveillance culture" (Lyon 2014) transparenter denn je und für Modelle ihrer ökonomischen Verwertbarkeit zugänglich. „This is the fluid surveillance of mobilities: keeping track of increasingly shifting populations and individuals in everday life." (Lyon 2014, 83)

Toshimaru Ogura (2006) macht grundsätzlich fünf soziohistorische Schichten aus, die in Summe zu jener Überwachungsstruktur geführt haben, wie wir sie heute kennen. Die Basis sieht er in der Industrialisierung des 18. bzw. 19. Jahrhunderts gelegt, in der die geplante Beobachtung von Produktionsprozessen neue Formen des kontrollierten Arbeitsmanagements hervorbrachte, eine Methode, die von Fredrick Winston Tayler im späten 19. Jahrhundert perfektioniert werden sollte. In einem zweiten Schritt weiteten sich diese Formen des Arbeitsmanagements bis in die Kolonien der frühindustrialisierten Länder aus. Die dritte Phase, die er für den Zeitraum des Kalten Krieges festmacht, markiert die Konzentration auf die Kontrolle des Menschen als Individuum und Konsumentin/Konsument. „The individuum was regarded as an element of an unknown mass to be monitored. Mass Media and advertising became two of the major tools of mind manipulation, making people in developed countries look as though they enjoy freedom and democracy." (Ogura 2006, 275) Daraus erwachsende Krisenerscheinungen und Tendenzen hin zu einer Fragmentierung der Massen führten schließlich in eine entscheidende weitere Phase.

"Computerization of marketing and management of customers caused the capitalist dream to be realized. […] Concrete individuals, as they really are, were reduced to abstract data and categorized in line with commercial requirements. After this data was processed, each individual was reconstructed as a concrete person and was profiled again." (Ogura 2006, 275)

Mit der Durchsetzung des mobilen Internets erreicht die Entwicklung schließlich das Niveau in der gegenwärtig dominierenden Form. Globale Datenströme und Netzwerkstrukturen unterminieren darin strukturell die Schutzwirkung staatlich-hoheitsrechtlicher Zonen und neue Gefährdungen für das Individuum erwachsen auf der Ebene des Alltagshandelns, indem Grenzziehungen der informationellen Selbstbestimmung aufgeweicht werden. Ähnliche Phasenverläufe zeigte auch schon Deleuze auf, der im Hinblick auf das Phänomen der Überwachung drei Gesellschaftsformen voneinander unterschied. Von einer zunächst dominierenden Form der souveränen Hoheitsherrschaft sei einerseits die Disziplinargesellschaft zu differenzieren, wie sie Michel Foucault mit den Strukturen der Disziplinierung und Überwachung beschrieb. In Abgrenzung dazu wäre eine neue Gesellschaftsform von Kontrolle zu beobachten, „in which ultra-rapid forms of free-floating strategies of control modulate people". (Thrift 1996, 291) Deleuze sah darin eine neue Form der Kontrolle realisiert, die auch für heute mobil vernetzte Individuen gelten kann. „The numeric language of control is made of codes that mark access to information, or reject it. We no longer find ourselves dealing with mass/individual pair. Individuals have become ‚dividuals', and masses, samples, data, markets or banks." (Deleuze zit. in Thrift 1996, 291)

Mit Green (2002b) lässt sich in diesem Zusammenhang von der Konstituierung eines Individuums sprechen, das in einem „Produktions- und Regulationsparadigma" verortet ist, und „in dem der Massenkonsument zum personalisierten und individualisierten Konsumenten geworden ist". (Green 2002b, 51) Durch die auch auf der Ebene des Lokalen sich manifestierenden Datenkonfigurationen, die als „network locality" gelten können, wird eine neue Form der Sichtbarkeit des sozialen Handelns auf der Basis mediatisierter Netzwerkhandlungen erreicht. „Network locality is descriptive of a changing media landscape, where the relationships between user and information, body and space, local and global are shifting to accommodate emerging pattern of media consumption." (Gordon 2008) Den sensiblen Punkt, den es in diesem Zusammenhang zu schützen gilt, stellt sehr wesentlich die Privatsphäre der Nutzerinnen und Nutzer dar. Diese Sphäre des Privaten beruhe insbesondere darauf, „daß die Individualisierung der mobilen Geräte und Kommunikation die zuvor erfolgte Konstituierung sozialer Subjekte als rationale, neoliberale und individuelle Konsumenten *widerspiegelt*, die nicht nur Waren und Dienstleistungen, sondern auch ihre sozialen und gemeinschaftlichen Relationen frei wählen." (Green 2002b, 50) Demgemäß kann auch davon ausgegangen werden, dass es im Rahmen eines Konsumodells, das sich in einem global wirksamen „informationellen Kapitalismus" realisiert, zu einer Normierung „personalisierter Individuen" komme, in dem der Markt vom Prinzip einer „unpersönlichen Intimität" bestimmt werde. (Green 2002b, 52). Folglich sei auch eine „Erweiterung der Kontrolle der modernen Körperschaften über das soziale Subjekt" zu befürchten. Auch wenn vermutet werden kann, dass Nationalstaaten im Rahmen global wirksamer ökonomischer Strukturveränderungen an Einfluss verlieren, erkennt Green weiterhin große Eingriffskräfte auf staatlicher Ebene. Denn „obwohl [ein derartiges System] auf vertraglichen Vereinbarungen basiert, *erweitert* es die Macht des Staates und der Körperschaften über das Individuum, und zwar dadurch, dass sie das Wissen über das Individuum – die Datenspuren verkörperter Subjekte, die in Informationssystemen gespeichert werden – nutzen". (Green 2002b, 52) Sie spart in diesem Zusammenhang allerdings die Frage aus, dass Möglichkeiten der Überwachung nicht nur auf der Ebene von Staaten und Körperschaften zu suchen sind, sondern es im Umfeld der globalen Netzwerksysteme zunehmend globale Player wie Facebook oder Google, aber auch Technologieanbieter wie Apple oder Microsoft sind, die detailierte Kenntnisse über ihre Kundinnen und Kunden besitzen und es verstehen, dieses Wissen in aggregierter Form und spezifisch auf die einzelnen Nutzerinnen und Nutzer hin angepasst zu ökonomisieren. Damit verschiebt sich das Konzept von Macht insofern, als darin nicht mehr so sehr auf Zwang, als vielmehr auf Verführung und Verlockung gesetzt wird. (vgl. Baumann/Lyon 2013, 76) In den Netzwerken der Social Media oder auch anderer Plattformen sei daher die Form einer „polycentric surveillance" verwirklicht. „Personal data, gleaned from multifarious sources, is collected, sold and resold within the vast repositories of database marketing. These polycentric surveillance flows are as much a part of the so-called network society as the flows of financial capital or of mass media signals [...]." (Lyon 2001, 146) Im Rahmen von Angeboten, die – wie bei „Facebook Places", „Google Latitude" oder „Foursquare" – als „value added services" zudem auf die Verortung der Nutzerinnen und Nutzer mit entsprechenden „Tracing-Modellen" setzen, wird die Integration in ortssensible Datennetzwerke von den Nutzerinnen und Nutzern selbst als erwünscht vorausgesetzt: Damit realisieren sich Strategien der freiwilligen Selbst-Überwachung, wie sie die Applikation „plazes" bereithält. „Plazes is designed to construct the illusion that the geo-location of the user's body is the figurative and literal gateway into the network – an effect, that is reflected in the design of the user interface." (Gordon 2009, 407f) Im Zusammenhang mit ortssensiblen Applikationen stellen sich Fragen der Kontrolle und des Überwachens noch einmal: „[They] raise important issues of power asymmetries, control, and exclusion in public space". (de Souza e Silva/Frith 2012, 139) Die Kommodifizierung ihrer Verhaltensdaten dürfte seitens der Nutzerinnen und Nutzer dabei kaum hinterfragt oder problematisiert werden. „In LBSNs [Location Based Social Networks] and LBMGs [Location Based Mobile Games] users are generally willing to share their location with others, and they normally opt in to use the service." (de Souza e Silva/Frith 2012, 146) Viel eher kündigen die Konsumversprechen neue Freiheitsgrade und Flexibilitäten an, deren Datenprodukte allerdings meist anderen Zwecken zugeführt werden.

"Rather than empowering individuals, as the popular press frequently claims, the LBA logic promises customization and individualization in exchange of constant surveillance. LBA, then, is embedded into a capitalistic logic in which being monitored now produces surplus value." (de Souza e Silva/Frith 2012, 152)

Eine weitere Spielart eines kommodifizierten Netzwerkverhaltens, in dessen Rahmen sich problematische Konstellationen ergeben, finden wir im Feld personenbezogener Optimierungsanwendungen und darin praktizierter Überwachungsformen vor. Insbesondere auf die Kontrolle medizinischer oder die sportliche Fitness abzielende Applikationen sind im Rahmen der „quantified self"-Bewegung Teil einer Entwicklung, in deren Rahmen Strategien der Selbstüberwachung in einen neuen systemischen Rahmen gesetzt werden. Denn neben der Tatsache, dass die Frage der Zugänglichkeit zu den Daten für die Anbieter oder deren Weitergabe an Dritte oftmals intransparent bleibt, treffen wir dort auf das Phänomen, dass entsprechende Datenaufzeichnungen zunehmend auch über Soziale Netzwerke zum Zweck eines auch wettbewerbsorientierten Vergleichs geteilt werden und damit eine Selbstoffenbarung personenbezogener Daten einhergeht. Strategien der Selbstoptimierung und Selbstüberwachung erhöhen damit die Transparenz persönlicher Datenspuren und werden weiteren Zwecken ihrer Weiterverwertung frei zugänglich gemacht. Die Nutzerinnen und Nutzer derartiger Anwendungen begeben sich damit freiwillig in einen Raum der Datentransparenz, der gleichzeitig einer Kontrolle und Überwachung offen steht.

Diese Verschiebungen markieren eine neue dispositive Qualität von Überwachung. Das panoptische Prinzip erweitert sich damit auf die Ebene der Individuen und macht sie nicht nur zu potentiellen Opfern in neuen Formen einer „lateral surveillance" (Humphreys 2014), sondern versetzt sie auch in die Lage, jeweils selbst die Rolle des digitalen Wächters zu übernehmen. Rössler (2001) sieht in dieser Zuspitzung ein „egalitäres Panoptikon" (Rössler 2001, 232) verwirklicht, das sich von jenem neuen „informational panopticon", wie Reiman es nennt, unterscheidet, da es strukturell und noch einmal verstärkt die „informationelle Privatheit" der/des Einzelnen unterminiert.[371] Diese Formen einer „social surveillance" (Marwick zit. in Humphreys 2014, 111) verändern gravierend die Bedingungen für persönliche Verhaltensmodi und haben nicht unwesentliche Konsequenzen: Denn

> „wenn man [...] im Grundsatz nicht mehr von der Kontrolle über die informationelle Selbstbestimmung ausgehen kann und davon, nicht (permanent) beobachtet zu werden; wenn man sich folglich (permanent) darstellen muss, als werde man beobachtet: dann bedeutet dies einen Verlust an Autonomie im Sinne der Authentizität des Verhaltens, da das eigene Verhalten immer zugleich ein als ob wäre, ein entfremdetes Verhalten, [...] weil es sich nicht mehr einer Kontrolle über die eigenen Selbstdarstellungen

---

371 Rössler differenziert zwischen einer dezisionalen, einer informationellen und einer lokalen Privatheit, wobei mit der dezisionalen Privatheit der Anspruch des Schutzes der Selbstbestimmung von Entscheidungen und Handlungen gemeint ist und die informationelle Privatheit die persönliche Datensphäre betrifft. Die lokale Privatheit bezieht sich auf den Schutz vor Zutritt auf persönliche Räume wie etwa jenen der privaten Wohnung. (vgl. Rössler 2001) Das Recht auf dezisionale Privatheit weitet sich insofern aus, „[as] the right to privacy is not my right to control access to me – it is my right that others be deprived of that access". (Reiman 2004, 199)

8.3 Neue Netzwerke der Überwachung

verdanken würde." (Rössler 2001, 233) Die Besonderheit der gegenwärtigen panoptischen Strukturen besteht also darin, dass sich „im Gegensatz zu den voneinander isolierten Insassen des Bentham'schen Panoptikums [sich ihre Bewohnerinnen und Bewohner] [in einem aperspektivischen Panoptikum] vernetzen [...] und intensiv miteinander kommunizieren [...]. Nicht die Einsamkeit durch Isolierung, sondern die Hyperkommunikation garantiert die Transparenz." (Han ²2012, 74; 76)

Der Verlust an Autonomie und informationeller Privatheit ist damit in Systemen gegenseitiger Überwachungsmöglichkeiten noch gravierender und umfassender verwirklicht bzw. bedroht. Denn „die Ausrüstung, mit der jeder sein eigenes mobiles und portables Ein-Personen-Minipanoptikum [...] errichten kann", wird natürlich im Handel angeboten. (Bauman in Bauman/Lyon, 2013, 95) Seitens der Userinnen und User wird der Nutzen bestimmter Dienste und Sozialer Netzwerke vielfach höher eingeschätzt als die Schutzwürdigkeit ihrer eigenen informationellen Privatheit. (vgl. Rössler 2001, 233) Auch Crawford bestätigt diese Verschiebung hin zu einer Abnahme der entsprechenden Schutzbedürftigkeiten: „Often users privilege convenience (and new capacities [...]) over privacy." (Crawford 2012, 224) Insbesondere junge Nutzerschichten zeigen – den Gepflogenheiten in einer Ära der „Post-Privacy" (Heller 2011) folgend – gegenüber Risikopotentialen der Überwachung eine immer größere Gleichgültigkeit bzw. Offenheit. Sie dürften sich bestimmter Werte der Freiheit und der „autonomen Lebensführung" (Rössler 2001, 137) außerhalb der Netzwerke nur noch bedingt bewusst sein und Kompetenzen des Grenzmanagements zwischen öffentlichen und privaten Zonen verlieren. Dies führe aber zwangsweise in eine Kontrollgesellschaft, die sich darin vollendet, „wo ihr Subjekt sich nicht aus äußerem Zwang, sondern aus selbstgeneriertem Bedürfnis heraus entblößt, wo also die Angst davor, seine Privat- und Intimsphäre aufgeben zu müssen, dem Bedürfnis weicht, sich schamlos zur Schau zu stellen." (Han ²2012, 76f) Zu selbstverständlich scheinen inzwischen in digitalen Netzwerkapplikationen derart etablierte Tauschbeziehungen – nämlich die (vermeintlich kostenfreie) Nutzung bestimmter Dienste gegen die Preisgabe privater und in der Folge ökonomisch verwertbarer Daten – akzeptiert und kaum noch hinterfragt zu werden. So gesehen gehen daraus auch „ökonomische Panoptiken" hervor, die mitunter auf „maximale Aufmerksamkeit" als die darin gültige zentrale Währung setzen. (Han ²2012, 73) Das Phänomen des „privacy paradox" bestätigt diese Beobachtung insofern, als – wie Studien zeigen – die Schutzbedürftigkeit privater Daten vielfach zwar anerkannt und kritisch reflektiert, in den konkreten Verhaltensformen im Netz jedoch in den Hintergrund gedrängt wird. Damit habitualisieren sich Handlungsroutinen, die wir als Effekte dispositiver Strukturen interpretieren können. Sie gehen aus einer Verschränkung neuer ökonomischer Verwertungsmodelle mit spezifisch dafür ausgelegten technischen Applikationen hervor und führen sowohl auf der Ebene der dezisionalen wie der informationellen Privatheit (vgl. Rössler 2001) zu massiven Defizitentwicklungen. „[So] we will have to protect people, not only from being seen but also from feeling visible". (Reiman 2004, 210) So gesehen gilt es Privatheit auch als „kontextuelle Integrität" (vgl. Nissenbaum 2010) und damit als relationelle Größe zu diskutieren, wie das auch Schmidt vorschlägt, der den Begriff der „informationellen Selbstbestimmung" jenem von Privatheit vorzieht. Dieser würde nicht nur normativ gestützt sein, sondern auch auf entsprechende Kompetenzen verweisen und in Praxiskontexte eingebunden sein. (vgl. Schmidt 2013, 131f)

Auf der Makroebene finden wir ähnliche Defizitentwicklungen insofern vor, als es durch Technologien der digitalen Vernetzung stärker als jemals zuvor möglich ist, Maßnahmen der Überwachung auf einer breiten, auch transnationalen Ebene durchzuführen. Crampton hebt etwa die Bedeutung von Surveillance-Strategien als Mittel der Produktion einer Politik der Angst hervor, wenn vermutete Risiken als Rechtfertigung für den Einsatz einer „mass-geosurveillance" missbraucht werden. (Crampton 2009, 455) Insbesondere die Indienstnahme geografischer Informationssysteme für eine Politik der Überwachung – wie sie im Fall terroristischer Anschläge von der Bevölkerung mehrheitlich gebilligt werden – gelte es in diesem Zusammenhang gesellschaftlich zu regulieren und deren Einsatz zu problematisieren, um allfällige Formen des Missbrauchs auch verhindern zu können. (vgl. Crampton 2009, 473ff) Entsprechende Strategien, wie sie von staatlichen Geheimdiensten über die Zuhilfenahme von Netzwerktechnologien organisiert werden, verdeutlichen diese gestiegenen Möglichkeiten gezielt gesteuerter Überwachungsmethoden. Gleichfalls gilt es kritisch mit Strategien im Bereich von „Big Data"-Analysen umzugehen, durch deren Spezifik insbesondere der Fokus auf die Wahrscheinlichkeit möglicher Risiken und Formen des Fehlverhaltens gelenkt wird und daher schon das Dispositiv von „Big Data" selbst Verhaltensnormierungen evoziert bzw. bestimmte Verhaltensmuster als pro futuro potentiell riskant klassifiziert.[372] Möglichkeiten von „Big Data" erleichtern also Maßnahmen der auch prospektiven Überwachung in einem hohen Ausmaß und müssen – auch unter dem Gesichtspunkt der Dispositivanalyse – kritisch hinterfragt werden. Struktu-

---

372 Mit Crampton können wir einen Bezug auf den von Foucault dargestellten Wandel im Hinblick auf die Sanktionierung von Strafen insofern herstellen, als sich etwa vor den Rechtsreformen des 18. und frühen 19. Jahrhunderts das Rechtswesen auf die Verfolgung konkret verübter Verbrechen bezog, währenddessen sich danach die Energie der Strafbekämpfung auf potentielle Gefahren der Verbrechensausübung konzentrierte. „In Bezug auf Überwachung verschiebt die entstandene Veränderung also die genaue Untersuchung vom beschuldigten Individuum als Objekt auf die potentielle gefährliche Bevölkerungsgruppe (die gleichwohl keine Strafen begangen hat)." (Crampton 2009, 464)

ren der Transparenz schlagen nur allzu leicht in Möglichkeiten der Kontrolle um, oder die Versprechen der „Transparent Society" möglicherweise in eine „inhumane Kontrollgesellschaft".[373] (Han ²2012, 77)

Die Frage der Kritik und der Reaktion auf Machtverhältnisse in „post-panoptischen" (Lyon 2014, 15) Zeiten lässt sich also aus unterschiedlichen Perspektiven heraus betrachten. Den Defizitentwicklungen wäre sowohl mit analytischen wie auch konkret handlungsorientierten Zugängen zu begegnen. Gandy kritisiert etwa die Strukturen der Überwachung unter dem Blickwinkel einer „politischen Ökonomie personenbezogener Informationen" (Gandy zit. in Bauman/Lyon 2013, 88[374]) und Han sieht in der „Öffnung der Produktionsverhältnisse für die Konsumenten, die eine beidseitige Transparenz suggeriert [...], letzten Endes eine Ausbeutung des Sozialen" realisiert.[375] (Han ²2012, 81) Aus dem Blickwinkel einer politökonomisch motivierten Kritik werden daher auch Strategien des aktiven Reagierens, des politischen Aktivismus und des Cyberaktivismus als Gegenmaßnahmen vorgeschlagen.[376] (vgl. Fuchs 2012, 124) Andere Autoren, wie etwa Gary Marx (1998), fordern eine neue Ethik des Umgangs mit Strukturen der Überwachung und den davon betroffenen Individuen. Neue Dimensionen der Überwachung bedürfen jedenfalls auf der Makroebene neuer Lösungsansätze des regulierenden Eingreifens, wie sie mit der Anpassung des Datenschutzes und der Entwicklung technischer Sicherungs- und Nutzungsnormen gelingen sollten. Auf der Mikroebene steht sicherlich die Entwicklung neuer Fähigkeiten des Umgangs mit Formen der informationellen wie auch dezisionalen Privatheit im Zentrum, deren Ausbildung in den unterschiedlichen Ebenen zu entwickeln sein wird. Mittlerweile hochgradig und permanent vernetzte Nutzerinnen und Nutzer sollten in die Lage versetzt werden, aufgeklärt und kritisch mit den Technologien der Konnektivität, den neuen Formen der Überwachung und den darin sich vollziehenden Grenzverschiebungen von Privatheit umgehen zu können.

---

373 Für Han tritt durch die „lückenlose Totalprotokollierung des Lebens" in der Transparenzgesellschaft Big Data an die Stelle von Big Brother. (Han 2013a, 92)

374 Vgl. dazu auch Gandy (1993); ebenso Allmer (2012) bzw. Fuchs (2012, 20; 2014).

375 Han erkennt in der transparenten Kundin/im transparenten Kunden den „homo sacer des digitalen Panoptikums, da sich auch aus der „Überbelichtung einer Person [...] die ökonomische Effizienz" maximieren lasse. (Han ²2012, 80)

376 Weitere Formen der auch paradoxen Intervention schlägt z. B. Mejias (2013, 91) vor und spricht von einer „paranodality as method [...] revitalizing noncomformity." (Mejias 2013, 160)

8.4 Von der Technikkritik zu Fragen der Medienethik

Wenn wir also sowohl auf der Mikroebene der Individuen als auch auf der Makroebene der Gesellschaft paradigmatische neue Rahmenbedingungen vorfinden, in denen Strukturierungen von Privatheit erodieren und neue Dimensionen der Überwachung netzwerkbezogene Interaktionsformen auf unterschiedliche Weise massiv durchdringen, bedarf es neben einer Bewußtmachung techno-ökonomischer Strukturen bzw. machtgenerierender Dynamiken auch einer „soziale[n] und ethische[n] Polung" der Kritik und eines Blicks auf die Art und Weise der „lebensweltlichen Einbettung der Technologie" (Wiegerling 2008, 33f), will man den derzeit sich abzeichnenden Risiken entsprechend begegnen.

Gerade im Hinblick auf eine ethische Perspektive, die es für die Realitäten der digitalen Vernetzung zu entwickeln gilt, haben wir eine Ethik mediatisierter Welten (vgl. Rath 2014) zu berücksichtigen, die „das soziale Umgehen des Menschen mit seinesgleichen unter den Bedingungen der Mediatisierung" (Rath 2014, 55) reflektiert und die Verwobenheit des Menschen in hochgradig medial und medientechnologisch gerüstete Netzwerke „als notwendiges Konstrukt des Selbstverständnisses von Menschen" ernst nimmt. (Rath 2014, 81) Neben der Entwicklung entsprechender Kompetenzen und der Einhaltung bestimmter Werte[377] sollte in Überwindung der medienethischen Beurteilung von „post hoc-Phänomenen" dazu übergegangen werden, „Medienethik selbst Teil der medialen Entwicklung werden" zu lassen und im Sinne einer umfassenden „konzertierten Mediensteuerung" nach techniksoziologischem Vorbild in Entwicklungskontexte einzugreifen. Damit läuft aktuell verstandene Medienethik auch auf Konzepte des regulierenden aktiven Intervenierens in Gestaltungsprozesse hinaus. „So verstandene Mediensteuerung hat die Form einer Regelkreis-ähnlichen Selbststeuerung, in die Wertsetzung, Medienbewertung, Steuerung, Handeln und Analyse bzw. Prognose medialer Folgen eingebunden sind." (Rath 2014, 174) Ähnliche Forderungen finden wir auch bei Capurro, der gleichfalls die Forderung nach einer Steuerbarkeit der Technologie einmahnt. Denn wenn wir uns „als vernetzte und mobile und ständig in der realen Welt erreichbare und somit im wahrsten Sinne des Wortes utopische, an keine Orte gebundene Existenzen" entwerfen, sollten wir „uns verstärkt sowohl dem positiven wie auch dem negativen Utopiegehalt zuwenden, der in unseren sich rasch entwickelnden soziotechnischen Verhältnissen steckt." (Capurro 2008,

---

377 Dahingehend unterscheidet Grimm zwischen einer Reihe von Kompetenzformen: Zunächst sind das Ausprägungen einer motivationalen, ethischen und emotional-kognitiven Kompetenz. Dazu kommen Aspekte struktureller, technisch-strategischer und kommunikativer Kompetenzen. (vgl. Grimm 2013, 380f)

8.4 Von der Technikkritik zu Fragen der Medienethik

11) Es müsse daher regulierend in das Gefüge soziotechnischer Strukturen eingegriffen werden, denn „wenn wir Technik gestalten, verändern wir unsere mediale Existenz." (Capurro 2008, 11)

Über diese Zugriffswege der Auseinandersetzung mit medien- und kommunikationsethischen Fragen sind freilich noch klassische Wert- und Normenbereiche sowie Aspekte zu berücksichtigen, die sich im Umfeld digitaler Welten auf unterschiedlichen Ebenen stellen. Grimm spricht in diesem Zusammenhang eine Reihe von Normen an, die für eine „digitale Ethik" bedeutsam wären. Dazu zählen Anforderungen an den Schutz der Privatheit und der informationellen Selbstbestimmung unter Bedacht auf „informationelle Normen" wie auch „kommunikative Normen", die den Respekt gegenüber Kommunikationspartnern sowie Spielregeln der „Netiquette" einschließen. Neben „Inhalte-Normen" (z. B. im Kinder- und Jugendschutz) und Produktions- sowie Distributionsnormen (z. B. Anerkennung geistigen Eigentums) zählen dazu auch „Nutzungsnormen", die den Umgang mit problematischen Inhalten betreffen.[378] (vgl. Grimm 2013, 390) In den mediatisierten Welten ist es von besonderer Relevanz, die Problemfelder des Schutzes der Privatsphäre unter den sich stark wandelnden Bedingungen einer „Privatsphäre 2.0" sowie Anforderungen an den Datenschutz und die informationelle Integrität bzw. Selbstbestimmung der Nutzerinnen und Nutzer ernst zu nehmen. Ihnen kommt in Verbindung mit neuen Vermarktungslogiken in der digitalen Datenökonomie eine besondere Bedeutung zu. Unter diesem Gesichtspunkt stellen sich medien- und kommunikationsethische Fragestellungen als umfassende Analyseperspektiven dar, die im Umfeld digitaler Kommunikationswelten weit über klassische medienethische Kategorien hinausreichen und die Verschränkungen menschlicher Alltagskulturen mit den Feldern der Technologie und der Ökonomie ernst zu nehmen haben. Hinsichtlich dieses Wirkungsfeldes müssen wir – Beck folgend – die Frage der Ethik in der Online-Kommunikation derzeit ohnehin als ein „work in progress" verstehen, da die Rahmenbedingungen einer starken Wandlungsdynamik ausgesetzt sind. (vgl. Beck 2010, 151) Die Ethik „mediatisierter Welten" (Rath 2014) stellt aber ein zentrales Entwicklungsfeld dar, das zahlreiche Verbindungslinien zu Analysen neuer Dispositive der Vernetzung eröffnet und somit auch weitere Perspektiven der Mediatisierungsforschung erschließt.

So spricht Foucaults Analyse der Dispositive der Macht auch – wie oben diskutiert – die Entwicklung von „Technologien des Selbst" an und entwirft darin eine Ethik des Selbst bzw. eine Ethik der Selbstsorge. Darin spielt wiederum das Ethos der Freiheit eine Rolle, das darüber wacht, „dass die Macht nicht zu Herr-

---

378 Zum Spektrum der ethischen Probleme der Online-Kommunikation vgl. auch Beck (2010).

schaft erstarrt, dass sie ein offenes Spiel bleibt". (Han 2005, 128) Das Projekt der Entwicklung jener Reflexionsformen, mit denen man widerständige Positionen entwickelt und sich eigene Freiheiten bzw. Autonomie-Entwürfe im Projekt einer „Sorge um Sich" schafft, sieht Han mit Einwirken neoliberaler Rahmenbedingungen gefährdet und ortet dahingehend einen „blinden Fleck" in der Analytik. „Foucault erkennt nicht, dass das neoliberale Herrschaftsregime die Technologie des Selbst für sich vollständig vereinnahmt, dass die permanente Selbstoptimierung als neoliberale Selbsttechnik nichts anderes ist als eine effiziente Form von Herrschaft und Ausbeutung." (Han 2014, 42) Das „Selbst als Kunstwerk" sei daher nur „ein schöner, trügerischer Schein, den das neoliberale Regime aufrecht erhält, um es gänzlich auszubeuten. [...] Die machttechnische Engführung von Freiheit und Ausbeutung in Form von Selbstausbeutung" blieb Foucault daher verborgen. (Han 2014, 42) Diese pessimistische Analyse lässt freilich nur bedingt Raum für emanzipatorische Entwürfe und für eine neue Ethik des Handelns in den digitalen Netzwerken erwarten und macht wenig Hoffnung auf eine Überwindung der – wie er sie nennt – „neoliberalen Psychopolitik". Aber „angesichts des zunehmenden Konformitätszwangs" sei in der Entwicklung einer gewissen „Widerständigkeit" und „Widerspenstigkeit" sowie in der Notwendigkeit, ein „herätisches Bewußtsein" zu schärfen, die Möglichkeit des Reagierens auf diese Machtdynamiken zu finden. Mit Deleuze gelte es etwa Freiräume des Schweigens, der Stille und der Einsamkeit zu schaffen, denn eine „Politik des Schweigens" wäre „gegen jene neoliberale Psychopolitik gerichtet, die zu Kommunikation und Psychopolitik gerade zwingt". (Han 2014, 110) Es kann aber – mit Prinz – daran erinnert werden, dass Foucault selbst das Subjekt innerhalb dispositiver Anordnungen als „nicht vollständig determiniert" begreift und man davon ausgehen könne, dass es „über einen gewissen Spielraum verfügt und durch gezielte gestalterische Eingriffe selbst auf das Dispositiv Einfluss nehmen kann". (Prinz 2014, 142) Eine dafür relevante Kompetenz könnte für das vernetzte Individuum in der Entwicklung eines zeitlich wie räumlich wirksamen Distanzmanagements gegenüber den Technologien liegen. Im Sinne des Erarbeitens neuer „Selbst-Techniken" könnten damit Freiräume und adäquate Formen der Balance zwischen Off- und Online-Zeiten bzw. der Entschleunigung von Kommunikationsprozessen entwickelt werden. Auch neue Kompetenzen des Umgangs mit kontinuierlich zunehmenden Informations- und Vernetzungsanforderungen gehören zu diesen Herausforderungen. (vgl. Johnson 2012) In Entsprechung zur Handlungsebene gilt es auch auf der kognitiven Ebene Fähigkeit zu stärken, um dysfunktionale Dynamiken der Vernetzung frühzeitig erkennen und kritisch beurteilen zu können. Dahingehend sind etwa auch neue Strategien der Selbst- und Subjektentwürfe zu problematisieren sowie Dynamiken zu hinterfragen, die auf eine tendenzielle Positivierung von Darstellungs- und Präsentationsweisen, wie wir sie vorwiegend in den Social Networks vorfinden, abzielen.

Ein Autonomiegewinn gegenüber den dispositiven Dynamiken könnte also mit der Entwicklung entsprechender Fähigkeiten der Reflexion und eines kritischen Einschätzungsvermögens erreicht werden. Dazu sollte nicht nur die Kompetenz gehören, Spielregeln der digitalen Datenwirtschaft hinterfragen zu können, sondern auch ein Einschätzungs-Wissen, das die Qualität von Informationen, Daten und Dokumenten einzuordnen vermag. All diese Wissens- und Kompetenzformen wären wiederum wichtige Voraussetzungen für interpersonelle und gruppenorientierte Kommunikationsprozesse wie auch für die Teilhabe an gesellschaftlichen Deliberations- und Aushandlungsprozesse im Rahmen eines „Citizenship" digitaler Netzwerke. Sie stellen Kompetenzbrücken der Technologiekritik mit damit verbundenen Handlungs- und Kommunikationspraktiken her und sollten dazu geeignet sein, kritische Dynamiken und Dominanzen zu erkennen. Aus einer abstrakten Perspektive gesehen würden sich – so Prinz – aus (neo) materialistischen Ansätzen, zu der u. a. auch die STS- oder die ANT-Studies aber auch soziologische Praxistheorien zu zählen sind, neue Perspektiven erschließen. Damit zusammenhängend könnte es Ziel sein, „eine praxistheoretische Heuristik zu entwickeln, die es erlaubt, das Verhältnis zwischen der kulturspezifischen formalen Ordnung der Dinge und den kollektiv geteilten Wahrnehmungsschemata systematisch zu durchdringen." (Prinz 2014, 31) Ergänzend dazu wird es auch notwendig sein, Interdependenzen zwischen technisch-ökonomischen Konstellationen und deren Verbindung zu Handlungs- und Interaktionsformen der Vernetzung eingehender auf darin eingeschriebene Dominanzstrukturen wie auch im Hinblick auf mögliche Entwicklungspotentiale hin zu untersuchen.

8.5 Phänomene der Transformation von Gesellschaft

Wie sich am Beispiel der Veränderung von Phänomenen der Privatheit und neu sich entwickelnder Möglichkeiten der Überwachung zeigt, hängen Prozesse auf der Mikroebene eng mit Transformationen auf der Makroebene zusammen bzw. stehen mit diesen in einer Wechselbeziehung. Dem Giddens'schen Modell der Strukturierung folgend, stellen sich die Konstitutionen zwischen der Ebene der Strukturen und der darin handelnden Individuen als eine Dualität dar, wonach „die Strukturmomente sozialer Systeme sowohl Medium wie Ergebnis der Praktiken, die sie rekursiv organisieren", sind. (Giddens [3]1995, 77) Integriert in einem Kreislauf zwischen Struktur- und Handlungsebene agieren Individuen im Rahmen reproduzierter Strukturen und produzieren daraus kontinuierlich Folgen, die über Rückkoppelungsprozesse wiederum zu Bedingungen weiterer Handlungsfolgen werden. (vgl. Giddens ³1995, 79) Innerhalb dieses Kreislaufmodells müssen wir heute die neuen Informations- und Kommunikationstechnologien als fest in die Handlungsroutinen des Menschen integrierte Elemente der Mediatisierung begreifen. Sie zeigen ihre Wirkungen damit nicht auf der Mikroebene des Individuums allein, sondern vermittelt über Handlungsprozesse auch auf gesellschaftlicher Ebene. Der Blick auf die Makroperspektive fokussiert in diesem Kontext nicht auf Gesellschaft als eine Totalität oder auf ihre Institutionen, sondern richtet sein Interesse auf die gesellschaftliche Relevanz jener Strukturierungen, die zu einem großen Teil aus mittlerweile technologisch mediatisierten Handlungsprozessen hervorgehen. Eine wesentliche Problematik ist in den sich verändernden Vergesellschaftungsprozessen zu erkennen, da mit wachsender Verbreitung individualisierter Vernetzungsformen Dynamiken der gesellschaftlichen Fragmentierung – oder Tendenzen der „de-sozialization"– zuzunehmen drohen. (vgl. Knorr-Cetina in Deuze 2012, 159) Gleichzeitig stellt sich aber auch die Frage, inwieweit nicht aus digitalen Vernetzungsprozessen wiederum gesellschaftliche Re-Integrationstendenzen hervorgehen.

Befunde über sich verstärkende Fragmentierungseffekte nähren jedenfalls Befürchtungen in Richtung einer wachsenden sozialen Verflachung oder Tendenzen einer Erosion von „Gemeinschaft", zumal Netzwerkprozesse vermutlich eher kurzlebigere und fragmentarische Beziehungen unterstüzen. (vgl. Turkle 2011, Bauman/Lyon 2013) Die Differenzierung zwischen „Gemeinschaft und Gesellschaft" geht bekanntlich auf Tönnies (1887) zurück, in der er dem Beziehungsgefüge der Gemeinschaft, einem auf Vertrauen und unmittelbarem Zusammenleben in der Familie beruhenden sowie auf Dauer gestellten Verbindungsgefüge die Struktur der Gesellschaft gegenüberstellte. In ihr gelten durch Konventionen, Politik und öffentliche Meinung hergestellte abstraktere und zweckmotivierte Verbindungen, die das Zusammenleben voneinander getrennter Menschen organisieren. Es sind insbesondere Beziehungen des Handels, der Industrieentwicklung und abstrakte Systeme der Wissenschaft, die gegenüber der auf Hauswirtschaft, Ackerbau und Kunst beruhenden Strukturierung der Gemeinschaft eine neue Basis der Vergesellschaftung bilden. Der Interaktionsrahmen von Gesellschaften wiederum fußt auf überlokalen Verflechtungen und auf der Strukturierung von Komplexitäten. (vgl. Tönnies 1988, 216) Unter den Bedingungen nachmoderner Gesellschaften müssen wir von einer weitgehenden Entbettung des Individuums aus alten Strukturen und sozialen Institutionen ausgehen und sehen es neuen Herausforderungen in einer kommunikationstechnologisch hoch vernetzten und mediatisierten Gesellschaft gegenübergestellt. Risiken der Fragmentierung und Desintegration treffen dabei auf neue Potentiale mediatisiert vermittelter Vergemeinschaftungen und auf neue

8.5 Phänomene der Transformation von Gesellschaft

Partizipationschancen an gesellschaftlichen Diskursen über Technologien der Vernetzung. Autoren wie Howard Rheingold (2002) oder Clay Shirky (2008) repräsentieren jene Diskurswelten der Technikeuphorie, die im Möglichkeitsspektrum neuer Sozialisierungsformen der digitalen Netze überwiegend neue Chancen und Potenziale erkennen. Kritische und skeptische Einschätzungen warnen dagegen vor allzu großen Hoffnungen und einer Überschätzung gesellschaftlicher Integrations- und Deliberationskräfte, die aus digitalen Netzwerkprozessen hervorgehen. (vgl. Sunstein 2001, Habermas 2008)

Die durch die Digitalisierung getragenen Transformationen qualifiziert Faßler (2008, 203) „gestützt und bekräftigt durch eine fortschreitende Ökonomisierung und sozietäre Organisation der Informationsflüsse" als „Übergänge von Massenindividualmedien"[379] zu globalen Gruppenmedien", die das „Entstehen völlig neuartiger Gruppenstrukturen" mit sich bringen. Ähnliche Konzipierungen finden wir bei Castells, wenn er von Prozessen der „mass self-communication" spricht, die sowohl Formen der interpersonellen Kommunikation wie auch der Massenkommunikation weiterführen. (vgl. Castells 2009) In Verbindung mit der Verwendung neuer Kommunikationstechnologien bleiben Folgen für soziale Wandlungsprozesse nicht aus:

"Therefore, the technology of communication that shapes a given communicative environment has important consequences for the social change. The greater the autonomy of communication subjects vis-à-vis the controller of communication nodes, the higher the channels for the introduction of messages challenging dominant values and interests in communication networks. This is why the rise of mass self-communication[380] [...] provides new opportunities for social change in a society that is organized, in all domains of activity, around a meta-network of electronic communication networks." (Castells 2009, 412f)

Castells ordnet den Individuen in Netzwerken keine passive oder zurückgezogene Akteursposition zu, sondern eine proaktive Rolle im Hinblick auf ihre Sozialisierungsaufgaben. Im Kern vertritt er jedoch einen technikessenzialistischen Ansatz,

---

379 Nach Faßler geht dieser Begriff, der sich auf „computerverstärkte Kommunikationsumgebungen" bezieht, auf Volker Grassmuck zurück. (vgl. Faßler 1999, 159) Campbell und Park (2008) wiederum sprechen vom Entstehen einer „Personal Communication Society", wenn sie – in Anlehnung an Wellman (2001) hervorheben – „that we are experiencing a historical movement toward a personal communication society, characterized by a widespread development, adoption, and use of PCTs [Personal Communication Technologies], such as the mobile phone". (Campbell/Park 2008, 381)

380 Innerhalb des Wortkompositums sieht Castells mit dem Begiff „mass" die potentiell globale Reichweite abgedeckt, wie sie etwa Angebote wie „YouTube" erreichen können. Zum zweiten betont das „self" die an Individuen gebundene Aktivität der Produktion von Kommunikationsinhalten.

wobei er Einflüsse einer „communication power" einräumt, die sich unterschiedlich stark auf Kommunikationsflüsse auswirken.[381] Ein konkretes Stufenmodell, das Phasen der Vergesellschaftung in Verbindung mit dafür typischen medientechnologischen Vernetzungsformen identifiziert, schlägt Wellman (2002) vor. Die Entwicklung spezifischer Vernetzungsstrukturen lassen sich mit drei charakteristischen Sozialisierungsstadien – von den „Little Boxes"[382] über die „Glocalization" hin zum „Networked Individualism" – darstellen.

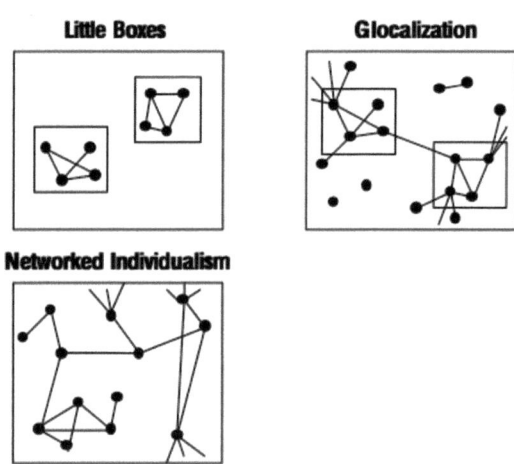

Abb. 25 Die Entwicklung von Vernetzungsstrukturen
Quelle: Wellman 2002

---

381 In diesem Zusammenhang führt er einerseits eine „network making power" an, die die Macht (etwa von Staaten oder Unternehmen), ein Netzwerk zu etablieren, anspricht. Davon unterscheidet er eine „networked power", die den Einfluss gewisser Knoten im Netz über andere identifiziert, wie sie etwa aus einem „agenda setting" bei gewissen Themenverläufen hervorgehen. Zudem sei eine „networking power" zu erkennen, die jene Form von Macht benennt, wie ein Thema durch einen gate-keeping-Prozess in ein Netzwerk fließt. Schließlich gelte es noch die „network power" zu berücksichtigen, die sich auf Standards und Protokollkomponenten eines Netzwerks bezieht. (vgl. Castells 2009, 42ff)

382 Die Metapher der „Little Boxes" geht auf einen Folksong der amerikanischen Liedermacherin Malvena Reynolds aus dem Jahr 1963 zurück, in dem sie den Konformismus in der amerikanischen Gesellschaft – insbesondere jenen der oberen Mittelschicht – beklagt. (vgl. Wellman 2002)

Während das Modell der „Little Boxes" als abgeschlossene Zone der Kommunikation in Gruppen und im Umfeld unmittelbarer Nachbarschaften organisiert ist und damit dem Tönnies'schen Modell von Gemeinschaft am nächsten kommt, bezeichnet die „Glocalization" ein Mischmodell, in dem durch eine Zunahme von Kommunikation und Mobilität der Haushalt oder der Arbeitsplatz das Zentrum sozialer Vernetzung ausmacht. „Households and worksides became important centers for networking: neighborhoods became less important: This shift has been afforded both by social changes – such as liberalized divorce laws – and technological changes – such as the proliferation of expressways and affordable air transportation." (Wellman 2002) Der Übergang in die Netzwerke der Glokalisierung geht mit einem Wandel von einer „door-to-door" zu einer „place-to-place connectivity" einher, der in Bezug auf die Kommunikationsinfrastruktur auf die Nutzung von Telefonie und ortsgebundenen Internetverbindungen hinausläuft. „The Internet both provides a ramp onto the global information highway and strengthens local links within neighborhoods and households. [...] Glocalization occurs, both because the Internet makes it easy to contact many neighbors, and because fixed, wired Internet connections the users to home and office desks." (Wellman 2002) In diesem Mischmodell wird sowohl das Lokale als auch Vernetzungsformen der Individuen über die häuslichen Einheiten hinaus unterstützt. Das Wissen um darin mögliche Formen der Vernetzung kann sodann auch zu einer wichtigen Kompetenz innerhalb sich wandelnder Rahmenbedingungen werden. „Based on interhousehold networks, place-to-place connectivity creates a more fluid system for accessing resources – material, cognitive and influential."[383] (Wellman 2001, 237)

Die Weiterentwicklung von einer „place-to-place" in eine „person-to-person connectivity" geht – begleitet von der Durchsetzung mobiler Kommunikationstechnologien – in die Sozialstruktur des „networked individualism" über, die als solche wiederum eine stärkere Fluidisierung sozialer Strukturen abbildet. (vgl. Rainie/ Wellman 2012, 45) Diese Verbindungstrukturen lassen sich mit „deterritorialisierten Vergemeinschaftungsformen" vergleichen Hepp/Berg/Roitsch (2012, 231), wie sie

---

383 Interessant in diesem Zusammenhang ist der Zugang Wellmans zur Rolle der (verheirateten!) Frau im Kontext dieser sozialen Gefüge, der er folgende Rolle zuschreibt. „In place-to-place communities, married [sic!] women not only participate in community, they dominate the practice of it. Women have historically been the ‚innkeeper' of western society. [...] Women are the preeminent suppliers of emotional support in community networks and the major suppliers of domestic service in households." (Wellman 2001, 235) In der darauf folgenden Stufe der „person-to-person-networks" sei – unter Verweis einer Reihe von Studien – eine stärkere „gendered re-segregation of community" zu erwarten, „with the possibility that men's communities will be smaller than networking-savy women". (Wellman 2001, 241)

aus Prozessen der „Translokalisierung" hervorgehen. Auf dieser Ebene stellt sich die Frage, inwieweit sich darin noch Konzepte einer kohärenten individuellen Identität aufrecht erhalten lassen, da sich die Rahmenbedingungen doch entschieden verändern: „Issues of shifting connectivity, trust, knowledge management, and privacy become important as networksware evolves to support glocalization and networked individualism." (Wellman 2002) Neben anderen Kapitalformen (wie jenen des finanziellen, humanen, organisationellen oder kulturellen Kapitals) würde diese Form der Vernetzung die Kompetenz eines Netzwerk-Kapitals benötigen, um in diesem Umfeld sowohl sozial wie ökonomisch reüssieren zu können. „Such network capital includes the funds of others who provide tangible and intangible resources: information, knowledge, material aid, financial aid, alliances, emotional support, and a sense of being connected." (Wellman 2002) Die Ausprägung des Netzwerkkapitals, die in einer „ubiquitous globalization" bzw. „globalized connectivity" (Wellman 2001, 230) dem Individuum abverlangt werden, setzt sich also aus einer Vielfalt von Fähigkeiten zusammen.[384] Daher sind Fragen der sozialen Inklusion und Exklusion auch mit der Umsetzbarkeit dieser Fähigkeiten in Verbindung zu bringen.

"[...] Crucial to the character of modern societies is that of 'network capital', comprising access to communication technologies, affordable and well connected transport and safe meeting places. Without sufficient network capital people suffer social exclusion as social networks are more far-flung." (Larsen/Urry/Axhausen 2006, 13)

Nach Wellman (2002) sei das „network capital" dafür ausschlaggebend, „how people contact, interact, and obtain resources from each other", wobei sich für soziale Vernetzungsformen eine Reihe von Herausforderungen stellen: „Autonomy, opportunity, and uncertainty are the rule" (Wellman 2002). Damit gewinnen wiederum verstärkt Prozesse der Individualisierung – vermehrt unterstützt durch neue mobile Vernetzungstechnologien – an Tragweite. Sowohl Risiken wie auch Potentiale der Individualisierung sind davon berührt, in dessen Rahmen die „Erfindung des Selbst" im Sinne einer geglückten Gestaltung individueller Lebensentwürfe erfolgen kann oder als Zwang dem Individuum auferlegt wird. Die Kompetenz, „erfolgreich" in Netzwerken agieren zu können, speise sich vorwiegend aus informellen Bezie-

---

384 Larsen/Urry/Axhausen (2006, 13) erweitern dieses Spektrum noch um weitere Kompetenzen und zählen folgende Bereiche auf: „Movement competence", „location free information and contact points", „communication devices", „appropriate, safe and secure meeting places", „physical and financial access to a car, roadspace...", „time/money/resources to manage and coordinate". (Larsen/Urry/Axhausen 2006, 13)

hungen, und nicht, wie das „Partizipationskapital", aus einem bürgerschaftlichen Engagement. (vgl. Arnold/Schneider 2008, 200)

Eine zentrale Problematik stellt sich im Rahmen der „person-to-person networks" insofern, als sich daraus Fragmentierungs- und Entfremdungseffekte ergeben können. Wellmans technosozial affirmativer Zugang rückt freilich die Chancen sozialer Netzwerkprozesse in den Vordergrund, wenn er mit Rees-Nishio das Bild einer Sozialstruktur beschreibt, in dem „each person sups from many tables, but experiences only a single banquet of life". (Wellman 2001, 248) Sein Blick auf kritische Aspekte bleibt dagegen über weite Strecken unterrepräsentiert und wenig akzentuiert.[385] In der zusammen mit Rainie vorgelegten Monografie „Networked" wird der Entwurf eines Sozialgefüges entwickelt, der unter den Rahmenbedingungen einer „Triple Revolution" ein überaus positives Zukunftsszenario zeichnet. Durch technologische Innovationen der „social networks", des Internets und der mobilen Konnektivitäten würde ein Umfeld geschaffen, das den Netzwerkteilnehmerinnen und -teilnehmern über ihre „mobile connectivity" neue Entfaltungsmöglichkeiten und Potentiale der Vernetzung verspricht. In Gegensatz zu eher skeptischen Einschätzungen, wie wir sie bei Turkle (zur den Vereinsamungsgefahren der Individuen – 2011) oder Putnam (zum Phänomen des „Bowling Alone" als Rückgang zivilgesellschaftlichen Engagements – 2000) finden, erkennen Rainie/Wellman in den „person-to-person networks" keine Gefahr der sozialen Isolation, sondern den Mehrwert einer weitgehend flexiblen Autonomie. „When ties connect different social networks, their interconnections help to integrate these different milieus in an overall society, providing a social glue that can help holding a society together."[386] (Rainie/Wellman 2012, 132)

Mit diesem Zugang bemühen die Autoren im Wesentlichen technoaffirmative Narrative, die in der Sozialfigur des erfolgreichen „unternehmerischen Selbst" ein

---

385 Bemerkenswert ist seine Position zu Beginn eines seiner Beiträge, in der er explizit hervorhebt, sich ausschließlich auf Möglichkeiten und Transformationen der Entwicklung konzentrieren zu wollen, auch wenn es eine Reihe kritischer und risikoreicher Faktoren gäbe. Der Soziologie wirft er vor, sich zu sehr auf problemorientierte Aspekte zu konzentrieren, wenn er schreibt, „[that] when sociologists think about the future, they focus on interpersonal abuses to be redressed and structural wrongs to be right [...]. By contrast, I examine the opportunities and transformations afforded by computerized communication networks. To be sure, these technologies also have negative affordances. [...] But to address these other issues would take many more pages." (Wellman 2001, 229)

386 Diese Tendenz orten sie in unterschiedlichen Sektoren der Gesellschaft, von der Familie bis hin zu den Arbeitsbeziehungen, und sehen darin – trotz der Einräumung einer Reihe problematischer Aspekte (wie z. B. der Gefahr verstärkter Überwachungsmöglichkeiten oder eines „digital divide") – überwiegend positive Entwicklungsmöglichkeiten.

Modell der effektiven Ausschöpfung entsprechender Potentiale erkennen. Van Dijk setzt sich dahingehend (und auch mit einer gewissen Abgrenzung) für die Formel einer „network individualization" – vor allem im Kontext der Struktur sozialer Netzwerke – ein. „However, I think this wording is wrong because of the connotation of egocentrism. The social media in particular have a clear social orientation and sometimes entail altriusm in sharing things." (van Dijk 2012, 181) Damit gerät eine technologisch zwar unterstützte, aber nicht nur ausschließlich auf dieser Basis aufbauende Individualisierungsentwicklung in den Blickpunkt. Eine überwiegend technikaffirmative Position finden wir dagegen bei Green und Haddon (2009), die ähnlich wie Rainie/Wellman überwiegend positive Potentiale für die Individuen sehen. „The mobile Internet [...] might [...] intensify our personal communicative networks relationships that constitute both strong and weak ties may be inforced, as both are potentially more constant."[387] (Green/Haddon 2009, 150) Für Ling (2004) stellt sich die Frage, inwiefern durch mobile Vernetzungsformen – als Gegenbewegung zur Individualisierung, die als eine zentrifugale Kraft in Richtung einer Atomisierung der Gesellschaft strebe – auch neue Potentiale eines sozialen Kapitals zu „erwirtschaften" wären. Er bezieht sich dabei expliziter auf Bourdieu, Coleman und Putnam, stellt den daraus ableitbaren positiven Potentialen allerdings auch das Risiko von Ausgrenzungsdynamiken gegenüber. (vgl. Ling 2004, 178f)

Bezogen auf damit verbundene Prozesse auf der Makroebene bleibt es zum gegenwärtigen Zeitpunkt offen, inwieweit sich daraus entsprechende weitere Fragmentierungseffekte ergeben und sich Entwicklungsverläufe des „digital divide" fortsetzen. Denn auch wenn mit der mobilen Verfügbarkeit des Internets die Optionen und Möglichkeiten des Zugangs zum Netz deutlich zunehmen, bleiben Tendenzen eines „second digital divide" auf der Ebene der Fähigkeiten und Nutzung tendenziell bestehen. (vgl. van Dijk 2012) Erwartungen in Richtung einer Einebnung entsprechender Ungleichheiten bestehen zwar, da gerade durch mediatisierte Kommunikationsprozesse soziale Interaktionen auch gestärkt und aufrecht erhalten werden könnten. (vgl. Ling 2008, 174) „Being available, being connected may be seen as a strategic form of social behaviour that enables participation in a preferred and familiar social space no matter what the immediate surrounding may be." (Green 2002a, 289) Dem widersprechen jedoch andere Befunde, die aus Tendenzen, die vorwiegend von einer Stärkung bereits bestehender Bindungen über mobile Vernetzungsformen ausgehen, auf Fragmentierungseffekte hindeuten. „It is easier for people to leave unpleasantly controlling communities and increase their

---

387 Verwandte Argumentationslinien vertritt auch Paetau, wonach eine „Sozialität unter Abwesenden [...] keineswegs im Gegensatz [...] zur Herausbildung und Stabilisierung sozialer Ordnung" stehen müsse. (Paetau zit. in Kircher 2011)

8.5 Phänomene der Transformation von Gesellschaft

involvement in other, more accepting ones." (Miyata et al. 2005, 163) Insgesamt sei mit Sheller/Urry von einer Veränderung gesellschaftlicher Kohäsionskräfte auszugehen, wenn die Durchdringungswirkung neuer mobiler Kommunikationstechnologien in einem breiten Ausmaß wirksam wird. „In many ways, then, the reconfiguration of complex mobility and communication systems is not simply about infrastructures but the refiguring of the public itself – its meanings, its scapes, its capacities for self-organization and political mobilization, and its multiple and fluid forms." (Sheller/Urry 2006, 8) Gerade Tendenzen einer verstärkten Individualisierung dürften in mobilen Netzwerkstrukturen verstärkt zum Tragen kommen, denn gerade „mobile Identitäten [...] [seien] nicht mehr in der Sicherheit vertikaler, auf Familien und Tradition aufbauenden Beziehungen [zu] suchen, sondern [würden] eine Verlagerung auf [...] die horizontale Ebene auslösen". (Fallend 2010, 202) Mit derartigen Verschiebungen sei nicht nur eine Zunahme von Unsicherheiten verbunden (vgl. Fallend 2010, 202), sondern auch die Frage durchaus offen, welche gesellschaftlichen Integrationskräfte aus einer derartigen Verlagerung erwartet werden können. Die Autorin vermutet zumindest eine Neuausrichtung in Richtung eines Egalitarismus, der alte Strukturierungen und Hierarchisierungen aushebelt und „neue Chancen für die problematischen ethischen, politischen und sozialen Positionen in der Gesellschaft", die zu Exklusionseffekten führen, eröffnet. „Eine ihrer wichtigsten Auswirkungen ist die Integration des Individuums und die Verbreitung des Radius, innerhalb dessen dieses Individuum auf der horizontalen Achse seine sozialen Kontakte ausübt." (Fallend 2010, 202) Als ein Instrument des „empowerments" mögen die mobilen Technologien Veränderungen herbeiführen. Ob jedoch „eher die Individualisierung, oder eher Kollektivismus und Geselligkeit (Soziabilität) begünstigt" werden, sei kaum abzuschätzen. (Fallend 2010, 203)

Abermals mit einem – auch durchaus kritischen – Bezug zu Tönnies schlägt Green für das Feld der digital und mobil vernetzten Sozialisierungsformen wiederum den Begriff der „mobilen Gemeinschaft" vor. (Green 2002b, 57) Damit versucht sie dem Begriff der „Gemeinschaft als Interessengruppe" und jenen der „Gemeinschaft als interpersonell [...] am selben Ort befindlich[e]" Gruppe eine adäquatere Modellierung gegenüberzustellen. Er soll die „Gemeinschaft als einen Vertrauensprozess" verstehen, ein Vertrauen, das sich aus „gegenseitige[m], reziproke[m] Aushandeln vermittelter, interpersoneller und institutioneller Unsicherheiten und Risiken" speist. (Green 2002b, 57) Vor diesem Hintergrund sei danach zu fragen, in welcher Art und Weise „Unsicherheiten, Risiken und Vertrauen in mobilen Beziehungsnetzwerken dargestellt und realisiert werden, von denen das individualisierte mobile Subjekt geschaffen wird und die zugleich von ihm abhängen". Die Aushandlung von Beziehungen in „mobilen Gemeinschaften" führten dazu, „daß sich Fragen nach der ‚Privatsphäre', ja der ‚entfremdeten' Intimität der Spätmoderne erübrigen" würden. (Green 2002b, 57) Als eine für digitale Netzwerke zentrale Kategorie erweist sich damit der Faktor des Vertrauens, dem für die Aushandlung und Existenz netzwerkvermittelter Beziehungen große Bedeutung zukommt und in einer von Entfremdung und Deterritorialisierung geprägten Spätmoderne auch das „Vertrauen unter Fremden" (Green 2002b, 54) einschließt. Gerade in sozialen Netzwerken aber auch anderen digital vermittelten „Vergemeinschaftungsformen" wird die Kategorie des Vertrauens damit zu einer „symbolisch auszuhandelnden Ware" und zu einer neuen „Form sozialen Kapitals". (Green 2002b, 52) Der Faktor der „Vertrauenswürdigkeit" kann so auch als „situativ und relational im Hinblick auf die Konfigurationen von Risiko und Unsicherheit innerhalb relevanter sozialer Netzwerke" (Green 2002b, 54) gelten. Insbesondere Beziehungen, die in digitalen Netzwerken „als kontextuell entstehende Netzwerke des Vertrauens" zu verstehen sind, basieren ihrerseits wiederum auf einer Reziprozität als „wichtigstem Faktor für das Zustandekommen von Vertrauen". (Green 2002b, 54) Von Relevanz ist dabei der Hinweis, dass in Praktiken der Reziprozität auch Machtverhältnisse eingeschrieben seien, die es zu berücksichtigen gilt. (vgl. Green 2002b, 54) Poststrukturalistische Denkansätze wiederum konzipieren Gemeinschaft als eine weitgehend voraussetzungslose Verbundenheit, eine Verbindung, die u. a. an die von Derrida formulierte Kultur des Schenkens anknüpft, als ein „giving without any return in mind". (Blanchot zit. in Wilken 2011, 53) Dies kann mit Formen des Austauschs in Online-Verbindungen, in Form von „economies of online cooperation", in Bezug gesetzt werden. (Kollock 1999 zit. in Wilken 2011, 55) Aus der poststrukturalistischen Tradition finden wir – unter Bezug zu Derrida oder Nancy – dagegen Bezüge zu Konzepten der „virtual communities" und „in-common community". (vgl. Wilken 2011, 60) Gerade im Rahmen dieser Diskussionen spiegeln sich auch immer wieder zyklisch sich wiederholende Debatten um Verlust und Sehnsucht nach einer „community" wider. (vgl. Wilken 2011, 32)

Neben der konzeptuellen Ausrichtungen mediatisierter Netzwerkprozesse ist es von Interesse, inwieweit sich darin dominante Strukturen bilden und welche Dynamiken der Inklusion und Exklusion dort wirksam werden. Schon die Frage des Zugangs zu den Technologien hat Auswirkungen auf Möglichkeiten der Teilhabe oder Tendenzen der Exklusion. So müsse für Formen der mobilen Vernetzung berücksichtigt werden, dass nicht mehr so sehr Faktoren des geografischen Raums, sondern vielmehr Zugangsschleusen im virtuellen Raum sowie sozialstrukturelle Veränderungen zwischen Zentrum und Peripherie differenzierend wirken. „This is so notably as there are those who have to be immobile in order to permit other's mobility, as well as those who are forced to be mobile, reflecting *politics of*

8.5 Phänomene der Transformation von Gesellschaft

mobility."[388] (Kaufmann zit. in Kellerman 2006, 66) In Verbindung zu sozioökonomischen Bedingungen gewinnt somit der Einfluss des Faktors der Mobilität an Relevanz für die Ausformung gesellschaftlicher Inklusions- bzw. Exklusionsprozesse. „However, the network model too presumes wider access to information and mobility means by elite groups, and the very existence of immobile people is apparent in a mobility-based society, whatever are its societal interpretation and context." (Kellerman 2006, 66f) Mit diesen Überlegungen geraten Problemfelder des „digital divide" in den Blickpunkt, die sich unter dem Einfluss von Prozessen der Mobilität und Dauervernetzung des Menschen noch einmal in einer spezifischen Form darstellen. Denn wie Schroer zeigt, konstituieren hoch mobile und vernetzte Gesellschaften „ihre eigenen Gesetze von Einschluss und Ausschluss. [...] Wer nicht ausgeschlossen, sondern dazugehören will, muss mobil sein oder sich doch zumindest Mobilität inszenieren können". (Schroer zit. in Kircher 2011) Auch wenn Kircher zu bedenken gibt, dass wir jenen Bevölkerungsanteil, der ein überwiegend „mobiles Leben" führt, nicht überschätzen sollten, spielt der Faktor der Mobilität und darin wirksame Kommunikationsprozesse eine wichtige Rolle. Denn „Personen, die sich mobile Medien und deren Potential aneignen, können in mobilen Situationen flexibler handeln. Menschen, denen dies nicht gelingt, bleibt die Teilhabe an bestimmten Bereichen einer mobilen Gesellschaft verschlossen." (Kircher 2011) Es gehören daher sowohl Fähigkeiten des Umgangs mit den Technologien, sozioökonomische Rahmenbedingungen als auch das Vorhandensein entsprechender technischer Infrastrukturen zu jenen Faktoren, die modulierend auf Mobilitäts- und Vernetzungsbedingungen einwirken. Einschränkungen der Mobilität bergen das Potential des Ausschlusses aus sozialen Beziehungen oder Netzwerken und können zu „tiefgreifenden Begrenzungen der alltäglichen Handlungsmöglichkeiten führen".[389] (Kircher 2011) Die Bedingungen der Mobilität sind in einer mobilen Gesellschaft daher in unterschiedlicher Weise als „sozial voraussetzungsvoll und folgenreich" (Tully/Baier zit. in Kircher 2011) einzuschätzen.

Auf globaler Ebene stellt sich die Durchdringung mit technischen Kommunikationsinfrastrukturen differenziert dar. Besonders die Verbreitungsdaten der Mobiltelefonie zeigen vor allem in den Entwicklungsländern generell weiter steigende Diffusionsverläufe. „Mobile use in the developing world is more widespread than any other ICT, that is, personal computer of fixed-line telephones. [...] For mobile at least, the ratio between OECD+ countries and developing economies

---

388 Dies ist insbesondere auch für Regionen relevant, die selbst von Auswanderungsbewegungen betroffen sind. (vgl. Kellerman 2006, 66)
389 Nicht zuletzt würde – so Kircher (2011) – der Entzug von Mobilität auch als eine gesellschaftliche Sanktionierung eingesetzt.

has decreased considerably [...]." (Srivastava 2008, 22f) Während in Bezug auf die Basistechnologie der Mobilkommunikation von einer baldigen Schließung eines „mobilen Grabens" ausgegangen werden kann, zeigen sich ungleiche Verteilungen insbesondere noch im Bereich breitbandiger Zugänge. Weltweit verfügten 2014 37,2 (von 100) Einwohnerinnen und Einwohner über mobiles Internet, 81,8 von 100 in den Industrieländern. Die Schätzungen für 2015 gehen für den globalen Bereich von 47,2 (von 100) und für die Industriestaaten von 86,7 (von 100) aus. In den Entwicklungsländern lauten die Zahlen für 2014 27,9 (für 2014) bzw. die Schätzung für 2015 39,1 (von 100). (vgl. ITU 2015) Zudem kennzeichnen in Entwicklungsländern andere Nutzungsformen den Umgang mit mobilen Kommunikationstechnologien, wenn verstärkt etwa Praktiken des Teilens oder die Nutzung überwiegend kostenfreier Interaktionsformen zu einer gängigen Praxis werden. In Bezug auf die Datenlagen kann daher von noch höheren Durchdringungsraten ausgegangen werden, als dies offizielle Zahlen zeigen. Weiters sind besonders mobile Kommunikationstechnologien der neuen Generation dazu prädestiniert, andere Technologieanwendungen – wie etwa die Versorgung mit kabelgebundenem Internet – zu überspringen, da die Anschaffungs- und Nutzungshürden deutlich niederschwelliger liegen.[390]

"Moreover, compared with personal computers or the internet, mobile phones require a lower skill base and can be use by the financially disadvantaged and the illiterate. The advent of the prepaid business models reduced the cost ownership, and in particular 'first ownership', encouraged new users to adopt services on a trial bias (and until they can afford it)." (Srivastava 2008, 23)

In Bezug auf die Verbreitung des mobilen Internets sind die Rahmenbedingungen differenzierter zu sehen. Denn wie oben angesprochen, sind neben den rein materiellen Zugangsvoraussetzungen dabei vermehrt die Faktoren des „second digital divide" bzw. des „deepening divide" zu bedenken. (vgl. van Dijk o. J.; 2006, 2009, Norris 2001) Damit gewinnen insbesondere ökonomische, soziale und kulturelle Faktoren entscheidenden Einfluss auf die Ausbildung von Zugangs- und Nutzungsverteilungen. Van Dijk differenziert zwischen zeitlichen, materiellen, mentalen, sozialen und kulturellen Ressourcen, die es in Bezug auf die Netzwerktechnologien entlang der unterschiedlichen Zugangs- und Nutzungsformen zu

---

390 In diesem Zusammenhang spielen sicherlich auch die Dominanz der englischen Sprache im Internet sowie Applikationen der Software und in einem breiteren Kontext die dahinterliegenden generellen Regulierungszugänge eine wichtige Rolle.

8.5 Phänomene der Transformation von Gesellschaft

berücksichtigen gilt.[391] Unter Bedachtnahme dieser Faktoren lässt sich von einer Partizipationsstruktur ausgehen, wonach in westlichen Industrieländern etwa 15 Prozent der Bevölkerung als Informationselite gelten. „They are people with high levels of income and education, they have the best jobs and societal positions and they have more than 95 % Internet access. These are extended with a large number of long-distance ties that are part of a very mobile lifestyle." (van Dijk o. J.) Gleichzeitig ist auch zu bedenken, dass ein großer Teil der Bevölkerung die Infrastruktur des – auch mobil zugänglichen – Internets nicht nur informations- sondern auch unterhaltungsorientiert nutzt. Zudem ist ein bestimmter Sektor zu den „Offlinern" zu zählen:[392] „They consist of the lowest social classes, the unemployed, particular elderly people, ethnic minorities and a large group of migrants. They participate considerably less in several fields of society." (van Dijk o. J.)

Wenn gegenwärtig mit einer weiter stark steigenden Verbreitung insbesondere des mobilen Internets zu rechnen ist, kann man davon ausgehen, dass entsprechende Ungleichverteilungen im Bereich des technischen Zugangs zwar tendenziell zurückgehen, Effekte des „digital divide" im Bereich der konkreten Nutzung allerdings bestehen bleiben. (vgl. u. a. van Dijk 2012) Will man die unterschiedlichen Ungleichverteilungen überwinden, wird es einer Reihe von Anstrengungen bedürfen, entsprechende Defizitentwicklungen zu minimieren, da sich dahin gehende Divergenzen entscheidend auf die Möglichkeit der Teilhabe an sozialen und politischen Prozessen auswirken und Dynamiken der Inklusion bzw. Exklusion determinieren. Eine auf der Basis soziologischer Analysen aufbauende Einschätzung über den Nutzungszugang zu mobilen Technologien liefert uns Geser (2006). Nach seiner Expertise sei der Graben, entlang dessen die digitale Kluft im Fall von Technologien der mobilen Kommunikation und Vernetzung verläuft – zumindest was die Welt der Mobiltelefonie betrifft – differenziert einzuschätzen. Dieser dürfte zukünftig nicht nur entlang klassischer Kriterien verlaufen, sondern – im Sinne auch einer möglichen „Affinität zur Unterschichtkultur" – in einer tendenziell hochvernetzten Gesellschaft diskursiv durchaus auch als „negatives Statussymbol" interpretiert werden. „Seine explizite *Nichtbenutzung* oder seine *demonstrative Abwesenheit* könnte zunehmend zu einem Merkmal positiver sozialer Distinktion werden." (Geser 2006, 37) Gerade auch kommunikationsökologische Gesichtspunkte, die

---

391 Norris unterscheidet zwischen einem „global", einem „social" sowie einem „democratic divide" (vgl. Norris 2001). Van Dijk nennt an anderer Stelle die Faktoren der Motivation, des materiellen Zugangs, die Fähigkeiten, mit Technologien gewinnbringend umgehen zu können sowie unterschiedliche Formen der Nutzung als entscheidende Schranken eines „deepening divide". (vgl. van Dijk 2009)
392 In Deutschland waren das 2014 11 %, in Österreich 15 %. (vgl. Statista.de/statistik.at)

die Notwendigkeit einer zunehmend reflektierten Nutzung betonen und vermehrt auch die Idee bewusster „Entnetzungsstrategien" (vgl. Stähli 2013) ansprechen, rahmen Formen der Nicht-Nutzung diskursiv neu.

Wie immer sich die Nutzungslogiken in Bezug auf unterschiedliche Parameter weiter darstellen, ist davon auszugehen, dass sich mit Durchsetzung verdichteter Vernetzungsprozesse in der Gesellschaft auch die Voraussetzungen für politische Kommunikationsprozesse und die „demokratische Praxis" (vgl. Katz 2006, 208) verändern. Denn aus diesen neuen mobilen Vernetzungsformen ergeben sich andere Optionen der Partizipation und Möglichkeiten der Mobilisierung, und es stellt sich die Frage, inwieweit daraus auch neue Integrationseffekte oder Chancen für zivilgesellschaftliche Netzwerkbildungen zu erwarten sind oder sich eher Tendenzen einer Fragmentierung bzw. Desintegration durchsetzen. Autoren wie Habermas (2008), Hindman (2009) oder Dahlberg (2001) beurteilen die Integrationsleistungen der neuen Technologien überwiegend skeptisch und gehen in Bezug der Deliberation eher von fragmentierenden Effekten und Elitebildungen aus. Für Gordon korrespondiert die neue Form einer „technological ‚public sphere'" sogar mit jenen Kriterien, wie sie Habermas an diese Struktur anlegt. „First, that the participants treat each other as equal, second, that discussion is over matter of common concern, and finally that the participants are members of the public." (Gordon 2006, 53) Habermas selbst sieht über digitale Technologien hergestellte Öffentlichkeit nur in totalitären Systemen mit deliberativen Kräften verbunden, in demokratischen Gesellschaften würde seiner Einschätzung nach die Kommunikation über digitale Netzwerke eher auf eine Fragmentierung von Öffentlichkeiten hinauslaufen. (vgl. Habermas 2008). Denn es fehlen dort „vorerst [...] im virtuellen Raum die funktionalen Äquivalente für die Öffentlichkeitsstrukturen, die die dezentralen Botschaften wieder auffangen, selegieren und in redigierter Form synthetisieren." (Habermas, 2008, 162). Dieser skeptischen Einschätzung widersprechen etwa Castells et al. (2007) oder Münker (2009), die den Interaktions- und Kommunikationsfaktoren digitaler Netzwerke einen hohen Stellenwert beimessen. Münker sieht die Habermas'schen Kriterien der idealen Gestalt von Öffentlichkeit „(mutatis mutandis) schlicht [als] Teil der Spielregeln" im Netz an. Gerade mit Verweis auf die Dynamik des Web 2.0 seien der „Dezentralität der technischen Basis des Internet [...] zentralisierende Wirkungen seiner medialen Nutzung" zuzuschreiben, (Münker, 2009, 111f) und die „sozialen Medien des Netzes [würden] nicht zwischen getrennten Sphären" vermitteln, sondern sie sogar „vermischen". (Münker 2009, 113) Neuberger et al. erkennen im Bild einer fragmentierten Öffentlichkeit auch eine „optische Täuschung", da im „Internet [...] nun alles versammelt [ist], was vorher getrennt war". (Neuberger/ von Hofe/Nuernbergk 2010, 14) Die Überbrückung sowie Durchlässigkeit unterschiedlicher Ebenen und Plattformen von Öffentlichkeit könne gerade durch

8.5 Phänomene der Transformation von Gesellschaft

netzwerkaffine Mittel wie durch Weblogs gut gelingen, die als solche die „Möglichkeit zur Anschlusskommunikation" erhöhen. (vgl. Katzenbach 2010, 206) Die Strukturierungen von Blogs bergen allerdings in Summe – induziert durch Effekte der Selbstreferentialität – auch die Gefahr, sich wie Echokammern voneinander gegenseitig abzuschotten. Eine Weiterentwicklung in der Frage, inwieweit sich Diskurse im Netz über „deliberative Enklaven" (Sunstein 2001) hinweg doch in Räume der Auseinandersetzung und Diskussion einbringen lassen, finden wir im Vorschlag von Fraser, wenn sie zeigt, „dass das demokratische Ideal der gleichberechtigten Partizipation (gerade) durch eine Vielzahl von Öffentlichkeiten besser zu verwirklichen sei". (Klaus/Drüeke 2012, 61) Mit dem Ziel der Stärkung eines radikalen Pluralismus verspricht sich Mouffe produktive Aushandlungsformen insbesondere aus der Überführung „antagonistischer" in „agonistische" Öffentlichkeiten. (vgl. Mouffe 2005) Eine „post-konsensuelle Praxis" und ein konfliktorientiertes Verständnis von Partizipation wurde pointiert zuletzt auch von Miessen eingefordert, der diese als „produktive Form der Interventionspraxis" versteht.[393] (vgl. Miessen 2012, 16; 78) Ähnlich wie Mouffe spricht sich Dahlberg (2011) für eine Re-Radikalisierung digitaler Diskurswelten als produktive Grundvoraussetzung für den Widerstreit von Positionen aus, wonach aus einer radikaldemokratischen (oder „counter-politics"-) Perspektive eine produktive Fragmentierung zwischen dominanten und marginalisierten Diskursen fruchtbar erscheint. Die Tatsache, dass die Einbindung von Individuen in Netzwerke einer digital vermittelten Aushandlung von Diskursen und Meinungen vermehrt im Modus ihrer Dauervernetzung und einem Always-On-Habitus und damit zeitlich wie örtlich unmittelbarer bzw. direkter stattfinden kann, dynamisiert und beschleunigt derartige Aushandlungsprozesse und erhöht ihre Reichweite und innere Dichte.

Wie sich Verläufe netzbasierter Kommunikation und politischer Mobilisierung konkret über Möglichkeiten der mobilen Vernetzung darstellen, lässt sich mittlerweile anhand unterschiedlicher Anlassfälle beobachten. Eine weitreichende Mobilisierungskraft dürften die zu einem guten Teil über Netzwerke der Mobilkommunikation organisierten Bürgerproteste der „People Power II"-Bewegung gegen

---

393 Hans' Überlegung, wonach die zentrifugale Kraft des Webs eine „kommunikativdiskursive oder dialogische Innerlichkeit" erschwere, führt ihn zu der Überlegung, ob nicht eine „präkommunikative, prädiskursive Rationalität" – unter Überwindung eingeführter Kategorien wie Diskurs oder Öffentlichkeit – eher demokratische Prozessen fördere. (vgl. Han 2013b, 19) Die Tatsache, dass durch Prozesse der digitalen Vernetzung der Stellenwert von Medien und Journalismus erodiert, führe nach seiner Einschätzung zu einer „Entmediatisierung" [sic!] der Kommunikation, durch die eine Epoche der Repräsentation beendet werde und zu einer der „Präsenz" oder „Kopräsentation" führte. (vgl. Han 2013a, 27f)

den philippinischen Präsidenten Manuel Estrada im Jahr 2010 entfaltet haben, die im Effekt den Rücktritt des Präsidenten zur Folge hatten.[394] Auch im Rahmen anderer sozialer Protestbewegungen – wie jener im Umfeld der Terroranschläge vom 11. September 2001 in New York – kam der Organisationsleistung über digitale Netzwerke eine wichtige Rolle zu, zumal daraus zum Teil neue Formationen von Öffentlichkeiten hervorgingen. „Mobile media creates other kinds of publics now, both transitionally and through the national and local, too." (Goggin 2011, 175) Insbesondere auf diese Effektivität weisen Castells et al. hin, wenn sie betonen, „that the mobile phone – as a medium that is portable, personal, and prepared to receive and deliver messages anytime, anywhere – can perform the mobilization function much more efficiently than other communication channels at the tipping point of a political movement". (Castells et al. 2007, 192) Die Interventionskraft und mitunter störende Potentialität mobiler Vernetzungstechnologien dürfte vorwiegend in Modellbürokratien, die nur vertikale, aber keine diagonalen Kommunikationswege kennen, von Bedeutung sein. Mobile Technologien der Vernetzung machen nahezu alle Mitglieder einer Gesellschaft unmittelbar füreinander erreichbar, „gerade weil sie keine asymmetrischen Einwegmedien sind, mit denen sich *einer* an viele wenden könne, sondern ein Austauschmedium, eine fließende ungezwungene Form informeller Kommunikation" möglich sei. (o. A. 2010, 364) Im Rahmen des „Arabischen Frühlings" dürften die mobilen Kommunikationstechnologien vorwiegend die Funktion eines Katalysators übernommen haben (vgl. Höflich 2011, 36), da sie dort Informationsströme kanalisierten und dynamisierten sowie unterschiedliche Öffentlichkeiten synchronisierten. Gleichzeitig zeigten sich in diesen Protestbewegungen auch die Limitierungen mobiler Netzwerktechnologien: Ihnen kam zwar eine wichtige Funktion im Rahmen der Mobilisierung und Organisation der Bewegungen – auch im Zusammenspiel mit klassischen Medien und damit in ihrer Wirkung über die lokalen Kommunikationsräume hinaus – zu, ihr Einfluss auf konkret politische Veränderungen blieb jedoch, wie wir heute wissen, gering. Zudem dürfen wir nicht aus den Augen verlieren, dass Potentiale der Technologien nicht nur im Hinblick auf ihre zivilgesellschaftliche Relevanz zum Tragen kommen (können), sondern diese auch sehr leicht gegen ihre Anliegen instrumentalisierbar sind.

"The reasons, political smart mobs may weaken democracies include the speeding up of political decision making that would benefit from more slowly paced deliber-

---

[394] Die massenhaft versendete SMS-Botschaft „Go 2EDSA Wear Black" forderte die Demonstrantinnen und Demonstranten dazu auf, in schwarzer Kleidung auf dem Platz „Epifano de los Santos Avenue", kurz „Edsa", gegen Estrada zu demonstrieren. (vgl. Höflich 2011, 36)

ation, the manipulation of population by planted provocations and misdirection, the potential for violent outbursts at spontanous gatherings, and the potential for rapidly disseminating misinformation and desinformation. Finally, it is possible that these technologies will strengthen the hand of centralized authorities [...] if such authorities succeed in automating surveillance, jamming, and countermeasures". (Rheingold 2008, 237)

Es komme daher – so die Conclusio Rheingolds – sehr darauf an, die technologischen Möglichkeiten im Hinblick auf die Vertrauenswürdigkeit von Informationen zu verbessern, um damit positive Potentiale fördern und einsetzen zu können.[395] (vgl. Rheingold 2008, 237) Als Vertreter der „Kalifornischen Ideologie"[396] sieht er freilich die Entwicklungen in einem techno- und sozialeuphorischen Grundton. „[...] Smart mob technology could do more than spawn surveillance, cyborg, flocking teenage-culture consumers, and swarming terrorists. If we know what we're doing, perhaps we could enable cooperation amplification through smart mob infrastructure, the way dedicated dreamers transformed computers from weapons into telescopes of the mind." (Rheingold 2002, 207f) Eine ähnlich technik-euphorische Einschätzung finden wir bei de Souza e Silva, wenn sie avancierte technologische Applikationen der Vernetzung mit dem Bild der kollektiven Interfaces vergleicht. „Pervasiveness, wearability and sociability are the three characteristics of cell phones that help us to re-conceptualize the mobile as a more than a two-way voice communication technology." (de Souza e Silva 2006, 121) In Erweiterung von Formen der Mikrokoordination würde die Zuhilfenahme mobiler Technologien für die Makrokoordination der kommunikativen Vernetzung durchaus an Relevanz gewinnen, „[that] means the creation of mobile social networks via the use of cell phones as collective communication devices." (de Souza e Silva 2006, 116) Unter derartigen Rahmenbedingungen bilden etwa mobile Weblogs, sogenannte „moblogs", adäquate Formen der Vernetzung.[397] Nach Koskinen bestehe jedoch die Gefahr, dass

---

395 Earl/Kimport (2011) differenzieren zwischen den Typologien einer „E-mobilization", den „E-tactics" und den „E-movements", entlang derer sich der Stellenwert netzbezogener Interaktionen vergrößert.
396 Die „Kalifornische Ideologie" war nach Barbrook/Cameron (1996, 52) geprägt von einem „[...]lose[n] Bündnis von Autoren, Hackern, Kapitalisten und Künstlern" und schuf eine „Definition einer heterogenen Orthodoxie für das kommende Informationszeitalter". (Barbrook/Cameron 1996, 52) Sie „entwickelte sich aus einer seltsamen Verschmelzung der kulturellen Bohème aus San Francisco mit den High-Tech-Industrien von Silicon Valley" und verband damit „klammheimlich den frei schwebenden Geist der Hippies mit dem unternehmerischen Antrieb der Yuppies". (Barbrook/Cameron 1996, 52)
397 Unter bestimmten Rahmenbedingungen dürfte auch die Einbeziehung individueller Kommunikationsbeteiligungen zu einem relevanten Faktor werden. „Personal content

sich diese Vernetzungscluster ähnlich wie „me-centered networks" (Castells 2001b, 128) voneinander abschotten und damit eher sich selbst als zivilgesellschaftliche Aktivierungspotentiale stärken. (vgl. Koskinen 2008)

Eine Differenzierung in zwei Modelle der Vernetzung, wie sie für demokratische Strukturen Relevanz haben können, nimmt Gergen (2008) vor. Neben einer klassischen Ausprägung, die man der Mitte des 20. Jahrhunderts zuordnen könnte, sei eine daraus adaptierte Form für Rahmenbedingungen der digitalen Vernetzung abzuleiten. Gegenüber der klassischen Ausprägung sieht er unter den Bedingungen einer digitalen Vernetzung einerseits monadische Cluster entstehen, die eine Abschottung der Individuen von zivilgesellschaftlichen Vernetzungsformen zur Folge haben, da sich darin nur Prozesse einer zirkularen Affirmation festsetzen. „Essentially we are witnessing a shift from civil society to monadic clusters of close relationships. Cell phones technology favors withdrawal from participation in face-to-face communal participation." (Gergen 2008, 302) Andererseits erkennt er eine, schon in den Anfängen Mitte der 1950er Jahre beginnende, und in der Friedens- bzw. in der Frauenbewegung der 1960er und 1970er Jahre sich stabilisierende Schicht, die sich durch eine hohe politische Beteiligung auszeichnet und die er als einen „proactive Mittelbau" bezeichnet.

"[...] That is a structure of political communication lodged between the national government and the local or civil society, capable of both drawing participation from the local culture and speaking to government. In effect, we find the emergence of a political body capable of stimulating political engagement that, because of its ability to mobilize public support, stands in a more dialogic direct relationship to government." (Gergen 2008, 300)

Mit dem Hinzukommen neuer Technologien der Vernetzung ergeben sich nach Gergen neue Potentiale für die Mobilisierung politischer Partizipation, wobei er tendenziell v. a. für die lokale Ebene einen Verfall zivilgesellschaftlicher Strukturen diagnostiziert. „Largely as a result of mobile communication technology, community and town participation is being replaced by atomistic communication cells. For many, these nomadic groups become self serving, and political issues recede in importance." (Gergen 2008, 305) Wenn wir aber mit weiteren Konvergenzentwicklungen von sich verstärkenden mobilen Vernetzungsformen ausgehen, könnten daraus auch positive Potentiale – wie sie aus der „Unmittelbarkeit einer Gemeinschaftsbildung" hervorgehen (Golding 2006, 294) – zu erwarten sein. Diese Einschätzung teilt auch

---

may occasionally become interesting enough to catch the public eye, but mostly under special circumstances like the tsunami disaster or the London bombings." (Koskinen 2008, 248)

8.5 Phänomene der Transformation von Gesellschaft

Gergen weitgehend, wobei er die Entwicklungen auf der lokalen Ebene weiterhin skeptisch einschätzt, auf einer nationalen Ebene jedoch die Breitenwirkung für die Stärkung einer „power to the people"-Bewegung als eine tragfähige Struktur sieht.

„Looking into the future, we may thus see the emerging Mittelbau come into being as the new domain of civil society, with small monadic enclaves replacing single individuals as the base unit of democratic society." (Gergen 2008, 307)

Für Ling, der die Entwicklung erheblich skeptischer beurteilt, steht allerdings zu befürchten, dass wir gerade mit den mobilen Technologien Verschiebungen zu erwarten hätten, die auf die Stärkung kleiner „walled communities" – ähnlich der von Koskinen (2008) beschriebenen monadischen Kreise – hinauslaufen, deren Interaktionen ritualbezogen innerhalb ähnlich gelagerter Interessen ablaufen und eine „Balkanisierung"[398] sozialer Interaktionen zur Folge haben könnten.[399] (Ling 2004, 192) Ito spricht in diesem Zusammenhang vom Effekt des „tele-cocooning" (Ito zit. in Castells et al. 2007, 93) und Harris stellt trotz der Hoffnung auf eine gegenteilige Entwicklung die Frage: „Do we retreat in cliques with the virtual equivalent of gated houses and condominiums – the contact lists on our mobiles functioning as electronic barriers to new encounters and cross-cultural experience?" (Harris 2003, 25) Mobile Technologien der Vernetzung wären jedenfalls potentiell in der Lage, soziale Bindungen zu stärken und weiterzuentwickeln. (vgl. Ling 2008, 174) Goggin fordert daher nicht zu Unrecht

"[that] we need to bring together a broad knowledge of communications, cultural and media history and theory to follow the cell phone's metamorphosis into media par excellence. Not only the follower, however, but also to participate actively and knowingly in the opening up and shaping of such media and technology." (Goggin 2006, 211)

Ähnlich differenziert äußern sich Miyata et al. zur Nutzung des mobilen Internets, wenn sie darauf hinweisen, dass über Mobiltelefone ausgetauschte Email-Nachrichten vordringlich der Unterstützung starker persönlicher Bindungen dienen. „Their personal nature and small screens afford more private e-mail conversations

---

398 Den Begriff der „Balkanisierung" greift in diesem Zusammenhang auch Geser auf, bezieht ihn aber auf neu entstehende Sprach- und Schreibstile. (Geser 2006, 29)

399 Der Begriff als solcher dürfte auf eine Publikation von Marshall Van Alstyne und Erik Brynjolfson (Electronic Communities. Global Village or Cyberbalkans? Cambridge MA: MIT Sloan School, www.mit.edu/people(marshall/papers/Cyberbalkans.pdf) zurückgehen. (vgl. Harris, 2003, 17)

than the often-shared PC's at home and office."[400] (Miyata et al. 2005, 159) Über mobile Internetknoten sich organisierende Netzwerkverbindungen seien jedenfalls strukturell von einem „networked individualism" getragen und in ihrer Konsequenz daher von Homogenisierungs- und Abschottungseffekten betroffen „[as] it is easier for people to leave unpleasantly controlling communities and increase their involvement in other, more accepting ones". (Miyata et al. 2005, 163) Damit steht diese skeptische Einschätzung stellvertretend für eine Entwicklung, die in ihrer Differenziertheit eine ganze Reihe neuer Fragestellungen aufwirft und im Rahmen der Mediatisierungsforschung weiter zu untersuchen sein wird.

Auf das Gegenüber von Fragmentierungs- und (Re-)Integrationstendenzen wirken also eine Vielzahl ambivalenter Prozesse ein, aus deren Dynamik und Gesamtentwicklung sich nur bedingt eindeutige Befunde ableiten lassen. (vgl. Steinmaurer 2015a) Die Tatsache, dass Individuen in hochgradig mediatisierten Umwelten vermehrt zeitlich permanent und ubiquitär in Netzwerke integriert sind, dürften diese Ambivalenzen weiter verstärken. Mit der sich durchsetzenden Individualisierungsentwicklung sehen wir die aus traditionellen Institutionen der Gesellschaft freigesetzten Individuen in neue Vergemeinschaftungsprozesse der digitalen Netzwerke integriert. Auf Dynamiken der Mediatisierung wirken damit nicht nur auf der Mikroebene individueller Handlungsprozesse, sondern auch auf gesellschaftlicher Ebene dispositive Dynamiken und Kräfte ein, die in der Summe die Entstehung neuer Öffentlichkeiten und Formen der Vergemeinschaftung zunehmend beeinflussen. (vgl. Steinmaurer 2015b) Es stellt sich damit auf eine neue Art die Frage, wie es im Rahmen einer Netzwerkgesellschaft, in der verstärkt über kommerzielle Plattformen Prozesse der Interaktion erfolgen, gelingen kann, demokratisch pluralistische und dem Gemeinwohl verpflichtete Informations- und Kommunikationsstrukturen zu sichern bzw. weiterzuentwickeln. Und wenn es – wie oben dargestellt – auf der Handlungsebene neuer Kompetenzen und Fähigkeiten bedarf, um entsprechend aufgeklärt und kritisch den Herausforderungen der digitalen Vernetzung begegnen zu können, sind auch auf der Makroebene Überlegungen anzustellen, wie auf den dort sich vollziehenden gesellschaftlichen Strukturwandel zu reagieren ist. Dynamiken einer Vervielfachung von Plattformen, damit zusammenhängende Unübersichtlichkeiten sowie Erosionserscheinungen in Bezug auf die Informationsqualitäten sollten Anstren-

---

400 Studien bestätigen die Tendenzen, die im Verlauf der Geschichte der Telefonie zeigten, dass ein großer Anteil telefonischer Kommunikation immer dem unmittelbaren Nahbereich gewidmet wird. Ein Vergleich über die geografische Reichweite zwischen den Kommunikationsformen Email und Telefonie, die beide auf der Ebene von Smartphones zur Verfügung stehen, zeigt, dass der geografische Aktionsradius der Email-Nutzung jenen der Telefonie deutlich übersteigt. (Sooryamoorthy/Miller/Shrum 2008)

8.5 Phänomene der Transformation von Gesellschaft

gungen der Synchronisierung von Plattformen sowie der Qualitätssicherung und Validierung von Kommunikationsprozessen gegenübergestellt werden. Gerade wenn Filter-Bubble-Effekte Such-, Informations- und Wissensprofile zunehmend strukturell einschränken[401] (vgl. Pariser 2011) und sich neue Modi der Informationsnutzung entwickeln[402], wird es Plattformanbieter brauchen, deren Ziel es ist, Standards der Vielfalt und qualitätsgetriebene Vernetzungsplattformen jenseits ökonomischer Rationalitäten zu sichern. Mit Couldry kann es also nicht nur damit getan sein, ausschließlich auf der Basis bestimmter Kompetenzen Netzwerken zu vertrauen, es braucht auch vertrauenswürdige Netzwerke, die den Nutzerinnen und Nutzern eine Basisqualität in den Vernetzungsleistungen und entsprechende Informationsqualitäten garantieren. (vgl. Couldry 2012) Dahingehende Lösungsansätze sind aus der Bewegung der Digital Commons bzw. Civic Commons zu erwarten, die – überwiegend einer nichtkommerziellen Netzwerklogik und dem Ziel des Gemeinwohls verpflichtet – auf Prinzipien der freien Softwarebewegung und der Creative Commons-Bewegung setzen. Sie adressieren Netzwerkteilnehmerinnen und -teilnehmer nicht als Kundinnen und Kunden, sondern als Bürgerinnen und Bürger und verstärken damit auch Potentiale eines Democratic Citizenship, um Möglichkeiten der Teilhabe, Inklusion und Partizipation an demokratisch orientierten Vernetzungsprozessen zu fördern. Dazu gehört auch die Sicherstellung des offenen Zugangs zu Informationen und die Absicherung von Prinzipien der Privatheit. (vgl. Coleman/Blumler 2009) Digital Commons verstehen sich „[as] a site in which the contradictions, relations and values of public life may be freely discussed [...] as a web of social relations, ethos of shared access, [...] joint responsibility rather than individual advantage". (Murdock 2012) Derartige Netzwerkstrukturen außerhalb des Einflusses dominierender Netzwerkplayer zu entwickeln und zu fördern (vgl. Steinmaurer 2015b), wird auch neue Initiativen des regulierenden Eingreifens auf der Makroebene notwendig machen. Da sich Hoffnungen auf die

---

401 Die Tunnel-Wirkung eingeschränkter Informations- und Wissensprofile nennt Meckel (2013, 57) das individuelle „Präferenzgehege der digitalen Datenstromlinienförmigkeit" und erkennt darin ein Muster des „unsichtbaren digitalen Imperialismus".

402 Dahingehende Verschiebungen zeichnen sich auf der Ebene des „Informationsmanagements" (Schmidt 2011) in Social Media-Umgebungen ab, in deren Rahmen nicht mehr so sehr aktiv nach Nachrichten gesucht zu werden scheint, sondern Informationen an die Nutzerinnen und Nutzer nach Maßgabe ihrer Netzwerkprofile fließen. Die aus einer Studie gewonnene Aussage verdeutlicht diese „Schubumkehr" mit den Worten: „If the news is that important, it will find me." (vgl. Stelter 2008) Dermaßen gewonnene Informationslagen spiegeln freilich nur die Profilpräferenzen in den Social Media-Accounts wider und bringen in der Summe Filter-Bubble-Effekte auf der Informationsebene mit sich. Inwieweit sich derartige Effeke unmittelbar auf Fragmentierungstendenzen auswirken, wird in der Literatur unterschiedlich bewertet. (vgl. Stark 2013, 205)

Selbstregulierungs- und Selbstentwicklungskräfte der Netzwerke nur bedingt erfüllt haben, gilt es den Defizitentwicklungen durch alternative Modelle der Vernetzung strukturell etwas entgegenzusetzen und „alternative social imaginaries" über das Netz zu entwickeln. (vgl. Mansell 2012) Deren Ziel muss auf die Entwicklung fairer und informationsoffener Zugangsformen zum Netz ausgerichtet sein, die auf einer nichtkommerziellen Basis die Einhaltung der Datenschutz- und Privatheitsrechte der Nutzerinnen und Nutzer sichern. Es gilt also Mediatisierungsbedingungen zu schaffen, die den Tendenzen der Fragmentierung und Desintegration etwas entgegenzusetzen haben und faire Zugangswege der Partizipation und Inklusion in Netzwerkstrukturen bereitstellen. Im Sinne des Giddens'schen Strukturierungsmodells müssen das neue digitale Netzwerkstrukturen sein, die jenseits dispositiver Dominanzeinflüsse Möglichkeitsräume und alternative Entwicklungsmöglichkeiten für soziale Netzwerkinnovationen auf der Nutzungs- und Handlungsebene bieten, deren Rationalität auf das Gemeinwohl und auf faire sowie inklusionsfördernde Rahmenbedingungen der Vernetzung ausgerichtet ist.

8.6 Weiterführende Forschungsperspektiven

Wie eingangs festgestellt, müssen wir also von gänzlich neuen kommunikativen Rahmenbedingungen bzw. einer „kommunikativen Wende" (Krotz 2012a, 51) in der Gesellschaft ausgehen. Neue Technologien der Konnektivität etablieren veränderte Voraussetzungen von und für Kommunikation in hochgradig vernetzten mediatisierten Räumen, in denen die einzelnen Netzwerkteilnehmerinnen und -teilnehmer zu mobilen Informationsknoten in globalen Environments der Kommunikation und Interaktion werden. Weitreichende Dynamiken der Entgrenzung lassen neue Informations- und Kommunikationsstile sowie Modi der Vernetzung entstehen, in deren Rahmen die digitalen Ausläufer der klassische Medien nur noch Teil eines größeren Systems vernetzter Interaktionswelten sind und Konvergenzprozesse bislang gültige Grenzziehungen zwischen medienorientierten und neuen netzwerkbezogenen Informations- und Kommunikationsplattformen zusehends durchlässiger werden lassen bzw. auflösen. Verbunden damit ist ein Rückgang der gesellschaftlichen Bindungswirkung klassischer Medien wie auch eine weitreichende Hybridisierung der Informations- und Kommunikationsstrukturen innerhalb sich stark wandelnder Rahmenbedingungen.

Wenn wir uns durch die weiter zunehmenden Dynamiken der Entgrenzung kommunikativer Prozesse – sowohl auf der Ebene der Technologien als auch im Feld alltagswirklicher wie gesellschaftlicher Strukturen – vergegenwärtigen, wird

8.6 Weiterführende Forschungsperspektiven

auch auf Ebene der wissenschaftlichen Auseinandersetzung darauf zu reagieren sein. Verbunden mit dem Konzept, Dispositive der Vernetzung als dominante Konstellationen einer breit wirksamen Mediatisierungsentwicklung zu begreifen, wird es die Entwicklungen der Vernetzung auch auf der Ebene ihrer gesellschaftlich etablierten Diskurse weiter kritisch zu kontextualisieren gelten. Hinweise dazu finden wir etwa bei Fisher (2010), der den Übergang in post-fordistische Netzwerkkulturen als einen Übergang in die Legitimationsdiskurse der neuen digitalen Ökonomie nachzeichnet. „[...] Contemporary technology discourse legitimates new constellations of power entailed by the new capitalism, at the heart of which is the weakening of labor and the state vis-à-vis capital, the liberalization of markets, the privatization of work, and the increased flexibility of employment."[403] (Fisher 2010, 219) Zur Relevanz einer neuen Netzkritik forderte Lovink (2012) auch die Notwendigkeit ein, dass diese „mehr als [...] [bloße] Ideologiekritik oder Diskurstheorie [zu] leisten [habe]. [...] Die Art, wie Theorie verwendet und umgesetzt wird, muss neu durchdacht werden. Das Projekt der Internetkritik besteht in einer gemeinsamen Suche nach medienspezifischen Konzepten, die dann in Codes, Regelwerke, Rhetorik und Nutzerkulturen implementiert werden können." (Lovink 2012, 95) Solchermaßen angewandte Internetkritik impliziert die Herausforderung, „dass das Kritische in den Vernetzungsmodus selbst eingeht" (Lovink 2012, 96) und damit auf einer Theorie-Praxis-Brücke aufbaut. Eine derartige Brücke müsste an der Entwicklung neuer Nutzungspraktiken und Kompetenzen im Kontext vernetzter Mediatisierungspraktiken ansetzen und auch neue Konzepte einer digitalen Ethik integrieren. In diesem Zusammenhang sind neu sich herausbildende Verhältnisse von Mensch und Technologien bzw. daraus sich abzeichnende Hybridisierungen mit Blick auch auf medienanthropologische Fragestellungen zu berücksichtigen. Denn wir können mit Thrift (2005) im Konzept des „technological unconscious" erkennen, „where technical processes simultaneously become less visible and more consequential. Technological unconscious is the world of code, which, through instructions and algorithms, not only mediates but also constitutes social interactions and associations." (Lyon 2014, 83) Wenn sich technologische Standardisierung und Normsetzungen zunehmend in das Netzwerkverhalten einschreiben, gilt es die Habitualisierungen auf diesen Ebenen analytisch ernst zu nehmen. Sie beeinflussen sowohl soziale Vernetzungsmodi als auch neue Formen des Informationsverhaltens. Zudem stellen wir im Dispositiv der Dauervernetzung die Verminderung der Aufmerksamkeitsfähigkeiten und Formen sprunghafter „digitaler Nervositäten" ebenso fest wie auch sich verändernde Sprach-, Schreib- und Sprechkulturen sowie

---

403 Zu Weiterentwicklung einer politökonomischen Netz-Kritik vgl. u. a. Fuchs 2014.

habitualisierte Such- und Navigationsformen. All diese Phänomene bedürfen einer weitergehenden und vertiefenden Analyse mit vielfach transdisziplinärem Anspruch. Es ist auch von großer Bedeutung, wie sich unter digital vernetzten Rahmenbedingungen die Herausbildung von *Identitäten* zukünftig vollzieht und welchen Einfluss diese Transformationen auf Prozesse der *Sozialisation* und *Enkulturation* junger Menschen ausüben. Neue Spielarten eines „Identitäts-, Beziehungs- und Informationsmanagements" (vgl. Schmidt 2011) bedürfen der Ausbildung entsprechender Kompetenzen für die Herausforderungen in den digitalen Netzen. Gerade die Widersprüchlichkeiten, die dem „hybriden Subjekt" zwischen einer erfolgreichen Selbsterfindung nach innen und der Selbststilisierung nach außen auferlegt werden, machen auch vor dem Modell des „Computer-Subjekts" nicht halt. (vgl. Reckwitz 2006) Es sieht sich dem Zwang einer ständigen Wahlentscheidung zwischen Optionen ausgesetzt, „trainiert sich in der Haltung des ‚Ausprobierens'" und pendelt damit gewissermaßen zwischen den Polen einer „Selbst- und Marktorientierung" (Reckwitz 2006, 578; 586) Probleme der Identitätsbildung stellen sich dahingehend laufend neu, verlangen sie doch Anstrengungen in Richtung auf eine „ökonomische Modellierung des Subjekts" (Reckwitz 2006, 599). Individuen drohen zunehmend in die Identitätsfigur eines „unternehmerischen Selbst" (Bröckling [5]2013) gedrängt zu werden und bürden ihm damit Identitätsarbeiten der dauernden Selbstaktualisierung auf. Modi der „self-surveillance" und „self-responsibility" werden damit anstelle klassischer Sozialisationsinstanzen immer virulenter. (Thomas zit. in Deuze 2012, 242) „ [...] The process and practice of self-identifaction, self-branding and subsequent self-creation in media inevitably ends up with someone becoming the person everybody else expects them to be." (Deuze 2012, 242)

Ein daran anschließendes Themenfeld betrifft das Phänomen der Selbstoptimierung und Entwicklungen, wie wir sie in „quantified-self-Bewegung" beobachten. Dabei dienen Technologien der Selbstüberwachung zur persönlichen Leistungsoptimierung oder auch medizinischen Datenkontrolle. Im Fall des Austauschs und der Selbstoffenbarung dieser doch meist sehr persönlichen Daten über Soziale Netzwerke werden wiederum Prozesse des Wettbewerbs in Gang gesetzt. Auch auf dieser Ebene manifestieren sich neue Vernetzungsmodalitäten und setzen das Individuum in ein neues Verhältnis zu seinen Alltagswirklichkeiten. Im Rahmen der Weiterentwicklung der Mediatisierungsforschung werden auch derartige Veränderungen zu kontextualisieren bzw. Perspektiven des Reagierens darauf zu diskutieren sein. Dahingehend könnten Ansätze einer neu zu entwerfenden digitalen Kommunikationsökologie und die Ausbildung eines kritisch-reflektierten Kompetenzmanagements einen wichtigen Beitrag leisten. Fähigkeiten der zeitlich bewusst gesetzten „Entnetzung" (Stähli 2013) oder einer bewußten „digitalen Askese" zählen dazu ebenso wie Strategien der Entschleunigung oder auch nur einer

8.6 Weiterführende Forschungsperspektiven

„bedachten Informations-Aufmerksamkeit".[404] (vgl. Lovink 2012, 44) Insgesamt gilt es neue „Selbst-Techniken" und Kompetenzen des Netzwerkverhaltens für die Kommunikationsanforderungen in den digitalen Netzwelten zu entwickeln, um den gestiegenen Flexibilitätsanforderungen, die sich heute stellen, gerecht zu werden bzw. diesen mit alternativen Handlungsentwürfen begegnen zu können. Ein Fokus wird dabei auf Praktiken der Interaktion – als die „Strukturmomente" zugleich „Medium wie Ereignis" – sowie auf die darüber sich verfestigenden Handlungsroutinen zwischen Struktur- und Handlungsebene zu legen sein. (vgl. Giddens ³1995, 77) Aus einer praxeologischen Kulturperspektive stellen die Verbindungen zu den Technologien, den damit verbundenen Subjektivierungsformen sowie Diskursformationen entscheidende Anschlusspunkte der Analyse dar. Da Praxistheorien einen „quasi-ethnologischen Blick auf die Mikrologik des Sozialen" lenken (vgl. Reckwitz 2003, 298), innerhalb der Gebrauchsmodi mit Kommunikationstechnologien zur sozialen Praxis gerinnen und daraus Praktiken als „emergente Ebene des Sozialen" hervorgehen, erschließen derartige Analysemodelle weitere substantielle Perspektiven für unterschiedliche Wissensfelder. (vgl. Reckwitz 2003, 289) Für die Mediatisierungsforschung erwächst daraus der Anspruch, die Phänomene der „kommunikativen Wende" aus der Mikro-Perspektive der handelnden Individuen verstärkt auch mit den Wechselwirkungen des gesellschaftlichen und sozialen Wandels in das Zentrum der Analyse zu rücken. Denn wenn – im Sinne der Giddens'schen Strukturierungstheorie – die Bedingungen auf der Strukturebene die Rahmenbedingungen für individuelle Handlungsprozesse und soziale Praktiken bilden, gehen daraus Rückwirkungen auf die Systemebene und damit für gesellschaftliche Kommunikationsprozesse hervor. Gerade die kritische Analyse dieser Interdependenzverhältnisse, wie sie sich aus der mittlerweile hochgradig fortgeschrittenen Vernetzungsdichte und der digitalen Mediatisierung von Individuum und Gesellschaft ergeben, bedarf der Entwicklung neuer Forschungsperspektiven. Es wird dabei auch darum gehen, sowohl auf der Handlungs- wie auch auf der Strukturebene entsprechende Strategien der Intervention bzw. Neuorientierung für eine gelungene Mediatisierung von Individuum und Gesellschaft zu entwerfen.

---

404 Mit der Idee einer gezielten Kommunikations-Askese könnte etwa die Wiedergewinnung der Fähigkeit, allein sein zu können, verbunden sein.

Literatur

Adams, Paul C./Jansson, André (2012): Communication Geography: A Bridge Between Disciplines. In: Communication Theory, Jg. 22, 299-318.
Agamben, Giorgio (2008): Was ist ein Dispositiv? Berlin: diaphanes Verlag.
Agar, Jon (2003): Constant Touch. A Global History of the Mobile Phone. Duxford: Icon Books.
Aguado, Juan Miguel/Martínez, Inmaculada (2007): Massmediatizing Mobile Phones: Content Development, Professional Convergence and Consumption Practices. Online: http://web.bgu.ac.il/NR/rdonlyres/34396BDB-6C0E-4931-A077-697451885123/34394/Aguadoedited.pdf (26.1.2012).
Allmer, Thomas (2012): Towards a Critical Theory of Surveillance in Informational Capitalism. Frankfurt am Main: Verlag Peter Lang.
Altheide, David, L./Snow, Robert P. (1988): Toward a Theory of Mediation. In: Anderson, James A. (Ed.): Communication Yearbook 11. Newbury Park et al.: Sage, 194-223.
Ampuja, Marko/Koivisto, Juha/Väliverronen, Esa (2014): Strong and Weak Forms of Mediatization Theory. In: Nordicom Review 35, Special Issue, 111-123.
Anders, Günther (⁷1985): Die Antiquiertheit des Menschen. München: C.H. Beck.
Arendt, Hannah (²2003): Vita activa oder Vom tätigen Leben. München, Zürich: Piper.
Arndt, Olaf (2010): Die innere Tastatur. In: Yoshida, Miya u. a. (Hg.): Welt in der Hand. Zur globalen Alltagskultur des Mobiltelefons. Leipzig: Spector Books, 208-227.
Arnheim, Rudolf (1935): Ein Blick in die Ferne. In: Intercine (Rom), Februar 1935, 71-82. (Nachdruck in montage/av, Nr. 9/2/2000, 33-46)
Arnold, Anne-Katrin/Schneider, Beate (2008): Interdisziplinärer Theorietransfer in der Kommunikationswissenschaft am Beispiel des sozialen Kapitals. In: Winter, Carsten/Hepp, Andreas/Krotz, Friedrich (Hg.): Theorien der Kommunikations- und Medienwissenschaft. Grundlegende Diskussionen, Forschungsfelder und Theorieentwicklungen. Wiesbaden: VS Verlag, 193-209.
Arnold, Klaus (2008): Kommunikationsgeschichte als Differenzierungsgeschichte. Integration von system- und handlungstheoretischen Perspektiven zur Analyse kommunikationsgeschichtlicher Prozesse. In: Arnold, Klaus/Behmer, Markus/Semrad, Bernd (Hg.): Kommunikationsgeschichte. Positionen und Werkzeuge. Ein diskursives Hand- und Lehrbuch. Berlin: Lit Verlag, 111-134.
Aronson, Sidney H. (1971): The Sociology of the Telephone. In: International Journal of Comparative Sociology, 12. Jg., 153-167.

Aronson, Sidney H. (1981): Bell's Electrical Toy: What's the Use? The Sociology of Early Telephone Usage. In: Sola Pool, Ithiel de (Ed.): The Social Impact of the Telephone. Cambridge Mass., London: The MIT Press, 15-39.

Asp, Kent (1990): Medialization, Media Logic and Mediarchy. In: Nordicom Review, 11 (2), 47-50.

Aufenanger, Stefan (2001): Invasion aus unserer Mitte. Perspektiven einer Medienanthropologie. In: medien praktisch, 4, 8-10.

Augé, Marc (1994): Orte und Nicht-Orte. Vorüberlegungen zu einer Ethnologie der Einsamkeit. Frankfurt am Main: Suhrkamp.

Bachmair, Ben (1993): Vom Auto zum Fernsehen – Kulturhistorische Argumente zur Bedeutung von Mobilität für Kommunikation. In: Abarbanell, Stephan/Cippitelli, Claudia/Neuhaus, Dietrich (Hg.): Fernsehen verstehen. Frankfurt am Main: Haag und Herchen, 33-50.

Bachmair, Ben (1996): Fernsehkultur. Subjektivität in einer Welt bewegter Bilder. Opladen: Westdeutscher Verlag.

Bakardjieva, Maria (2006): Domestication Running Wild. From the Moral Economy of the Household to the Mores of a Culture. In: Berker, Thomas/Hartmann, Maren/Punie, Yves/Ward, Katie J. (Ed.): Domestication of Media and Technology. New York: Open University Press, 62-79.

Balbi, Gabriele (2013): Deconstructing "Media Convergence". A Cultural History of a Buzzword. Late 1970s-2010s. Paper presented at the "Deconstructing Media Convergence" Conference. ICT&S Center, University of Salzburg.

Ball, Donald W. (1968): Towards a Sociology of Telephones and Telephoners. In: Truzzi, Marcello (Ed.): Sociology and Everyday Life. Englewood Cliffs, New Jersey: Prentice-Hall. Inc., 59-75.

Barbrook, Richard/Cameron, Andy (1996): Die kalifornische Ideologie. Über den Mythos der virtuellen Klasse. In: telepolis, 0-Nummer, 51-72.

Baron, Naomi, S. (2008): Adjusting the Volume: Technology and Multitasking in Discourse Control. In: Katz, James E. (Ed.): Handbook of Mobile Communication Studies. Cambridge, Mass., London: The MIT Press, 177-193.

Basse, Gerhard (1977): Die Verbreitung des Fernsprechens in Europa und Nordamerika. In: Archiv für Deutsche Postgeschichte, H. 1, 58-103.

Baudry, Jean-Louis (1993): Ideologische Effekte am Basisapparat. In: Eikon, Internationale Zeitschrift für Fotografie und Medienkunst. H. 5, 34-43.

Baumann, Margret (2000a): Eine kurze Geschichte des Telefonierens. In: Baumann, Margret/Gold, Helmut (Hg.): Mensch, Telefon. Aspekte telefonischer Kommunikation. Heidelberg: Edition Braus, 11-55.

Baumann, Margret (2000b): Mensch und Telefon – eine stimmige Verbindung. In: Baumann, Margret/Gold, Helmut (Hg.): Mensch, Telefon. Aspekte telefonischer Kommunikation. Heidelberg: Edition Braus, 121-141.

Bauman, Zygmunt (2003): Flüchtige Moderne. Frankfurt/Main: Suhrkamp Verlag.

Bauman, Zygmunt/Lyon, David (2013): Daten, Drohnen, Disziplin. Ein Gespräch über flüchtige Überwachung. Frankfurt am Main: Suhrkamp.

Beck, Klaus (1989): Telefongeschichte als Sozialgeschichte: Die soziale und die kulturelle Aneignung des Telefons im Alltag. In: Forschungsgruppe Telefonkommunikation (Hg.): Telefon und Gesellschaft. Band 1: Beiträge zu einer Soziologie der Telefonkommunikation. Berlin: Volker Spiess, 45-75.

Beck, Klaus (2010): Ethik der Online-Kommunikation. In: Schweiger, Wolfgang/Beck, Klaus (Hg.): Handbuch Online-Kommunikation. Wiesbaden: Springer VS, 130-155.
Beck, Stefan (1997): Umgang mit Technik. Kulturelle Praxen und kulturwissenschaftliche Forschungskonzepte. Berlin: Akademie Verlag.
Beck, Ulrich (1986): Die Risikogesellschaft. Auf dem Weg in eine andere Moderne. Frankfurt am Main: Suhrkamp Verlag.
Beck, Ulrich/Beck-Gersheim, Elisabeth (1994): Individualisierung in modernen Gesellschaften – Perspektiven und Kontroversen einer subjektorientierten Soziologie. In: Diess. (Hg.): Riskante Freiheiten. Individualisierung in modernen Gesellschaften. Frankfurt am Main: Suhrkamp Verlag, 10-39.
Becker, Barbara (2000): Elektronische Kommunikationsmedien als neue „Technologien des Selbst"? Überlegungen zur Inszenierung virtueller Identitäten in elektronischen Kommunikationsmedien. In: Huber, Eva (Hg.): Technologien des Selbst. Zur Konstruktion des Subjekts. Frankfurt am Main: Stroemfeld, 18-29.
Becker, Georg (1989a): Telefonieren und sozialer Wandel. In: Becker, Jörg (Hg.): Telefonieren. Marburg: Jonas Verlag, 7-30. (Hessische Blätter für Volks- und Kulturforschung, Band 24)
Becker, Georg (1989b): Die Anfänge der Telefonie. Zur Industrie- und Sozialgeschichte des Telefons im ausgehenden 19. Jahrhundert. In: Becker, Jörg (Hg.): Telefonieren. Marburg: Jonas Verlag, 63-76. (Hessische Blätter für Volks- und Kulturforschung, Band 24)
Behringer, Wolfgang (1994): Post, Zeitung und Reichsverfassung. In: Beyrer, Klaus/Dallmeier, Martin: Als die Post noch die Zeitung machte. Eine Pressegeschichte: Gießen: Anabas Verlag, 40-63.
Bell, Daniel (1973): The Coming of Post-Industrial Society. New York: Basic Books.
Bell, Genevieve (2006): Das Daumenzeitalter: Eine kulturelle Deutung der Handytechnologien aus Asien. In: Glotz, Peter/Bertschi, Stefan/Locke, Chris (Hg.): Daumenkultur. Das Mobiltelefon in der Gesellschaft. Bielefeld: transcript Verlag, 79-104.
Beniger, James (1986): The Control Revolution: Technological and Economic Origins of the Information Society. Cambridge, MA/London: Harvard University Press.
Benjamin, Walter (1936): Das Kunstwerk im Zeitalter seiner technischen Reproduzierbarkeit. In: Helmes, Günter/Köster, Werner (Hg.): Texte zur Medientheorie. Stuttgart: Reclam, 163-190.
Berg, Matthias (2014): Mediatisierung, Mobilisierung und Individualisierung als Theorieansätze kommunikativer Mobilität. In: Wimmer, Jeffrey/Hartmann, Maren (Hg.): Medienkommunikation in Bewegung. Mobilisierung – Mobile Medien – kommunikative Mobilität. Wiesbaden: Springer VS Verlag, 47-65.
Berger, Peter A. (1998): Soziale Mobilität. In: Schäfers, Bernhard/Zapf, Wolfgang (Hg.): Handwörterbuch zur Gesellschaft Deutschlands. Opladen: Leske und Budrich, 411-443.
Berker, Thomas/Hartmann, Maren/Punie, Yves/Ward, Katie (2006): Introduction. In: Berker, Thomas/Hartmann, Maren/Punie, Yves/Ward, Katie J. (Eds.): Domestication of Media and Technology. New York: Open University Press, 1-17.
Bernzen, Rolf (1994): Philipp Reis: Formen, Phasen und Motivationen der Auseinandersetzung mit dem Telefon. Versuch einer Bestandsaufnahme. In: Becker, Georg (Hg.): Fern-Sprechen. Internationale Fernmeldegeschichte, -soziologie und -politik. Berlin: Vistas Verlag, 46-89.
Bertho-Lavernir, Catherine (1988): The Telephone in France 1879-1979: National Characteristics and International Influences. In: Mayntz, Renate/Hughes, Thomas P. (Hg.): The Development of Large Technical Systems. Frankfurt am Main: Campus Verlag, 155-178.

Beyrer, Klaus (2000): Johann Philipp Reis – Alexander Graham Bell – Zwei Pioniere des Telefons. In: Baumann, Margret/Gold, Helmut (Hg.): Mensch, Telefon. Aspekte telefonischer Kommunikation. Heidelberg: Edition Braus, 57-74.

Beyrer, Klaus/Dallmeier, Martin: Als die Post noch die Zeitung machte. Eine Pressegeschichte: Gießen: Anabas Verlag, 40-63.

Bingle, Gwen/Weber, Heike (2002): Mass Consumption and Usage of 20th Century Technologies – a Literature Review. Online: http://www.histech.nl/TensPhase2/publications/Working/Bingle_W.pdf (14.7.2011).

Boczkowski, Pablo J. (1999): Mutual Shaping of Users and Technologies in a National Virtual Community: In Journal of Communication, Spring 1999, 86-108.

Boczkowski, Pablo J. (2004): The Mutual Shaping of Technology and Society in Videotext Newspapers: Beyond the Diffusion and Social Shaping Perspectives. In: The Information Society, 20, 255-267.

Boczkowski, Pablo/Lievrouw, Leah A. (2007): Bridging STS and Communication Studies: Scholarship on Media and Information Technologies. In: Hackett, Edward J./Amsterdamska, Olga/Lynch, Michael/Wajcman, Judy (Eds.): The Handbook of Science and Technology Studies. Cambridge, Mass./London: The MIT Press, 949-977.

Böning, Holger [1994]: Zeitung, Zeitschrift, Intelligenzblatt. Die Entwicklung der periodischen Presse im Zeitalter der Aufklärung. In: Beyrer, Klaus/Dallmeier, Martin: Als die Post noch die Zeitung machte. Eine Pressegeschichte. Gießen: Anabas Verlag, 93-103.

Boettinger, Henry M. (1981): Our Six-and-a-Half Sense. In: Sola Pool, Ithiel de (Ed.) (1981): The Social Impact of the Telephone. Cambridge Mass., London: The MIT Press, 200-207.

Bollinger, Ernst (1995): Pressegeschichte I. 1500-1800. Das Zeitalter der allmächtigen Zensur. Freiburg: Universitätsverlag Freiburg Schweiz.

Bolter, Jay David/Grusin, Richard (2008): Remediation. Understanding New Media. Cambridge, MA: MIT Press.

Bonß, Wolfgang/Kesselring, Sven (2001): Mobilität am Übergang von der Ersten zur Zweiten Moderne. In: Beck, Ulrich/Bonß, Wolfgang (Hg.): Die Modernisierung der Moderne. Frankfurt am Main: Suhrkamp Verlag, 177-190.

Bourdieu, Pierre (1991): Physischer, sozialer und angeeigneter Raum. In: Wentz, Martin (Hg.): Stadt-Räume. Frankfurt/New York: Campus Verlag, 25-34.

Bräunlein, Jürgen (1997): Ästhetik des Telefonierens. Kommunikationstechnik als literarische Form. Berlin: Wissenschaftsverlag Volker Spiess.

Bräunlein, Jürgen (2000): Bist du noch dran? Rituale telefonischer Kommunikation. In: Baumann, Margret/Gold, Helmut (Hg.): Mensch, Telefon. Aspekte telefonischer Kommunikation. Heidelberg: Edition Braus, 143-155.

Briggs, Asa (1981): The Pleasure Telephone: A Chapter in the Prehistory of the Media. In: Sola Pool, Ithiel de (Ed.): The Social Impact of the Telephone. Cambridge Mass., London: The MIT Press, 40-65.

Briggs, Asa/Burke, Peter (2002): A Social History of the Media. From Gutenberg to the Internet. Cambridge, UK: Polity Press.

Bröckling, Ulrich (^{5}2013): Das unternehmerische Selbst. Soziologie einer Subjektivierungsform. Frankfurt/Main: Suhrkamp.

Brooks, John (1975): Telephone. The first hundred years. New York et al.: Harper & Row Publishers.

Brooks, John (1981): The First and Only Century of Telephone Literature. In: Sola Pool, Ithiel de (Ed.): The Social Impact of the Telephone. Cambridge Mass., London: The MIT Press, 208-224.
Brown, Barry (2002): Studying the Use of Mobile Technologies. In: Wireless World. Social and International Aspects of the Mobile Age. London: Springer, 3-15.
Brügger, Niels (2002): Theoretical Reflections on Media and Media History. In: Brügger, Niels/Kolstrup, Soren (Ed.): Media History: Theories, Methods, Analysis. Aarhus: Aarhus University Press, 33-66.
Bruns, Thomas et al. (1996): Das analytische Modell. In: Schatz, Heribert (Hg.): Fernsehen als Objekt und Moment sozialen Wandels. Faktoren und Folgen der aktuellen Veränderungen des Fernsehens. Opladen: Westdeutscher Verlag, 19-56.
Brzezinski, Zbigniew (1968): America in the Technotronic Age. Encounter 30/1.
Budka, Philipp (2013): Digitale Medientechnologien aus kultur- und sozialanthropologischer Perspektive. In: m&z, H. 1, 22-34.
Bührmann, Andrea D./Schneider, Werner (2008): Vom Diskurs zum Dispositiv. Eine Einführung in die Dispositivanalyse. Bielefeld: transcript Verlag.
Bührmann, Andrea D./Schneider, Werner (2013): Vom ‚diskursive turn'? Folgerungen, Herausforderungen und Perspektiven für die Forschungspraxis. In: Wengler, Johanna Caborn/Hoffarth, Britta/Kumiega, Lukasz (Hg.): Verortungen des Dispositiv-Begriffs. Analytische Einsätze zu Raum, Bildung, Politik. Wiesbaden: Springer VS, 21-35.
Bülow, Edeltraud (1990): Sprechakte und Textsorte in der Telefonkommunikation. In: Forschungsgruppe Telefonkommunikation (Hg.): Telefon und Gesellschaft. Band 2: Beiträge zu einer Soziologie der Telefonkommunikation. Berlin: Volker Spiess, 300-312.
Bull, Michael (2001): Personal Stereo User and the Aural Reconfiguration of Representational Space. In: Munt, Sally R. (Ed.): Technospaces: Inside the New Media. London, New York: Continuum, 239-254.
Bull, Michael (2005): No Dead Air! The iPod and the Culture of Mobile Listening. In: Leisure Studies, Vol. 24, No. 4, 343-355.
Burkart, Günter (2007): Handymania. Wie das Mobiltelefon unser Leben verändert hat. Frankfurt am Main/New York: Campus Verlag.
Burkart, Günter (2009): Katz, James (Hg.) Handbook of Mobile Communication Studies. Cambridge: The MIT Press. Rezension. In: Publizistik, 54, 4, 576-577.
Busch, Bernd (1995): Belichtete Welt. Eine Wahrnehmungsgeschichte der Fotografie. Frankfurt am Main: Fischer Verlag.
Buschauer, Regine (2010): Mobile Räume. Medien- und diskursgeschichtliche Studien zur Tele-Kommunikation. Bielefeld: transkript Verlag.
Butler, Marc (2007): Das Spiel mit sich. Populäre Techniken des Selbst. In: Kimminich, Eva/Rappe, Michael/Geuen, Heinz/Pfänder, Stefan (Hg.): Express Yourself. Europas kulturelle Kreativität zwischen Markt und Underground. Bielefeld: Transcript Verlag, 75-102.
Campbell, Scott W./Park, Yong Jin (2008): Social Implications of Mobile Telephony: The Rise of Personal Communication Society. In: Sociology Compass 2/2, 371-387.
Capurro, Rafael (2008): Einleitung. In: Grimm, Petra/Capurro, Rafael (Hg.): Informations- und Kommunikationsutopien. Stuttgart: Franz Steiner Verlag, 7-13.
Cardoso, Gustavo (2008): From Mass to Networked Communication: Communicational Models and the Informational Society. In: International Journal of Communication, 2 (2008), 587-630.

Carey, James (2006): Technology and Ideology: The Case of the Telegraph. In: Hassan, Robert/Thomas, Julian (Eds.): The New Media Theory Reader. Maidenhead, Berkshire: Open University Press, 225-243.

Carey, John/Elton, Martin C. (2010): When Media Are New. Unterstanding the Dynamics of New Media Adoption and Use. Michigan: The University of Michigan Press and the University of Michigan Library.

Caron, André H./Caronia, Letizia (2007): Moving Cultures. Mobile Communication in Everyday Life. Montreal&Kingston u. a.: McGill-Queen's University Press.

Carr, Nicholas (^{2}2010): Wer bin ich, wenn ich online bin... ...Und was macht mein Gehirn so lange? Wie das Internet unser Denken verändert. München: Karl Blessing Verlag.

Castells, Manuel (1991): Informatisierte Stadt und soziale Bewegungen. In: Wentz, Martin (Hg.): Stadt-Räume. Frankfurt am Main: Campus Verlag, 137-147.

Castells, Manuel (2001a): Der Aufstieg der Netzwerkgesellschaft. Opladen: Leske + Budrich.

Castells, Manuel (2001b): The Internet Galaxy. Reflexions on the Internet, Business and Society. Oxford: Oxford University Press.

Castells, Manuel/Fernández-Ardèvol, Mireia/Linchuan Qiu, Jack/Sey, Araba (2007): Mobile Communication and Society. A Global Perspective. Cambridge, Mass/London: MIT Press.

Castells, Manuel (2009): Communication Power. Oxford: Oxford University Press.

Charbon, Paul (1995): Entstehung und Entwicklung des Chappeschen Telegrafennetzes in Frankreich. In: Beyer, Klaus/Mathis, Birgit-Susann (Hg.): So weit das Auge reicht. Die Geschichte der optischen Telegrafie. Frankfurt am Main: Museum für Post und Kommunikation, 29-54.

Cherry, Colin (1971): World Communication: Threat or Promise? A Socio-Technical Approach. London et al.: Wiley-Interscience.

Cherry, Colin (1981): The Telephone System: Creator of Mobility and Social Change. In: Sola Pool, Ithiel de (Ed.): The Social Impact of the Telephone. Cambridge Mass., London: The MIT Press, 98-117.

Chesher, Chris (2012): Between Image and Information. The iPhone Camera in the History of Photography. In: Hjorth, Larissa/Burgess, Jean/Richardson, Ingrid (Eds.): Studying Mobile Media. Cultural Technologies, Mobile Communication, and the iPhone. New York, London: Routledge, 213-228.

Christensen, Toke Haunstrup (2009): ‚Connected Presence' in distributed family life. In: New Media & Society, Vol. 11(3), 433-451.

Churchill, Elizabeth F./Wakeford, Nina (2002): Framing Mobile Collaborations and Mobile Technologies. In: Brown, Barry/Green, Nicola/Harper, Richard: Wireless World. Social and Interactional Aspects of the Mobile Age. London: Springer, 154-179.

Claisse, Gerard (1989): Telefon, Kommunikation und Gesellschaft. In: Forschungsgruppe Telefonkommunikation (Hg.): Telefon und Gesellschaft. Band 1: Beiträge zu einer Soziologie der Telefonkommunikation. Berlin: Volker Spiess, 255-282.

Coleman, Stephen/Blumler, Jay G. (2009): The Internet and Democratic Citizenship. Theory, Practice and Policy. Cambridge: Cambridge University Press.

Cottle, Simon (2006a): Mediatized Conflict. Maidenhead: Open University Press.

Cottle, Simon (2006b): Mediatized Rituals: Beyond Manufacturing Consent. In: Media, Culture and Society, 28(3), 411-432.

Couldry, Nick (2003): Media Rituals. A Critical Approach. London: Routledge.

Couldry, Nick (2008): Mediatization or Mediation? Alternative Understandings of the Emergent Space of Digital Storytelling. In: New Media & Society, 10(3), 373-391.

Couldry, Nick (2012): Media, Society, World: Social Theory and Digital Media Practice. Cambridge: Polity Press.
Couldry, Nick (2014): When Mediatization Hits the Ground. Hepp, Andreas/Krotz, Friedrich (Eds.): Mediatized Worlds. Culture and Society in a Media Age. Houndmills: Palgrave MacMillan, 54-71.
Crampton, Jeremy W. (2009): Die Bedeutung von Geosurveillance und Sicherheit für eine Politik der Angst. In: Döring, Jörg/Thielmann, Tristan (Hg.): Mediengeographie. Theorie – Analyse – Diskussion. Bielefeld: transcript Verlag, 455-479.
Crawford, Kate (2012): Four Ways of Listening with an iPhone. From Sound and Network Listening to Biometric Data and Geolocative Tracking. In: Hjorth, Larissa/Burgess, Jean/Richardson, Ingrid (Eds.): Studying Mobile Media. Cultural Technologies, Mobile Communication, and the iPhone. New York, London: Routledge, 213-228.
Csikszentmihalyi, Mihaly (1993): Why We Need Things. In: Lubar, Steven/Kingery, David W. (Eds.): History from Things. Essays on Material Culture. Washington, London: Smithsonian Institution Press, 20-29.
Dahlberg, Lincoln (2001): The Internet and Democratic Dicourse: Exploring the Prospects of Online Deliberative Forums Extending the Public Sphere. In: Information, Communication & Society 4(4), 615–633.
Dahlberg, Lincoln (2011): Re-constructing Digital Democracy: An Outline of Four "Positions". In: New Media and Society, 855–872.
Daniels, Dieter (2002): Kunst als Sendung. Von der Telegrafie zum Internet. München: C.H. Beck.
de Souza e Silva, Adriana (2006): Re-Conceptualizing the Mobile Phone – From Telephone to Collective Interfaces. In: Australian Journal of Emerging Technologies and Society, No. 2., 108-127.
de Souza e Silva, Adriana/Frith, Jordan (2012): Mobile Interfaces in Public Spaces. Locational Privacy, Control, and Urban Sociability. New York, London: Routledge.
Degele, Nina (2002): Einführung in die Techniksoziologie. München: Fink Verlag.
Deuze, Mark (2012): Media Life. Cambridge: Polity Press.
Döring, Jörg/Thielmann, Tristan (2008): Einleitung: Was lesen wir im Raume? Der *Spatial Turn* und das geheime Wissen der Geographen. In: Döring, Jörg/Thielmann, Tristan (Hg.): Spatial Turn. Das Raumparadigma in den Kultur- und Sozialwissenschaften. Bielefeld: transcript Verlag 7-45.
Döring, Jörg/Thielmann, Tristan (2009): Mediengeographie: Für eine Geomedienwissenschaft. In: Döring, Jörg/Thielmann, Tristan (Hg.): Mediengeographie. Theorie – Analyse – Diskussion. Bielefeld: transcript Verlag 9-64.
Döring, Tanja/Sylvester, Axel/Schmidt, Albrecht (2012): Be-greifen „Beyond the Surface". Eine Materialperspektive auf Tangible User Interfaces. In: Robben, Bernard/Schelhowe, Heidi (Hg.): Be-greifbare Interaktionen. Der allgegenwärtige Computer: Touchscreens, Wearables, Tangibles und Ubiquitous Computing. Bielefeld: transcript, 115-134.
Dogruel, Leyla (2013): On the Long Run: Surviving of the Fittest? Eine Diskussion evolutionstheoretischer Konzepte für die Analyse langfristigen Wandels von Medienstrukturen. In: Seufert, Wolfgang/Sattelberger, Felix (Hg.): Langfristiger Wandel von Medienstrukturen. Theorien, Methoden, Befunde. Baden-Baden: Nomos, 51-65.
Donges, Patrick (2006): Mediatisierung. In: Bentele, Günter/Brosius, Hans-Bernd/Jarren, Otfried (Hrsg): Lexikon Kommunikations- und Medienwissenschaft. Wiesbaden: VS Verlag 164-165.

Donges, Patrick (2008): Medialisierung politischer Organisationen. Wiesbaden: VS Verlag.
Dordick, Herbert S. (1989): The Social Uses of the Telephone – an U.S. Perspective. In: Forschungsgruppe Telefonkommunikation (Hg.): Telefon und Gesellschaft. Band 1: Beiträge zu einer Soziologie der Telefonkommunikation. Berlin: Volker Spiess, 221-238.
Drüeke, Ricarda (2011): Politische Kommunikationsräume im Internet. Überlegungen zu Raum und Öffentlichkeit im Kontext der Migrationsdebatte um Arigona Zogaj. Salzburg. Dissertation.
Düvel, Caroline (2006): Kommunikative Mobilität – mobile Lebensstile? Die Bedeutung der Handyaneignung von Jugendlichen für die Artikulation ihrer Lebensstile. In: Hepp, Andreas/Winter, Rainer (Hg.): Kultur – Medien – Macht. Cultural Studies und Medienanalyse. Wiesbaden: VS Verlag, 399-423.
Dünne, Jörg/Moser, Christian (2008): Automedialität. Selbstkonstitution in Schrift, Bild und neuen Medien. München: Fink Verlag.
Durham Peters, John (2000): Das Telefon als theologisches und erotisches Problem. In: Münker, Stefan/Roesler, Alexander (Hg.): Telefonbuch. Beiträge zu einer Kulturgeschichte des Telefons. Frankfurt am Main: Suhrkamp Verlag, 61-82.
Earl, Jennifer/Kimport, Katrina (2011): Digitally Enabled Social Change. Activism in the Internet Age. Cambridge, Mass.: The MIT Press.
Eisenhut, Georg (1977): Die Zukunft des Fernsprechers. In: Archiv für Deutsche Postgeschichte, H. 1, 224-240.
Eisenstein, Elizabeth, I. (1997): Die Druckerpresse. Kulturrevolutionen im frühen modernen Europa. Wien, Springer: New York.
Ek, Richard (2006): Media Studies, Geographical Imaginations and Relational Space. In: Falkheimer, Jesper/Jansson, André (Eds.): Geographies of Communication. The Spatial Turn in Media Studies. Göteborg: Nordicom, 45-66.
Elsner, Monika/Müller, Thomas (1988): Der angewachsene Fernseher. In: Gumbrecht, Hans Ulrich/ Pfeiffer, K. Ludwig (Hg.): Materialität von Kommunikation. Frankfurt am Main: Suhrkamp Verlag, 392-415.
Endruweit, Günter/Trommsdorff, Gisela (Hg.) (1989): Wörterbuch der Soziologie. Stuttgart. Dtv/Enke.
Fallend, Ksenija (2010): Mobile Sprechkultur: Eine ontologisch-kulturologische und kommunikative Annäherung. In: Fallend, Ksenija/Grandío, María del Mar/Förster, Kati/ Grüblbauer, Johanna (Hg.): Perspektiven mobiler Kommunikation. Neue Interaktionen zwischen Individuen und Marktakteuren. Wiesbaden: VS Verlag, 187-207.
Farman, Jason (2012): Mobile Interface Theory. Embodied Space and Locative Media. New York, London: Routledge.
Faßler, Manfred (1999): Cyber-Moderne. Medienevolution, Globale Netzwerke und die Künste der Kommunikation. Wien, New York: Springer.
Faßler, Manfred (2003): Medienanthropologie oder: Plädoyer für eine Kultur- und Sozialanthropologie des Medialen. In: Pirner, Manfred L./Rath, Matthias (Hg.): Homo medialis. Perspektiven und Probleme einer Anthropologie der Medien. München: kopaed, 31-48.
Faßler, Manfred (2008): Cybernetic Localism: Space, Reloaded. In: Döring, Jörg/Thielmann, Tristan (Hg.): Spatial Turn. Das Raumparadigma in den Kultur- und Sozialwissenschaften. Bielefeld: transcript Verlag, 185-217.
Faulstich, Werner (1994): Grundwissen Medien. München: Fink Verlag.
Faulstich, Werner (2004): Medienwissenschaft. Paderborn: Fink Verlag.

Feldhaus, Michael (2005): Mobile Kommunikation in der Familie: Chancen und Risiken. In: Höflich, Joachim/Gebhardt, Julian (Hg.): Mobile Kommunikation. Perspektiven und Forschungsfelder. Frankfurt am Main u. a.: Peter Lang, 159-179.
Feldhaus, Michael (2007): Mobilkommunikation im Familienalltag. In: Röser, Jutta (Hg.): MedienAlltag. Domestizierungsprozesse alter und neuer Medien. Wiesbaden: VS Verlag 199-211.
Feudel, Willi (1976): Telephonische Opernübertragungen aus der Staatsoper in München. In: Archiv für Postgeschichte in Bayern, H.1, 1-21.
Fielding, Guy/Hartley, Peter (1989): Das Telefon: ein vernachlässigtes Medium. In: Becker, Jörg (Hg.): Telefonieren. Marburg: Jonas Verlag, 125-138. (Hessische Blätter für Volks- und Kulturforschung, Band 24).
Fischer, Claude S./Carroll, Glenn R. (1988): Telephone and Automobile Diffusion in the United States, 1902-1937. In: American Journal of Sociology, Vol. 93, Nr. 5, 1153-1178.
Fischer, Claude, S. (1992): America Calling. A Social History of the Telephone to 1940. Berkely, Los Angeles, Oxford: University of California Press.
Fisher, Eran (2010): Media and New Capitalism in the Digital Age. The Spirit of Networks. Houndmills: Palgrave MacMillan.
Flessner, Bernd (2000): Fernsprechen als Fernsehen. Die Entwicklung des Bildtelefons und die Bildtelefonprojekte der Deutschen Reichspost. In: Der sprechende Knochen. Perspektiven von Telefonkulturen. Würzburg: Königshausen & Naumann, 29-45.
Flichy, Patrice (1994): Tele. Geschichte der modernen Kommunikation. Frankfurt/New York: Campus Verlag.
Flusser, Vilém (1989): Ins Universum der technischen Bilder. Göttingen: European Photography.
Flusser, Vilém (³1990): Die Schrift. Göttingen: European Photography, Edition Matrix.
Flusser, Vilém (1991): Gesten. Versuch einer Phänomenologie. Bernsheim/Düsseldorf: Bollmann Verlag.
Flusser, Vilém (1995): Der Flusser-Reader zu Kommunikation, Medien und Design. Mannheim: Bollmann.
Flusser, Vilém (1996): Kommunikologie. Mannheim: Bollmann Verlag.
Flusser, Vilèm (2006): Für eine Philosophie der Fotografie. Berlin: European Photography.
Fornäs, Johann (2014): Culturalizing Mediatization. In: Hepp, Andreas/Krotz, Friedrich (Eds.): Mediatized Worlds. Culture and Society in a Media Age. Houndmills: Palgrave MacMillan, 38-53.
Fortunati, Leopoldina/Contarello, Alberta (2002): Internet-Mobile convergence: via similarity or complementarity? In: Trends in Communication, No. 9, 81-98.
Foucault, Michel (1978): Dispositive der Macht. Über Sexualität, Wissen und Wahrheit. Berlin: Merve Verlag.
Foucault, Michel (1985): Freiheit und Selbstsorge. Gespräch mit Michel Foucault am 20. Januar 1984. In: Helmut Becker/Alfred Gomez-Muller/Raul Fornet-Betancourt (Hg.): Freiheit und Selbstsorge. Frankfurt am Main: Materialis Verlag, 7-28.
Foucault, Michel (1988): Technologien des Selbst. In: Luther, Martin H. u. a. (Hg.): Technologien des Selbst. Frankfurt am Main: Fischer, 24-62.
Foucault, Michel (1991). Die Ordnung des Diskurses. Frankfurt am Main: Fischer Taschenbuch Verlag.
Foucault, Michel (1994): Überwachen und Strafen. Die Geburt des Gefängnisses. Frankfurt am Main: Suhrkamp.

Freeman, Christopher (2001): The Factory of the Future and the Productivity Paradox. In: Dutton, William (Ed.): Information and Communication Technologies. Visions and Realities. Oxford: Oxford University Press, 123-141.

Frewin, Anthony (1974): One Hundred Years of Science Fiction Illustration. London: Pyramid Books.

Friesen, Norm/Hug, Theo (2009): The Mediatic Turn. Exploring Concepts for Media Pedagogy. In: Lundby, Knut (Ed.): Mediatization. Concepts, Changes, Consequences. New York et al.: Peter Lang, 63-83.

Fuchs, Christian (2012): Critique on the Political Economy of Web 2.0 Surveillance. In: Fuchs, Christian/Boersma, Kees/Albrechtslund, Anders/Sandoval, Marisol (Eds.): Internet and Surveillance: The Challenge of Web 2.0 and Social Media. New York: Routledge, 31-70.

Fuchs, Christian (2014): Social Media. A Critical Introduction. Los Angeles, London, New York: Sage.

Gandy, Oscar (1993): The Panoptic Sort. A Political Economy of Personal Information. Boulder: Westview Press.

Gant, Diana/Kiesler, Sara (2002): Blurring the Boundaries: Cell Phones, Mobility, and the Line between Work and Personal Life. In: Brown, Barry/Green, Nicola/Harper, Richard: Wireless World. Social and Interactional Aspects of the Mobile Age. London: Springer, 121-131.

Genth, Renate/Hoppe, Joseph (1986): Telephon! Der Draht, an dem wir hängen. Berlin: Transit Buchverlag.

Gentzel, Peter/Koenen, Erik (2012): Moderne Kommunikationswelten – von den „papierenen Fluten" zur „Mediation of Everything". In: Medien und Kommunikationswissenschaft, 2/2012, 197-217.

Gergen, Kenneth J. (2002): The Challenge of Absent Presence. In: Katz, James E./Aakhus, Mark (Ed.): Perpetual Contact. Mobile Communication, Private Talk, Public Performance. Cambridge: Cambridge University Press, 227-241.

Gergen, Kenneth, J. (2008): Mobile Communication and the Transformation of the Democratic Process. In: Katz, James E. (Ed.): Handbook of Mobile Communication Studies. Cambridge, Mass., London: The MIT Press, 297-309.

Geser, Hans (2005): Soziologische Aspekte mobiler Kommunikation. Über den Niedergang orts- und raumbezogener Raumstrukturen. In: Höflich, Joachim/Gebhardt, Julian (Hg.): Mobile Kommunikation. Perspektiven und Forschungsfelder. Frankfurt am Main u. a.: Peter Lang, 43-59.

Geser, Hans (2006): Untergräbt das Handy die soziale Ordnung? Die Mobiltelefonie aus soziologischer Sicht. In: Glotz, Peter/Bertschi, Stefan/Locke, Chris (Hg.): Daumenkultur. Das Mobiltelefon in der Gesellschaft. Bielefeld: transcript Verlag, 25-39.

Giddens, Anthony (1979): Central Problems in Sociological Theory. London: Hutchinson.

Giddens, Anthony (^{3}1995): Die Konstitution von Gesellschaft. Frankfurt/New York: Campus Verlag.

Giddens, Anthony (1996): Konsequenzen der Moderne. Frankfurt am Main: Suhrkamp.

Giesecke, Michael (1991): Der Buchdruck in der frühen Neuzeit. Eine historische Fallstudie über die Durchsetzung neuer Informations- und Kommunikationstechnologien. Frankfurt/Main: Suhrkamp.

Giesecke, Michael (2002): Von den Mythen der Buchkultur zu den Visionen der Informationsgesellschaft. Trendforschungen zur kulturellen Medienökologie. Frankfurt/Main: Suhrkamp.

Giesecke, Michael: (2011): Von den Mythen der Buchkultur zu den Visionen der Informationsgesellschaft. Online: http://www.mythen-der-buchkultur.de/index3.html (31.10.2011).
Göttert, Karl-Heinz (1998): Geschichte der Stimme. München: Fink Verlag.
Göttlich, Udo (1996): Kritik der Medien. Opladen: Westdeutscher Verlag.
Göttlich, Udo (2010): Der Alltag der Mediatisierung: Eine Skizze zu den praxistheoretischen Herausforderungen der Mediatisierung des kommunikativen Handelns. In: Hartmann, Maren/Hepp, Andreas (Hg.): Die Mediatisierung der Alltagswelt. Wiesbaden: VS Verlag, 23-34.
Goffman, Erving (1972): Relations in Public. Microstudies of the Public Order. Harmondsworth: Penguin.
Goggin, Gerard (2006): Cell Phone Culture. Mobile Technology in Everyday Life. London, New York: Routledge.
Goggin, Gerard/Hjorth, Larissa (2008): The Question of Mobile Media. In: Goggin, Gerard/Hjorth, Larissa (Eds.): Mobile Technologies. From Telecommunications to Media. London, New York: Routledge, 3-21.
Goggin, Gerard (2011): Telephone Media. An Old Story. In: Park, David W./Jankowski, Nicholas W./Jones, Steve (Eds.): The Long History of New Media. Technology, Historiography, and Contextualizing Newness. New York u. a.: Peter Lang, 231-249.
Gold, Helmut (2000): „Hän di ko Schnur?" Die Entwicklung der Mobiltelefonie in Deutschland. In: Baumann, Margret/Gold, Helmut (Hg.): Mensch, Telefon. Aspekte telefonischer Kommunikation. Heidelberg: Edition Braus, 77-91.
Golden, Daniel L. (2007): Perception Mobilized. In: Nyíri, Kristóf (Ed.): Mobile Studies. Wien: Passagen Verlag, 81-90.
Goldhammer, Klaus (2006): On the Myth of Convergence. In: Groebel, Jo/Noam, Eli M./Feldmann, Valerie (Eds.): Mobile Media. Content and Services for Wireless Communications. Mahwah, New Jersey/London: Lawrence Erlbaum Associates, 33-43.
Golding, Paul (2006): Die Zukunft der Mobiltelefonie im Zeitalter der dritten Handygeneration (UMTS). In: Glotz, Peter/Bertschi, Stefan/Locke, Chris (Hg.): Daumenkultur. Das Mobiltelefon in der Gesellschaft. Bielefeld: transcript Verlag, 277-295.
Goody, Jack (1990): Die Logik der Schrift und die Organisation von Gesellschaft. Frankfurt am Main: Suhrkamp Verlag.
Gordon, Eric (2008): Towards a Theory of Network Locality. In: First Monday, Vol. 13, No. 10, 6.10.2008, Online: http://firstmonday.org/htbin/cgiwrap/bin/ojs/index.php/fm/article/view/2157/2035 (10.12.2011).
Gordon, Eric (2009): The Metageography of the Internet: Mapping from the Web 1.0 to 2.0. In: Döring, Jörg/Thielmann, Tristan (Hg.): Mediengeographie. Theorie – Analyse – Diskussion. Bielefeld: transcript Verlag, 397-412.
Gordon, Janey (2006): The Cell Phone: An Artefact of Popular Culture and a Tool of the Public Sphere. In: Kavoori, Anandam/Arceneaux, Noah (Eds.): The Cell Phone Reader. Essays in Social Transformation. New York et al.: Peter Lang, 45-60.
Gottmann, Jean (1981): Megalopolis and Antipolis: The Telephone and the Structure of the City. In: Sola Pool, Ithiel de (Ed.): The Social Impact of the Telephone. Cambridge Mass., London: The MIT Press, 303-317.
Gournay, Chantal de/Smoreda, Zbigniew (2003): Communication Technology and Sociability: Between Local Ties and "Global Ghetto"? In: Katz, James E. (Ed.): Machines that become us: The social context of persona communication technology. New Brunswick, Transaction Publisher, 57-70.

Gray, Chris Habels (1995) (Ed.): The Cyborg Handbook. London, New York: Routledge.
Green, Nicola (2002a): On the Move. Technology, Mobility, and the Mediation of Social Time and Space. In: The Information Society, 18, 281-292.
Green, Nicola (2002b): Gemeinschaft neu definiert: Privatsphäre und Rechenschaftsschuldigkeit. In: Nyíri, Kristóf (Hg.): Allzeit zuhanden. Gemeinschaft und Erkenntnis im Mobilzeitalter. Wien: Passagen Verlag, 43-57.
Green, Nicola (2003): Outwardly Mobile: Young People and Mobile Technologies. In: Katz, James E. (Ed.): Machines That Become Us. The Social Context of Personal Communication Technology. New Brunswick/London: Transaction Publishers, 201-217.
Green, Nicola/Haddon, Leslie (2009): Mobile Communications. An Introduction to New Media. Oxford, New York: Berg.
Grimm, Petra (2013): Werte- und Normenaspekte der Online-Medien. Positionsbeschreibungen einer digitalen Ethik. In: Karmasin, Matthias/Rath, Matthias/Thomaß, Barbara (Hg.): Normativität in der Kommunikationswissenschaft. Wiesbaden: Springer VS, 371-395.
Groebel, Jo (2006): Mobile Mass Media: A New Age for Consumers, Business, and Society? In: Groebel, Jo/Noam, Eli M./Feldmann, Valerie (Eds.): Mobile Media. Content and Services for Wireless Communications. Mahwah, New Jersey/London: Lawrence Erlbaum Associates, 239-251.
Groening, Stephen (2010): From ‚A Box in the Theater of the World' to ‚the World as Your Living Room': Cellular phones, Television and Mobile Privatization. In: New Media & Society, 12(8), 1331-1347.
Gross, Peter (1994): Die Multioptionsgesellschaft. Frankfurt am Main: Suhrkamp.
Großmann, Stefan (2007): Medienkleidung. In: Röser, Jutta (Hg.): MedienAlltag. Domestizierungsprozesse alter und neuer Medien. Wiesbaden: VS Verlag, 186.
Gumbrecht, Hans Ulrich/Pfeiffer, K. Ludwig (Hg.) (1988): Materialität der Kommunikation. Frankfurt am Main: Suhrkamp.
Gumpert, Gary: (1989): The Psychology of the Telephone. In: Forschungsgruppe Telefonkommunikation (Hg.): Telefon und Gesellschaft. Band 1. Beiträge zu einer Soziologie der Telekommunikation. Berlin: Volker Spiess, 239-254.
Gumpert, Gary/Cathcart, Robert (1990): A Theory of Mediation. In: Brent D. Ruben and Leah A. Lievrouw (Eds.), Mediation, Information and Communication: Information and Behavior, Vol. 3. New Brunswick, NJ: Transaction Publishers, 21-36.
Haarmann, Harald (1990): Universalgeschichte der Schrift. Frankfurt/Main, New York: Campus Verlag.
Habermas, Jürgen (1981): Theorie des kommunikativen Handelns. Bd. 2. Zur Kritik der funktionalistischen Vernunft. Frankfurt am Main: Suhrkamp.
Habermas, Jürgen (^{3}1993): Strukturwandel der Öffentlichkeit. Frankfurt am Main: Suhrkamp Verlag.
Habermas, Jürgen (2008): Hat die Demokratie noch eine epistemische Dimension? In: Ders.: Ach Europa. Kleine politische Schriften XI. Frankfurt/Main: Suhrkamp, 138-191.
Hagen, Wolfgang (2000): Gefühlte Dinge. Bells Oralismus, die Undarstellbarkeit der Elektrizität und das Telefon. In: Münker, Stefan/Roesler, Alexander (Hg.): Telefonbuch. Beiträge zu einer Kulturgeschichte des Telefons. Frankfurt am Main: Suhrkamp, 35-60.
Hagen, Wolfgang (2008): Die „Closure" der Medien: Wyndham Lewis und Marshall McLuhan. In: Kerckhove, Derrick de/Schmidt, Kerstin (Hg.): McLuhan neu lesen. Bielefeld: transcript Verlag, 51-60.

Haggerty, Kevin D. (2006): Tear Down the Walls: On Demolishing the Panopticon. In: Lyon, David (Ed.): Theorizing Surveillance. The Panopticon and Beyond. Devon: Willan Publishing, 23-45.
Han, Byung-Chul (2005): Was ist Macht? Stuttgart: Reclam Verlag.
Han, Byung-Chul (2009): Duft der Zeit. Ein philosophischer Essay zur Kunst des Verweilens. Bielefeld: transcript Verlag.
Han, Byung-Chul (⁸2010): Müdigkeitsgesellschaft. Berlin: Matthes&Seitz.
Han, Byung-Chul (²2012): Transparenzgesellschaft. Berlin: Matthes&Seitz.
Han, Byung-Chul (2013a): Im Schwarm. Ansichten des Digitalen. Berlin: Matthes&Seitz.
Han, Byung-Chul (2013b): Digitale Rationalität und das Ende des kommunikativen Handelns. Berlin: Matthes&Seitz.
Han, Byung-Chul (2014): Psychopolitik. Neoliberalismus und die neuen Machttechniken. Frankfurt am Main: Fischer Verlag.
Hans, Jan (2001): Das Mediendispositiv. In: tiefenschärfe, Vol. WS 2001/02, 22-28.
Haraway, Donna (1985): Manifesto for Cyborgs: Science, Technology, and Socialist Feminism in the 1980's. In: Socialist Review 80, 65-108.
Hard, Gerhard (2008): Der Spatial Turn, von der Geographie her beobachtet. In: Döring, Jörg/Thielmann, Tristan: Spatial Turn. Das Raumparadigma in den Kultur- und Sozialwissenschaften. Bielefeld: transcript Verlag, 263-315.
Harkin, James (2003): Mobilisation. The Growing Public Interest in Mobile Technology. London: 02/Demos.
Harper, Richard (2006): Vom Teenagerleben zur viktorianischen Moral und zurück: Der technologische Wandel und das Leben der Teenager. In: Glotz, Peter/Bertschi, Stefan/Locke, Chris (Hg.): Daumenkultur. Das Mobiltelefon in der Gesellschaft. Bielefeld: transcript Verlag, 117-131.
Harris, Kevin (2003): ‚Keep your distance': Remote Communication, Face-to-Face, and the Nature of Community. In: Journal of Community Work and Development. Vol. 1, No. 4, 5-28.
Hartling, Florian/Wilke, Thomas (2003): Das Dispositiv als Modell der Medienkulturanalyse: Überlegungen zu den Dispositiven Diskothek und Internet. In: SPIEL, H.1, 1-37.
Hartmann, Frank (2000): Medienphilosophie. Wien: WUV.
Hartmann, Frank (2006): Globale Medienkultur. Technik, Geschichte, Theorien. Wien: Facultas Verlag.
Hartmann, Maren (2006): The triple articulation of ICTs. Media as Technological Objects, Symbolic Environments and Individual Texts. In: Berker, Thomas/Hartmann, Maren/Punie, Yves/Ward, Katie J. (Ed.): Domestication of Media and Technology. New York: Open University Press, 80-102.
Hartmann, Maren (2008): Domestizierung 2.0. Grenzen und Chancen eines Medienaneignungsprozesses. In: Winter, Carsten/Hepp, Andreas/Krotz, Friedrich (Hg.): Theorien der Kommunikations- und Medienwissenschaft. Grundlegende Diskussionen, Forschungsfelder und Theorieentwicklungen. Wiesbaden: VS Verlag, 401-416.
Hartmann, Maren (2009): Everyday: Domestication of Mediatization or Mediatized Domestication? In: Lundby, Knut (Ed.): Mediatization. Concepts, Changes, Consequences. New York et al.: Peter Lang, 225-242.
Hartmann, Maren (2010): Mediatisierung als Mediation: Vom Normativen und Diskursiven. In: Hartmann, Maren/Hepp, Andreas (Hg.): Die Mediatisierung der Alltagswelt. Wiesbaden: VS Verlag, 35-47.

Hartmann, Maren/Hepp. Andreas (2010) (Hg.): Die Mediatisierung der Alltagswelt. Wiesbaden: VS Verlag.
Hasebrink, Uwe (2004): Konvergenz aus Nutzerperspektive: Das Konzept der Kommunikationsmodi. In Hasebrink, Uwe/Mikos, Lothar/Prommer, Elizabeth (Hg.): Mediennutzung in konvergierenden Medienumgebungen. München: Reinhard Fischer, 67-86.
Heidegger, Martin (1953): Die Frage nach der Technik. Vortrag, gehalten am 18. November 1953 im Auditorium Maximum der Technischen Hochschule München, in der Reihe „Die Künste im technischen Zeitalter", veranstaltet von der Bayerischen Akademie der Schönen Künste unter Leitung des Präsidenten Emil Preetorius. Online: http://content.wuala.com/contents/nappan/Documents/Cyberspace/Heidegger,%20Martin%20-%20Die%20Frage%20nach%20der%20Technik.pdf (5.9.2011).
Heller, Christian (2011): Post Privacy. Prima Leben ohne Privatsphäre. München: C.H. Beck.
Hepp, Andreas (2006): Kommunikative Mobilität als Forschungsperspektive. Anmerkungen zur Aneignung mobiler Medien und Kommunikationstechnologie. In: Ästhetik und Kommunikation, 35. Jahrgang, H. 135, 15-21.
Hepp, Andreas (2008): Netzwerke der Medien – Netzwerke des Alltags: Medienalltag in der Netzwerkgesellschaft. In: Thomas, Tanja (Hg.): Medienkultur und soziales Handeln. Wiesbaden: VS Verlag, 63-89.
Hepp, Andreas (2009): Differentiation: Mediatization and Cultural Change. In: Lundby, Knut (Ed.): Mediatization. Concepts, Changes, Consequences. New York et al.: Peter Lang, 139-157.
Hepp, Andreas (2010): Mediatisierung und Gesellschaftswandel: Kulturelle Kontextfelder und die Prägekräfte der Medien. In: Hartmann, Maren/Hepp, Andreas (Hg.): Die Mediatisierung der Alltagswelt. Wiesbaden: VS Verlag, 65-84.
Hepp, Andreas (2013a): Medienkultur. Die Kultur mediatisierter Welten. Wiesbaden: Spinger VS. (2. Erweiterte Auflage)
Hepp, Andreas (2013b): Cultures of Mediatization. Cambridge: Polity Press.
Hepp, Andreas (2015): Kommunikative Figurationen: Zur Beschreibung der Transformation mediatisierter Gesellschaften und Kulturen. In: Kinnebrock, Susanne/Schwarzenegger, Christian/Birkner, Thomas (Hg.): Theorien des Medienwandels. Köln: Herbert von Halem Verlag, 161-188.
Hepp, Andreas/Berg, Matthias/Roitsch, Cindy (2012): Die Mediatisierung subjektiver Vergemeinschaftungshorizonte: Zur kommunikativen Vernetzung und medienvermittelten Gemeinschaftsbildung junger Menschen. In: Hepp, Andreas/Krotz, Friedrich (Hg.): Mediatisierte Welten. Forschungsfelder und Beschreibungsansätze. Wiesbaden: Springer VS, 227-256.
Hepp, Andreas/Berg, Matthias/Roitsch, Cindy (2014): Mediatized Worlds of Communication: Young People als Locals, Centrists, Multi-localists and Pluralists. In: Hepp, Andreas/Krotz, Friedrich (Eds.): Mediatized Worlds. Culture and Society in a Media Age. Houndmills: Palgrave MacMillan, 174-203.
Hepp, Andreas/Krotz, Friedrich (2007): What 'Effect' do Media have? Mediatisation and Processes of Socio-Cultural Change. Paper presented at the ICA Conference 2007, San Francisco.
Hepp, Andreas/Krotz, Friedrich (2012): Mediatisierte Welten: Forschungsfelder und Beschreibungsansätze – Zur Einleitung. In: Hepp, Andreas/Krotz, Friedrich (Hg.): Mediatisierte Welten. Forschungsfelder und Beschreibungsansätze. Wiesbaden: Springer VS, 7-23.

Hepp, Andreas/Krotz, Friedrich (2014a) (Eds.): Mediatized Worlds. Culture and Society in a Media Age. Houndmills: Palgrave MacMillan.
Hepp, Andreas/Krotz, Friedrich (2014b): Mediatized Worlds – Understanding Everyday Mediatization. In: Hepp, Andreas/Krotz, Friedrich (Eds.): Mediatized Worlds. Culture and Society in a Media Age. Houndmills: Palgrave MacMillan.
Hepp, Andreas/Krotz, Friedrich/Moores, Shaun/Winter, Carsten (2006) (Hg.): Konnektivität, Netzwerk und Fluss. Konzepte gegenwärtiger Medien-, Kommunikations- und Kulturtheorie. Wiesbanden: VS Verlag.
Hickethier, Knut (1992): Kommunikationsgeschichte. Geschichte der Mediendispositive. In: Medien & Zeit, H. 2, 26-28.
Hickethier, Knut (1993): Film- und Fernsehanalyse. Stuttgart, Weimar: J.B. Metzler Verlag.
Hickethier, Knut (2003): Einführung in die Medienwissenschaft. Stuttgart, Weimar: Verlag J. B. Metzler.
Hickethier, Knut (2010): Mediatisierung und Medialisierung der Kultur. In: Hartmann, Maren/Hepp, Andreas (Hg.): Die Mediatisierung der Alltagswelt. Wiesbaden: VS Verlag, 85-96.
Hillmann, Karl-Heinz (⁴1994): Wörterbuch der Soziologie. Stuttgart: Kröner.
Hindman, Matthew (2009): The Myth of Digital Democracy. Princeton, NJ: Princeton University Press.
Hipfl, Brigitte (2004): Mediale Identitätsräume. Skizzen zu einem 'spatial turn' in der Medien- und Kommunikationswissenschaft. In: Hipfl, Brigitte/Klaus, Elisabeth/Scheer, Uta (Hg.): Identitätsräume. Nation, Körper und Geschlecht in den Medien. Eine Topografie. Bielefeld: transcript Verlag, 16-50.
Hjarvard, Stig (2008): The Mediatization of Society. In: Nordicom Review, 2/08, 105-134. (Noord Media 2007. 18th Nordic Conference on Media and Communication Research, Ed. By Ulla Carlsson)
Hjarvard, Stig (2012): Doing the Right Thing. Media and Communication Studies in Mediatized Worlds. In: Nordicom Review, Supplement No. 1, 27-34.
Hjarvard, Stig (2013): The Mediatization of Culture and Society. London, New York: Routledge.
Hjorth, Larissa (2005): Odours of Mobility: Mobile Phones and Japanese Cute Culture in the Asia-Pacific. In: Journal of Intercultural Studies. Vol. 26, No. 1-2, February-May, 39-55.
Hjorth, Larissa (2006): Postalische Präsenz: Eine geschlechtsspezifische Fallstudie zur Personalisierung von Mobiltelefonen in Melbourne. In: Glotz, Peter/Bertschi, Stefan/Locke, Chris (Hg.): Daumenkultur. Das Mobiltelefon in der Gesellschaft. Bielefeld: transcript Verlag, 61-77.
Hjorth, Larissa (2009): Domesticating New Media. A Discussion of Locating Mobile Media. In: Goggin, Gerard/Hjorth, Larissa (Eds.): Mobile Technologies. From Telecommunications to Media. London, New York: Routledge, 143-157.
Hjorth, Larissa (2012): iPersonal. A Case Study of the Politics of the Personal. In: Hjorth, Larissa/Burgess, Jean/Richardson, Ingrid (Eds.): Studying Mobile Media. Cultural Technologies, Mobile Communication, and the iPhone. New York, London: Routledge, 190-212.
Hjorth, Larissa/Wilken, Rowan/Gu, Kay (2012): Ambient Intimacy. A Case Study of the iPhone, Presence, and Location-based Social Media in Shanghai, China. In: Hjorth, Larissa/Burgess, Jean/Richardson, Ingrid (Eds.): Studying Mobile Media. Cultural Technologies, Mobile Communication, and the iPhone. New York, London: Routledge, 43-61.
Höflich, Joachim (1989): Telefon und interpersonale Kommunikation – Vermittelte Kommunikation aus einer regelorientierten Kommunikationsperspektive. In: Forschungsgruppe

Telefonkommunikation (Hg.): Telefon und Gesellschaft. Beiträge zu einer Soziologie der Telefonkommunikation. Berlin: Volker Spiess, 197-220.

Höflich, Joachim (1998): Telefon: Medienwege – Von der einseitigen Kommunikation zu mediatisierten und medial konstruierten Beziehungen. In: Faßler, Manfred/Halbach, Wulf R. (Hg.): Geschichte der Medien. München: Fink Verlag, 187-225.

Höflich, Joachim (2000): Die Telefonsituation als Kommunikationsrahmen. Anmerkungen zur Telefonsituation. In: Bräunlein, Jürgen/Flessner, Bernd (Hg.): Der sprechende Knochen. Perspektiven von Telefonkulturen. Würzburg: Königshausen und Neumann, 85-97.

Höflich, Joachim R. (2006): Das Mobiltelefon im Spannungsfeld zwischen privater und öffentlicher Kommunikation: Ergebnisse einer internationalen explorativen Studie. In: Glotz, Peter/Bertschi, Stefan/Locke, Chris (Hg.): Daumenkultur. Das Mobiltelefon in der Gesellschaft. Bielefeld: transcript Verlag, , 143-157.

Höflich, Joachim (2010): „Gott – es klingelt!" – Studien zur Mediatisierung des öffentlichen Raums: Das Mobiltelefon. In: Hartmann, Maren/Hepp, Andreas (Hg.): Die Mediatisierung der Alltagswelt. Wiesbaden: VS Verlag, 97-110.

Höflich, Joachim (2011): Mobile Kommunikation im Kontext. Studien zur Nutzung des Mobiltelefons im öffentlichen Raum. Frankfurt am Main et al.: Peter Lang.

Höflich, Joachim (2014): Doing Mobility. Menschen in Bewegung, Aktivitätsmuster, Zwischenräume und mobile Kommunikation. In: Wimmer, Jeffrey/Hartmann, Maren (Hg.): Medienkommunikation in Bewegung. Mobilisierung – Mobile Medien – kommunikative Mobilität. Wiesbaden: Springer VS Verlag, 31-45.

Höflich, Joachim R./Gebhardt, Julian (2005): Mobile Kommunikation und die Privatisierung des öffentlichen Raums. In: Höflich, Joachim/Gebhardt, Julian (Hg.): Mobile Kommunikation. Perspektiven und Forschungsfelder. Frankfurt am Main u. a.: Peter Lang, 135-157.

Höflich, Joachim/Hartmann, Maren (2007): Grenzverschiebungen – Mobile Kommunikation im Spannungsfeld von öffentlichen und privaten Sphären. In: Röser, Jutta (Hg.): Medien-Alltag. Domestizierungsprozesse alter und neuer Medien. Wiesbaden: VS Verlag 211-221.

Höflich, Joachim/Kircher, Georg (2010): Handy – Mobile Sozialisation. In: Vollbrecht, Ralf/ Wegener, Claudia (Hg.): Handbuch Mediensozialisation. Wiesbaden: VS Verlag, 278-286.

Hörisch, Jochen (2001): Der Sinn und die Sinne. Eine Geschichte der Medien. Frankfurt: Eichborn Verlag.

Hörning, Karl (1990): Das Telefon im Alltag und der Alltag der Technik: Das soziale Verhältnis des Telefons zu anderen Alltagstechniken. In: Forschungsgruppe Telefonkommunikation (Hg.): Telefon und Gesellschaft. Band 2: Beiträge zu einer Soziologie der Telefonkommunikation. Berlin: Volker Spiess, 255-262.

Hofkirchner, Wolfgang (1999): Die halbierte Informationsgesellschaft. In: Buchinger, Eva (Hg.): „Informations-?-Gesellschaft". OEFZS-Berichte. Jänner, 49-58.

Hohrath, Daniel (1995): Im Nebel des Krieges. Zum militärhistorischen Aspekt der optischen Telegrafie. In: Beyrer, Klaus/Mathis, Birgit-Susann (Hg.): So weit das Auge reicht. Die Geschichte der optischen Telegrafie. Frankfurt am Main: Museum für Post und Kommunikation, 137-146.

Holtgrewe, Ursula (1989): Die Arbeit der Vermittlung – Frauen am Klappenschrank. In: Becker, Jörg (Hg.): Telefonieren. Marburg: Jonas Verlag, 113-124. (Hessische Blätter für Volks- und Kulturforschung, Band 24)

Holzmann, Gerard J. [1995]: Die optische Telegrafie in England und in anderen Ländern. In: Beyrer, Klaus/Mathis, Birgit-Susann (Hg.): So weit das Auge reicht. Die Geschichte der optischen Telegrafie. Frankfurt am Main: Museum für Post und Kommunikation, 117-136.

Hubig, Christoph (2011): Dispositiv als Kategorie. Online: http://sammelpunkt.philo.at:8080/archive/00000561/01/Dispositiv.pdf (16.1.2011)

Hugill, Peter J. (1999): Global Communications since 1844. Geopolitics and Technology. Baltimore and London: The John Hopkins University Press.

Hulme, Michael/Truch, Anna (2006): Die Rolle des Zwischen-Raums bei der Bewahrung der persönlichen und sozialen Identität. In: Glotz, Peter/Bertschi, Stefan/Locke, Chris (Hg.): Daumenkultur. Das Mobiltelefon in der Gesellschaft. Bielefeld: transcript Verlag, 159-170.

Humphreys, Lee (2005): Social Topography in a Wireless Era: The Negotiation of Public and Private Space. In: Journal of Technical Writing and Communication, Vol. 35(4), 367-384.

Humphreys, Lee (2010): Mobile Social Networks and Urban Public Space. In: New Media & Society, 12(5), 763-778.

Humphreys, Lee (2014): Mobile Social Networks and Surveillance. In: Jansson, André/Christensen, Miyase (Eds.): Media, Surveillance and Identity. New York et al.: Peter Lang, 109-126

Hynes, Deidre/Rommes, Els (2006): "Fitting the Internet into our lives". IT courses for disadvanted users. In: Berker, Thomas/Hartmann, Maren/Punie, Yves/Ward, Katie J. (Ed.): Domestication of Media and Technology. New York: Open University Press, 125-144.

Ihde, Don (1990): Technology and the Lifeworld: Bloomington: Indiana University Press.

Illich, Ivan (1991): Im Weinberg des Textes. Als das Schriftbild der Moderne entstand. Frankfurt am Main: Luchterhand Verlag.

Imhof, Kurt (2003): Politik im neuen Strukturwandel der Öffentlichkeit. In: Nassehi, Armin/Schroer, Markus (Hg.): Der Begriff des Politischen. Grenzen der Politik oder Politik ohne Grenzen? Sonderband der „Sozialen Welt", 313-329.

Imhof, Kurt (2006): Mediengesellschaft und Medialisierung. In: Medien & Kommunikationswissenschaft, 2/2006, 191-215.

Innis, Harold (1997a): Tendenzen der Kommunikation. In: Barck, Karlheinz (Hg.): Harold A. Innis – Kreuzwege der Kommunikation. Ausgewählte Texte: Wien, Springer Verlag, 95-119. (Übersetzung eines an der University of Michigan am 18.4.1949 gehaltenen Vortrags, publiziert in: Innis, Harold (1991): The Bias of Communication, 33-60)

Innis, Harold A. (2007b): Ein Plädoyer für die Zeit. In: Barck, Karlheinz (Hg.): Harold A. Innis – Kreuzwege der Kommunikation. Ausgewählte Texte: Wien, Springer Verlag, 120-146. (Aus: The Bias of Communication, (1991), 61-91)

Ishii, Kenichi (2006): Implications of Mobility: The Uses of Personal Communication Media in Everyday Life. In: Journal of Communication, 56, 346-365.

ITU (2015): ITU Releases 2015 ICT Figures. Online: http://www.itu.int/net/pressoffice/press_releases/2015/17.aspx#.VfvpmLRDlhL (18.9.2015).

Jackson, Maggie (2008): Distracted. The Erosion of Attention and the Coming Dark Age. Amherst, New York: Prometheus Books.

Jäger, Siegfried (2001): Dispositiv. In: Kleiner, Marcus S. (Hg.): Michel Foucault. Eine Einführung in sein Denken. Frankfurt am Main: Campus Verlag, 72-89.

Jäger, Siegfried (³2006): Zwischen den Kulturen: Diskursanalystische Grenzgänge. In: Hepp, Andreas/Winter, Rainer (Hg.): Kultur – Medien – Macht. Cultural Studies und Medienanalyse. Wiesbaden: VS-Verlag, 327-351.

Jäger, Wieland/Meyer, Hanns-Joachim (2003): Sozialer Wandel in soziologischen Theorien der Gegenwart. Wiesbaden: Westdeutscher Verlag.

Janssen, Maike/Möhring, Wiebke (2014): Wo bist du? Der geographische Raum im Zeitalter mobiler Kommunikationsmedien. In: Wimmer, Jeffrey/Hartmann, Maren (Hg.): Me-

dienkommunikation in Bewegung. Mobilisierung – Mobile Medien – kommunikative Mobilität. Wiesbaden: Springer VS Verlag, 103-119.
Janzin, Marion/Güntner, Joachim (²1997): Das Buch vom Buch. 5000 Jahre Buchgeschichte. Hannover: Schlütersche.
Jensen, Klaus Bruhn (2010): Media Convergence. London: Routledge.
Jenkins, Henry (2008): Convergence Culture. New York: New York University Press.
Johnson, Clay (2012): The Information Diet. A Case of Conscious Consumption. Sebastopol, Calif.: O'Reilly.
Just, Daniel (2012): Medien und Grenzen – Überlegungen zur Dialektik von Entgrenzung und Begrenzung in mediatisierten Arbeitswelten. In: Medien Journal, H. 1, 53-65.
Karpenstein-Eßbach, Christa (2004): Einführung in die Kulturwissenschaft der Medien. Paderborn: Fink Verlag.
Katz, James E./Aakhus, Mark (2002a): Perpetual Contact. Mobile Communication, Private Talk, Public Performance. Cambridge: Cambridge University Press.
Katz, James E./Aakhus, Mark (2002b): Conclusion: Making Meanings of Mobiles – A Theory of Apparatgeist. In: Katz, James E./Aakhus, Mark (2002): Perpetual Contact. Mobile Communication, Private Talk, Public Performance. Cambridge: Cambridge University Press, 301-318.
Katz, James E. (2003): Bodies, Machines, and Communication Contex: What is to become of us? In: Katz, James E. (Ed.): Machines that become us: The social context of personal communication technology. New Brunswick, Transaction Publisher 311-319.
Katz, James E. (2006): Mobile Kommunikation und die Transformation des Alltagslebens: Die nächste Phase in der Mobiltelefon-Forschung. In: Glotz, Peter/Bertschi, Stefan/Locke, Chris (Hg.): Daumenkultur. Das Mobiltelefon in der Gesellschaft. Bielefeld: transcript Verlag, 197-212.
Katzenbach, Christian (2010): Weblog-Öffentlichkeiten als vernetzte Gespräche. Zur theoretischen Verortung von Kommunikation im Web 2.0. In: Jens Wolling/Markus Seifert/Martin Emmer (Hg.): Politik 2.0? Die Wirkung computervermittelter Kommunikation auf den politischen Prozess. Baden-Baden: Nomos/Edition Fischer, 189–209.
Kaufmann, Vincent (2002): Re-Thinking Mobility. Burlington: Ashgate.
Kaukiainen, Yrjö (2001): Shrinking the World: Improvements in the Speed of Information Transmission, c. 1820-1870. In: European Review of Economic History, Vol. 5, P. 1, 1-28.
Keller, Suzanne (1981): The Telephone in New (and Old) Communities. In: Sola Pool, Ithiel de (Ed.): The Social Impact of the Telephone. Cambridge Mass., London: The MIT Press, 281-298.
Kellerman, Aharon (2006): Personal Mobilities. London, New York: Routledge.
Kepplinger, Hans Mathias (1999): Die Mediatisierung der Politik. In: Jürgen Wilke (Hg.): Massenmedien und Zeitgeschichte. Konstanz: UVK Medien, 55-63.
Kinnebrock, Susanne/Schwarzenegger, Christian/Birkner, Thomas (2015): Theorien des Medienwandels – Konturen eines emergierenden Forschungsfelds? In: Kinnebrock, Susanne/Schwarzenegger, Christian/Birkner, Thomas (Hg.): Theorien des Medienwandels. Köln: Herbert von Halem Verlag, 11-28.
Kircher, Georg Florian (2011): Ort.Medien.Mobilität. Mediale Verbindungen im alltäglichen Handlungsfluss. Dissertation an der Philosophischen Fakultät der Universität Erfurt. Online: http://www.db-thueringen.de/servlets/DerivateServlet/Derivate-23372/front.html (2.7.2012).
Kittler Friedrich A. (1985): Aufschreibesysteme 1800/1900. München: Fink Verlag.

Kittler, Friedrich A. (2002): Optische Medien. Berliner Vorlesung 1999. Berlin: Merve Verlag.
Klaus, Elisabeth (2007): Das Fräulein vom Amt und die Quasselstrippe. Genderingprozesse bei der Einführung und Durchsetzung des Telefons. In: Röser, Jutta (Hg.): MedienAlltag. Domestizierungsprozesse alter und neuer Medien. Wiesbaden: VS Verlag, 139-152.
Klaus, Elisabeth/Drüeke, Ricarda (2012): Öffentlichkeit in Bewegung? Das Internet als Herausforderung für feministische Öffentlichkeitstheorien. In: Maier, Tanja/ Thiele, Martina/Linke, Christine (Hg.): Medien. Öffentlichkeit und Geschlecht in Bewegung. Forschungsperspektiven der kommunikations- und medienwissenschaftlichen Geschlechterforschung. Bielefeld: transcript, 51–70.
Knoblauch, Hubert (2014): Benedict in Berlin: The Mediatization of Religion. In: Hepp, Andreas/Krotz, Friedrich (Eds.): Mediatized Worlds. Culture and Society in a Media Age. Houndmills: Palgrave MacMillan, 143-158.
König, Wolfgang (1994): Nutzungswandel, Technikgenese und Technikdiffusion. Ein Essay zur Frühgeschichte des Telefons in den Vereinigten Staaten und Deutschland. In: Becker, Georg (Hg.): Fern-Sprechen. Internationale Fernmeldegeschichte, -soziologie und -politik. Berlin: Vistas Verlag 147-164.
Kopomaa, Timo (2000): The City in Your Pocket: Birth of the Mobile Information Society. Helsinki: Gaudeamus.
Koskinen, Ilpo (2008): Mobile Multimedia: Uses and Social Consequences. In: Katz, James E. (Ed.): Handbook of Mobile Communication Studies. Cambridge, Mass., London: The MIT Press, 241-255.
Kozyba, Hermann (1988): „Eine reine Beschreibung diskursiver Ereignisse". In: kultuRRevolution., Nr. 17 v. 18.5.1988, 33-36.
Krone, Jan (2010): Mobiltelefonie: Von der primären Kommunikation zum konvergenten Kommunikationsangebot? Eine soziologische Marktanalyse. In: Fallend, Ksenija et al. (Hg.): Perspektiven mobiler Kommunikation. Neue Interaktionen zwischen Individuen und Marktakteuren. Wiesbaden, VS Verlag, 25-63.
Krotz, Friedrich (2001a): Die Mediatisierung des kommunikativen Handelns. Der Wandel von Alltag und sozialen Beziehungen, Kultur und Gesellschaft durch die Medien. Wiesbaden: Westdeutscher Verlag.
Krotz, Friedrich (2001b): Marshall McLuhan Revisited. Der Theoretiker des Fernsehens und die Mediengesellschaft. In: Medien und Kommunikationswissenschaft, H. 1, 62-81. (Reihe „Klassiker der Kommunikations- und Medienwissenschaft heute")
Krotz, Friedrich (2003): Zivilisationsprozess und Mediatisierung: Zum Zusammenhang von Medien- und Gesellschaftswandel. In: Behmer, Markus/Krotz, Friedrich/Stöber, Rudolf/ Winter, Carsten (Hg.): Medienentwicklung und gesellschaftlicher Wandel. Beiträge zu einer theorischen und empirischen Herausforderung. Wiesbaden: Westdeutscher Verlag, 15-37.
Krotz, Friedrich (2005): Einführung: Mediengesellschaft, Mediatisierung, Mythen – Einige Begriffe und Überlegungen. In: Rössler, Patrick/Krotz, Friedrick (Hg.): Mythen der Mediengesellschaft – The Media Society and its Myths. Konstanz: UVK Verlag, 9-30.
Krotz, Friedrich (2006): Konnektivität der Medien: Konzepte, Bedingungen und Konsequenzen. In: Hepp, Andreas/Krotz, Friedrich/Moores, Shaun/Winter, Carsten (Hg.): Konnektivität, Netzwerk und Fluss. Konzepte gegenwärtiger Medien-, Kommunikations- und Kulturtheorie. Wiesbaden: VS Verlag, 21-42.
Krotz, Friedrich (2007): Mediatisierung: Fallstudien zum Wandel von Kommunikation. Wiesbaden: VS Verlag.

Krotz, Friedrich (2008): Kultureller und gesellschaftlicher Wandel im Kontext des Wandels von Medien und Kommunikation. In: Thomas, Tanja (Hg.): Medienkultur und soziales Handeln. Wiesbaden: VS Verlag, 43-62.

Krotz, Friedrich (2009): Mediatization: A Concept With Which to Grasp Media and Societal Change. In: Lundby, Knut (Ed.): Mediatization. Concepts, Changes, Consequences. New Yort et al.: Peter Lang, 21-40.

Krotz, Friedrich (2010): Leben in mediatisierten Gesellschaften. Kommunikation als anthropologische Konstante und ihre Ausdifferenzierung heute. In: Funiok, Rüdiger (Hg.): Mensch und Medien. Philosophische und sozialwissenschaftliche Perspektiven. Wiesbaden: VS Verlag, 91-113.

Krotz, Friedrich (2011): Rekonstruktionen der Kommunikationswissenschaft: Soziales Individuum, Aktivität, Beziehung. In: Hartmann, Maren/Wimmer, Jeffrey (Hg.): Digitale Medientechnologien. Vergangenheit – Gegenwart – Zukunft. Wiesbaden: VS Verlag, 27-52.

Krotz, Friedrich (2012a): Von der Entdeckung der Zentralperspektive zur Augmented Reality: Wie Mediatisierung funktioniert. In: Hepp, Andreas/Krotz, Friedrich (Hg.): Mediatisierte Welten. Forschungsfelder und Beschreibungsansätze. Wiesbaden: Springer VS, 27-55.

Krotz, Friedrich (2012b): Zeit der Mediatisierung – Mediatisierung der Zeit. Aktuelle Beobachtungen und ihre historischen Bezüge. In: medien & zeit, H. 2, 25-34.

Krotz, Friedrich (2015): Medienwandel in der Perspektive der Mediatisierungsforschung: Annäherungen an ein Konzept. Kinnebrock, Susanne/Schwarzenegger, Christian/Birkner, Thomas (Hg.): Theorien des Medienwandels. Köln: Herbert von Halem Verlag, 119-140.

Krotz, Friedrich/Schulz, Iren (2006): Vom mobilen Telefon zum kommunikativen Begleiter in neu interpretierten Realitäten. Die Bedeutung des Mobiltelefons in Alltag, Kultur und Gesellschaft. In: Ästhetik & Kommunikation, 37, 59-65.

Krotz, Friedrich/Thomas, Tanja (2007): Domestizierung, Alltag, Mediatisierung: Ein Ansatz zu einer theoriegerichteten Verständigung. In: Röser, Jutta (Hg.): MedienAlltag. Domestizierungsprozesse alter und neuer Medien. Wiesbaden: VS, 31-42.

Kübler, Hans-Dieter (2001): Wie anthropologisch ist mediale Kommunikation? Über Sinn und Nutzen einer neuen Teildisziplin. In: Medien praktisch, 25, H. 100, 11-20.

Kübler, Hans-Dieter (2003): Wie anthropologisch ist mediale Kommunikation? Über Sinn und Nutzen einer neuen Teildisziplin. In: Pirner, Manfred L./Rath, Matthias (Hg.).Homo medialis. Perspektiven und Probleme einer Anthropologie der Medien. München: kopaed, 63-82.

Kumar, Krishan/Makarova, Ekaterina (2008): The Portable Home. The Domestication of Public Space. In: Jurczyk, Karin/Oechsle, Mechtild (Hg.): Das Private neu denken. Erosionen, Ambivalenzen, Leistungen. Münster: Westfälisches Dampfboot, 70-92

Lange, Ulrich (1989): Telefon und Gesellschaft – Eine Einführung in die Soziologie der Telekommunikation. In: Forschungsgruppe Telefonkommunikation (Hg.): Telefon und Gesellschaft. Band 1: Beiträge zu einer Soziologie der Telefonkommunikation. Berlin: Volker Spiess, 9-44.

Lange, Ulrich/Beck, Klaus (1989): Mensch und Telefon – Gedanken zu einer Soziologie der Telefonkommunikation. In: Becker, Jörg (Hg.): Telefonieren. Marburg: Jonas Verlag, 139-154. (Hessische Blätter für Volks- und Kulturfoschung, Band 24)

Larsen, Jonas/Urry, John/Axhausen, Kay W. (2006): Coordinating mobile life. ETH, Eidgenössische Technische Hochschule Zürich, IVT, Institut für Verkehrsplanung und Transportsysteme. Online: http://doi:10.3929/ethz-a-005226594. (1-36) (1.2.2014)

Lash, Scott/Urry, John (1994): Economies of Signs&Space. London: Sage.

Lash, Scott (2007): New Media Ontology. Paper presented to the "Towards a Social Science of Web 2.0 Conference". York.
Latzer, Michael (1997): Mediamatik – die Konvergenz von Telekommunikation, Computer und Rundfunk. Opladen: Westdeutscher Verlag.
Latzer, Michael (2015): Medienwandel durch Innovation, Ko-Evolution und Komplexität. Ein Aufriss. In: Kinnebrock, Susanne/Schwarzenegger, Christian/Birkner, Thomas (Hg.): Theorien des Medienwandels. Köln: Herbert von Halem Verlag, 91-118.
Leclerc, Herbert (1978): Die Tele-Visionen des Albert Robida. In: Archiv für Deutsche Postgeschichte, H. 2, 72-86.
Lee, Dong-Hoo (2012). "In Bed with the iPhone". The iPhone and Hypersociality in Korea. In: Hjorth, Larissa/Burgess, Jean/Richardson, Ingrid (Eds.): Studying Mobile Media. Cultural Technologies, Mobile Communication, and the iPhone. New York, London: Routledge, 63-81.
Lefébvre, Henri (1977): Reflections on the Politics of Space. In: Peet, Richard (Ed.): Radical Geography. Alternative Viewpoint on Contemporary Social Issues. London: Methuen, 339-352.
Lefébvre, Henri (1994): The Production of Space. Oxford UK, Cambridge, US: Blackwell.
Leistert, Oliver (2002): „Das ist ein Dispositiv, das geht, es läuft." In: tiefenschärfe, WS 2002/2003, 7-9.
Leky, Gisela/Schumacher, Heidemarie (1989): Aspekte mediengebundener Kommunikation am Beispiel Telefontreff Köln. In: Forschungsgruppe Telefonkommunikation (Hg.): Telefon und Gesellschaft. Band 1. Beiträge zu einer Soziologie der Telekommunikation. Berlin: Volker Spiess, 135-165.
Lemke, Thomas (2001): Gouvernementalität. In: Kleiner, Marcus S. (Hg.): Michel Foucault. Eine Einführung in sein Denken, 108-122.
Lenk, Carsten (1996): Das Dispositiv als theoretisches Paradigma der Medienforschung. Überlegungen zu einer integrativen Nutzungsgeschichte des Rundfunks. In: Rundfunk und Geschichte, 22, 5-16.
Leong, Susan/Celetti, Marta/Pearson, Erika (2009): The question concerning (internet) time. In: New Media & Society, Vol. 11(8), 1267-1285.
Levinson, Paul (2004): Cellphone. The Story of the World's Most Mobile Medium and How It Has Transformed Everything! New York: Palgrave Macmillan.
Licoppe, Christian (2003): The Modes of Maintaining Interpersonal Relations Through Telephone. From the Domestic to the Mobile Phone. In: Katz, James E. (Ed.): Machines that Become Us. The Social Context of Personal Communication Technology. New Brunswick/London: Transaction Publishers, 171-185.
Lievrouw, Leah A. (2009a): New Media, Mediation, and Communication Study. In: Information, Communication & Society, 3/2009, Vol. 12, 303-325.
Lievrouw, Leah A. (2009b): Technology in/as Applied Communication Research. In: Frey, Lawrence R./Cissna, Kenneth N. (Eds.): Handbook of Applied Communication Research. New York, London: Routledge, 233-256.
Ling, Rich (2004): The Mobile Connection. The Cell Phones Impact on Society. San Francisco: Morgan Kaufmann.
Ling, Rich (2005): Das Mobiltelefon und die Störung des öffentlichen Raums. In: Höflich, Joachim R./Gebhardt, Julian: Mobile Kommunikation. Perspektiven und Forschungsfelder. Frankfurt am Main u. a.: Peter Lang, 115-134.

Ling, Rich (2008): The Mediation of Ritual Interaction via the Mobile Telephone. In: Katz, James (Ed.): Handbook of Mobile Communication Studies. Cambridge, Mass., London: The MIT Press, 165-176.

Lingenberg, Swantje (2010): Mediatisierung und transkulturelle Öffentlichkeiten. In: Hartmann, Maren/Hepp, Andreas (Hg.): Die Mediatisierung der Alltagswelt. Wiesbaden: VS Verlag, 147-162.

Lingenberg, Swantje (2014) Mobilisiert-mediatisierte Lebenswelten und der Wandel des öffentlichen Raums. In: Wimmer, Jeffrey/Hartmann, Maren (Hg.): Medienkommunikation in Bewegung. Mobilisierung – Mobile Medien – kommunikative Mobilität. Wiesbaden: Springer VS Verlag, 69-86.

Linz, Erika (2008): Konvergenzen. Umbauten des Dispositivs Handy. In: Schneider, Irmela/Epping-Jäger, Cornelia (Hg.): Formationen der Mediennutzung III. Dispositive Ordnungen im Umbau. Bielefeld: transcript Verlag, 169-188.

Lischka, Gerhard, J. (1988): Über die Mediatisierung: Medien und Re-Medien. Bern: Benteli Verlag.

Livingstone, Sonja (2009): On the Mediation of Everything. ICA Presidential Address 2008. In: Journal of Communication, Vol. 59, 1/2009, 1-18. Social Territory. New York: Aldine De Gruyter.

Löfgren, Orvar (2006): Postscript: Taking Place. In: Falkheimer, Jesper/Jansson, André (Eds.): Geographies of Communication. The Spatial Turn in Media Studies. Göteborg: Nordicom, 297-307.

Lofland, Lyn H. (1998): The Public Realm. Exploring the City's Quintessential Social Territory. New York: Aldine de Gruyter.

Lovink, Geert (2012): Das halbwegs Soziale. Eine Kritik der Vernetzungskultur. Bielefeld: transcript.

Lundby, Knut (2009a) (Ed.): Mediatization. Concepts, Changes, Consequences. New York et al.: Peter Lang.

Lundby, Knut (2009b): Introduction. 'Mediatization' as Key. In: Lundby, Knut (Ed.): Mediatization. Concepts, Changes, Consequences. New York et al.: Peter Lang, 1-18.

Lundby, Knut (2009c): Media Logic: Looking for Social Interaction. Lundby, Knut (Ed.): Mediatization. Concepts, Changes, Consequences. New York et al.: Peter Lang, 101-119.

Lyon, David (2001): Surveillance Society. Monitoring Everyday Life. Buckingham, Philadelphia: Open University Press.

Lyon, David (2014): The Emerging Surveillance Culture. In: Jansson, André/Christensen, Miyase (Eds.): Media, Surveillance and Identity. New York et al.: Peter Lang, 71-88.

Mache, Wolfgang (1989): Reis-Telefon (1861/64) und Bell-Telefon (1875/77). Ein Vergleich. In: Becker, Jörg (Hg.): Telefonieren. Marburg: Jonas Verlag, 45-62. (Hessische Blätter für Volks- und Kulturforschung, Band 24)

Mackenzie, Donald/Wajcman, Judy (1999): Introductory Essay: The Social Shaping of Technology. In: Diess. (Eds.): The Social Shaping of Technology. Second Edition. Berkshire: Open University Press, 3-27.

Maddox, Brenda (1981): Woman and the Switchboard. In: Sola Pool, Ithiel de (Ed.): The Social Impact of the Telephone. Cambridge Mass., London: The MIT Press, 262-280.

Mansell, Robin (2012): Imagining the Internet. Oxford: Oxford University Press.

Margreiter, Reinhard (2007): Medienphilosophie. Eine Einführung. Berlin: Parerga Verlag.

Marvin, Carolyn (1988): When Old Technologies Were New. New York, Oxford: Oxford University Press.

Marvin, Carolyn (1990): When the Telephone Was New: Lessons from Past Voices. In: Forschungsgruppe Telefonkommunikation (Hg.): Telefon und Gesellschaft. Band 2: Beiträge zu einer Soziologie der Telefonkommunikation. Berlin: Volker Spiess, 144-156.
Marx, Gary (1998): An Ehtics For The New Surceillance. In: Information Society, 14/3. Online: http://web.mit.edu/gtmarx/www/ncolin5.html (12.8.2015).
Maschke, Walter (1989): Telefonieren in Deutschland – Zahlen, Daten, Fakten. In: Forschungsgruppe Telefonkommunikation (Hg.): Telefon und Gesellschaft. Band 1. Beiträge zu einer Soziologie der Telekommunikation. Berlin: Volker Spiess, 97-100.
Matsuda, Misa (2005): Discourses of *Keitai* in Japan. In: Ito, Mizuko/Okabe, Daisuke/ Matsuda, Misa (Eds.): Personal, Portable, Pedestrian. Mobile Phone in Japanese Life. London, Cambridge Mass.: The MIT Press, 19-37.
Matsuda, Misa (2009): Mobile Media and the Transformation of Familiy. In: Goggin, Gerard/Hjorth, Larissa (Eds.): Mobile Technologies. From Telecommunications to Media. London, New York: Routledge, 62-72.
Mattelart, Armand (2005): The Information Society: An Introduction. London: Sage.
Mayer, Martin (1981): The Telephone and the Uses of Time. In: Sola Pool, Ithiel de (Ed.): The Social Impact of the Telephone. Cambridge Mass., London: The MIT Press, 225-245.
Mazzoleni, Gianpietro/Schulz, Winfried (1999): ‚Meditization' of Politics. A Challenge for Democracy? In: Political Communication, 16, 247-261.
Mazzoleni, Gianpietro (2008): Mediatization of Society. In: Donsbach, Wolfgang (Hg.): The International Enzyclopedia of Communication, VII, 3052-3055.
McLuhan, Marshall (1968): Die Gutenberg Galaxis. Am Ende des Buchzeitalters. Wien, Düsseldorf: Econ Verlag.
McLuhan, Marshall Herbert (1992): Die magischen Kanäle. „Understanding Media". Düsseldorf, Wien u. a.: Econ Verlag (Understanding Media. New York: McGraw-Hill).
Meckel, Miriam (2007): Das Glück der Unerreichbarkeit. Wege aus der Kommunikationsfalle. Hamburg. Murmann.
Meckel, Miriam (2012): Menschen und Maschinen. Wenn Unterschiede unsichtbar werden. Essay. In: Aus Politik und Zeitgeschichte, 7/2012, 33-38.
Meikle, Graham/Young, Sherman (2012): Media Convergence. Networked Digital Media in Everyday Life. Houndmills: Palgrave MacMillan.
Mejias, Ulises Ali (2013): Off the Network. Disrupting the Digital World. Minneapolis, London: Univerity of Minnesota Press.
Merten, Klaus (1994): Evolution der Kommunikation. In: Merten, Klaus/Schmidt, Siegfried J./Weischenberg, Siegfried (Hg.): Die Wirklichkeit der Medien. Eine Einführung in die Kommunikationswissenschaft. Opladen: Westdeutscher Verlag, 141-162.
Mettler-Meibom, Barbara (1987): Sozialkosten der Informationsökologie. Frankfurt/Main: Fischer Taschenbuch Verlag.
Meyen, Michael (2009): Medialisierung. In: Medien und Kommunikationswissenschaft, 1/2009, 23-38.
Meyen, Michael/Strenger, Steffi/Thieroff, Markus (2015): Medialisierung als langfristige Medienwirkungen zweiter Ordnung. In: Kinnebrock, Susanne/Schwarzenegger, Christian/Birkner, Thomas (Hg.): Theorien des Medienwandels. Köln: Herbert von Halem Verlag, 141-160.
Meyrowitz, Joshua (1990): Die Fernsehgesellschaft. Weinheim, Basel: Psychologie heute Taschenbuch. (Bd. 1: Wie Medien unsere Welt verändern; Bd. 2 Überall und nirgends dabei)
Miessen, Markus (2012): Alptraum Partizipation. Berlin: Merve.

Miller, James (2014): Intensifying Mediatization: Everyware Media. In: Hepp, Andreas/Krotz, Friedrich (Eds.): Mediatized Worlds. Culture and Society in a Media Age. Houndmills: Palgrave MacMillan, 107-122.
Mitrea, Oana Stefana (2006): Understanding the Mobile Telephony Usage Patterns. The Rise of the Mobile Communication *"Dispositif"*. Online: http://tuprints.ulb.tu-darmstadt. de/651/1/thesis_mitrea.pdf (3.8.2011).
Miyata, Kakuko et al. (2005): The Mobile-izing Japanese: Connecting to the Internet by PC and Webphone in Yamanashi. In: Ito, Mizuko/Okabe, Daisuke/Matsuda, Misa (Eds.): Personal, Portable, Pedestrian. Mobile Phones in Japanese Life. London, Cambridge Mass.: The MIT Press, 143-164.
Morley, David (2001): Belongings. Place, Space and Identity in a Mediated World. In: European Journal of Cultural Studies, Vol 4 (4), 425-448.
Morley, David (2006): What's 'Home' Got to Do With It? Contradictory Dynamics in the Domestication of Technology and the Dislocation of Domesticity. In: Berker, Thomas/ Hartmann, Maren/Punie, Yves/Ward, Katie J. (Ed.): Domestication of Media and Technology. New York: Open University Press, 21-39.
Morley, David (2007): Media, Modernity and Technology. The Geography of the New. London, New York: Routledge.
Morley, David/Silverstone, Roger (1990): Domestic Communication – technologies and meanings. In: Media, Culture and Society, Vol. 12, 31-55.
Mouffe, Chantal (2005): On the Political. London/New York: Routledge.
Moyer, Alan J. (1981): Urban Growth and the Development of the Telephone: Some Relationships at the Turn of the Century. In: Sola Pool, Ithiel de (Ed.): The Social Impact of the Telephone. Cambridge Mass., London: The MIT Press, 342-369.
Münch, Richard (1991): Dialektik der Kommunikationsgesellschaft. Frankfurt am Main: Suhrkamp.
Münker, Stefan (2009): Emergenz digitaler Öffentlichkeiten. Die Sozialen Medien im Web 2.0. Frankfurt: Suhrkamp.
Murdock, G. (2012): A Tale of Two Charters: The BBC and the Commons. Open Democracy. Online: https://dev.opendemocracy.net/ourbeeb/graham-mur- dock/tale-of-two-charters-bbc-and-commons (1. 12. 2014).
Museum für Kommunikation (Hg.) (2000): In 28 Minuten von London nach Kalkutta. Aufsätze zur Telegraphiegeschichte aus der Sammlung Dr. Hans Pieper, im Museum für Kommunikation. Bern: Chronos Verlag.
Neverla, Irene (2002): Die polychrone Gesellschaft und ihre Medien. In: medien & zeit, H. 4, 46-52.
Neuberger, Christoph/von Hofe, Hanna Jo/Nuernbergk, Christian (2010): Twitter und Journalismus. Der Einfluss des „Social Web" auf die Nachrichten. Düsseldorf: Landesanstalt für Medien Nordrhein-Westfalen (LfM).
Neumann, Arndt (2002): Das Internet-Dispositiv. In: tiefenschärfe, WS 2002/2003, 10-12.
Nissenbaum, Helen Fay (2010): Privacy in Context. Technology, Policy, and the Integrity of Social Life. Standford: Standford Law Books.
Norris, Pippa (2001): Digital Divide, Civic Engagement, Information Poverty and the Internet Worldwide. Cambridge GB: Cambridge University Press.
Nowicka, Magdalena (2013): Ist Dispositiv nur ein Modebegriff? Zur Poetik des ‚dispositif turns'. In: Wengler, Johanna Caborn/Hoffarth, Britta/Kumiega, Lukasz (Hg.): Verortun-

gen des Dispositiv-Begriffs. Analytische Einsätze zu Raum, Bildung, Politik. Wiesbaden: Springer VS, 37-54.

Nowotny, Helga, (1989): Eigenzeit: Entstehung und Strukturierung eines Zeitgefühls. Frankfurt am Main: Suhrkamp.

Nyíri, Kristóf (2002): Einleitung: Unterwegs zur Wissensgemeinschaft. In: Nyíri, Kristof (Hg.): Allzeit zuhanden. Gemeinschaft und Erkenntnis im Mobilzeitalter. Wien: Passagen Verlag, 11-23.

Nyíri, Kristóf (2005): A Sense of Place. The Global and the Local in Mobile Communication. Wien: Passagen Verlag.

Nyíri, Kristóf (2006): Das Mobiltelefon als Rückkehr zu nichtentfremdeter Kommunikation. In: Glotz, Peter/Bertschi, Stefan/Locke, Chris (Hg.): Daumenkultur. Das Mobiltelefon in der Gesellschaft. Bielefeld: transcript Verlag, 185-196.

Nyíri, Kristóf (2007): Time and the Mobile Order. In: Nyíri, Kristóf (Hg.): Mobile Studies. Paradigms and Perspectives. Wien: Passagen Verlag, 101-111.

o. A. (1978): Dispositive der Macht. Michel Foucault. Über Sexualität, Wissen und Wahrheit. Berlin: Merve Verlag.

o. A. (2010): Dialog. Gorbatschow bei Nokia. In: Yoshida, Miya u. a. (Hg.): Welt in der Hand. Zur globalen Alltagskultur des Mobiltelefons. Leipzig: Spector Books, 354-366.

Ogburn, William F. (1922): Social Change with Respect to Culture and Original Nature. New York: Huebsch.

Ogura, Toshimaru (2006): Electronic Government and Surveillance-Oriented Society. In: Lyon, David (Ed.): Theorizing Surveillance. The Panopticon and Beyond. Devon: Willan Publishing, 270-295.

Oksman, Virpi (2009): Media Content in Mobiles. Comparing Video, Audio and Text. In: Goggin, Gerard/Hjorth, Larissa (Eds.): Mobile Technologies. From Telecommunications to Media. London, New York: Routledge, 118-130.

Ong, Walter (1987) Oralität und Literalität. Die Technologisierung des Wortes. Opladen: Westdeutscher Verlag.

Päch, Susanne (1983): Utopien. Erfinder, Träumer, Scharlatane. Braunschweig: Westermann Verlag.

Palmer, Daniel (2012): iPhone Photography. Mediating Visions of Social Space. In: Hjorth, Larissa/Burgess, Jean/Richardson, Ingrid (Eds.): Studying Mobile Media. Cultural Technologies, Mobile Communication, and the iPhone. New York, London: Routledge, 85-97.

Pariser, Eli (2011): The Filter Bubble. What the Internet is Hiding from You. New York: Penguin Press.

Passoth, Jan-Hendrik (2010): Die Infrastruktur der Blogosphäre. Medienwandel als Wandel von Interobjektivitätsformen. In: Sutter, Tilmann/Mehler, Alexander (Hg.): Medienwandel als Wandel von Interaktionsformen. Wiesbaden: Springer VS, 211-230.

Peil, Corinna (2011): Mobilkommunikation in Japan. Zur kulturellen Infrastruktur der Handy-Aneignung. Bielefeld: transcript Verlag.

Peil, Corinna/Röser, Jutta (2014): The Meaning of Home in the Context of Digitization, Mobilization and Mediatization. In: Hepp, Andreas/Krotz, Friedrich (2014a) (Eds.): Mediatized Worlds. Culture and Society in a Media Age. Houndmills: Palgrave MacMillan, 233-249.

Pellegrino, Giuseppina (2007): Discourses on Mobility and Technological Mediation. The Texture of Ubiquitous Interaction. In: PsychNology Journal, Vol. 5, No. 1, 59-81.

Perry, Charles R. (1981): The British Experience 1876-1912: The Impact of the Telephone During the Years of Delay. In: Sola Pool, Ithiel de (Ed.): The Social Impact of the Telephone. Cambridge Mass., London: The MIT Press, 69-96

Pierce, John R. (1981): The Telephone and the Society in the Past 100 Years. In: Sola Pool, Ithiel de (Ed.) (1981): The Social Impact of the Telephone. Cambridge Mass., London: The MIT Press, 159-195.

Plant, Sadie (2002): On the Mobile. The Effects of Mobile Telephones on Social and Individual Life. Online: http://classes.dma.ucla.edu/Winter03/104/docs/splant.pdf (12.8.2011).

Plessner, Helmuth (1975): Die Stufen des Organischen und der Mensch. Berlin: Walter de Gruyter.

Pongs, Armin: (1999): In welcher Gesellschaft leben wir eigentlich? Gesellschaftskonzepte im Vergleich. Band 1: München: Dilemma Verlag.

Pongs, Armin: (2000): In welcher Gesellschaft leben wir eigentlich? Gesellschaftskonzepte im Vergleich. Band 2: München: Dilemma Verlag.

Poster, Mark (2004): Digitally Local Communications: Technologies and Space. Paper Prepared for the Conference "The Global and the Local in Mobile Communications: Places, Images, People, Connections." Budapest 2004. Online: http://creativecommons.org/licenses/by-nc/1.0 (28.12.2011).

Postman, Neil (1985): Wir amüsieren uns zu Tode. Urteilsbildung im Zeitalter der Unterhaltungsindustrie. Frankfurt am Main: Fischer.

Pound, Arthur (1926): The Telephone Idea. Fifty Years After. New York: Greenberg Publisher.

Prigge, Walter (1991): Die Revolution der Städte lesen. Raum und Repräsentation. In: Wentz, Martin (Hg.): Stadt-Räume. Frankfurt/New York: Campus Verlag, 99-112.

Prince, Samuel H. (1920): Catastrophe and Social Change. New York: Columbia University Publication.

Prinz, Sophia (2014) Die Praxis des Sehens. Über das Zusammenspiel von Körpern, Artefakten und visueller Ordnung. Bielefeld: Transcript.

Prokop, Dieter (2001): Der Kampf um die Medien: das Geschichtsbuch der neuen kritischen Medienforschung. Hanburg: VSA-Verlag.

Pross, Harry (1987): Geschichte und Mediengeschichte. In: Bobrowsky, Manfred/Durchkowitsch, Wolfgang/Haas, Hannes (Hg.): Medien- und Kommunikationsgeschichte. Ein Textbuch zur Einführung. Wien: Braumüller, 8-15. (Zuerst veröffentlicht in: Schreiber, Erhard/Langenbucher, Wolfgang R./Hömberg, Walter (Hg.): Kommunikation im Wandel der Gesellschaft. Festschrift für Otto B. Roegele. Konstanz: Universitätsverlag Konstanz, 25-35)

Pürer, Heinz/Raabe, Johannes (^{3}2007): Presse in Deutschland. Konstanz: UVK.

Putnam, Robert D. (2000) Bowling Alone. The Collapse and Revival of American Community. New York: Simon & Schuster Paperbacks.

Quadt, Hans-Peter/Rombach, Heinz (1986): Telefontreff – ein neuer Fernsprechdienst. In: Zeitschrift für das Post- und Fernmeldewesen. H. 1, 48-49.

Raffnsøe, Sverre/Gutmand-Høyer, Marius/Thaning, Morten S. (2011): Foucault. Studienhandbuch. München: Wilhelm Fink Verlag.

Rainie, Lee/Wellman, Barry (2012): Networked. The New Social Operating System. Cambridge, Mass., London: The MIT Press.

Rakow, Lana F./Navarro, Vija (1993): Remote mothering and the parallel shift. Women meet the cellular phone. In: Critical Studies in Mass Communication, 10, 144-157.

Rammert, Werner (1989a): Wie das Telefon in unseren Alltag kam... Kulturelle Bedingungen einer technischen Innovation und ihre gesellschaftliche Verbreitung. In: Becker, Jörg (Hg.): Telefonieren. Marburg: Jonas Verlag, 77-90. (Hessische Blätter für Volks- und Kulturforschung, Band 24)

Rammert, Werner (1989b): Der Anteil der Kultur an der Genese einer Technik: Das Beispiel des Telefons. In: Forschungsgruppe Telefonkommunikation (Hg.): Telefon und Gesellschaft. Band 1. Beiträge zu einer Soziologie der Telekommunikation. Berlin: Volker Spiess, 87-95.

Rammert, Werner (1993): Technik aus soziologischer Perspektive. Forschungsstand, Theorieansätze, Fallbeispiele – ein Überblick. Opladen: Westdeutscher Verlag.

Rammert, Werner (1998a): Technikvergessenheit der Soziologie? Eine Erinnerung als Einleitung. In: Ders. (Hg.). Technik und Sozialtheorie. Frankfurt am Main/New York: Campus Verlag, 9-28.

Rammert, Werner (1998b): Die Form der Technik und die Differenz der Medien. Auf dem Weg zu einer pragmatischen Techniktheorie. In: Ders. (Hg.). Technik und Sozialtheorie. Frankfurt am Main/New York: Campus Verlag, 293-326.

Rammert, Werner (2000): Technik aus soziologischer Perspektive. Kultur, Innovation, Virtualität. Wiesbaden: Westdeutscher Verlag.

Rammert, Werner (2002): Die technische Konstruktion als Teil der gesellschaftlichen Konstruktion der Wirklichkeit. Working Paper 2/2002: Berlin.

Rammert, Werner (2007): Technik – Handeln – Wissen. Zu einer pragmatischen Technik und Sozialtheorie. Wiesbaden: VS Verlag.

Rath, Matthias (2003): Homo medialis und seine Brüder – zu den Grenzen eines (medien-)anthropologischen Wesensbegriffs. In: Pirner, Manfred L./Rath, Matthias (Hg.): Homo medialis. Perspektiven und Probleme einer Anthropologie der Medien. München: kopaed, 17-30.

Rath, Matthias (2014): Ethik der mediatisierten Welt. Wiesbaden: Springer VS.

Reckwitz, Andreas (2003): Grundelemente einer Theorie sozialer Praktiken. Eine sozialtheoretische Perspektive. In: Zeitschrift für Soziologie, Jg. 32, H. 4, 282-301.

Reckwitz, Andreas (2006): Das hybride Subjekt. Eine Theorie der Subjektkulturen von der bürgerlichen Moderne zur Postmoderne. Weilerswist: Velbrück Wissenschaft.

Reichert, Ramón (2007): Netzdispositive. Selbsttechniken und Wissenstechniken im Web 2.0. In: SPIEL, H. 2, 211-230. (SPIEL: Siegener Periodicum zur Internationalen Empirischen Literaturwissenschaft) A Philosophical Exploration oft he Risks to Privacy Posed by the Informationen Technolgy of the Furture. In: Rössler, Beate (Ed.): Privacies. Philosophical Evaluations. Standford: Standford University Press, 194-214.

Reiman, Jeffrey (2004): "Driving to the Panopticon: A Philosophical Exploration of the Risks to Privacy Posted by the Information Technology of the Future". In Rössler, Beate (Ed.): Privacies: Philosophical Evaluations. Stanford: Stanford University Press, 194-214.

Reimann, Horst (1990): Private Telefonnutzung im internationalen Vergleich. In: Forschungsgruppe Telefonkommunikation (Hg.): Telefon und Gesellschaft. Band 2: Beiträge zu einer Soziologie der Telefonkommunikation. Berlin: Volker Spiess, 172-175.

Rheingold, Howard (2002): Smart Mobs. The Next Social Revolution. Cambridge, Mass.: Perseus.

Rheingold, Howard (2008): Mobile Media and Political Collective Action. In: Katz, James E. (Ed.): Handbook of Mobile Communication Studies. Cambridge, Mass., London: The MIT Press, 225-239.

Richardson, Ingrid (2012): Touching the Screen. A Phenomenology of Mobile Gaming and the iPhone. In: Hjorth, Larissa/Burgess, Jean/Richardson, Ingrid (Eds.): Studying Mobile Media. Cultural Technologies, Mobile Communication, and the iPhone. New York, London: Routledge, 133-151.

Robertson, Roland (1995): 'Glocalization: Time-Space and Homogeneity – Heterogeneity', in: Featherstone, Mike/ Lash, Scott/Robertson, Roland (Eds.): Global Modernities. London: Sage, 25-44.

Röser, Jutta (2003): Fragmentierung der Familie durch Medientechnologien? Häusliches Medienhandeln der Generationen und Geschlechter. In: Medienheft, Dossier 19, 28-38.

Röser, Jutta (2007): Der Domestizierungsansatz und seine Potentiale zur Analyse alltäglichen Medienhandelns. In: Röser, Jutta (Hg.): MedienAlltag. Domestizierungsprozesse alter und neuer Medien. Wiesbaden: VS Verlag, 15-30.

Röser, Jutta/Peil, Corinna (2012): Das Zuhause als mediatisierte Welt im Wandel. Fallstudien und Befunde zur Domestizierung des Internets als Mediatisierungsprozess. In: Hepp, Andreas/Krotz, Friedrich (Hg.): Mediatisierte Welten. Forschungsfelder und Beschreibungsansätze. Wiesbaden: Springer VS, 137-163.

Roesler, Alexander (2000): Das Telefon in der Philosophie: Sokrates, Heidegger, Derrida. In: Münker, Stefan/Roesler, Alexander (Hg.): Telefonbuch. Beiträge zu einer Kulturgeschichte des Telefons. Frankfurt am Main: Suhrkamp, 142-160.

Rössler, Beate (2001): Der Wert des Privaten. Frankfurt am Main: Suhrkamp Verlag.

Roger, Everett (1964): Diffusion of Innovations. New York: Free Press.

Rogers, Jim/Sparviero, Sergio (2011): Same tune, different words: The creative destruction of the music industry. In: Observatorio (OBS*) Journal, Vol.5, 4, 1-30.

Ropohl, Günter (1988): Zum gesellschaftlichen Verständnis soziotechnischen Handelns. In: Bernward Joerges (Hg.): Technik im Alltag. Frankfurt/Main: Suhrkamp: 120-144.

Ropohl, Günther (1989): Technikbewertung des Telefons – Probleme und Perspektiven. In: Forschungsgruppe Telefonkommunikation (Hg.): Telefon und Gesellschaft. Band 1. Beiträge zu einer Soziologie der Telekommunikation. Berlin: Volker Spiess, 76-86.

Rosa, Hartmut (2005): Beschleunigung: die Veränderung der Zeitstrukturen in der Moderne. Frankfurt am Main: Suhrkamp.

Roth-Ebner, Caroline: (2015): Der effiziente Mensch. Zur Dynamik von Raum und Zeit in mediatisierten Arbeitswelten. Bielefeld: Transcript.

Rothenbuhler, Eric W. (2009): Continuities: Communicative Form and Institutionalization. In: Lundby, Knut (Ed.): Mediatization. Concepts, Changes, Consequences. New York et al.: Peter Lang, 277-292.

Ruoff, Michael (2007): Foucault-Lexikon. Paderborn: Wilhelm Fink Verlag (UTB).

Rushkoff, Douglas (2014): Present Shock. Wenn alles jetzt passiert. Freiburg im Breisgau: Orange-press.

Rutter, Derek R. (1987): Communicating by Telephone. Oxford u. a.: Pergamon Press.

Sarcinelli, Ulrich (2002): Mediatisierung. In: Jarren, Ottfried et al. (Hg.): Politische Kommunikation in der demokratischen Gesellschaft. Ein Handbuch. Opladen/Wiesbaden, 678-679.

Sassen, Saskia (2000a): The Global City: Strategic Site/New Frontier. In: American Studies, 41:2/3 (Summer/Fall), 79-95.

Sassen, Saskia (2000b): Spatialities and Temporalities of the Global: Elements for a Theoretization. In: Public Culture, 12(1), 215-232.

Sassen, Saskia (2009): Reading the City in a Global Digital Age: Geographies of Talk and the Limits of Topographic Representation. In: Döring, Jörg/Thielmann, Tristan (Hg.): Mediengeographie. Theorie – Analyse – Diskussion. Bielefeld: transcript Verlag 513-538.

Saxer, Ulrich (2007): Mediengesellschaft: eine kommunikationswissenschaftliche Analyse. Wiesbaden: Westdeutscher Verlag.

Schabedoth, Eva u. a. (1989): „Der kleine Unterschied" – Erste Ergebnisse einer repräsentativen Befragung von Berliner Haushalten zur Nutzung des Telefons im privaten Alltag. In: Forschungsgruppe Telefonkommunikation (Hg.): Telefon und Gesellschaft. Band 1: Beiträge zu einer Soziologie der Telefonkommunikation. Berlin: Volker Spiess, 101-115.

Schade, Ezdar (2005): Kommunikations- und Mediengeschichte. In: Bonfadelli, Heinz/Jarren, Ottfried/Siegert, Gabriele (Hg.): Einführung in die Publizistikwissenschaft, 39-68.

Schäfer, Bernhard (⁶1995): Gesellschaftlicher Wandel in Deutschland – Ein Studienbuch zur Sozialstruktur und Sozialgeschichte. Stuttgart: Enke Verlag.

Schanze, Helmut (2002): Medialisierung. In: Ders. (Hg.): Metzler Lexikon Medientheorie, Medienwissenschaft. Stuttgart, Weimar: Metzler, 199.

Scheuch, Erwin K. (2003): Sozialer Wandel. Band 1: Theorien des sozialen Wandels. Wiesbaden: Westdeutscher Verlag.

Scheurer, Hans J. (1987): Zur Kultur- und Mediengeschichte der Fotografie. Die Industrialisierung des Blicks. Köln: DuMont.

Schmidt, Jan (2011): Das neue Netz. Merkmale, Praktiken und Folgen des Web 2.0. Konstanz: UVK.

Schmidt, Jan-Henrik (2013): Persönliche Öffentlichkeiten und Privatsphäre im Social Web. In: Halft, Stefan/Krah, Hans (Hg.): Privatheit. Strategien und Transformationen. Passau: Verlag Karl Stutz, 121-137.

Schmitz, Walter (2005): Mobilität des Menschen. Zur geschichtlichen Konstruktion von Räumen und Menschen. In: Rehberg, Karl-Siebert/Schmitz, Walter/Strohschneider, Peter (Hg.): Mobilität – Raum – Kultur. Dresden: Thelem Verlag, 1-22.

Schmolke, Michael (1997): Kommunikationsgeschichte. In: Renger, Rudi/Siegert, Gabriele (Hg): Kommunikationswelten. Wissenschaftliche Perspektiven zur Medien- und Informationsgesellschaft. Innsbruck, Wien. Studienverlag, 19-44.

Schönhammer, Rainer (2000): Telefon-Design: Der Körper des Fernsprechers. In: Bräunlein, Jürgen/Flessner, Bernd (Hg.): Der sprechende Knochen. Perspektiven von Telefonkulturen. Würzburg: Königshausen & Naumann, 59-82.

Schofield Clark, Lynn (2009): Theories: Mediatization and Media Ecology. In: Lundby, Knut (Ed.): Mediatization. Concepts, Changes, Consequences. New York et al.: Peter Lang, 85-100.

Scholz, Leander (2004): Die Industrie des Buchdrucks. In: Kümmel, Albert/Scholz, Leander/Schumacher, Eckhard (Hg.): Einführung in die Geschichte der Medien. Paderborn: Fink Verlag, 11-33.

Schroer, Markus (2008): „Bringing Space Back In". Zur Relevanz des Raums als soziologischer Kategorie. In: Döring, Jörg/Thielmann, Tristan (Hg.): Spatial Turn. Das Raumparadigma in den Kultur- und Sozialwissenschaften. Bielefeld: transcript Verlag, 125-148.

Schürmann, Astrid (2003): Zur Bedeutung der Schrift für die antiken Gesellschaften. In: Schöttker, Detlev (Hg.): Mediengebrauch und Erfahrungswandel. Göttingen: Vanderhoeck & Ruprecht, 76-85.

Schüttpelz, Erhard (2009): Die medientechnische Überlegenheit des Westens. Zur Geschichte und Geographie der *immutable mobiles* Bruno Latours. In: Döring, Jörg/Thielmann,

Tristan (Hg.): Mediengeographie. Theorie – Analyse – Diskussion. Bielefeld: transcript Verlag, 67-110.

Schulz, Iren (2010): Mediatisierung und der Wandel von Sozialisation. In: Hartmann, Maren/ Hepp, Andreas (Hg.): Die Mediatisierung von Alltagswelt. Wiesbaden: VS Verlag, 231-242.

Schulz, Winfried (2004a): Medialisierung. Eine medientheoretische Rekonstruktion des Begriffs. Beitrag zur Jahrestagung der Deutschen Gesellschaft für Publizistik- und Kommunikationswissenschaft. Erfurt 2004. Vortragsmanuskript.

Schulz, Winfried (2004b): Reconstructing Mediatization as an Analytical Concept. In: European Journal of Communication, 19, 87-101.

Schulz-Schaeffer, Ingo (2000): Sozialtheorie der Technik. Frankfurt, New York: Campus Verlag.

Schulze, Gerhard (1992): Die Erlebnis-Gesellschaft: Kultursoziologie der Gegenwart. Frankfurt am Main, New York: Campus-Verlag.

Schwender, Clemens (2000): „Für Juden verboten!" In: Baumann, Margret/Gold, Helmut (Hg.): Mensch, Telefon. Aspekte telefonischer Kommunikation. Heidelberg: Edition Braus, 93-103.

Seier, Andreas (2001): Macht. In: Kleiner, Marcis S. (Hg.): Michel Foucault. Eine Einführung in sein Denken. Frankfurt, New York: Campus Verlag, 90-107.

Sennett, Richard (1994): Flesh and Stone. The Body and the City in Western Civilisation. New York: Norton.

Shawney, Harmeet (2009): Innovations at the Edge. The Impact of Mobile Technologies and the Character of the Internet. In: Goggin, Gerard/Hjorth, Larissa (Eds.): Mobile Technologies. From Telecommunications to Media. London, New York: Routledge, 105-117.

Sheller, Mimi/Urry, John (2006): Introduction. In: Sheller, Mimi/Urry, John (Ed.): Mobile Technologies of the City. London, New York: Routledge, 1-17.

Shirky, Clay (2008): Here Comes Everybody. London: Penguin Books.

Sierek, Karl (1993): Aus der Bildhaft. Filmanalyse als Kinoästhetik. Wien: Verlag Sonderzahl.

Silverstone, Roger (1993): Television, Ontological Security and the Transitional Object. In: Media, Culture & Society, Nr. 4, 573-597.

Silverstone, Roger (1994): Television and Everday Life. London, New York: Routledge.

Silverstone, Roger (1995): Convergence is a Dangerous Word. In: Convergence, Vol. 1, Nr. 1, 11-13.

Silverstone, Roger (2005) (Ed.): Media, Technology and Everyday Life in Europe. Aldershot, Burlington: Ashgate.

Silverstone, Roger (2005a): The Sociology of Mediation and Communication. In: Calhoun, Craig/Rojek, Chris/Turner, Bryan (Eds.): The Sage Handbook of Sociology. London: Sage, 188-207.

Silverstone, Roger (2005b): Introduction. In: Silverstone, Roger (Ed.): Media, Technology and Everyday Life in Europe. From Information to Communication. Aldershot, Burlington: Ashgate, 1-18.

Silverstone, Roger (2006): Domesticating Domestication. Reflections on the Life of a Concept. Berker, Thomas/Hartmann, Maren/Punie, Yves/Ward, Katie J. (Ed.): Domestication of Media and Technology. New York: Open University Press, 292-248.

Silverstone, Roger/Haddon, Leslie (1996): Design and the Domestication of Information and Communication Technologies: Technical Change and Everyday Life. In: Mansell, Robin/ Silverstone, Robert (Eds.): Communication by Design. The Politics of Informations and Communication Technologies. Oxford: Oxford University Press, 44-74.

Silverstone, Roger/Hirsch, Eric (1992): Introduction. In: Silverstone, Roger/Hirsch, Eric (Ed.): Consuming Technologies. Media and Information in Domestic Spaces. London, New York: Routledge, 1-7.

Silverstone, Roger/Hirsch, Eric/Morley, David (1992): Information and Communication Technologies and the Moral Economy of the Household. In: Silverstone, Roger/Hirsch, Eric (Ed.): Consuming Technologies. Media and Information in Domestic Spaces. London, New York: Routledge, 15-31.

Simmel, Georg (1903): Die Grossstadt. Vorträge und Aufsätze zur Städteausstellung. In: Petermann, Theodor (Hg.): Jahrbuch der Gehe-Stiftung. Dresden, 185-206.

Singer, Benjamin D. (1981): Social Functions of the Telephone. Palo Alto: R & F Research Associates, Inc.

Sismondo, Sergio (2008): Science and Technology Studies and an Engaged Program. In: Hackett, Edward J./Amsterdamska, Olga/Lynch, Michael/Wajcman, Judy (Eds.): The Handbook of Science and Technology Studies. Cambridge, Mass./London: The MIT Press, 13-31.

Skjulstad, Stig (2009): Dressing Up: The Mediatization of Dressing Online. In: Lundby, Knut (Ed.): Mediatization. Concept, Changes, Consequences. New York et al.: Peter Lang, 179-202.

Small, Gary/Vorgan, Gigi (2009): iBrain. Wie die neue Medienwelt das Gehirn und die Seele unserer Kinder verändert. Stuttgart: Kreuz Verlag.

Soja, Edward W. (1989): Postmodern Geographies. The Reassertion of Space in Critical Social Theory. London, New York: Verso Press.

Soja, Edward D. (1991): Geschichte: Geographie: Modernität. In: Wentz, Martin (Hg.): Stadt-Räume. Frankfurt/New York: Campus Verlag, 73-90.

Soja, Edward W. (1996): Thirdspace: Journeys to Los Angeles and Other Real-and-Imagined Places. Cambridge, Mass. (u. a.): Blackwell.

Soja, Edward W. (2008): Vom „Zeitgeist" zum „Raumgeist". New Twists on the *Spatial Turn*. In: Döring, Jörg/Thielmann, Tristan (Hg.): Spatial Turn. Das Raumparadigma in den Kultur- und Sozialwissenschaften. Bielefeld: transcript Verlag 241-262.

Sola Pool, Ithiel de (Ed.) (1981): The Social Impact of the Telephone. Cambridge Mass., London: The MIT Press.

Sola Pool, Ithiel de (1983): Forecasting the Telephone: A Retrospective Technology Assessment. Norwood, New Jersey: Ablex Publishing.

Sooryamoorthy, Radhamany/Miller, Paige R./Shrum, Wesley (2008): Untangling the Technology Cluster: Mobile Telephony, Internet Use and the Location of Social Ties. In: New Media and Society, 10(5), 729-749.

Spigel, Lynn (2001a): Portable TV: Studies in Domestic Space Travel. In: Spigel, Lynn. Welcome to the Dreamhouse. Popular Media and Postwar Suburbs. Durham, NC: Duke University Press, 60-106.

Spigel, Lynn (2001b): „Media Homes: Then and Now". In: International Journal of Cultural Studies, 4(4), 385-411.

Srivastava, Lara (2008): The Mobile Makes Its Mark. In: Katz, James E. (Ed.): Handbook of Mobile Communication Studies. London, Cambridge, Mass.: The MIT Press, 15-28.

Stähli, Urs (2013): Entnetzt Euch! In: Mittelweg, 36, H. 4, 3-28.

Standage, Tom (1999): Das viktorianische Internet. Die erstaunliche Geschichte des Telegraphen und der Online-Pioniere des 19. Jahrhunderts. St. Gallen, Zürich: Midas Verlag.

Stark, Birgit (2013): Fragmentierung Revisited: eine theoretische und methodische Evaluation im Internetzeitalter. In: Seufert, Wolfgang/Sattelberger, Felix (Hg.): Langfristiger Wandel von Medienstrukturen. Theorien, Methoden, Befunde. Baden-Baden: Nomos, 199-218.
Stein, Jeremy (2006): Reflections on Time, Time-Space Compressions and Technology in the Nineteenth Century. In: Hassan, Robert/Thomas, Julian (Eds.): The New Media Theory Reader. Maidenhead, Berkshire: Open University Press, 244-248.
Steinbicker, Jochen (^{2}2011): Zur Theorie der Informationsgesellschaft: ein Vergleich der Ansätze von Peter Drucker, Daniel Bell und Manuel Castells. Opladen: Leske + Budrich.
Steinbuch, Karl (1961): Automat und Mensch. Über menschliche und maschinelle Intelligenz. Berlin u. a.: Springer.
Steinmaurer, Thomas (1999): Tele-Visionen: Zur Theorie und Geschichte des Fernsehempfangs. Innsbruck, Wien: Studien Verlag.
Steinmaurer, Thomas (2001): Fern-Sehen. Historische Entwicklungsstufen und zukünftige Transformationsstufen des Zuschauens. In: Hess-Lüttich, Ernest W.B. (Hg.): Autoren, Automaten, Audiovisionen. Neue Ansätze der Medienästhetik und Tele-Semiotik. Wiesbaden: Westdeutscher Verlag, 227-247.
Steinmaurer, Thomas (2003): Medialer und gesellschaftlicher Wandel. Skizzen zu einem Modell. In: Behmer, Markus/Krotz, Friedrich/Stöber, Rudolf/Winter, Carsten (Hg.): Medienentwicklung und gesellschaftlicher Wandel. Wiesbaden: VS Verlag, 103-119.
Steinmaurer, Thomas (2013a): Mobile Individuen im Netz der Konnektivität. Zur Theorie und Geschichte mediatisierter Kommunikation. Habilitationsschrift. Universität Salzburg.
Steinmaurer, Thomas (2013b): Kommunikative Dauervernetzung. Historische Entwicklungslinien und aktuelle Phänomene eines neuen Dispositivs. In: Medien Journal, H. 4, 4-17.
Steinmaurer, Thomas (2015a): Zur Veränderung von Öffentlichkeit(en) in den digitalen Netzen. In: Klaus, Elisabeth/Drüeke, Ricarda (Hg.): Öffentlichkeit und gesellschaftliche Aushandlungsprozesse. Theoretische Perpektiven und empirische Befunde. Bielefeld: transcript (in Druck).
Steinmaurer, Thomas (2015b): Dispositive in vernetzen Öffentlichkeiten. In: Drüeke, Ricarda/Kirchhoff, Susanne/Steinmaurer, Thomas/Thiele, Martina (Hg.): Zwischen Gegebenem und Möglichem. Kritische Perspektiven auf Medien und Kommunikation. Bielefeld: trancript, 223-236.
Stelter, Brian (2008): Finding Political News Online, the Young Pass it On. In: New York Times v. 27.3.2008. Online: http://www.nytimes.com/2008/03/27/us/politics/27voters. html (05.01.2012)
Sterne, Jonathan (2006): The Audible Past. Cultural Origins of Sound Reproduction. Durham: Duke University Press.
Stöber, Rudolf (2003): Mediengeschichte. Die Evolution „neuer" Medien von Gutenberg bis Gates. Eine Einführung. Band 1: Presse – Telekommunikation. Wiesbaden: Westdeutscher Verlag.
Stöber, Rudolf (^{2}2005): Deutsche Pressegeschichte. Konstanz: UVK.
Stöber, Rudolf (2008): Innovation und Evolution. Wie erklärt sich medialer und kommunikativer Wandel. In: Winter, Carsten/Hepp, Andreas/Krotz, Friedrich (Hg.): Theorien der Kommunikations- und Medienwissenschaft. Grundlegende Diskussionen, Forschungsfelder und Theorieentwicklungen. Wiesbaden: VS Verlag, 139-156.
Stöhr, Walter (1977): Entwicklung und heutiger Stand der Satellitentechnik. In: Archiv für Deutsche Postgeschichte, H. 1, 171-192.

Stourdze, Yves (1981): The Birth of the Telephone and Economic Crisis: The Slow Death of Monologue on French Society. In: Sola Pool, Ithiel de (Ed.): The Social Impact of the Telephone. Cambridge Mass., London: The MIT Press, 97-111.
Strasser, Hermann/Randall, Susan (1979): Einführung in die Theorien des sozialen Wandels. Neuwied: Luchterhand.
Strömbäck, Jesper/Esser, Frank (2009): Shaping Politics: Mediatization and Media Inverventionism. In: Lundby, Knut (Ed.): Mediatization. Concepts, Changes, Consequences. New York et al.: Peter Lang, 205-223.
Sunstein, Cass (2001): Republic.com. Princeton: Princeton Univ. Press
Szabó, Miklós (1994): Aus der Geschichte des Telefon-Boten (Telefon Hírmondó) in Budapest. In: Becker, Georg (Hg.): Fern-Sprechen. Internationale Fernmeldegeschichte, -soziologie und -politik. Berlin: Vistas Verlag, 98-108.
Theunert, Helga/ Schorb, Bernd (2010): Sozialisation, Medienaneignung und Medienkompetenz in der mediatisierten Gesellschaft. In: Hartmann, Maren/ Hepp, Andreas (Hg.): Die Mediatisierung der Alltagswelt. Wiesbaden: VS Verlag, 243-254.
Thomas, Frank (1989a): Kooperative Akteure und die Entwicklung des Telefonsystems in Deutschland 1877-1945. In: Technikgeschichte, Bd. 56, Nr. 1, 39-65.
Thomas, Frank (1989b): Das Telefon während des Ersten Weltkriegs. Post und Militär im Konflikt um ein technisches System. In: Becker, Jörg (Hg.): Telefonieren. Marburg: Jonas Verlag, 91-104. (Hessische Blätter für Volks- und Kulturforschung, Band 24)
Thomas, Tanja (2008a): Körperpraktiken und Selbsttechnologien in einer Medienkultur: Zur gesellschaftstheoretischen Fundierung aktueller Fernsehanalyse. In: Thomas, Tanja (Hg.): Medienkultur und soziales Handeln. Wiesbaden: VS Verlag, 219-237.
Thomas, Tanja (2008b): Marktlogiken in Lifestyle-TV und Lebensführung. Herausforderungen einer gesellschaftskritischen Medienanalyse. In: Butterwegge, Christoph/Lösch, Bettina/Ptak, Ralf (Hg.) Neoliberalismus. Analysen und Alternativen Wiesbaden: VS Verlag, 147-163.
Thomas, Tanja (2009): Social Inequalities: (Re)production through Mediatized Individualism. In: Lundby, Knut (2009) (Ed.): Mediatization. Concepts, Changes, Consequences. New York et al.: Peter Lang, 263-276.
Thomas, Tanja (2010): Intellektuelle und Kritik in Medienkulturen. In: Hartmann, Maren/ Hepp, Andreas (Hg.): Die Mediatisierung der Alltagswelt. Wiesbaden: VS Verlag, 255-271.
Thomas, Tanja/Krotz, Friedrich (2008): Medienkultur und soziales Handeln: Begriffsarbeiten und Theorieentwicklung. In: Thomas, Tanja (Hg.): Medienkultur und soziales Handeln. Wiesbaden: VS Verlag, 17-42.
Thompson, John B. (1995): The Media and Modernity. A Social Theory of the Media. Stanford: Stanford University Press.
Thorburn, David/Jenkins, Henry (2004): Rethinking Media Change. The Aesthetic of Transition. Cambridge, Mass., London: The MIT Press.
Thrift, Nigel (1996): Spatial Formations. London, Thousand Oaks, New Delhi: Sage.
Thrift, Nigel (2005): Knowing Capitalism. London: Sage.
Tönnies, Ferdinand (1988): Gemeinschaft und Gesellschaft. Grundbegriffe der reinen Soziologie. Darmstadt: Wissenschaftliche Buchgesellschaft. (Neudruck der 8. Auflage von 1935)
Toffler, Alvin (1983): Die dritte Welle. München: Goldmann Verlag.
Tomlinson, John (1999): Globalization and Culture. Chicago: The University of Chicago Press.
Tomlinson, John (2001): Instant Access: Some Cultural Implications of ‚Globalising' Technologies. University of Copenhagen, Global Media Cultures Working Paper No. 13

Tomlinson, John (2007): The Culture of Speed. The Coming of Immediacy. New Delhi: Sage.
Treibel, Anette (⁷2006): Einführung in die soziologische Theorie der Gegenwart. Wiesbaden: VS Verlag 54-65.
Tully, Claus J./Baier, Dirk (2006): Mobiler Alltag. Mobilität zwischen Option und Zwang – Vom Zusammenspiel biographischer Motive und sozialer Vorgaben. Wiesbaden: VS Verlag.
Tully, Claus J. /Zerle, Claudia (2005): Handys und jugendliche Alltagswelt. In: merz. medien + erziehung. H. 3/05, 11-16.
Turkle, Sherry (2008): Always-On/Always-On-You: The Tethered Self. In: Katz, James (Ed.): Handbook of Mobile Communication Studies. Cambridge, Mass., London: The MIT Press, 121-137.
Turkle, Sherry (2011): Alone Together: Why We Expect More From Technology and Less From Each Other. New York: Basic Books: Perseus Books Group.
Urry, John (2002): Mobility and Proximity. In: Sociology, Vol. 36, No. 2, 255-274.
Urry, John (2007): Mobilities. Cambridge: Polity Press.
van der Loo, Hans von/Reijen, Willem van (1992): Modernisierung. Projekt und Paradox. München: DTV.
van Dijk, Jan (1999): The Network Society: Social Aspects of New Media. London: Sage. (2012 3ʳᵈ Edition – 2012a)
van Dijk, Jan (2006): Digital Divide Research. Achievements and Shortcomings. In: Poetics 34 (4-5), 221-235.
van Dijk, Jan (2009): One Europe, Digitally Divided. In: Chadwick, Andrew/Philip, Howard N. (Eds.): Routledge Handbook of Internet Politics: London, New York: Routledge, 288-304.
van Dijk, Jan (2012): The Evolution of the Digital Divide – The Digital Divide turns to Inequality of Skills and Usage, in: Bus, Jacques (Hg.): Digital enlightenment yearbook 2012, Amsterdam/Washington, D.C: IOS Press, 57–75.
van Dijk, Jan (O. J.): The Evolution of the Digital Divide. The Digital Divide turns to Inaquality of Skills and Usage. Unpublished Working Paper.
van Loon, Joost (2000): Modalities of Mediation. In: Couldry, Nick/Hepp, Andeas/Krotz, Friedrich (Ed.): Media Events in a Global Age. London, New York: Routledge 109-123.
Virilio, Paul (1986): Krieg und Kino. Logistik der Wahrnehmung. München: Hanser Verlag 1986.
Völker, Clara (2010): Mobile Medien. Zur Genealogie des Mobilfunks und zur Ideengeschichte von Virtualität. Bielefeld: transcript Verlag.
Vowe, Gerd (2006): Mediatisierung der Politik? Ein theoretischer Ansatz auf dem Prüfstand. In: Publizistik, 51, 437-455.
Wajcman, Judy/Bittman, Michael/Brown, Jude (2009): Intimate Connections. The Impact of the Mobile Phone on Work/Life Boundaries. In: Goggin, Gerard/Hjorth, Larissa (Eds.): Mobile Technologies. From Telecommunications to Media. London, New York: Routledge, 9-21.
Ward, Katie (2006): The Bad Guy Just Ate an Orange. Domestication, Work and Home. In: Berker, Thomas/Hartmann, Maren/Punie, Yves/Ward, Katie J. (Ed.): Domestication of Media and Technology. New York: Open University Press, 145-164.
Weber, Anne-Katrin (2009): Audio-Visionen um 1880. Zum Beispiel George Du Mauriers Edisons's Telephonoscope (Transmits Light as Well as Sound). In: Köster, Ingo/Schubert, Kai (Hg.): Medien in Raum und Zeit. Maßverhältnisse des Medialen. Bielefeld: transcript Verlag, 293-312.

Weber, Heike (2008): Das Versprechen mobiler Freiheit. Zur Kultur- und Technikgeschichte von Kofferradio, Walkman und Handy. Bielefeld: transcript Verlag.

Weber, Max (1920): Die protestantische Ehtik und der ‚Geist' des Kapitalismus. In: Weber, Max: Gesammelte Aufsätze zur Religionssoziologie. Tübingen: Mohr, 17-206.

Weber, Stefan (1999): Die Welt als Medienpoiesis. Basistheorien für den „Medial Turn". In: Medien Journal, H. 1, 3-7.

Webster, Frank (2006): Theories of the Information Society. London: Routledge.

Weder, Franziska (2008): Produktion und Reproduktion von Öffentlichkeit: Über die Möglichkeit, die Strukturationstheorie von Anthony Giddens für die Kommunikationswissenschaft nutzbar zu machen. In: Winter, Carsten/Hepp, Andreas/Krotz, Friedrich (Hg.): Theorien der Kommunikations- und Medienwissenschaft. Grundlegende Diskussionen, Forschungsfelder und Theorieentwicklungen. Wiesbaden: VS Verlag, 345-361.

Weibel, Peter (1987): Die Beschleunigung der Bilder. In der Chronokratie. Bern: Benteli Verlag.

Weiser, Mark (1991): The Computer of the 21th Century. In: Scientific American, Nr.3/ Vol. 3, 3-11.

Welke, Martin (1994): Die Presse und ihre Leser. Zur Geschichte des Zeitungslesens in Deutschland von den Anfängen bis zum frühen 19. Jahrhundert. In: Beyrer, Klaus/ Dallmeier, Martin: Als die Post noch die Zeitung machte. Eine Pressegeschichte: Gießen: Anabas Verlag, 140-147.

Wellman, Barry (2001): Physical Place and Cyberplace: The Rise of the Personalized Networking. In: International Journal of Urban and Regional Research. Vol. 25.2, June, 227-252.

Wellman, Barry (2002): Little Boxes, Glocalization, and Networked Individualism. Proceeding. Revised Paper from the Second Workshop of Digital Cities II, Computational and Sociological Approaches. London: Springer Verlag. Online: http://homes.chass.utoronto. ca/~wellman/publications/littleboxes/littlebox.PDF (22.2.2012).

Wenzelhuemer, Roland (2007): The Dematerialization of Telecommunication: Communication Centres and Peripheries in Europe and the World, 1850-1920. In: Journal of Global History, 2, 345-372.

Wenzelhuemer, Roland (2010): Globalization, Communication and the Concept of Space in Global History. In: Historical Social Research, Vol. 35, 1, 19-47.

Werber, Niels (2008): Die Geosemantik der Netzwerkgesellschaft. In: Döring, Jörg/Thielmann, Tristan: Spatial Turn. Das Raumparadigma in den Kultur- und Sozialwissenschaften. Bielefeld: transcript Verlag, 165-183.

Werlen, Benno (2008): Körper, Raum und mediale Repräsentation. In: Döring, Jörg/Thielmann, Tristan (Hg.): Spatial Turn. Das Raumparadigma in den Kultur- und Sozialwissenschaften. Bielefeld: transcript Verlag 365-392.

Wessel, Horst A. (2000): Das Telefon – ein Stück Alltagsgegenwart. In: Münker, Stefan/ Roesler, Alexander (Hg.): Telefonbuch. Frankfurt am Main: Suhrkamp, 13-34.

Wiegerling, Michael (2008): Ubiquitous Computing als konkrete Utopie. In: Grimm, Petra/ Capurro, Rafael (Hg.): Informations- und Kommunikationsutopien. Stuttgart: Franz Steiner Verlag, 15-35.

Wilke, Jürgen (2004): Vom stationären zum mobilen Rezipienten. Entfesselung der Kommunikation von Raum und Zeit – Symptom fortgeschrittener Medialisierung. In: Böning, Holger/Kutsch, Arnulf/Stöber, Rudolf (Hg.): Jahrbuch für Kommunikationsgeschichte 6/2004, 1-55.

Wilke, Jürgen (²2008): Grundzüge der Medien- und Kommunikationsgeschichte. Köln, Weimar, Wien: Böhlau.

Wilke, Jürgen (2015): Theorien des Medienwandels – Versuch einer typologischen Systematisierung. In: Kinnebrock, Susanne/Schwarzenegger, Christian/Birkner, Thomas (Hg.): Theorien des Medienwandels. Köln: Herbert von Halem Verlag, 29-52.
Wilken, Rowan (2005): From Stabilitas Loci to Mobilitas Loci: Networked Mobility and the Transformation of Place. In: Fibreculture, Issue 6. Online: http://www.journal.fibreculture.org/issue6/issue6_wilken_print.html (2.9.2011).
Wilken, Rowan (2011): Teletechnologies, Place, and Community. New York, London: Routledge.
Willey, Malcom M./Rice, Stuart A. (1933): Communication Agencies and Social Life. New York, London: McGraw-Hill Book Company.
Williams, Alex (2011): A Family Together With Multiple Screens. In: The New York Times Supplement, In: Der Standard v. 16.5.2011.
Williams, Raymond (1975): Television. Technology and Cultural Form. London: Routledge.
Williams, Raymond (1976): Developments in the Sociology of Culture. In: Sociology, Vol 10, 497-506.
Williams, Raymond (1984): Mobile Privatisierung. In: Das Argument, März/April 1984, 260-263.
Wimmer, Jeffrey/Hartmann, Maren (2014): Mobilisierung, mobile Medien und kommunikative Mobilität aus kommunikations- und mediensoziologischer Perspektive. In: Wimmer, Jeffrey/Hartmann, Maren (Hg.): Medienkommunikation in Bewegung. Mobilisierung – Mobile Medien – kommunikative Mobilität. Wiesbaden: Springer VS Verlag, 11-27.
Winnicott, D.W. (1971): Vom Spiel zur Kreativität. Stuttgart: Ernst Klett.
Winston, Brian (1998): Media Technology and Society. A History: From the Telegraph to the Internet. London, New York: Routledge.
Winston, Brian (1998): Media Technology and Society. A History: From the Telegraph to the Internet. London, New York: Routledge. In: Rundfunk und Fernsehen, 4/1998, 596-598.
Winston, Brian (2001): Ein Sturm vom Paradies. Technologische Innovation, Verbreitung und Unterdrückung. Die Informationsrevolution als Hyperbel. In: Engell, Lorenz/Vogl, Joseph (Hg.): Mediale Historiografien, Archiv für Mediengeschichte 2001, 9-22. (Übersetzung des Einleitungskapitels aus Winston 1998)
Winter, Carsten (2006): TIME-Konvergenz als Herausforderung für Managment und Medienentwicklung – Eine Einleitung. In: Karmasin, Matthias/Winter, Carsten (Hg.): Konvergenzmanagement und Medienwirtschaft. München: Wilhelm Fink Verlag,13-53.
Winter, Carsten (2007): Raymond Williams (1921-1988). Reihe „Klassiker der Kommunikations- und Medienwissenschaft heute". In: Medien & Kommunikationswissenschaft, H.2, 247-264.
Winter, Carsten (2010): Mediatisierungs und Medienentwicklungsforschung. In: Hartmann, Maren/Hepp, Andreas (Hg.): Die Mediatisierung der Alltagswelt. Wiesbaden: VS Verlag, 281-294.
Winter, Carsten (2011) Von der Push- zur Pull-Kultur(-innovation). Vortragsmanuskript.
Wittel, Andreas (2006): Auf dem Weg zu einer Netzwerk-Sozialität. In: Hepp, Andreas (Hg.): Konnektivität, Netzwerk und Fluss: Konzepte gegenwärtiger Medien-, Kommunikations- und Kulturtheorie. Wiesbaden: VS Verlag, 163-188.
Wyatt, Sally (2008): Technological Determinism is Dead; Long Live Technological Determinism. In: Hackett, Edward J./Amsterdamska, Olga/Lynch, Michael/Wajcman, Judy (Eds.): The Handbook of Science and Technology Studies. Cambridge, Mass./London: The MIT Press, 165-180.

Yoshida, Miya (2010): Welt in der Hand. In: Yoshida, Miya u. a. (Hg.): Welt in der Hand. Zur globalen Alltagskultur des Mobiltelefons. Leipzig: Spector Books, 40-60.
Zapf, Wolfgang (³1971): Theorien des sozialen Wandels. Köln, Berlin: Kiepenheuer & Witsch.
Zerdick, Axel (1990): Die Zukunft des Telefons – Zum Wechselverhältnis sozialpsychologischer und ökonomischer Faktoren. In: Forschungsgruppe Telefonkommunikation (Hg.): Telefon und Gesellschaft. Band 2: Beiträge zu einer Soziologie der Telefonkommunikation. Berlin: Volker Spiess, 9-23.
Zielinski, Siegfried (1989): Audiovisionen: Kino und Fernsehen als Zwischenspiele in der Geschichte. Reinbek bei Hamburg: Rowohlt.
Zielinski, Siegfried (1990): Von Nachrichtenkörpern und Körpernachrichten. Ein eiliger Beutezug durch zwei Jahrtausende Mediengeschichte. In: Decker, Edith/Weibel, Peter (Hg.): Vom Verschwinden der Ferne. Telekommunikation und Kunst. Köln: DuMont Verlag, 229-252.
Zielinski, Siegfried (1993): Zur Technikgeschichte des BRD-Fernsehens. In: Hickethier, Knut (Hg.): Institution, Technik und Programm. Rahmenaspekte der Programmgeschichte des Fernsehens. München: Fink Verlag, 135-170.
Zielinski, Siegfried (2002): Archäologie der Medien: zur Tiefenzeit des technischen Hörens und Sehens. Reinbek bei Hamburg: Rowohlt.
Zielinski, Siegfried (2011): [... nach den Medien]. Berlin. Merve.
Ziemann, Andreas (2006): Soziologie der Medien. Bielefeld: transkript Verlag.
Zimmermann Umble, Diane (1992): The Amish and the Telephone: Resistence and Reconstruction. In: Silverstone, Roger/Hirsch, Roger (Eds.): Media and information in domestic spaces. London: Routledge, 183-194.
Zoche, Peter/Kimpeler, Simone/Joepgen, Markus (2002): Virtuelle Mobilität: Ein Phänomen mit physischen Konsequenzen? Berlin u. a.: Springer Verlag.

If you have any concerns about our products,
you can contact us on
ProductSafety@springernature.com

In case Publisher is established outside the EU,
the EU authorized representative is:
**Springer Nature Customer Service Center GmbH
Europaplatz 3, 69115 Heidelberg, Germany**

Printed by Libri Plureos GmbH
in Hamburg, Germany